普通高等教育"十一五"国家级规划教材

面向21世纪课程教材

Textbook Series for 21st Century

种子贮藏加工学

第3版

胡　晋　关亚静　主编

中国农业大学出版社
·北京·

内 容 简 介

本书基于国内外种子贮藏加工学的基础理论和最新研究进展，结合我国种子生产实践编写而成，主要内容包括种子贮藏原理、种子的物理特性、种子清选原理和技术、种子干燥原理和方法、种子处理和包装、种子加工工艺流程、种子仓库有害生物防治、种子仓库及其设备、种子入库及贮藏期间的变化、种子贮藏期间的管理、主要种子贮藏技术、种子贮藏加工新技术，是一本内容系统、理论完整、资料新颖、技术先进的新教材。本书可作为高等农林院校植物生产类以及种子科学有关专业的教材，也可作为种子科技工作者及农业技术人员的参考书。

图书在版编目(CIP)数据

种子贮藏加工学 / 胡晋，关亚静主编． -- 3 版． -- 北京 ：中国农业大学出版社，2024．10． -- ISBN 978-7-5655-3273-3

Ⅰ．S339

中国国家版本馆 CIP 数据核字第 2024RU4973 号

书　　名　种子贮藏加工学　第 3 版
Zhongzi Zhucang Jiagong Xue

作　　者　胡　晋　关亚静　主编

策划编辑	何美文　韩元凤	**责任编辑**	韩元凤
封面设计	李尘工作室		
出版发行	中国农业大学出版社		
社　　址	北京市海淀区圆明园西路 2 号	**邮政编码**	100193
电　　话	发行部 010-62733489，1190	读者服务部	010-62732336
	编辑部 010-62732617，2618	出　版　部	010-62733440
网　　址	http://www.caupress.cn	**E-mail**	cbsszs @ cau.edu.cn
经　　销	新华书店		
印　　刷	河北朗祥印刷有限公司		
版　　次	2024 年 10 月第 3 版　　2024 年 10 月第 1 次印刷		
规　　格	185mm×260mm　　16 开本　　24.25 印张　　594 千字		
定　　价	65.00 元		

图书如有质量问题本社发行部负责调换

第3版编审人员

主　编　胡　晋　关亚静

副主编　胡伟民　何丽萍
　　　　　孙黛珍　王　洋

编　者　（以姓氏笔画为序）
王　洋（浙江农林大学）
王州飞（华南农业大学）
方永丰（甘肃农业大学）
关亚静（浙江大学）
刘　洁（四川农业大学）
孙黛珍（山西农业大学）
李　宁（山西农业大学）
何丽萍（云南农业大学）
张　慧（云南农业大学）
胡　晋（浙江大学）
胡伟民（浙江大学）
赵光武（浙江农林大学）
郭宝健（扬州大学）
鲁少平（华中农业大学）

主　审　张天真（浙江大学）

第2版编写人员

主　编　胡　晋

副主编　何丽萍　张文明　孙黛珍

编　者　（以姓氏笔画为序）

王州飞（南京农业大学）
王曙光（山西农业大学）
刘丕庆（广西大学）
关亚静（浙江大学）
孙　群（中国农业大学）
孙黛珍（山西农业大学）
闫吉治（河西学院）
何丽萍（云南农业大学）
张文明（安徽农业大学）
胡　晋（浙江大学）
胡伟民（浙江大学）
赵光武（浙江农林大学）
高灿红（安徽农业大学）

第 1 版编写人员

主　编　胡　晋

副主编　孙黛珍

编　者　胡　晋（浙江大学）
颜启传（浙江大学）
孙黛珍（山西农业大学）
宋文坚（浙江大学）
张文明（安徽农业大学）
王　玺（沈阳农业大学）

第 3 版前言

种子是我国粮食安全的关键。只有用自己的手攥紧中国种子，才能端稳中国饭碗，才能实现粮食安全。有了中国自己的种子，还要贮藏保管好种子，避免种子贮藏期间的活力下降和重量损失，才有助于我国的粮食安全，这也反映出种子贮藏加工在保障我国粮食安全中的重要作用和意义。本书第 2 版于 2010 年出版，经过 10 余年的教学应用，得到了师生的广泛好评，但随着科学技术的发展特别是种子科学技术的发展，一些知识需要更新，一些内容需要补充，现在本书第 3 版即将与大家见面了。全书在第 2 版的基础上，对内容做了修订和补充，如第四章种子干燥原理和方法中更新了种子干燥过程和加热干燥方法与机械；在第十一章主要种子贮藏技术中增加了一些作物种类种子的贮藏技术；对种子处理和熏蒸药剂进行了更新，删除了禁止使用的药剂等。本书第 3 版保留了第 2 版的编排体系，仍为 12 章，分别为种子贮藏原理、种子的物理特性、种子清选原理和技术、种子干燥原理和方法、种子处理和包装、种子加工工艺流程、种子仓库有害生物防治、种子仓库及其设备、种子入库及贮藏期间的变化、种子贮藏期间的管理、主要种子贮藏技术、种子贮藏加工新技术等。全书除了阐述种子贮藏与加工的基本原理和实用技术外，对种子贮藏加工方面的新理论和新技术的进展也做了补充，如种子引发技术进展、核心种质研究进展等。

参加本书编写修订的人员及分工为：绪论胡晋，第一章王洋，第二章张慧，第三章何丽萍，第四章方永丰，第五章赵光武，第六章何丽萍、张慧，第七章王州飞，第八章胡伟民，第九章李宁，第十章关亚静，第十一章胡晋、关亚静、鲁少平、孙黛珍、郭宝健、赵光武、李宁、刘洁、王州飞、胡伟民、方永丰、王洋、何丽萍，第十二章胡晋、关亚静、王洋、鲁少平。最后全书由胡晋统稿。

本书编写过程中参考引用了较多的文献，在此对所有作者表示谢意。中国农业大学出版社对本书的撰写、出版给予了大力支持和帮助，浙江大学农业与生物技术学院和浙江大学海南研究院也对本书的出版给予了支持，在此深表谢意。本书可作为高等农林院校植物生产类以及种子科学有关专业的教材，也可作为种子科技工作者及农业技术人员的参考书。

由于编写时间仓促，书中难免存在不足之处，敬请指正。

胡　晋

2024 年 3 月 31 日

于杭州紫金港

第2版前言

《种子贮藏加工》第1版于2001年出版，经过了近10年的教学应用，2007年申报并获批为普通高等教育“十一五”国家级规划教材。该书第2版即将与大家见面，全书以第1版为基础，在编排上做了改动，对内容做了修订和补充，如增加了种子加工的内容，增加了不同种类作物种子的贮藏技术，将原来“顽拗型种子贮藏”作为一节放入第十一章“主要种子贮藏技术”中等。全书由种子贮藏原理、种子的物理特性、种子清选原理和技术、种子干燥原理和方法、种子处理和包装、种子加工工艺流程、种子仓库有害生物防治、种子仓库及其设备、种子入库及贮藏期间的变化、种子贮藏期间的管理、主要种子贮藏技术、种子贮藏加工新技术及其应用等12章组成。除了阐述种子贮藏与加工的基本原理和实用技术外，对种子贮藏加工方面的新理论和新技术的进展也做了补充，如种子的超干贮藏、种子的超低温贮藏、种子引发技术进展、核心种质研究进展等。

本书编写分工为：绪论由胡晋编写，第一、十章由张文明编写，第二、三章由何丽萍编写，第四章由刘丕庆编写，第五章由赵光武编写，第六章由孙群编写，第七章由王州飞编写，第八章由胡伟民编写，第九章由王曙光编写，第十一章由孙黛珍、胡晋、张文明、何丽萍、刘丕庆、胡伟民、孙群、赵光武、王州飞、闫吉治编写，第十二章由胡晋、关亚静、高灿红编写。最后全书由胡晋统稿。

本书可作为高等农林院校植物生产类以及种子科学有关专业的教材，也可作为种子科技工作者及农业技术人员的参考书。

由于编写时间仓促，书中难免存在不足之处，敬请指正。

编　者

2010年5月18日

于杭州华家池

第1版前言

种子贮藏加工是深入阐述种子贮藏与加工原理和技术及贮藏加工过程中种子生命活动规律的一门应用科学。农业现代化的发展，离不开种子科学技术，种子贮藏加工是种子科学技术的一个重要部分，对农业生产实践具有十分重要的指导意义。可以说种子贮藏保存部分是种子科学中最古老、历史最悠久的一部分。浙江余姚河姆渡遗址发现大量农业工具和“杆栏式”仓房、大量炭化稻粒，距今已有7 000年左右，这是中国已发现的最早仓房遗迹。从我国西安出土的5 000多年前半坡村遗址中发现有贮粮地窖，盛有许多炭化粟粒，这是中国迄今发现最早的地下贮粮设施。《齐民要术》(成书于6世纪30年代左右)中对于防虫采用日晒后趁热入仓贮藏方法，这个方法经过现代科学的验证，至今仍在小麦等种子贮藏上应用。它不但防治虫害，减少污染，节约费用，而且有利于保持种用和食用品质。

随着我国农业生产的快速发展，种子工程的实施，种子产业化体系的建立，种子贮藏加工在农业持续发展中的作用日趋重要。随着我国改革开放的深入，加入世贸组织后的挑战，种子商品的国际贸易量增大等对种子贮藏加工都提出了新的要求。希望本书的出版能为我国农业生产及种子科学和种子事业的发展，提高我国的种子贮藏加工科学技术水平出一份力。

本书是在以往长期教学、科研的基础上，参考目前国内外种子贮藏加工科学领域研究的进展和成果编写而成，是学习和掌握种子贮藏加工科学技术的工具书。全书由种子贮藏原理、种子的物理特性、种子加工原理和技术、种子仓库害虫及其防治、种子微生物及其控制、种子仓库及其设备、种子的入库、种子贮藏期间的变化、种子贮藏期间的管理、低温仓库种子贮藏特点和管理、主要作物种子贮藏技术、顽拗型种子贮藏、种子贮藏加工新技术及其应用等13章组成。全书除了阐述种子贮藏与加工的基本原理和实用技术外，对种子贮藏加工方面的新理论和新技术也做了介绍，如种子的超干贮藏、种子的超低温贮藏、种子包衣与引发技术进展、核心种质的研究、计算机在种子贮藏加工方面的应用等。

本书编写分工为：绪论、第一章、四章、五章、十章、十二章、十三章由胡晋编写，第六章由颜启传编写，第二章、七章、八章、九章由胡晋、孙黛珍编写，第三章由宋文坚、胡晋、孙黛珍编写，第十一章由胡晋、宋文坚、孙黛珍、王玺、张文明编写。

本书可作为高等农林院校种子科学有关专业的教材，也可作为种子科技工作者及农业技术人员的参考书。

由于编写时间仓促，书中难免存在不足之处，敬请指正。

编　者

2000年7月26日

于杭州华家池

目　　录

绪　论

一、种子贮藏加工学研究的内容和任务

种子贮藏加工学是研究种子贮藏与加工原理和技术及贮藏加工过程中种子生命活动规律的一门应用科学。

种子贮藏加工学是种子科学中一门十分重要的应用科学，直接涉及种子寿命的保持和种子衰老的机理。同时，它是指导种子安全贮存工作的理论基础，而且与农业生产有着密切的关系。因此，种子贮藏加工学在理论上和生产实践上都有十分重要的作用。

种子贮藏加工学的研究内容包括种子贮藏生理、种子的物理特性、种子清选原理和技术、种子干燥原理和方法、种子处理和包装技术、种子仓库害虫防治和微生物控制、种子仓库及其设备、种子的入库及种子贮藏期间的变化和管理、主要作物种子贮藏技术、顽拗型种子贮藏等。

种子贮藏加工学的任务是阐明种子在贮藏期间的生命活动变化规律及与贮藏环境条件的相互关系，探索不同种类种子的最佳贮藏条件，创造优良的环境，使种子的生活力和活力保持在尽可能高的水平，使种子数量的损失降到最低的限度，为农业生产提供高质量的种子，为植物育种家提供丰富的种质资源。

种子贮藏与加工是种子产业体系的重要环节之一，直接为农业生产服务。种子贮藏加工学的建立和发展与其他学科有着密切的联系，如与种子生理学、植物学、植物生理学、育种学、遗传学、生物化学、生物统计学、昆虫学、微生物学等学科有关，甚至还与物理学、建筑学的知识有关。

二、种子贮藏加工在农业生产中的重要性

种子是极为重要的生产资料，是活的生产资料。高质量的种子是农业增产的关键因素。种子从播种开始到成熟被收获，这一阶段是在田间度过的；从收获到再次播种，也就是等待下一次播种这段时间是在室内度过的，而室内阶段往往比田间阶段更长（如水稻），如是供歉收年份用的备荒种或是品种资源，则在仓中的时间更长。因此，种子贮藏工作显得特别重要。众所周知，生产上的良种，是指优良品种的优质种子，而优质的种子必须纯净一致、饱满完整、健康无病虫、活力强，要做到这些，就要在种子室内阶段上下功夫，也就是要在种子加工与贮藏上努力。减少贮藏期间种子的数量损失和生活力及活力损失，与田间增产粮食具有同等重要的意义。

良好的贮藏条件和科学的加工与贮藏管理方法可以延长种子的寿命，提高种子的播种品质，保持种子的活力，为作物的增产打下良好的基础。反之，如果种子贮藏工作没做好，轻则使种子生活力、活力下降，发芽力低到不能作为种用，重则整仓种子发热霉烂生虫，不能转商，也

不能供给人畜食用，给生产上播种带来困难，使经济上遭受重大损失，给农业生产带来巨大损失。特别是杂交种子，价格较高，贮藏不当，损失更大。种子安全贮藏的意义在于：保持种子的优良种性；节约种子、粮食，减少保管费用，种子数量不发生意外的减少；为扩种、备荒提供种子；为育种工作者提供种质，创造新物种；为种子经营提供物质保证。

三、种子贮藏加工的发展

（一）种子贮藏的发展

1. 古代种子贮藏的萌芽阶段

我国古代光辉灿烂的文化，是和我们的祖先能利用种子建立世界上最早的古代农业分不开的。大量的史料表明，种子与人类的历史和文化紧密联系。中国古代，从游牧狩猎转为定居即建立原始农业之时，人们要从事野生植物的迁地栽培和周期性的耕种，随着作物的人工栽培，自然会遇到采种、保存和播种工作中的许多问题。浙江余姚河姆渡遗址发现大量农业工具和“杆栏式”仓房、大量炭化稻粒，距今已有 7 000 年左右。这是中国已发现的最早仓房遗迹。从我国西安出土的 5 000 多年前的半坡村遗址中发现有贮粮地窖，盛有许多炭化粟粒，这是中国迄今发现最早的地下贮粮设施。

我国是一个农业古国，又是世界上最大的植物起源中心之一，我们的祖先通过长期的辛勤劳动，在播种、收获和保藏、处理种子方面，积累了丰富的经验和知识。早在 2 400 多年前的《周礼》中就有种子方面的论述。汉朝的《氾胜之书》与北魏的《齐民要术》是根据我国当时黄河中游农业生产而写成的实践综述。内容包括农、林、牧、副等各方面。其中关于作物采种、留种技术及保藏种子的方法都有十分宝贵的记载。在《氾胜之书》中记有豆类与麦类的采种经验。例如，“取麦种，候熟可获，择穗大强者斩，束立场中之高燥处，曝使极燥”。关于麦种的虫害防治则采用“取干艾杂藏之，麦一石，艾一把，藏以瓦器竹器”。说明我国古人在 2 000 多年以前就已创造了药物保存种子和防病灭虫的方法。该书“溲种篇”还记述将种子裹上粪肥以作种肥之用，可看成目前广泛应用的种子“丸化”技术的萌芽。《齐民要术》中对于防虫则采用日晒后趁热入仓，即“窖麦法，必须日曝令干，及热埋之”。这个方法经过 20 世纪 50 年代全国科研与粮食保管单位共同验证，它不但防治虫害，而且有利于保持种用和食用品质，对于保管小麦作物尤为适宜，至今仍在应用。对保藏种子的适宜条件也有所记述，例如当时已知板栗不耐干燥，需湿沙混藏，并且要防冻。“栗初熟，出壳，即于屋里埋著湿土中。埋必须深，勿令冻彻。若路远者，以韦（皮革）囊盛之。停二日以上，及见风日者，则不复生矣；至春二月，悉芽生而种之。”实际上已提出了顽拗型种子的贮藏问题。

总结农业生产、记载有关种子贮藏和加工技术的书籍，我国历代都有，比较著名的如唐代的《四时纂要》、元代的《农桑衣食撮要》、明代的《农政全书》等。可见我国农业技术的发展过程，许多是很值得我们用科学方法去总结与应用的。

2. 近代种子贮藏的发展

种子贮藏加工学是种子学的一个分支。1869 年奥地利科学家 Nobbe（诺倍）在德国首次发表了种子科技方面的巨著《种子学手册》，因而被推崇为种子学的创始人。此后，许多杰出的科学家对种子科学做出了引人注目的贡献，在贮藏加工方面如 De Vries（1891）揭示后熟与温度的关系，Haberlandt（1874）等对种子寿命的长期研究等。国外，关于种子贮藏的书刊在 19

世纪30—40年代开始问世，1832年法国Aug. Pyr. de Candolle在他的《蔬菜生理学》一书中，列入了“种子保存”这一章。他指出，如果将种子贮藏在隔热、防潮和避免氧气影响的条件下，种子的生命就可延长。在19世纪30年代至少有三四本用法文和德文写的有关种子贮藏的书。1840—1875年，每10年出版的著作较19世纪30年代略少，但一般都增加了内容深度。从1875年起至今，发表的报道数量激增，有关种子贮藏的文献已不可能由一个人来进行文字综述。1890—1910年，发表的论文大量增加，而用英文写的越来越多。除在种子贮藏方面增加实用知识外，科研工作者对测定种子寿命也很感兴趣。

3. 20世纪种子贮藏的快速发展

20世纪是种子科学迅猛发展并推动世界各国种子工作及农业生产前进的重要时期。在20世纪中叶后，涉及种子贮藏方面的重要著作不少，如苏联科学家柯兹米娜(Н. П. Козьмина)的《种子学》，什马尔科(В. С. Щмалько)的《种子贮藏原理》，鲁契金(В. Н. Ручкин)的《农产品贮藏与加工原理》，我国叶常丰等的《种子学》(1961)及《种子贮藏与检验》(1961)，美国朱斯梯士(O. L. Justice)和巴士(L. N. Bass)合著的《种子贮藏原理与实践》等，这些著作对我国种子科学尤其贮藏加工的普及和发展起了积极的作用。1980年，国际种子检验协会(ISTA)设立了种子贮藏委员会，下分7个工作组：气调贮藏、运输中生活力的保持、老化的生理学、长期贮藏对种子遗传完整性和行为的影响、顽拗型种子的贮藏、种源地对种子寿命的影响、贮藏真菌对种子寿命的影响。1974年成立的国际植物遗传资源委员会(IBPGR)，其使命是鼓励、支持和开展各种活动，以加强全世界植物遗传资源的保存和利用工作，并在中国设有办事处。1994年IBPGR改组为国际植物遗传资源研究所(IPGRI)，而今，IPGRI又改称为Bioversity International。这些国际机构与组织对推动世界各国种子科技和种子贮藏工作的发展发挥了重要的作用。

近年来，在各国科学家的共同努力下，种子贮藏加工科学的发展达到了更高的阶段，在种子生命活动及劣变过程中的亚细胞结构变化和分子生物学、种子活力的测定、种子寿命的预测、顽拗型种子的贮藏、种子的超干贮藏、种子的超低温贮藏、核心种质的构建和保存等方面的研究均达到了一定的深度。

新中国成立前，我国的种子产业未从粮食部门中独立出来，种子贮藏加工方面可以说摸索到了一些经验。新中国成立后，农业生产迅速发展，种子工作和相应的学科受到重视而逐步加强。20世纪50年代开始，大力贯彻推行“自选、自繁、自留、自用，辅之以必要的调剂”的种子工作方针，各地纷纷建立种子仓库，但以民房改建的简易仓较多，条件较差。1978年根据国家加强种子工作的精神，各地先后建立了各级种子公司，并在以往“四自一辅”方针的基础上，总结过去长期实践经验，提出了种子工作“四化一供”，即“种子生产专门化，种子加工机械化，种子质量标准化，品种布局区域化；并以县为单位组织统一供种”。这期间种子仓库建造大量增加，质量也有所提高，而且不少地方还建立了低温库和种子加工厂，使种子贮藏的年限得到延长。1995年我国提出创建种子工程。种子工程具体包括种质资源收集和利用、新品种选育和引进、品种适应性区域试验、新品种审定和管理、原种繁殖、良种生产、种子加工精选、种子包衣、种子挂牌包装、种子贮藏保管、种子收购销售、种子调拨运输、种子检疫、种子检验和种子管理15个内容。我国还制定了一系列种子的规程和法规。1989年国务院颁布了《中华人民共和国种子管理条例》，1991年提出了实施细则。2000年7月8日第九届全国人民代表大会常务委员会通过了《中华人民共和国种子法》，自2000年12月1日起施行，国务院发布的种子管理条例同时废止。2021 年 12 月 24 日，中华人民共和国第十三届全国人民代表大会常务委员会第三十二次会议通过《全国人民代表大会常务委员会关于修改〈中华人民共和国种子法〉的决定》，自 2022 年 3 月 1 日起施行，《中华人民共和国种子法》第一章第六条指出："省级以上人民政府建立种子储备制度，主要用于发生灾害时的生产需要及余缺调剂，保障农业和林业生产安全。对储备的种子应当定期检验和更新。"第五章第四十条还明确规定："销售的种子应当加工、分级、包装。但是不能加工、包装的除外。"从而，在法律上对种子贮藏加工提出了更高的要求。

目前，据不完全统计，我国已建成国家种质保存长期库和长期异地复份保存库各 1 座，中期库 39 座，至今保存的资源总量达 54 万余份，其中长期库 46.5 万份（340 类作物，2 700 余种），长期保存的种质数量位居世界第一。

（二）种子加工的发展

种子加工是种子产业链中的重要一环，是提高种子质量的重要手段。新中国成立前，我国种子加工手段十分落后，精选种子的工具主要是农家使用的风车、筛子、簸箕等。新中国成立后，随着种子事业的发展，种子加工机械从无到有、从单机到配套、从国外引进到国内自主制造，获得了较快的发展。回顾我国种子加工机械化的前进历程，大致可分为下面几个阶段。

1. 起步阶段

20 世纪 50 年代初期，我国从苏联引进了少量种子加工精选设备，投放在东北、新疆等大型机械化农场使用。随后又从匈牙利等国引进了若干台清选机。1957 年在河南开封联合收割机厂试制了我国第一台 0.8 型种子清选机，一直生产到 60 年代中期，1959 年沈阳农具厂试制了一种 3.0 型复式清选机，这两种机型都没有做到批量生产，推广数最少。1965 年还从日本引进过 5 台谷物脱粒机。直到 1975 年，我国种子加工机械数量还很少，更没有成型的专业生产企业。

1975 年在全国种子工作会议上，提出要发展种子加工机械。1976 年国家投资将原河北省石家庄市良棉轧花厂改造建成国内第一家种子机械专业生产企业——石家庄市种子机械厂。1977 年黑龙江省宝清县八五二农场建立了种子清选机厂。与此同时，农业机械部和农业部组织专家研究选型，并于 1976—1977 年从民主德国皮特库斯公司引进了 K541 型复式种子清选机，从瑞士布勒公司引进 MTLB-100 型重力（比重）清选机作为样机，进行测绘、仿制，生产出两种国产的种子加工单机，并分别命名为 5XF-1.3A 型风筛清选机和 5XZ-1.0 型重力（比重）清选机。在此期间国内其他一些科研单位也开发研制了一批单机，如 5X-0.7 型清选机及其他类型的烘干机、小型脱粒机、小型轧花机等。另外，很多种子经营者积极购置机械，进行加工精选，这些都标志着我国种子加工机械化工作开始起步。

2. "四化一供"阶段

1978 年国务院批转农林部《关于加强种子工作的报告》，要求各部门要密切配合，尽快实现种子加工机械化。此后各级政府和种子部门都把种子加工机械化摆上了重要议事日程，加大投资力度，成立种子加工机械专门机构，组织示范推广。从此我国种子加工机械的生产和推广工作都得到较快发展。

机械制造部门按照国务院的要求，努力仿制、试制、生产各种种子加工机械，很短时间，生产企业发展到近 30 家，产品有 20 多种类型 200 多个型号规格，年生产能力超过 5 000 台，单机生产率 0.5～0.7 t/h。但这时生产和使用的主要是单机，成套设备很少。

1979—1980 年，河北、山西、内蒙古、吉林、黑龙江、山东、江苏、河南等省、自治区自筹外汇，进口各种不同类型的种子加工成套设备。如河北正定从瑞士布勒公司引进精选加工成套设备，山西忻州从美国克力伯公司引进种子干燥、精选加工成套设备，内蒙古通辽、黑龙江绥化从美国玉米州公司引进玉米果穗干燥、精选加工成套设备，吉林怀德（公主岭）从美国玉米州公司引进玉米果穗烘干设备、从瑞士布勒公司引进玉米种子精选加工成套设备，吉林省吉林市从日本山本制作所引进水稻种子干燥、精选加工成套设备，山东聊城从美国拉莫斯公司引进棉籽轧花、从美国西方石油设备公司引进棉籽泡沫酸脱绒设备，河南偃师从丹麦西伯利亚公司引进子粒烘干、精选加工成套设备。

在积极引进国外成套设备的同时，1980 年利用建设第二批“四化一供”试点县的资金，由黑龙江省农副产品加工机械化研究所在黑龙江呼兰县利用已经推广使用的两种单机连线组建成一条简易种子加工流水线，这是我国种子加工成套设备的雏形。

为抓好种子精选机的质量，1978 年农业机械部生产局和农业部种子局联合召开了制造和使用单位参加的种子精选机质量汇报座谈会，认真地研究提高种子加工机械质量的措施，经过几年的努力，国产种子加工单机质量有了很大的改进和提高。原甘肃省酒泉种子机械厂生产的 5XF-1.3A 型复式种子精选机，1985 年获国家优质产品银质奖，还有部分产品出口到国外。

到 1981 年，全国各地已拥有各种不同类型种子精选机 5 000 多台，种子烘干机 260 多台，烘干室、烘干房、烘干炕 1 400 多个，同时引进了 10 套现代化种子加工设备。精选的作物也从麦类、稻谷、玉米扩大到高粱、谷子、豆类、麻类和绿肥。使用的范围也由试点县发展到全国各省、自治区、直辖市各级种子公司（站）。1978 年精选种子不到 5 万 t，1979 年增加到 20 万 t，1980 年达到 60 万 t。

“六五”期间种子加工机械化投资渠道有所拓宽，除种子专项投资外，还有商品粮基地等其他方面的资金扶持，因而加快了发展进程。在加工机械装备方面，一是国内多个科研、生产部门，测绘、仿制和自主研制，如农业部农业工程研究设计院在研学了从奥地利海德公司引进的设备后，结合我国的实际情况，设计生产了每小时喂入量为 5 t 小麦种子的加工成套设备；上海向明机械厂开发出每小时喂入量为 1 t 小麦种子的加工成套设备；为解决多年来东北地区种子收获时，常遇低温早霜，种子脱水困难，极易受冻而丧失发芽力的问题，在研学了美国和法国相关设备后，由农业部种子局委托黑龙江省农副产品加工机械化研究所，利用原有仓库设计建造了玉米果穗烘干室等。二是继续引进国外新的技术、先进的成套加工设备。1983 年利用联合国开发署提供的资金，从美国西方石油设备公司引进棉籽稀硫酸脱绒设备，安装在重点产棉县湖北省仙桃市，其后农业部农业工程研究设计院与湖北省机电研究院研学了这方面技术资料，开发研制了国产棉籽泡沫酸脱绒设备。

为抓好引进成套设备的使用、管理，提高作业效率和质量，1982 年全国种子总站召开了第一次种子加工厂工作会议，会议要求在建的厂要加快建设速度，争取早日投产；已建成的加工厂要学好操作技能，建成规章制度，保证正常运转。为进一步推动种子加工机械化发展，1986 年在湖北省武汉市召开了第二次全国种子加工精选工作会议。会上统计，经过“六五”期间的建设，到 1985 年底，全国拥有种子精选机 9 514 台，累计加工各类种子 465 万 t，并评出 6 个省市级、17 个地县级种子机械加工先进单位，70 名先进个人和优秀机手。

“七五”和“八五”期间投资渠道进一步拓宽，除了种子方面的专项投资外，世界银行贷款、商品粮基地、优质棉基地、农业综合开发等项资金，都有购置种子加工机械的内容，另外，地方政府和种子公司(站)，为提高商品种子的竞争力，也积极建立种子加工厂，因此种子加工机械化得到了更快的发展。

针对我国研制、生产种子加工机械历史短，经验不足，国产设备质量普遍较差的情况，1987年，全国种子总站编写了《组建种子加工厂管理办法(试行)》和《种子加工成套设备(精选加工部门)验收规定(试行)》两个文件，印发全国各地执行，对促进国产种子加工成套设备质量提高起了一定作用，为以后制定种子加工成套设备行业标准奠定了基础。为了进一步交流总结发展种子加工机械化的经验，召开了第三次全国种子精选工作会议，从会议上反映的情况看，“七五”期间种子加工机械化的发展发生了新的变化：由单机向机组和成套设备发展，由小型向中型发展，由粮食作物向棉花、蔬菜等多种作物发展，由单纯的加工精选向拌药、包衣、丸粒化、包装发展。特别是国产化率大幅度上升，质量显著提高。会上统计，到1989年全国拥有种子精选机8 480台，因刚淘汰了一大批质量较差的旧机械，故总量有所下降，但成套设备发展到223套，整个加工机械质量有了很大提高。

由于“七五”“八五”期间投入力度加大，加上各级领导和种子部门对种子加工精选工作更加重视，农民对种子质量要求也高，因此，这10年(1986—1995年)种子加工机械化发展速度较前10年要快得多。1995年种子加工单机9 000多台，成套设备612套，比1989年增加389套；种子加工精选能力达330万t，种子加工精选量达240万t，较“六五”期间都有较大幅度增长。

3. 种子工程阶段

1996年开始实施种子工程。种子工程是以加工包装和标牌统供为突破口的“抓中间、带两头”的战略，因此“九五”期间对加工机械化工作，各级政府和种子部门无论重视程度、工作力度，还是投资金额都是前所未有的。到1999年农业部组织建设了215个大中型种子加工中心、种子包装材料厂和种子机械厂，其中种子加工成套设备2000年已达到767套，比1995年增加155套，增长25%。

为了保证种子精选任务的完成，1999年全国农业技术推广服务中心在江西省南昌市召开第四次全国种子加工工作会议，会议总结交流了种子精选加工推广工作的情况和经验；汇报了种子加工项目建设情况；着重研究了种子机械生产厂建设中存在的问题和解决措施，有效地指导了种子加工中心和种子机械生产企业在建项目的实施。

截止到“九五”种子工程结束，全国拥有种子加工能力490万t，比1995年增加160万t，增长48%；种子加工精选量350万t，比1995年增加110万t，增长46%；种子包衣量150万t，比1995年增加110万t，增加了2.75倍；水稻、小麦、玉米、棉花四大作物的标牌统供量360万t，比1995年增加170万t，增长89.4%。因此“九五”种子工程是加工机械化大发展时期。

通过“九五”种子工程的实施，2000年后种子企业对加工更加重视，特别是2000年《种子法》的实施，将企业拥有种子加工机械作为申领许可证的必要条件之一，同时种子企业根据自身的发展需要，新建了一批种子加工包装中心，种子市场对种子加工工作提出了更高要求。种子加工机械化扎实稳步地向前推进。

2002—2007年，我国登海种业、敦煌种业等种子企业与先锋、先正达等世界玉米种子加工巨头强强联合，在国内建设了多家玉米种子“育繁推”合资企业。这些企业的生产模式很快引领了我国玉米种子产业，尤其是在种子加工模式方面最为突出。

2007—2015 年，国内玉米种子加工业通过不断合作创新，逐步形成了一套成熟统一的玉米种子加工工艺流程。在玉米种子加工过程中，应该从果穗收获和种子加工两个环节上考虑，降低对玉米种子的破碎，发挥种子加工设备最佳加工性能。

总之，我国的种子加工技术于 20 世纪 70 年代通过借鉴和研学国外先进设备开始起步，经过近 40 年的发展，相关技术和产业已经取得了长足的进步。我国种子市场容量目前已经位居世界第二，且种子粗加工能力达到 20 亿 t。但就技术水平、产业化能力而言，我国的种子加工技术与世界一流水平尚有差距，20 亿 t 的产能中，精加工的数量不到 30%，种子加工业发展滞后于种子产业发展。因此，要提高我国种子加工技术水平，就必须掌握国外种子加工行业的动态，以缩短与先进国家种子加工技术的差距。目前，全球种子加工设备制造企业按区域特点可划分为三个板块，即以德国 PETKUS 公司、丹麦 CIMBRIA 公司、丹麦 Westrup 公司和奥地利 HEID 公司为代表的欧洲板块；以美国 OLIVER 公司、CARTER DAY 公司和 Gustafson 公司等为代表的美洲板块；以中国的奥凯种子机械有限公司、绿炬种子机械厂和日本三本等为代表的亚洲板块。

4. 种业振兴阶段

为深入贯彻落实《国务院关于加快推进现代农作物种业发展的意见》(国发〔2011〕8 号)和《国务院办公厅关于深化种业体制改革提高创新能力的意见》(国办发〔2013〕109 号)，依据《国家中长期科学与技术发展规划纲要(2006—2020 年)》《国家粮食安全中长期规划纲要(2008—2020 年)》和《国务院关于深化中央财政科技计划(专项、基金等)管理改革方案的通知》(国发〔2014〕64 号)，启动实施水稻、玉米、小麦、大豆、棉花、油菜、蔬菜等七大农作物育种试点专项。

专项按照“加强基础研究、突破前沿技术、创制重大品种、引领现代种业”的总体思路，以七大农作物为对象，重点部署五大任务，即优异种质资源鉴定与利用、主要农作物基因组学研究、育种技术与材料创新、重大品种选育、良种繁育与种子加工。根据重点研发计划的统一部署，2016 年在优异种质资源鉴定与利用、基因组学研究、育种技术与材料创新 3 个领域方向启动了 21 个项目；2017 年围绕重大品种选育和良种繁育 2 个领域方向启动了 20 个项目。这些项目的组织实施取得了初步成效。在此基础上，2018 年度启动包括重大品种选育领域方向 7 个项目和良种繁育与种子加工领域方向 3 个项目。良种繁育与种子加工主要开展“主要农作物良种繁育关键技术研究与示范”“主要农作物种子活力及其保持技术研究与应用”“主要农作物种子加工与商品质量控制技术研究与应用”。特别是“主要农作物种子加工与商品质量控制技术研究与应用”，开展了水稻、小麦、玉米、大豆、油菜、棉花、蔬菜等主要农作物种子精选、加工、处理等过程中低损伤加工技术研究；研究种子精选、贮存、种子处理等环节关键技术并制定标准化规程；研究主要农作物种子易传播病害检测及防控消毒技术，建立种子健康标准化控制体系；研制改进种子精选、漂洗、包衣、丸粒化、包装等环节绿色、节能、智能配套设备，针对我国主要农作物种子加工研究建立新工艺技术体系及智能控制系统；研制从种子收获、干燥后到播种前的全过程种子质量检测技术体系。

2020 年 12 月中央经济工作会议指出要解决好种子和耕地问题。保障粮食安全，关键在于落实藏粮于地、藏粮于技战略。2021 年 7 月 9 日，中央全面深化改革委员会第二十次会议，审议通过《种业振兴行动方案》，强调保障种源自主可控比过去任何时候都更加紧迫；必须把种源安全提升到关系国家安全的战略高度，集中力量破难题、补短板、强优势、控风险，实现种业科技自立自强、种源自主可控。2021 年 8 月，国家发展改革委、农业农村部联合印发的《“十四五”现代种业提升工程建设规划》指出，种业处于农业整个产业链的源头，是建设现代农业的标志性、先导性工程，是国家战略性、基础性核心产业。《种子法》于2021年12月24日第四次修订，自2022年3月1日起实施，为中国种业振兴保驾护航。2022年4月10日，习近平总书记在海南省三亚市崖州湾种子实验室考察调研时强调，种子是我国粮食安全的关键。只有用自己的手攥紧中国种子，才能端稳中国饭碗，才能实现粮食安全。这标志着我国种业开始进入现代种业发展阶段和全面快速发展时期。

为响应国家种业振兴计划，除央企强势进入种业成为国内主要种企实际控制人外，多个省份纷纷筹备、组建省级种业集团，提高本省种业竞争力，区域性种业大集团应运而生。种业兼并重组加快，逐步形成“国进民退”的种业格局。与此同时，种子加工技术与加工机械也得到了较快的发展。

第一章　种子贮藏原理

种子从成熟收获到再次播种之前，需经过或长或短的贮藏阶段，种子在贮藏期间发生的生理生化变化，直接影响种子的安全贮藏。种子贮藏期限的长短，因作物种类、贮藏条件等不同而不同。不适宜的贮藏条件（如高温、高湿等）会加速种子的劣变，导致种子活力下降甚至丧失。种子贮藏（seed storage）的任务就是采用合理的贮藏设备和先进科学的贮藏技术，人为地控制贮藏条件，使种子劣变降低到最低限度，最有效地保持较高的种子发芽力和活力，从而确保种子的播种价值。因此，了解和研究种子在贮藏期间的内部生理生化变化规律及其与外部环境条件的相互关系，掌握种子贮藏的基本原理，对探索和采用最适宜的种子贮藏技术和管理措施从而保证种子安全贮藏具有重要意义。

第一节　种子的呼吸

呼吸是生命存活的标志。有生命的种子，与其他活的生物体一样，每时每刻都在进行着呼吸作用。即使是非常干燥或处于休眠状态的种子，呼吸作用也仍在进行，只是强度相对减弱。种子的呼吸作用与种子的安全贮藏有着非常密切的关系，因此，了解种子的呼吸及其各种影响因素，对控制种子的呼吸作用和做好种子的安全贮藏工作具有重要的实践意义。

一、种子呼吸的概念

（一）呼吸作用的概念

种子的呼吸作用（respiration）是指种子内的活组织，在酶和氧的参与下，将本身贮藏的有机物质进行一系列的氧化还原反应，最后生成二氧化碳或其他产物，同时释放出能量的过程。

种子的任何生命活动都与呼吸密切相关，呼吸的过程是将种子内贮藏物质不断分解的过程，它为种子提供生命活动所需的能量，促使有机体内生化反应和生理活动正常进行。呼吸过程中释放的能量一部分以热能的形式散发到种子外面，另一部分储存在 ATP 中。当 ATP 在酶的作用下分解时，就把储存的能量释放出来，用于种子的生命活动。同时，呼吸作用的一些中间产物，可以成为种子生命活动的物质来源。种子的呼吸作用是贮藏期间种子生命活动的集中表现，因为贮藏期间种子不存在同化过程，而主要进行的是贮藏物质的分解作用和种子的劣变过程。

在种子呼吸过程中，被氧化分解的物质称为呼吸底物或呼吸基质。种子中的糖类、有机酸、脂肪、蛋白质和氨基酸等化学成分均可作为呼吸底物，但最常利用的呼吸底物是葡萄糖。不同的呼吸底物在被氧化分解过程中所释放的能量多少有所差别，脂肪在呼吸氧化过程中产生的能量最多，比等量的蛋白质或糖类在呼吸氧化过程中产生的能量几乎高 1 倍。

(二)呼吸作用的部位

呼吸作用是活组织特有的生命活动，如禾谷类种子只有胚(embryo)部和糊粉层(aleurone layer)细胞是活组织，所以种子的呼吸作用是在胚和糊粉层细胞中进行。种胚虽然只占整粒种子的3%～13%，但它是生命活动最活跃的部分，呼吸作用以胚部为主，其次是糊粉层。果种皮(pericarp and seed coat)和胚乳(endosperm)经脱水干燥后，细胞已经死亡，因而不存在呼吸作用。但果种皮和种子的通气性有关，也会影响到种子呼吸的性质和强度。

二、种子呼吸的性质

种子呼吸的性质(又称呼吸的方式或途径)，根据是否有外界氧气参与分为有氧呼吸(aerobic respiration)和缺氧呼吸(又称无氧呼吸，anaerobic respiration)两类。

(一)有氧呼吸

有氧呼吸也就是通常所指的呼吸作用，即种子的活组织细胞在外界氧气的参与下，通过酶的催化作用，将种子中贮藏的糖类等有机物质彻底氧化分解，产生二氧化碳和水，同时释放出较多能量的过程。如以葡萄糖为呼吸底物，其过程可以简述如下：

$$C_6H_{12}O_6 + 6O_2 \longrightarrow 6CO_2 + 6H_2O + 2\ 870.224\ \text{kJ}(686\ \text{kcal})$$

葡萄糖　　氧气　　二氧化碳　　水　　　　能量

(二)缺氧呼吸

缺氧呼吸一般是指种子中活细胞在缺少空气中的游离氧气的条件下，通过酶的催化作用，把种子贮存的某些有机物质分解成为不彻底的氧化产物，同时释放出少量能量的过程。其代表反应式如下：

$$C_6H_{12}O_6 \longrightarrow 2C_2H_5OH + 2CO_2 + 100.416\ \text{kJ}(24\ \text{kcal})$$

葡萄糖　　　　酒精　　二氧化碳　　能量

缺氧呼吸有多种代谢途径，一般缺氧呼吸产生乙醇(酒精)，但马铃薯块茎、甜菜块根、胡萝卜的根和玉米的胚等进行缺氧呼吸时，则产生乳酸，其反应式如下：

$$C_6H_{12}O_6 \longrightarrow 2CH_3COCOOH + 4H \longrightarrow 2CH_3CHOHCOOH + 75.312\ \text{kJ}\ (18\ \text{kcal})$$

葡萄糖　　　　丙酮酸　　　　　　　　乳酸　　　　　能量

综上所述，可见有氧呼吸和缺氧呼吸的区别：有氧呼吸需要外界氧气的参与，将有机物质彻底分解，释放出大量能量；而缺氧呼吸则不需要外界氧气参与，有机物质的分解不彻底，释放出的能量也较少。

有氧呼吸和缺氧呼吸在初期阶段是相同的，直到糖酵解形成丙酮酸后，由于氧的有无而形成不同途径。在有氧情况下，丙酮酸经三羧酸(TCA)循环，最后完全分解为 CO_2 和 H_2O；在缺氧情况下，丙酮酸不经 TCA 循环，而直接进行酒精发酵或乳酸发酵等。其过程示意如下：

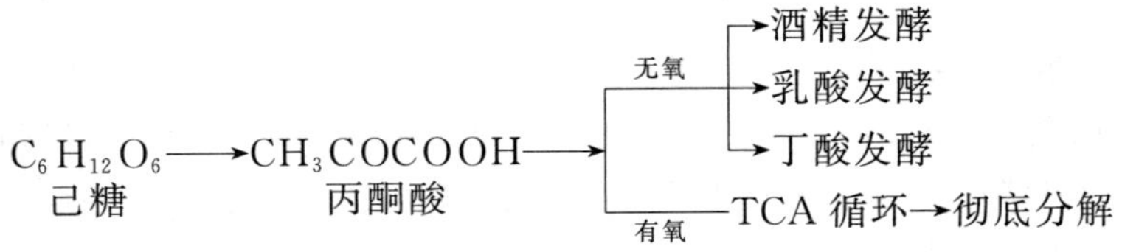

种子呼吸的性质随环境条件、作物种类和种子品质的不同而不同。干燥的、果种皮紧密的和完整饱满的种子，处在干燥低温、密闭缺氧的条件下，以缺氧呼吸为主，呼吸强度低；反之则以有氧呼吸为主，呼吸强度高。种子在贮藏过程中，两种呼吸方式往往同时存在，通风透气的种子堆，一般以有氧呼吸为主，但在大堆种子底部仍可能发生缺氧呼吸。若通气不良，氧气供应不足时，则缺氧呼吸占优势。含水量较高的种子堆，由于呼吸旺盛，堆内温度升高，如果通风不良，便会产生乙醇，此类物质在种子堆内积累过多，往往会抑制种子的呼吸，甚至使种胚中毒死亡。

三、种子的呼吸强度和呼吸系数

种子的呼吸作用通常可以用 2 个指标来衡量，即呼吸强度(respiratory intensity，又称呼吸速率 respiratory rate)和呼吸系数(respiratory coefficient，又称呼吸商 respiratory quotient，简称 RQ)。

(一)呼吸强度

呼吸强度是指一定时间内，单位重量种子呼吸所放出二氧化碳的量或吸收氧气的量。它是表示种子呼吸强弱的指标，常用单位是 mg CO_2/(g · h)或 mg O_2/(g · h)，实际测定中，CO_2或 O_2 的量也可以用 μg、μmol、mL、μL 等表示；种子(或干物质)的重量也可以用 1 000 g 或 100 g 等表示；时间也可以用 6 h、24 h、周等表示。

种子贮藏过程中，无论是有氧呼吸还是缺氧呼吸，呼吸强度增强都是对种子不利的。种子长期处在有氧呼吸条件下，放出的水分和热能会加剧呼吸作用，加速贮藏物质的消耗和种子生活力的丧失。对水分较高的种子来说，在贮藏期间若通风不良，种子呼吸放出的一部分水汽会被种子吸收，而释放出来的热能则积聚在种子堆内不易散发出来，因而加剧种子的生理生化代谢作用；在密闭缺氧条件下，呼吸强度越大，越易造成缺氧而产生和积累有毒物质，导致种子窒息而死亡。因此，对水分含量较高(超过安全水分)的种子，入仓前应充分通风换气和晾晒干燥，然后再密闭贮藏，使种子由有氧呼吸转变为缺氧呼吸。干燥的种子，由于大部分酶处于钝化状态，自身代谢作用十分微弱，种子内贮藏物质的消耗极少，即使贮藏在缺氧条件下，也不容易丧失生活力。实践上将干燥种子密闭贮藏多年，仍能保持种子具有较高的生活力，其原因就在于此。

(二)呼吸系数

呼吸系数(RQ)是指种子在单位时间内，呼吸放出二氧化碳的体积和吸收氧气的体积之比：

$$RQ=\frac{\text{放出 } CO_2 \text{ 体积}}{\text{吸收 } O_2 \text{ 体积}}$$

呼吸系数是表示呼吸底物的性质和氧气供应状态的一项指标。

种子呼吸时，若呼吸底物是葡萄糖，在充分氧化时，其 RQ=1。

$$RQ=(6CO_2\times 22.4)/(6O_2\times 22.4)=1$$

如果呼吸底物是分子中含氢较多即还原程度较高的脂肪和蛋白质，其 RQ<1。比如甘油三油酸酯在充分氧化时，其 RQ=0.7。

$$(C_{17}H_{33}COO)_3C_3H_5 + 80O_2 \longrightarrow 57CO_2 + 52H_2O$$
$$RQ = (57CO_2 \times 22.4)/(80O_2 \times 22.4) = 0.7$$

如果呼吸底物是分子中含氧较多即氧化程度较高的有机酸时，则其 RQ>1。比如草酸在有氧呼吸时，RQ=4，酒石酸 RQ=1.6。

$$2C_2H_2O_4(\text{草酸}) + O_2 \longrightarrow 4CO_2 + 2H_2O$$
$$RQ = (4CO_2 \times 22.4)/(1O_2 \times 22.4) = 4$$
$$2C_4H_6O_6(\text{酒石酸}) + 5O_2 \longrightarrow 8CO_2 + 6H_2O$$
$$RQ = (8CO_2 \times 22.4)/(5O_2 \times 22.4) = 1.6$$

由此可见，呼吸系数随呼吸底物不同而异。实际上种子中含有各种呼吸底物，往往不是单纯利用一种物质作为呼吸底物的，所以呼吸系数与底物的关系并不容易确定。一般而言，贮藏种子利用的是存在于胚部的可溶性物质，只有在特殊情况下(如受潮发芽的种子)才有可能利用其他物质。

呼吸系数与氧气的供应是否充足也有密切关系。测定呼吸系数的变化，可以了解贮藏种子的生理作用是在什么条件下进行的。当种子进行缺氧呼吸时，其呼吸系数大于1；在有氧呼吸时，呼吸系数等于1或稍小于1。如果呼吸系数比1小得多，表示种子进行强烈的有氧呼吸。

氧气的供应还与果种皮的结构有关，果种皮致密、透氧性极低的种子，往往存在缺氧呼吸现象。呼吸系数还与温度、微生物活动、中间产物是否移作它用等有关。

四、影响种子呼吸强度的因素

种子呼吸强度的大小，因作物、品种、收获期、成熟度、种子大小、完整度和生理状态而不同，同时还受环境条件的影响，其中受水分、温度和通气状况的影响更大。

(一)水分

种子水分是影响种子呼吸强度的重要因素，呼吸强度随着种子水分的升高而增强(图1-1)。干燥种子的呼吸作用非常微弱，潮湿种子的呼吸作用则很旺盛。因为随着种子水分的增加，种子中的游离水将会出现并增多，种子内的水解酶活化，将复杂的贮藏物质转变为简单的呼吸底物，同时呼吸酶的活性也增强。所以种子内的水分越多，贮藏物质的水解作用越快，呼吸作用越强烈，氧气的消耗量越大，放出的二氧化碳和热量越多。可见，种子中游离水的增多是种子新陈代谢强度急剧增加的决定因素。

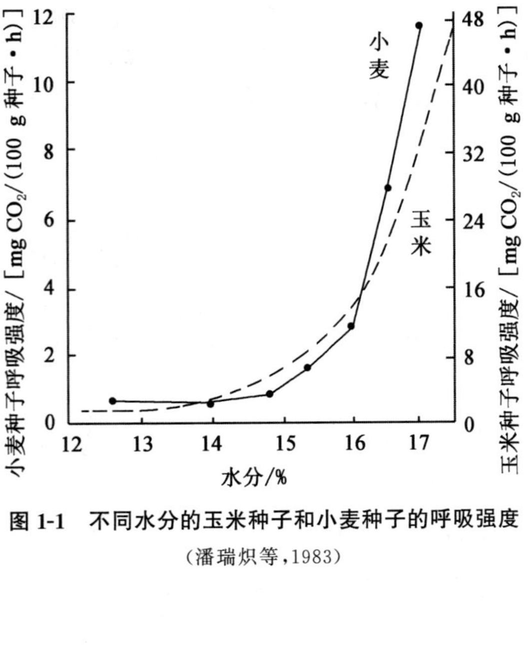

图1-1　不同水分的玉米种子和小麦种子的呼吸强度

(潘瑞炽等，1983)

种子内出现游离水时，水解酶和呼吸酶的活动便旺盛起来，增强种子呼吸强度和物质的消耗。当游离水将出现时的种子含水量称为临界水分(critical moisture content)。临界水分是种子呼吸强度变化的转折点，临界水分以下，种子的呼吸强度随水分的升高而较缓慢增加，超过临界水分，呼吸强度则随水分的升高而急剧增加(图 1-1)。一般禾本科作物种子的临界水分为 13.5%左右(如水稻 13%、小麦 14.6%、玉米 11%)；油料作物种子的临界水分为 8%～8.5%(油菜 7%)。

表 1-1 为不同水分小麦种子的呼吸强度，从表中可以看出，随着种子水分的升高，不仅呼吸强度增加，而且呼吸性质也随之发生变化。

临界水分与种子贮藏的安全水分(safe moisture content)有密切关系。一般认为，种子水分在临界水分以下可以安全贮藏。生产上将保证种子安全贮藏的水分范围，称为种子的安全水分。安全水分是人为制定的，除了和作物种类有关外，还随各地区的温度不同而有差异，在国家农作物种子质量标准中，规定的不同作物种子的水分标准指的是其安全水分的上限值。一般情况下，禾谷类作物种子的安全水分，在温度 0～30 ℃范围内，温度以 0 ℃为起点，水分以 18%为基点，以后温度每增高 5 ℃，种子的安全水分就相应降低 1%。在我国多数地区，水分不超过 14%～15%的禾谷类作物种子，可以安全度过冬、春季；水分不超过 12%～13%的可以安全度过夏、秋季。

表 1-1　小麦种子水分对呼吸强度和呼吸性质的影响

(克列托维奇和乌沙科娃，1945)

水分/%	100 g 干物质 24 h 内		呼吸系数	呼吸性质
	消耗 O_2/mg	放出 CO_2/mg		
14.4	0.07	0.27	3.80	缺氧
16.0	0.37	0.42	1.27	↓
17.0	1.99	2.22	1.11	↓
17.6	6.21	5.18	0.88	↓
19.2	8.90	8.76	0.98	↓
21.2	17.73	13.04	0.73	有氧

(二)温度

在一定温度范围内种子的呼吸强度随着温度的升高而增强。因为呼吸作用是由一系列酶促反应组成的，而酶促反应受温度影响很大。呼吸作用温度三基点一般为，最低温度－10～0 ℃，最适温度 25～35 ℃，最高温度 35～45 ℃。一般种子处在低温条件下，呼吸作用极其微弱，随着温度升高，呼吸强度不断增强，尤其在种子水分增高的情况下，呼吸强度随着温度升高而发生显著变化，但这种增强受一定温度范围的限制。在适宜的温度下，原生质黏滞性较低，酶的活性强，所以呼吸旺盛，当温度升高到一定程度时，种子的呼吸强度达最大值，此时的温度称为呼吸最高温度；当温度超过呼吸最高温度时，呼吸强度反而急剧下降，因为过高的温度会使酶和原生质遭受损害，种子的生理作用因而减慢或停止。不同作物种子的呼吸最高温度有所不同，如小麦种子的呼吸最高温度为 55 ℃，而大豆则为 40 ℃(表 1-2)。

表 1-2 温度对小麦和大豆种子呼吸强度的影响

（麻浩等，2007）

小麦种子（水分 15%）		大豆种子（水分 18.5%）	
温度/℃	呼吸强度/[mg CO_2/(100 g · 24 h)]	温度/℃	呼吸强度/[mg CO_2/(100 g · 24 h)]
4	0.2	25	33.6
25	0.4	30	39.7
35	1.3	35	71.3
45	6.6	40	154.7
55	31.7	45	13.1
65	15.7		
75	10.3		

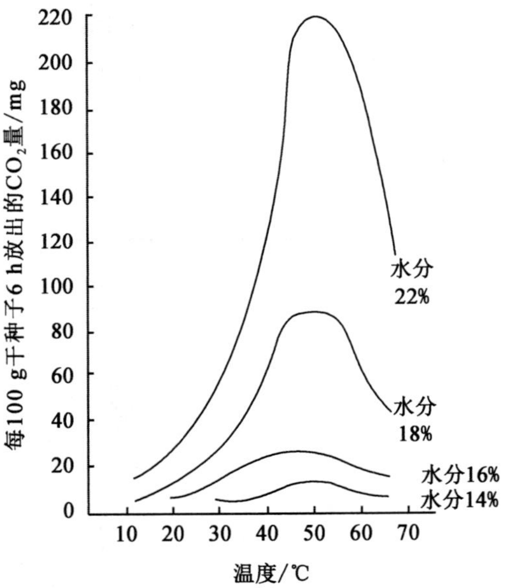

图 1-2 温度对不同水分小麦种子呼吸强度的影响

（柯兹米娜，1960）

图 1-2 的曲线表明，几种不同水分的小麦种子，呼吸强度在 0～55 ℃范围内逐渐增强，温度超过 55 ℃，呼吸强度又急剧下降。由此可见，水分和温度都是影响呼吸作用的重要因素，两者互相制约。干燥的种子即使在较高温度的条件下，其呼吸强度也要比潮湿的种子在同样温度下低得多；同样，潮湿种子在低温条件下的呼吸强度比在高温下低得多。因此，干燥和低温是种子安全贮藏和延长种子寿命的必要条件。

温度对种子呼吸作用的影响，可用温度系数（temperature coefficient，Q_{10}）这一指标来说明。温度系数是指温度升高 10 ℃而引起反应速度的变化倍数。

$$Q_{10}=\frac{(t+10\ ℃)\text{时的速率}}{t\ ℃\text{时的速率}}$$

在 0～35 ℃生理温度范围内，Q_{10} 为 2.0～2.5，即温度每升高 10 ℃呼吸速率变化 2.0～2.5 倍，但超过 40 ℃，温度越高呼吸速率下降越快（$Q_{10}<1$），这主要是高温使酶失活所致。

（三）通气状况

空气流通的程度可以影响种子的呼吸强度与呼吸性质。如表 1-3 所示，不论种子水分和温度高低，在通气条件下的呼吸强度均大于密闭贮藏。同时还表明种子水分和温度越高，通气对呼吸强度的影响越大。高水分种子，若处于密闭条件下贮藏，由于旺盛的呼吸，很快会将种子堆内部间隙中的氧气耗尽，而被迫转向缺氧呼吸，结果造成大量氧化不完全的物质如醇、醛、酸等积累，对种胚产生毒害，导致种子迅速死亡。因此，高水分种子，尤其是呼吸强度大的油料作物种子不能密闭贮藏，要特别注意通风。含水量不超过临界水分的干燥种子，由于呼吸作用非常微弱，对氧气的消耗很慢，在密闭条件下贮藏有利于保持种子生活力。在密闭条件下，种子发芽率随着种子水分提高而逐渐下降(表 1-4)。

表 1-3　通风对大豆种子呼吸强度的影响

(胡晋等，2014)　　$\mu g\ CO_2$/(100 g 干物质·周)

温度/℃	水分/%					
	10.0		12.5		15.0	
	通风	密闭	通风	密闭	通风	密闭
0	100	10	182	14	231	45
2～4	147	16	203	23	279	72
10～12	286	52	603	154	827	293
18～20	608	135	979	289	3 526	1 550
24	1 073	384	1 667	704	5 851	1 863

表 1-4　通气状况对水稻种子发芽率的影响(常温库贮藏 1 年)

(胡晋等，1988)

材料	原始发芽率/%	入库水分/%	贮藏方法	
			通气/%	密闭/%
珍汕 97A	94.0	11.4	73.0	93.5
		13.1	73.5	74.5
		15.4	71.5	19.0
汕优 6 号	90.3	11.5	70.2	85.6
		13.0	67.0	83.0
		15.2	61.0	26.5

通气对种子呼吸的影响还和温度有关。种子处在通风条件下，温度越高，呼吸作用越旺盛，生活力下降越快。生产上为有效地长期保持种子生活力，除干燥、低温外，进行合理的密闭或通风是必要的。

(四)遗传因素

种子呼吸强度的大小受遗传因素的影响。如同样条件下，油质种子的呼吸强度比禾谷类种子要高；同样是禾谷类种子，玉米的呼吸强度比小麦要高；同样是水稻种子，杂交稻的呼吸强度比常规稻要高。实践亦证明，呼吸强度较高的作物种子也是比较难贮藏的种子。

(五)种子本身状态

种子的呼吸强度还受种子本身状态的影响。凡是未充分成熟的、不饱满的、损伤的、冻伤的、发过芽的、小粒的和大胚的种子，呼吸强度都高；反之，呼吸强度就低。

(1)种子成熟度　未充分成熟的种子，由于其中含有较多的可溶性物质，酶的活性也较强，呼吸作用比成熟种子要旺盛得多。据试验，玉米种子蜡熟初期的呼吸强度为 739.2 mg CO_2/(100 g·24 h)，蜡熟中期的呼吸强度为 594.7 mg CO_2/(100 g·24 h)，完熟期降至 438.4 mg CO_2/(100 g·24 h)，收获并充分干燥后仅为 8～15 mg CO_2/(100 g·24 h)。

(2)种子的饱满度和完整性　不饱满的、损伤的、破碎的和虫蚀的种子，呼吸强度比饱满完好的种子要大(图 1-3)。因为不饱满种子的种胚所占比率较大,而损伤的、破碎的和虫蚀的种子,接触氧气面积较大,容易吸湿,微生物也容易侵入子粒内部,因而呼吸强度较高。

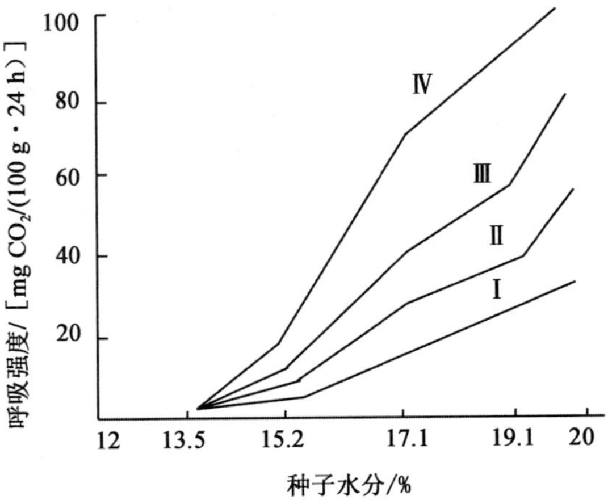

Ⅰ. 饱满完整粒 Ⅱ. 不饱满粒 Ⅲ. 极不饱满粒 Ⅳ. 碎粒

图 1-3 种子完整度与呼吸强度的关系

(特里斯维亚特斯基)

(3)种子冻伤状况 高水分种子遇到零下低温容易遭受冻伤。由于冻伤的种子含有较多的可溶性糖,因而呼吸强度较高。

(4)受潮和发芽情况 受过潮的种子,酶的活性增强,呼吸作用大大增强,即使重新干燥到原来的含水量,其呼吸强度仍比未受过潮的种子要高,因为种子中的酶一旦活化启动,即使种子再失水干燥,酶的活性也不会降到原有的水平。发过芽的种子含可溶性物质较多,酶的活性也较强,其呼吸强度也较大。

(5)子粒大小和种胚比率 同种类作物的种子,在相同重量的前提下,小粒种子的呼吸强度比大粒种子的要大,因为小粒种子的比表面积较大,接触氧气的面积也较大,且小粒种子的粒数较多,胚的比率相对增加。胚是种子中呼吸最旺盛的部位,大胚种子由于胚部活细胞所占比例较大,其呼吸强度也较高。据试验,小麦和水稻种胚呼吸放出的 CO_2 量占整个子粒放出 CO_2 量的 65%～68%,而玉米种胚呼吸放出的 CO_2 量占整个子粒放出 CO_2 量的 93.7%。

由上可知,种子入仓前应该进行清选分级,剔除杂质、破碎粒、未成熟粒、不饱满粒和虫蚀粒等,将不同状态的种子进行分级,以提高贮藏稳定性。凡受冻、虫蚀过的种子不能作种用,而对大胚种子和呼吸作用强的种子,贮藏期间要特别注意干燥和通气。

(六)化学物质

二氧化碳、氮气、氨气以及农药等气体对种子呼吸作用有明显影响,浓度高时往往会影响种子的发芽率。例如,种子间隙中二氧化碳浓度积累至 12%时,就会抑制小麦和大豆种子的呼吸作用;若提高小麦种子水分,在二氧化碳含量 7%时就有抑制作用。目前,有些粮食部门采用脱氧充氮或提高二氧化碳浓度等方法保管粮食,既可杀虫灭菌,一定程度上也抑制了粮食的呼吸作用。这种方法在粮食保管方面已有成效,但在保存农业种子方面,还有待进一步研究。据报道,磺胺类杀菌剂、氯化苦等熏蒸剂对种子呼吸作用也有影响,浓度加大时,往往会影响种子发芽率。

(七)仓库害虫和微生物

如果贮藏种子感染了仓库害虫和微生物，一旦条件适宜时，仓库害虫和微生物便会大量繁殖。而仓库害虫和微生物的呼吸强度远远大于等量种子的呼吸强度，仓库害虫和微生物生命活动的结果会放出大量的热能和水汽，间接地促进种子的呼吸作用(图 1-4)。同时，种子、仓库害虫和微生物三者的呼吸构成种子堆的总呼吸，会消耗大量的氧气，放出大量的二氧化碳，也间接地影响种子的呼吸方式。据试验，仓库害虫的氧气消耗量为等量谷物的 130 000 倍。仓库害虫的栖息密度越高，则其氧气消耗量越大。在有仓库害虫的场所，氧气随着温度增高而减少加快。随着仓内二氧化碳的积累，仓库害虫就会窒息死亡，但有的仓库害虫能忍耐 60%浓度的二氧化碳。虽然二氧化碳浓度的提高会引起仓库害虫的死亡，但仓库害虫死亡的真正原因是氧气的减少。当氧气浓度减少到 2%～2.5%时，就会阻碍仓库害虫和霉菌的发生。在密封条件下，由于仓库害虫本身的呼吸，使氧气浓度自动降低，从而阻碍仓库害虫继续发生，即所谓自动驱除，这就是密封贮藏所依据的原理之一(图 1-5)。

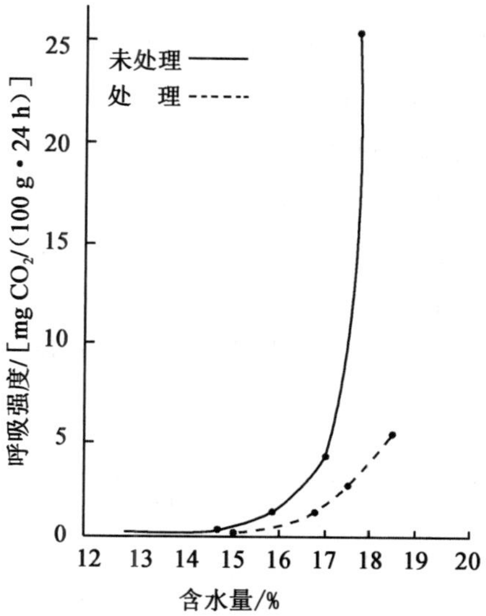

图 1-4 正常与有菌繁殖的小麦呼吸强度与含水量的关系

(胡晋，2001)

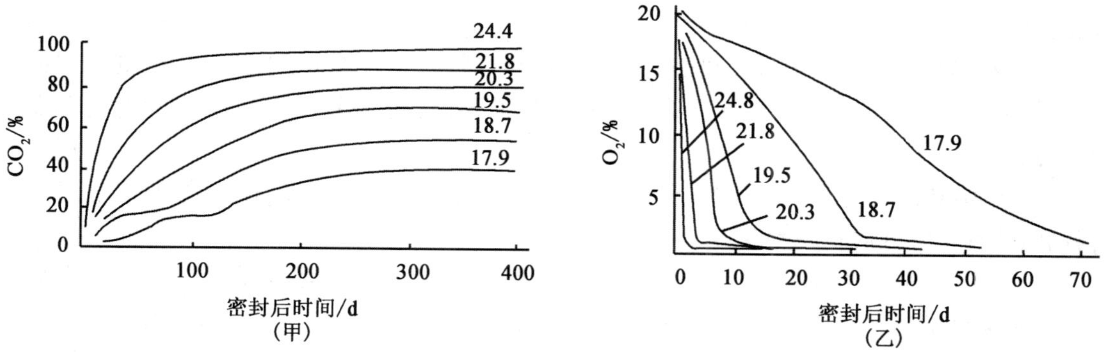

图中数字为含水量(%)

图 1-5 随不同密封时间，子粒间空气的 CO_2(甲)和 O_2(乙)浓度的变化

(胡晋，2001)

五、呼吸与种子贮藏的关系

种子的呼吸是种子贮藏期间生命活动集中和具体的表现，种子的呼吸作用和种子的安全贮藏有密切的联系。概括地讲，呼吸作用对种子贮藏会带来有利和不利两方面的影响。

(一)呼吸对种子贮藏的有利影响

(1)促进种子后熟作用。呼吸可以促进种子的后熟作用，但通过后熟的种子还是要设法降低其呼吸强度。

(2)形成自然缺氧贮藏。在干燥和密闭的条件下，种子利用自身呼吸降低氧气浓度，增加二氧化碳浓度，既可以抑制种子的呼吸作用，又能起到驱虫和抑制霉菌繁殖的作用，达到自然缺氧贮藏的目的。

(二)呼吸对种子贮藏的不利影响

在贮藏期间种子呼吸强度过高会引起许多不良后果。

(1)消耗贮藏物质。旺盛的呼吸消耗了大量种子贮藏干物质。据计算，每放出 1 g 二氧化碳必须消耗 0.68 g 葡萄糖。特别是在种子水分、温度较高时，呼吸造成的贮藏物质消耗尤为显著(表 1-5)。贮藏物质的损耗会影响种子的重量和种子活力。

表 1-5 新收获小麦种子呼吸作用的物质消耗

(孙群等，2008) %

硬粒小麦		软粒小麦	
含水量	干物质月损耗	含水量	干物质月损耗
12.9	0.06	13.5	0.06
14.5	0.17	15.0	0.14
17.2	0.45	18.0	0.50
20.0	0.50	20.5	0.78

(2)释放热量和水分。种子呼吸作用释放出大量的热量和水分。例如，在有氧呼吸过程中，每克葡萄糖氧化可产生 0.5 g 水分，同时释放出 3.76 kcal 的呼吸热量。种子有氧呼吸释放能量的 44%、微生物分解种子时释放能量的 80%都转变成热能。种子堆是热的不良导体，这些水分和热量不能尽快地散发出去，使种子堆湿度增大，种温增高，水分与热量重新被种子吸收后，使种子的呼吸强度进一步升高。如此恶性循环最后造成种子发热霉变，直至完全丧失生活力。

(3) 产生有毒物质。缺氧呼吸会产生氧化不完全的醛、醇、酸等有毒物质，积累过多会毒害种胚，使种子降低或丧失生活力。

(4) 加强仓库害虫和微生物活动。种子呼吸释放的水汽和热量，为仓库害虫和微生物的大量繁殖提供了有利条件，使仓库害虫和微生物活动加强，加剧对种子的取食和危害。由于仓库害虫、微生物生命活动的结果放出大量的热能和水汽，又间接地促进了种子呼吸强度的增高。

因此，在种子贮藏期间，必须尽可能地将种子的呼吸作用控制在最低限度，使种子处于极微弱的生命活动状态中，这样就能有效地保持种子生活力和活力。一切措施(包括收获、脱粒、清选、干燥、仓房、种子品质、环境条件和管理制度等)都必须围绕降低种子呼吸强度和减缓种子劣变进程来进行。

第二节　种子的后熟

一、种子后熟的概念及意义

（一）后熟的概念

种子成熟应该包括两方面的意义，即种子形态上的成熟和生理上的成熟。简单地讲，形态成熟是指种子呈现该品种固有的色泽、形状和大小；生理成熟是指种子具有发芽的能力。如果种子只具备其中一个条件，就不能称为真正的成熟。种子形态成熟后被收获，并与母株脱离，但种子内部的生理生化过程仍然继续进行，直到生理成熟。这段时期的变化实质上是成熟过程的延续，又是在收获后进行的，所以称为后熟（post-maturation）。实际上是在种子内发生的准备发芽的变化。种子通过后熟作用，完成其生理成熟阶段，才可认为是真正成熟的种子。种子在后熟期间所发生的变化，主要是在质的方面，而在量的方面只减少而不会增加。从形态成熟到生理成熟变化的过程，称为种子后熟作用。完成后熟作用所需的时间，称为后熟期。

（二）后熟与休眠的关系

这里的休眠指生理休眠（即有生活力的种子给予适宜条件也不发芽）。休眠是广义的名词，休眠的类型或原因有多种，后熟只是休眠的一种状态或引起休眠的原因之一。

种子未通过后熟作用，不宜作为播种材料，否则发芽率低，出苗不整齐，影响成苗率。小麦子粒未通过后熟，磨成面粉，影响烘烤品质；大麦子粒未通过后熟，制成的麦芽不整齐，不适于酿造啤酒。

（三）种子后熟期的长短

不同作物种子后熟期长短有差异。如小麦种子后熟期较长，一般春性小麦 30～40 d，半冬性小麦 60～70 d，冬性小麦 80 d 左右；油菜种子后熟期则短，在田间已完成后熟作用。这种差异是由作物品种的遗传特性和环境条件影响而形成的。一般来说，麦类种子后熟期较长，粳稻、玉米和高粱后熟期较短，籼稻则基本无后熟期，在田间即可完成后熟，如遇阴雨天气在母株上就可以发芽，称为“穗发芽”。杂交稻种子也易发生穗发芽的现象。

（四）促进种子后熟的意义

未完成后熟的种子，发芽率低，出苗不整齐，影响成苗率，而且影响子粒的加工和食用品质。提早收获的种子，更是会延长后熟过程。促进种子后熟的顺利完成，对提高种子的质量具有重要意义（表 1-6）。在农业实践上有时为了争取作物生长季节，往往将前作适当提早收获，使后作可以提前播种。针对这一情况，可采用留株后熟的方法，即在作物收割后让种子暂时留在母株上，使其在母株上完成后熟作用，然后再进行脱粒，这样可以大大提高种子品质。对华北地区的麦茬玉米、南方的双季稻都可以采用这种方法。如果种子已充分成熟，则收获时当即脱粒与留在母株上进行后熟对种子品质无甚影响。

根据化学分析，证实禾谷类作物在蜡熟期进行收获后，茎秆中的营养物质仍能够继续输送到子粒中而使千粒重有所增加，其增加数量约相当于子粒本身重量的 10%左右。在有些连作稻地区，在早稻成熟期间，为了合理安排劳动力，适当提早晚稻移植期，往往将早稻稍提前收割，收割时不立即脱粒而将稻把倒挂在支架上，让其通过后熟期，等到晚稻移植完毕，再进行脱粒、曝晒和贮藏。这种留株后熟的方法，不仅是调剂劳动力的有效措施，同时对提高早稻种子的播种品质和保证晚稻插秧不误农时也有显著效果。

表 1-6　不同成熟度和后熟期对黄瓜种子品质的影响

（任佩等，2004）

生长时间/d	后熟时间/d	种子含水量/%	种子重/(g/100 粒)	发芽率/%
20	0	83.8	0.61	0
	5	71.2	1.06	0
	10	53.6	1.55	10.3
30	0	52.7	1.81	50.7
	5	44.8	2.06	76.5
	10	37.2	2.19	89.0
40	0	36.7	2.53	99.3
	5	34.0	2.57	99.3
	10	29.4	2.51	99.7

判断种子是否完成后熟作用，最简便的方法就是进行标准发芽试验，即按种子检验规程中所确定的操作技术和条件，测定种子的发芽势和发芽率，而发芽势可作为反映种子后熟作用所达到程度的最好指标，将测定结果与同品种已经通过后熟作用的种子相比较，如果二者数值很接近，则表明该批种子已基本上完成后熟作用，可以供生产上使用。实际工作中，通常以发芽率达到 85%以上时作为种子完成后熟作用的标志。如果种子还没有完成后熟作用，就必须再贮藏一段时期，等待后熟期完全通过后再行使用。促进种子后熟的方法比较多，如日晒、热空气干燥、超声波处理、电离辐射处理、化学药剂处理等。对农作物种子生产上普遍采用的措施是加温通风，此法可以促进种子的新陈代谢作用，加速种子通过后熟，这在生长季节比较短促的地区尤为有效。

二、种子后熟期间的生理生化变化

种子的后熟作用是贮藏物质由以量变为主转到以质变为主的生理活动过程。在后熟期间，种子内部贮藏物质的总量变化很微小，只减少而不增加。其主要变化是各类物质组成的比例和分子结构的繁简及存在状态等。变化方面和成熟期基本一致，即物质的合成作用占优势。随着后熟作用逐渐完成，一方面，种子中低分子的可溶性物质不断减少，而淀粉、蛋白质和脂肪等高分子物质不断积累，酸度降低；另一方面，种子内酶的活性（其中包括淀粉酶、脂肪酶和脱氢酶）由强变弱。

当种子通过了后熟期，其生理状态即进入一个新阶段，而与后熟期的生理状态显然有很大的差异。主要表现在以下几方面：

(1)酶的活性逐渐降低，酶的主要作用在适宜条件下开始转逆，使水解作用趋向活跃。

(2)种子内部的低分子和可同化物质的相对含量下降，而高分子的贮藏物质积累达最高限度，如单糖脱水缩合成为复杂的糖类（淀粉是其中最主要的一种），可溶性的含氮物质结合成为蛋白质（表 1-7）。

(3)种子水分含量下降,自由水大大减少,成为促进物质合成作用的有利条件。

(4)由于脂肪酸及氨基酸等有机酸转化为高分子的中性物质,细胞内部的总酸度降低。

(5)由于种子水分降低、酶活性降低,使种胚细胞的呼吸强度降低。

(6)核苷酸、核酸、磷脂、磷酸糖和植酸盐等含磷化合物积累;内源激素平衡发生变化,ABA 含量下降,GA、CK 等生长促进物质增加。

(7)发芽力由弱转强,即发芽势和发芽率开始提高,表明种子逐渐通过后熟,适于生产上做播种材料。

表 1-7 大豆种子在后熟期间的生物化学变化

(孙群等,2008)

g

成分	百粒种子	
	试验初期	试验终期
总氮量	0.227	0.319
蛋白态氮	0.127	0.227
单糖和双糖	0.457	0.356
不溶性多糖	0.770	0.795
可溶性多糖	0.106	0.169

三、影响种子后熟的因素

种子后熟作用在贮藏期间进行得快慢和环境条件有很大关系,主要的影响因素有温度、湿度、通气等。

(一)温度

温度对种子后熟有促进或延缓作用。通常较高的温度(不超过 45 ℃),有利于种子细胞内生理生化变化的进行,促进种子的后熟。反之,种子长期贮藏在低温条件下,使生理生化进行得非常缓慢,甚至处于停滞状态,这样就会阻碍种子的后熟作用,使发芽率不能提高(表 1-8)。例如小麦在收获后,适当加温(40～45 ℃)促使其干燥,同时保持通风条件,则可使细胞内部酶的作用加强,因而很快使种子完成其后熟过程。生产上采用日光曝晒、热空气干燥、趁热入仓等措施,可促进种子后熟的完成。

表 1-8 小麦种子后熟期间贮藏条件与发芽率变化的关系

(胡晋,2001)

%

贮藏条件	测定发芽日期/(月/日)	样品编号				
		1	2	3	4	5
冷藏	11/21	38	85	14	23	26
冷藏	1/9	35	89	32	30	31
室温	1/9	99	99	93	93	87

零下低温会延缓后熟。据试验，将小麦贮藏在－25 ℃的条件下，经过 150 d，发芽率由原来的 40％仅增加到 60％，尚未完成后熟；在 40 ℃的条件下，经过 1 周，便可提高发芽率。但林木种子的后熟有时需要较低的温度。

从表 1-9 可见，高温对'2905''江东门'等后熟期较长的小麦种子具有促进后熟的作用，麦种在 47 ℃及 44 ℃高温下贮藏 1～2 周后，发芽率显著升高；然而对'2417'及'玉皮'小麦则作用相反，在第 3 周发芽率不仅没有提高，反而下降，其主要原因在于这两个品种的种子已通过后熟期。

表 1-9　高温条件对后熟期小麦种子发芽率的影响

（孙群等，2008）　　　　％

温度	处理周数	品种			
		江东门	2905	2417	玉皮
47 ℃	1	85.5	92.5	92.5	89.5
	2	98.0	99.5	88.5	81.3
	3	97.5	97.5	76.5	65.0
44 ℃	1	58.5	94.5	84.5	90.5
	2	97.0	97.0	90.0	88.5
	3	98.5	97.5	80.5	91.0
25～30 ℃	1	6.0	29.6	79.3	88.6
（室温作对照）	2	15.0	58.6	86.6	88.6
	3	13.0	61.3	88.7	92.6
温度处理前		1.3	1.6	70.3	89.3

（二）湿度

湿度对种子的后熟也有较大的影响。空气相对湿度低（即干燥的环境条件），有利于种子水分向外扩散，促进后熟过程的进行。空气相对湿度高（即潮湿的环境条件），则不利于种子水分的向外扩散，延缓种子的后熟作用。

（三）通气

通气良好，氧气供给充足，有利于种子后熟作用的完成。二氧化碳对后熟过程有阻碍作用。据试验，将水分为 15％的小麦种子分别贮藏在空气、氧气、氮气和二氧化碳气体中（贮藏温度为 20 ℃），开始时，发芽率均为 50％，经过 27 d 后，贮藏在空气、氧气和氮气中的种子发芽率分别为 100％、99％、100％，而贮藏在二氧化碳中的发芽率仅为 64％，这说明二氧化碳对种子完成后熟有明显的抑制作用。

四、后熟与种子贮藏的关系

种子后熟对种子贮藏也会带来有利和不利两方面的影响。

（一）后熟对种子贮藏的有利影响

后熟期间种子抗逆力较强。种子在后熟期间对恶劣环境的抵抗力较强，此时进行高温干燥处理或化学药剂熏蒸杀虫，对生活力的损害较轻。如小麦种子的热进仓，就是利用未通过后熟的小麦种子抗热性较强的特点，采用高温曝晒种子后趁热进仓，达到高温杀死仓库害虫的目的。

（二）后熟对种子贮藏的不利影响

（1）引起种子的“出汗”现象。新入库的农作物种子由于后熟作用尚在进行中，细胞内部的代谢作用仍然比较旺盛，其结果是使种子水分逐渐增多，一部分蒸发成为水汽，充满种子堆的间隙，一旦达到过饱和状态，水汽就凝结成微小水滴，附着在种子颗粒表面，这就形成种子的“出汗”现象。特别是种子收获后，未经充分干燥就进仓，同时通风条件又较差，这种现象就更容易发生。

从生理生化的角度进行分析，新种子在贮藏过程中释放出较多的水分，主要是由以下两方面原因造成的：①种子刚收获后，尚未完成后熟过程，细胞内部（尤其是胚部的细胞）的呼吸作用仍保持相当旺盛，由于呼吸而放出的水分在通风不良的情况下越积越多。②种子在后熟过程中，继续进行着物质的转化作用，即由可溶性低分子物质合成为高分子的胶体物质，同时放出一定量的水分。例如，由两分子葡萄糖变为较复杂的麦芽糖时，得到一分子的麦芽糖，同时放出一分子的水。

$$\underset{\text{葡萄糖}}{2C_6H_{12}O_6} \longrightarrow \underset{\text{麦芽糖}}{C_{12}H_{22}O_{11}} + H_2O$$

又如，两分子氨基酸缩合成为一分子的二肽时，也同时放出一分子的水。

$$R-\underset{\underset{NH_2}{|}}{C}HCOOH + R-\underset{\underset{NH_2}{|}}{C}HCOOH \longrightarrow \underset{\text{二肽}}{R-\underset{\underset{NH_2}{|}}{C}HCO-NH-\underset{\underset{R}{|}}{C}HCOOH} + H_2O$$

此外，种子中胶体物质束缚水的能力随后熟的通过而减弱，使一部分原来的胶体结合水转变为自由水。

（2）造成种子贮藏不稳定。种子在贮藏期间如果发生“出汗”现象，显然表明种子尚处于后熟过程中，进行着旺盛的生理生化变化，引起种子堆内湿度增大，以致出现游离的液态水吸附在种子表面。这种情况可引起种子堆内水分的再分配现象，更进一步加强局部种子的呼吸作用，如果没有及时发现并正确处理，就会引起种子回潮发热，同时也为微生物创造有利的发育条件，严重时种子就可能霉变结块甚至腐烂。因此，贮藏刚收获的种子，在含水量较高而且未完成后熟的情况下，必须采取有效措施如摊晾、曝晒、通风等，以控制种子细胞内部的生理生化变化，防止积聚过多的水分而发生上述各种不正常现象。

这里需要指出的是，种子的“出汗”现象和种子的“结露”现象是很相似的，造成的不良后果也基本相同，但它们引起的原因却截然不同。“出汗”是由种子细胞内部生理生化活动，释放出大量的水分所造成的，产生矛盾的主要原因是内因；而“结露”是由种子堆周围大气中温、湿度与种子本身的温度及水分存在一定差距所造成的，产生矛盾的主要原因是外因（即大气中温、湿度的变化）。此外，种子的“出汗”现象和“结露”现象在种子堆中发生的部位和时间也有所区别。

在生产实践中，为防止后熟期不良现象的发生，必须采取相应的技术措施，提高后熟期种子贮藏的安全稳定性。如适时收获,避免提早收获使种子后熟期延长;充分干燥,促进种子后熟的完成;入库后勤管理,入库后1个月内勤检查,适时通风降温散湿等。

思考题

1. 解释种子呼吸作用、呼吸强度、呼吸系数、临界水分、安全水分、后熟作用、“出汗”现象的含义。
2. 简述影响种子呼吸性质的因素。
3. 简述影响种子呼吸强度的因素。
4. 分别说明种子呼吸和后熟对种子贮藏的影响。
5. 试分析种子“出汗”现象与种子“结露”现象的异同点。
6. 生产实践中,如何防止种子后熟期间不良现象的发生?

第二章　种子的物理特性

种子的物理特性(physical property)是指种子本身所具有或者在移动堆放过程中所反映出来的各种物理属性,它包括两类:一类根据单粒种子进行测定,求其平均值,如子粒的大小、硬度和透明度等;另一类根据一个种子群体进行测定(取相当数量的种子作为样品),如重量(一般用千粒重或百粒重表示)、相对密度(relative density)、容重(volume weight)、密度(density)、孔隙度(porosity)及散落性(flow movement)等。种子的物理特性和种子的形态特征及生理生化特性一样,主要决定于作物品种的遗传特性,但在一定程度上受环境条件的影响。

种子物理特性和种子化学成分往往密切相关,如小麦种子含蛋白质越高,则其硬度与透明度越大;油质种子含油分越多,则相对密度越小;一般种子水分越低,则相对密度越大,散落性也越好。

从种子加工和贮藏的角度看,种子的物理特性和清选分级、干燥、运输以及贮藏保管等生产环节都有密切关系。在建造种子仓库时,对于仓库的结构设计、所用材料以及种子机械设备的装配等,都应该从种子物理特性方面作比较周密的考虑。例如,散落性好的种子,在进行机械化清选和输送过程中比较方便有利,但却要求具有较高坚牢度的仓库结构。由此可见,深入了解各种种子的物理特性,对做好种子加工和种子贮藏等工作,具有重要意义。

第一节　种子的容重和相对密度

种子的千粒重对衡量同一作物品种不同来源(如生产地区或季节不同等情况)的种子播种品质有一定参考价值。但对不同品种的种子而言,则只能说明品种特性而不能作为评定种子品质的标准。因此,在某些情况下,测定种子的容重和相对密度更具有生产实践意义。

一、种子的容重

种子的容重是指单位容积内种子的绝对重量,单位为"g/L"。种子容重的大小受多种因素的影响,如种子颗粒大小、形状、整齐度、表面特性、内部组织结构、化学成分(特别是水分和脂肪)以及混杂物的种类和数量等。凡颗粒细小、参差不齐、外形圆滑、内部充实、组织结构致密、水分及油分含量低、淀粉和蛋白质含量高,并混有各种沉重的杂质(如泥沙等)的种子,容重较大;反之容重较小。

由于容重所涉及的因素较为复杂,测定时必须作全面的考虑,否则可能引起误解,而得出与实际情况相反的评价。例如,原来品质优良的种子,可能因收获后清理不够细致,混有许多轻的杂质而降低容重;瘦小皱瘪的种子,因水分较高,容重就会增大(这一点和饱满充实的种子不同);油料作物种子可能因脂肪含量特别高,容重反而较低。诸如此类的特殊情况,都应在测定时逐一加以分析，以免造成错误结论。

水稻种子因带稃壳，其表面又覆有稃毛，因此充实饱满的水稻种子不一定能从容重反映出来，一般不将水稻种子的容重作为检验项目。

一般情况，种子水分越低，则容重越大，这和绝对重量有相反的趋势。但种子水分超过一定限度，或发育不正常的种子，关系就不明显。

种子容重在生产上的应用相当广泛，如检验上将容重列为品质指标之一。在贮运工作上可根据容重推算一定容量内的种子重量，或一定重量的种子所需的仓容和运输时所需车厢数目，计算时可应用下列公式：

$$体积=\frac{重量}{容重}$$

式中：须用对应的单位，如重量单位为 kg，容重单位为 g/L，体积单位为 m^3。

二、种子的相对密度

种子相对密度为一定的绝对体积的种子重量和同体积的水的重量之比，也就是种子绝对重量和它的绝对体积之比。就不同作物或不同品种而言，种子相对密度因形态构造（有无附属物）、细胞组织的致密程度和化学成分的不同而有很大差异。就同一品种而言，种子相对密度则随成熟度和充实饱满度不同而不同。大多数作物的种子成熟越充分，内部积累的营养物质越多，则子粒越充实，相对密度就越大。但油料作物种子恰好相反，种子发育条件越好，成熟度越高，则相对密度越小，因为种子所含油脂随成熟度和饱满度而增加。因此，种子相对密度不仅是一个衡量种子品质的指标，在某种情况下，还可作为种子成熟度的间接指标。

种子在高温高湿条件下，经长期贮藏，由于连续不断的呼吸作用，消耗掉一部分有机养料，可使相对密度逐渐下降。

测定种子相对密度的方法有好几种，其中最简便的方法是用有精细刻度的 5～10 mL 的小量筒，内装 50％酒精约 1/3，记下酒精所达到的刻度，然后称适当重量（一般 3～5 g）的净种子样品，小心放入量筒中，再观察酒精平面升高的刻度，即为该种子样品的体积，代入下式，求出相对密度：

$$种子相对密度=\frac{种子重量(g)}{种子体积(mL)}$$

上法比较粗放，如要求更精确些，可用相对密度瓶测定。其操作程序如下：

(1)称净种子样品 2～3 g(精确到 mg)。

(2)将二甲苯（也可用甲苯或 50％酒精）装入相对密度瓶，到标线为止，如有多余用吸水纸吸去。如果相对密度瓶配有磨口瓶塞，则把二甲苯装满到瓶塞处，再把溢出的吸干。

(3)把装好二甲苯的相对密度瓶称重(W_2)。

(4)倒出一部分二甲苯，将已称好的种子(W_1)投入相对密度瓶中，再用二甲苯装满到相对密度瓶的标线，用吸水纸吸去多余的二甲苯。投入后，注意种子表面应不附着气泡，否则会影响结果的准确性。

(5)将装好二甲苯和种子的相对密度瓶称重(W_3)。

(6)应用下式计算出种子相对密度(S)。

$$S=\frac{W_1}{W_2+W_1-W_3}\times G$$

式中：G 代表二甲苯的相对密度，在 15 ℃时为 0.863。如用其他药液代替二甲苯，须查出该药液在测定种子相对密度时的温度条件下的相对密度。

表 2-1 为一些农作物种子的容重和相对密度。

表 2-1　各种农作物种子的容重和相对密度

（浙江农业大学种子教研组，1959）

作物种类	容重/(g/L)	相对密度	作物种类	容重/(g/L)	相对密度
稻谷	460～600	1.04～1.18	大豆	725～760	1.14～1.28
玉米	725～750	1.11～1.22	豌豆	800	1.32～1.40
小米	610	1.00～1.22	蚕豆	705	1.10～1.38
高粱	740	1.14～1.28	油菜	635～680	1.11～1.18
荞麦	550	1.00～1.15	蓖麻	495	0.92
小麦	651～765	1.20～1.53	紫云英	700	1.18～1.34
大麦	455～485	0.96～1.11	苕子	740～790	1.35
裸麦	600～650	1.20～1.37			

种子的相对密度和容重，在一般情况下呈直线正相关，可应用回归方程式从一种特性的测定数值推算另一特性的估计数值。图 2-1 表明小麦子粒的相对密度和容重呈直线相关的趋势。

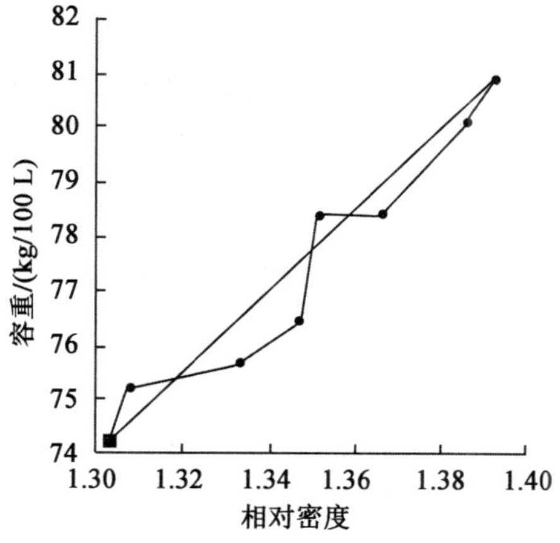

图 2-1　小麦的容重和相对密度的关系

（柯兹米娜，1960）

第二节　种子的密度和孔隙度

种子装在一定容量的容器中，所占的实际容积仅仅是其中一部分，其余部分为种子间隙，充满着空气或其他气体。种子实际体积与容器的容积之比，如用百分率表示，即为种子密度。

容器内种子间隙的体积与容器的容积之比，用百分率表示即为种子孔隙度，二者之和恒为100%。因此种子密度与种子孔隙度是两个互为消长的物理特性。一批种子具有较大的密度，其孔隙度就相应小一些。

各种作物种子的密度和孔隙度相差悬殊，品种间差异也很大，这主要决定于种子颗粒的大小均匀度、种子形状、种皮松紧程度，是否带稃壳或其他附属物、内部细胞结构及化学组成。此外，还与种子水分、入仓条件及堆积厚度等有关。

测定种子的密度，首先要测定种子的绝对重量（即千粒重）、绝对体积（即千粒实际体积）及容重，然后代入下式即得。

$$种子密度=\frac{绝对体积\times 容重}{绝对重量}\times 100\%$$

由前述已知种子相对密度为“绝对重量/绝对体积”的比值，因此上式也可写成：

$$种子密度=\frac{种子容重}{种子相对密度}\times 100\%$$

计算时须注意种子容重的单位，上式中容重单位应为 kg/100 L，如容重单位为 g/L，则需将上式改为：

$$种子密度=\frac{种子容重}{种子相对密度\times 10}\times 100\%$$

在一个装满种子的容器中，除种子所占的实际体积外，其余均为孔隙，因此种子的孔隙度即为：

$$孔隙度=100\%-密度$$

表 2-2 为一些作物种子的密度和孔隙度，从表中可知，作物种子的密度和孔隙度，不但不同作物种类间有差异，而且同一作物不同品种间也存在很大变幅。一般凡带有稃壳和果皮的种子，如稻谷、大麦、燕麦、黍稷、向日葵等，其密度都比较小，而孔隙度则相应比较大。

表 2-2　一些作物种子的密度和孔隙度

（特里斯维亚特斯基，1951）　%

作物	密度	孔隙度	作物	密度	孔隙度
稻谷	35～50	50～65	玉米	45～65	35～65
小麦	55～65	35～45	黍稷	50～70	30～50
大麦	45～55	45～55	荞麦	40～50	50～60
燕麦	30～50	50～70	亚麻	55～65	35～45
黑麦	55～65	35～45	向日葵	20～40	60～80

从上述计算密度的公式看，密度与容重成正比，而与相对密度成反比，似乎种子相对密度越大，则密度越小，二者变化的趋势是相反的。事实上，它们之间的关系并非这样简单，因为相对密度可以影响容重。相对密度大，容重也往往相应增大，密度也随之提高，例如，玉米的相对密度一般比稻谷稍大，而其容重则远远超过稻谷，因而玉米的密度一般也较稻谷为高。

种子堆的孔隙度大小标志着种子堆中空气的流通状况，孔隙度大的种子堆空气流通较顺畅，产生的热量和水汽容易散发；投药熏蒸时，带有药蒸气的空气容易深入种子堆的内部。如果种子堆的孔隙度小，热量容易积累，发热时必须强制机械通风；在投药时也必须在种子堆中安放探管，使药进入种子堆内部。

种子堆中的孔隙度还可以用于计算种子堆中氧气的贮存量，以及在密闭状态下绝氧（氧气消耗完毕）所需时间。

例如，小麦种子容重为 790 g/L，孔隙度为 48.2%，种子在 14.4%含水量时，呼吸强度为 0.67 mL/(kg・24 h)，求在密闭状态下的绝氧时间。

1 kg 小麦种子的体积为：1 000 g÷790 g/L=1.27 L

其中所含空气：1.27 L×48.2%=0.61 L

其中所含氧气（按氧气占空气 21%计算）：0.61 L×21%=0.128 L=128 mL

在密闭条件下种子堆中的氧气可供种子呼吸 128 mL÷0.67 mL/d=191.04 d。

种子堆中的氧气消耗量与种子的含水量有关，含水量高的种子呼吸强度高，耗氧量大，氧气消耗完毕的时间短（表 2-3）。

表 2-3 小麦种子的绝氧时间

种子含水量/%	呼吸强度/[O_2 mL/(kg・24 h)]	绝氧时间（氧可供给的时间）/d
14.4	0.67	191.04
16.0	2.84	45.07
17.0	52.81	2.42
19.2	74.66	1.71
21.2	142.33	0.899

第三节 种子的散落性和自动分级

一、种子的散落性

作物种子就每一单粒而言，是一小团干缩的凝胶，其形状固定，非遇强大外力，不易变化。但通常一大批种子是一个群体，各子粒相互间的排列位置，稍受外力，就可发生变动，同时又存在一定的摩擦力。因此，就种子群体而言，它具有一定程度的流动性。当种子从高处落下或向低处移动时，形成一股流水状，因而称它为种子流，种子所具有的这种特性就称为散落性。

当种子从一定高度自然落在一个平面上，达到相当数量时，就会形成一个圆锥体。由于各种作物种子散落性不一致，其形成的圆锥体也有差别。圆锥体的斜面与底部直径所成的角可作为衡量种子散落性好与差的指标，这个角度即称为种子的静止角(angle of repose)或自然倾斜角，如图 2-2 所示。散落性较好，静止角比较小（如豌豆种子），散落性较差，静止角比较大（如水稻种子）。

种子停留在圆锥体的斜面上所以不继续向下滚动而呈静止状态，是由于种子的颗粒间存在着一定大小的摩擦力，摩擦力越大，则散落性越差，而静止角越大。种子在圆锥体的斜面上

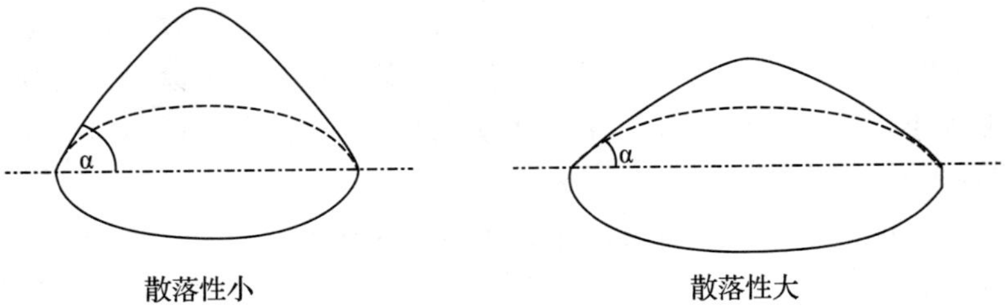

图 2-2 种子静止的示意图

由于重力作用而产生一个与斜面平行的分力，其方向与摩擦力相反。一粒种子在圆锥体的斜面上保持静止状态或继续滚动，完全取决于这个分力与摩擦力的对比结果。如该分力等于或小于种子颗粒间的摩擦力，则种子停留在斜面上静止不动；如该分力大于摩擦力，则种子沿斜面继续向下滚动，直到两个力达到平衡为止。

种子散落性的好与差，与种子的形态特征、夹杂物、水分含量、收获后的处理和贮藏条件等有密切关系。凡颗粒比较大，形状近球形而表面光滑的种子，则散落性较好，如豌豆、油菜等；如因收获方法不善或清选手续太粗放而混有各种轻的夹杂物（如破碎叶片、稃壳、断芒、虫尸等），或因操作用力过猛而致种子损伤、脱皮、压扁、破裂等情况，则散落性会大为降低。

种子的水分含量越高，则颗粒间的摩擦力越大，其散落性也相应减小。若用静止角表明这一关系，则呈正相关的趋势（表 2-4）。

由表 2-4 可知，测定种子的静止角时，必须同时考虑种子水分；而同品种的种子，则大致可从静止角的大小估计其水分含量。

种子的散落性可通过除芒机、碾种机或其他机械处理而发生变化。一般经过处理后，由于种子表面的附着物大部分脱除，比较光滑，因而散落性增大。

表 2-4 种子水分与静止角的关系

（浙江农业大学种子教研组，1960）

项目	稻谷		小麦		玉米		大豆	
水分/%	13.7	18.5	12.5	17.6	14.2	20.1	11.2	17.7
静止角/°	36.4	44.3	31.0	37.1	32.0	35.7	23.3	25.4

种子在贮藏过程中，散落性也会逐渐发生变化。例如，贮藏条件不适当，以致种子回潮、发热、发酵、发霉或发生大量仓库害虫，散落性就会显著下降。尤其经过发热、发酵、发霉的种子，严重时成团结块，有时使整个种子堆形成直壁，完全失去散落性。所以种子在贮藏过程中，定期检查散落性的变化情况，可大致预测种子贮藏的稳定性，以便必要时采取有效措施，以免造成意外损失。

静止角的测定可采用多种简易方法。通常用长方形的玻璃皿一个，内装种子样品约 1/3，将玻璃皿慢慢向一侧横倒（即转动 90°的角），使其中所装种子成一斜面，然后用半径较大的量角器测得该斜面与水平面所成的角度，即为静止角，如图 2-3 所示。另一种方法是取漏斗一个，安装在一定高度，种子样品通过漏斗落于一平面上，形成一个圆锥体，再用特别的量角器测得圆锥体的斜度，即为静止角，如图 2-4 所示。

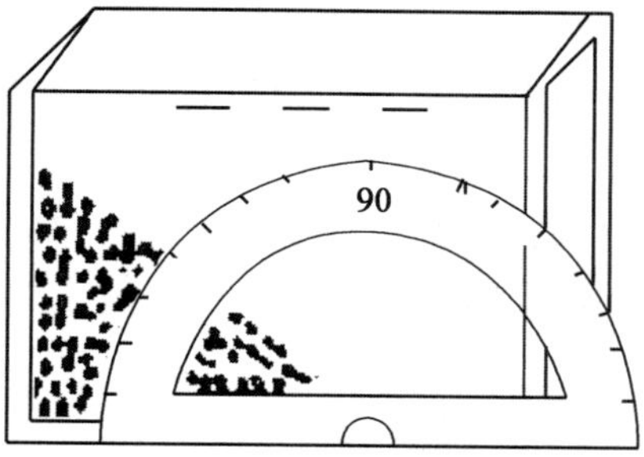

图 2-3　用长方形玻璃皿测定静止角

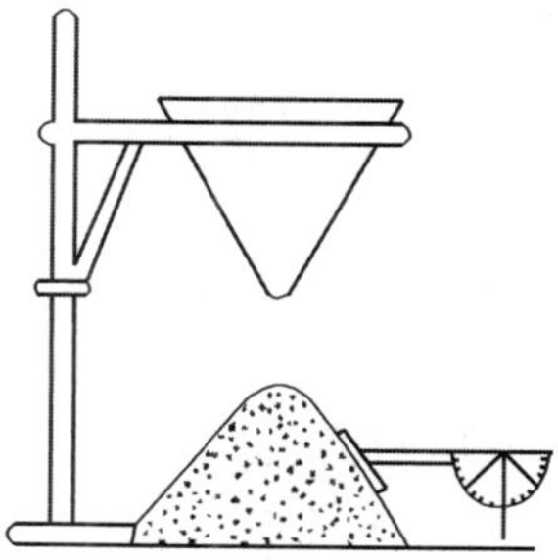

图 2-4　静止角的测定

测定静止角时，每个样品最好重复多次，记录其变异幅度，同时附带说明种子的净度和水分，以便和其他结果比较。表 2-5 为主要作物种子的静止角及其变异幅度。

表 2-5　主要作物种子的静止角及其变异幅度

（浙江农业大学种子教研组，1960）

作物	静止角/°	变异幅度/°	作物	静止角/°	变异幅度/°
稻谷	35～55	20	大豆	25～37	12
小麦	27～38	11	豌豆	21～31	10
大麦	31～45	14	蚕豆	35～43	8
玉米	29～35	6	油菜籽	20～28	8
小米	21～31	10	芝麻	24～31	7

表示种子散落性的另一指标是自流角(angle of auto-flowing)。当种子摊放在其他物体的平面上，将平面的一端向上慢慢提起形成一斜面，此时斜面与水平面所成之角(即斜面的陡度)亦随之逐渐增大，种子在斜面上开始滚动时的角度和绝大多数种子滚落时的角度，即为种子的自流角。种子自流角的大小，在很大程度上随斜面的性质不同而异，如表 2-6 所示。

表 2-6　几种作物种子的静止角和自流角

（浙江农业大学种子教研组，1981）

作物	静止角/°	自流角/°			
		薄铁皮	粗糙三合板	涂磁漆三合板	平板玻璃
籼谷	36～39	26～32	33～43	22～32	26～31
粳谷	40～41	26～31	35～47	20～27	27～31
玉米	31～32	24～36	27～36	18～24	22～31
小麦	34～35	22～29	26～35	17～23	24～30
大麦	36～40	21～27	29～37	18～24	25～31
裸麦	38～40	21～26	30～41	19～23	26～30
大豆	31～32	14～22	16～23	11～17	13～17
豌豆	26～29	12～20	21～26	12～20	13～18

种子自流角也在一定程度上受种子水分、净度及完整度的影响。必须注意在有关因素比较一致的情况下测定。有时由于取样方法、操作技术的微小差异,也往往不易获得一致的结果。

种子的静止角与自流角虽不能测得一个精确的数值,但在生产上仍有一定的实践意义。如建造种子仓库,就要根据种子散落性估计仓壁所承受的侧压力大小,作为选择建筑材料与构造类型的依据,侧压力的数值可用下式求得:

$$P=\frac{1}{2}mgh^{2}\tan^{2}\left(45^{\circ}-\frac{\alpha}{2}\right)$$

式中:P—每米宽度仓壁上所承受的侧压力(N/m);m—种子容重(g/L 或 kg/m^3);g—重力加速度(9.806 65 m/s^2);h—种子堆积高度(m);α—种子静止角(°)。

假定建造一座贮藏小麦种子的仓库,已测得小麦的静止角为 30°～34°,容重为 750 kg/m^3,在仓库中堆积高度以 2 m 为最大限度,则可应用上式求出仓壁所承受的侧压力 P=4.9 kN/m(因静止角小,侧压力大,所以 α 取 30°),表明该仓库种子堆积高度的仓壁在每米宽度上将承受 4.9 kN 左右的侧压力。

在种子清选、输送及保管过程中,常利用种子散落性以提高工作效率,保证安全,减少损耗。如自流淌筛的倾斜角应调节到稍大于种子的静止角,使种子能顺利地流过筛面,收到自动筛选除杂的效果;用输送机运送种子时,其坡度应调节到略小于种子的静止角,以免种子发生倒流。此外,在种子保管过程中,特别是入库初期,应经常观察种子散落性有无变化,如有下降趋势,则可能是回潮、结露、出汗以至发热、霉变的预兆,应该做进一步的检查,并及时采取措施,以防造成意外损失。

二、种子的自动分级

当种子堆在移动时,其中各个组成部分都受到外界环境条件和本身物理特性的综合作用而发生重新分配现象,即性质相近似的组成部分,趋向聚集于相同部位,而失去它们在整个种子堆里原来的均匀性,在品质上和成分上增加了差异程度,这种现象称为自动分级(autograding)。

种子堆移动时发生自动分级现象,主要由种子堆的各个组成部分具有不同的散落性所致;而散落性的差异是由各个组成部分的摩擦力不等和受外力不同的影响所引起的。种子堆的自动分级还受其他复杂因素的影响,如种子堆移动的方式,落点的高低以及仓库的类型等。通常人力搬运倒入仓库的种子,落点较低而随机分散,一般不发生自动分级现象;种子用袋装方法入库,就根本不存在自动分级的问题。严重的自动分级现象往往发生在机械化大型仓库中,种子数量多,移动距离大,落点比较高,散落速度快,就很容易引起种子堆各组成部分强烈的重新分配。显而易见,种子的净度和整齐度越低,则发生自动分级的可能性越大。当种子流从高处向下散落形成一个圆锥形的种子堆时,充实饱满的子粒和沉重的杂质大多数集中于圆锥形的顶端部分或滚到斜面中部,而瘦小皱瘪的子粒和轻浮的杂质则多分散在圆锥体的四周而聚集于基部,如表 2-7 所示。

表 2-7 种子装入圆筒仓内的自动分级

从种子堆上取样的部位	容重/(g/L)	绝对重/g	碎粒/%	不饱满粒/%	杂草种子/%	有机杂质/%	轻杂质/%	尘土/%
顶部	704.1	16.7	1.84	0.09	0.32	0.14	0.15	0.75
斜面中部	708.5	16.9	1.57	0.11	0.21	0.04	0.36	0.32
基部	667.5	15.2	2.20	0.47	1.01	0.65	2.14	0.69

从表 2-7 可见落在种子堆基部靠近仓壁的种子品质最差，其容重和绝对重均显著降低。碎种子和尘土则大多数聚集在种子堆的顶部和基部，斜面中部较少。而轻的杂质、不饱满粒与杂草种子则大部分散落在基部，即仓壁的四周边缘，因而使这部分种子容重大大降低。在小型仓库中，种子进仓时，落点低，种子流动距离短，受空气的浮力作用小，轻杂质由于本身滑动的可能性小，就容易积聚在种子堆的顶端，而滑动性较大的大型杂质和大粒杂草种子，则随饱满种子一齐冲到种子堆的基部，这种自动分级现象在散落性较大的小麦、玉米、大豆等种子中更为明显。

当种子从仓库中流出时，也同样会发生自动分级现象。种子堆中央部分比较饱满充实的种子首先出来，而靠近仓壁的瘦小种子和轻的杂质后出来，结果因出仓先后不同而使种子品质发生很大差异。

在运输过程中，用输送带搬运种子，或用汽车、火车长距离运输种子，由于不断震动的影响，就会按其组成部分的不同特性发生自动分级现象，结果使饱满度较差的种子、带稃壳的种子、经虫蚀而内部有孔洞的种子以及轻浮粗大的夹杂物，都聚拢到表面。

自动分级使种子堆各个组成部分的分布均衡性降低，某些部分积聚许多杂草种子、瘪粒、破碎粒和各种杂质，增强吸湿性，常引起回潮、发热以及仓库害虫和微生物的活动，从而影响种子的安全贮藏。灰杂集中部位，孔隙度变小，熏蒸时药剂不易渗透，而且这些部位吸附性强，孔隙间的有效浓度较低，因此会降低熏蒸杀虫效果。

种子堆由于发生自动分级而增高差异性，在很大程度上影响种子检验的正确性。因此必须改进取样技术，以免从中抽得完全缺乏代表性的样品。在操作时，应严格遵守技术规程，选择适当的取样部位，增加点数，分层取样，使种子堆各个组成部分有同等被取样的机会，这样，检验的结果就能反映出种子品质的真实情况。

在生产上要彻底防止由于种子自动分级造成的各种不利因素。首先，必须从提高进仓前清选工作的技术水平，除尽杂质，淘汰不饱满或不完整的子粒着手。其次，在贮藏保管业务上，如遇大型仓库，可在仓顶安装一个金属锥形器，使种子流中比较大而重的组成部分落下时不致集中于一点而分散到四周，轻而小的组成部分能靠近中心落下，以抵消由于自动分级所产生的不均衡性。再次，可在圆筒仓出口处的内部上方安装一锥形罩，当仓内种子移动时，中心部分会带动周围部分同时流出，使各部分种子混合起来，不致因流出先后而导致种子品质差异悬殊。

从生产观点看，自动分级也有它有利的一面，许多清选工具和方法就是利用种子这一特性而设计的。例如，用簸箕或畚斗簸除种子中所混杂的空瘪粒和轻质细小杂质，利用筛子的旋转运动或前后摇摆而将相对密度不同的种子和杂质分离，或利用垂直螺旋式清选机以及各种斜面清选机进行种子清选分级，都是根据同样的原理设计的。同时在种子清选分级工作中，还可利用种子自动分级这一特性来提高工作效率。

第四节　种子的导热性和比热容

一、种子的导热性

种子堆传递热量的性能称为导热性(thermal conductivity)。种子本身是浓缩的胶体,具有一定的导热性,但种子堆却是不良导体。热量在种子堆内的传递方式,主要通过两方面:一方面靠子粒间彼此直接接触的相互影响而使热量逐渐转移(热传导传热),其进行速度非常缓慢;另一方面靠子粒间隙里气体的流动而使热量转移(对流传热)。一般情况下,由于种子堆内的阻力很大,气体流动不可能很快,因此热量的传导也受到很大限制。在某些情况下,种子颗粒本身在很快移动(如通过烘干机时),或空气在种子堆里以高速度连续对流(如进行强烈通风),则热量的传导过程就发生剧烈变化,同时传导速度也大大加快。种子的导热性差,在生产上会带来两种相反的作用,在贮藏期间,如果种子本身温度比较低,由于导热不良,就不易受外界气温上升的影响,可保持比较长期的低温状态,对安全贮藏有利。但当外界气温较低而种子温度较高的情况下,由于导热很慢,种子不能迅速冷却,以致长期处在高温条件下,持续进行旺盛的生理代谢作用,促使生活力迅速减退和丧失,这就成为种子贮藏的不利因素。因此,作物种子经干燥后,必须经过一个冷却过程,并使种子的残留水分进一步散发。

种子导热性的强弱通常用导热率来表示。它取决于种子的特性、水分的高低、堆装所受压力以及不同部位的温差等条件。种子导热率就是指单位时间内通过单位面积静止种子堆的热量。在一定时间内,通过种子堆的热量随着种子堆的表层与深层的温差而不同。各层之间温差越大,则通过种子堆的热量越多,导热率也越大。

生产上要测出种子的导热率,先要测定种子的导热系数。种子的导热系数是指 1 m 厚的种子堆,当表层和底层的温差相差 1 ℃时,在每小时内通过该种子堆每平方米表层面积的热量,其单位为 kJ/(h・m・℃)。作物种子的导热系数一般都比较小,大多数在 0.418 4~0.836 8 kJ/(h・m・℃)之间,并随种温和水分变化而有增减,如表 2-8 所示。

表 2-8　几种作物种子的导热系数

(克拉索夫斯卡娅)

作物种类	种温/℃	水分/%	导热系数/[kJ/(h・m・℃)]
小麦	20.0	22.8	0.828 4
	16.6	17.8	0.548 1
	10.0	17.5	0.384 9
大麦	17.5	18.6	0.640 1
燕麦	18.0	17.7	0.497 8
黑麦	16.7	11.7	0.723 8
黍	18.0	11.9	0.602 5

一般作物种子的导热系数介于水与空气之间,在 20 ℃时,空气的导热系数为 0.090 8 kJ/(h・m・℃),而水的导热系数为 2.133 8 kJ/(h・m・℃)。可见在相同温度条件下,水的导热

系数远远超过空气，因此，当仓库的类型和结构相同，贮藏的种子数量相近时，在不通风的密闭条件下，种子水分越高，则热的传导越快；种子堆的空隙越大，则热的传导越慢。即干燥而疏松的种子在贮藏过程中不易受外界高温的影响，能保持比较稳定的种温；反之，潮湿紧密的种子，则容易受外界温度变化的影响，温度波动较大。

在大型仓库中，如进仓的种子温度高低相差悬殊，由于种子的导热性太弱，往往经过相当长的时间仍存在较大的温差，不能使各部分达到平衡；于是种子堆温度较高部分的水分将以水汽状态逐渐转移到温度较低的部分而吸附在种子表面，使种子回潮，引起强烈的呼吸以致发热、霉变。因此，种子入库时，不但要考虑水分是否符合规定标准，同时还须注意种温是否基本一致，以免招致意外损失。

种子堆的导热性能与安全贮藏还存在着另一方面的密切关系。生产上往往可以利用种子的导热性比较差这个特性，使它成为有利因素。例如，在高温潮湿的气候条件下所收获的种子，须加强通风，使种子温度和水分逐步下降，直到冬季，可达到稳定状态。来年春天气温上升，空气湿度增大，则将仓库保持密闭，直到炎夏，种子仍能保持接近冬季的低温，因而可以避免夏季高温影响而确保贮藏安全。

二、种子的比热容

比热容（specific heat capacity）又称比热容量，简称比热（specific heat），是单位质量物质的热容量。种子比热容是指 1 kg 种子升高 1 ℃时所需的热量，其单位为 kJ/(kg · ℃)。种子比热容的大小取决于种子的化学成分（包括水分在内）及各种成分的比率。在种子的主要化学成分中，干淀粉的比热容为 1.548 1 kJ/(kg · ℃)，油脂为 2.050 1 kJ/(kg · ℃)，干纤维为 1.338 8 kJ/(kg · ℃)，而水为 4.184 0 kJ/(kg · ℃)。绝对干燥的作物种子的比热容大多数在 1.673 6 kJ/(kg · ℃)左右，如小麦和黑麦均为 1.548 1 kJ/(kg · ℃)，向日葵为 1.644 3 kJ/(kg · ℃)，亚麻为 1.661 0 kJ/(kg · ℃)，大麻为 1.552 2 kJ/(kg · ℃)，蓖麻为 1.840 9 kJ/(kg · ℃)。

水的比热容较一般种子的干物质热容量要高出一倍以上，因此水分越高的种子，其比热容也越大。如果已经测知种子干物质的比热容和所含的水分，则按下式可计算出它的比热容：

$$C=C_0(1-V)+4.184V$$

式中：C—含有一定水分的种子的比热容；C_0—种子绝对干燥时的比热容；V—种子所含的水分。

例如已测得小麦种子的水分为 10%，则其比热容为：

$$C=1.548\,1\times(1-0.1)+(4.184\times0.1)=1.811\,7\ \text{kJ/(kg · ℃)}$$

从上式推算所得的比热容，只能表示大致情况，因各种作物种子的组成成分比较复杂，对比热容都有一定影响。根据实际测定，当种子水分为 14%时，小麦的比热容为 1.673 6 kJ/(kg · ℃)，燕麦为 2.133 8～2.384 9 kJ/(kg · ℃)，黑麦为 1.841 0～2.008 3 kJ/(kg · ℃)。

当种子干物质的比热容和所含水分的数据缺乏时，可应用量热器直接测定种子的比热容，其步骤如下：在一定温度条件下，将一定量的水注入量热器，然后将一定量的种子样品加热到一定温度，也投入量热器中，等种子在水中热量充分交换而达到平衡时，观察量热器中水的温度比原来升高几度，再将平衡前后的温差折算成单位重量的水与种子的温差比率，即为种子的比热容。其计算公式如下：

$$C_{种}=C_{水}\frac{B(T_3-T_2)}{S(T_1-T_3)}$$

式中：$C_{种}$—种子比热容[kJ/(kg·℃)]；$C_{水}$—一定温度条件下的液态水的定压比热容[kJ/(kg·℃)]；B—水的重量(g)；S—种子的重量(g)；T_1—加热后的种温(℃)；T_2—原来的水温(℃)；T_3—种子放入后达到平衡时的水温(℃)。

了解种子的比热容，可推算一批种子在秋冬季节贮藏期间放出的热量，并可根据比热容、导热率和当地的月平均温度来预测种子冷却速度。通常一座能容 2.5×10^5 kg 的仓库，种温从进仓时 30 ℃降到秋冬季 15 ℃以下，放出的总热量可达数百万千焦。同样，在春、夏季种温随气温上升，也需吸收大量的热量。因此，在前一种情况下，须装通风设备以加速降温，后一种情况下，须密闭仓库以减缓升温，这样可保持种子长期处在比较低的温度条件下，抑制其生理代谢作用而达到安全贮藏的目的。

刚收获的作物种子，水分较高，比热容亦较大，如直接进行烘干，则使种子升高到一定温度所需的热量也较大，即消耗燃料也较多；而且不可能一次完成烘干的操作过程，如加温太高，会招致种子死亡。因此，种子收获后，放在田间或晒场上进行预干，是最经济而稳妥的办法。

第五节　种子的吸附性和吸湿性

一、种子的吸附性

种子胶体具有多孔性的毛细管结构，在种子的表面和毛细管的内壁可以吸附其他物质的气体分子，这种性能称为吸附性(absorbability)。当种子与挥发性的农药、化肥、汽油、煤油、樟脑等物质贮藏在一起时，种子的表面和内部会逐渐吸附此类物质的气体分子，分子的浓度越高、贮藏的时间越长，则吸附量越大，不同种子吸附性的差异主要决定于种子内部毛细管内壁的吸附能力，因为毛细管内壁的有效表面积的总和超过种子本身外部的表面积 20 倍左右。

吸附作用通常因吸附的深度不同分为 3 种形式，即吸附、吸收和毛细管凝结或化学吸附。当一种物质的气体分子凝集在种子胶体的表面为吸附；其后，气体分子进入毛细管内部而被吸着，称为吸收；再进一步，气体分子在毛细管内达到饱和状态开始凝结而被吸收，则称为毛细管凝结。但就种子来说，这 3 种形式都可能存在，而且很难严格地加以区分。

种子在一定条件下能吸附气体分子的能力称为吸附容量，而在单位时间内能被吸附的气体数量称为吸附速率。被吸附的气体分子也可能从种子表面或毛细管内部释放出来而散发到周围空气中去，这一过程是吸附作用的逆转，称为解吸作用。一个种子堆在整个贮藏过程中，所有子粒对周围环境中的各种气体都在不断地进行吸附作用与解吸作用，如果条件固定不变，这两个相反的作用可达到平衡状态，即在单位时间内吸附的和解吸的气体数量相等。当种子移置于另一环境中，则种子内部的气体或液体分子就开始向外扩散，或者相反，由外部向种子内部扩散。如果种子贮藏在密闭状态中，经过一定时间，就可达到新的平衡。

种子堆里的吸附与解吸过程主要是靠气体扩散作用来进行的。首先是种子堆周围的气体由外部扩散到种子堆的内部，充满在种子的间隙中，一部分气体分子就吸附在每颗子粒的表面，另有一部分气体分子扩散到毛细管内部而吸附在内壁上，达到一定限度后，气体开始凝结成为液态，转变为液态扩散；最后有一部分气体分子渗透到细胞内部而与胶体微粒密切结合在一起，甚至和种子内部的有机物质起化学反应，形成一种不可逆的状态，即所谓化学吸附。若被吸附的气体可以被可逆地完全解吸出来，则称为物理吸附。

农作物种子吸附性的强弱取决于多种因素，主要包括下列几方面：

(1)种子的形态结构(子粒表面粗糙、皱缩的程度和组织结构)　凡组织结构疏松的，吸附力较强；表面光滑、坚实，或被有蜡质的，吸附力较弱。

(2)吸附面的大小　子粒有效面积越大，吸附力越强。当其他条件相同时，子粒越小，比表面积越大，其吸附性比大粒种子强，此外，胚部较大的和表面露出较多的种子，其吸附性也较强。

(3)气体浓度　环境中气体的浓度越高，则种子内部与外部的气体压力相差也越大，因而加速其吸附。

(4)气体的化学性质　凡是容易凝结的气体，以及化学性质较为活泼的气体，一般都易被吸附。

(5)温度　吸附是放热过程，当气体被吸附于吸附剂(种子)表面的同时，伴随放出一定的热量，称为吸附热。解吸则是吸热过程，气体从吸附剂表面脱离时，需吸收一定的热量。在气体浓度不变的条件下，温度下降，放热过程加强，有利于吸附的进行，促使吸附量增加；温度上升，吸热过程加强，有利于解吸的进行，吸附量减少。熏蒸后在低温下散发毒气较为困难，原因就在于此。

二、种子的吸湿性

种子对于水汽的吸附和解吸的性能称为种子的吸湿性(hygroscopicity)。吸湿性是吸附性的一种具体表现。由于种子的主要组成成分是亲水胶体(典型的油质种子除外)，所以大多数种子对水汽的吸附能力是相当强的。

水汽和其他气体一样，吸附和解吸过程都是通过水汽的扩散作用而不断地进行着的。首先是水分子以水汽状态从种子外部经过毛细管扩散到内部去，其中一部分水分子被吸附在毛细管的有效表面，或进一步渗入组织细胞内部与胶体微粒密切结合，成为种子的结合水(束缚水)。当外部水汽继续向内扩散，使毛细管中的水汽压力逐渐加大，结果水汽凝结成水，称为液化过程。外部的气态水分子继续扩散进去，直到毛细管内部充满游离状态的水分子，通常称游离水。这些水分子在种子中可以自由移动，所以也称自由水。当种子含自由水较多时，细胞体积膨大，子粒外形饱满，内部的生理过程趋向旺盛，往往引起种子的发热变质。种子收获后遇到潮湿多雨季节，空气中的湿度接近饱和状态，就容易发生这种情况。

当潮湿种子摊放在比较干燥的环境中，由于外界的水汽压力比种子内部低，水分子就从种子内部向外扩散，直到自由水全部释放出去。有时遇到高温干燥的天气，即使是束缚水也会被释放一部分，结果种子水分可达到安全贮藏水分以下，这种情况在盛夏和早秋季节经常会发生。

据研究，在相同的温度和相对湿度条件下，同一种种子吸湿增加水分和解吸降低水分这两种情况下的平衡水分不同。种子吸湿达到平衡的水分始终低于解吸达到平衡的水分，这种现象称吸附滞后效应。种子贮藏过程中，如干种子吸湿回潮，水分升高，以后即使大气湿度恢复到原来水平，种子解吸水汽，最后种子水分也不能恢复到原有水平。因此，这一问题在生产上值得注意。

种子吸湿性的强弱主要取决于种子的化学组成和细胞结构。种子含亲水胶体的比率越大，吸湿性越强；反之，含油脂较多的种子，吸湿性较弱。禾谷类作物种子由于胚部含有较多的亲水胶体物质，其吸湿性要较胚乳部分强得多，因此，在比较潮湿的气候条件下，胚部比胚乳部分容易吸湿回潮，往往成为每颗子粒发霉变质的起始点。在贮藏上解决这个问题的根本措施是干种子密闭贮藏，以隔绝外界水分的侵入。

三、种子平衡水分

种子水分随着吸附与解吸过程变化而变化，当吸附过程占优势，则种子水分增高，当解吸过程占优势，则种子水分减低。如果将种子放在固定不变的温度和湿度条件下，经过相当时间，则种子水分保持在一定水平，基本上稳定不变，此时种子对水汽的吸附和解吸作用以同等的速度进行着，亦即达到动态平衡状态，这时种子所含的水分为种子在该特定条件下的平衡水分，此时的相对湿度称平衡相对湿度。

平衡水分测定一般在20～25 ℃条件下进行。平衡水分的测定方法如下：将种子样品与各种盐的饱和溶液（产生不同的相对湿度）放在一密闭容器内，注意种子样品不可和溶液直接接触。经过一段时间，当种子水分和容器内的蒸汽压达到平衡，即种子水分不再增减时，此时的种子水分即为该温度和湿度条件下的平衡水分。常用盐类的饱和溶液与平衡相对湿度见表2-9。

表 2-9 盐类的饱和溶液与平衡相对湿度

（Copeland，1976）

盐类	温度/F(℃)	相对湿度/%	盐类	温度/F(℃)	相对湿度/%
$BaCl_2 \cdot 2H_2O$	77(25)	91.2	NaCl	32(0)	74.9
	86(30)	90.8		50(10)	75.2
	95(35)	90.2		68(20)	75.5
	104(40)	89.7		86(30)	75.6
				104(40)	75.4
				122(50)	74.7
$CaCl_2$	20(−6.7)	44.0	$Mg(NO_3)_2 \cdot 6H_2O$	50(10)	57.8
	32(0)	41.0		68(20)	54.9
	50(10)	40.0		86(30)	52.0
	70(21)	35.0		104(40)	49.2
KNO_3	32(0)	97.6	$MnCl_2 \cdot 4H_2O$	68(20)	54.2
	50(10)	95.5		86(30)	53.9
	68(20)	93.2		104(40)	52.3
	86(30)	90.7			
	104(40)	87.9			
KCl	68(20)	89.2	$CuCl_2 \cdot 2H_2O$	68(20)	68.7
	77(25)	87.2		77(25)	68.7
	86(30)	85.3		86(30)	68.3
	95(35)	83.8		104(40)	67.4

续表 2-9

盐类	温度/F(℃)	相对湿度/%	盐类	温度/F(℃)	相对湿度/%
$LiCl \cdot H_2O$	50(10)	13.3	NH_4Cl	20(−6.7)	82
	68(20)	12.4		32(0)	83
	86(30)	11.8		50(10)	81
	104(40)	11.6		70(21)	75
$MgCl_2$	73(22.8)	32.9	$MgCl_2 \cdot 6H_2O$	50(10)	34.2
	86(30)	32.4		68(20)	33.6
	100(37.8)	31.9		86(30)	32.8
				104(40)	32.1
K_2CO_3	68(20)	43.9	$NaNO_3$	68(20)	65.3
	77(25)	43.8		77(25)	64.3
	86(30)	43.6		86(30)	63.3
	100(37.8)	43.4		100(37.8)	61.8
K_2SO_4	50(10)	97.9	$NH_4H_2PO_4$	68(20)	93.2
	68(20)	97.2		77(25)	92.6
	86(30)	96.6		86(30)	92.0
	104(40)	96.2		100(37.8)	91.1
$(NH_4)_2SO_4$	50(10)	81.7	$Ca(NO_3)_2 \cdot 4H_2O$	68(20)	53.6
	68(20)	80.6		77(25)	50.4
	86(30)	80.0		86(30)	46.6
	104(40)	79.6		95(35)	41.5

当温度固定，将不同湿度下的种子平衡水分画成曲线，就得到一条S形曲线，称为等温吸附曲线(吸湿平衡曲线)(图 2-5)。

这条曲线有两个转折点：第一个转折点(阶段Ⅰ与阶段Ⅱ之间)出现是因为种子非常干燥，种子胶体中的亲水基团处于裸露状态，对水分子有极强的亲和力，因此强烈地吸收水分，平衡水分很快上升。当种子的所有亲水基团都吸附了水分就形成第一层水膜。由于有第一层水膜存在，种子和空气中的水分子有一层间隔，不是靠种子的亲水胶体而是靠水分子之间微弱的氢键吸引，才能形成第二层水膜。尽管空气相对湿度增加，第二层水膜形成也很慢，造成此时的平衡水分增加缓慢。第二个转折点(阶段Ⅱ与阶段Ⅲ之间)出现是因为种子水分增加后逐渐趋向饱和而凝结，种子内部水汽压突然下降，空气中的水汽在外界水汽压作用下大量进入种子中，所以种子的平衡水分迅速上升。

种子的平衡水分受温度、相对湿度和种子本身的影响。当湿度不变时，种子的平衡水分随温度升高而减小，呈负相关。这是因为当温度升高时空气的保湿能力增加，温度每上升 10 ℃每千克空气中达到饱和的水汽量约可以增加 1 倍，使相对湿度变小，从而使种子的平衡水分减小。当温度不变时，种子的平衡水分随相对湿度的增加而增大，与湿度呈正相关。当外界湿度高时，显然产生的水汽压高，水汽浓度大，水分子容易进入种子，所以种子的平衡水分高。从种子本身来看，种子的胚中轴或胚所占整个子粒的比例较大者平衡水分高。因为与胚乳比较，胚

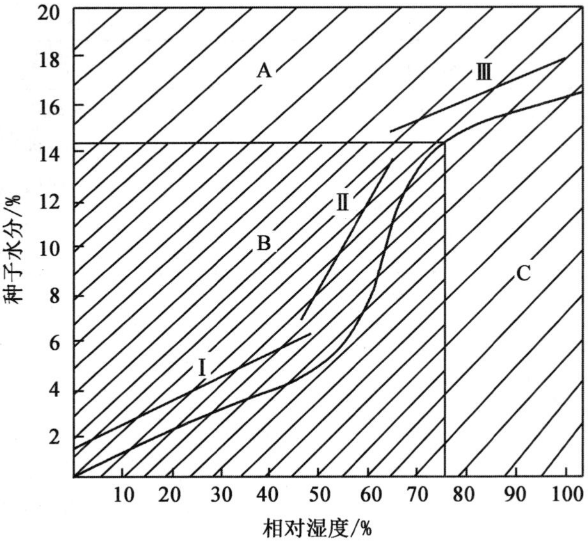

A. 种子贮藏不安全 B. 种子贮藏安全 C. 仅限于短期贮藏

Ⅰ. 第一阶段 Ⅱ. 第二阶段 Ⅲ. 第三阶段

图 2-5 一定温度条件下,种子含水量与空气相对湿度的关系

(Copeland 和 McDonald,1985)

更容易吸收水分和保持水分。例如,小麦种子整粒计算水分是 18.49%,而胚部水分达到 20.04%。凡表面粗糙、破损,内部结构致密、毛细管多而细的种子,平衡水分高。因为种子增加了与水汽分子接触的表面积。

此外,种子化学物质的亲水性对种子的平衡水分有极大影响。亲水性是由种子化学物质的分子组成中含有大量的亲水基所致。如羟基(—OH)、醛基(—CHO)、巯基(—SH)、氨基($—NH_2$)、羧基(—COOH)均为亲水基。而各种亲水基吸收水分子能力是不同的,一个羧基可以吸收 4～5 个水分子,氨基可以吸收 3 个水分子。蛋白质与糖类的分子中均含有这类极性基,所以具有亲水性。蛋白质分子含有$—NH_2$ 和—COOH,亲水性强。脂肪分子中不含极性基,表现疏水性。因此凡含大量蛋白质、淀粉的种子平衡水分较高,而含大量脂肪的种子平衡水分较低。这也就解释了为什么油类种子的安全贮藏水分较低的原因。粉质种子几乎全部由淀粉和蛋白质组成,所以水分分布在整粒种子上。而油质种子含有大量脂肪,水分子只能分布在其余的亲水胶体上。就亲水胶体而言,它已经含有大量水分,但按整粒种子计算,水分仍很低。例如,某油质种子含油率 40%,那么 60%为亲水胶体。如果要达到禾谷类种子相同的安全程度(安全水分 13%),它的安全水分应为 13%×60%,即 7.8%。

种子的平衡水分有广泛的应用。首先,可以用平衡水分来确定种子安全贮藏水分。吸湿平衡曲线上第一个转折点是第一层水与第二层水的界限,第二个转折点是第二层水与多层水的界限,两个转折点的 1/2 处为束缚水与自由水的界限,即临界水分。自由水的存在会引起种子内部一系列旺盛的生命活动,呼吸强度增大,不利于种子的贮藏。所以,种子的安全水分一般不应超过临界水分。安全水分的确定还要考虑不同地区的温度、常年大气湿度。南方的安全水分必须低于北方。

也可将平衡水分看作某一特定条件下种子是解吸还是吸湿的分界线。例如，某一仓库中相对湿度 80%，温度 20 ℃，小麦入库水分 13%。查表 2-10 可知该条件下小麦的平衡水分为 15.9%，因此小麦会吸收空气中的水分，需要进行通风和隔湿工作。也可将平衡水分看作某一特定条件下的种子最大持水量，种子在某一特定条件下失水的多少也和平衡水分有关，后者在种子干燥中有广泛的应用(表 2-11)。例如用热空气干燥种子，通入一定的相对湿度和温度的热空气，该条件下平衡水分就是种子能降低水分的最低限度。由上所述，种子的平衡水分，可以从不同的角度去理解它、应用它，为种子的安全贮藏服务。

表 2-10　一些作物种子在不同温度和相对湿度下的平衡水分

作物种子	温度/℃	相对湿度/%							
		20	30	40	50	60	70	80	90
小麦	0	8.7	10.1	11.2	12.4	13.5	15.0	16.7	21.3
大麦		9.2	10.6	12.1	13.1	14.4	16.4	18.3	21.1
黍		8.7	10.2	11.7	12.5	13.6	15.2	17.1	19.1
稻谷	20	7.5	9.1	10.4	11.4	12.5	13.7	15.2	17.6
玉米		8.2	9.4	10.7	11.9	13.2	14.9	16.9	19.2
小麦		7.8	9.0	10.5	11.6	12.7	14.3	15.9	18.3
大麦		7.8	9.2	10.7	11.3	13.1	14.3	16.0	19.9
黍		8.8	9.5	10.9	12.0	13.4	15.2	17.5	20.9
大豆		5.4	6.5	7.1	8.0	9.5	14.4	15.3	20.9
小麦	30	7.4	8.8	10.2	11.4	12.5	14.0	15.7	19.3
大麦		7.6	9.1	10.4	12.2	13.2	14.3	16.6	19.0
黍		7.2	8.7	10.2	11.0	12.1	13.6	15.3	17.7

表 2-11　蔬菜种子在不同相对湿度和 25 ℃左右的平衡水分 *

种类	相对湿度/%						
	10	20	30	45	60	75	80
利马豆	4.6	6.6	7.7	9.2	11.0	13.8	15.0
食荚菜豆	3.0	4.8	6.8	9.4	12.0	15.0	16.0
蔬用甜菜	2.1	4.0	5.8	7.6	9.4	11.2	15.0
蚕豆	4.2	5.8	7.2	9.3	11.1	14.5	17.0
甘蓝	3.2	4.6	5.4	6.4	7.6	9.6	10.0
白菜	2.4	3.4	4.6	6.3	7.8	9.4	—
胡萝卜	4.5	5.9	6.8	7.9	9.2	11.6	12.5
甜芹	5.8	7.0	7.8	9.0	10.4	12.4	13.5
甜玉米	3.8	5.8	7.0	9.0	10.6	12.8	14.0
黄瓜	2.6	4.3	5.6	7.1	8.4	10.1	10.2

续表 2-11

种类	相对湿度/%						
	10	20	30	45	60	75	80
茄子	3.1	4.9	6.3	8.0	9.8	11.9	—
莴苣	2.8	4.2	5.1	5.9	7.1	9.6	10.0
芥菜	1.8	3.2	4.6	6.3	7.8	9.4	—
秋葵	3.8	7.2	8.3	10.0	11.2	13.1	14.5
洋葱	4.6	6.8	8.0	9.5	11.2	13.4	13.6
葱	3.4	5.1	6.9	9.4	11.8	14.0	—
豌豆	5.4	7.3	8.6	10.1	11.9	15.0	15.5
辣椒	2.8	4.5	6.0	7.8	9.2	11.0	12.0
萝卜	2.6	3.8	5.1	6.8	8.3	10.2	—
菠菜	4.6	6.5	7.8	9.5	11.1	13.2	14.5
南瓜	3.0	4.3	5.6	7.4	9.0	10.8	—
番茄	3.2	5.0	6.3	7.8	9.2	11.1	12.0
芜菁	2.6	4.0	5.1	6.3	7.4	9.0	10.0
西瓜	3.0	4.8	6.1	7.6	8.8	10.4	11.0

注：* 以湿重为基础。

思考题

1. 试述种子容重和相对密度的测定方法。
2. 举例说明种子孔隙度和种子贮藏的关系。
3. 种子散落性和自动分级在种子加工贮藏过程中如何运用？
4. 什么是种子的平衡水分？常见农作物种子的平衡水分各为多少？
5. 试述在种子贮藏中如何利用种子导热性这一物理特性。

第三章　种子清选原理和技术

种子清选是整个种子加工的核心部分，它包括“清”和“选”两部分，也称为“清选”和“精选”加工。种子清选能够减少种子中所混有的夹杂物，提高作物种子的质量。种子经过较好的清选加工，可以提高种子净度、发芽力、品种纯度、种子活力，提高种子耐藏性、抗逆性，增强种子价值和商品特性。

第一节　种子清选的目的和意义

种子清选的目的主要包括两部分：一是分离和清除混入种子中的其他作物种子、各种杂质和杂草种子，以提高种子纯净度，并为种子安全干燥和包装贮藏做好准备；二是种子的精选升级，去除种子中的质量低劣的种子，即不饱满的、虫蛀或劣变的种子，以提高种子的精度级别和利用率，提高发芽率和种子活力。

通过清选，可以提高种子播种质量和商品性，使种子外形尺寸基本均匀一致，饱满健壮，种子纯净度、发芽率等综合指标得到明显提高。实践证明，实施种子清选加工，可使种子发芽率、发芽势显著提高，减少苗期病虫害，提高农作物产量，归纳起来还有以下优点：

(1)减轻工人劳动强度，提高工作效率。采用人工选种不仅劳动强度大，而且效率低；而采用机械化清选加工处理种子，不但比人工提高效率几十倍，而且加工后种子质量稳定。

(2)有利于种子的贮存与运输。种子经过清选加工后，减少了夹杂在种子中的病粒和有生命的杂质，进一步提高了种子质量，延长种子贮存期限。由于种子净度得到提高，包装封闭性好，减少了因长途运输及品种混杂、变质引起的损耗。

(3)增加后序工作的方便性，有利于种子包衣、丸粒化与精密点播，提高工作效率。

(4)提高种子在市场上的竞争能力。种子清选加工后，净度高、质量好而受到农民的欢迎。

第二节　种子清选的基本原理

种子的清选主要是根据机械设备和电子仪器能够识别的种子物理学特性(如宽度、厚度和长度、密度、临界悬浮速度、种子表面特性和种子颜色等)，除去种子中的夹杂物质，如未成熟的、破碎的以及遭受病虫害的种子和杂草种子；把发芽率高、生命力旺盛的高质量的种子分离出来。

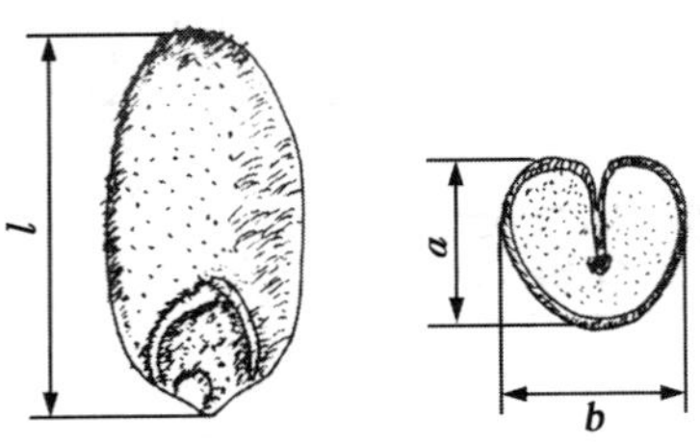

l-长度　*b*-宽度　*a*-厚度

图 3-1　小麦种子的尺寸

（胡晋，2001）

一、根据种子外形尺寸进行分离

（一）种子的外形尺寸及其分布

种子形状和大小通常以长度（l）、宽度（b）和厚度（a）3 个尺寸来表示（图 3-1）。各种种子长、宽、厚之间的关系，主要有如下 4 种情况：

$l>b>a$，为扁长形种子，如水稻、小麦、大麦种子等。

$l>b=a$，为圆柱形种子，如小豆种子等。

$l=b>a$，为扁圆形种子，如野豌豆种子等。

$l=b=a$，为球形种子，如豌豆种子等。

（二）筛子种类和形状

根据种子外形尺寸分选，主要是利用冲孔筛或编织筛进行。

冲孔筛是在镀锌板上冲出排列有规律的、有一定大小与形状的筛孔；筛孔形状主要有圆孔、长孔、三角形孔、鱼鳞孔、波纹孔等（图 3-2）。筛板的厚度多在 0.3～2.0 mm 之间，筛板过厚则筛选时易堵塞筛孔，过薄则刚性强度太差。筛板的厚度在一定程度上还取决于筛孔的大小，筛孔大，筛板就要厚一些，以保证筛面的强度。冲孔筛坚固耐磨不易变形，适用于清理大型杂质及用于种子分级；缺点是筛孔有效面积较小，工作效率较低。

编织筛是由坚实的钢丝编织而成，根据筛孔的形状可分为方孔筛、长孔筛和菱孔筛。钢丝的直径在 0.3～0.7 mm 之间，其粗细根据筛孔大小而定。编织筛有效面积大，杂质容易通过，适合清理细小杂质；缺点是筛孔易变形，筛面的坚固性较差。

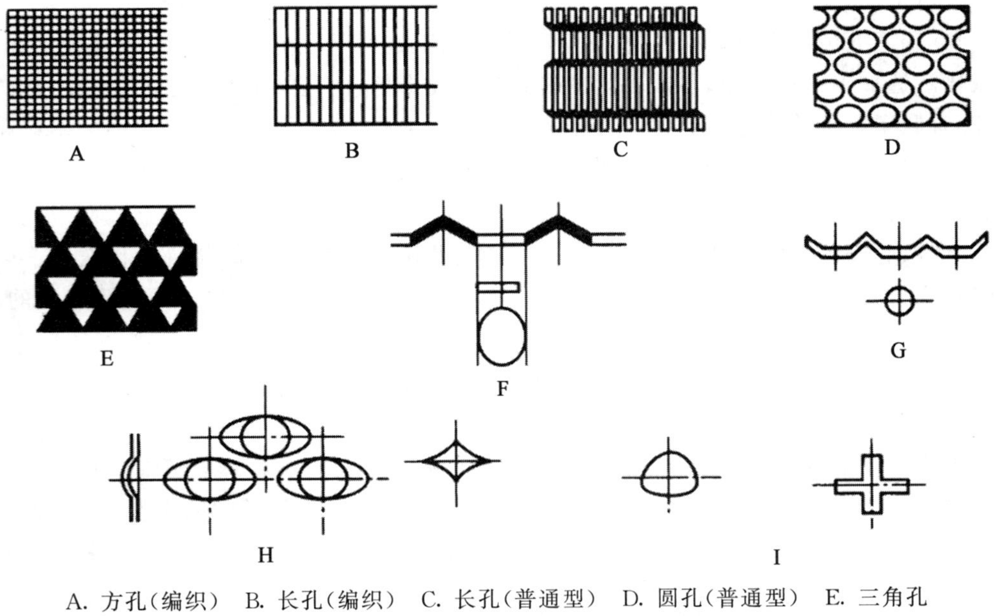

A. 方孔（编织）　B. 长孔（编织）　C. 长孔（普通型）　D. 圆孔（普通型）　E. 三角孔
F. 长孔（皱纹型）　G. 圆孔（凹窝型）　H. 鱼鳞孔　I. 异形孔

图 3-2　筛孔形状简图

（谷铁城等，2001）

(三)不同形状筛孔的分离原理和用途

在种子分选过程中,筛孔形状与尺寸的选取是否合理,直接影响根据种子外形尺寸的分选效果。在选择筛子时,应根据被分离物的形状、尺寸和最终成品的要求来确定筛孔的形状和尺寸。由于种子与杂质往往有部分重叠,如果要提高种子净度,则种子数量的损失就会增加。在选择筛子时,在保证种子净度的同时,应尽可能地减少种子损失。

1. 筛孔形状的选择

根据种子的形状和大小,可选用不同形状和大小规格的筛孔进行分选,也可把不同长短或大小的种子进行精选分级。

(1)按种子的宽度分离选择圆孔筛。圆孔筛的筛孔只有一个量度,就是直径,它应小于种子的长度,大于种子的厚度。因为筛面上的种子层有一定的厚度,当筛子运动时有垂直方向的分向量,种子可以竖起来通过筛孔,这说明筛孔对种子的长度不起限制作用。对于麦类作物种子,它的厚度小于宽度,筛孔对种子厚度也不起作用。所以对圆孔筛来说,它只能限制种子的宽度。种子宽度大于筛孔直径的,留在筛面上;宽度小于筛孔直径的,则通过筛孔落下(图 3-3)。

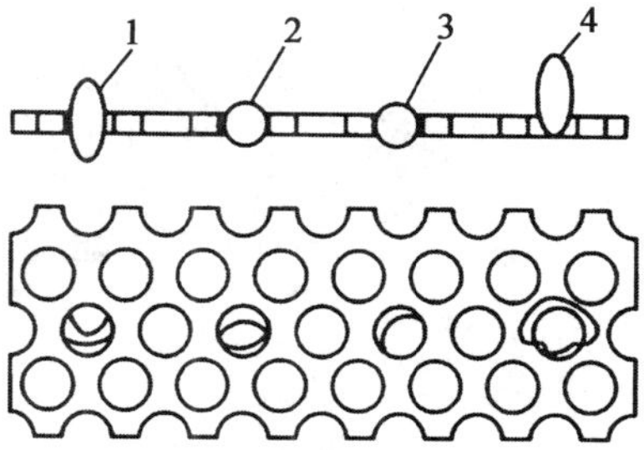

1、2、3-种子宽度小于筛孔直径(能通过筛孔)

4-种子宽度大于筛孔直径(通不过筛孔)

图 3-3　圆孔筛清选种子的原理图

(胡晋,2001)

(2)按种子的厚度分离选用长孔筛。长孔筛的筛孔有长和宽两个量度,由于筛孔的长度大于种子的长度(大两倍左右),所以只有筛孔宽度起限制作用。麦类作物种子的宽度大于厚度,种子可侧立起来以厚度方向从筛孔落下,所以种子的长度和宽度不起作用。只有按厚度分离,种子厚度大于筛孔宽度的留在筛面上,小于筛孔宽度的落于筛下(图 3-4)。这种筛子工作时,只需使种子侧立,不需竖起,种子作平移运动即可。因此,这种筛子可用于不同饱满度种子的分离。

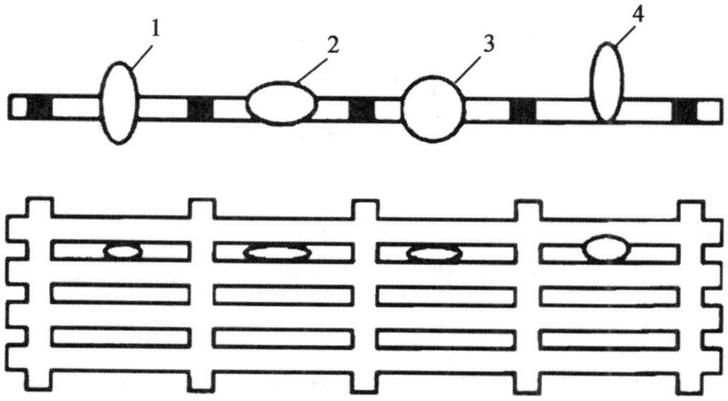

1、2、3-种子厚度小于筛孔宽度(能通过筛孔)

4-种子厚度大于筛孔宽度(通不过筛孔)

图 3-4　长孔筛清选种子的原理图

(胡晋,2001)

(3)根据种子长度进行分离可用窝眼筒。窝眼筒是用金属板制成的、内壁上有圆形窝眼的圆筒,可水平或稍倾斜放置。喂入筒内的种子,其长度小于窝眼口径的,就落入圆窝内,并随圆筒旋转上升到一定高度后落入分离槽中,随即被搅龙运走。长度大于窝眼口径的种子,不能进入窝眼,沿窝眼筒的轴向从另一端流出。窝眼筒可以将小于种子(小麦)长度的夹杂物(草籽等)分离出去,也可以将大于种子长度的夹杂物(大麦等)分离出去。前一种情况窝眼筒窝眼口径小于种子长度,而后一种情况窝眼筒窝眼口径大于种子长度(图 3-5)。

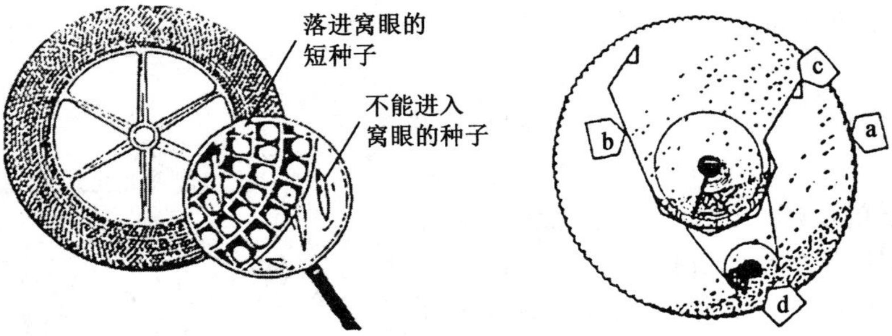

A. 窝眼盘　　B. 窝眼筒构造

a. 种子落入窝眼筒壁　b. 收集调节　c. 分选调节　d. 输送搅龙

图 3-5　窝眼盘和窝眼筒的分离作用

(胡晋,2001)

2. 筛孔尺寸的选择

筛孔尺寸的选择是否合理,对大杂、小杂的除净率,最终成品种子的净度以及种子本身的获选率都有直接的影响。因此,筛孔尺寸的大小应根据种子、杂质的尺寸分布、成品净度要求及获选率的要求进行选择。以一个有三层筛片的风筛清选机筛箱为例,通常使小杂通过下筛筛孔,除去小杂,将好种子留在筛面上;下筛筛孔尺寸越大,小杂除净率越高,种子净度越高,但同时也会损失部分小粒种子。中筛主要用于除去大杂,使好种子通过筛孔。上筛主要用于除去特大杂质,便于种子流动并在筛面上均匀分布,提高筛分系统性能。

下面为几种常用种子的筛孔选取范围(L 表示长孔筛,Φ 表示圆孔筛,单位 mm):

中筛:小麦 L3.6～4.0;水稻 L3.2～3.8;玉米 Φ11～12;大豆 Φ8.0～8.5;油菜 Φ2.8～3.0;

下筛:小麦 L1.9～2.2;水稻 L1.7～2.0;玉米 Φ5.5～6.0;大豆 Φ4.5～5.0;油菜 Φ1.2～1.5。

根据杂质的特性,可以更换不同形状的筛孔与尺寸,以提高种子净度,如加工大豆种子主要用圆孔筛,如果将半粒豆作为主要杂质进行筛选时,可将下筛改为长孔筛。

上筛筛孔尺寸应根据特大杂质的形状与尺寸来确定,筛孔最小尺寸应大于中筛最大尺寸。

3. 筛孔的布置

筛孔在筛片上的分布对于种子能否顺利通过筛孔有很大关系,在筛孔直径一定的情况下,种子通过筛孔的可能性随着筛面上筛孔面积之和的增加而增加。如果筛片的单位工作面积为 $F(m^2)$,单位面积上的筛孔面积之和为 $f(m^2)$,则相对有效面积利用系数为:$\mu=f/F$,μ 值越大,生产率越高。

但是筛片所选用的材料会使筛孔的分布和密度受到一定的限制,在材料允许的情况下,应尽可能增加筛孔的面积,以增加有效工作面积。在孔距相同时,孔的排列形式不同,其相对有效面积利用系数(μ)也不同。例如按棱形排列和按正方形排列,设它们的孔距均为 t,筛孔直径为 d,则有效面积利用系数分别为:

$$\mu(\text{棱})=f/F=\pi d^2/(2\sqrt{3}t^2)$$
$$\mu(\text{方})=f/F=\pi d^2/(4t^2)$$
$$\mu(\text{棱})/\mu(\text{方})=[\pi d^2/(2\sqrt{3}t^2)]/[\pi d^2/(4t^2)]=1.155$$

即菱形排列的圆孔筛比按正方形排列的圆孔筛其有效面积利用系数可以提高15%以上。按菱形排列时,通常 $\mu=0.4\sim0.5$。而且生产实践证明,选择按菱形排列的圆孔筛作为筛片时,用长轴作为种子流动方向更能提高种子筛孔通过率和种子质量。几种常用种子的筛孔选取范围参见表3-1。

表3-1　几种常用种子的筛孔选取范围　mm

作物	上筛	中筛	下筛
玉米	Φ13～13.5	Φ11～12	Φ5.5～6.0
水稻	L4.0～4.5	L3.2～3.8	L1.7～2.0
小麦	L5.0～5.5	L3.6～4.0	L1.9～2.2
大豆	Φ9.0～9.5	Φ8.0～8.5	Φ4.5～5.0
油菜	Φ4.0～4.5	Φ2.8～3.0	Φ1.2～1.5

注:表中Φ表示圆孔筛,L表示长孔筛。

(四)平面筛和圆筒筛

1. 平面筛

筛子的任务主要是使种子与夹杂物在筛面均匀地移动,其中小于筛孔的部分通过筛孔,而大于筛孔的部分则阻留在筛面上,使其沿筛面流出,或借风力将其中轻者吹起,以完成分离。分离的方式可以使所要的种子由筛孔漏下,而将大夹杂物留在筛面上;也可以使小于种子的细小夹杂物,如草籽、泥沙等由筛孔漏下,将所要的种子留在筛面上,这两种分离方式的选择,依工作要求而定。

不管采用任何方式筛选,必须保证被筛物在筛面上移动,使被筛物有更多的机会从筛孔通过,被阻留在筛面上的夹杂物(或种子)沿筛面流出。

平面筛的筛体一般用吊杆悬起或支起,借曲柄连杆机构使它往复摆动。

筛体的摆动有纵向摆动和横向摆动两种形式。纵向摆动,被筛物沿筛面由纵向上下移动,下移较上移的距离大,逐渐移出筛外。这种形式被筛物在筛面上的停留时间相对较短,所以生产率较高,但分离效果较差。横向摆动,被筛物在筛面上作“之”字形移动,与纵向摆动相比,分离效果较好,但生产率低,目前多用纵向摆动。

在筛体作往复运动中,如不考虑空气的阻力,筛面上的被筛物将受到被筛物本身重力、由筛体加速度产生的惯性力、筛面对被筛物的反力和摩擦力等四个力的作用。通过调节曲柄转速不同,可使这四个力作用不同,从而使被筛物在筛面运动的方向和方式也不同。具体可分为:被筛物沿筛面向上移动,被筛物沿筛面向下移动,被筛物抛离筛面。为使被筛物在筛面上得到充分的清选,应使被筛物在筛面上做上下交替的移动。这样可以提高筛子的分离效果,也可以缩短筛理时间。

平面筛的清选质量和生产率与被筛物流过筛面的速度有关。如速度太大,则被筛物跃过筛孔,使部分筛孔失去分离作用,同时被筛物在筛面上停留的时间缩短,因此减少了通过筛孔的机会。如果被筛物移动速度太小,虽然在筛面上停留时间延长,但筛子生产率低,所以速度降低受到预定的生产率限制。被筛物在筛面上的速度大小,与曲柄的转速、筛子的倾斜角以及被筛物与筛面间的摩擦有关。

2. 圆筒筛

圆筒筛是制成一个封闭的圆筒形。圆筒壁上制有圆孔或长方形孔(图 3-6)。当需要清选的种子从进口端喂入时,一面在圆筒筛面上滑动,一面沿其轴向缓慢地向出口端移动,进行筛选。其中大于筛孔尺寸的种子,留在圆筒筛内,沿轴内逐渐从出口端排出,而小于筛孔尺寸的种子由筛孔漏出。

圆筒筛可根据种子分级标准,沿轴向做成两段或三段,每段筛孔尺寸不同。这样,当种子通过圆筒筛时,即可将种子分成两级或三级。

圆筒筛有长孔、圆孔两种,其中圆孔筛筛选长粒种子时,种子需直立,或者有 60°以上的倾角才能使其漏出。另一方面圆孔筛不宜筛选圆粒种子,因为半粒大豆很难用圆孔筛筛出去。为克服上述缺点,目前采用如图 3-6 所示的结构形式,它能使种子很快地直立起来,较顺利地通过圆孔筛。

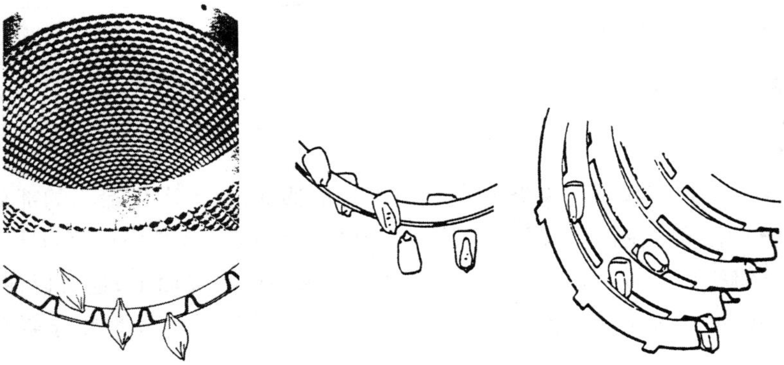

A. 圆孔圆筒筛　　B. 长孔圆筒筛

图 3-6　圆筒筛的构造和分离

(胡晋,2001)

圆筒筛工作过程中,种子与筛孔接触的机会越多,分离效果越好。

种子在圆筒筛内的每个运动周期中,可能发生 4 种情况:①相对静止,这时种子靠摩擦力随筛面上升。②相对滑动,种子靠自重克服摩擦力的作用沿筛面向下滑动。③自由运动,种子离开筛面自由下落。④分离,小于筛孔的种子通过筛孔落下。

圆筒筛的转速过高,种子在离心力的作用下,将紧紧地压在圆筒筛的内壁上,总不下落,形成长久的相对静止,这就失去了圆筒筛的分离作用。因此当种子随圆筒筛转到顶上极限位置时,其重力必须要大于它的离心力。即:

$$mr\omega^2 < mg$$

式中:r—圆筒筛半径(m);ω—圆筒筛角速度(rad/s);mg—种子重力(kg)。

将上式化简后得：

$$r\omega^2 < g$$

圆筒筛半径 r 一般为 200～1 000 mm，转速在 30～50 r/min。

由于圆筒筛的转速受到限制，生产率不高，在使用中受到影响。但它与平面筛相比，有以下几方面优点：①种子一次通过圆筒筛可以分成几级；②圆筒筛旋转，种子除受到本身的重力作用外，还受到离心力的作用，有利于种子通过筛孔，分离效果较好，尤其对小粒种子更为显著；③圆筒筛作旋转运动，传动简单，易于平衡，筛子便于清理。

圆筒筛的轴线可以水平安装，有时为了增加种子沿轴向的运动速度，提高生产率，圆筒筛的轴线也可以与水平面成一不大的角度(1°～5°)安装。

(五)影响筛选质量的主要因素

(1)筛孔孔形与筛孔尺寸　由于种子的形状、外形尺寸，混杂物的形状、尺寸及清选要求不同，或即使同一品种的种子，也可能因为产地或生产年份的不同，种子外形尺寸存在一定程度的差异，所选择的筛孔尺寸也应随之变化。因此，筛孔孔形与筛孔尺寸应经过简单的筛选试验进行确定。

(2)筛片质量　筛孔的排列形式、筛片的平面度以及筛孔的光滑程度、尺寸公差等都会影响种子加工质量。

(3)喂料的均匀性　喂入筛面的种子物料是否连续均匀以及种子在筛面宽度方向上的分布均匀性都会影响种子加工质量。

(4)种子厚度　在种子筛选过程中，通常将种子料层厚度控制在 5～10 mm(种子厚度的两倍左右)；料层太厚，筛选不彻底，成品种子净度偏低；料层太薄，不能充分发挥应有的筛选能力。

(5)筛片尺寸与负荷　筛片的宽度、长度与生产能力和加工质量直接相关；一般来说，筛面的长宽比 $L/B=1\sim2$。筛片长度选择合理，既能满足种子加工要求，又能简化机器结构，节省制造成本。

以筛选小麦种子为例，通常单位筛宽负荷能力 $Q_b=10\sim40$ kg/(cm·h)或单位筛面负荷能力 $Q_s=1\,000\sim2\,500$ kg/(m^2·h)。其中，小型机具取低值，大型机器取高值；用于种子初清时筛面倾角较大，加工能力可提高 100%～300%。

用于清选小麦以外的其他作物种子时，筛面负荷能力可按折算系数进行折算。通常将小麦种子加工能力确定为 1，则水稻种子相对于小麦种子的折算系数为 0.7，玉米为 0.8，油菜为 0.5，胡萝卜为 0.1 等，其他种子的折算系数则通过在相同试验条件下进行实验取得。

(6)筛面倾角　为了提高筛片的筛选效果，在机器中，筛片沿种子流动方向采用倾斜安装，通常上筛为 2°～7°，下筛为 7°～12°；预清时，上筛取 5°～10°，下筛取 10°～15°。

(7)筛面振动方向角　振动方向角的大小，直接影响到种子在筛面上受到的作用力；通常选择在 3°～20°之间。方向角过小，种子在筛面上受到的作用力小，种子在筛面上移动速度缓慢，生产效率低；方向角过大，种子在筛面上受到的作用力大，导致种子在筛面上跳起，快速通过筛选行程，不利于种子筛选。

(8)摩擦系数　摩擦系数增加，不利于种子在筛面上运动；当筛片材料与被筛选种子品种确定后，相对摩擦系数即为定值。不同种子与金属筛面的摩擦系数分别为：小麦 0.36，水稻

0.4。同时筛面的平整度、筛孔周边毛刺等对磨擦系数的影响很大，制作筛片时，要求光面向上。

(9)筛箱振幅与振动频率　筛箱振幅与振动频率的乘积为一个定值，振幅越大，振动频率越低；振幅越小，振动频率越高。选择的振幅与振动频率应保持种子在筛面上的平均运动速度为 0.25～0.35 m/s。运动速度太低，影响生产能力；运动速度太高，影响筛选质量。种子在筛面上运动速度的快慢与筛面倾角、摩擦系数、筛箱振幅与振动频率等都有关。

(六)正确选用筛孔的技术

由于清选的种子种类和品种不同，对于长、宽、厚这 3 个尺寸，种子与杂质之间会有一定的差异，不同品种的种子也会存在差异。当其中 1 个差异较为明显时，便可以按照这个尺寸进行分选。如果 3 种尺寸差异均较大，可以按 3 个外形尺寸中的任何 1 种尺寸进行分选，也可以按 2 个或 3 个尺寸组合进行分选，以达到比较理想的分选效果。为了对清选种子能有效地分离，清选前，必须对欲清选种子样品的最大、最小尺寸，夹杂物的种类和大小尺寸有较清楚的了解，这就需预先根据种子尺寸的分布曲线和复合图来选用筛子种类和筛孔规格大小。

1. 分布曲线的制作

同一个品种，其种子的长度、宽度和厚度也会存在差异，并在一定的尺度范围内呈正态分布。而其中的混杂物(如杂草种子)也有其相应的尺寸及变化范围。在制作分布曲线时，先计量出一定数量的种子样品，测量不同长度(或宽度，或厚度)的种子数占种子总数的百分比，以此百分比为纵坐标，以长度(或宽度、厚度)为横坐标绘制成曲线，即可以绘制成种子某一指定尺寸变化曲线。图 3-7 为大麦种子的长度变化曲线。

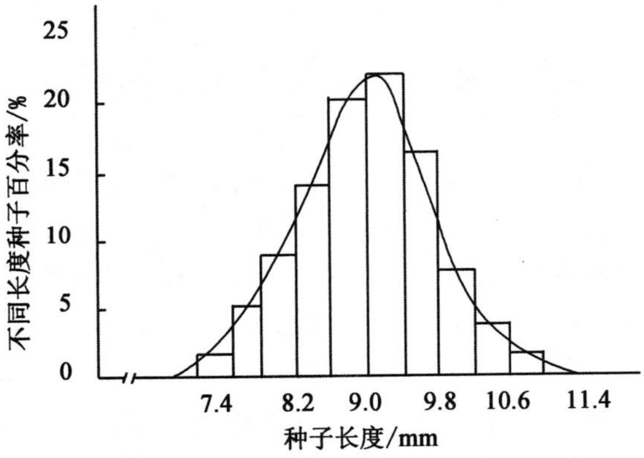

图 3-7　大麦种子长度变化曲线

(谷铁城等，2001)

对任何一批需要清选的种子，其中会含有混杂物、好种子以及杂草种子；根据种子与杂质的尺寸差异，可分为 5 种类型(图 3-8)：

Ⅰ. 混杂物的尺寸小于种子的最小尺寸 L_{min}。

Ⅱ. 混杂物的尺寸大于种子的最大尺寸 L_{max}。

Ⅲ. 混杂物的最大尺寸 L'_{max} 大于种子的最小尺寸 L_{min}。

Ⅳ. 混杂物的最小尺寸 L'_{min} 小于种子的最大尺寸 L_{max}。

Ⅴ. 混杂物和种子的尺寸分布全部重叠。

由图 3-8 可以看出，在Ⅰ、Ⅱ两种情况下，可以很容易地将种子与混杂物分离开；在Ⅲ、Ⅳ两种情况下，也可以将种子与混杂物分离，但是效果不会好于前两种情况，应根据分选后种子质量的要求来选择筛孔规格；在Ⅴ情况下，种子与混杂物的尺寸相似，如果按种子外形尺寸分选则无法清除杂质。也就是说，用筛选的方法对种子外形尺寸进行分选时，只能除去与种子外形尺寸差异较大的大杂和小杂，而与种子尺寸相近的杂质则无法清除，必须采用其他方式进行清除。

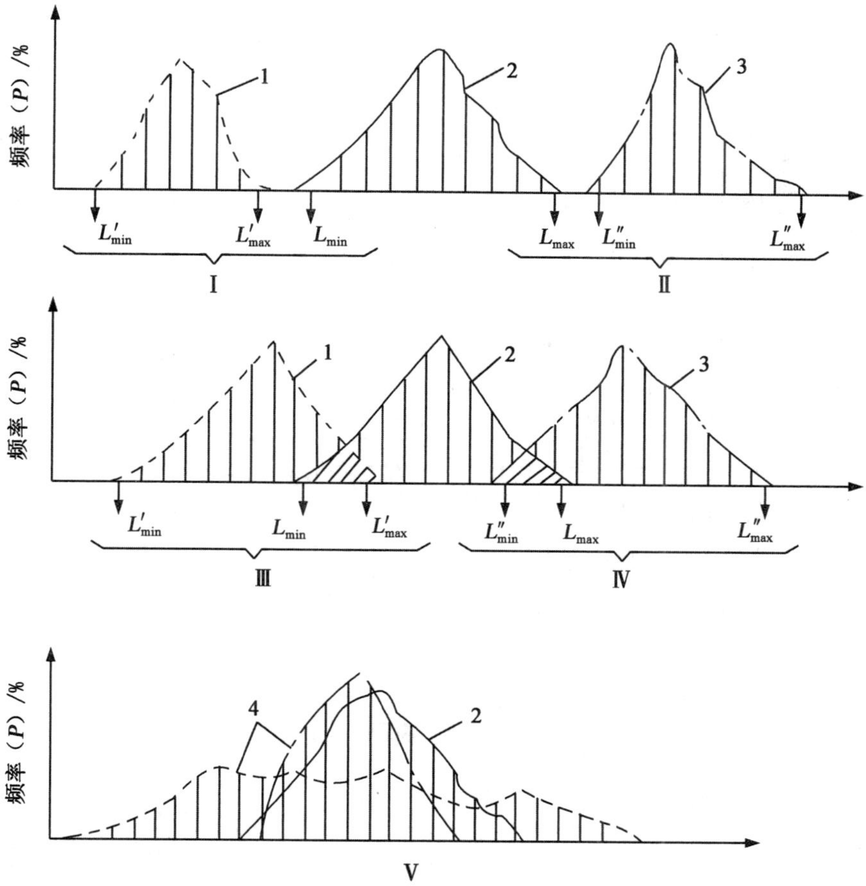

1. 小夹杂物 2. 谷物 3. 大夹杂物 4. 草籽

图 3-8 种子和混杂物尺寸的分布

（马志强等，2009）

L'_{min}、L'_{max}分别为小夹杂物最小、最大尺寸；L''_{min}、L''_{max}分别为大夹杂物最小、最大尺寸

2. 复合图的制作

如果一种尺寸的分布曲线不能确定其分离可能性时，可测出种子样品两种尺寸（如宽度和长度），然后按图 3-9 绘制成两种尺寸的复合图。从复合图就可确定获选百分率和筛孔类型和规格大小。

美国农业部俄勒冈种子清选实验室，利用摄像仪测量种子尺寸，同时输入电脑，显现出曲线分布图，从曲线图可确定获选百分率和筛孔大小。

二、根据种子的空气动力学特性进行分离

（一）种子的空气动力学特性

这种方法按种子和杂物对气流产生的阻力大小进行分离。任何一个处在气流中的种子或杂物，除受本身的重力外，还承受气流的作用力，重力大而迎风面小的，对气流产生的阻力就小，反之则大（表 3-2）。而气流对种子和杂物压力的大小，又取决于种子和杂物与气流方向成垂直平面上的投影面积、气流速度、空气密度以及它们的大小、形状和表面状况。

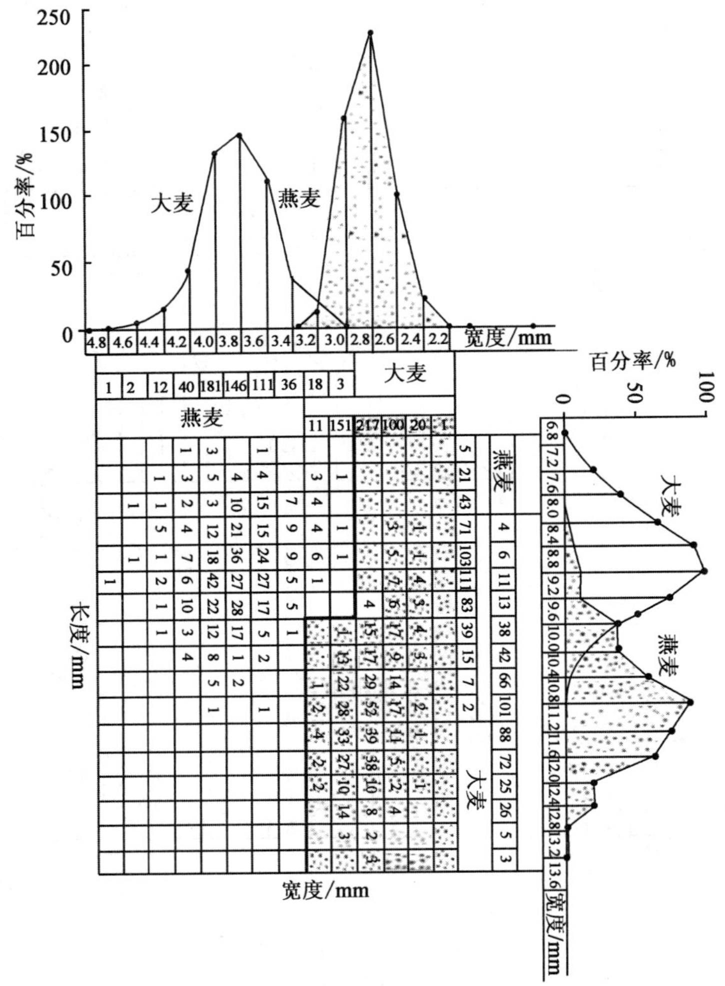

图 3-9 大麦及燕麦长度和宽度复合图

表 3-2 作物种子的阻力系数及飘浮速度

作物名称	阻力系数 k	飘浮速度/(m/s)
小麦	0.184～0.265	8.9～11.5
大麦	0.191～0.272	8.4～10.8
玉米	0.162～0.236	12.5～14.0
黍	0.045～0.078	9.8～11.8
豌豆	0.190～0.229	15.5～17.5

种子与气流相对运动时受到的作用力可用下列公式表示：

$$P = k\rho F v^2$$

式中：k—阻力系数(表 3-2)；ρ—空气的密度(kg/m^3)；F—种子在垂直于相对速度方向上的最大截面积(迎风面积)(m^2)；v—种子对气流的相对运动速度(m/s)。

如果种子处在上升的气流中，当 $G<P$ 时，种子将被气流吹跑；当 $G>P$ 时，种子下落；当

$G=P$ 时，此时的气流速度称该种子的临界速度也称为飘浮速度(v_p)(图 3-10)，种子即在气流中悬浮，达到平衡状态。飘浮速度是指种子在垂直气流的作用下，当气流对种子的作用力等于种子本身的重力而使种子保持飘浮状态时气流所具有的速度，可用来表示种子的空气动力学特性。

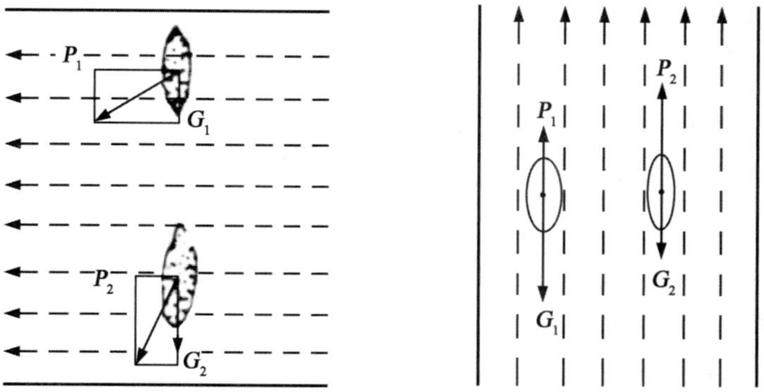

图 3-10　种子按气体动力学分离的原理

在气流清选过程中，飘浮速度是一个重要因素，它与种子的重量、形状、位置和表面特性有关。当种子的飘浮速度低于气流速度时，种子跟随气流方向运动；当种子的飘浮速度高于气流速度时，种子靠自重落下；当飘浮速度等于气流速度时，物料呈现悬浮状态。不同作物的种子之间、种子与杂质之间的飘浮速度是不相同的(表 3-3)，种子气流清选就是采用低于种子的飘浮速度而高于种子中轻杂的飘浮速度的气流速度，使轻杂沿着气流方向运动，而种子则靠重力落下，从而达到分离的目的。

表 3-3　不同物料的飘浮速度

物料	飘浮速度/(m/s)	物料	飘浮速度/(m/s)
籼稻	7.8～9.0	小麦	8.4～10.3
粳稻	7.7～9.5	麦壳	1.0～1.5
籼米	8.1～9.6	麦穗	5.0～7.0
粳米	11.3～12.6	小麦瘦秕粒	5.5～7.6
谷壳	2.8～3.5	麦颖壳及碎茎秆	0.67～3.10
颖壳	6～5.0	玉米	11～12.2
稗子(有芒)	3.0～4.5	绿豆	11～12.2
稗子(无芒)	5.0～6.0	赤豆	11.8～12.5
并肩石	10～15	豌豆	12.5～13.8
轻质杂草	4.5～5.6	燕麦颖壳及碎茎秆	0.7～3.9
燕麦种子	8.4		

在轻杂、种子和重杂三者之间，若飘浮速度的分布无重叠或有少量的部分重叠，则利用风选，就能达到比较理想的分选效果；若重叠量大，则风选效果差或无法分选。

在现实生活中，人们借助风力进行清选的例子很多，如用翘板将谷物沿顺风方向抛向空中，谷物在上升与下落的过程中，借助风力的作用，轻杂质落在较远处，而饱满的种子则落在较近处。自然风力较高时，直接用手扬谷，也是这个道理。按空气动力学特性清选种子的常用设备主要有气流清选机、风选机。按空气动力学特性清选和种子外形尺寸清选两者结合在一起，组成的主要加工设备即为风筛式清选机(若带有窝眼筒，称为复式清选机)，根据不同种子的加工要求，可以形成多种组合。

(二)分离方法

目前利用空气动力学原理分离种子的方式有如下几种：

(1)垂直气流清选　垂直气流分离，一般配合筛子进行，其工作原理如图 3-11 所示。当种子沿筛面下滑时，受到气流作用，轻种子和轻杂物的临界速度小于气流速度，便随气流一起上升运动，到气道上端，断面扩大，气流速度变小，轻种子和轻杂物落入沉积室中，而重量较大的种子则沿筛面下滑，从而起到分离作用。

(2)平行气流清选　目前农村使用的风车就属此类。它一般只能用作清除轻杂物和瘪谷，不能起到种子分级的作用。

(3)倾斜气流清选　根据种子本身的重力和所受气流压力的大小而将种子分离(图 3-12)。在同一气流压力作用下，轻种子和轻杂物被吹得远些，重的种子就近落下。

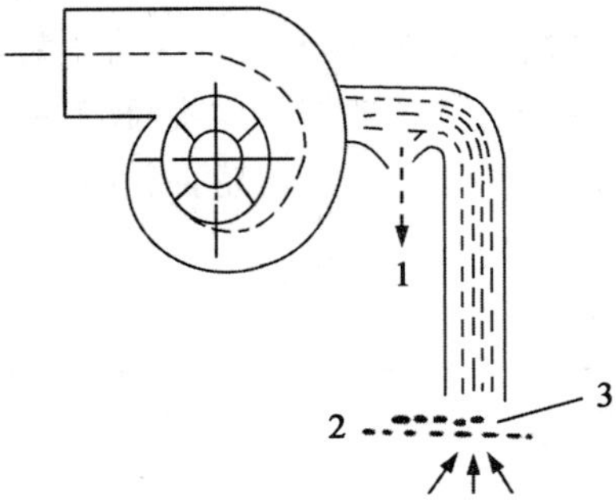

1. 轻杂质　2. 筛网　3. 谷粒

图 3-11　垂直气流清选

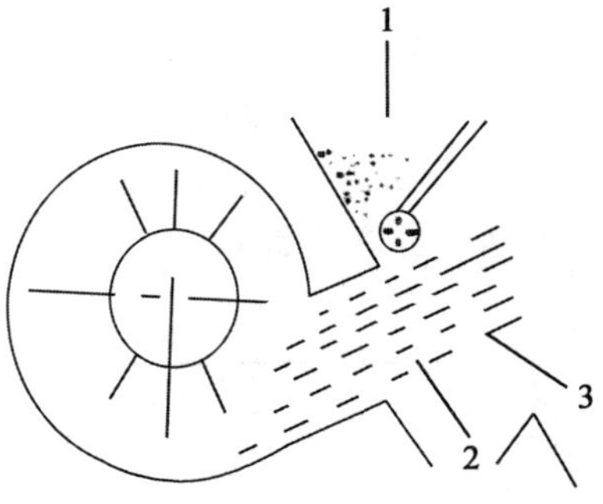

1. 喂料斗　2. 谷粒　3. 轻杂质

图 3-12　倾斜气流清选

(4)种子抛扔分离　目前使用的带式扬场机属于这类分离机械(图 3-13)。当种子从喂料斗中下落到传动带上，种子借助惯性向前抛出，轻质种子或迎风面大的杂物，所受气流阻力较大落在近处；重质和迎风面小的，则受气流阻力较小落在远处。这种分离也只能作初步分级，不能达到精选的目的。

(三)相对密度清选器和气流筛选机

1. 相对密度分离器

相对密度分离器又称相对密度清选器或气流式分级台，主要是按种子混合物密度或相对密度的差异分选种子。其分离过程基本上通过两个步骤来实现(图 3-14)。

如图 3-14A 所示，使种子混合物形成若干层密度不同的水平层，然后使这些层彼此滑移，互相分离。这种分离的关键部分是一块多气孔的平板(盖板)、一只使空气通过平板的风扇以及能使平板振动或倾斜的装置。工作时，台面作纵向振动，风机的气流穿过平板吹向种子层，

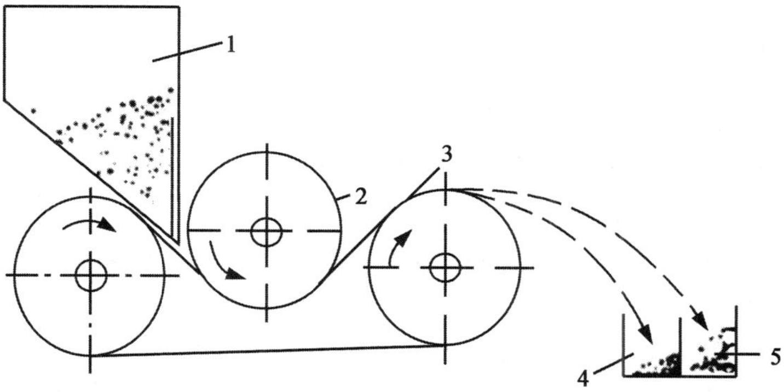

1. 喂料斗　2. 滚筒　3. 皮带　4. 轻的种子　5. 重的种子

图 3-13　带式扬场机工作示意图

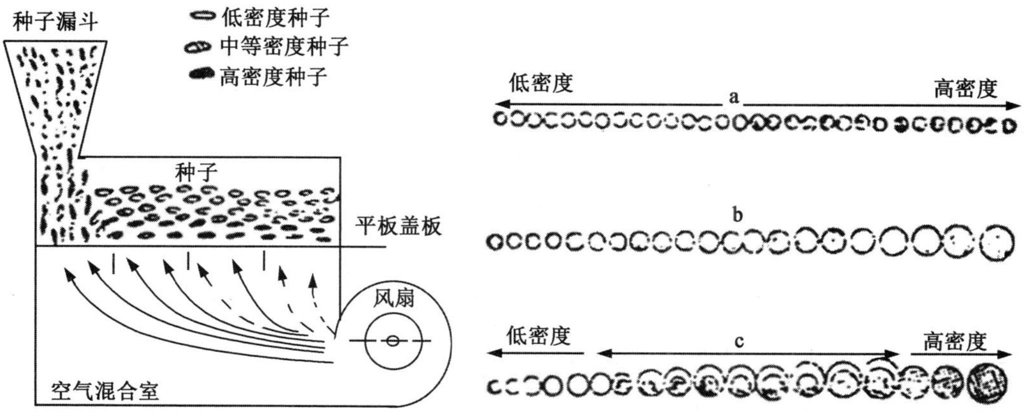

A. 相对密度分离器的剖面图　　B. 种子的相对密度分选

a. 大小相同，密度不同　b. 大小不同，密度相同　c. 密度、大小均不同

图 3-14　种子相对密度分离原理示意图

渗入种子堆中去，使种子堆形成密度不同的水平层。低密度的颗粒浮起来形成顶层，而高密度的颗粒沉入与平板相接触的底层，中等密度的颗粒就处于中间层的位置。

平板的振动使高密度的颗粒顺着平板斜面向上作侧向移动，同时悬浮着的低密度的颗粒在自身重力影响下向下作侧向移动。当种子混合物由平板的喂入处传送到卸种处时，连续不断的分级便发生了。低密度的颗粒在平板的较低一侧分离；高密度的颗粒在平板的较高一侧分离。这种振动分级器就可根据要求分选出许多档不同密度的种子。

尽管种子的密度是影响分离的主要因素，但是种子的大小也是一个重要的因素。为使密度不同的颗粒能恰当地分层，种子混合物必须预先筛选，以使所有的颗粒能达到大小一致。种子大小、密度对分离的影响有 3 种不同的情况（图 3-14B）：①大小相同，密度不同的种子可按密度分离；②密度相同，大小不同的种子可按大小分离；③密度、大小均不相同的种子，不易获得分离。

平板覆盖物选用何种材料，视待清选种子的大小而定。密集编织物对小粒种子是最适用的，而大粒种子应该用粗糙的编织物。几种常用的平板覆盖材料是：亚麻布、各种编织物、塑料、冲有小孔的金属板、金属丝网筛等等。覆盖物承托在平板框架上，起空气室室顶的作用，帮助升起的气流均衡地通过种子堆。

2. 气流筛选机

气流筛选机是利用种子的空气动力学特性和种子尺寸特性，将空气流和筛子组合在一起的种子清选装置。这是目前使用最广泛的清选机。

气流筛选机有多种构造、尺寸和式样，从小型的、一个风扇、单筛的机子，到大型的、多个风扇、6个或8个筛子并有几个气室的机子。图3-15所示为一种典型的气流筛选机。该机有4个筛子，种子从漏斗中喂入。种子靠重量从喂料斗自行流入喂送器，喂送器定时地把（喂入的）种子混合物送入气流中，气流先去除掉轻的颖糠类物质，剩下的种子散布在最上面的那层筛子上，通过此筛将大混杂物除去。从最上层筛子落下的种子在第二筛上流动，在此筛上种子将按大小进行粗清选。接着，第2筛的种子又转移到第3筛，第3筛又一次对种子进行精筛选，并使种子落到第4层，以供最后一次清选，种子流过第4筛后，再受气流作用，重的、好的种子掉落下来，而轻的种子及杂物被升举而除去。

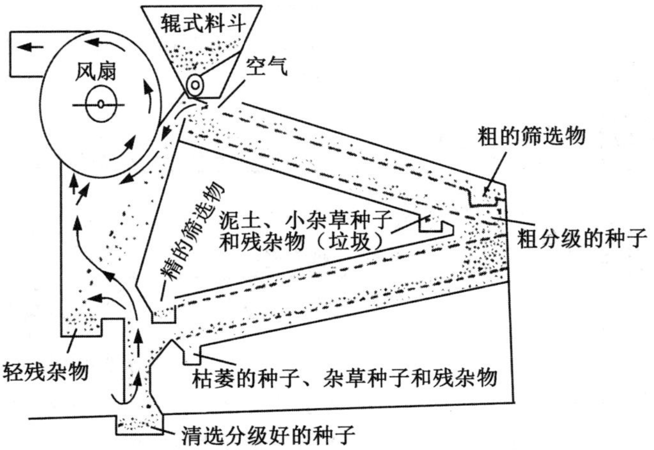

图 3-15　空气筛种子清选机示意图

在上述4筛结构配置中，最上层筛和第3筛称为上筛；第2和第4筛称为底筛。其他可能的排列法是：3个上筛，1个底筛或者是1个上筛，3个底筛。

选择筛子取决于待清选的种子和待消除的杂质。圆孔形上筛及长方孔形底筛通常适用于苜蓿或大豆这一类的圆粒种子。长方孔筛用作上筛和下筛对燕麦、黑麦这一类细长的种子通常都是适用的。当筛号选定后，清选的效果取决于种子的尺寸，以及筛选机的设计与使用是否合理。

三、根据种子表面特性进行分离

根据种子表面特性进行分离就是根据种子表面形状及表面粗糙等不同情况和对斜面摩擦系数的差异进行分离。

（一）种子表面特性

一粒重量为 G 的种子，放置在倾角为 α 的斜面上，它与斜面的摩擦角为 φ（图3-16），则摩

擦力 F 为：

$$F = G\cos\alpha \cdot \mathrm{tg}\,\varphi$$

当种子重力在斜面方向上的分力大于种子与斜面间的摩擦力时，种子下滑，即

$$G\sin\alpha > G\cos\alpha \cdot \mathrm{tg}\varphi$$

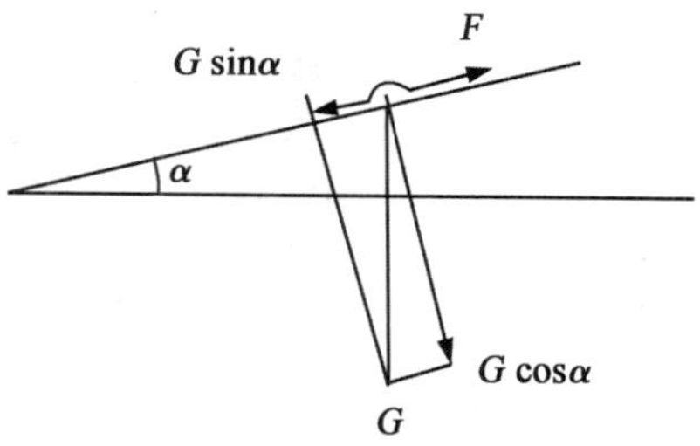

图 3-16 种子下滑条件

种子表面的光滑程度不一样，摩擦角也不相同。表面粗糙的摩擦角大，表面光滑的摩擦角小。种子分离主要是根据种子表面特性的不同来进行的。表 3-4 列出几种作物种子在光滑的铁皮表面移动时的摩擦角。

表 3-4 种子与光滑铁皮间的摩擦角

种子种类	摩擦角	种子种类	摩擦角
大麦	17°	水稻	17°40′
黑麦	17°30′	棉花	22°50′
小麦	16°30′	亚麻	17°30′
燕麦	17°30′		

(二)分离机具和方法

目前最常用的种子表面特性分离机具是帆布滚筒。

采用这种方法，一般可以剔除杂草种子和谷类作物中的野燕麦。但是，设计这种机械主要用于豆类中剔除石块和泥块，也能分离未成熟和破损的种子。例如，清除豆类种子中的菟丝子和老鹳草，可以把种子倾倒在一张向上移动的布上，随着布的向上转动，杂草种子被带向上，而光滑的种子向倾斜方向滚落到底部(图 3-17)。根据分离的要求和被分离物质状况可采用不同性质的斜面。斜面的角度与分离效果密切相关，若需要分离的物质，其自流角与种子的自流角有显著差异的，分离效果明显。

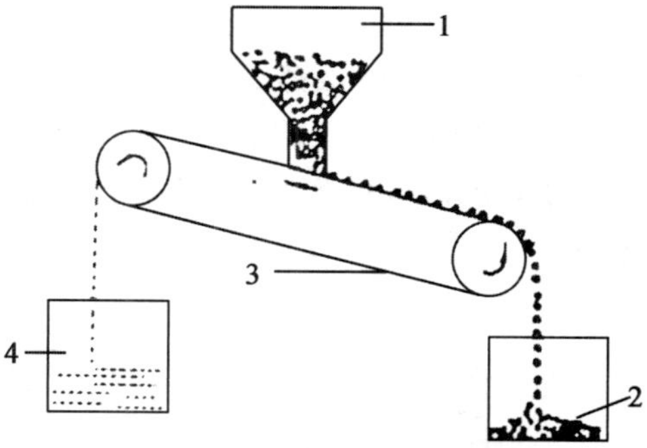

1. 种子漏斗 2. 圆的或光滑种子
3. 粗帆布或塑料布 4. 扁平的或粗糙种子

图 3-17 按种子表面光滑程度分离示意图

(美国农业部手册)

此外，也可利用磁性分离机进行分离。一般表面粗糙种子可吸附磁粉，当用磁性分离机清选时，磁粉和种子混合物一起经过磁性滚筒，光滑的种子不粘或少粘磁粉，可自由地落下，而杂质或粗糙种子粘有磁粉则被吸收在滚筒表面，随滚筒转到下方时被刷子刷落(图 3-18)。这种清选机一般都装有 2～3 个滚筒，以提高清选效果。

四、根据种子色泽进行分离

在种子其他特性均相同，难以分离时，可利用种子表面的颜色不同进行分离。利用色泽分

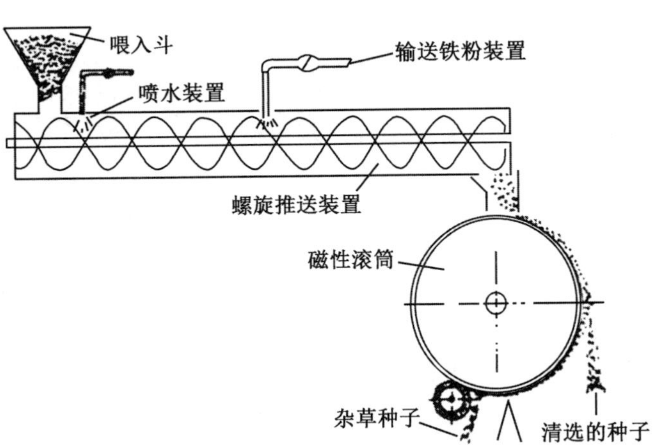

图 3-18 磁性分离机示意图

离是根据种子颜色明亮或灰暗的特征达到分离目的的。要分离的种子通过一段照明的光亮区域，每粒种子的反射光与事先在背景上选择好的标准光色进行比较。当种子的反射光不同于标准光色时，即产生信号，这样的种子就从混合群体中被排斥落入另一个管道而分离。

各种类型的颜色分离器在某些机械性能上有不同，但基本原理是相同的。有的分离机械输送种子进入光照区域的方式不同，可以由真空管带入或用引力流导入种子，由快速气流吹出异色种子。在引力流导入种子的类型中，种子从圆锥体的四周落下(图 3-19)。另一种是在管道中种子在平面槽中鱼贯地移动，经过光照区域，若有不同颜色种子即被快速气流吹出。在所有的情况下，种子都是被一个或多个光电管的光束单独鉴别的，不至于直接影响邻近的种子。这种分离方法主要用于豆类作物中因病变而变色的种子及其他异色种子的清选。如从高质量的深蓝色菜豆中，将褪色、变质、异色、有病的种子分离出去，提高了发芽力和种子的质量。

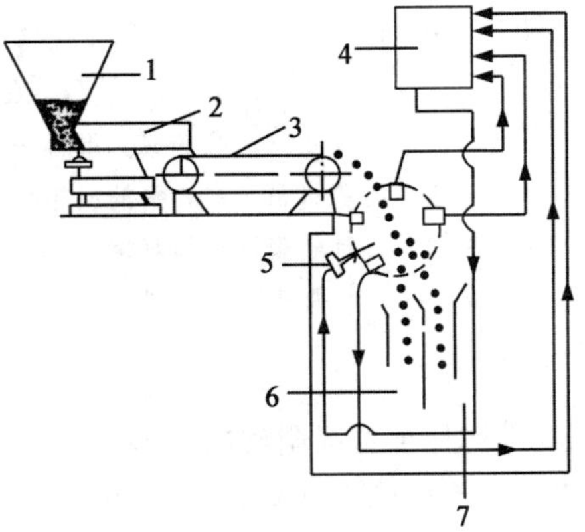

A. 示意图

(国际种子检验协会会刊，1969，34)

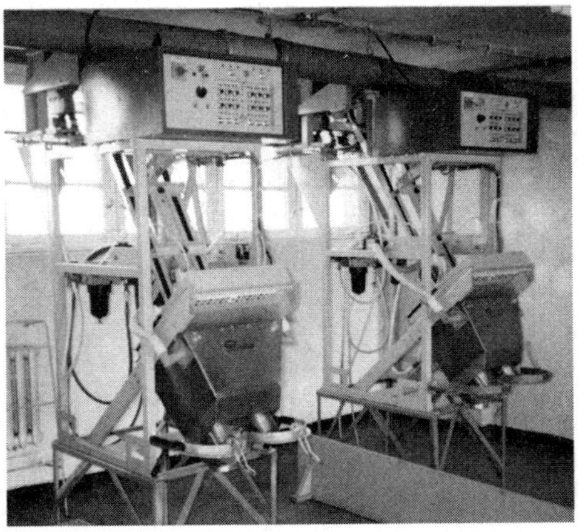

B. 实物图

(胡晋摄)

1. 种子漏斗 2. 振动器 3，7. 异色种子 4. 放大器 5. 气流喷口 6. 优良种子

图 3-19 光电色泽种子分离机

五、根据种子的相对密度进行分离

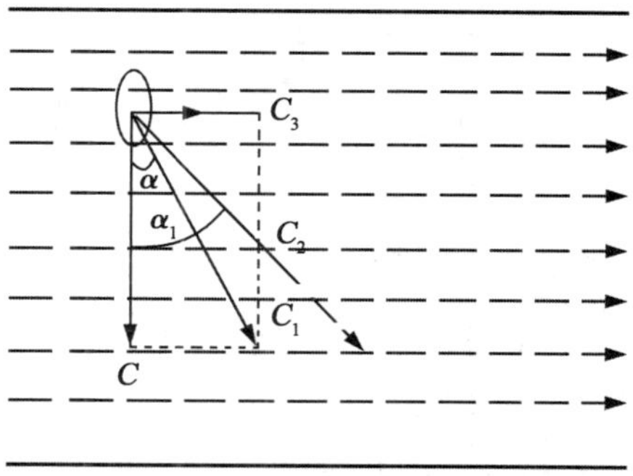

图 3-20　按种子的相对密度在流动液体中分离

种子的相对密度因作物种类、饱满度、含水量以及受病虫害程度的不同而有差异，相对密度差异越大，其分离效果越显著。

目前，最常用的方法是利用种子在液体中的浮力不同进行分离，当种子的相对密度大于液体的相对密度时，种子就下沉；反之则浮起。然后将浮起部分捞去，即可将轻、重不同的种子分离开。一般用的液体可以是水、盐水、黄泥水等。这是静止液体的分离法。此外还可利用流动液体分离(图 3-20)。种子在流动液体中是根据种子的下降速度(C)与液体流速(C_3)的关系而决定种子流动得近还是远，即种子相对密度大的流送得近、相对密度小的被送得远，当液体流速快时种子也被流送得远。一般所用的液体流速约为 50 cm/s。用液体进行分离出来的种子，如生产上不是立即用来播种，则应尽快洗净、干燥。

六、根据种子弹性特性进行分离

这种分离方法是利用不同种子的弹力和表面形状的差异进行分离的。如大豆种子混入水稻和麦类种子，或饱满大豆种子中混入压伤压扁粒。由于饱满的大豆种子弹力大，跳跃能力较强、弹跳得较远，而混入的水稻、麦类和压扁种粒弹力较小，跳跃距离也小，当大豆种子与混入水稻、麦类或压扁大豆种子混合物沿着弹力螺旋分离器滑道下流时，则饱满大豆种子跳跃到外面滑道，进入弹力大的种子盛接盘，而水稻、麦类或压扁种粒跳跃入内滑道，滑入弹力小的种子盛接盘，得以分离(图 3-21)。

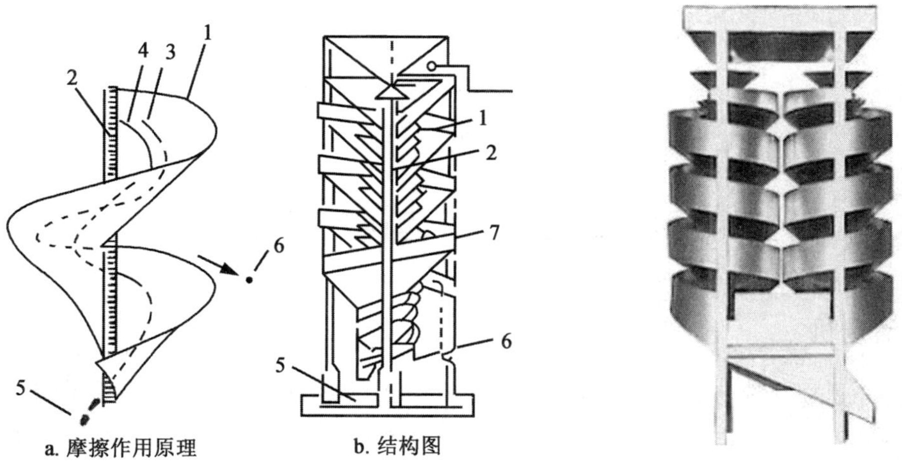

a. 摩擦作用原理　b. 结构图

A. 示意图　B. 实物图

1. 螺旋槽　2. 轴　3,6. 球形种子　4. 非球形种子　5. 非球形种子出口　7. 挡槽

图 3-21　螺旋分离机

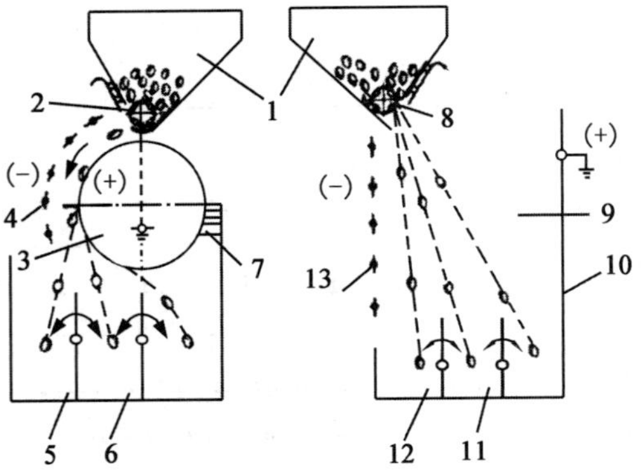

1. 漏斗 2,8. 喂入阀门 3. 静电转筒 4. 电极 5,6,11,12. 盛接器 7. 毛刷 9. 箱 10. 电晕放电电极 13. 穿孔电极

图 3-22 利用种子负电性分离原理

七、根据种子负电性进行分离

一般种子不带负电。当种子劣变后,种子负电性增加,因此带负电高的种子活力低,而不带负电或带负电低的种子,则活力高。现已设计成种子静电分离器(图 3-22)。当种子混合样品通过电场时,凡是带负电的种子被正极吸引到一边而落下,得以剔除低活力种子,达到选出高活力种子的目的。

八、根据种皮特性进行分离

利用特殊的类似窝眼筒的滚筒,筒内代替窝眼的是锋利尖锐的钢针,甜豌豆种皮损伤皱褶的种子在滚筒旋转过程中被钢针戳住种皮,种子挂在针上(图 3-23)。当挂有种子的钢针随滚筒旋转上升到一定高度后,由于本身的重力作用降落或被刷子刷落,种子落入输送槽中被推运器送出而分离。也可以用于清除带虫眼的豌豆种子。

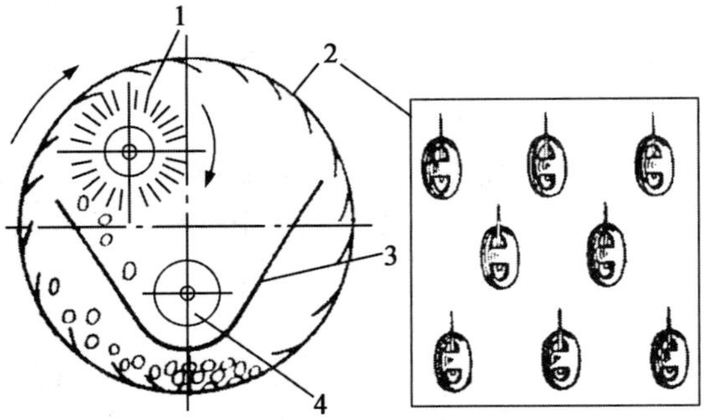

1. 钢丝刷 2. 针式滚筒 3. 输送槽 4. 螺旋推运器

图 3-23 针式滚筒结构和工作原理

第三节 种子清选、精选机械和要求

一、风筛清选机

风筛清选机就是将风选与筛选装置有机地结合在一起组成的机器,主要利用种子的空气动力学特性进行风选,清除种子中的颖壳、灰尘,利用种子的外形尺寸特性进行筛选,清除种子中的大杂、小杂。目前,加工能力在 5 t/h 以下的风筛清选机一般包括 2～4 层筛片和一个风选系统,加工能力较高的风筛清选机有多层筛片并联,最大加工能力可达到 60 t/h,并且具有前、后独立的风选系统。

风筛清选机又分为预清机、基本清选机和复式清选机。通常预清机由 1 个风选系统和 2 层筛片组成，并且筛面倾角比较大，清选质量较差；基本清选机由1个或2个风选系统和3层以上筛片组成，筛面角度较小，清选质量较好；复式清选机是在基本清选机的基础上，又配置了按长度分选的窝眼筒或其他分选原理的部件，实现种子外形尺寸的分选。

(一)风筛清选机的基本结构

基本清选机主要由机架、喂料装置、筛箱、筛体、清筛装置、曲柄连杆机构、前吸风道、后吸风道、风机、小筛、前沉降室、后沉降室、排杂系统、风量调节系统等组成，图3-24为5X-4.0型风筛清选机结构。

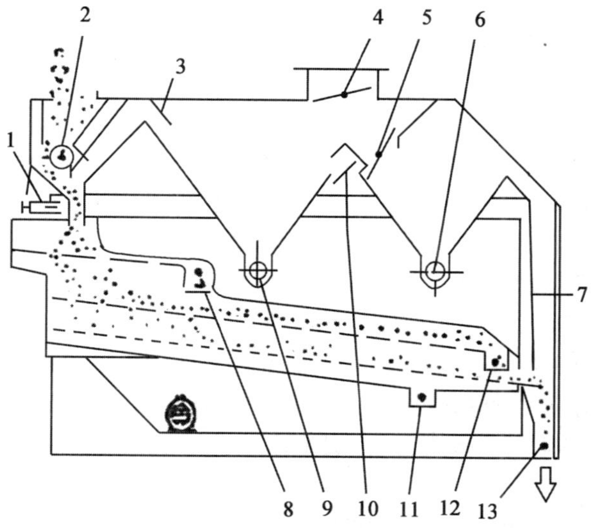

1. 喂入辊转速调节手柄　2. 喂入辊　3. 前吸风道调节阀　4. 主风门　5. 后吸风道调节阀　6. 后吸风道杂余搅龙　7. 调风板　8. 大杂　9. 前吸风道杂余搅龙　10. 风压平衡调节阀　11. 小杂　12. 中杂　13. 后吸风道

图3-24　5X-4.0型风筛清选机结构

(谷铁城等，2001)

(二)主要组成部分的作用

(1)喂料装置　起均匀进料及在机器有效工作宽度方向上均匀布料的作用。工作过程中，喂料箱内应盛有一定数量的种子，并在整个喂料辊宽度上均有种子分布；喂料辊运转过程中，首先是喂料箱内的种子陷于喂料辊槽内，当承有种子的喂料辊槽一侧转到下方时，种子经过前吸风系统落至上筛。喂料辊转速可调，能满足不同种子的喂入量要求，起到强制喂料作用。

(2)筛箱　起固定各层筛片及集料等作用。

(3)筛体　筛片可换，满足加工不同品种种子及清理机器的要求。

(4)清筛装置　避免筛孔堵塞，采用橡胶球清筛，保证筛选质量稳定。

(5)曲柄连杆机构　向筛箱提供平面往复振动，满足筛选系统的运动参数。

(6)前吸风道　除去颖糠、尘土及轻杂质。

(7)后吸风道　除去轻瘪粒、虫蛀粒及茎秆等轻杂。

(8)风机　向单机提供风选过程中所需的风源。将该机安装在成套设备中使用时，可借助系统风源。

(9)小筛　种子经过后吸风道清选时，一方面，小筛起承托种子的作用；另一方面，保证穿过小筛的气流均匀、稳定，提高机器的风选效果。根据被加工种子子粒的大小，可以更换不同筛网尺寸规格的小筛。

(10)前、后沉降室　分别收集前、后吸风道中分离出的轻杂。

(11)排杂系统　将风选和筛选过程中分离出来的杂物排出机外。

(12)风量调节系统　分别调节前、后吸风道的风量，满足加工不同品种种子的要求。

(三)工作过程

如图 3-24 所示，根据待选种子的物理特性，选好各层筛片，开动机器，在喂料辊的旋转作用下，喂入进料斗中的物料，通过前吸风道风口落到上筛筛面上；物料降落过程中，上升气流将其中的尘土和轻杂带走，进入前沉降室，由于沉降室截面突然增大，气流速度降低，导致尘土和轻杂下落，由轻杂螺旋输送机排出。没有被气流吸走而落到上筛筛面上的种子，因其几何尺寸小于上筛筛孔尺寸，在筛面往复振动的同时，穿过上筛筛孔落到中筛筛面上；其中，大于上筛筛孔尺寸的较大杂质沿上筛筛面运动到大杂出口排出机外；而落到中筛筛面上的种子，其尺寸小于中筛筛孔的，穿过中筛，落到下筛上，大于中筛筛孔的中杂沿筛面运动到中杂出口排出机外。落到下筛筛面上的种子，尺寸小于筛孔的小杂，穿过筛孔，落到小杂滑板上，在筛箱的往复运动过程中，运动到小杂出口排出机外，下筛筛面上的好种子则沿筛面运动到好种出口排出。

筛选过的种子在沿下筛筛面运动过程中，途经后吸风道时，在自下而上穿过小筛进入后吸风道形成的强气流的作用下，飘浮速度低于气流速度的病弱、虫蛀、未成熟等较轻子粒或杂质通过风道进入后沉降室，并逐步沉降到底部，由螺旋输送机排出机外。好种子则沿筛面运动至端部排出。

工作过程中根据需要调整喂入量、前后吸风道风量、总风量以及风压平衡调节阀，以达到更好的清选效果。在更换种子品种时，要将机器内外清理干净，以免残留种子造成种子混杂。具体要求是：对不同粒度或不同品种的种子，要更换筛片和小筛，同时将清筛用橡胶球按要求分布，以保证清筛效果和种子加工质量。

二、圆筒筛分级机

采用播种机播种时，要求种子子粒大小均匀，并按播种机所配置的不同播种穴盘的尺寸，分成不同的尺寸组，以保证每个孔眼中只能落下一粒种子，提高播种质量。进行玉米种子分级时，要求将种子分为 6 级、8 级甚至 12 级。随着国内科学技术的不断发展和农机贡献率的提高，气流式播种机越来越广泛地用于玉米种子播种领域，对玉米种子的分级要求逐步放宽，通常把玉米种子分成 3 级、4 级即可达到要求。

圆筒筛主要用于玉米种子精选和分级。以筛筒中心线为回转中心，工作过程中通过筛筒与物料之间的相对运动，完成物料筛选和分级的作用；具有结构简单，运转平稳，清理方便等优点。

圆筒筛的主体是一个封闭的圆筒形，筒壁上制有圆孔或长方形孔，主要按种子宽度或厚度进行分选。圆筒筛分级机按传动方式可划分为中心轴传动方式和摩擦轮传动方式两种，按筛筒类型可划分为冲孔式和鼠笼式两种。目前，最常用的圆筒筛分级机是以中心轴进行传动的冲孔式圆筒筛。

(一)圆筒筛分级机的组成及主要部件的作用

圆筒筛分级机主要由进料斗、圆筒筛组合、清筛辊、排料装置和机架等组成(图 3-25)。

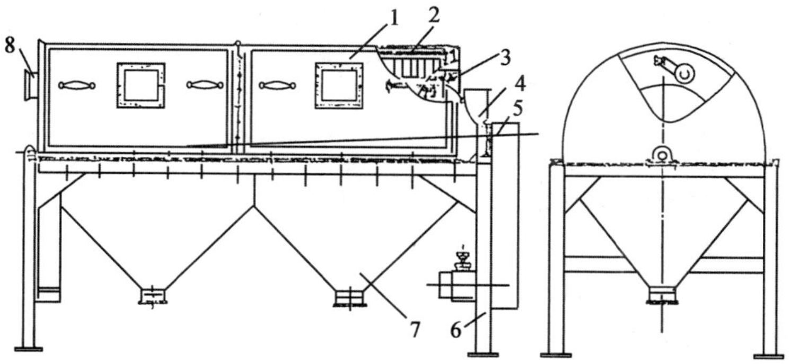

A. 正剖面图　　B. 侧面观

1. 筒盖　2. 清筛辊　3. 圆筒筛组合　4. 进料斗

5. 传动装置　6. 机架　7. 排料斗　8. 吸尘口

图 3-25　中心轴传动式圆筒筛分级机

(谷铁城等,2001)

圆筒筛组合主要由用筛片卷成的筛筒和幅盘构成。为了满足种子筛选,要求圆筒筛组合具有较好的刚性,当筛筒较长时,必须在筛筒中间增加幅盘,并在幅盘之间采用长拉杆加固。对于圆筒筛本身则根据其处理能力的不同,将筛筒制成整体式或两个半圆孤式,并用螺栓将其固定在幅盘上,这样便于拆卸和更换筛片。在种子分级时,通常根据种子分级要求来选择圆孔筛或长孔筛。圆筒筛筛孔与风筛清选机筛孔的主要区别是:圆筒筛分级机中所配置的圆孔筛要冲成凹窝形,长孔要压成波纹形,以增加筛筒的刚性并提高分级效果。

圆筒筛清筛装置主要采用橡胶辊或尼龙刷辊 2 种形式。工作过程中,清筛装置紧贴在筛筒外缘,可以将卡在筛孔中的种子或杂物推回到筛筒内,确保筛孔的有效面积,提高分级质量。

(二)工作过程

将种子由进料口喂入,在重力作用下,种子子粒落到圆筒筛的起始段。由于筛筒本身安装有一定的倾斜度,即喂入端较高,排料端较低;随着筛筒的转动,种子在筛筒中边翻动边沿着筛筒轴向移动,使尺寸小于第一级筛孔的小粒种子穿过筛孔,而尺寸大于第一级筛孔的种子留在筛面上沿着筛面继续翻动和轴向移动,进入筛孔尺寸较大的第二段筛筒。在第二段筛筒中,尺寸小于筛孔尺寸的种子穿过筛孔。以此类推,外形尺寸最大的种子从筛筒尾端排出,从而实现种子分级。

(三)分级效果的主要影响因素

(1)筛筒转速　对于任何一台圆筒筛而言,其筛筒转速都有一定的合理范围。若转速过高,种子在离心力的作用下,将紧压在筛筒的内壁上,使种子与筛片之间相对滑动较少,降低了种子穿过筛孔的机会;若筛筒转速太低,种子本身的翻动不彻底,分级效果就会受到影响,降低了机器的生产能力。因此,圆筒筛分级机的基本工作条件是应保证种子重力大于离心力。目前国内圆筒筛采用的筛筒转速在 30～55 r/min 之间。为了提高圆筒筛本身的分级质量,克服被清选物料之间的不同表面特性,要求筛筒的转速可以在一定范围内调节,以保证其线速度在 0.8～1.5 m/s 范围内。

(2)筛筒倾角　为了保证种子在分级过程中实现轴向移动,通常在安装筛筒时,使筛筒中心线与水平线之间形成一定的倾斜度,以保证入料端较高,实现种子在筛筒内部的轴向移动。筛筒倾角的大小直接影响种子在筛筒内的轴向移动速度;倾角太大,种子在筛筒中轴向移动的速度加快,生产率相应增加,但分级质量会下降;倾角太小,种子在筛筒中轴向移动的速度降低,可以提高分级质量,但生产率会下降。因此,当筛筒长度一定时,筛筒的倾角就确定了,通常筛筒的倾角为 1°～3°。

(3)筛面负荷　是指单位面积上的筛选能力,一般取值范围为 500～1 000 kg/m^2(按小麦种子计),滚筒直径小时取小值。国内常用的圆筒筛直径有 300 mm、400 mm、500 mm、600 mm、700 mm 和 800 mm,筛筒长度与直径之比 $L/D=2\sim5$。筛筒直径大,种子与筛面接触的面积大,分选效率高;如果筛筒直径尺寸过大,将会导致机器成本价格的增高。因此,合理设计筛孔形状,有利于提高筛面的单位负荷能力,提高分级效率。目前,圆筒筛多采用波纹形长孔筛和凹窝形圆孔筛,这样使种子在筛分过程中能够直立起来,顺利通过筛孔,提高种子分级质量与工作效率。

筛孔形状与尺寸选用的基本原则:根据被分离种子的质量及分级要求,按种子宽度分级时选用圆孔筛,按种子厚度分级时选用长孔筛;对于筛孔的具体尺寸,应根据种子本身指定的尺寸范围与分级要求来确定。

三、窝眼筒清选机

窝眼筒清选机是按种子长度进行分选的清选设备,根据种子与杂质的长度差异,确定合适的窝眼直径,将混入好种子中的长、短杂清除出去,如清除水稻种子中的米粒,小麦种子中的野豌豆、野燕麦等。窝眼清选与平面筛筛选相比,生产效率略低。

(一)窝眼筒的主要组成部分

窝眼筒清选机主要由进料斗、窝眼筒、集料槽、集料槽调节装置、幅盘、排料装置、传动装置和机架等组成,如图 3-26 所示。

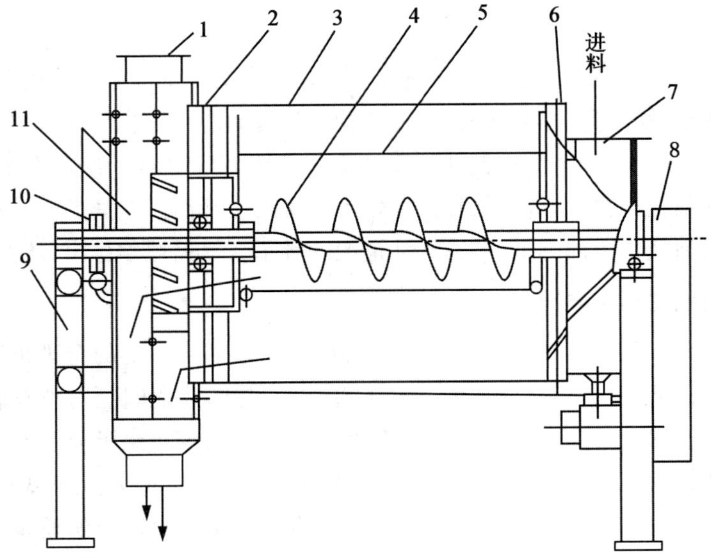

1. 吸尘口　2. 后幅盘　3. 窝眼筒　4. 短物料螺旋输送器及传动轴　5. 集料槽　6. 前幅盘　7. 进料斗　8. 传动装置　9. 机架　10. 集料槽调节装置　11. 排料装置

图 3-26　窝眼筒清选机结构

(谷铁城等,2001)

窝眼筒有整体式和组合式 2 种形式：一般来说，整体式窝眼筒直径较小，刚性好，在分选小粒种子时不会产生漏种，但是加工能力较低，而且更换窝眼筒时比较麻烦；组合式窝眼筒采用两个或多个半圆弧形窝眼板拼成圆筒，用螺栓固定在幅盘上，这样在更换窝眼筒时比较方便，但是拼装工作存在一定的误差，分选小粒种子时容易产生漏种。

集料槽采用“U”形结构，沿滚筒长度方向安装在窝眼筒中央位置，接收从窝眼中坠落下来的较短物料。集料槽有两种形式：一种是在集料槽中安装螺旋输送机，将槽中的物料向末端输送并排出；另一种是采用无底集料槽，而在底部沿滚筒长度方向安装振动输送机，将振动槽中的物料排出。对于窝眼筒清选机来说，集料槽接料边在筒内位置的高低对分选效果有直接的影响，集料槽接料边在窝眼筒内的位置越低，落到集料槽中的物料越多；集料槽接料边在筒内位置越高，落到集料槽中的物料就越少。工作过程中，集料槽接料边的高低应通过机器出料端安装的蜗轮蜗杆装置进行调节，只有个别的窝眼筒用手柄直接转动槽体。同时，集料槽在窝眼筒内可以翻转 180°，以便在完成种子分选后或更换种子品种时进行清理。

(二)工作过程

窝眼筒清选机工作时，滚筒做旋转运动，当喂入筒内的种子转到窝眼筒底部时，长度小于窝眼直径的种子(或杂质、草籽)完全陷入窝眼内，随旋转的筒体上升到一定高度时，靠自重而落到集料槽内，被槽内输送机排出；对于长度大于窝眼直径的物料，只能部分陷入窝眼中，随筒体旋转过程时，沿筒内壁滑动，最后从排料端流出。例如，采用窝眼筒清选机淘汰长杂时，好种子与短杂经窝眼带起落入集料槽排出，而长杂则沿窝眼筒轴向移动，并从另一排料口排出，从而将好种子与长杂充分分开(图 3-27)。

(三)种子在窝眼筒内的运动分析

种子在窝眼筒内随滚筒运动过程中，受到重力、滚筒的离心力和与筒壁之间摩擦力的作用，当种子处在筒内较低处时，种子与筒壁之间没有相对运动；随着滚筒的转动，当长种子上升到一定高度时种子与筒壁之间产生相对运动，种子开始向下滑动。假设长种子开始下滑点的径向连线与铅垂面的夹角 β 为下滑角(图 3-28)，φ 为摩擦角，ω 为角速度，r 为半径。

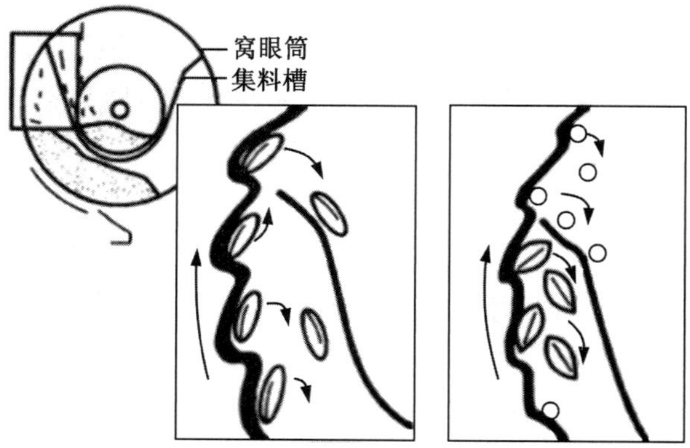

A. 清除长粒　　B. 清除短粒

图 3-27　窝眼筒工作原理

(谷铁城等，2001)

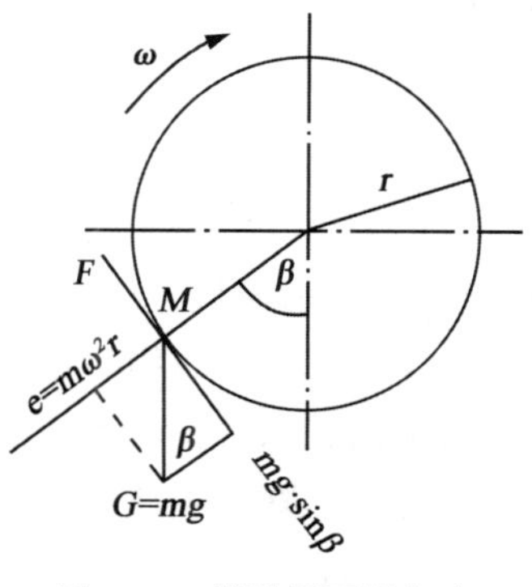

图 3-28　长种子下滑角度

(谷铁城等，2001)

当摩擦力 $F \leqslant mg\sin\beta$ 时开始下滑，即：

$$mg\sin\beta \geqslant (mr\omega^2 + mg\cos\beta)\mathrm{tg}\varphi$$

整理后得到：

$$\beta \geqslant \arcsin[(r\omega^2/g)\sin\varphi] + \varphi$$

可见，当 φ 增加时，β 也相应增加；当 $r\omega^2$ 增加时，β 也加大。

（四）影响分选质量的主要因素

1. 转速

窝眼滚筒的工作效率取决于单位时间内种子与窝眼接触的次数。提高滚筒转速，生产能力随之提高；若生产能力不变，提高滚筒转速，增加了种子与窝眼的接触机会，分选效果会更加理想。但是在实际工作中，窝眼滚筒的转速会受到一定的限制，当窝眼内的种子随滚筒转至一定高度时，只有种子本身重力大于离心力时才具备下落的条件，因此要求：

$$mr\omega^2 \leqslant mg$$

通常取 $r\omega^2 = 4(\mathrm{m/s^2})$ 较理想，即：

$$n = \frac{19}{\sqrt{r}}$$

式中：n—转速(r/min)；r—窝眼筒半径(m)。

试验表明，用窝眼滚筒清除短杂时，提高滚筒转速有利于提高短杂除净率，但不利于提高获选率。

2. 滚筒倾角

在窝眼滚筒分选种子时，只有滚筒轴心线与水平面倾斜一定的角度，筒中物料才能随着滚筒的转动，从进料端向出料端移动。因此，滚筒倾角的大小不仅影响种子在筒中的移动速度，而且影响种子的分选质量，但没有转速那么敏感。试验表明，在生产能力和集料槽角度相同的情况下，对于清除短杂而言，滚筒倾角越大，物料在筒中的移动速度越快，获选率越高，而除杂率则降低；滚筒倾角小，则相反，但滚筒倾角过小，不仅获选率会降低，除杂率也会有所下降，主要原因是物料在筒中流通不畅，产生淤积，降低了短子粒与窝眼接触的概率。因此，滚筒倾角以 1.5°～3.5°为宜。

3. 窝眼的形状与尺寸

窝眼的形状、尺寸是决定窝眼筒分选质量的主要因素。采用窝眼滚筒清选种子时，要求窝眼既能稳定可靠地承托与容纳需要分离的物料，又能使窝眼中大于窝眼直径的物料顺利沿筒壁向下滑动，小于窝眼直径的物料在一定高度时顺利下落到集料槽中，不堵塞窝眼，提高窝眼的利用率，这就要求窝眼孔形状不能是正半球形，而应该是不规则的几何体，如斜锥台形或斜圆柱形，既要便于加工成型，降低生产成本，又能满足不同种子的加工要求(图 3-29)。

窝眼本身的直径尺寸及偏差是否一致，直接影响种子的分选质量。对于任何一种种子来说，只有选择的窝眼尺寸大小均匀一致，才能使杂质与种子有明确的尺寸界限，提高分选效果。窝眼中物料的下滑速度不仅与滑出角度的大小有关，而且与窝眼的排列方式有关，滑出角度越小，越不利于短物料流出，短物料上升的高度越高，越便于分离；窝眼的排列方式及单位面积内窝眼的

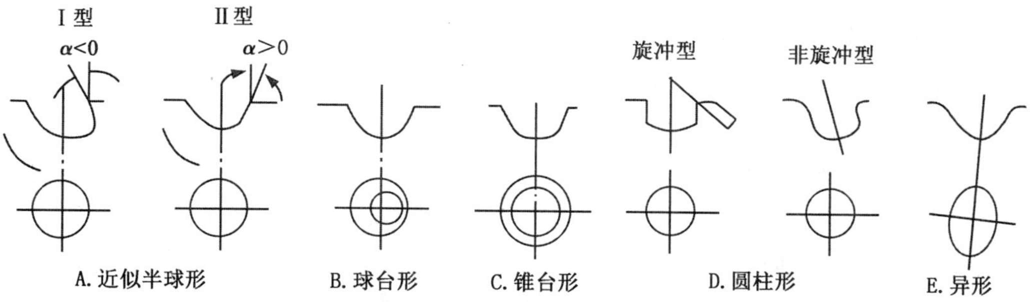

图 3-29　窝眼形状

（谷铁城等，2001）

数量与种子加工质量和生产率有关，窝眼的排列方式多采用菱形排列，而种子加工质量随着单位面积内窝眼数量的增加而提高。窝眼形状与窝眼筒旋转方向选择得是否正确，直接影响到种子分选质量。

因此，在选用窝眼孔尺寸时，应根据被加工物料的种类、含杂情况和加工质量要求进行确定。先取一定数量的待加工物料样品，测出种子与杂质的长度，分别绘制出长度分布图，根据实际需要确定窝眼孔尺寸。下面根据国内目前种子情况提供几组参考数值：淘汰小麦中短杂时选用的窝眼孔直径为 ϕ4.5～5.5 mm，淘汰小麦中长杂时选用的窝眼孔直径为 ϕ8.0～9.0 mm；淘汰水稻中短杂时选用的窝眼孔直径为 ϕ5.6～6.3 mm，淘汰水稻长杂时选用的窝眼孔直径为 ϕ8.5～9.0 mm；淘汰胡萝卜种子中长杂时选用的窝眼孔直径为 ϕ4.0 mm。

4. 集料槽的位置

窝眼筒内集料槽集料边的高度应高于长谷粒起滑点而低于短谷粒下落点，并且可以在一定范围内进行调节。当淘汰短杂时，升高集料边高度，会降低除杂率而提高获选率。因此，在加工种子时，应该根据物料尺寸特性和加工质量要求来调整集料边的高度位置，以取得满意的结果。通常集料槽斜面与水平面的夹角为 30°～40°。

5. 窝眼筒的结构尺寸

大量试验表明，在喂入量不变的情况下，增大窝眼筒直径或增加窝眼筒的长度，有利于提高种子加工质量。在加工质量要求相同的前提下，增大窝眼筒直径或增加窝眼筒的长度，可以提高机器的生产能力。鉴于目前种子加工设备生产能力的限制，窝眼筒的直径与长度不能无限制地增大，在满足种子加工质量指标的情况下，窝眼筒的长度和直径之比以 $L/D=2\sim5$ 为宜。生产能力与窝眼筒的直径也存在一定的关系，试验结果表明，窝眼筒单位面积（筒壁表面）负荷能力为 400～800 kg/(m^2·h)，且直径大取大值。当利用窝眼筒淘汰小麦种子中的短杂时，窝眼筒直径 D、长度 L 和生产能力 Q 之间的关系见表 3-5。

表 3-5　窝眼筒直径 D、长度 L 和生产能力 Q 之间的关系

D/mm	400	400	500	600	600	700
L/mm	750	1 500	1 500	1 500	2 250	3 000
Q/[kg/(m^2·h)]	500	1 000	1 500	2 000	3 000	5 000

(五)窝眼滚筒的组合形式

1. 淘汰长杂与淘汰短杂的组合

窝眼滚筒主要用于种子长度分选,根据窝眼直径的尺寸不同,机器所起的作用也不同,既可以淘汰短杂,也可以淘汰长杂。种子加工中普遍采用淘汰长杂与淘汰短杂相组合,以取得最佳的分选效果。通常,窝眼滚筒是相互平行配置的滚筒串联作业,如3个窝眼滚筒采用"品"字形配置形式,物料先通过上面第一个滚筒淘汰短杂,然后由下面两个并联的滚筒淘汰长杂。而丹麦Damas公司生产的窝眼滚筒虽然也采用"品"字形配置形式,分选方式却不同,首先通过第一个滚筒将物料按长度尺寸分为两部分,然后通过下面一个窝眼直径较小的滚筒淘汰短杂,通过窝眼直径较大的滚筒淘汰长杂;最后,将窝眼直径较小滚筒中的长粒与窝眼直径较大滚筒中的短粒汇集到一起。国内种子加工设备生产商学习借鉴德国Petkus公司技术,采用上、下两个单独的窝眼筒,上面窝眼筒用于淘汰短杂,下面窝眼筒用于淘汰长杂。由于窝眼筒淘汰长杂时的生产率低于淘汰短杂时的生产率,因此,在选用时应特别注意淘汰对象与机器的匹配性。

2. 主要清选与辅助清选的组合

在主要窝眼筒的下面配置较小的窝眼筒,对选出的长杂或短杂进行二次分选,以便将其中较好的子粒回收,必要时,也可以对物料的主流进行再次分选,以提高种子获选率。

3. 并联与串并联组合

为了提高窝眼筒的生产能力,可以将多台窝眼筒串联、并联,达到同时淘汰长杂、短杂或对部分淘汰物料进行回选的目的。

4. 窝眼筒与圆筒筛组合

为了简化机器结构,提高机器的适应能力,丹麦和意大利等国家的种子加工设备生产商研制出将圆筒筛套在窝眼筒外,对长度分选后的物料再进行宽度或厚度尺寸分选,这样可以节省机器占据的空间,提高机器的分选性能。

四、重力式清选机

重力式清选机是利用种子在台面振动与气流状态下产生偏析,物料颗粒形成有序的层化现象进行清选与重力分级,从而将好种子与轻杂质分离出来。通常,重力式清选机台面振动频率及倾角可调,并带有频率显示器和角度指示器,是种子加工中非常重要的机械之一。

根据重力式清选机台面形状的不同可分为三角台面和矩形台面。三角台面上重杂的工作行程长,因而分离重杂的效果较好,如淘汰蔬菜种子中的泥土或石子颗粒;矩形台面上轻杂的工作行程长,分离轻杂的效果较好,如淘汰谷物种子中的虫蛀粒或发芽、霉变子粒等。

重力式清选机主要用于清除混在种子中与好种子形状、外形尺寸和表面特征上非常相近而密度不同的不良种子或掺杂物。如虫蛀的种子,在外形尺寸上与好种子完全相同,但其内部结构受到虫害,单粒重量比好种子轻得多;变质的、发霉的或腐烂的种子外形尺寸与好种子相同,但其密度小;再有,小粒的草类种子中混有发芽、不成熟甚至是空的、瘪的或无生命力的子粒,而且均有外壳或外颖包裹着,就外形尺寸而言,与好种子极其相似。这一类的杂质通过尺寸分选以及风筛清选机、磁力清选机、绒辊清选机等设备不能有效地将其清除,而根据好种子与杂质或坏种子之间密度上的差异，利用重力式清选机可以获得理想的分选效果。

（一）三角形台面机型的主要部件

三角形台面重力式清选机主要由以下部件组成：机座和框架、一台或多台风机、空气室、工作台面（导风格、匀风板）、喂料斗、驱动系统、排料系统等（图 3-30）。各部分的作用如下：

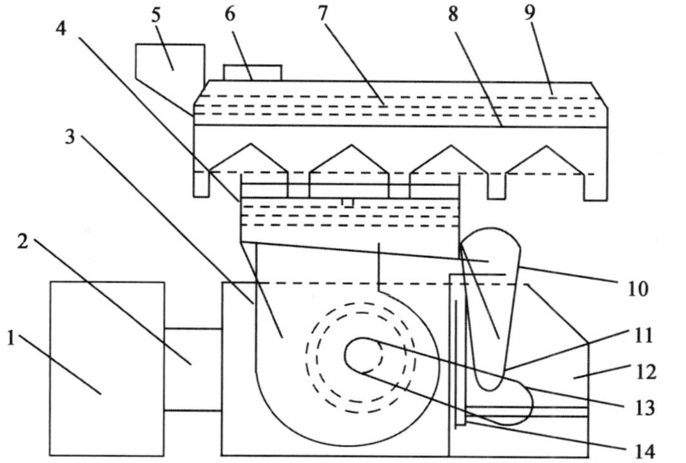

1. 吸风箱　2. 风量调节机构　3. 风机　4. 振动框架　5. 喂料斗　6. 除尘口
7. 导料板　8. 振动台架　9. 工作台面　10. 偏心调节机构　11. 电机
12. 机座　13. 风机电机　14. 无级变速装置

图 3-30　5TZ-1500 型通用重力式清选机

（谷铁城等，2001）

（1）机座　是重力式清选机的主要部件，机器安装就位后，通过地脚螺栓将机座固定在坚固、平整的基础上，以免在机器工作过程中产生振动，影响机器的分选效果。机器的其他部件与附属系统通过不同的连接方式安装在机座上，实现机器各系统的正常工作，如工作台面的振动频率以及倾角调节等。

（2）风机　重力式清选机机座内安装有一台或多台风机，并在工作台面下方。通过手轮、手把或连杆来开启或关闭风机的进风口，控制风机的风量。如果底部风机由多台风机组成，每个风机的风量都可以单独调节与控制。对于负压式重力式清选机来说，其工作原理与正压式重力式清选机完全相同，只是风源在工作台上方的吸风罩上吸风，并且整个工作台被封闭在罩内。

（3）空气室　空气室位于风机出口与工作台面之间，是一个封闭的箱状体。风机将空气排入其中产生静压空气。空气室内的压力迫使空气穿过工作台面上的孔板与编织网，使台面上的物料分层，实现种子与杂质的分离。

（4）工作台面　是实现种子与杂质分层与分离的核心部件。台面的作用是支承清选的种子层并借助于穿过台面气流和台面振动力的共同作用，使种子与杂质分层并迅速分离。根据被清选种子子粒大小的区别，选择不同材料的台面。重力式清选机工作台面有 3 种类型：亚麻布面、方钢丝编织筛（不同的目数）或铜丝网编织筛。台面的作用是保证小种子不漏下，下方的空气能顺利穿过，提供分层区和分离区，为较重的种子提供摩擦力，使分层后的重种子迅速分离。在矩形台面上垂直于振动方向上设置筋条，有助于延长光滑种子在台面上的分离时间，并促使好种子向高处流动。

为了取得满意的分选效果，应该根据分选种子粒度的大小选择合适的工作台面。加工小粒种子时应该选择亚麻布面或 30 目铜丝编织网筛；加工小麦、水稻等中等粒度种子时应该选择 12～14 目方钢丝编织筛；加工玉米等大粒种子时应该选择 8～10 目方钢丝编织筛。

(5)喂料斗　为机器提供原料的过渡性容器，排料口处安装插板，用于控制物料流量的大小。

(6)驱动系统　使工作台面按一定规律做往复运动的动力装置，根据不同种子的加工要求，其振动频率可以调节。

(7)排料系统　设有出料挡板，根据被加工物料组成的不同，其轻杂、中间回流及好种子在台面上的分布也不同，可以调整排料系统中挡板的位置，满足种子清选质量要求。

(二)工作过程

打开纵向和横向倾角锁紧螺母，将台面调整至合适的倾角位置后，拧紧锁紧螺母，并保证工作时不能有松动现象。启动机器，适当打开喂料门，调整电磁振动给料机振动频率，使物料层铺满工作台面，轻重种子开始分层、分离，使好种子向台面高处移动。调整台面振动频率，直到好种子顺利从排料端排出。逐渐增大底部风机风量。适当开大排料门和底部风机风门，使生产过程稳定。

重力式清选机工作台面的突出作用是使种子按子粒的重量分层以及轻重种子之间的分离。随着物料的连续均匀喂入和穿过台面的气流与台面振动力的共同作用，使分层区在台面上逐步扩展，实现种子与杂质的有效分层，轻子粒飘浮在上面，向台面较低的位置移动，而较重子粒在下方，顺着台面的振动方向，向台面较高的位置移动，直至完全分离。由于物料是随着台面的振动在台面上边分层边分离的，因此，当种子与杂质混合物的差异较大时，分层越容易，分层区所占的面积就越小；反之，如果被分选的种子与杂质混合物的差异较小时，分层越困难，分离速度越缓慢，生产效率越低。在重力式清选机工作台面上分层与分离是同步进行的，但绝不是等同的；开始时是分层中有分离，后来是分离中有分层。

为了充分发挥重力式清选机的分层、分离作用，要求种子进入重力式清选机分选之前，必须通过风筛清选机或分级机进行处理，清除种子中的灰尘与颖壳，缩小种子外形尺寸之间的差异，并使其能按相对密度分层、分离得更彻底，得到外形尺寸基本均匀一致、饱满健壮、质量较高的种子。

(三)参数调整

在工作过程中，有 5 个参数可以调节：喂入量、风机风量、台面振动频率、台面横向倾角和纵向倾角，5 个参数之间相互影响，必须保证所有参数之间协调一致，才能提高机器的清选作用。

1. 喂入量

喂入量是重力式清选机的一个重要调节参数，只有连续、均匀、稳定的喂料速度，才能保证工作台面上的种子层均匀布满台面。当喂入量改变时会引起种子层厚度发生变化，从而使不同质量的种子排出位置沿排料边向高处或低处移动，影响机器的分选效果。因此，重力式清选机必须配置能容纳一定数量种子的缓冲仓，缓冲仓排料口安装电磁振动给料机，来保证种子的均匀喂入，使重力式清选机正常工作。

缓冲仓内部应安装上、下料位传感器。当料位下降到较低位置时，重力式清选机自动停机，缓冲仓前面的喂入机构开始喂料；当料位接触上料位传感器时，喂料机构停止喂料。喂入量的大小要通过电磁振动给料机进行调节，以便与机器其他参数相匹配。

2. 底部风机风量

风机风量控制是一个主要调节参数，它能使操作者在接近允许范围内调整穿过工作台面气流的速度和压力。合理的风量调节能使台面上的种子流化并分层与分离。由于矩形台面的重力式清选机底部安装多台风机供风，因此，对其风量应采取分段调节的方式，靠近喂料口处分层区风量应适当调大，而混合区、分离区风量应依次调小。

3. 横向倾角

台面横向倾角控制种子通过台面的速度，即控制物料在工作台面上的停留时间。当被清选种子与杂质的相对密度差异较小时，应适当减少喂入量，工作台面要相对平坦(横向倾角要小)，以保证种子在工作台面上停留较长的时间，使种子与杂质能够充分分离。物料在工作台面上停留时间越长，清选效果越明显。当被清选种子与杂质有较大的相对密度差异时，分层和分离速度较快，这时可以适当提高喂入量，增大横向倾角，加快种子的流动速度和提高生产率。

4. 纵向倾角

纵向倾角给台面提供一个倾斜面，使分层后的物料在上面向各自卸料端流动。轻质物料飘浮在最上层，并在后面物料的推动下向工作台的低边移动；而子粒饱满的好种子则位于最下层，在工作台面的往复振动作用下向工作台的高边方向移动。

5. 工作台面振动频率

工作台面振动频率即单位时间内工作台面的振动次数。振动使子粒较重的种子从喂料口到卸料边流动的同时逐步向高边运动。当提高台面振动频率时，好种子向高边运动的速度加快，卸料位置上移，提高机器生产能力；当降低台面振动频率时，好种子在工作台面上运动速度减慢，并从较低的位置卸料。

对于喂入量、底部风机风量、横向倾角、纵向倾角、振动频率这 5 个参数中任何一个参数的调节都会影响物料分层、分离和物料在工作台面上的运动速度。当 1 个参数改变时，其余 4 个参数的作用也会相应改变。因此，所有参数的调节要相互匹配平衡，以达到最佳的分选效果和更高的生产能力。

第四节 常用种子加工设备技术参数

无论是风筛清选机、重力式清选机、窝眼筒清选机、种子包衣机，还是种子加工成套设备，其产品质量、机器性能及加工后种子应达到的指标，都有相应的要求。常用的指标有以下几项：

1. 获选率

获选率是指实际选出的好种子占选前原始物料中好种子重量的百分率。其中，风筛清选机获选率为 97.5%～98.5%，窝眼筒清选机清除长杂时获选率为 98%～99%，重力式清选机获选率为94%～95%，种子加工成套设备获选率为95%～97%。其计算方法如下：

$$获选率=\frac{主排出口样品中的好种子重量}{各排出口样品的好种子重量之和}\times 100\%$$

2. 破损率

破损率是指种子加工过程中好种子的破碎损伤量占原有种子总重量的百分率。此项指标一般用于种子加工成套设备，规定为：提升机不多于3台时，破损率≤0.3%；提升机多于3台时，破损率≤0.5%；加工豆类等易破碎作物种子时，破损率增加0.5%。计算方法如下：

$$破损率=\frac{各排出口样品中破碎种子重量总和}{各排出口样品重量总和}\times 100\%-原始种子破碎率(\%)$$

3. 分级合格率

分级合格率是指使用成套设备对玉米种子进行分级时的合格率，规定为≥95%。其计算方法是以标准套筛测定各级每份样品的合格子粒量，并按下式计算：

$$分级合格率=\frac{测定样品种子合格子粒量}{样品子粒量}\times 100\%$$

4. 噪声

国家行业标准中规定，风筛式清选机、重力式清选机、复式清选机的噪声均为≤90 dB(A)，窝眼筒清选机噪声≤85 dB(A)，种子包衣机噪声≤85 dB(A)，种子加工成套设备噪声≤85 dB(A)（计量装袋、缝包处与控制柜处的平均值）。

噪声的测量方法：测定机器噪声应该在机器正常工作时进行，用声级计在机器四周距机器1 m远、距地面1.5 m高度的几个不同位置进行测定，一般不少于5个点。对单机来说，取最高值为噪声值。对于成套设备来说，取对数平均值或算术平均值为其噪声值。

5. 粉尘浓度

粉尘浓度指标用来衡量种子加工时作业环境的好坏，仅用于种子加工成套设备，并且规定粉尘浓度值为：室内≤10 mg/m^3，室外≤150 mg/m^3。测量方法是：在计量装袋与原始物料喂入处（此外还可以再选择1～3个部位）进行测定，测点应选在距设备或物料进、出口处1 m，距地面1.5 m高度的不同位置取3个点进行测定，3个点测定值的算术平均值即为所测粉尘浓度。

6. 包衣合格率

包衣合格率是指种衣剂包敷面积大于80%的包衣种子占全部包衣种子的百分比。国家行业标准中规定，小麦、玉米种子包衣合格率≥93%，棉花种子包衣合格率≥90%。测定方法是：在包衣机额定生产率下，根据种衣剂要求的药种比例进行包衣，对包衣后种子取样3次，从每份样品中分出200粒试样，用5倍放大镜观察每粒试样，分出种衣剂包敷的种子面积≥80%的和<80%的两类，按下式计算包衣合格率：

$$包衣合格率=\frac{种衣剂包敷种子面积\geq 80\%的粒数}{种衣剂包敷种子面积\geq 80\%的粒数+种衣剂包敷种子面积<80\%的粒数}\times 100\%$$

7. 种衣剂牢固度

种衣剂牢固度是指种衣剂包裹在种子表面上的牢固程度(也称脱落率)。国家行业标准中规定包衣后小麦种子种衣剂牢固度≥99.8%,玉米种子种衣剂牢固度≥99.65%,棉花种子种衣剂牢固度≥99.65%。其检验方法是:从平均样品中取3份试样,每份20～30 g,分别放在清洁、干燥的125 mL具塞广口瓶中,置于振荡器上;启动振荡器,在转速400 r/min、振幅为40 mm的条件下振荡1 h;然后,将分离出的包衣种子进行称量,按下式计算:

$$种衣剂牢固度=\frac{振荡后包衣种子重量}{样品重量}\times 100\%$$

8. 危害农作物杂草籽清除率

危害农作物的杂草籽主要指糜子、野豌豆、野燕麦等。国家标准规定,风筛清选机杂草籽清除率≥80%。成套设备分两种情况:①原始粮食作物种子中含草籽量>10粒/kg时,杂草籽清除率≥90%;原始粮食作物种子中含草籽量≤100粒/kg时,选后杂草籽清除率≤5粒/kg。②对于其他作物种子来说,杂草籽清除率≥80%。计算公式如下:

$$危害农作物草籽清除率=\left[1-\frac{选后草籽粒数或重量(g)}{选前草籽粒数或重量(g)}\right]\times 100\%$$

9. 净度

净度是衡量种子加工设备清选效果的一个重要指标。国家标准规定,当原始种子净度为93%～95%时,风筛清选机选后净度应≥97%;种子加工成套设备选后净度≥98%(小麦、玉米、水稻)。

窝眼筒清选机的清选效果主要用除长、短杂率来衡量。当用窝眼筒清选机清除短杂时,除短杂率≥80%;用窝眼筒清选机清除长杂时,除长杂率≥75%。

重力式清选机的清选效果用清除轻、重杂率指标衡量。当用重力式清选机清除轻杂时,除轻杂率≥85%;用重力式清选机清除重杂时,除重杂率≥75%。

思考题

1. 简述种子清选分级的目的与意义。
2. 简述种子清选的基本原理。
3. 如何根据种子尺寸特性来选择种子筛型?
4. 简述风筛清选机、圆筒筛分级机、窝眼筒清选机、重力式清选机的工作原理与作用。

第四章 种子干燥原理和方法

一般新收获的种子水分高达25%～45%。这么高水分的种子，呼吸强度大，放出的热量和水分多，种子易发热、霉变；高水分种子贮藏期间很快耗尽种子堆中的氧气而导致厌氧呼吸，产生酒精致使种子受到毒害；高水分种子遇到零下低温易受冻害而死亡；种子水分在40%以上时，种子将发芽；高水分种子，有利于仓库害虫活动繁殖，为害种子。因此，种子收获后，必须及时将种子干燥，将其水分降低到安全包装和安全贮藏的范围，以保持种子旺盛的生命力和活力，提高种子质量，使种子能安全经过从收获到播种的贮藏阶段。此外，有时在包衣和处理过程中，种子吸水回潮而增加水分，会使种子呼吸强度增加，而且药液还会伤害种子胚根，影响种子正常发芽和成苗。因此，在种子包衣和处理后也应进行种子干燥。

种子干燥(seed drying)是根据种子传湿力特性，利用干燥介质，降低种子周围空气水蒸气压，迫使种子内部水分不断向外表面扩散并蒸发，降低种子水分含量，确保种子安全贮藏的加工措施。为了提高种子干燥的效率，生产中常采用加热、通风机械设备来加速这一过程。

第一节 种子干燥特性

一、种子的传湿力

1. 种子传湿力的概念

种子是一种吸湿的生物胶体。种子在低温潮湿的环境中能吸收水汽，在高温干燥的环境中能散出(解吸)水汽，种子这种吸收或散出水汽的能力称为种子传湿力。

2. 影响种子传湿力的因素

种子传湿力的强弱主要取决于种子本身的化学组成、细胞结构和外界温度湿度。如果种子含淀粉多，内部结构疏松，毛细管较粗，细胞间隙较大，外界温度高和湿度低时，传湿力就强，反之则弱。据此，认为禾谷类种子的传湿力比含脂肪多的豆类种子要强，软粒小麦种子的传湿力比硬粒小麦强。

3. 种子传湿力与种子干燥的关系

传湿力强的种子，干燥起来就比较容易；相反，传湿力弱的种子，干燥起来就比较慢。在干燥过程中，一定要根据种子的传湿力强弱来选择干燥条件。传湿力强的种子可选择较高的温度干燥，干燥介质的相对湿度要低些，并可进行较大风量鼓风。传湿力弱的种子则与此相反。

二、种子干燥的介质

(一)种子干燥介质的概念

要使种子干燥,必须使种子受热,将种子中的水分汽化后排走,从而达到干燥的目的。单靠种子本身是不能完成这一过程的。需要一种物质与种子接触,把热量带给种子,使种子受热,并带走种子中汽化出来的水分,这种物质称为干燥介质。常用的干燥介质有空气、加热空气、煤气(烟道气和空气的混合体)。

(二)干燥介质对水分的影响

影响种子干燥的条件是介质的温度、相对湿度和介质流动速度。

种粒中的水分是以液态和气态存在的,液态水分排走必须经过汽化,汽化所需的热量和排走汽化出的水分,需要介质与种子接触来完成。在干燥中,介质与种子接触的时候,将热量传给种子,使种子升温,促使其水分汽化,然后将部分水分带走。干燥介质在这里起着载热体和载湿体的双重作用。

种粒水分在汽化过程中,其表面形成蒸气层。若围绕种粒表面的气体介质是静止不动的,则该蒸气层逐渐达到该温度下的饱和状态,汽化作用停止。如使围绕谷粒表面的气体介质流动,新鲜的气体可将已被饱和的原气体介质逐渐驱走,而取代其位置,继续承受由种子中水分所形成的蒸气,则汽化作用继续进行。因此,要想使种粒干燥,降低水分,与其接触的气体介质应该是流动的,并需设法提高该气体介质的载湿能力,即提高它达到饱和状态时的水汽含量。

在一定的气压下,1 m^3 空气内,水蒸气最高含量与温度有关,温度越高则饱和湿度(饱和水汽量)越大。因为温度提高,气体体积增大,所以它继续承受水蒸气量也加大。温度升高以后,由于绝对湿度不变,饱和湿度加大后,则空气相对湿度变小。一般情况下,空气温度每升高 1 ℃,相对湿度可下降 4%～5%,同时种子中空气的平衡湿度也要降低。相对湿度小,为种子水分汽化、放出水分创造了条件;饱和湿度大,增加了空气接受水分的能力,更能促使种子中水分迅速汽化。

因此,提高介质的温度,是降低种子水分的重要手段。可以说用任何方法加热空气,空气原有的含水量虽然没变,但持水能力却逐渐增强,热风干燥就是利用空气的这一特性,从而加速干燥进程,提高干燥效果。

三、空气在种子干燥过程中的作用

种子干燥过程中,一方面对种子进行加热,促进其自由水汽化;另一方面要将汽化的水蒸气排走,这一过程需要用空气作介质进行传热和带走水蒸气。利用对流原理对种子进行干燥时,空气介质起着载热体和载湿体的作用;利用传导和辐射原理进行干燥时,空气介质起载湿体作用。掌握空气与种子干燥有关的性能,对保证种子干燥质量、提高生产率有重要意义。

(一)空气的重度与比容

单位体积空气的重量称为重度(kg/m^3),用符号 r 表示。

$$r(\text{重度})=\frac{G(\text{空气的重量})}{V(\text{空气的体积})}$$

单位重量空气所占有的体积称为比容(kg/m³),用符号 U 表示。

$$U(\text{比容})=\frac{V(\text{空气的体积})}{G(\text{空气的重量})}$$

空气的重度与比容互为倒数,即 $r=1/U$。

(二)空气的压力

空气作用于单位面积上的垂直力称为压强。在工程上,习惯将压强简称为压力。在干燥风机和气力输送中,一般所说的“压力”均指在单位面积上承受的力而言。

空气的总压力等于干空气和水蒸气分压力之和。即

$$p=p_g+p_s$$

式中:p_g 为干空气的分压力,p_s 为水蒸气的分压力。

空气中的水蒸气占有与空气相同的体积,水蒸气的温度等于空气的温度。空气中水蒸气含量越多,其分压力也越大;反过来,水蒸气分压力的大小也直接反映了水蒸气数量的多少,它是衡量空气湿度的一个指标。种子干燥中,要经常用到这个参数。

种子干燥是在大气压下工作的。由于大气压力不同,空气的一些性质也不同。所以,在种子干燥时应注意大气压变化的影响。

(三)空气湿度

自然界中的空气总是含有水蒸气的,从烘干技术角度来看,空气是气体和水蒸气的机械混合物,称为湿气体。当我们看到空气时总是把它当作湿气体对待的。空气加热后仍然是一种湿气体,湿气体是由干气体和水蒸气两部分组成的。湿度是表明空气中含有水蒸气多少的一个状态参数,空气湿度用绝对湿度和相对湿度来表示。

1. 绝对湿度

每立方米空气中所含水蒸气的重量即空气的绝对湿度,单位是 kg/m³ 或 g/m³,这个数值越大,说明单位体积内水蒸气越多,湿度也越大。

空气中能够容纳水汽量的能力随着温度的升高而加大,但在一定温度下,每立方米空气所能容纳的水汽量是有限度的。当其达到饱和状态时,水汽含量的最大值,就是饱和水汽量,又称为“饱和湿度”。表 4-1 为不同温度下空气的饱和水汽量。

表 4-1 不同温度下空气的饱和水汽量

(《粮食储藏》编写组,1980) g/m³

温度/℃	饱和水汽量	温度/℃	饱和水汽量	温度/℃	饱和水汽量	温度/℃	饱和水汽量
−20	1.078	−14	1.882	−8	2.741	−2	4.211
−19	1.170	−13	1.942	−7	2.949	−1	4.513
−18	1.269	−12	2.032	−6	3.171	0	4.835
−17	1.375	−11	2.192	−5	3.407	1	5.176
−16	1.489	−10	2.363	−4	3.658	2	5.538
−15	1.611	−9	2.548	−3	3.926	3	5.922

续表 4-1

温度/℃	饱和水汽量	温度/℃	饱和水汽量	温度/℃	饱和水汽量	温度/℃	饱和水汽量
4	6.330	15	12.712	26	24.108	37	43.461
5	6.768	16	13.504	27	25.486	38	45.746
6	7.217	17	14.338	28	26.931	39	48.133
7	7.703	18	15.217	29	28.447	40	50.625
8	8.215	19	16.143	30	30.036	41	53.8
9	8.858	20	17.117	31	31.702	42	56.7
10	9.329	21	18.142	32	33.446	43	59.3
11	9.934	22	19.220	33	35.272	44	62.3
12	10.574	23	20.353	34	37.183	45	65.4
13	11.249	24	21.544	35	39.183	50	83.2
14	11.961	25	22.795	36	41.274	100	597.4

2. 相对湿度

绝对湿度是单位体积内水蒸气多少的一个标志，但不能更明确更直接地表示空气的潮湿程度。比如单位体积内水蒸气的含量相同时，即绝对湿度相同时，在夏天就感到干燥，在秋季就感到潮湿，这说明与空气中的水蒸气距饱和状态的远近有关。温度高时，空气湿度距饱和状态远，感到干燥；温度低时，空气湿度距饱和状态近，感到潮湿。所以在研究空气湿度时，只有绝对湿度还不能满足要求。从空气和物质接触的关系上看，还要了解这种空气接近饱和状态的程度，亦即空气的潮湿程度如何，这里需要引入相对湿度的概念。

空气的相对湿度，就是在同温同压下，空气的绝对湿度和该空气达到饱和状态时的水汽量比值的百分率，它表示空气中水汽含量接近饱和状态的程度。

$$\text{相对湿度}=\frac{\text{绝对湿度}}{\text{饱和湿度}}\times 100\%$$

相对湿度可以直接表示空气的干湿程度。相对湿度越低，表示空气越干燥；相对湿度越高，表示空气越潮湿。一般习惯用湿度这个名词表示相对湿度。

相对湿度越低越有利于种子干燥。从上式中可以看出相对湿度小时，必须是绝对湿度小，或者饱和湿度大。这两种情况都表明达到饱和程度还差很远，还有很大的“潜力”承受从外界来的水蒸气，这对研究干燥种子的空气介质来说，是个很重要的参数。

相对湿度越低时则干燥种子越迅速，所以它是决定干燥种子是否可以采用自然通风或辅助加热干燥的重要参数。干燥种子时干燥介质的相对湿度不能超过 60%。

影响相对湿度变化的因素一是空气中实际含水汽量（绝对湿度）的多少，二是温度的高低。在一定水汽量的前提下，温度越高，相对湿度越低（温度高、饱和湿度大）。

第二节 种子干燥原理和影响因素

一、种子干燥原理

种子干燥是通过干燥介质给种子加热,利用种子内部水分不断向表面扩散和表面水分不断蒸发来实现的。

种子是活的有机体,又是一团凝胶,具有吸湿特性。但处在某种条件下,也会释放出水分。种子的吸湿和解吸是在一定的空气条件下进行的。当空气中的水蒸气分压超过种子所含水分的蒸气压时,种子就从空气中吸收水分,直到种子所含水分的蒸气压与该条件下空气相对湿度所产生的蒸气分压达到平衡时,种子水分才不再增加,此时种子所含的水分称为平衡水分。反之,当空气相对湿度低于种子平衡水分时,种子便向空气中释放水分,直到种子水分与该条件下的空气相对湿度达到新的平衡时,种子水分才不再降低。暴露在空气中的种子,其水分与相对湿度所产生的蒸气压相等时,种子水分不发生增减,处在吸附和解吸的平衡状态中,不能起到干燥作用。只有当种子水分高于当时的平衡值时,水分才会从种子内部不断散发出来,使种子逐渐失去水分而干燥。种子内部的蒸气压超过空气的蒸气分压越大,干燥作用越明显。

种子干燥就是不断降低空气水蒸气分压,使种子内部水分不断向外散发的过程,即种子吸热和排湿的过程。具体分为两个过程:首先,种子内部的水分以气态或液态的形式沿毛细管扩散到种子表面;其次,由种子表面蒸发到干燥介质中。这两步在种子干燥过程中是同时发生的,但两者的速度不一定时时相等。当扩散速度大于蒸发速度时,蒸发速度的快慢控制干燥过程,称为外部汽化控制;当蒸发速度大于扩散速度时,扩散速度的快慢控制干燥过程,称为内部汽化控制。合理的干燥工艺应该是使内部扩散速度等于或接近于外部蒸发速度。对于小颗粒种子,干燥时内部扩散速度一般大于外部蒸发速度,属于外部控制干燥,此时,要想提高干燥速度则应设法提高外部蒸发速度;对于颗粒较大的种子,内部扩散速度一般小于外部蒸发速度(特别是含水量较小时),此时,设法加快内部扩散速度成为提高干燥速度的关键,如果再提高外部蒸发速度,不仅对种子干燥速度的增加无明显作用,反而会引起种子爆腰、变形,从而影响种子发芽率。

种子水分的蒸发,取决于空气中水蒸气分压的大小。空气中水蒸气的分压表示空气中水蒸气含量多少,空气中水蒸气含量随水蒸气分压的增加而增加。水蒸气分压与含湿量在本质上是同一参数。

种子子粒内部水分的移动现象,称为内扩散。内扩散又分为湿扩散和热扩散。

1. 湿扩散

种子干燥过程中,表面水分蒸发,破坏了种子水分平衡,使其表面含水率小于内部含水率,形成了湿度梯度,而引起水分向含水率低的方向移动,这种现象称为湿扩散。

2. 热扩散

种子受热后,表面温度高于内部温度,形成温度梯度。由于存在温度梯度,水分随热源方向由高温处移向低温处,这种现象称为热扩散。

当温度梯度与湿度梯度方向一致时,种子中水分热扩散与湿扩散方向一致,加速种子干燥而不影响干燥效果和质量；当温度梯度和湿度梯度方向相反时，种子中水分热扩散和湿扩散也以相反方向移动，影响干燥速度。由于加热温度较低，种子体积较小，对水分向外移动影响不大，如果温度较高，热扩散比湿扩散进行得强烈时，往往种子内部水分向外移动的速度低于种子表面水分蒸发的速度，从而影响干燥质量。严重的情况下，种子内部的水分不但不能扩散到种子表面，反而把水分往内迁移，形成种子表面裂纹等现象。

就种子干燥而言，当出现内部扩散速度小于外部蒸发速度时，为使内部扩散速度与外部蒸发速度相协调，常采用以下措施：第一，适当降低外部蒸发速度。可采取降低干燥介质的温度或减少通过种子的干燥介质流量的方法。第二，暂时停止干燥，并将种子堆放起来，使种子内部的水分逐渐向外扩散，一段时间后，种子内外水分含量均匀一致，该过程称缓苏过程，简称缓苏。实践证明，缓苏时间在 40 min 到 4 h 之间可使缓苏达到预期效果，经缓苏后，即使不再继续加热，只送入外界空气加以冷却，也可使种子含水量继续降低 0.5%～1%。

二、影响种子干燥的因素

(一)相对湿度

在温度不变条件下，干燥环境中的相对湿度决定了种子的干燥速度和降水量，如空气的相对湿度小，对含水量一定的种子，其干燥的推动力大，干燥速度和降水量大；反之则小。同时空气的相对湿度也决定了干燥后种子的最终含水量。

(二)温度

温度是影响种子干燥的主要因素之一。干燥环境的温度高，一方面具有降低空气相对湿度、增加持水能力的作用；另一方面能使种子水分迅速蒸发。在相对湿度相同的情况下，温度高时干燥的潜在能力大。在一个气温较高、相对湿度较大的天气，对种子进行干燥，要比同样湿度但气温较低的天气进行干燥，有较高的干燥潜在能力。所以应尽量避免在气温较低的情况下对种子进行干燥。

(三)气流速度

种子干燥过程中，吸附于种子表面的浮游状气膜层阻止种子表面水分的蒸发，所以必须用流动的空气将其逐走，使种子表面水分继续蒸发。增大干燥介质的流速能使干燥过程强化，但当流速增大到一定数值后，其影响相对地减小。当种子水分含量较高时，在相同的干燥时间内，空气流速大则种子干燥速度较快；当干燥过程进入降速阶段后，内部扩散速度控制干燥过程，此时空气流速的增加对干燥过程的影响不明显。此外，空气流速过高，会加大风机功率和热能的损耗。所以在提高气流速度的同时，要考虑热能的充分利用和风机功率保持在合理的范围，减少种子的干燥成本。

(四)种子本身生理状态和化学成分

1. 种子生理状态对干燥的影响

刚收获的种子含水量较高、新陈代谢旺盛，进行干燥时宜缓慢，或先低温后高温进行两次干燥。如果采用高温快速一次干燥，反而会破坏种子内的毛细管结构，引起种子表面硬化，内部水分不能通过毛细管向外蒸发。在这种情况下，种子持续处在高温中，会使种子体积膨胀或胚乳变为松软，丧失种子生活力。

2. 种子的化学成分对干燥的影响

种子的化学成分不同,其组织结构差异很大,水分与干物质的结合及其吸湿和散湿性能不同,因而其干燥特性及干燥时间也会有差别,干燥时应区别对待。

粉质种子:以水稻、小麦(软粒)种子为例,这些种子胚乳由淀粉组成,组织结构较疏松,子粒内毛细管粗大,传湿力较强,因此容易干燥。可以采用较快的干燥条件,干燥效果也较明显。

蛋白质种子:以大豆、菜豆种子为例,这类种子的肥厚子叶中含有大量的蛋白质,其组织结构较致密,毛细管较细,传湿力较弱。然而这类种子的种皮却很疏松易失水。如果放在高温、快速的条件下进行干燥,子叶内的水分蒸发缓慢,种皮内的水分蒸发很快,很易使种皮破裂,给贮藏工作带来困难。而且在高温条件下,蛋白质容易变性降低亲水性,影响种子生活力。因此必须采用低温慢速的条件进行干燥。生产上干燥大豆种子往往带荚曝晒,当种子充分干燥后再脱粒。

油质种子:以油菜种子为例,这类种子的子叶中含有大量的脂肪,为不亲水性物质,其余大部分为蛋白质。相对地讲,这类种子的水分比上述两类种子容易散发,并且有很好的生理耐热性,因此可用相对较高的温度进行干燥。在曝晒时,考虑到油菜子粒小,种皮松脆易破,可采用带荚干燥或子粒与荚壳混晒的方法,减少翻动次数,既能防止种子破损,又能起到促进干燥的效果。

除生理状态和化学成分外,种子子粒大小不同,吸热量也不一致,大粒种子需热量多,小粒则少。

种子的干燥条件中,温度、相对湿度和气流速度之间存在着一定关系。温度越高,相对湿度越低,气流速度越高,则干燥效果越好;在相反的情况下,干燥效果就差。应当指出,种子干燥时,必须确保种子的生命力,否则即使种子能达到干燥效果,也失去了种子干燥的意义。

三、种子干燥过程

种子干燥过程可分为 4 个阶段,即预热阶段、恒速干燥阶段、降速干燥阶段及冷却阶段。

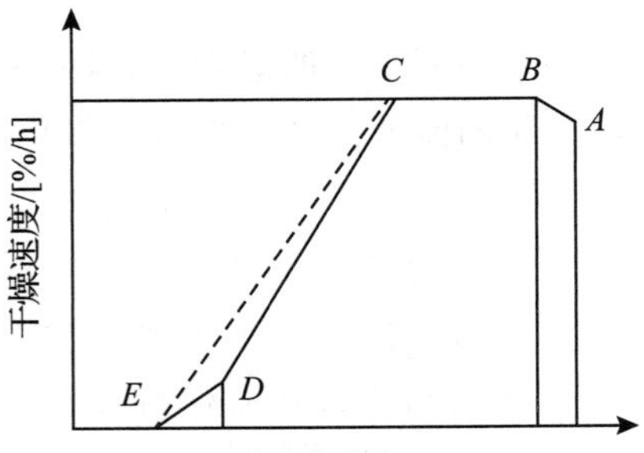

图 4-1 干燥速度曲线

(孙庆泉,2001)

(一)预热阶段

种子一开始受热,温度呈线性上升,而种子的水分含量还没有下降或降低很少,这个短时间称为种子的预热阶段。如图 4-1 中的 *AB* 线段所示。在这个阶段,干燥介质供给种子的热量主要用来提高种子的温度,只有部分热量使水分蒸发。预热阶段的长短取决于种子的初始温度、一次干燥种子的数量及干燥条件(如干燥介质的温度、流速等)。随着种子温度的提高,种子表面的水蒸气压不断增大,使干燥速度加快。当干燥介质供给种子的热量正好等于水分蒸发所需的热量时,谷物温度不再升高,干燥速度也不再变化,此时干燥过程进入恒速干燥阶段。

(二)恒速干燥阶段

如图 4-1 中的 *BC* 线段所示。在这个阶段,种子从内部扩散到表面的水分大于或等于从表面蒸发的水分,在此过程中,由于种子表面始终保持湿润,从种子表面蒸发水分就像在水面蒸发一样。在恒速干燥阶段，种子表面水蒸气分压处于与种子温度相适应的饱和状态，所有传给种子的热量都用于水分的汽化，种子温度保持不变，甚至略有下降。种子干燥速度达到了最大值，且保持不变。

（三）降速干燥阶段

随着干燥过程的进行，种子的水分含量逐渐下降，不同干燥部位种子水分含量有所不同。当某一部位的种子水分含量降低到平衡水分含量之后，其表面的水蒸气压将下降，使种子表面与干燥介质之间的水蒸气压之差减小，从而使种子的平均干燥速度减慢，于是干燥过程进入降速干燥阶段。如图 4-1 中的 *CDE* 线段所示。在这一阶段中，干燥速度逐渐下降，而种子的温度则逐渐上升。为了消除种子内、外部之间的热应力，减少爆腰损失，需停止供热使种子保湿（数小时），该过程即为缓苏阶段。

图 4-1 中恒速干燥阶段与降速干燥阶段的交点 *C* 称为第一临界点，与该点对应的种子平均含水量称为第一临界含水量。当第一临界点出现时，由于不同干燥部位种子含水量不均匀，有的部位水分含量达到了平衡水分含量，有的部位高于平衡水分含量，因此，第一临界含水量将大于平衡水分含量。在干燥过程中，不同位置的种子含水量越不均匀，种子表面和内部的含水量相差就越大，第一临界含水量和平衡水分含量之差也就越大。

第一临界点出现的迟早不仅与种子的平衡水分含量有关，也与种子的形状及大小、种子厚度、干燥介质的状况和数量有关。水分从种子内部扩散到种子表面的扩散速度越大（如子粒较薄或较小的作物种子），水分从种子表面蒸发到干燥介质中的速度越慢（如干燥介质的温度较低、相对湿度较大、干燥介质流速较小），此时种子内部与表面的含水量差将减小，第一临界含水量从而减小（但不会小于平衡水分含量）；反之，若增大干燥速度，即提高干燥介质的温度及流速，则会使种子表面水分蒸发速度提高，从而使第一临界点提前出现。

在种子干燥过程中，一般是种子内部的含水量比种子表面的含水量高，也就是说，当种子的表面已达到平衡水分含量时，其内部的含水量却还比平衡水分含量高。当种子表面达到平衡水分含量时，种子表面蒸发水分的现象已经终止，此时便出现了干燥过程的第二临界点，如图 4-1 中的 *D* 点所示。此后，种子水分的蒸发更加困难，干燥速度进一步下降。当种子各部分的含水量都达到平衡水分含量后，干燥速度等于零，种子的温度被提高到干燥介质的温度。

降速干燥阶段的干燥速度取决于种子内部水分向外扩散的速度。种子的化学组成和结构不同，种子内部水分的扩散速度不同，降速干燥阶段曲线的形状及第二临界点的位置也有所不同。

（四）冷却阶段

冷却阶段是对干燥后的种子进行通风冷却，使种子温度下降到常温或较低温度。该阶段的种子含水量基本上不再变化，干燥速度降到基本等于零。

就温度而言，在预热阶段中，种子温度由于干燥介质的作用急剧上升，达到种子表面水分大量汽化的程度；随后进入恒速干燥阶段，种子表面水分由于大量汽化，则温度有所下降；在降速干燥阶段，由于汽化逐渐减少，使水分汽化消耗的热量减少，剩余的热量促进种子本身的温度升高，种子与介质的温差逐渐变小，直到干燥速度等于零。汽化停止时，种子的温度就接近干燥介质的温度。当种子温度与介质温度相等或接近时，种子干燥完毕。因此，温度控制器也是一种很好的含水量控制器。

第三节 种子干燥方法

种子干燥有自然干燥、机械通风干燥、加热干燥、干燥剂干燥及冷冻干燥等方法。

一、自然干燥

自然干燥就是利用日光、风等自然条件，或稍加一点儿人工条件，使种子的含水量降低，达到或接近种子安全贮藏水分标准。广义的自然干燥是指一切非机械的干燥，分为晒干(即日光干燥)和阴干。一般情况下，水稻、小麦、高粱、大豆等作物种子采取自然干燥可以达到安全水分。玉米种子完全依靠自然干燥往往达不到安全水分，可以作为机械烘干的补充措施。自然干燥可以降低能源消耗，防止种子未烘干前受冻而降低发芽率；可以加快种子降水速度，促进种子早日收贮入库，同时也降低种子的加工成本。

(一)自然干燥的原理

自然干燥是目前我国普遍采用的节约能源、廉价安全的种子干燥方法。晒干干燥原理是种子在日光下晾晒中，种子内的水分向两个方向转移：一方面，水分受热蒸发向上，散发于空气中；另一方面，由于表层种子受热较多，温度较高，而底层则受热较少，温度较低，因而在种子层中产生了温度陡差。根据湿热扩散定律，水分在干燥物体中沿着热流的方向移动，因此在日晒干燥时，种子中的水分也由表层向底层移动，因而造成表层与底层种子含水量在同一时间内相差3%～5%。为了防止上层干、底层湿的现象，在晾晒时种子摊的厚度不可过厚，一般可摊铺5～20 cm厚。大粒种子可摊铺15～20 cm厚；中粒种子可摊铺10～15 cm厚；小粒种子可摊铺5～10 cm厚。如果阳光充足，风力较大时还可以厚些。种子干燥降水速度与空气温度、空气相对湿度、种子形态结构和铺垫物有关。另外晒种子最好摊成波浪形，形成种子垄，增加种子层的表面积，这样晒种比平摊降水快，此外在晒种时应经常翻动，使上下层干燥均匀。但应注意，在南方炎夏高温天气，中午或下午水泥晒场或柏油场地晒种时，因表面温度太高，易伤害种子。

阴干干燥法是将种子置于阴凉通风处，使种子慢慢失去水分，从而达到干燥种子的目的。有的种子要求有较高的安全水分(如树木中的栎类、板栗、油茶、油桐等种子)，如果干燥过度或很快脱水，则容易丧失生命力；有的种子种皮薄、粒小、成熟后代谢作用仍旺盛(如杨、柳、榆、桑、桦、杜仲等树木种子)；以及经过水洗从肉质果中取出的种子和大多数中草药种子，以上这些种子都需阴干。

(二)自然干燥的方法

自然干燥分脱粒前和脱粒后自然干燥，干燥方法也不相同。

1. 种子脱粒前的干燥

脱粒前的种子干燥可以在田间进行，也可在场院、晾晒棚、晒架、挂藏室等处，利用日光曝晒或自然风干等办法降低种子的含水量。田间晾晒的优点是场地宽广，处理得当会使穗或谷穗植株等充分受到日光和流动空气(风)的作用降低水分。如玉米种子的果穗在收割前可采用“站秆扒皮”方法晾晒；高粱收割后可用刀削下穗头晒在高粱秆垛码上面；小麦、水稻可捆紧竖起，穗向上堆放晒干；大豆可在收割时放成小铺子晾晒。这些方法主要是利用成熟到收获这段较短的时间，使种子水分降低到一定程度。对一些暂时不能脱粒或数量较少又无人工干燥条件的种子，可采用搭晾晒棚、挂藏室、搭晾晒架等方法，将植株捆成捆挂起来，玉米穗制成吊子挂起来。实践中总结出来的最好的自然降水法是高茬晾晒。高茬晾晒即在收割玉米秸时留茬高 50 cm 左右，将需晾晒的玉米果穗扒皮拴成挂，挂在玉米秸茬子上，每株玉米秸茬挂 6～10 个玉米果穗。

目前，甘肃玉米制种基地利用河西走廊光照充足、降雨量小、气候干燥、空气流动快，戈壁荒滩干燥多风、地表温度高、疏松干燥、透气性好、水分蒸发快的气候特点，在闲置的戈壁滩建设专用晾晒场，采用玉米果穗集中自然晾晒的方法。将收购的玉米鲜穗按 8～10 cm 的厚度(2～3 层果穗)摊铺在自然晾晒场，上部果穗通过太阳照射和空气流动蒸发水分，下部果穗通过较高的地温和疏松透气的地表吸附水分，可使鲜穗在自然条件下安全脱水干燥，完全免受冻灾危害(王多成，2012)。

2. 脱粒后的自然干燥

脱粒后的自然干燥就是子粒的自然晾晒，这种方法古老简单，日光中紫外线有杀菌作用，此外晾种还可以促进种子的成熟、提高发芽率。晾晒种子是在晴天有太阳光时将种子堆放在晒场(场院)上。晒场四周通风情况，对晾晒种子降低水分的效果有很大差别。晒场常见的有土晒场和水泥晒场两种，水泥晒场由于场面较干燥和场面温度易于升高，晒种的速度快，容易清理，晾晒效果优于土晒场。水泥晒场面积一般根据本单位晒种子数量大小而定，晒种子经验数值是 1 t/15 m^2。水泥晒场一般可按一定距离(面积)，中间修成鱼脊形，中间高两边低，晒场四周应设排水沟，以免积存雨水影响晒种。

(三)自然干燥的应用

在我国北方秋冬干燥季节，大气相对湿度很低，一般在 50%以下。由于刚收获的种子水分在 25%以上，其平衡相对湿度大大高于野外空气的相对湿度，种子水分就会不断向外扩散失水而达到干燥的目的。但这种干燥方法的干燥时间较长，受外界大气湿度、温度和风速等因素的影响，还要防止秋、冬寒潮的冻害。这种自然干燥方法在南方潮湿地区难以应用。

二、机械通风干燥

(一)通风干燥的目的

对新收获的较高水分种子，因遇到天气阴雨或没有热空气干燥机械时，可利用送风机将外界凉冷的干燥空气吹入种子堆中，把种子堆间隙的水汽和呼吸热量带走。不断吹走水汽和热量，避免热量积聚导致种子发热变质，达到使种子变干和降温的目的。这是一种暂时防止潮湿种子发热变质，抑制微生物生长的干燥方法。

(二)种子通风干燥条件

通风干燥是利用外界的空气作为干燥介质，因此，种子水分降低的程度受外界空气相对湿度影响。一般只有当外界相对湿度低于 70%时，采用通风干燥才是经济和有效的方法。但在南方潮湿地区或北方雨天，因为外界大气湿度不可能很低，因而不可能将种子水分降低到当时大气相对湿度的平衡水分。当种子的持水力与空气的吸水力达到平衡时，种子既不向空气中散发水分，也不从空气中吸收水分(表 4-2)。此外，达到平衡的相对湿度随种子水分的减少而变低。因此，当种子水分是 15%时，温度为 4.5 ℃，空气的相对湿度必须低于 68%，才能进行干燥。

表 4-2 不同水分的种子在不同温度下的平衡相对湿度

(毕辛华,1993)

温度/℃	种子水分含量/%					
	17	16	15	14	13	12
4.5	78	73	68	61	54	47
15.5	83	79	74	68	61	53
25	85	81	77	71	65	58

从种子水分与空气相对湿度的平衡关系,可以说明自然风干燥必须辅之以人工加热的原因。所以,当采用自然风干燥,使种子水分下降到15%左右时可以暂停鼓风,等空气相对湿度低于70%时再鼓风,使种子得到进一步干燥。70%相对湿度是在通风干燥的常用温度下与水分为15%的种子达到平衡水分时的相对湿度。如果相对湿度超过70%时,开动鼓风不仅起不到干燥作用,反而会使种子从空气中吸收水分。所以,这种方法只能用于刚采收潮湿种子的暂时安全保存的通风干燥。

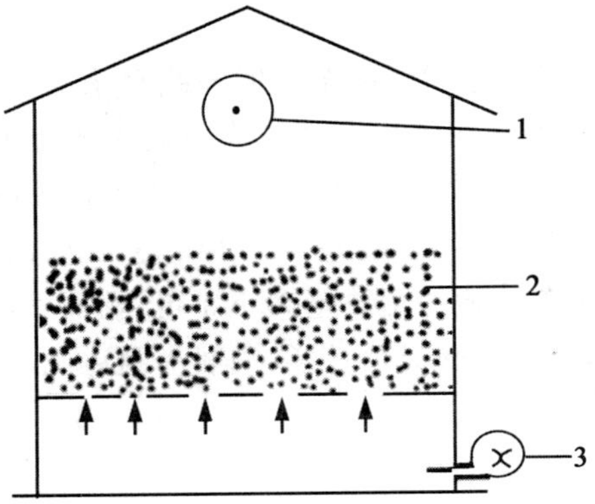

1. 排风口 2. 种子 3. 鼓风机

图 4-2 自然风干燥法

(三)种子通风干燥的方法

这种干燥方法较为简便,只要有一个鼓风机就能进行通风干燥工作(图 4-2)。

据研究实际经验推荐,通风干燥时,可按种子水分的不同,分别采用表 4-3 的最低空气流速。

表 4-3 各类种子常温通风干燥作业的推荐工作参数

(毕辛华,1993)

推荐通风干燥工作参数		种子堆最大厚度/m	在上述厚度时所需的最低风量/[$m^3/(m^3 \cdot min)$]	机械常温通风将种子干燥至安全水分时空气的最大允许相对湿度/%
稻谷干燥前水分	25%	1.2	3.24	60
	20%	1.8	2.40	
	18%	2.4	1.62	
	16%	3.0	0.78	
小麦干燥前水分	20%	1.2	2.40	60
	18%	1.8	1.62	
	16%	2.4	0.78	
高粱干燥前水分	25%	1.2	—	60
	20%	1.2	3.24	
	18%	1.8	2.40	
	16%	2.4	1.62	
大麦干燥前水分	20%	1.2	2.40	60
	18%	1.8	1.62	
	16%	2.4	0.78	

一般认为，空气流速大于 9 m^3/min 时，只会增加电力消耗而不能增加种子干燥速度，因此是不经济的，因为种子层厚度对空气流速会有阻力。因此通风干燥效果还与种子堆高度和进入种子堆的风量有关。种子堆高度低，进风量大，干燥效果明显，种子干燥速度也快；反之则慢。

三、加热干燥

加热干燥是一种利用加热空气作为干燥介质（干燥空气）直接通过种子层，使种子水分汽化跑掉，从而干燥种子的方法。在温暖潮湿的热带、亚热带地区，特别是大规模种子生产单位或长期贮藏的蔬菜种子，需利用加热干燥方法。根据种子与干燥介质热量传递方式的不同，种子加热干燥方法可以分为对流干燥法、传导干燥法、辐射干燥法，如果把上述干燥方法中的几种结合在一起，则称为组合干燥法。

（一）对流干燥

对流干燥是一种利用对流原理，将经过加热的干燥介质（干燥空气）流过种子表面，从而加速种子干燥的方法。此时，干燥介质不但以对流方式将热量传递给待干燥的种子，起载热体的作用，而且还要把从种子中蒸发出来的水蒸气及时带走，又起着载湿体的作用。加热对流干燥速度比自然通风干燥速度快，是目前种子干燥的主要方法。根据种子的运动方式，加热对流干燥可分为以下几种类型。

1. 种子固定床式

种子固定床式的最基本特点是种子层静止不动，干燥介质做相对运动，种子烘干后一次卸出。种子堆放在干燥仓内，干燥介质从种子层的下部或上下交替穿过，或从种子层中间沿径向穿过，带走种子的水分的干燥方法，分别称为单向通风干燥法、换向通风干燥法、径向通风干燥法。干燥仓可同时作为通风仓、降温仓和贮存仓。干燥所消耗能源主要有煤、燃气、木材及太阳能。

种子静止（无搅拌装置）的固定床式干燥机烘干种子是分层的，下部先干燥，逐层向上推进，形成厚度不大的烘干区域，烘干区域通常为 200～400 mm。这种干燥法所用机具结构简单，使用成本低，但干燥时种子颗粒间彼此的接触点不变，与气流接触的有效面积小，干燥速度慢，干燥不均匀。为提高固定床式干燥机的干燥性能，通常需配置搅拌装置。

2. 种子移动床式

种子与干燥介质接触后实现湿热交换，同时靠重力或机械方法自上而下流动，以增加与介质的接触面积，因而干燥较为均匀。图 4-3 是种子移动床式干燥示意图，图 4-3a 气流通过百叶窗进入种子层，种子下落时，由于有百叶窗板，能产生交错位移。图 4-3b 中的气流由筛网进入种子层，种子在由筛网围成的柱体中下落，中间有换向板，使里、外层交换。图 4-3c、d 中种子由筛网进入干燥机，气流从盒式进气管进入后，穿过种子层，由盒式排气管排出。由于盒式进气管、排气管交错排列，使种子下落过程中不断混合并变更相互位置。

在种子移动床式干燥中，根据气流与种子的相对运动方式不同，对流干燥又可分为横流式、逆流式和并流式 3 种（图 4-4）。

横流式是指种子流向与气流运动方向互相垂直，也称错流式。该方式干燥后的种子水分含量不匀，靠近气流入口的种子水分降低多，而靠近气流出口的种子则水分降低少。横流循环

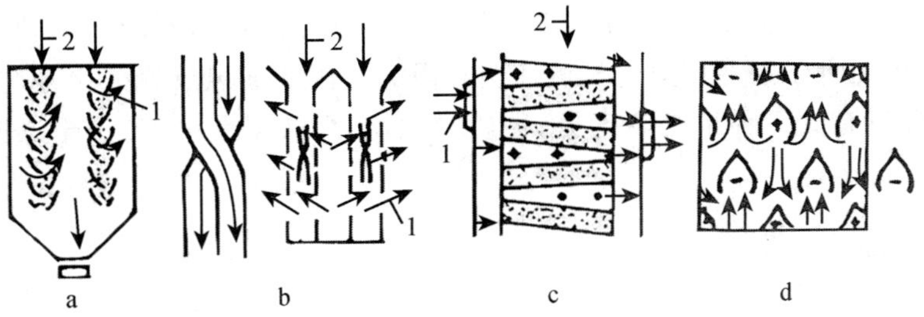

1. 干燥介质 2. 物料流向

a. 百叶窗式 b. 筛网式 c. 盒形管式(纵剖面) d. 盒形管式(横剖面)

图 4-3 种子移动床式干燥

(孙庆泉,2001)

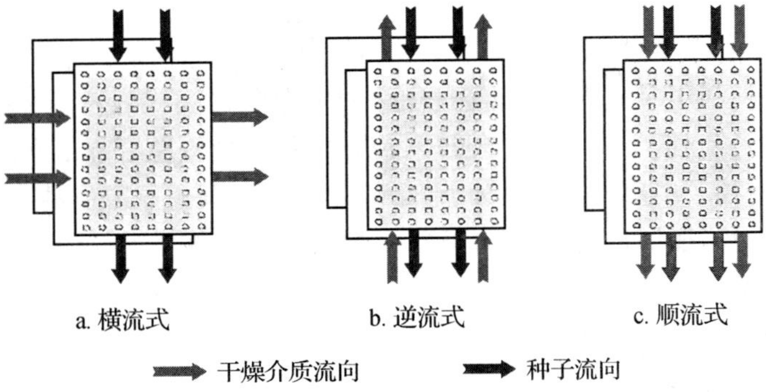

图 4-4 种子移动床式干燥

种子干燥机常采用缓苏烘干法干燥种子。缓苏烘干就是热空气(38～48 ℃)短时间内通过一部分谷层,干燥种壳部分的水分,然后将干后种子短时间贮存,再将缓苏后的种子加热干燥,如此反复进行,直到种子水分含量达到要求为止的干燥方法。干燥时间与贮存时间的比例一般为 1∶10 左右。由于种子在较低的热风温度下缓慢进行水分蒸发,爆腰率小,发芽率基本不受影响。

逆流式是指种子流向与气流运动方向相反。用这种方式干燥种子,最热的气流遇到的是较干的种子。如果种子层不移动,最下层的种子最先达到平衡水分,并逐渐向上扩展;如果种子层移动,干燥不匀的问题可以得到改善。这种方式气流的出口温度不高,应注意废气结露的问题。

并流式是指种子流向与气流运动方向相同,也称顺流式。此时,最热的气流遇到的是最潮湿和温度最低的种子,因此气流温度下降很快,种子水分快速蒸发,但温度却升高不多。种子过了初始干燥区后,便进入缓慢干燥区,温度逐渐升高并继续干燥,气流的相对湿度较高,种子通过这一干燥区时,对种子有缓苏作用,即在不加温的情况下,种子内部的水分向表面扩散,达到种子内、外水分含量均匀一致。此外,此方式最干的种子所在区的气流温度不高,种子不会出现爆腰和热损伤。

3. 种子流化床式

所谓流化是指种子颗粒被气流吹起呈悬浮状态,种粒相互分离并做上下前后运动。流化干燥就是在干燥介质作用下使种子处于流化状态进行干燥,图 4-5 为种子流化床式干燥示意图。气流以一定的速度通过种子层，使种子吹起并悬浮在气流中激烈翻动、纵向沸腾，在向出料口移动过程中得到干燥。该方式的特点是种子与干燥介质接触面积较大，传热效果好，温度分布均匀，干燥速度快，停留时间短，不易使种子过热，但必须在出机后进行缓苏，且不宜干燥初始含水率低的种子。

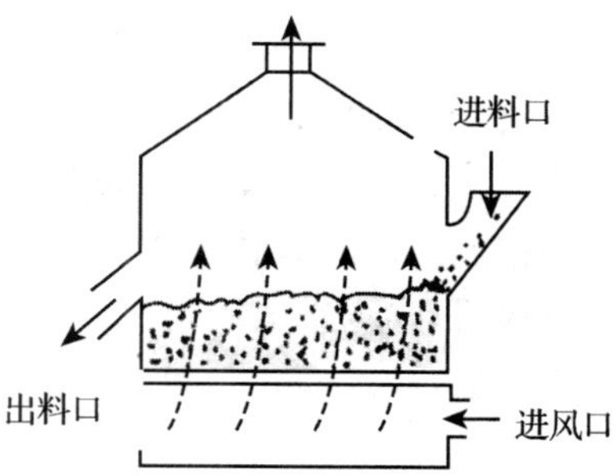

图 4-5 种子流化床式干燥

（孙庆泉，2001）

4. 种子循环式

为了强化干燥过程并提高干燥均匀性，可使种子在干燥时进行循环流动（图 4-6）。在干燥机中，已干燥的种子经扫仓螺旋推运器和下螺旋推运器送到升运仓内，与上部潮湿的种子混合。如此不断循环，直到全仓种子都被干燥到规定的水分含量后，再全部卸出。这种干燥方法可使水分含量不同的种子彼此间也发生湿热交换，从而加快干燥速度，但该装置比较复杂，能耗也较大。

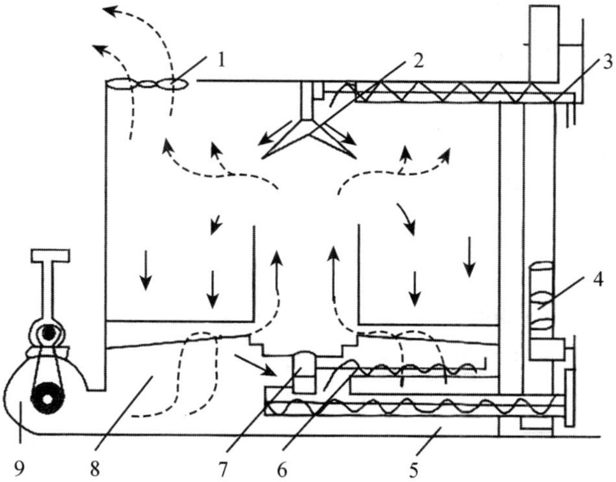

1. 排风机 2. 均分器 3. 上螺旋推运器 4. 升运器 5. 下螺旋推运器

6. 扫仓螺旋推运器 7. 箱体 8. 通风仓板 9. 风机

图 4-6 种子循环式干燥

（孙庆泉，2001）

在加热干燥时，对（空气）介质进行加温，以降低介质的相对湿度，提高介质的持水能力，并使介质作为载热体向种粒提供蒸发水分所需的热量。根据加温程度和作业快慢可分为：

（1）低温慢速干燥法 所用的气流温度一般仅高于大气温度 8 ℃以下，采用较低的气流流量，一般 1 m^3 种子可采用 6 m^3/min 以下气流量。干燥时间较长，多用于仓内干燥。

（2）高温快速干燥法 用较高的温度和较大的气流量对种子进行干燥。可分为加热气体对静止种子层干燥和对移动的种子层干燥两种。

气流对静止种子层干燥，种子静止不动，加热气体通过静止的种子层以对流方式进行干燥，用这种方法加热气体温度不宜太高。根据干燥机类型、种子原始水分和不同干燥季节，温度一般可高于大气温度 11～25 ℃，但加热的气流最高温度不宜超过 43 ℃。属于这种型式的干燥设备有袋式干燥机、箱式干燥机及目前常用的热气流烘干室等。

加热气体对移动种子层干燥，在干燥过程中为了使种子能均匀受热，提高生产率和节约燃料，种子在干燥机中移动连续作业。潮湿种子不断加入干燥机，经干燥后又连续排出，所以这种方法又称为连续干燥。根据加热气流流动方向与种子移动方向配合，分顺流式干燥、对流式干燥和错流式干燥 3 种型式，属于这种型式的烘干设备有滚筒式干燥机、百叶窗式干燥机、风槽式干燥机、输送带式干燥机。这些干燥机气体温度较高。各种干燥设备结构不同，对温度要求也不一致，如风槽式干燥机在干燥含水量低于 20%的种子时，一般加热气体的温度以 43～60 ℃为宜，这时种子出机温度在 38～40 ℃之间，如果种子含水量高，应采用几次干燥。

(二)利用传导和辐射的加热干燥

1. 传导干燥法

传导干燥法也称为接触干燥法，是指种子水分汽化所需的热量，是从与种子直接接触的热表面得到的。为了保证种子干燥质量，干燥时热表面的温度不能过高，否则种子容易失去发芽能力；但若温度太低，又会影响干燥速度。当种子层很薄或种子很潮湿时，则采用传导干燥较为适宜。例如，在热炕上烘干种子，在蒸汽式烘干机中种子边运动边与蒸汽管接触而被烘干均属于此法。但这种方法的缺点是干燥慢而不均匀，温湿度不易控制，成本较高。

2. 红外线辐射干燥

红外线是一种电磁波，在波谱中占有较宽的波段，介于可见光和微波之间，波长为 0.76～100 μm。红外线按电磁波长可分为近红外线、中红外线和远红外线 3 种，目前还没有统一的划分标准，如按吸收光谱的方法来区分，一般将波长为 0.76～1.5 μm 的称为近红外线，波长为 1.5～5.6 μm 的称为中红外线，波长为 5.6～100 μm 的称为远红外线。

从物质的结构看，分子内部的原子是以若干化学键相连接的；而用力学的观点来分析，分子是由具有质量的原子和使这些原子相互结合起来的结合键所构成的。这些原子都以一定的固有频率运动着，当分子受到红外线辐射时，如果红外线的振动频率与原子固有的运动频率相等时，就会发生与共振运动相似的情况，使分子运动加剧，由一个能级跃迁到另一个能级，而使被照射物体升温加热。又由于水分子在远红外线区有较宽的吸收带，所以红外线将其电磁能量传给与辐射源没有直接接触的种子，从而使种子中的水分运动加剧，升温蒸发，达到干燥种子的目的。

红外线辐射干燥种子的方法具有升温快、质量高、投资少和易控制等优点。红外线有一定的穿透能力(透热深度约等于波长)，当种子被红外线照射时，其表面及内部同时加热，此时由于种子表面的水分不断蒸发而使种子表面温度降低，所以种子内部温度比表面温度要高，种子水分的热扩散方向是由内向外。另外，种子在干燥过程中，水分的湿扩散方向总是由内向外的。因此，当种子接受红外辐射时，种子内部水分的湿扩散和热扩散方向一致，加速了水分的汽化，提高了种子的干燥速度。用远红外线干燥种子，只要温度控制适当(种温低于 45 ℃)，不会影响种子的质量。此外，红外线还具有杀虫、灭菌的作用，可以防止种子霉变和虫蛀。

3. 微波干燥

微波与无线电波、红外线、可见光等同属于电磁波，它们之间的区别在于频率不同。微波通常是指频率在 300～300 000 MHz 之间的电磁波，低于 300 MHz 的电磁波是通常的无线电波，高于 30 000 MHz 的电磁波依次分别属于红外线、可见光等。微波的波长范围是 1～1 000 mm，由于微波的波长与通常无线电波波长相比极为微小，故称为微波。

一般物质按其导电性质大致可分为两类：第一类是良导体，微波在良导体的表面会产生全反射，极少吸收，所以良导体不能用微波直接加热。第二类是非导体，又可细分为非吸收性介质和吸收性介质两种。非吸收性介质，微波在其表面发生部分反射，其余部分透入介质内部继续传播，但这种内部传播很少被吸收，热效应极微，故非吸收性介质也不适宜于用微波加热。吸收性介质，微波在其中传播时显著地被吸收而产生热，即具有明显的热效应，这类吸收性介质最宜于用微波加热。各种介质对微波的吸收能力各有不同，但水能强烈地吸收微波，含水物质一般都是吸收性介质，可以用微波来加热升温。

当种子置于微波场中时，由于微波以每秒几亿次的高频周期地改变外加电场的方向，使种子中的极性分子——水分子迅速摆动，产生显著的热效应。此热效应使种子温度上升，加速水分汽化而使种子干燥。

在微波干燥过程中，由于种子的表面与周围介质之间发生热交换和湿交换，使种子表面耗掉一部分热，因而种子表面温度的升高慢于种子内部，结果使种子内部的温度高于种子表面的温度，不会造成外焦现象。水分从种子内的中心层移向表面所经过的距离只是接触干燥方法的一半，即水分的移动距离只等于种子本身厚度的一半，故干燥速度较快。用这种方法干燥种子，还会提高种子的发芽率和使种子消毒，但该干燥方法投资大、成本高，故应用不是很广泛。

四、干燥剂干燥

（一）干燥剂干燥法的特点

这是一种将种子与干燥剂按一定比例封入密闭容器内，利用干燥剂的吸湿能力，不断吸收种子扩散出来的水分，使种子变干，直到达到平衡水分为止的干燥方法。其主要特点：①干燥安全。利用干燥剂干燥，只要干燥剂用量比例合理，完全可以人为控制种子干燥的水分程度，确保种子的安全。②人为控制干燥水平。现已完全掌握干燥剂的吸水量，可人为预定干燥后水分水平，然后按不同干燥剂的吸水能力，正确计算种子与干燥剂的比例，以便达到种子干燥水平。③适用少量种子干燥。这种干燥法主要适用少量种质资源和科学研究种子的保存。

（二）干燥剂的种类和性能

当前使用的干燥剂有氯化锂、变色硅胶、氯化钙、活性氧化铝、生石灰和五氧化二磷等。现就常用的几种分述如下。

（1）氯化锂（LiCl）　中性盐类，固体。在冷水中溶解度大，可达45%的质量分数。吸湿能力很强。化学性质稳定性好，一般不分解、不蒸发，可回收再生重复使用，对人体无毒害。氯化锂一般用于大规模除湿机装置，将其微粒保持与气流充分接触来干燥空气，每小时可输送17 000 m^3 以上的干燥空气。可使干燥室内相对湿度最低降到30%以下，能达到低温低湿干燥的要求。

（2）变色硅胶（$SiO_2 \cdot nH_2O$）　玻璃状半透明颗粒，无味、无臭、无害、无腐蚀性，不会燃烧。化学性质稳定，不溶解于水，直接接触水便成碎粒不再吸湿。硅胶的吸湿能力随空气相对湿度不同而不同，最大吸湿量可达自身重量的40%（表4-4）。

表 4-4 不同相对湿度条件下硅胶的平衡水分

(毕辛华,1993) %

相对湿度	含水量	相对湿度	含水量
0	0.0	55	31.5
5	2.5	60	33.0
10	5.0	65	34.0
15	7.5	70	35.0
20	10.0	75	36.0
25	12.5	80	37.0
30	15.0	85	38.0
35	18.0	90	39.0
40	22.0	95	39.5
45	26.0	100	40.0
50	28.0		

硅胶吸湿后在 150～200 ℃条件下加热干燥,性能不变仍可重复使用。但烘干温度超过 250 ℃时,破裂并粉碎,丧失吸湿能力。

一般的硅胶不能辨别其是否还有吸湿能力,使用不便。在普通硅胶内掺入氯化锂或氯化钴成为变色硅胶。干燥的变色硅胶呈深蓝色,随着逐渐吸湿而呈粉红色。当相对湿度达到 40%～50%时就会变色。

(3)氯化钙($CaCl_2$) 通常是白色片剂或粉末,吸湿后呈疏松多孔的块状或粉末。吸湿性能基本上与氧化钙相同或稍稍超过。

(4)生石灰(CaO) 通常是固体,吸湿后分解成粉末状的氢氧化钙,失去吸湿作用。但是生石灰价廉,容易取材,吸湿能力较硅胶强。生石灰的吸湿能力因品质不同而不同,使用时需要注意。

(5)五氧化二磷(P_2O_5) 是一种白色粉末,吸湿性能极强,很快潮解。有腐蚀作用。潮解的五氧化二磷通过干燥,蒸发其中的水分,仍可重复使用。

(三)干燥剂的用量和比例

干燥剂的用量因干燥剂种类、保存时间、密封时种子的水分不同而不同。

硅胶的使用量取决于种子的原始水分、数量和需干燥到某相对湿度时的种子平衡水分。例如把水分为 13.5%的小麦 500 g,干燥到 30%相对湿度的平衡含水量(8.5%),需放多少硅胶,可按下列方法计算。

小麦种子需要除去的水分=(种子原始水分－30%相对湿度的种子平均水分)×种子重量
=(13.5%－8.5%)×500=25(g)

需要的硅胶=需要除去的水分÷30%相对湿度每克硅胶吸水量
=25÷0.15=166.7(g)

所以 500 g 小麦种子内需要放约 170 g 硅胶。

五、冷冻干燥

物质从固态直接变成气态称为升华(sublimation)。冬天,晾在室外的湿衣服会结成冰,但冰冻的衣服也会干,这是因为冰升华为水蒸气。冷冻干燥也称冰冻干燥(freeze-dry),这一方法是利用冰升华的原理,使种子在冰点以下的温度产生冻结,然后在这种状况下冰升华以除去水分使种子干燥。在低温状况下除去种子水分时,种子的物理变化与化学变化是很小的,如再给冷冻种子加水,就可以立即复原。因此,利用冷冻干燥法可使种子保持良好的品质。

(一)冷冻干燥的原理

水分的状态分固态、液态和气态三相,图 4-7 是水的三相图。图中 *OA* 线是冰和水的平衡曲线(熔化曲线),在此线上冰、水共存;*OB* 线是水和水蒸气的平衡曲线(蒸发曲线),在此线上水、水蒸气共存;*OC* 线是冰和水蒸气的平衡曲线(升华曲线),在此线上冰、水蒸气共存;*O* 点是冰、水、水蒸气的平衡点(三相点),在这个温度(273.15 K,0.01 ℃)和空气中水蒸气的分压强(611.73 Pa,4.6 mmHg)下,冰、水、水蒸气共存。在平衡曲线 *OC* 以下,对于冰,升高温度或降低压强,都可以打破气固平衡,使整个系统朝冰气化的方向进行。种子中的水可分为游离水和结合水,游离水的性质和一般水一样,结合水的三相点一般低于游离水的三相点。种子的水不管是结合水还是游离水,如果温度和压强在它们各自的升华曲线以上,可以凝结成冰。这些冰,如果在它们各自的升华平衡曲线以下的范围内降低压强或升高温度,则会升华,种子因而干燥。

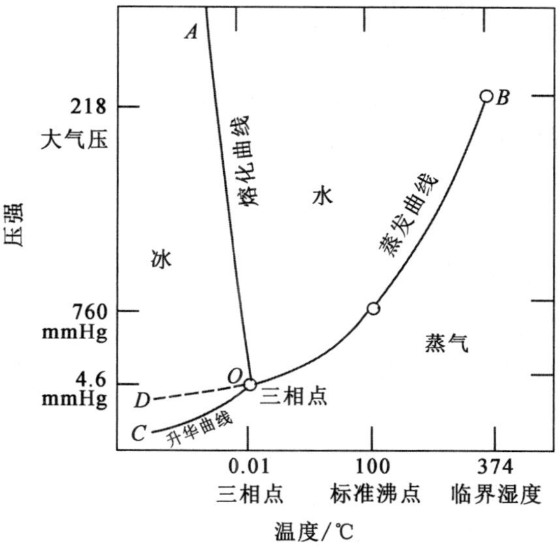

图 4-7　水的三相图

(浙江医药高等专科学校网络课程“药剂学”)

(二)冷冻干燥的设备

冷冻干燥装置因干燥的规模和要求不同,有大型和小型之分,小型冷冻干燥装置由以下几部分构成。

(1)干燥室　为放置种子进行干燥的部分。其下部为一加热器,基部有管道通向真空系统。干燥室通常保持温度为－30～－10 ℃,压力为 133.322 Pa(1 mmHg)左右。也有的在加热器及干燥处之间设置冷冻装置。

(2)真空排气系统　由于冷冻干燥过程中,需保持系统中残留空气压在 1.333 Pa(1×10^{-2} mmHg)左右,故必须有真空泵及排气管路设备。真空泵一般采用油封回转泵较多。

(3)低温集水密封装置　为了捕集冷冻干燥过程所发生的蒸气,需要设置密封的集水装置,一般情况下采用低温的集水密封装置,并需要有－40 ℃以下冷却能力的冷冻机。

(4)附属机器　在冷冻干燥装置的系统中还必须要有真空计、温度计、流量计等有关仪器。

Woodstock 在进行蔬菜种子洋葱、辣椒和欧芹等冷冻干燥时采用了一种更为小型的冷冻干燥机，该机体积为0.17 m^3，内有两个冷冻架，架上可放置数个盘子。冷冻架的温度可控制在−40～50 ℃，箱内压力可降至1.333×10^{-4} Pa(1×10^{-6} mmHg)，温度可由安装在适当位置或伸入盘中种子堆的一系列热电偶来控制。

(三)冷冻干燥的方法

通常有两种方法：一种是常规冷冻干燥法，将种子放在涂有聚四氟乙烯的铝盒内，铝盒体积为254 mm×38 mm×25 mm。然后将置有种子的铝盒放在预冷到−20～−10 ℃的冷冻架上。另一种是快速冷冻干燥法，先将种子放在液态氮中冷冻，再放在盘中，置于−20～−10 ℃的架上，再将箱内压力降至39.997 Pa(0.3 mmHg)左右，然后将架子温度升高到25～30 ℃给种子微微加热，由于压力减小，种子内部的冰通过升华作用慢慢变少。升华作用是一个吸热过程，需要供给少许热量。如果箱内压力维持在冰的水蒸气压以下，则升华的水汽会结冰，并阻碍种子中冰的溶解。随着种子中冰量减少，升华作用也减弱，种子堆的温度逐渐升高到和架子的温度相同。

(四)冷冻干燥的应用

冷冻干燥原理早在19世纪初期已经被提出，但直到20世纪初才得以应用。在种子方面研究冷冻干燥保存较早的是Woodstock，他在1976年报道了采用冷冻干燥改进种子耐藏性的研究，确定了洋葱、辣椒和欧芹种子冷冻干燥的适宜时间，洋葱和欧芹以1 d为宜，辣椒则以2 d为宜。表现出干燥损伤的水分因作物不同而不同，欧芹种子水分为2.4%时就表现出干燥损伤，而洋葱水分为2.1%，辣椒水分为1.3%时，均未表现干燥损伤。试验表明，冷冻干燥对种子贮藏在高温条件下有良好效果，并也可在中温或低温条件下延长贮藏时间。1983年Woodstock等又报道应用冷冻干燥进行长期贮藏，表明冷冻干燥后其长期贮藏性明显提高，尤其对洋葱的干燥效果更好。经冷冻干燥的种子贮藏后，发芽率的下降并不太明显。

第四节　种子加热干燥机械

常用农业种子加热干燥机械主要为堆放分批式干燥设备和连续流动式干燥设备两大类型。

一、堆放分批式干燥设备

堆放分批式干燥的方法是使种子处于静止状态下进行干燥，其设备结构比较简单，可采用砖木结构，从而具有建造容易、热效率高、干燥成本低、操作简单等优点。堆放分批式干燥设备的另一个特点是，玉米穗和粒状种子(如小麦、水稻和其他作物种子等)都能用同一设备进行干燥，所以比连续流动式干燥设备利用率高，常用的堆放式分批干燥设备有简易堆放式干燥设备、斜床堆放式干燥设备、多用途堆放式干燥设备等种类。

斜床堆放式干燥设备是目前国内普遍采用的一种，包括斜床堆放式干燥床、单侧斜床堆放式干燥室、双排列斜床堆放式干燥室等类型。

虽然各种类型斜床堆放式干燥设备的结构各有不同，但其干燥工艺大同小异，所以这里选斜床堆放式干燥床简介如下。斜床堆放式干燥床具有设备投资少、结构简单、建造容易、安全可靠、操作方便、干燥成本低以及易于推广等特点。

(1)结构　这种干燥床的结构主要由间接加热煤炉、连接风道、通风机、排潮风道、种床等组成,其结构如图 4-8 所示。

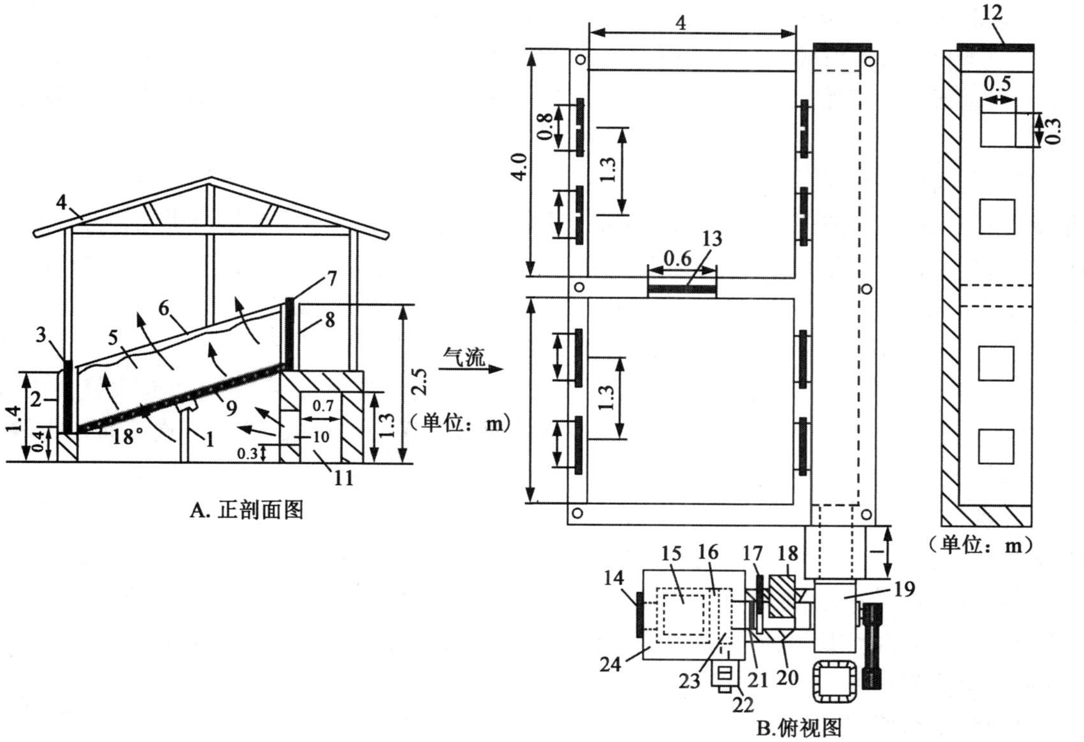

1. 支架　2. 出料口　3. 出料口挡板　4. 棚盖　5. 种层　6. 床壁　7. 进料口挡板　8. 进料口　9. 种床　10. 进风口　11. 扩散风道　12. 扩散风道进门　13. 风门　14. 炉门　15. 炉排　16. 挡墙　17. 热风门　18. 冷风门　19. 离心式通风机　20. 连接风道　21. 滤尘网　22. 烟囱　23. 沉降室　24. 炉体

图 4-8　斜床堆放式种子干燥床结构示意图

(特里斯维亚特斯基)

(2)干燥工艺流程　斜床堆放式种子干燥床的干燥工艺流程比较简单,即由通风机将由燃煤炉加热的热空气和大量冷空气抽进连接风道,混合后吹入扩散风道,并均匀地通过整个种层,对种子进行干燥(图 4-9)。

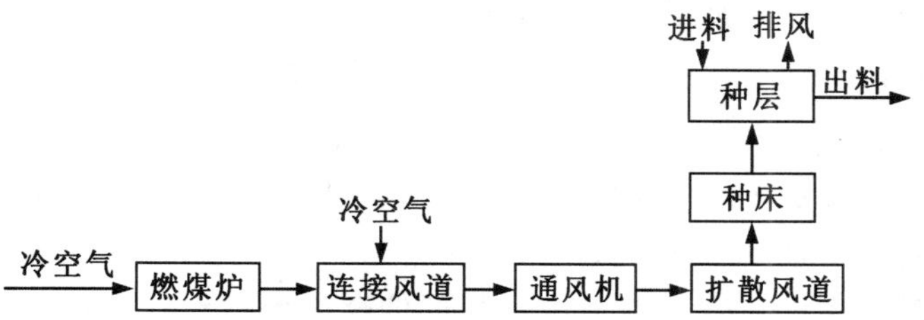

图 4-9　斜床堆放式种子干燥床干燥工艺流程图

目前,实际生产中主要应用的有智能化组装式钢结构玉米果穗干燥生产线,以下对此进行简要介绍。

智能化组装式钢结构玉米果穗干燥生产线是针对玉米果穗的烘干特性而设计的一种模块化、智能化、组装式钢结构烘干系统，配备燃煤热风炉以及智能化控制系统，外形美观且气密性好。每组烘干单室模块化设计，左右对称两个烘干室组成一组，可根据加工需求集成600 t、1 000 t、1 500 t玉米果穗干燥生产线，具有建设周期短，安装方便快捷，烘干品质好的优点，适用于大批量玉米果穗的烘干。配置的智能化控制系统提高了玉米果穗干燥的自动化、信息化程度。

智能化组装式钢结构玉米果穗干燥生产线，如图4-10A、B所示。主要由果穗运输系统（果穗喂料部分、上料皮带输送机、布料系统、出料皮带输送机、集运皮带输送机）、供热系统（锅炉、风机、热风输送系统）、玉米果穗烘干房以及控制系统（计算机控制系统、烘干仓群控制系统）4部分组成，在大型成套加工生产线中可实现果穗烘干、脱粒、精选、计量和包衣包装等流水线成套机组作业（贾莉，2011；李德赟，2017；韦博，2020）。

果穗烘干房整个仓体均由镀锌钢构件组成，仓身外安装有保温层，整个烘仓由燃煤炉、连接风道、通风机、上下两个扩散风道和相互对称的两排干燥分室组成，并配有进出料皮带输送机，其结构如图4-10D所示。两侧烘仓单室对称排列，中间形成的风道被隔板分割成上下两侧风道，并且每层风道上均设有通风门，上下风道之间安装有调压门，以此来进行风向、风量的控制。种床角度为23.5°，大于玉米果穗静止角，保证了玉米果穗卸料顺畅。需要烘干的物料通过填料门进入烘干仓，经过风机加压的空气通过种床上的果穗层，使空气与被干燥玉米果穗间产生温度和相对湿度差，从而加速玉米果穗水分的扩散蒸发。烘干作业结束后物料通过出料门落入出料皮带机上，然后运转至下一加工环节。

果穗烘干房两端各有两个燃烧器和风机，燃烧器、燃烧室和风机组成一个整体的供热室。外部的冷空气由风机通过室外百叶窗吸入燃烧器进行加热，通过换热器进行了热量交换的空气介质进入混风道，由风机送入上层风道，在风机与风道连接的进风口处安装有风门百叶窗，在进风时自动开启，不进风时自动关闭，如图4-10C、D所示。

果穗烘干控制采用"玉米果穗干燥自动控制与信息化管理系统"，实现玉米果穗干燥全过程的自动控制及信息化管理功能。工作时，开动控制系统、热风发生系统，启动果穗喂料部分、上料皮带输送机和分料系统，按烘干技术要求将玉米果穗装入烘干仓群，热风炉产生的高温烟气通过换热器与通风机吸入的冷空气进行热量交换，并通过通风机吹入下扩散风道，进入两侧干燥分室的下部，并向上通过果穗层对种子进行干燥，如图4-11A所示。烘干仓内上风循环和下风循环烘干可逆，可以实现整个物料层均匀的烘干。新鲜玉米果穗的初烘干由下风循环实现，如图4-11A所示，最终的烘干由上风循环实现如图4-11B所示。烘干操作是一个连续的过程，在烘干仓填料后，此烘干仓的填料过程即通过下风循环开启，果穗通过下风循环初烘干后，转换为上风循环进行最终烘干。喂料和出料时，烘干仓必须通过关闭通风门关闭空气系统。烘干过程的监控由安装在物料上面和下面的测温线实现，当烘干仓内空气出口端和空气入口端的温度接近或相同时，烘干过程即完成。

智能化组装式钢结构玉米果穗烘干房及其部件全部由镀锌钢板制作，采用模块化设计。有进料温度传感检测与控制、风量调节、出料等电器控制模块，可以通过模拟屏了解现场设备运行状态，并对现场设备进行操控及平稳启动大功率风机。房顶分料皮带机和布料小车采用计算机控制和光学测距，可实现各烘干仓布料自动控制。通风门、填料门、出料门、调压门均采用电机单独控制，使仓门操控更加方便。同时烘干仓等零部件全部具有通用性，采用机械模块，烘

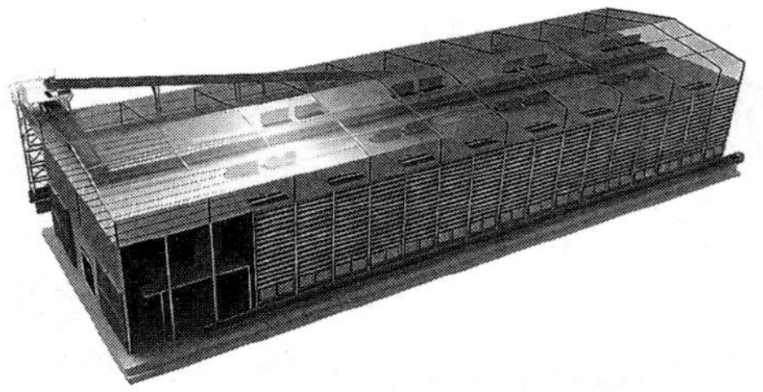

A. 结构图

B. 实物图

C. 供热室结构示意图

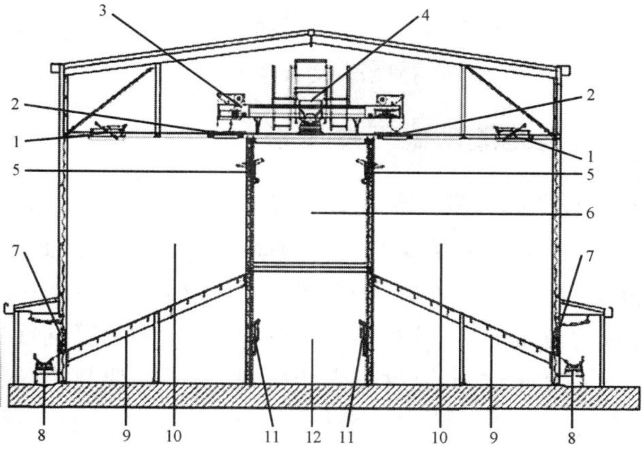

D. 玉米果穗烘干房结构图

1. 排气门　2. 填料门　3. 布料皮带机　4. 喂料皮带门　5. 上通风门　6. 上风道　7. 出料门　8. 出料皮带门　9. 种床　10. 烘干仓　11. 下通风门　12. 下风道

图 4-10　智能化组装式钢结构玉米果穗干燥生产线

（韦博，2020）

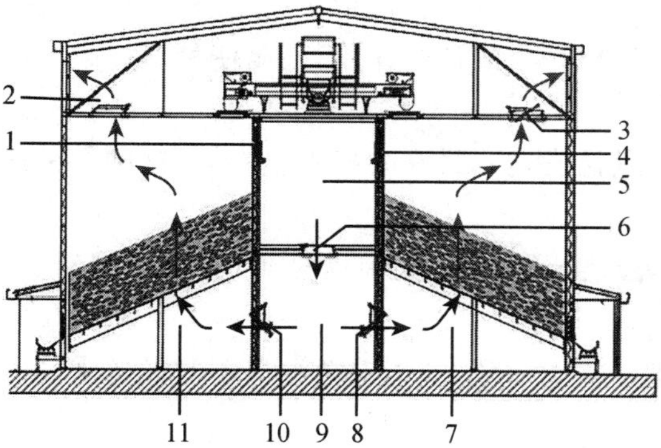

A. 下风循环干燥工艺
1,4. 上通风门　2,3. 排气门　5. 上风道
6. 调压门　7. 烘干仓　8,10. 下通风门
9. 下风道　11. 烘干仓

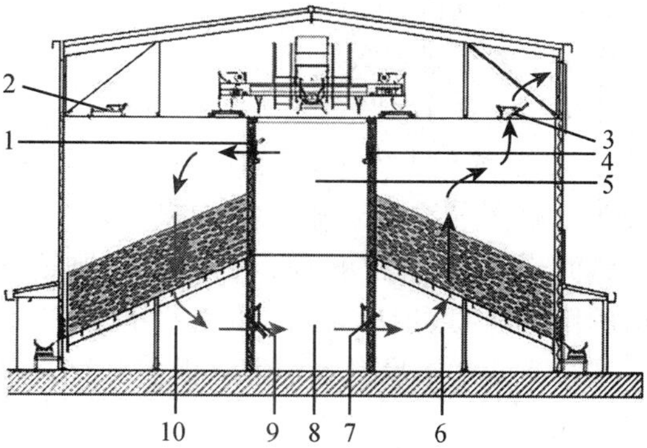

B. 上风循环干燥工艺
1,4. 上通风门　2. 填料门　3. 排气门　5. 上风道
6. 处于下风循环模式的烘干仓　7,9. 下通风门
8. 下风道　10. 处于上风循环模式的烘干仓

图 4-11　智能化组装式钢结构玉米果穗干燥工艺

（韦博，2020）

干仓数量灵活组合，全组装式结构，建设周期短，可靠耐用。使用该生产线制种可省去玉米果穗自然晾晒的中间环节，大大缩短种子的加工周期，使干燥后的种子质量好，同时也避免了玉米果穗在晾晒过程中，因霜雪天气对种子造成的危害，使当年的玉米种子及早上市。

目前，我国研制的这类干燥机主要有5HZD-300型、5HZD-700型、5HZD-1000型、5HZD-1200型、5HZD-1500型固定斜床式玉米果穗干燥机。5HZD-1500型烘干仓容积36 m^3，烘干仓数28个，处理量1 500 t/批（分批式干燥），装穗高度2.5～3 m，装子粒高度≤2.5 m，热风炉热量1 400万cal，热效率82%～85%，烘干降水率（0.2%～0.4%）/h。应用情况表明，在玉米种子果穗含水率为35%的烘干过程中，开始子粒降水很快，当含水率降到17%～18%以后，降水速度减慢。为了节约能源，缩短干燥周期，提高设备生产能力，目前，我国种子加工企业普遍采用二次干燥工艺。先以果穗烘干（18～25 h），种子含水率在16%～18%时，及时进行脱粒，此时脱粒对种胚的损伤最低，然后进行玉米子粒干燥至安全贮藏水分。可节能1/3，并由于缩短了干燥周期，而相对提高设备生产能力50%。

二、连续流动式干燥设备

虽然堆放分批式干燥设备结构简单、用途广、费用低，但生产能力较小，劳动强度比较大，因此对于水稻、小麦或脱粒后的高水分子粒，采用连续流动式干燥设备进行干燥更为合适。在干燥过程中，为了使种子能够均匀受热，提高生产率，种子在干燥机中必须流动，进行连续干燥。高水分的种子不断加入干燥机，经干燥后又连续排出。所以这种干燥方法又称为连续干燥。连续流动式干燥设备生产能力大，干燥质量也比较高，并易与其他加工机械配套成线。目前，常用的连续流动式干燥机有圆仓式循环干燥机、循向通风干燥机、连续式干燥机、通风带式干燥机等种类。

在连续流动干燥机中，加热气体的流动方向与种子移动方向的配合有多种形式，二者以同方向运动的称为顺流式，二者以相反方向运动的称为对流式，二者以垂直方向运动的称为错流式。

顺流式：种子进入干燥机后，就与加热气体接触，随着向出口移动而被加热，含水量降低，而加热气体的温度下降，相对湿度增加。这种干燥方法的缺点是，潮湿的种子一开始就遇到温度较高的加热气体，由于温差大，种子表面的水分很快散发出去，使种子表层与内部水分脱节，会造成由于表层过分失水而干缩化，阻止加热气体对种子的加热作用，甚至使种皮爆裂。但这种方法热能损失小。

对流式：种子进入干燥机后，温度逐渐升高，其温度达到最高时离开干燥机，这种方法从种子受热的角度看较为合理，但热能损失大。

错流式：便于应用不同温度的气体，但是，种子需要在干燥机中反复几次，才能均匀受热。目前所用的连续式干燥机中，多采用错流式。

连续流动式干燥设备的种类很多，但其原理基本上一致，这里选两种典型的设备来说明其工作原理。

（一）循环式干燥机

成批循环式热风干燥机（for-loop batching dry machine）是在20世纪70年代开发并广泛推广使用的。循环干燥机主要由供热装置、种温自动控制装置和主机3部分组成（图4-12）。主机部分的结构主要包括干燥箱、定时排种机构、输送绞龙、提升器、卸种装置、风扇、清种机构和传动装置等。干燥箱分为干燥层和调质层（缓苏层），在干燥箱的干燥段内，由8张平行排列

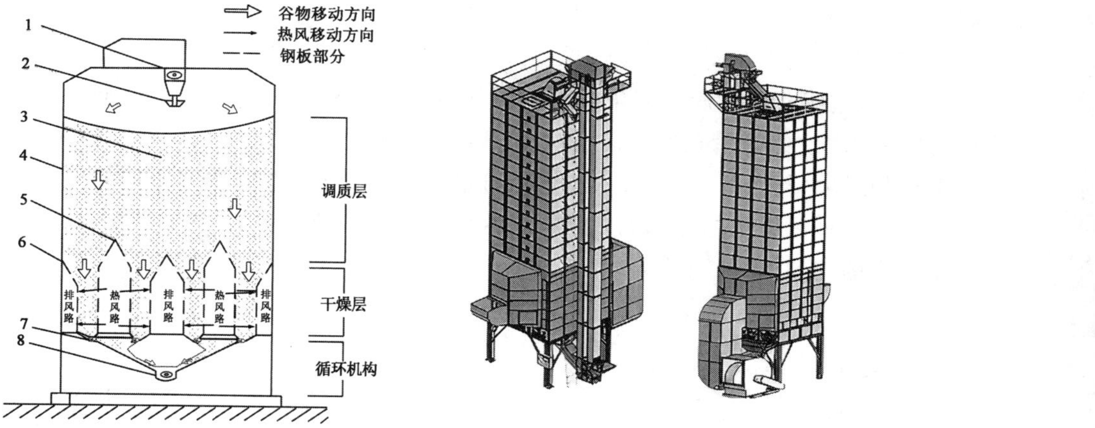

A. 结构图　　B. 结构示意图

1. 上部螺旋送料器　2. 分散装置　3. 粮食　4. 烘干箱　5. 热风路
6. 排风路　7. 回转阀　8. 下部螺旋送料器

图 4-12　5HZ-3.2 循环干燥机

（孙群等，2008）

的孔板将干燥段分为 2 个热风室、4 个种子通道和 3 个废气室，热风室和废气室之间为种子通道。种子通道下端分别设有 4 个定时排种轮。热风室与热风炉相通，废气室与风扇相通。经热风炉加热的空气在吸风机的作用下，被吸入干燥段的热风室，并横穿透过种层，热空气与种子较充分的接触，使种子吸收热量并蒸发出水分，由热气流带走，经废气室从吸引风扇排出机外。受热获得干燥的种子由排种轮定时排至干燥箱下部，经下绞龙、提升器运到干燥箱顶部的上绞龙，再从上绞龙出种口均匀地散布在缓苏段内进行缓苏，种子内部水分向表面扩散移动，种子水分均匀化。缓苏段的种子在自重作用下，从上到下缓慢地移至干燥段，如此不断地循环直至种子水分含量达标为止。该类型干燥机采用较低的热风温度（50～60 ℃），种子加热与缓苏在同一机体内进行，采用较短的加热时间（6～11 min）、较长的缓苏时间（60 min 左右），不断循环，直到降至所要求的水分含量标准为止。

成批循环式干燥机工作时，种子经料斗、提升器送入干燥箱体，由排种机构将种子排给输送绞龙，输送绞龙又送给斗式提升器，种子自顶部下落到若干个干燥段，靠自重向下流动。种子进入干燥段的瞬间至第二次进入干燥段的瞬间为一个循环。热风自热风室连续横向穿过干燥段的薄种层，使种子加热升温蒸发水分，通过种子层的废气由风机排出机外，这样周而复始地实现循环干燥，直至种子的水分含量符合入仓标准为止。种子通过缓苏段，内部水分逐渐向外移动，为下一循环的升温降水创造条件。

成批循环式干燥设备的工艺合理，能保证干燥质量，不影响种子的发芽率，因此是一种较理想的种子干燥机。目前我国研制的这类干燥机主要有 5HZ-3.2 型谷物种子干燥机和 5H-3.2 型干燥机等。5HZ-3.2 型循环式干燥机属间接加热型，生产率为 200～369 kg/h，最大容量为 3.2 t，吸引风扇属双级轴流型，每小时降水率为 0.6%～1%，该机通常使用的机内热风温度为 45～65 ℃，最高出机种温为 35～43 ℃。

（二）塔式干燥机

塔式干燥机（tower drying machine）是一种种子与空气对流传热、连续流动式干燥的干燥机械。其主要工作部分为多风道塔式干燥室。

多风道塔式干燥室的结构如图 4-13 所示。它由许多水平配置的无底式五角形管道和进风室、排风室组成。无底式五角形管道又分为进风管道和排风管道。进、排风管道上下交错排列(图 4-13B)。管道沿长度方向呈锥形(图 4-13A),进风管道的入口处与排风管出口处相同,其截面积最大(约 $2.8\times10^{-2}\ m^2$)。进风管道的顶部是水平的,而无底部分向上倾斜。进风管道的底部与排风管道的底部互相平行。因此保证了各部位风量的一致性,使谷物受热均匀,提高了干燥的均匀性。

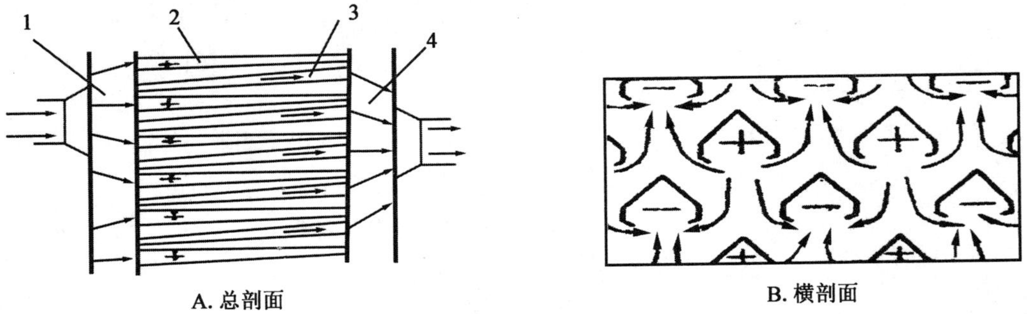

1. 进风室　2. 进风管道　3. 排风管道　4. 排风室

图 4-13　多风道塔式干燥室工作原理图

(谷铁城等,2001)

干燥塔里的谷粒在振动排粮装置作用下靠自重由上向下流动。与此同时,热空气在风机的作用下经进风室进入进风管道,穿过谷粒层,对谷粒进行干燥,废气经排气管道进入排风室,将水分排出干燥机体外。由于进、排风管道交错排列,谷粒由上往下流动时,先接触到进风管而后接触排气管,接触到空气的温度由高到低,使每个谷粒得到相同的处理,使干燥均匀。另外,由于谷粒在进风管处接触高温气流的时间很短,很快到达排风管处,谷粒不会过热,相对地讲,可以采用较高的热风温度(如干燥小麦,高达 85 ℃),而不会影响谷物的品质。

塔式干燥机的最大优点是内部容积大、烘干时间长,可以大幅度降水(一次干燥水分降低幅度可达 5%～6%),适用于需要大幅度降水的小麦、玉米种子。这种干燥机在干燥水分含量小于 20%的种子时,加热气体的温度一般约 70 ℃为宜,这时种子出机温度为 38～40 ℃,如果种子水分含量较高则应采取多次干燥的方法。由于塔式干燥机的结构复杂、造价较高,并且种子易受高温损伤,故使用时应特别注意选择合适的技术参数。由于塔式干燥机内部角状气道的形状、尺寸、排列方法、进气道和排气道的布置等不同,故又可分为整体式和组合式两种类型。

三、常用空气加热设备

在种子干燥设备中,加热设备的形式很多,按加热方式归纳为直接加热式和间接加热式两种。在加热器中,空气与燃烧后的气体混合,产生热的混合气,称直接加热式;空气通过热交换器(一种空气管道)加热,称间接加热式。这些加热设备使用煤、燃油等燃料,或使用电。

(一)燃煤空气加热炉

1. 直接加热燃煤炉

直接加热燃煤炉的结构如图 4-14 所示,主要由炉膛、沉降室和混合室(连接风道)所构成。

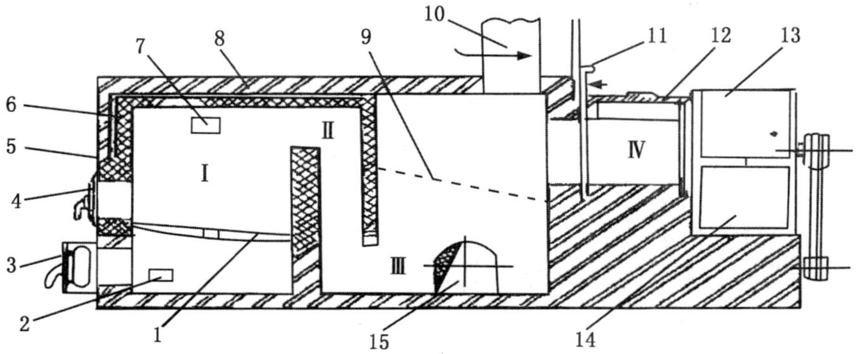

1. 炉排 2. 二次风进口 3. 出灰门 4. 炉门 5. 红砖炉壁 6. 耐火砖内壁 7. 二次风出口 8. 空气隔层 9. 火花扑灭装置 10. 烟囱 11. 热风门 12. 冷风门 13. 风机 14. 风机出口 15. 清灰门

Ⅰ. 炉膛 Ⅱ. 燃尽室 Ⅲ. 沉降室 Ⅳ. 混合室

图 4-14 直接加热燃煤炉结构示意图

(谷铁城等,2001)

沉降室和炉膛之间的为燃尽室,这里保持着较高的温度,使可燃性的挥发气体燃烧完全。燃料从炉门加入,在炉排上形成燃烧层,使燃料燃烧。灰渣则通过炉排缝隙落入灰坑,从出灰门排出。炉膛中的燃烧物(烟道气)经过燃尽室充分燃烧和沉降室分离炉灰、火花后,进入混合室(连接风道),同来自冷风口的冷空气混合,达到要求温度后,通过鼓风机吸出并被送入种子干燥设备热风室中。二次利用空气先由炉排下面侧壁上的小孔进入空气隔层预热,然后由炉膛上方侧壁上的小孔进入炉膛,从而使炉膛中未燃尽的挥发物或由气流带上来的细小炭粒进一步燃尽。

为了避免带走沉降下来的炉渣和火花,把冷空气进口设在沉降室及火花扑灭装置之后,并高于沉降室。

炉灶在开始生火时,所产生的大量煤烟,可经通道进入烟囱排到大气中去。同时,在干燥设备暂时停机或发生故障时,烟道气也应从烟囱导出。烟囱促进了自然通风,它所产生的真空度,一般为 9.806 7～29.42 Pa。

热空气温度的调整,可通过对冷风门、热风门的调节实现。

值得注意的是,直接加热空气的燃煤炉只适合使用无烟煤作燃料,以减少煤烟对种子的污染。

2. 间接加热燃煤炉

采用烟煤作燃料的中小型种子干燥设备,可用燃煤炉灶,设计如图 4-15 所示。烟道气对换热管加热后,经烟囱排出,而空气则在换热管内加热后,由通风机吸出,并压入干燥设备对种子进行干燥。换热管应采用多管交错排列,并应选用耐高温的钢管或铸铁管。换热管应与炉排保持一定的高度,避开燃烧的最高温度区,以增加使用的寿命。

热空气温度的调整,可通过对调温冷风门的调节实现。另外,为保证燃烧效果,可在炉排下面安装 1 台小型鼓风机以增加助燃空气量。

此外,大型的种子干燥设备还使用管式热交换器或金属体燃煤热风炉。

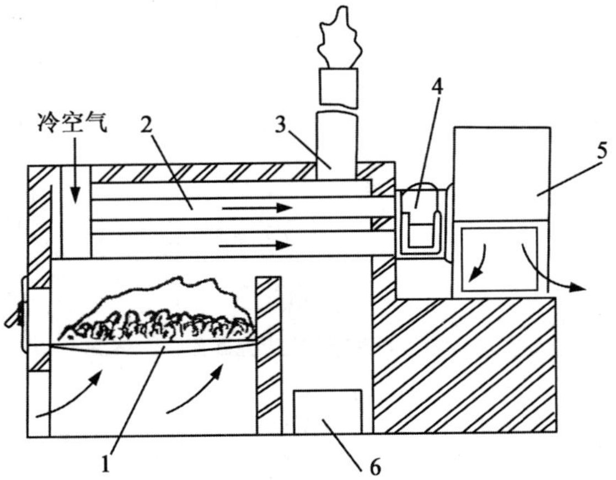

1. 炉排　2. 换热管　3. 烟囱　4. 调温风门　5. 离心式通风机　6. 沉降室出灰门

图 4-15　间接加热燃煤炉结构示意图

（谷铁城等，2001）

(二)燃油空气加热炉

燃油空气加热炉具有易于完全燃烧、污染小和温度易于控制等特点，国外的种子干燥设备大都采用燃油来作为空气加热器，燃油空气加热炉也分为直接加热与间接加热两种，由于油易于完全燃烧、污染比较小，因此种子干燥设备大都采用直接加热方式。

1. 直接加热式燃油空气加热炉

直接加热方式燃油空气加热炉如图 4-16 所示，由燃烧室、风机、燃油器和油箱组成。工作时，燃油经燃油器燃烧，产生的高温燃气与进入的外界空气混合成要求的温度后，被风机压入(或吸入)干燥装置，对种子进行干燥。这种形式的燃油空气加热炉结构比较简单，燃烧的全部热量基本上加到要干燥的种子上，故热效率比较高。

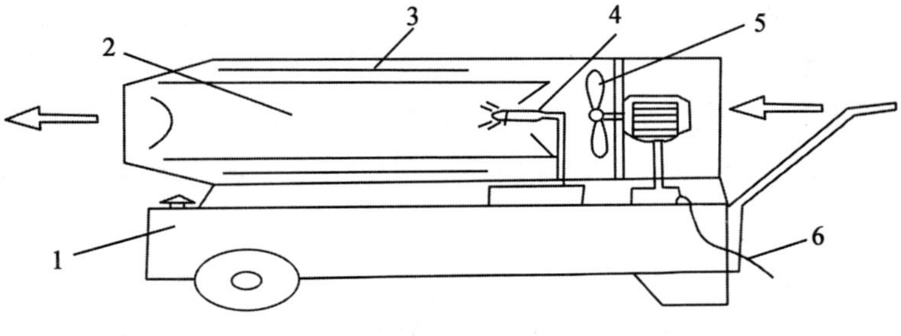

1. 油箱　2. 燃烧室　3. 辐射板　4. 燃油器　5. 风机　6. 电源线

图 4-16　直接加热式燃油空气加热炉结构示意图

（谷铁城等，2001）

2. 间接加热式燃油空气加热炉

间接加热式燃油空气加热炉(图 4-17)与直接加热式燃油空气加热炉所不同的是，高温燃烧气不是直接与外界空气混合，而是经过热交换器后，从烟道排出。而从风机吸入的外界空气则是通过与热交换器外壳充分接触加热后，被风机压入干燥装置中，对种子进行干燥。

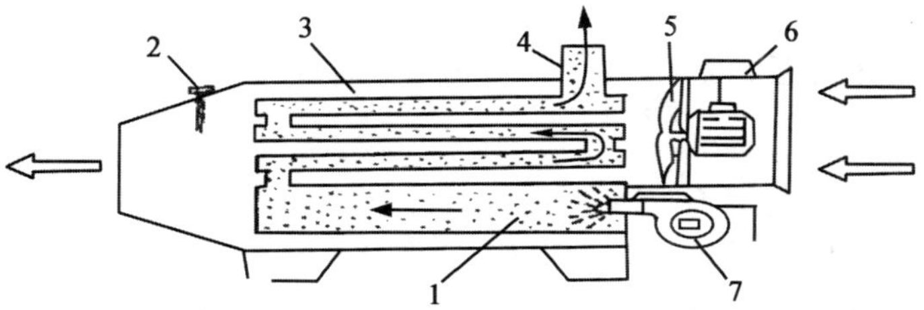

1. 燃烧室　2. 温度传感器　3. 热交换器　4. 排烟管　5. 风机　6. 电源接线盒　7. 燃油器

图 4-17　间接加热式燃油空气加热炉结构示意图

(谷铁城等,2001)

间接加热式燃油空气加热炉的热效率比较低,而且油的价格也比煤高得多,因此间接加热式燃油空气加热炉,只适用于对经济价值比较高的种子进行干燥。

(三)电加热器

对于水电资源丰富的地区,也可用电来加热干燥用的空气。因为电加热器易控制而且没有污染,所以种子干燥后的品质比较高。

电加热器的发热部分目前多采用管状电加热元件。管状电加热元件是用金属管作外壳,管中放入合金电阻丝作发热体,在空隙部分,紧密填充具有良好的绝缘和导热性能的结晶氧化镁的一种新型电加热元件。管式电加热元件要按被加热种子的种类来选用,种子干燥一般选用加热流动空气的电加热元件。

四、种子加热干燥操作技术

正确掌握种子加热干燥操作技术,是保证种子干燥质量、降低成本、提高生产率的关键,主要掌握以下几点。

(一)种子干燥时间

种子的干燥与外界气温、相对湿度有密切关系,气温高、相对湿度低,有利于种子干燥。

实践证明,种子迅速干燥有以下几点好处:①能充分发挥干燥设备效能。②可以节约燃料,降低成本,降低热耗。③可以防止种子受冻、雪埃等危害,能提早入库,减少种子损失,保证发芽率。

(二)干燥前的准备工作

做好干燥前的准备工作是保证完成干燥任务的重要环节,根据经验,干燥前要做好以下工作:

(1)做好设备的检查、保养和维修工作。

(2)检查测温、控温装置是否可靠、准确。

(3)要清除干燥机地面等处的残存种子(指更换品种时),防止混杂。

(4)如果室外气温较低,玉米穗在干燥前最好先放到室内进行 2～3 h 缓温,再加热烘干。未经干燥种子堆放时间不能过长,防止发热变质。

(5)为使干燥床透气性能好、干燥均匀,装机前对种穗要进行挑选,严禁把包叶、花丝、散粒和其他杂质装入机内。

(6)如果烘干子粒,种子在干燥前最好要先进行清选分级去杂,然后装入干燥机中。因为颗粒小的种子较大粒种子受热快,易造成小粒种子受热过度。

(三)种子干燥温度

提高干燥介质(空气)的温度,可缩短干燥时间,提高干燥效率,但过高的温度又会对种子造成伤害。研究表明,当种子温度达 50 ℃时,发芽率开始下降。因而对每一种作物种子进行干燥时,都不能超过允许的温度值。对于谷物种子来说,允许的温度(T)可按下式计算:

$$T=\frac{2\ 350}{0.37(100-\omega)+\omega}+20-10\lg t$$

式中:ω—种子含水量;t—种子干燥时间;0.37—谷物种子中干物质热容量。

从上式可以看出,种子含水量(ω)越大,允许的干燥温度越小,即当被干燥的种子含水量高时,种温应低些。不管种子在仓内或干燥前的含水量情况,统统用同一温度进行干燥处理的做法是不合理的;一开始就用较高温度干燥,然后不降低干燥温度的做法更是错误的。

热气流温度是直接影响种子干燥速度和质量的重要因素。干燥种子一定要严格控制好温度,在操作过程中要注意以下几点:

(1)根据干燥的作物不同确定热气流的温度。干燥玉米果穗 40～43 ℃,干燥玉米子粒 38～43 ℃,干燥水稻 35～40 ℃,干燥大豆 20～25 ℃,干燥高粱 35～40 ℃,干燥啤酒大麦宜将温度控制在 45 ℃以下(胡晋等,1999)。这是根据种子生理和化学特性确定的。

(2)热气流温度高低要考虑被干燥作物的含水量。含水量高则干燥的温度要低些,含水量低则干燥温度高些。尤其刚装入干燥机中的玉米穗含水量高,必须先用低温进行干燥,然后逐渐提高气流温度。首先以高于常温 5～10 ℃的气流干燥 2～3 h,然后再逐渐达到适宜温度进行干燥,特别是刚收获的种子含水量高,新陈代谢旺盛,应先较长时间低温干燥后,再高温进行干燥。如果直接高温干燥,种子容易丧失生命力。

(3)在整个干燥过程中要随时测定和掌握温度变化,不准超过规定温度标准,要防止温度突然升高。调节温度高低用开大或缩小冷、热风口的办法。温度低时要开大热风口,缩小冷风口;温度高时要开大冷风口,必要时再缩小热风口,直到适合为止。调整时要注意保证风机有足够的风量可吸。

(4)测定气流通过种层前后的温度来确定种子的干燥程度。气流通过种层使种子受热、水分蒸发、热量消耗、气流温度降低。水分蒸发越多,气流温度下降越大,通过种层前、后气流温差也大。当种子接近安全水分时,温差缩小,一般当通过种层前、后气流温差在 5～7 ℃时,种子接近安全水分。

(四)种子干燥需要的气流量

气流量是种子干燥的重要因素,种子干燥过程中,必须有足够数量的流动气流(介质)通过种层,把热量传给种子,带走种子蒸发出来的水分。如果通过种层流量不足,不但影响种子的干燥速度,也影响干燥质量。在选择风机和确定每床干燥批量时,都要考虑这个因素。

种子采用干燥方式不同,需要气流量也不一致。一般是低温需气流量小,越是温度高要求气流量越大。不加温干燥需气流量为 0.4～2 m^3/min(种子含水量越高需要气流量越大);采用辅助加温干燥种子时,每立方米种子需气流量一般为 1～6 m^3/min。采用加温干燥种子时,气流量随着机型不同也有区别,一般干燥每立方米玉米果穗要求气流量为 8～15 m^3/min,而袋式干燥机每立方米种子需气流量为 25～40 m^3/min。

为了保证种子干燥有足够的气流量，操作上，在保证温度的同时，要尽量打开冷风口，不准长时间用关闭冷风口的办法提高气流速度。如果床内温度低，应该增加燃烧炉供应热量，不能用长时间关闭冷风口办法来提高温度，这样会造成种子干燥中气流量不足，降低种子发芽率。

(五)气流的相对湿度

气流的相对湿度是影响干燥质量和速度的又一重要因素，相对湿度决定了种子的干燥速度和降水量。相对湿度越低越好。相对湿度越低，气流的持水能力越强，种子的干燥速度越快。一般要求相对湿度不超过 60%，这是根据种子平衡水分确定的。

(六)气流的变换方式

小型干燥床由于气流方向不能改变，出现底层和顶层、背风面和迎风面降水速度不一致现象。为解决这个问题采取以下方法：

(1)干燥中途进行 1 次人工翻动。

(2)干燥进行中，气流通过方向有所变动，使降水均匀一致。气流应先从种层下面向上吹，当下层种子将达到安全水分时，改变 1 次气流方向(即气流由种层上面向下循环)，当上、中层种子也达到安全水分时干燥即可结束。

(3)多室的大、中型干燥室，如果几个室的种子含水量不同，由风机送来的热气流先通过含水量低的种室，再通过含水量高的种室。这样既保证了干燥的速度，又做到热气流的两次利用或多次利用。

(七)种子干燥层的厚度

种子干燥层的厚度应根据风机的风量和穿透能力来确定。干燥层过厚或过薄都影响生产效率和干燥质量，一般干燥玉米穗高度不超过 3 m，玉米粒不超过 1.5 m，其他谷物种粒不超过 1 m。

如果使用小型干燥室干燥，玉米穗厚度一般为 70～110 cm，干燥子粒(玉米、水稻)25～40 cm。中型干燥室和封闭式双向干燥室种子层厚度一般为：干燥玉米穗 170～200 cm；干燥玉米、水稻种粒 40～60 cm 为宜。同时干燥层厚薄要均匀、平整，中型干燥室干燥层厚度可超过 2 m 以上。

(八)水分、温度变化

干燥过程中，要准确而及时掌握干燥全过程中任何阶段(即预热、等速、降速干燥阶段)水分、温度变化，准确控制温度、严格掌握水分变化。特别是进入降速干燥阶段，更要注意防止由于温度过高或干燥持续时间过长而引起表皮干裂现象，即“爆腰”，降低种子发芽率。要求做到每隔 1 h 测 1 次热气流的温度，以利于调节。每隔 2 h 用水分速测仪测 1 次种子水分变化情况，并做好记录。

(九)降水速率

根据各地典型调查资料显示，干燥玉米穗降水速率为(0.3%～0.45%)/h，干燥水稻降水速率为(0.5%～0.8%)/h。一般降水速率不宜过快，干燥玉米穗降水速率应在 0.5%/h 左右，干燥子粒降水在 1%/h 左右为好。

对含水量超过 25%以上的种子最好采取二次干燥，即先干燥到含水量 18%～20%，脱粒后再进行子粒干燥，直至达到安全水分为止。吉林省种子总站研究确定，玉米脱粒时的含水量在 18.0%时，种子的损伤减少到最低限度。玉米穗与粒不宜混合干燥，以防止玉米粒堵塞种穗空隙、阻碍热气流上升现象发生。

种子干燥中发芽率降低应从以下方面查找原因：① 干燥前存放的时间过长，发生捂堆、发热变质、受冻等现象；②气流量不足，每立方米种子气流量小于 5 m^3/min；③空气的相对湿度高，超过 60%；④气流的温度超过 43 ℃；⑤种层铺得过厚；⑥通过种子的气流量不均匀。

(十)种子干物质衡算及水分蒸发量计算

(1)种子水分(seed moisture content)表示方法　按规定程序把种子样品烘干所失去的重量，用失去重量占供检样品原始重量的百分率表示(我国种子检验规程对种子水分的定义)。

通常用湿重为基数的水分百分率来表示，即

$$\text{种子水分}(M)=\frac{\text{试样水分重}(W)}{\text{试样烘干前重}(G)}\times 100\%$$

$$=\frac{\text{试样烘干前重}(G)-\text{试样烘干后重}(G_g)}{\text{试样烘干前重}(G)}\times 100\%$$

如将上式分母换成试样烘干后重(G_g)，则为干重为基数的水分(M_g)计算公式。两者之间换算公式为：

$$M=\frac{M_g}{100+M_g}\times 100\%$$

$$M_g=\frac{M}{100-M}\times 100\%$$

可以把种子看作绝对干的物质和水分的机械混合物，因此

$$G=G_g+W$$

式中：G 为种子重量(kg)；G_g 为种子重量中绝对干物质的重量(kg)；W 为种子重量中水分的重量(kg)。

因而，种子水分含量也可以表示为：

$$M=\frac{W}{G}\times 100\%=\frac{W}{G_g+W}\times 100\%$$

将 $W=G-G_g$ 代入上式，得到

$$G_g=G\,\frac{100-M}{100}$$

(2)种子干物质衡算　干物质衡算是建立在种子干燥过程中无损失即种子中水分汽化而干物质重量不变的基础上的。也即烘干前种子干物质重量 G_{g1} 等于烘干后种子干物质重量 G_{g2}。

若烘干前的种子重量为 G_1，湿基水分为 M_1；烘干后的种子重量为 G_2，湿基水分为 M_2，则

$$G_1\,\frac{100-M_1}{100}=G_2\,\frac{100-M_2}{100}$$

整理后得到：

$$G_1=G_2\frac{100-M_2}{100-M_1}$$

或

$$G_2=G_1\frac{100-M_1}{100-M_2}$$

以上两式都各联系 4 个量，即种子干燥前后的重量和干燥前后水分的含量，若知道其中任意 3 个量，就可计算出第 4 个量。这在实际工作中是非常有用的。如知道种子原始水分和重量，只要在干燥过程中定时称重种子，就可估算种子的水分。

(3)种子水分蒸发量计算　经过干燥后的种子重量由 G_1 变为 G_2，其减少的重量等于干燥时被汽化的水分量 $W_{失}$：

$$W_{失}=G_1\frac{M_1-M_2}{100-M_2}=G_2\frac{M_1-M_2}{100-M_1}$$

利用上式可以计算干燥过程水分减少量，也可以计算种子在贮藏过程中由于水分降低所产生的损耗。例：玉米种子 20 万 kg，入库时水分为 13%，经贮藏期间的整晒，出库时水分为 12.5%，水分损耗量 $W_{失}$：

$$W_{失}=200\ 000\times\frac{13-12.5}{100-12.5}=1\ 142.9(\text{kg})$$

思考题

1. 影响种子干燥的因素有哪些？
2. 空气怎样影响种子的干燥？
3. 简述种子干燥的几种方法。
4. 种子干燥过程分为几个阶段？说明各阶段的主要特点。

第五章 种子处理和包装

狭义的种子处理是指播前对种子的预措，广义的种子处理不仅是指播种前的各种预措，还指对种子一生的整个过程中，即包括从种胚的形成、发育到种子成熟收获、加工调制的种子生产过程以及贮藏前及贮藏中直至播种前及播种过程中，人为施加于种子的各种处理。简言之，凡是在种子一生中任何时期人为施加的各种处理方法均称为种子处理。诸如种子包衣、种子引发等均可归入种子处理范畴。

种子处理的目的与效果大致可归纳为 5 种，一是提高种子活力，加速萌发与生长，增强种苗抗逆性；二是破除休眠，促进萌发；三是提高种用质量；四是改善种子萌发的出苗条件，提供各种营养，提高成苗、壮苗率；五是抑制或杀除种传或土传病虫害，防止萌发出苗过程中病、虫、杂草等的危害。

一般种子处理是指以单一目的而进行种子处理的方法。虽然种子包衣、种子引发均属种子处理，但这些技术较为复杂。这里将种子处理方法分为 3 类：普通种子处理、种子包衣和种子引发，其中种子引发参见第十二章相关内容。

第一节 普通种子处理技术

种子处理的方法很多，包括用化学物质、生物因素及物理方法处理等。处理方法不同，其作用和效果也不尽相同。主要方法有以下几种。

一、温汤浸种

温汤浸种是根据种子的耐热能力常比病菌耐热能力强的特点，用较高温度杀死种子表面和潜伏在种子内部的病菌，并兼有促进种子萌发的作用。进行温汤浸种，应根据各种作物种子的生理特点，严格掌握浸种温度和时间。具体方法如下：

(1)水稻种子　先在冷水中浸种 24 h，然后在 40～45 ℃的温水中浸 5 min，再放入 54 ℃的温水中，保持水温 52 ℃左右，浸 10 min，捞出晾干播种，可有效地杀死稻瘟病、恶苗病、干尖线虫病等病菌。

(2)小麦、大麦种子　先用冷水浸 5～6 h，然后放到 54～55 ℃的温水中不断搅动，经 10 min 后取出，用冷水淋洗晾干后即可播种，此法可杀死潜伏在种子内的散黑穗病菌。另外，麦种也可用冷浸日晒的方法进行处理。方法是先将麦种在冷水中浸 5 h 左右，可在上午 6:00 浸种至 11:00 取出，将种子薄摊在晒场上曝晒，每隔 30 min 翻动 1 次，下午 5:00 收起来，若麦粒未充分干燥，可在第 2 天继续曝晒直至充分干燥为止。这种方法能杀死种子内外的病菌，对防治散黑穗病等效果很好。

(3)棉花种子　用 3 份开水兑 1 份冷水，水温在 70 ℃左右，然后倒入棉花种子，边浸边搅，保持 55～60 ℃浸 30 min 后，在 40 ℃以下继续浸 2～3 h，然后取出晾干播种。一般每 50 kg 水浸棉籽 17.5 kg 左右。该法具有杀菌催芽的作用，对防治棉花炭疽病等效果较好。

(4)玉米种子　用 2 份开水兑 1 份冷水(相当 55 ℃左右)的温水浸种 5～6 h，可杀死种子表面的病菌。

(5)油菜种子　用 50～54 ℃温水浸 20 min，对油菜霜霉病、白锈病等有一定防治效果。但要严格掌握水温，低于 46 ℃就失去杀菌作用，高于 60 ℃又会降低种子发芽率。

(6)蚕豆、豌豆种子　先将锅里的水烧开，将充分干燥的蚕豆、豌豆种子倒入竹筐内，再浸到开水里用木棒不断搅拌，蚕豆浸 30 s，豌豆浸 25 s，时间一到立即捞出，放在冷水中凉一下，再摊开晒干备用。可杀死蚕豆象和豌豆象。

(7)紫花苜蓿、菊芋种子　放在 50～85 ℃的水中，自然冷却后浸泡 12～24 h，可提高种子发芽率(周玉雷等，2020；樊奇等，2021)。

(8)杜仲种子　放入 50 ℃温水中浸泡 24 h，晾干后在 5% $NaClO$ 溶液中消毒 10 min，可显著提高种子的发芽率及发芽势(王宁等，2020)。

(9)山楂种子　经过 25 ℃的高温层积、4 ℃的低温层积、38 ℃温水浸泡 10 d 对打破种子休眠非常有效，并能加速山楂种子的新陈代谢(Ertekin，2017)。

浸种的效果主要取决于水温、水的相对量、浸种时间、种子密度及通气情况，浸种方法若没有掌握好，对种子萌发会有不良的影响。

二、药剂处理

不同作物的种子所带病菌不同，处理时应合理选用药物，用药剂浸种或拌种防治病虫，并严格掌握药剂浓度和处理时间。一些种子药剂处理方法见表 5-1。

表 5-1　作物种子药剂处理

(根据不同资料整理)

药剂种类和规格	处理种子	防治对象	药剂浓度	处理方法	备注
代森铵(50%水溶液)	水稻、棉花、甘薯	水稻白叶枯病	1∶500	浸种 24～48 h	在空气中不稳定，对甘薯用过的药液可连续使用，0.5 kg 药剂可浸种薯 1 250～1 500 kg
		棉花炭疽病、立枯病	1∶250	浸种	
		甘薯黑斑病	1∶(200～400)	浸种 10 min	
代森锌(65%和 80%可湿性粉剂，4%粉剂)	大豆、白菜、甘薯	大豆霜霉病、白菜霜霉病	0.3%～0.4%	拌种	吸湿性强，吸水后粘成团，逐渐分解失效。在日光下不稳定，遇碱性或含铜物质更易分解失效
		甘薯疮痂病	600 倍	浸种	
代森锰锌(70%可湿性粉剂)	棉花	棉花苗期病害		棉籽重量的 0.5%药量湿拌	药量为商品量

续表5-1

药剂种类和规格	处理种子	防治对象	药剂浓度	处理方法	备注
抗菌剂 402（乙蒜素，80%乳油）	棉花、大麦、甘薯、水稻	棉苗病害	1∶(5 000～8 000)	浸种 16～24 h，捞出催芽播种	有效浓度 100～160 mg/kg
		棉花黄萎病、枯萎病	1∶1 000	55～60 ℃浸种 30 min	有效浓度 800 mg/kg
		大麦条纹病	1∶2 000	浸种 24 h，捞出播种	有效浓度 400 mg/kg
		甘薯黑斑病	1∶(2 000～2 500)	浸种薯 10 min	有效浓度 320～400 mg/kg
		水稻烂秧、恶苗、稻瘟病	1∶(6 000～8 000)	籼稻浸种 2～3 d，粳稻浸种 3～4 d，捞出催芽播种	有效浓度 100～133.3 mg/kg
福尔马林（甲醛 40%水溶液）	水稻、小麦、玉米、棉花、马铃薯、甜菜	稻瘟病、恶苗病	1∶50	浸种 3 h（处理前先用清水浸 1～2 d，处理后用清水冲洗，再继续浸种、催芽、播种）	①处理过的种子不可放在日光下曝晒。②配好的溶液应放于密闭容器内，不宜放于金属容器内
		小麦腥黑穗病、秆黑粉病	1∶300	闷种 2 h（随后在阴处摊晾，使药液挥发后播种）	
		玉米黑穗病	1∶350	浸种 15 min	处理前先用清水浸种 5～6 h，处理后用清水冲洗
		马铃薯疮痂病	1∶240	浸种 1.5～2 h	
		甜菜褐斑病	1∶100	浸种 5 min	
		棉苗病害、棉角斑病	1∶200	闷种 10 h	处理后在阴处摊晾后播种
瑞毒霉（25%可湿性粉剂）	谷子、大豆	谷子白发病、大豆霜霉病	0.2%～0.3%	用种子量的 0.2%～0.3%拌种	为上下传导的内吸杀菌剂
硫酸铜（蓝矾）	水稻、大麦、小麦、高粱、黍、烟草	小麦腥黑穗病、坚黑穗病，大麦坚黑穗病、褐斑病	1∶(250～500)	浸种 3～5 h	
		高粱散黑穗病、黍黑穗病	0.5%	浸种 1 h	
		烟草炭疽病	1∶100	浸种 10 min	取出用清水冲洗后，晒干播种
稀硫酸	紫云英	菌核病	7%～8%	用种子容量 60%浸种 3～4 h	菌核全部杀死

续表5-1

药剂种类和规格	处理种子	防治对象	药剂浓度	处理方法	备注
多菌灵(苯肼咪唑44号)(25%或50%可湿性粉剂)	小麦、棉花、花生、甘薯	小麦腥黑穗病、秆黑粉病		有效成分156 g，加水156 kg，浸麦种100 kg，36～48 h后捞出播种	药液可连续使用
		棉苗炭疽病、立枯病		100 kg种子用有效成分500 g拌种或250 g加水250 kg浸种24 h	
		棉花枯萎病	1∶100(50%可湿性粉剂)	浸种24 h	可兼治苗期病害
		花生立枯病、茎腐病、根腐病		50%可湿性粉剂0.5%～1%拌种	100 kg种子50%可湿性粉剂500～1 000 g(有效成分250～500 g)
		甘薯黑斑病		50 mg/kg药液浸种薯10 min或30 mg/kg药液浸苗基部3～5 min	
敌克松(70%原粉)	玉米、高粱、棉花、烟草	玉米大、小斑病、丝黑穗病		50 kg种子用药100～150 g拌种	
		高粱紫斑病、叶斑病	1∶500	浸种	
		棉花炭疽病、立枯病		50 kg棉籽用药250～500 g拌种	
		烟草黑胫病		50 kg种子用药150 g拌种	
硫黄粉(50%粉剂)	大麦、小麦、燕麦、高粱	小麦秆黑粉病，大麦、燕麦坚黑穗病，高粱散黑穗病		每50 kg种子用药250 g拌种	播前早拌较好
五氯硝基苯(70%粉剂)	小麦、高粱	小麦腥黑穗病、秆黑粉病，高粱腥黑穗病		50 kg种子用药100～200 g拌种	
粉锈宁	玉米	丝黑穗病		用有效成分占种子量的0.07%拌种	

续表5-1

药剂种类和规格	处理种子	防治对象	药剂浓度	处理方法	备注
皂矾（绿矾、麦矾、硫酸亚铁）	大麦	大麦条纹病、坚黑穗病、云纹斑病、网斑病	0.5%	浸种 6 h	浸种后勿用清水冲洗，以免降低种子发芽率
石灰水	水稻、大麦、小麦	水稻稻瘟病，胡麻斑病、恶苗病，大、小麦赤霉病，大麦条纹病，小麦散黑穗病	1%	35 ℃浸种 1 d，30 ℃浸种 1～2 d，25 ℃浸种 2 d，20 ℃浸种 3 d，15 ℃浸种 6 d	①浸种时避免阳光直射；②种子厚度不宜超过 66.7 cm；③水层要高于种子 13.3～16.7 cm，切勿搅动；④预先用硫酸铵浸选过的种子，不能用石灰水浸种，以免降低种子发芽率
稻瘟净（1.5%粉制，50%乳剂）	水稻	稻瘟病	1∶500	浸种 20 h，或预浸种 4～6 h 再浸种 15 h	
福美双（50%可湿性粉剂）	小麦、大麦、玉米、水稻、花椰菜、甘蓝、莴苣	小麦腥黑穗病、秆黑粉病，大麦坚黑穗病		50 kg 种子用药 150 g 拌种	
		玉米黑粉病		50 kg 种子用药 250 g 拌种	
		稻温病、稻胡麻叶斑病、稻秧苗立枯病		100 kg 种子用药 0.5 kg（含有效成分 250 g）拌种	
		花椰菜、甘蓝、莴苣立枯病		100 kg 种子用药 0.8 kg（含有效成分 400 g）拌种	
托布津（50%可湿性粉剂）	小麦、大麦、甘薯、马铃薯	麦类黑穗病		50 kg 种子用药 100～150 g 拌种	
		甘薯黑斑病	1∶200	浸种薯 10 min	
		马铃薯细菌性环腐病	1∶500	浸种薯 2 h	
戊唑醇（2%可分散粉剂）	棉花	棉花枯萎病		药种比 1∶(250～500)进行拌种	
甲基托布津（70%可湿性粉剂）	棉花	棉花炭疽病		100 kg 种子用药 0.5 kg 进行拌种	

续表5-1

药剂种类和规格	处理种子	防治对象	药剂浓度	处理方法	备注
萎锈灵(25%、50%可湿性粉剂,10%乳油)	大麦、小麦、高粱、红麻	大麦散黑穗病,小麦腥黑穗病、散黑穗病,高粱坚黑穗病,红麻立枯病	0.2%~0.3%	50 kg 种子用药 100~150 g 拌种,浸种浓度稍低(0.1%~0.2%)	内吸性杀菌剂,对人畜低毒
克菌丹(Captan)(50%可湿性粉剂)	小麦、燕麦、高粱、水稻、黍、大豆、芝麻、洋葱、茄子	小麦腥黑穗病、燕麦坚黑穗病、高粱坚黑穗病、谷粒黑穗病、大豆紫斑病、芝麻枯萎病、洋葱条黑粉病、茄黄萎病		50 kg 种子用药 150 g 拌种	在碱性溶液中易分解,对人畜低毒
粉锈宁	小麦、大麦、玉米	小麦散黑穗病、小麦腥黑穗病、大麦散黑穗病、玉米丝黑穗病		0.1%~0.3% 拌种	
辛硫磷	大麦、小麦、玉米、高粱、谷子、花生等	蛴螬、蝼蛄等地下害虫		50%乳油 100~165 mL,加水 5~7.5 kg,拌种 50 kg	无光照条件下(施入土中),残效期很长,可达1~2个月。适合于防治地下害虫

随着内吸杀菌剂的迅速发展,种子消毒的效果和作用大大提高,通过种子处理,不仅可以防治种子内部带菌的病害,而且为防治地上部病害开辟了一条新的途径。过去多数用于拌种的杀菌剂,对潜伏于种子内部的病菌效果不佳,所以防治此类病害,常采用温汤浸种或石灰水浸种等方法,手续较麻烦。现可用内吸性杀菌剂拌种,例如 75%萎锈灵制剂,每升种子用 0.8 g 的药剂拌种,能完全防治大麦散黑穗病。多数内吸杀菌剂拌种对土壤病菌防治效果也较好,如噻苯唑制剂(有效成分 60%),每升小麦种子用 3.2 g 该药剂,可以防治小麦矮腥黑穗病;100 kg 种子用地茂散制剂(有效成分 50%)65~95 g 拌种,防治棉苗立枯病的效果超过了汞制剂。

为了兼治多种病害和虫害,常将几种杀菌剂,或杀菌剂与杀虫剂混合处理种子(表 5-2)。如把福美双与地茂散以不同比例进行混配,混剂的增效作用是很明显的。若将上述两种药剂换以克菌丹和地茂散,也显示相似的增效作用,如两者都是非内吸性杀菌剂(福美双+克菌丹),则增效作用完全消失。因此混剂一般包含两种有效成分:一种成分是老的杀菌剂品种,即非内吸性杀菌剂。用得最多的是福美双、代森锰锌、克菌丹、8-羟基喹啉铜等;另一种成分是内吸杀菌剂,例如,萎锈灵-福美双混剂(两种药剂有多种配合,其中一种含萎锈灵和福美双各 40%)。用萎锈灵-福美双混剂拌种可防治大麦散黑穗病、坚黑穗病,小麦腥黑穗病,玉米小斑病,洋葱黑粉病等多种病害。这些混剂与单一制剂比较,除扩大了防治范围外,还有几个突出优点，即新老品种搭配，相对降低了内吸杀菌剂的用量，从而降低了施药成本，同时扩大了老品种的应用范围；两种性质不同的品种混在一起，对延缓病菌抗药性有一定作用；有些内吸杀菌剂有增效作用。此外，还有不少杀菌剂-杀虫剂的混剂、杀菌剂-肥料的混剂，这就更进一步扩大了种子处理的应用范围。

表 5-2 种子处理用的混剂

混剂名称	组成	防治对象
苯菌灵 F2	苯来特＋福美双	水稻恶苗病、稻瘟病、稻胡麻叶斑病、稻白叶枯病
多百	多菌灵＋百菌清	花生黑斑病、黄瓜白粉病
	多菌灵＋定菌磷	
托福(丰米)	甲基托布津＋福美双	水稻恶苗病、稻胡麻叶斑病、稻瘟病
萎福	萎锈灵＋福美双	大麦散黑粉病
	甲呋酰苯胺＋双瓜盐	大麦散黑穗病
五灵合剂	五氯硝基苯＋氯唑灵	马铃薯丝核菌病
百克	百菌清＋克菌丹	谷类、棉花、亚麻、花生、大豆、甜菜的丝核菌病

三、生长调节剂处理

一般通过休眠期的作物种子，在一定的水分、温度和空气条件下，就可以萌发。但由于种种因素的干扰，种子的发芽往往受到影响，而植物生长调节剂正是通过激发种子内部的酶活性和某些内源激素来抵御这种干扰，促进种子发芽、生根、达到苗齐苗壮。

1. 赤霉素

许多种子经赤霉素处理后可提早萌发出苗，并有不同程度的增产效果。赤霉素处理种子的浓度一般为 10～250 mg/L，时间以 12～24 h 为宜。如用 20 mg/L 浓度赤霉素溶液处理高粱、大豆、棉花、水稻种子能加速发芽，提高出苗率。据 Zhao 和 Wang(2008)报道，赤霉素处理玉米种子能显著促进其中胚轴的伸长，从而提高玉米种子在深播条件下的出苗率，该研究对促进干旱、半干旱地区玉米生产具有重要意义。

2. 三十烷醇

三十烷醇是一种天然产物，存在于棉、茶、水果、蔬菜等多种植物和昆虫的蜡质中，是一种无公害的新型植物生长调节剂。三十烷醇具有多种生理作用：促进能量贮存，增加干物质积累，改善细胞透性，调节生理功能，增加叶面积，促进组织吸水，增加叶绿素含量，提高光合强度，提高酶的活性，增强呼吸作用，促进矿质元素吸收，增加蛋白质含量，促进种子萌芽，促进生长和发根，促进花芽分化，增加开花数，促进早熟，提高结实率和粒重，改善品质，提高抗逆性等。对水稻、麦类、棉花、大豆、玉米、高粱、烟草、甜菜、花生、蔬菜、花卉、果树、甘蔗等均有明显增产效果和改善品质的作用。在蘑菇等食用菌上应用也能获得增产。三十烷醇对人畜无害。

需要催芽的作物在催芽前用 0.1%三十烷醇乳油 1 000 倍稀释液浸种 2 d 后催芽播种；旱田作物在播前用 0.1%三十烷醇乳油 1 000 倍稀释液浸种 0.5～1 d 播种，均可达到增强发芽势和提高发芽率的目的。用此方法处理过的作物一般能增产 6%～33%。三十烷醇处理玉米种子，发芽率明显提高，其中 10 mg/L 效果最好(Niranjana 等，1999)。三十烷醇施药量不可盲目增加，随意提高浸种浓度会抑制发芽，加水稀释倍数不可少于 300 倍，一般以 1 000～2 000 倍液为宜。三十烷醇可与多菌灵、杀虫双等多种农药混合使用。

3. 穗萌抑制剂

浙江大学种子科学中心研制的穗萌抑制剂，专门用于抑制杂交稻种子阴雨条件下田间穗上发芽，提高种子的播种品质。对制种的产量性状无副作用，并且在多数条件下能提高千粒重 0.5 g 左右，提高种子的耐藏性。胡琦娟(2016)通过田间模拟降雨条件，研究发现丁香酚的穗萌抑制效果随浓度上升而增强，2.0 g/L 丁香酚对钱优 1 号和 Y 两优 689 穗芽的抑制率分别为 43.4％（穗芽率从 27.9％降至 15.80％）和 80.0％(穗芽率从 5.66％降至 1.13％)。

4. 萘乙酸

萘乙酸(NAA)是广谱性植物生长调节剂，可适用于多种单子叶、双子叶、一年生和多年生的作物。药液经叶片、嫩枝、种子等进入植物体内，有促进生根、防止落花落果、抑制薯块萌芽、形成无籽果实等作用。对人畜低毒，但对皮肤和黏膜有刺激性。萘乙酸遇碱生成盐，盐类能溶于水。商品有 70％萘乙酸钠盐原粉、80％萘乙酸原粉。水稻移栽前，用 10 mg/kg 药液浸秧根 1～2 h，可促进返青并壮秧。小麦用 20 mg/kg 药液浸种 6～12 h，可促进分蘖并壮苗。甘薯定植前，用 10～20 mg/kg 药液浸薯秧基部(浸深 3～4 cm)6 h，可提高成活率并壮秧。10 mg/kg 萘乙酸浸种，可以有效提高高加索三叶草种子的发芽力，发芽率由 37％增长到 55％，发芽势由 38％增长到 45％(张鸣宇等，2019)。

同一作物的不同品种对萘乙酸的反应不尽相同，施药浓度、时期等都要因品种而异，用前做好试验，以确定适宜浓度和施药时期。

5. 烯效唑

烯效唑(S3307)属三唑类植物生长调节剂，是继多效唑推广以来的又一种高效植物生长延缓剂，而且比多效唑易降解，能明显减轻多效唑带来的“二次受控现象”(陶龙兴等，1995，1997)，具有减缓植物伸长生长，促进分蘖，提高抗渍、热激、冷害等逆境胁迫，增加干物质积累和产量等作用。适宜浓度 S3307 包膜处理油菜种子，发芽率与对照无显著差异，但显著提高了水渍胁迫下油菜幼苗根系活力，促进根系生长，增加了子叶和根的干物质积累，降低苗高(主要是降低根颈长)，增加根冠比，起到控上促下、培育壮秧的作用；同时，S3307 包膜处理能显著促进 POD、CAT、SOD 活性的提高和可溶性糖含量的增加，从而增强油菜幼苗抗水渍能力(Qiu et al.，2005)。用 20 mg/kg 5％烯效唑可湿性粉剂浸种，可以显著提高红小豆种子发芽势、发芽率，增强光合作用能力，还显著提高了红小豆根系 SOD、POD 活性，降低了 MDA 含量，从而促进了幼苗的生长发育(刘丽琴等，2017)。

6. 油菜素内酯

油菜素内酯(BL)又称芸苔素内酯，是 20 世纪 70 年代首次从油菜花粉中分离鉴定出的一种甾醇类化合物，广泛地分布于植物的花粉、种子、茎和叶等器官中。油菜素内酯不仅可以调节植物营养器官的生长，促进种子萌发，影响维管束分化，调节生殖生长，提高光合作用效率，还能够提高植物对干旱、冷害、重金属、除草剂伤害、盐胁迫等逆境的抗性。1.5×10^{-8} 浓度油菜素内酯浸种 24 h 能提高小麦、玉米种子的发芽势，促进种子萌发(纪秀娥等，2014)。$(0.1 \sim 10) \times 10^{-8}$ 浓度 2,4 -表油菜素内酯浸种 4 h，提高黄瓜种子的发芽势、发芽率、胚轴长、轴根比和侧根数，减轻种子萌发和幼苗受到的低温伤害（张爱敏等，2019）。10×10^{-8} 浓度油菜素内酯浸种 6 h，提高盐胁迫下菜玉米根系 SOD 和 POD 等抗氧化酶的活性，缓解盐胁迫的伤害（王国杰等，2019）。

7. 独脚金内酯

独脚金内酯（strigolactone，SL）是类胡萝卜素衍生的新型植物激素，最初是由棉花根分泌液中分离出来的，具有刺激独脚金属、列当属等寄生植物种子萌发、促进丛枝菌根真菌菌丝产生分枝，直接或间接抑制植物侧芽萌发和与寄主植物共生等诸多功能。独脚金内酯通过 ABA 依赖途径调控水稻种子盐胁迫响应，可以促进盐胁迫下种子的发芽和幼苗生长。GR24（独脚金内酯类似物）包衣处理显著提高盐敏感品种浙两优 274 在 200 mmol/L 盐浓度下的发芽率和幼苗素质，显著降低幼苗中 MDA 含量，显著提高抗氧化酶活性，降低水稻发芽期的盐胁迫损伤，改善种子盐胁迫下发芽和幼苗生长（高月，2020）。

8. 多胺

多胺（PA）常见的有腐胺（Put）、亚精胺（Spd）和精胺（Spm）。

（1）多胺浸种对种子萌发的影响　适宜浓度范围（0.01～1.00 mmol/L）的 Spd 浸种可能通过提高 α-淀粉酶活性促进玉米种子萌发。Spd 浸种不仅可以提高水稻种子的活力，还可以缓解盐胁迫对水稻种子产生的毒害作用。Spd 浸种还可促进低温胁迫下辣椒种子的萌发，并对低温胁迫下辣椒幼苗根部生长产生积极影响。重金属能抑制蔬菜种子的萌发，通过 Spd 浸种后蔬菜种子活力上升，并一定程度上适应重金属的胁迫。0.5 mmol/L Spd 与 Put 浸种处理均可诱导内源脯氨酸的积累，显著减轻次适温（较高温及较低温）对种子萌发的不利影响。袁小丽等（1990）发现，用 0.01 mmol/L Put 或 0.05 mmol/L Spm 对花生种子进行浸种，可以显著提高种子活力，并促进其幼苗生长。0.1 mmol/L 亚精胺和精胺浸种 6 h，显著提高干旱胁迫下小麦种子发芽率（许红，2016）。多胺浸种 12 h 促进干旱胁迫下小麦周麦 18 种子萌发，提高幼苗素质（娄喜艳，2017）。

（2）多胺引发对种子萌发的影响　Spd 引发可以缓解低温胁迫对茄子种子萌发和幼苗生长的伤害，促进种子发芽和幼苗生长，并通过提高低温胁迫下茄子幼苗抗氧化酶活性及幼苗脯氨酸和可溶性蛋白质含量，增强幼苗的耐冷能力，还可提高玉米种子和黑麦草种子吸胀期间的耐冷性和种子发芽能力。Spd 引发可显著提高番茄种子的活力及抗氧化酶的活性，提升水分胁迫下水稻种子的活力和幼苗的抗旱性。盐胁迫条件下，Spd 引发可增加小麦产量，同时，Spd 引发处理对幼苗内部离子动态平衡有积极作用，显著降低 Na^+ 及 Cl^- 的吸收，降低盐胁迫的伤害。Spd 和 Spm 在 15 ℃黑暗条件下引发 72 h，能提高玉米种子吸胀期间的耐冷性，提高低温胁迫下种子的抗氧化能力和发芽能力（王成等，2019）。

（3）多胺处理与种子休眠　种子内部多胺参与调控种子休眠的过程。Spm 通过抑制乙烯合成来维持种子休眠，而 Put 与 Spd 则促进种子休眠的破除。活性氧（ROS）可能作为种子休眠破除中氰化物释放的第二信使，在种子萌发过程中扮演重要角色，在种子休眠的破除过程中，内源 Spd 含量明显上升以响应内部 ROS 的产生。外源 Spd 对苹果种子休眠的破除具有直接的减轻甚至消除效应，且这种效应可能是种子内部活性氧（ROS）和活性氮（RNS，主要是 NO）产生的响应机制。低温层积处理的不同时期，外源 Spd 处理通过促进种子内部蛋白质合成及不同蛋白质群的出现，打破种子休眠，促进种子的萌发。

9. 褪黑素

褪黑素浸种可提高小麦发芽率，提高抗氧化能力，加速淀粉降解，缓解低温对小麦幼苗胚芽鞘叶绿体的损伤（Zhang et al.，2021）。

10. 乙烯

乙烯（ETH）对 ABA 信号的转导起拮抗作用，适宜浓度的 ETH 能够打破种子休眠，促进种子萌发，4 000～5 000 mg/L ETH 浸种显著提高了黄瓜、苦瓜和美女樱种子的发芽率（王娜等，2023）。

四、肥料浸拌种

（1）菌肥处理　常用的有根瘤菌、固氮菌处理。利用人工对根瘤菌、固氮菌进行培养，制成粉剂拌种。如大豆，用根瘤菌粉剂拌种，能促进根瘤菌较快形成。其方法是：播前选用优良菌种制成粉剂，倒在清洁的容器中，稀释成泥浆状，然后与种子均匀拌和，摊开晾干立即播种，避免阳光直射把根瘤菌杀死。同时也不要晾得太干燥，以免影响根瘤菌的生长繁殖。使用根瘤菌拌种的种子不能再用其他菌剂拌种。菌种用量一般为 30 亿～40 亿单位/667 m^2。

（2）肥料拌种　常用的肥料主要有硫酸铵、过磷酸钙、骨粉等。硫酸铵拌种可促进幼苗生长，增强幼苗抗寒能力。小麦在迟播地瘦情况下效果尤为显著。

五、微量元素处理

农作物正常生长发育需要多种微量元素。而在不同地区的不同土壤中，又常常是缺少这种或那种微量元素，利用微量元素浸种或拌种，不仅能补偿土壤养分的不平衡，而且使用方法简便，经济有效，因而日益受到人们的重视。目前世界农业中广泛施用的微肥是硼、铜、锌、锰、钼。据研究，微量元素能够提高烟草种子萌发和幼苗生长，0.1%浓度微量元素对提高种子发芽高低顺序为硼＞锌＞钼（张景茂等，1998）。

特别是在微量元素缺乏的土壤里，采用微肥处理种子，增产效果非常显著。如在缺锌土壤中每千克棉种拌硫酸锌 4 g，667 m^2 可增皮棉 8.75 kg；小麦用锌肥拌种，667 m^2 增产达 26.6 kg。豫北各县种子公司在玉米制种时用锌肥拌种，制种产量提高 8%以上。在土壤普查的基础上，对缺微量元素土壤，采用种子播前微肥处理必将获得显著的增产效益。但微肥元素浓度的高低直接影响处理效果。不同种子对浸种时间长短要求不一，因而微肥处理时应做好预备试验，确定好最佳浓度和时间，否则起不到应有的效果。

六、物理因素处理

物理因素处理，简单易行，包括温度处理、电场处理、磁场处理、射线处理等。

（1）射线处理　主要指用 α、β、γ、X 射线等低剂量[$(0.258\sim2.58)\times10^{-1}$ C/kg] 照射种子，有促进种子萌发、使植物生长旺盛、增加产量等作用；$(1.29\sim2.58)\times10^{-1}$ C/kg 的剂量，可使种子提早发芽和提早成熟。低功率激光照射种子，也有提高发芽率、促进幼苗生长、早熟、增产的作用。

（2）低频电流处理　处理时将种子放在绝缘的容器中（水稻、大小麦等种子可以预先浸种 24 h），将种子或浸种水作为通电介质，处理后种被透水性和酶活性均增强，发芽出苗迅速，根系发达，分蘖增加。

(3)高频电场处理　利用电场对种子进行一定方式的处理，可达到杀虫灭菌、促进发芽的目的，在许多作物上有明显的增产效果。高频电场处理需用 16～20 MHz 处理种子几十秒钟。场强的大小和处理的时间长短因不同作物而有所差别。

(4)红外线处理　红外线为肉眼不能察觉的光波，波长 770 nm 以上。照射已萌动的种子 10～20 h，红外线能改善果种皮的通透性，因而能促使提早出苗，苗期生长健壮。

(5)紫外线处理　紫外线是肉眼不可见的光，光波长 40～400 nm。紫外线穿透力强，照射种子 2～10 min，能促进酶活化，提高种子发芽势、发芽率。

(6)磁场和磁化水处理　随着科学技术的发展，磁场与生物之间的关系越来越明显。用磁场处理种子，已成为一项新的技术。在水稻、小麦、番茄、菜豆等种子上试验，可大大提高发芽势和发芽率，并有刺激生根和提高根系活力的作用。分析表明，这与提高种子的呼吸强度有关。用磁化水浸种比清水浸种表现出明显的优势。

(7)等离子体处理　等离子体种子处理技术是指在农作物播种前 5 ～12 d 利用等离子体处理机对种子进行处理，提高种子活力，使农作物增产的一项技术。该技术借鉴航天育种中宇宙等离子体射线对种子影响的物理原理，采用冷等离子体种子预处理设备处理种子。等离子体处理不使用任何化学药剂，不会对环境造成污染。经过冷等离子体处理后，小麦种子发芽率、成苗率显著提高，出苗整齐度也高于空白对照和常规拌种处理，显著提高了小麦的株高、分蘖数和穗粒数等，增产效果明显(张娜等，2018)。利用等离子体种子处理机对蔬菜种子进行处理(屈春勇，2019)，可以提升种子的活力，增强种子内部的离子交换能力，刺激琥珀酸脱氧酶、超氧化物歧化酶的活性，增强蔬菜耐低温、耐旱、抗病虫害能力，增加蔬菜产量，改善蔬菜品质(经过等离子体处理后的香瓜、甜菜糖度提高了 1.2～2.1 度)。

(8)低温层积　低温层积的做法是将种子放在湿润且通气良好的基质(通常用沙)里或与基质混合，保持低温(通常 3～5 ℃)一段时间。不同植物种子层积时间差异很大，如杏种子需 150 d，而苹果种子只需 60 d。低温处理可有效地打破植物种子的胚休眠。研究表明，种子在低温层积期间，胚轴的细胞数、胚轴干重及总长度等均有增加，同时胚的吸氧量也有所增加。此外，脂肪酶、蛋白酶等的活性提高，种子中可溶性物质增多，这些都为种子萌发做好了物质及能量上的准备。

第二节　种子包衣技术

种子包衣技术是国际上普遍使用的一种先进的种子处理技术，起源于欧美等发达国家。它是增加种子科技含量、提高种子附加值的一项重要措施。包衣后种子在土壤中遇水种衣只吸胀几乎不被溶解，由此达到既不影响种子正常吸水发芽，又能使药肥缓慢释放，从而提高种子质量、防治病虫害、促进种子萌发和幼苗生长的目的。种子包衣技术集种子、植保和土肥多学科技术为一体，是近年来我国在农业部门重点推广的一项高新科技成果。同时，由于种子包衣剂用药少、毒性低、效率高等特点，是实现我国资源节约型和环境友好型社会的有效途径。

一、种子包衣技术的发展

早在 19 世纪 60 年代美国 Blessing 就提出了种子包衣技术，目的是方便播种。1926 年美国的 Thornton 和 Ganulee 首先提出种子包衣问题。20 世纪 30 年代英国的 Germains 种子公司在禾谷类作物上首次成功地研制出种衣剂，1941 年美国缅因州种子科技人员为了便于小粒蔬菜和花卉种子的机械播种，就利用包衣种子进行机械播种。20 世纪 60 年代随着欧洲育苗业的兴起，种植者要求种子单粒化、高质量，这样便于控制株行距、播深，从而促进了种衣剂的迅速商业化。1976 年，美国的 McGinnis 进行了小麦包衣种子田间试验，获得了抗潮、抗冷、抗病、出苗快、长势好的效果。到 20 世纪 80 年代，世界上发达国家种子包衣技术已基本成熟。种衣剂也发展为农药型、药肥型以及目前的生物型和特异型种衣剂。

我国种子包衣技术研究起步较晚，1976 年轻工业部甜菜糖业研究所对甜菜种子包衣进行了研究，1980 年毛达如等进行了夏玉米包衣试验，取得显著增产效果。1981 年中国农科院土肥所研制成功适用于我国牧草种子飞播的种子包衣技术。北京农业大学李金玉等 1980 年开始研制种衣剂，并已研制出应用于多种作物的不同型号种衣剂，1991 年获发明专利。其后，全国许多省市相继开发了种子包衣剂。近年来，我国种子包衣率明显提高，主要集中在玉米、小麦、大豆、棉花、水稻、油菜、花生和蔬菜等作物上。

但由于农药型种衣剂会污染土壤并造成人畜中毒，德国已禁止使用克菌丹农药型包衣剂，美国正在研究高效低毒型包衣剂、生物型包衣剂和多聚糖类种子包衣剂。因此，开发天然无毒种子包衣剂是种子包衣技术的发展趋向。

二、种子包衣方法的分类

种子包衣(seed coating)是指利用黏着剂或成膜剂，将杀菌剂、杀虫剂、微肥、植物生长调节剂、着色剂或填充剂等非种子材料包裹在种子外面，以达到使种子成球形或基本保持原有形状，提高抗逆性、抗病性，加快发芽，促进成苗，增加产量，提高质量的一项种子加工新技术。

目前种子包衣方法主要分为种子丸化和种子包膜两类。

(1)种子丸化(seed pelleting)　是指利用黏着剂，将杀菌剂、杀虫剂、染料、填充剂等非种子物质黏着在种子外面。通常做成在大小和形状上没有明显差异的球形单粒种子单位。这种包衣方法主要适用小粒农作物、蔬菜等的种子。如油菜、烟草、胡萝卜、葱类、白菜、甘蓝和甜菜等的种子，以利于精量播种。因为这种包衣方法在包衣时，加入了填充剂(如滑石粉)等惰性材料，所以种子的体积和重量都有增加，千粒重也随之增加。

(2)种子包膜(seed film coating)　是指利用成膜剂，将杀菌剂、杀虫剂、微肥、染料等非种子物质包裹在种子外面，形成一层薄膜，经包膜后，成为基本上保持原来种子形状的种子单位。但其大小和重量的变化范围，因种衣剂类型有所变化。一般这种包衣方法适用大粒和中粒种子，如玉米、棉花、大豆、小麦等作物种子。

介于种子丸化与包膜之间还有薄层丸化(encrusting)，事实上，薄层丸化种子经常难以与包膜种子区分。根据包衣后种子增加的重量分，种子丸化增加种子重量 2～50 倍或更多，薄层丸化增加种子重量 0.1～2 倍，种子包膜增加种子重量少于 0.1 倍。

三、种衣剂的类型及其性能

种衣剂是一种用于种子包衣的新制剂，主要由杀虫剂、杀菌剂、复合肥料、微量元素、植物生长调节剂、缓释剂和成膜剂或黏着剂等加工制成，是一种药肥复合型的种子包衣新产品。种衣剂以种子为载体，借助于成膜剂或黏着剂黏附在种子上，很快固化为均匀的一层药膜，不易脱落。播种后种衣剂对种子形成一个保护屏障,吸水后膨胀,不会马上被溶解,随种子萌动、发芽、出苗成长,有效成分逐渐被植株根系吸收,传导到幼苗植株各部位,对种子带菌、土壤带菌及地上地下害虫起到防病治虫的作用,促进幼苗生长,增加作物产量。

目前种衣剂按其组成成分和性能的不同,可分为农药型、复合型、生物型和特异型等类型。

(1)农药型　这种类型种衣剂应用的主要目的是防治种子和土壤病害、虫害。种衣剂中主要成分是农药。美国玉米种衣剂和我国目前应用的多种种衣剂属于这种类型。长期大量使用农药型种衣剂会污染土壤和造成人畜中毒,因此应尽可能选用高效低毒的农药加入种衣剂中。

(2)复合型　这种种衣剂是为防病、提高抗性和促进生长等多种目的而设计的复合配方类型。因此种衣剂中的化学成分包括农药、微肥、植物生长调节剂或抗性物质等组分。目前许多种衣剂都属这种类型。如吉状状等(2023)为提高甜玉米播前种子质量,设计海藻酸+硫酸锰+6-苄氨基嘌呤(6-BA)+吡虫啉的种衣剂,该种衣剂通过提高甜玉米萌发期间的抗氧化酶活性促进种子萌发和苗期建成,进而提高产量。

(3)生物型　这是新开发的种衣剂。根据生物菌类之间拮抗原理,筛选有益的拮抗根菌,以抵抗有害病菌的繁殖、侵害而达到防病的目的。美国为防止农药污染土壤,开发了根菌类生物型种衣剂。如防治十字花科种子黑腐病、芹菜种传病害的芹菜生壳针孢(*Septoria apicola* Speg.),番茄及辣椒病害的疱病黄单孢菌(*Xanthomonas vesicatoria*)等生物型种衣剂。原浙江省种子公司也开发了根菌类生物型种衣剂。从环保角度看,开发天然、无毒、不污染土壤的生物型种衣剂也是一个发展趋向。

(4)特异型　特异型种衣剂是根据不同作物和目的而专门设计的种衣剂类型。如 Sladdin 等用过氧化钙包衣小麦种子,使播种在冷湿土壤中的小麦出苗率从 30%提高到 90%;如为水稻旱育秧设计的高吸水种衣剂、高吸水树脂抗旱种衣剂、直播稻专用种衣剂、水稻浸种催芽型种衣剂等均属于此类型。浙江大学胡晋等开发出用于提高超甜玉米种子抗寒性的种子包衣剂,并获得国家发明专利。Qiu 等(2005)报道用烯效唑包膜,提高了油菜种子的抗水渍能力。

四、种衣剂配方成分和理化特性

(一)种衣剂配方成分

目前使用的种衣剂其成分主要有以下两类。

1. 有效活性成分

该成分是对种子和作物生长发育起作用的主要成分。如杀菌剂主要用于杀死种子上的病菌和土壤病菌,保护幼苗健康生长。目前我国应用于种衣剂的农药有呋喃丹、辛硫磷、多菌灵、粉锈宁等。微肥主要用于促进种子发芽和幼苗植株发育。如油菜缺硼容易造成花而不实,则油菜种子包衣可加硼。其他作物种子可针对性地加入锌、镁等微肥。植物生长调节剂主要用于促进幼苗发根和生长。如加赤霉酸促进生长,加萘乙酸促进发根等。用于潮湿寒冷土地播种时,种衣剂中加入萘乙烯(styrene)可防止冰冻伤害。种衣剂中加入半透性纤维素类可防止种子过快吸胀损伤。靠近种子的内层加入活性炭、滑石粉和肥土粉,可防止农药和除草剂的伤害。种衣剂中加入过氧化钙,种子吸水后放出氧气,促进幼苗发根和生长等。

2. 非活性成分

种衣剂除有效活性成分外,还需要有其他配用助剂,以保持种衣剂的理化特性。这些助剂包括包膜种子用的成膜剂、悬浮剂、抗冻剂、防腐剂、酸度调整剂、胶体保护剂、渗透剂、黏度稳定剂、扩散剂和警戒色染料等，丸化种子用的黏着剂、填充剂和染料等化学药品。种子丸化的黏着剂主要为高分子聚合物，如阿拉伯树胶、淀粉、羧甲基纤维素、甲基纤维素、乙基纤维素、聚乙烯醋酸纤维（盐）、藻朊酸钠、聚偏二氯乙烯（PVDC）、聚乙烯氧化物（PEO）、聚乙烯醇（PVOH）等。填充剂的材料较多，有黏土、硅藻土、泥炭、云母、蛭石、珍珠岩、活性炭、磷矿粉等。在选用填充剂时应考虑取之方便，价格便宜，对种子无害。着色剂主要有草绿、胭脂红、柠檬黄、靛蓝，按不同比例配比，可得到多种颜色。一方面可作为识别种子的标志，另一方面也可作为警戒色，防止鸟雀取食。

种子包膜用的成膜剂种类也较多，如用于大豆种子的成膜剂为乙基纤维素（EC），甜菜种子的成膜剂为聚吡咯烷酮等。种子包膜是将农药、微肥、激素等材料溶解并混入成膜剂而制成种衣剂，为乳糊状的剂型。

（二）种衣剂理化特性

优良包膜型种衣剂的理化特性应达到如下的要求：

（1）合理的细度　细度是成膜性好坏的基础。种衣剂细度标准为 2～4 μm。要求≤2 μm 的粒子在 92%以上，≤4 μm 的粒子在 95%以上。

（2）适当的黏度　黏度是种衣剂黏着在种子上牢度的关键。不同种子的动力黏度不同，一般在 150～400 mPa・s（黏度单位）之间。小麦、大豆要求在 180～270 mPa・s，玉米要求在 50～250 mPa・s，棉花种子要求在 250～400 mPa・s。

（3）适宜的酸度　酸度决定了种子发芽和贮藏期的稳定性，要求种衣剂为微酸性至中性，一般 pH 6.8～7.2 为宜。

（4）高纯度　纯度是指所用原料的纯度，要求有效成分含量要高。

（5）良好的成膜性　成膜性是种衣剂的又一关键物性，要求能迅速固化成膜，种子不粘连，不结块。

（6）种衣牢度　种子包衣后，膜光滑，不易脱落。牢度的大小用种衣脱落率表示，一般种衣脱落率不超过药剂干重的 0.5%～0.7%。

（7）良好的缓解性　种衣剂能透气、透水，有再湿性，播种后吸水很快膨胀，但不立即溶于水，缓慢释放药效，药效一般维持 45～60 d。

（8）良好的贮藏稳定性　冬季不结冰，夏季有效成分不分解，一般可贮存 2 年。

（9）对种子的高度安全性和对防治对象较高的生物活性　种子经包衣后的发芽率和出苗率应与未包衣的种子相仿，对病虫害的防治效果应较高。

五、种子包衣技术和包衣机械

（一）种子包衣对包衣机械的要求

种子包衣作业是把种子放入包衣机内，通过机械作用把种衣剂均匀地包裹在种子表面的过程。种子包衣属于批量连续式生产，种子被一斗一斗定量地计量，同时药液也被一勺一勺定时计量。计量后的种子和药液同时下落，下落的药液在雾化装置中被雾化后喷洒在下落的种子上，使种子包膜，最后搅拌排出。丸化种子则定量定时加入各种成分在丸衣罐内滚动至一定体积再过筛，染色，最后完成丸化。

种子包衣时，对机具的要求有以下几点：

(1)保证密闭性。为了保证操作人员不受药害，包衣机械在作业时必须保证完全密闭，即拌粉药物时，药粉不能散扬到空气中，或抛洒在地面上；拌液体药物时，药液不可随意滴落到容器外，以免污染作业环境。

(2)保证混拌包衣均匀。在机具性能上应能适用粉剂、液剂或粉剂、液剂同时使用，要保证种子和药剂能按比例进行混拌包衣，比例能根据需要调整，调整方法要简单易行。包衣时，要保证药液能均匀地黏附在种子表面或丸化。

(3)有较高的经济性。机具生产要效率高、造价低，构造要简单，与药物接触的零部件要采用防腐材料或采取防腐措施，以提高机具的使用寿命。

(二)包衣前准备

种子包衣作业开始前应做好机具的准备、药剂的准备和种子的准备。

1. 机具的准备

根据种子种类和包衣方式，选择合适的包衣机。包衣前首先要检查包衣机的技术状态是否良好，当发现各种问题时，应逐一认真解决，妥善处理，确认机具技术状态良好后才可投入作业。

2. 药剂的准备

首先应根据不同种子选择不同类型的种衣剂，还应根据加工种子的数量、配比，准备足够量的药物。

对于液剂药物的准备，主要是根据不同药物的要求配制好混合液。一般液剂药物的使用说明中都会详细指出药物和水的混合比例，并按说明书中的比例进行配制。混合时一定要搅动，使药液混合均匀。

对于药物的准备，如果只使用 1 种液剂药物，就只准备 1 种。如果同时需要 2 种就准备 2 种，但必须注意药剂的配比，不可用药过量。对于初次进行包衣的操作者来讲，最好能在有经验的农艺师或工程师指导下做好药物的准备工作。

3. 种子的准备

凡进行包衣的种子必须是经过精选加工后的种子，种子含水量在安全贮藏水分之内。对于种子加工线来讲，包衣作业是最后一项工序，包衣机械都置于加工线的最末端。根据我国当前的生产习惯，包衣作业是在播种前进行的，即加工后的种子先贮藏过冬，到来年春天播种时再包衣。在包衣前对种子进行一次检查，确认种子的净度、发芽率、含水率都合乎要求时，方可进行包衣作业。

4. 发芽试验

任何作物种子在采用种衣剂机械包衣处理前，都必须做发芽试验，只有发芽率较高的种子才能进行种衣剂包衣处理。经过种衣剂包衣处理的每批种子，也都要做发芽试验，以检验包衣处理种子的发芽率。包衣种子的发芽试验，必须在沙床中进行，在培养皿中做试验会因药剂的浓度影响发芽率。

(三)种子包衣机械

目前，种子包衣机主要分为种子丸化包衣机、种子包膜包衣机和多用途种子包衣机等。根据工作原理种子丸化包衣设备的形式可分为水平滚筒式、倾斜转釜式、垂直甩盘式。现将代表类型的包衣机简介如下。

1. 5ZY-1200B 型种子(丸化)包衣机

(1)适用范围　这种型号种子包衣机主要适用于蔬菜、油菜、甜菜和牧草等种子的丸化包衣。

(2)主要结构　本机主要由包衣机、液状物料输送系统、粉料输送装置、机架、陶瓷凉暖风扇、吸顶通风器和电器设备组成(图 5-1)。

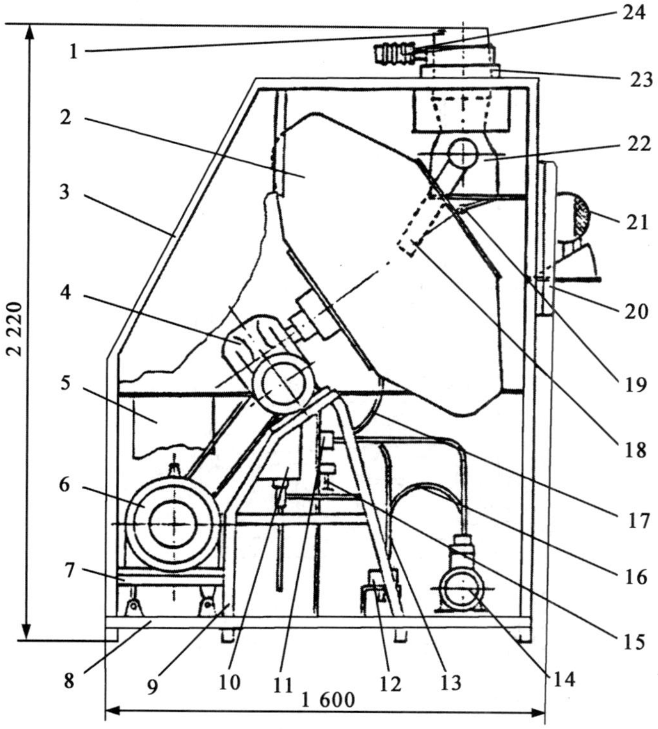

1. 料斗　2. 丸衣罐　3. 梁架　4. 圆弧齿圆柱蜗杆减速机　5. 搅拌桶　6. 电磁调速电动机　7. 电机架　8. 底架　9. 减速机器　10. 贮液桶　11. 电磁换向阀　12. 贮液池　13. 回流管　14. 电动高压无气喷液泵　15. 电磁放水阀　16. 输液管　17. 进、出液高压管　18. 输料管　19. 喷头　20. 观察罩　21. 陶瓷凉暖风扇　22. 粉料输送装置　23. 吸顶通风扇　24. 排尘管

图 5-1　5ZY-1200B 型种子(丸化)包衣机结构

包衣机由三角胶带传动装置、丸衣罐、圆弧齿圆柱蜗杆减速机和电磁调速电动机等组成,用以制作丸粒化种子。液状物料输送系统主要由隔膜式电动高压无气喷枪、电磁换向阀、电磁放水阀、搅拌桶、贮液桶、高压管贮液池及球阀等组成。用以将黏结剂等 3 种液状物料在喷射过程中剧烈膨胀形成雾状。粉料输送装置主要由料斗、料箱、输料管、搅龙、电机及吊框架等组成,用以输送粉状物料。机架主要由底架、梁架、减速机架和电机架等组成,用以安装各个部件和零件。陶瓷凉暖风扇,用以产生热气流,将包衣种子的水分加热而蒸发。吸顶通风器,用以将机器内的粉尘和液状物料悬浮微粒吹出机体外。

(3)工作原理　丸衣罐回转时种子被罐壁与种子之间及种子与种子之间的摩擦力带动随罐回转,到一定的高度后,在重力的作用下脱离罐壁下落,到罐的下部时又被带动,这样周而复始地在丸衣罐内不停地翻转运动。黏着剂定时地经电动高压无气喷枪呈雾状均匀喷射到种子表面，当粉状物料从料斗中落下后，即被黏着剂黏附，如此不断反复，使种子逐渐被物料包裹成丸化种子。种子包衣完毕后，接通陶瓷凉暖风扇的电源，向包衣种子吹热风，将包衣种子的水分带走，从而达到大体干燥的目的。

2. 5BY-5A 型种子(包膜)包衣机

(1)用途　该种子包衣机适用各类种子包衣工作。

(2)机械结构　该种子包衣机由机架、喂入配料装置、喷涂滚筒机构、排料装袋机构、供气系统、电气系统、供液系统等部分构成(图 5-2)。

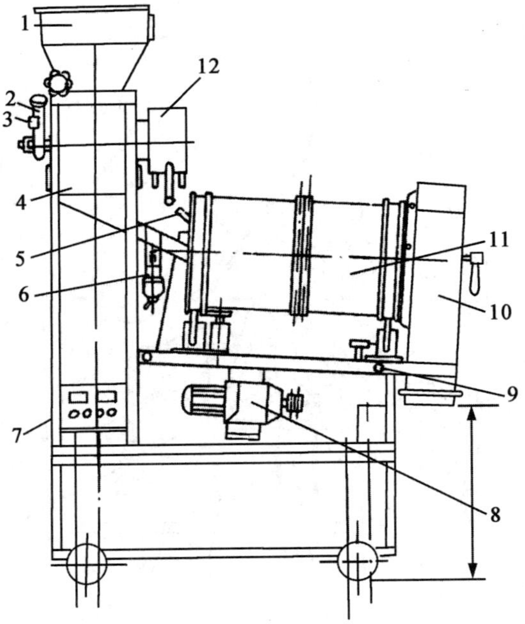

1. 喂料斗　2. 计量摆杆　3. 配重块　4. 配料箱　5. 喷头　6. 调压阀组合　7. 配电箱　8. 减速机　9. 倾角调节手轮　10. 排料箱　11. 滚筒　12. 药液箱

图 5-2　5BY-5A 型种子(包膜)包衣机结构

(3)工作原理和工艺流程　种子在翻滚搅拌过程中，一方面由入口端向较低的出口端运动；另一方面在抄板和导向板的作用下，随滚筒上下运动，形成了“种子雨”。与此同时种衣剂也经计量后流入喷头，随气流雾化，和“种子雨”形成一定夹角，反复喷涂各粒种子表面，形成薄膜，实现包衣，也可实现种子染色、包肥等多种功能。

3. CT10 型种子包衣机

(1)用途　该种子包衣机可对谷类、豆类等作物种子进行连续的包衣处理。

(2)机械结构　该种子包衣机由带旋转盘的种子喂料口、吸力系统、进料口、种子甩盘、药剂甩盘、二次混合单元、种子出料口、除尘连接等部分构成(图 5-3)。

(3)工作原理和工艺流程　种子通过进料口输送至化学处理仓。随着种子甩盘的旋转，种子呈帘状下落。包衣剂通过计量泵定量给料至药剂甩盘，均匀喷洒到种子上，形成细雾，然后接触到帘状种子上，包衣完成后种子输送至二次混合单元，完成均匀、彻底的混合。

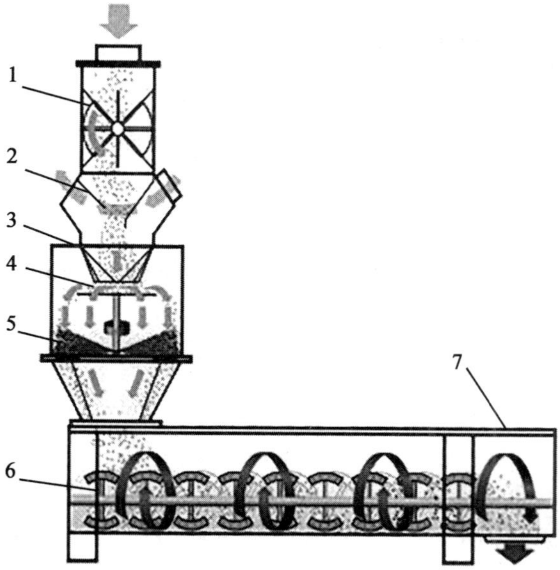

1. 带旋转盘的种子喂料口　2. 吸力系统　3. 进料口　4. 种子甩盘　5. 药剂甩盘
6. 二次混合单元(带搅龙及种子出料口)　7. 除尘连接

图 5-3　CT10 型种子包衣机结构

该机具有连续稳定的运行,易于操作和调整,包衣剂的精确定量给料、内置的自动监测装置可避免错误的处理,药剂甩盘精细喷雾及二次混合单元有效混合保证了均匀包衣等特点。

六、安全使用种衣剂

(1)种衣剂不能同敌稗等除草剂同时使用,如先使用种衣剂,需 30 d 后才能再使用敌稗;如若先使用敌稗,需 3 d 后才能播种包衣种子,否则容易发生药害或降低种衣剂的效果。

(2)种衣剂在水中会逐渐水解,水解速度随 pH 及温度升高而加快,所以不要和碱性农药或肥料同时使用,也不能在盐碱较重的地方使用,否则容易分解失效。

(3)在搬运种子时,检查包装有无破损、漏洞,严防种衣剂处理的种子被儿童或禽畜误食后中毒。

(4)使用包衣后的种子,播种人员要穿防护服、戴手套。

(5)播种时不能吃东西、喝水,徒手擦脸、眼,以防中毒,工作结束后用肥皂洗净手、脸后再进食。

(6)装过包衣种子的口袋,严防误装粮食及其他食物、饲料,应将袋深埋或烧掉以防中毒。

(7)盛过包衣种子的盆、篮子等,必须用清水洗净后,再做他用,严禁再盛食物。洗盆和篮子的水严禁倒在河流、水塘、井池边,可以将水倒在树根、田间,以防人或畜、禽、鱼中毒。

(8)出苗后,严禁用间下来的苗喂牲畜。

(9)凡含有呋喃丹成分的各型号种衣剂,严禁在瓜、果、蔬菜上使用,尤其叶菜类绝对禁用,因呋喃丹为内吸性毒药,残效期长,菜类生育期短,用后对人有害。

(10)用含有呋喃丹的种衣剂包衣水稻种子时,注意防止污染水系。

(11)严禁用喷雾器将含有呋喃丹的种衣剂用水稀释后向作物喷施,因呋喃丹的分子较轻,喷施污染空气，对人类造成危害。

(12)使用种衣剂后的死虫、死鸟，严防家禽家畜吃后发生二次中毒。

呋喃丹中毒常出现头痛、精神衰弱、呕吐、瞳孔收缩、视觉模糊、肌肉震颤或发抖、四肢痉挛、流涎、出汗、腹泻等症状，误吃后不能催吐，应立即就医；触及眼睛时，须用清水冲洗 15 min 或滴入一滴阿托品；弄到皮肤上，要立即用碱水冲洗。

第三节 种子包装材料和技术

一、种子包装的意义和要求

1. 种子包装的意义

对清选干燥和精选分级等加工后的种子，加以合理包装，可防止种子混杂、病虫害感染、吸湿回潮，减缓种子劣变，提高种子商品特性，保持种子旺盛的活力，保证安全贮藏运输，同时便于销售。

2. 做好种子包装工作的要求

(1)防湿包装的种子必须达到包装所要求的种子含水量和净度等标准。确保种子在包装容器内，在贮藏和运输过程中不变质，保持原有质量和活力。

(2)包装容器必须防湿、清洁、无毒、不易破裂、重量轻。种子是活的生物有机体，如不防湿包装，在高湿条件下种子会吸湿回潮，有毒气体会伤害种子，而导致种子丧失生活力。

(3)按不同要求确定包装数量。应按不同种类、苗床或大田播种量、不同生产面积等因素，确定适合的包装数量，以利于使用或方便销售。

(4)有较长保存期限。保存时间长，则要求包装种子水分更低，包装材料好。

(5)包装种子贮藏条件。在低湿干燥气候地区，要求包装条件较低；而在潮湿温暖地区，则要求严格。

(6)包装容器外面应加印或粘贴标签纸。写明作物和品种名称、采种年月、种子质量指标资料和高产栽培技术要点等，最好印上醒目的作物或种子图案，引起种植者的兴趣，以使良种能得到较好的销售。

二、包装材料的种类和特性及选择

(一)包装材料的种类和性质

目前应用比较普遍的包装材料主要有麻袋、多层纸袋、铁皮罐、聚乙烯铝箔复合袋及聚乙烯袋等。

用黄红麻制成的麻袋，强度好，透湿容易，可以重复使用，适宜大量种子的包装，防湿、防虫和防鼠性能差。

金属罐如果封口得当，可以绝对防止受潮，并隔绝气体，防光、防淹水、防有害烟气，防虫、防鼠性能好，并适于高速自动包装和封口，是较适合的少量种子包装容器。

聚乙烯和聚氯乙烯等为多孔型塑料，不能完全防湿。用这种材料所制成的袋和容器，密封在里面的干燥种子会慢慢地吸湿，因此其厚度在 0.1 mm 以上是必要的。但这种防湿包装有效期只有一年左右。

聚乙烯薄膜是用途最广的热塑性薄膜，通常可分为低密度型(密度 0.914～0.925 g/cm^3)、中密度型(密度 0.93～0.94 g/cm^3)、高密度型(密度 0.95～0.96 g/cm^3)。这 3 种聚乙烯薄膜均为微孔材料，对水汽和其他气体的通透性因密度不同而有差异。经试验，在 37.8 ℃和 100%相对湿度下，645.16×10^{-4} m^2(100 in^2)的 0.025 4 mm(1 密耳)厚的薄膜，在 24 h 内可透过水汽，低密度薄膜为 1.4 g，中密度薄膜为 0.7 g，高密度薄膜为 0.3 g。645.16×10^{-4} m^2(100 in^2)的 0.254 mm(10 密耳)厚的低密度薄膜，在上述条件下每 24 h 可透过 0.13 g 水汽，约为 0.025 4 mm(1 密耳)厚的薄膜透过量的 1/10，制成的袋子几乎完全能防止仓库害虫，薄的薄膜可能被某些仓库害虫蛀破。

聚酯薄膜是透明、柔韧，可以热封的材料，对水汽、二氧化碳和氧气的传透率很低，具有很大的抗张强度。聚酯薄膜不含增塑剂，所以不会随时间老化变脆。聚酯薄膜可以本身数层压叠，也几乎可以与其他任何材料层叠。其叠层制品可适用于大多数软性包装设备。

玻璃纸这类薄膜是用再生纤维素制成的，目前有 100 多个品种，每个品种都有一定的专门用途。防潮类型的(水汽透过率很低)可用于少量种子的包装。玻璃纸单独用于种子包装，不能令人十分满意，因其随着年数增多或在干燥条件下就易发脆而破裂。玻璃纸和聚乙烯的混合制品，不会像单独的玻璃纸那样容易变脆，而且具有相当好的防潮性能。聚乙烯-玻璃纸层压材料因其热封简易，并且在自动包装机上操作便利，在种子包装中用得相当广泛。

铝箔的水汽透过率很低，0.899×10^{-5} m(0.35 密耳)厚 $6.451\ 6\times10^{-2}$ m^2(100 in^2)铝箔在 37.8 ℃和 100%相对湿度下，在 24 h 内可透过水汽 0.29 g，1.27×10^{-5} m(0.5 密耳)铝箔在同样条件下透过水汽为 0.12 g，更厚的铝箔几乎不透过水汽。单独用铝箔包装种子的效果不好，但如果结合其他材料制成复合材料，几乎可以获得任何需要的特性。铝箔与其他材料的复合制品已广泛地用于各种各样的种子包装。如铝箔同聚乙烯薄膜的复合制品，其防湿和抗裂强度更好，可广泛地用于种子包装。目前这类制品有：铝箔/玻璃纸/铝箔/热封漆、铝箔/纱纸/聚乙烯薄膜、牛皮纸/聚乙烯薄膜/铝箔/聚乙烯薄膜。

聚乙烯铝箔复合袋强度适当，透湿率极低(表 5-3)。该复合袋由数层组成。因为铝箔有微小孔隙，最内及最外层为聚乙烯薄膜则有充分的防湿效果。一般认为，用这种袋装种子，1 年内种子含水量不会发生变化。

表 5-3　铝箔厚度和透湿率

(日本工业规格 21500—1960)

种类	铝箔厚度/mm	透湿率/[$g/(m^2\cdot24\ h)$]
1	0.007～0.008	<7
2	0.008～0.010	<5
3	0.010～0.015	<2.5
4	0.015～0.020	<1.5
5	0.020～0.025 及以上	0

纸袋多用漂白亚硫酸盐纸或牛皮纸制成，其表面覆上一层洁白陶土以便印刷。许多纸质种子袋为多层结构，由几层光滑纸或皱纹纸制成。多层纸袋因用途不同而有不同结构。普通多层纸袋的抗破力差，防湿、防虫、防鼠性能差，在非常干燥时会干化，易破损，不能保护种子生活力。

纸板盒和纸板罐(筒)也广泛用于种子包装。多层牛皮纸能保护种子的大多数物理品质，并对自动包装和封口设备很适合。

不同包装材料对种子有不同的影响。现将有关资料摘列于表 5-4 中。

表 5-4 各种包装袋所保存种子的含水量和发芽率

（宫城，1963）

袋的种类	调查年月	洋葱		胡萝卜		莴苣		甘蓝		黄瓜		番茄	
		含水量	发芽率	含水量	发芽率	含水量	发芽率	含水量	发芽率	含水量	发芽率	含水量	发芽率
试验开始	1960.12	5.9	97	5.4	78	4.4	96	4.3	92	4.4	86	5.3	97
纸袋	1961.9	11.3	83	10.4	45	9.7	58	9.8	76	9.4	84	12	91
	1962.10	—	0	—	0	—	1	—	2	—	58	—	71
聚乙烯袋（低密度，0.1 mm）	1961.9	10.1	93	9.5	74	7.8	85	8.4	89	7.5	89	9.7	93
	1962.10	11.8	51	10.4	24	8.4	52	10.1	77	8.3	75	9.7	83
聚乙烯袋（高密度，0.09 mm）	1961.9	8.9	94	8.7	78	7.1	90	7.6	89	6.8	93	9.0	96
	1962.10	10.4	93	10.0	50	8.0	72	9.8	80	7.7	88	9.6	84
优质纸＋铝箔（7 μm）＋聚乙烯（20 μm）复合袋	1961.9	5.7	96	5.3	78	4.2	94	4.3	92	—	—	5.5	95
	1962.10	5.7	98	5.5	76	4.3	90	4.3	91	—	—	—	—
玻璃纸 300 μm ＋聚乙烯（13 μm）＋铝箔（15 μm）＋聚乙烯（30 μm）复合袋	1961.9	5.7	96	5.4	80	4.3	92	4.3	91	4.4	90	5.5	97
	1962.10	5.7	96	5.4	78	4.3	92	4.3	93	4.3	93	5.2	98

注：1960 年 12 月试验开始封入，1961 年 9 月和 1962 年 10 月开封测定，室温保存，表面积为 120 cm^2 的 1 袋中的种子。

（二）包装材料和容器的选择

包装材料和容器要按种子种类、种子特性、种子水分、保存期限、贮藏条件、种子用途和运输距离及地区等因素来选择。

麻袋、布袋有坚固耐磨的特点，常用于大量种子的贮藏和运输包装。

多孔纸袋或针织袋一般用于要求通气性好的种子种类（如豆类），或数量大、贮存在干燥、低温场所、保存期限短的批发种子的包装。

小纸袋、聚乙烯袋、铝箔复合袋、铁皮罐等通常用于零售种子的包装。内衬细绳子的纸/聚乙烯复合袋在德国被用作种子扦样袋。

钢皮罐、铝盒、塑料瓶、玻璃瓶和聚乙烯铝箔复合袋等容器可用于价高或少量种子长期保存或品种资源保存的包装。

在高温高湿的热带和亚热带地区的种子包装应尽量选择严密防湿的包装容器，并且将种子干燥到安全包装保存的水分，封入防湿容器以防种子生活力的丧失。

三、防湿容器包装的种子安全含水量

根据安全包装和贮藏原理，种子含水量降低到与 25%相对湿度平衡的含水量时，种子寿命可延长，有利于保持种子旺盛的活力。但这种含水量因种子种类不同而有差异（表 5-5）。如果不能达到干燥程度，则会加速种子的劣变死亡。因为高水分种子在这种密闭容器里，由于呼吸作用很快耗尽氧气而累积二氧化碳，最终导致无氧呼吸而中毒死亡。所以防湿密封包装的种子必须干燥到安全包装的含水量，才能得到保持种子原有活力的效果。林程（2017）采用牛皮纸袋和尼龙塑料袋(采用密封机封口)包装分别在室温、15 ℃和 5 ℃下贮藏 18 个月,研究了不同种子含水量对 Y 两优 689 和钱优 1 号杂交水稻种子活力和生活力的影响,结果表明:室温下,经 12 和 18 个月贮藏,11%含水量的种子活力和生活力显著高于 13%含水量的种子,13%含水量的种子显著高于 14.5%含水量的种子。室温下,贮藏 12 个月,Y 两优 689 种子含水量应控制在 11%,钱优 1 号控制在 13%;贮藏 18 个月,Y 两优 689 11%含水量的种子发芽率已低于 80%的杂交水稻种用标准,钱优 1 号种子含水量可控制在 11%。15 ℃下,贮藏 3、6 个月,不同种子含水量贮藏的种子,种子活力、生活力变化不存在显著差异,贮藏 12 和 18 个月,11%和 13%含水量的种子活力和生活力显著高于 14.5%含水量的种子。15 ℃下,贮藏 12 个月,Y 两优 689 和钱优 1 号种子含水量应控制在 13%,贮藏 18 个月 Y 两优 689 种子含水量应控制在 11%,钱优 1 号应在 13%。5 ℃下,贮藏 18 个月,种子依然保持着较高的种子活力和生活力(最低发芽率为 84.7%),且 3 种种子含水量间无显著差异,Y 两优 689 和钱优 1 号种子含水量可控制在 13%。

表 5-5　封入密闭容器的种子上限含水量　%

农作物和牧草种子	含水量	蔬菜种子	含水量	蔬菜种子	含水量	花卉种子	含水量
大豆	8.0	四季豆	7.0	球茎甘蓝	5.0	藿利蓟	6.7
甜玉米	8.0	菜豆	7.0	韭葱	6.5	庭芥	6.3
大麦	10.0	甜菜	7.5	莴苣	5.5	金鱼草	5.9
玉米	10.0	硬叶甘蓝	5.0	甜瓜	6.0	紫苑	6.5
燕麦	8.0	抱子甘蓝	5.0	芥菜	5.0	雏菊	7.0
黑麦	8.0	胡萝卜	7.0	洋葱	6.5	风铃草	6.3
小麦	8.0	花椰菜	5.0	葱	6.5	羽扇豆	8.0
糖甜菜	7.5	块根芹	7.0	皱叶欧芹	6.5	勿忘草	7.1
苜蓿	6.0	甜芹	7.0	欧洲防风	6.0	龙面花	5.7
三叶草	8.0	君达菜	7.5	豌豆	7.0	钓钟柳	6.5
翦股颖	9.0	甘蓝	5.0	辣椒	4.5	矮牵牛	6.2
早熟禾	9.0	白菜	5.0	西葫芦	6.0	福禄考	7.8
羊茅	9.0	细香葱	6.5	萝卜	5.0		
梯牧草	9.0	羽衣甘蓝	5.0	芜菁甘蓝	5.0		
六月禾	6.0	黄瓜	6.0	菠菜	8.0		
紫羊茅	8.0	茄子	6.0	南瓜	6.0		
黑麦草	8.0	番茄	5.5	西瓜	6.5		
		芜菁	5.0	其他全部	6.0		

四、包装标签

根据《农作物种子标签通则》(GB 20464—2006)(以下简称《标签通则》),在中华人民共和国境内销售(经营)的农作物种子应当附有标签。标签是指标注内容的文字说明及特定图案。文字说明是指对标注内容的具体描述,特定图案是指警示标志、认证标志等。对于应当包装销售的农作物种子,标签为固定在种子包装物表面及内外的文字说明及特定图案;对于可以不经包装销售的农作物种子,标签为在经营时所提供印刷品的文字说明及特定图案。《标签通则》规定了农作物商品种子标签的标注内容、制作要求,还确立了其使用监督的检查范围、内容以及质量判定规则。《标签通则》的颁布和实施对于保护种子使用者、种子生产者以及种子经营者的合法权益起重要保障作用。

(一)种子标签应当标注的内容

作物种类与种子类别;品种名称;生产商、进口商名称及地址;质量指标;产地;生产年月;种子经营许可证编号和检疫证明编号。质量指标的标注值按生产商或进口商或分装单位承诺的进行标注,品种纯度、净度(净种子)、水分百分率保留一位小数,发芽率、其他植物种子数目保留整数。

(二)标签上应加注的内容

对于不同的种子应当加注不同的内容,具体如下。

1. 主要农作物种子

国内生产的主要农作物种子应加注:主要农作物种子生产许可证编号;主要农作物品种审定编号。

进口的主要农作物种子应加注:在中国境内审定通过的主要农作物品种审定编号。

2. 进口种子

进口种子应加注:进口企业资格证书或对外贸易经营者备案登记表编号;进口种子审批文号。

3. 转基因种子

转基因种子应加注:标明“转基因”或“转基因种子”;农业转基因生物安全证书编号;转基因农作物种子生产许可证编号;转基因品种审定编号;有特殊销售范围要求的需标注销售范围,可表示为“仅限于××销售(生产、使用)”;转基因品种安全控制措施,按农业转基因生物安全证书上所载明的进行标注。

4. 药剂处理种子

药剂处理种子应加注:药剂名称、有效成分及含量。依据药剂毒性大小(以大鼠经口半数致死量表示,缩写为 LD_{50})进行标注。若 $LD_{50}<50$ mg/kg,标明“高毒”,并附骷髅警示标志;若 $LD_{50}=50\sim500$ mg/kg,标明“中等毒”,并附十字骨警示标志;若 $LD_{50}>500$ mg/kg,标明“低毒”。标注药剂中毒所引起的症状、可使用的解毒药剂的建议等注意事项。

5. 分装种子

分装种子应加注:分装单位名称和地址,按农作物种子经营许可证注明的进行标注;分装日期(日期表示法:2000 年 7 月标注为 2000—07)。

6. 混合种子

混合种子应加注：标明“混合种子”；每一类种子的名称(包括作物种类、种子类别和品种名称)及质量分数；产地、检疫证明编号、农作物种子经营许可证编号、生产年月、质量指标等(只要存在差异，就应标注至每一类)；如果属于同一品种不同生产方式、不同加工处理方式的种子混合物，应予注明。

7. 净含量

应当包装销售的农作物种子应加注净含量。净含量的标注由“净含量”(中文)、数字、法定计量单位(kg 或 g)或数量单位(粒或株)3 部分组成。使用法定计量单位时，净含量小于 1 000 g 的，以克(g)表示；净含量大于或等于 1 000 g 的，以千克(kg)表示。

8. 杂草种子

农作物商品种子批中不应存在检疫性有害杂草种子；其他杂草种子依据作物种类的不同，不应超过技术规范强制性要求所规定的允许含量。

如果种子批中含有低于或等于技术规范强制性要求所规定的含量，应加注杂草种子的种类和含量。

杂草种子种类应按植物分类学上所确定的种(不能准确确定所属种时，允许标注至属)进行标注，含量表示为：××粒/kg 或××粒/千克。

9. 认证标志

以质量认证种子进行销售的种子批，其标签应附有认证标志。

(三)标签上宜加注内容

1. 种子批号

种子批号是质量信息可靠性、溯源性以及质量监督的重要依据之一。应当包装销售的农作物种子，宜在标签上标注由生产商或进口商或分装单位自行确定的种子批号。

2. 品种说明

有关品种主要性状、主要栽培措施、使用条件的说明，宜在标签上标注。主要性状可包括种性、生育期、穗形、株型、株高、粒形、抗病性、单产、品质以及其他典型性状；主要栽培措施可包括播期、播量、施肥方式、灌水、病虫防治等；使用条件可包括适宜种植的生态区和生产条件。

对于主要农作物种子，品种说明应与审定公告一致；对于非主要农作物种子，品种说明应有试验验证的依据。

(四)标签制作要求

1. 形式

(1)包装销售的农作物种子标签，可采用下列一种或多种形式：直接印制在包装物表面；固定在包装物外面的印刷品；放置在包装物内的印刷品。

这 3 种形式应包括规定标注内容，但是下列标注内容应直接印制在包装物表面或者制成印刷品固定在包装物外面：作物种类与种子类别、品种名称、生产商或进口商或分装单位名称与地址、质量指标、净含量、生产年月、农作物种子经营许可证编号、警示标志、标明“转基因”或“转基因种子”。

(2)可以不经包装销售的农作物种子,标注内容应制成印刷品。生产年月标示采用见包装物某部位的方式,应标示所在包装物的具体部位。

2. 作为标签的印刷品的制作要求

(1)形状　固定在包装物外面的或作为可以不经包装销售的农作物种子标签的印刷品应为长方形,长与宽大小不应小于 12 cm×8 cm。

(2)材料　印刷品的制作材料应有足够的强度,特别是固定在包装物外面的应不易在流通环节中变得模糊甚至脱落。

(3)颜色　固定在包装物外面的或作为可以不经包装销售的农作物种子标签的印刷品宜制作不同颜色以示区别。

育种家种子使用白色并有左上角至右下角的紫色单对角条纹,原种使用蓝色,大田用种使用白色或者蓝红以外的单一颜色,亲本种子使用红色。

3. 印刷要求

印刷字体、图案应与基底形成明显的反差,清晰易辨。使用的汉字、数字和字母的字体高度不应小于 1.8 mm。

目前,新的《农作物种子标签通则》正在修订中。

此外,针对包衣种子,荷兰 ASTEC Global 公司开发出一种新的种子标签防伪技术,称作 MarQ 技术。MarQ 仪通过辨别包衣剂中添加的特定成分,然后转化为声频信号从而达到识别种子的目的,即使种子播种 8 周后也能检测到。这种标签防伪技术方法简单、经济实用,适合各种包衣系统。

五、包装方法和包装机械

(一)种子包装方法

目前种子包装主要有按种子重量包装和种子粒数包装两种。一般农作物和牧草种子采用重量包装。其每个包装重量,按农业生产规模、播种面积和用种量进行包装。如美国大田作物种子每袋 50～100 lb(1 lb=0.453 592 kg),蔬菜花卉种子每袋 25～100 lb,烟草种子 0.5～1 oz(1 oz=28.349 523 g)。其他小粒种子可每袋 1～5 lb。而我国,根据农户生产规模、各地区间差异、作物种类的不同,杂交水稻种子有每袋 1～5 kg,玉米种子每袋 5～10 kg,蔬菜种子有每袋 4 g、8 g、20 g、100 g、200 g 等不同的包装。目前随着种子质量提高和精量播种需要,对比较昂贵的蔬菜和花卉种子有采用粒数包装,如每袋 100 粒或 200 粒等包装。因此,为适应种子定量和定数包装的需要,种子包装机械也有相应两种类型。

(二)种子包装工艺流程和机械

1. 种子包装工艺流程

种子包装主要包括种子从散装仓库输送到加料箱→称量或计数→装袋(或容器)→封口(或缝口)→贴(或挂)标签等程序。

在先进国家和我国的一些地区,种子包装已基本上实现自动化或半自动化操作。种子从散装仓库,通过重力或空气提升器、皮带输送机、升降机等机械运动送到加料箱中,然后进入称量设备。当达到预定的重量或体积时,即自动切断种子流,接着种子进入包装机,打开包装容器口，种子流入包装容器，最后种子袋(或容器)经缝口机缝口或封口和粘贴标签(或预先印上)，即完成了包装操作。

2. 种子定量包装机

以 5ZJ-100 型电子自动计量缝包装置为例加以说明。

(1)用途及结构

用途：5ZJ-100 型电子自动计量缝包装置是一套精度较高的计量缝包装置，主要用于玉米、小麦、水稻、大豆等种子自动计量缝包。

结构及原理：该装置由计量头、料斗、台秤、支架、限位开关及控制等部分组成(图 5-4)。计量头可直接接在料仓上，计量头下面的支架上放有台秤及料斗，限制开关调试后装在秤的固定臂上，不得随意拆装。

计量头为控制种子称重时间及重量的执行部件，被称的种子通过计量头进入台秤料斗，当种子达到所需要的重量时，限制开关发出信号，这时计量头滑块做第 1 次动作。当大量种子进入时，仍有少量种子慢慢流入料斗，直到被称种子达到要求重量，限制开关再次发出信号，计量头滑块做第 2 次动作，种子下落全部停止，计量工作结束。

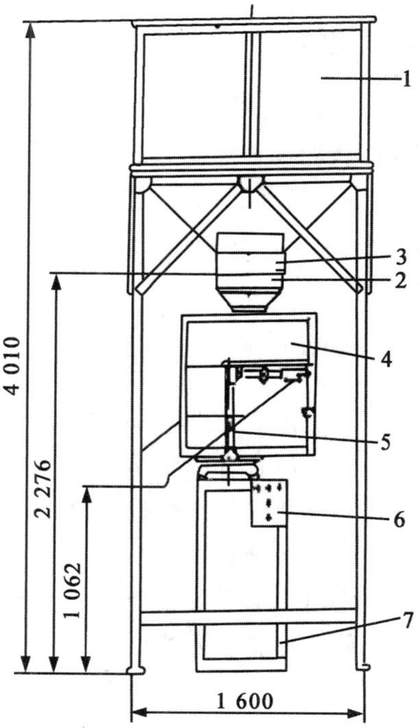

1. 料仓　2. 计量头　3. 料斗　4. 控制盒
5. 台秤　6. 控制箱　7. 支架

图 5-4　5ZJ-100 型电子自动计量装置结构

(颜启传，2001)

(2)工艺流程　5ZJ-100 型电子自动计量缝包装置可准确地称量玉米、小麦、水稻、大豆等各类作物种子，其主要工艺流程如下：

种子 → 电子自动计量 → 装袋 → 输送 → 封包 → 入库

工艺流程的确定决定了种子计量的准确性及适用范围，该装置采用目前国内外最先进的电子磁力控制装置及计量台秤、缝包机，满足目前种子加工生产的需要。该机型的选配与设计具有独到之处，采用两级自然迭落分段计量，并可自动控制大小流量与计量台秤，缝包机匹配，工作可靠，性能稳定，操作方便。整个装置布局紧凑、合理，解决了种子在计量中易破碎的问题，保证了种子质量。5ZJ-100 型电子自动计量缝包装置分为电子自动计量、装袋、缝袋及电器控制，最大高度为 4.01 m，缝袋高度为 1.45 m。

瑞士还生产有先进的定量小包装机械。只要将种子放入漏斗，经定量秤称重，流入小包装袋，自动封口，自动移到收集道口，由工人装入定制的纸箱，效率很高。

3. 种子定数包装机

先进的种子定数包装机，只要将精选种子放入漏斗，经定数的光电计数器计数，流入包装袋，自动封口，自动移到出口道，由工人装入定制纸箱，完成包装，效率很高。

六、包装种子的保存

虽然包装好的种子已具备一定的防湿、防虫或防鼠等性能，但仍然会受到高温和潮湿环境的影响，从而加速劣变。所以包好的种子仍须存放在防湿、防虫、防鼠、干燥低温的仓库或场所。按种子种类、种和品种的种子袋分开堆垛。为了便于进行适当通风，种子袋堆垛之间应留有适当的空间。还须做好防火和检查等管理工作，确保已包装种子的安全保存，真正发挥种子包装的优越性。

思考题

1. 种子普通处理有哪些方法？
2. 种子包衣有哪些类型？
3. 种衣剂主要含哪些成分？
4. 种子处理有哪些新技术？
5. 如何根据需要选择种子包装材料？
6. 种子标签有哪些要求？

第六章　种子加工工艺流程

现代化的种子加工处理必须将各种单机有机地组合在一起，同时根据加工作物种子种类的不同应该采用不同的工艺流程。因此，了解种子加工工序和不同种子的加工工艺流程对做好种子加工工作非常重要。

第一节　种子加工成套设备和种子加工工序

一、种子加工成套设备

种子加工成套设备是指将种子加工的各个环节的专用设备连接起来组成的一个流水线，是能够完成种子全部加工要求的加工设备及其配套、附属装置的总称，由各种单机、输送系统、控制系统、除尘系统、集中除杂系统、平台支架等部分组成。被加工的种子从喂入到出成品种子，全过程连续作业，一般称为种子加工线。根据种子加工线的规模和设备运行的需要，建设的种子加工厂厂房，同种子加工设备一起，形成了种子加工厂。种子加工厂设有称量、卸车、初清、烘干、复清、精选、计量、包装、药物处理及贮藏等功能，种子从接收到烘干、精加工、包装外运全部机械作业。

二、种子加工工序及其选择

种子加工是多个加工环节（工序）的组合，每个工序可以由一台或多台机械来完成。不同种类种子的形态特征、化学性质、物理特性等各不相同，因此，对加工设备的性能与加工工艺要求也不同。种子加工工序按选择要求可分为3类：主要工序、特殊工序和辅助工序。其中主要工序包括预清选、干燥、基本清选、长度分选、相对密度分选、种子分级、种子包衣及称重包装；特殊工序包括脱粒、除芒、刷种、脱绒等；辅助工序包括输送、除尘、贮存、杂质收集、安装检修平台、选用电气控制系统等。每一种工序都对应着相应的设备，每一种设备都有自己的工作原理。

（一）种子加工的主要工序

1. 预清选（初清）

预清选是种子加工的第一道工序，主要是除掉种子中的特大杂物（如秸秆、玉米芯、石块等），为进一步干燥或清选打下基础。因此，对经过预清选后的种子质量要求不高。预清选一般是根据种子物理特性（悬浮特性与外形尺寸）的差异，在一台机器上完成种子风选与筛选。从提高生产线的自动化程度、生产效率以及烘干种子时节约能耗的角度来看，配备预清选设备是必要的。

2. 干燥

种子干燥的目的是把种子含水量降到安全贮藏水分以下，以提高种子贮藏性能。种子干燥的方法有很多，其中人工自然晾晒是最简单最经济的方法，但是效率较低。采用机械式烘干机干燥不仅可以实现机械化、自动化作业，而且操作简单省力，生产效率高。烘干机械的干燥方式有分批式和连续式两种，循环干燥是分批式的一种。高水分稻谷、蔬菜种子多采用分批干燥，玉米和小麦种子多采用连续干燥。干燥后的种子，要求其发芽率和发芽势不得降低；破损率增值≤0.3%；干燥不均匀度≤1%（降水5%以内时）；种子外观色泽不变。

种子烘干部分加工能力及烘干热源的选择主要应考虑以下两个因素：一是种子基地的规模，即在一定范围内种子的繁育面积和产量；二是当地的气候条件，即从种子收获到入库这段时间空气的自然温度（同时要考虑自然降水因素）。我国北方各省（区）种子基地规模一般为300～400 hm^2，种子收获到入库的时间约40 d。在这段时间内最低气温不低于－10 ℃，据此，应设计和推广年加工量为1 000 t和2 000 t型的种子加工厂。

目前所采用的热源大体有3种：一是烧油，二是烧煤，三是用电。我国从国外引进的设备都是烧油的。由于我国石油供应紧张，油的来源困难，电的供应不足，再加上用电作热源成本太高，所以国内的烘干设备采用以煤为燃料作热源的较多。

以煤为燃料的种子烘干设备，又分为直接加热和间接加热两种。直接加热就是煤燃烧时，产生的热通过风机直接吹入烘干机（室）内，这种办法的优点是热效率高、设备造价低廉，缺点是不够卫生、作业条件差。间接加热就是煤燃烧后通过热交换器，把清洁空气加热后吹进烘干机（室）内。热交换器的种类较多，大体可归纳为两种：一种是锅炉式的，通过水（或蒸气）为热介质；另一种是完全用空气作交换介质。

间接加热方法的优点是种子没有污染，可烘干商品粮，作业条件好；缺点是设备造价较高，热效率较低。目前，我国自行设计的种子烘干机（室）两种加热方法均有，主要原因是从降低设备造价考虑的。

3. 基本清选

基本清选是种子加工中必不可少的程序，利用种子在气流中临界速度的不同进行风选，并按种子宽度或厚度尺寸进行筛选，进一步淘汰种子中的轻杂质、大粒及瘦小粒种子，可有效地提高种子净度和千粒重。

4. 长度分选

种子经过基本清选后，有些种子中还含有比种子子粒长或短的杂质或断粒需要清除，如春小麦中的燕麦，小麦中的破碎粒、草籽、土粒，水稻中的大米粒等，应当用窝眼筒清选机进行长度分选，利用窝眼本身直径的大小，可以去除长杂（正分选）和短杂（逆分选）。

5. 重力（相对密度）分选

经过基本清选的种子，虽然大小一致，但是由于饱满度不同、发霉、病害、虫蛀等，种子的相对密度还存在差异，可以根据种子相对密度的差异对种子进行进一步的分选，改善种子品质。重力清选机的台面有三角形和矩形两种，三角形台面上重种子（包括重杂）走过的路径远，在小生产率、清除重杂为主的小粒种子清选中有较好的效果，如除去小麦种子中的石粒等；而矩形台面平衡性能好，生产率高，台面上轻杂和中间混合料走过的路径远，在大生产率和谷物种子清选中大多使用矩形台面。

种子精选的加工能力一般要与烘干部分的加工能力相匹配，但因精选的时间限度不够严格，加工时间可以拖长 2～3 个月，在选择加工效率时也可以考虑小的烘干能力。但是，要有较大的中间贮存能力，即中间贮存仓。精选部分的加工能力一般用 t/h 来表示，目前我国推广应用的种子加工厂，主要有 3 t/h 种子加工线和 5 t/h 种子加工线，基本上与烘干部分的 1 000 t/40 d 和 2 000 t/40 d 相匹配。

6. 种子分级

根据种子商品化及播种的要求，种子分级机主要用于对精选后的种子按照子粒的大小（宽度或厚度）进行分级。目前，常用的分级机一般是整筒式圆筒筛，筛孔为长孔筛或凹窝圆孔筛。种子按长度分级时，采用窝眼筒分级机。目前国内种子分级主要应用于玉米种子。

7. 种子包衣

种子包衣是把清选后的种子包上一层带有成膜剂的种衣剂，达到防止病虫害，提高种子外观质量，增加种子商品性的目的。该工序要求不同作物和不同防治对象应选用不同剂型的种衣剂，并在包衣过程中使种衣剂均匀分布在种子表面上；根据种衣剂的配比要求，严格控制药种比例，是提高种子包衣质量、降低生产成本至关重要的环节。

8. 称重包装

近年来，种子已经从生产资料逐步发展成为商品，因此种子的称重包装越来越重要。在种子包装材料、标签的使用以及计量精度等方面，国家有关部门及相关法律已做出了明确的规定。根据种子商品化要求，需要对加工、包衣后的种子进行计量、装袋、包装。目前种子企业主要采用的是半自动化计量包装方式和全自动化计量包装方式。

上述主要工序组成了种子加工的基本工艺，如图 6-1 所示。

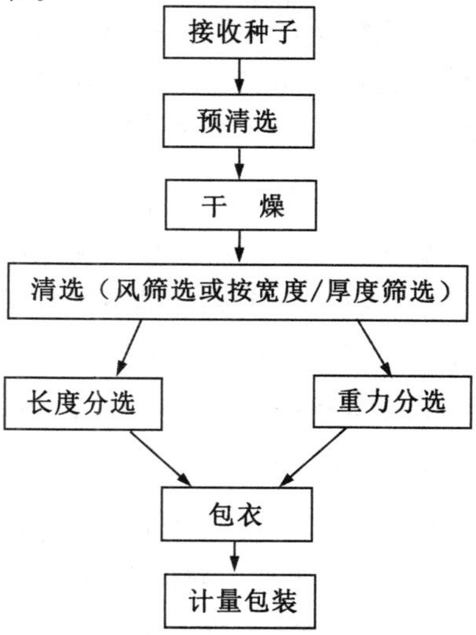

图 6-1　种子加工基本工艺

（孙群等，2009）

（二）种子加工的特殊工序

除了上述种子加工的主要工序之外，有些种子还需要一些特殊工序进行处理，如玉米种子的脱粒、棉花种子的脱绒、大麦种子的除芒等。

1. 脱粒工序

即将种子从果穗、荚果或其他果实上脱取下来，相应的脱粒设备有玉米脱粒机、稻麦脱粒机、牧草种子脱粒机以及茄果类取籽机等。脱粒是玉米种子必不可少的加工工序，玉米种子最好从生产基地收获玉米果穗，晾晒或烘干后在种子加工厂统一进行脱粒，脱粒时的含水量控制在约 18%时，破碎率最低。而水稻、小麦、油菜等种子一般先在晒场上进行脱粒，然后运到种子加工厂进行加工。

2. 除芒工序

水稻、大麦和有些牧草种子具有长芒，造成种子流动性差，不易清选和干燥，因此需要除芒处理。除芒机为全封闭金属结构，利用主轴高速转动时动拨棍与静拨棍搓擦作用，搓断种子顶部的长芒，达到除芒目的。

3. 刷种工序

刷种工序是对甜菜、胡萝卜、带芒牧草等种子进行去壳、除芒加工的技术。刷种机为全封闭金属结构，进料量能根据种子的刷种效果进行方便的调节；利用搓擦作用，抛光种子表面或打开种子结团。刷种机是加工茄果类种子时常用的设备，如处理掉胡萝卜种子外的种毛或打开茄果类种子结团。

4. 脱绒工序

棉花种子经过轧花后，棉籽表面含有8%～12%的短绒。脱绒工序是指对棉籽表面进行处理，脱去表面短绒，使其成为“光”籽的过程。这样有利于对棉籽进行清选、分级和包衣处理，便于实现棉花种子商品化和实施棉籽机械化播种。目前国内外常用的棉种脱绒技术主要有化学脱绒和机械脱绒两种，其中化学脱绒主要采用稀硫酸脱绒和泡沫酸脱绒。

(三)种子加工的辅助工序

1. 输送工序

输送工序是将种子由一台主要设备排料口送入另一台主要设备进料口(或进料口上方缓冲仓)，把种子加工厂中各道工序有机地连接起来，成为一个整体。在种子加工成套设备中，输送设备包括：斗式提升机、开式提升机、振动输送机和皮带输送机等。

2. 除尘工序

除尘工序是指对种子风选与输送过程中产生的粉尘，通过风管、离心风机与除尘器进行集中收集与处理的过程。种子加工中除尘主要有风筛清选机除尘、重力式清选机除尘和喂料系统除尘。种子加工成套设备中常用的除尘器主要有旋风除尘器和袋式除尘器。除尘系统要求除尘引力大，能除去大部分粉尘和颖壳等轻杂物，有效地保障加工场所的空气清洁度，排除发生粉尘爆炸的隐患，保护操作人员的身体健康。

3. 贮存工序

贮存工序是指在种子加工过程中对某一加工阶段(或将要进行下一步工序)的种子实施暂存的过程，主要是均衡生产和保证种子的连续喂入和排放。贮存工序涉及烘干前后贮存，重力分选前、包衣前、称重包装前以及种子分级后贮存。贮存设备包括：各种大小金属储仓、缓冲仓等。储仓、缓冲仓主要有圆仓和方仓两种结构形式，方仓应用较为普遍。根据工作要求，金属储仓与缓冲仓均设有上下料位器，便于监测仓中种子料位的高低。

4. 杂质收集工序

杂质收集工序是指在种子加工过程中对各个加工阶段中分离出的杂质进行集中收集的过程。杂质收集系统通常有气吸式集杂、皮带输送集杂、螺旋输送集杂、振动输送集杂等自动集杂方式和人工袋接式集杂方式。国内应用较多的是气吸式自动集杂装置和人工袋接式集杂方式。

5. 安装检修平台

安装检修平台是种子加工成套设备的整体骨架，其主要作用是用来支撑和安装主机及辅助设备，并为检修、保养主机和辅助设备提供方便。检修平台通常有钢架平台和水泥平台两种。在现有种子加工设备中，检修平台多采用单层龙门架式钢结构平台，主要由立柱、上框梁、踩板、防护围栏及楼梯等组成。在种子加工设备中，要求检修平台具有足够的强度和刚性，满足主机及辅助设备的安装、正常工作与检修工作的需要，并做到协调美观。

6. 选用电气控制系统

种子加工成套设备的自动化程度高低主要取决于电气控制系统，控制系统设计应以实用、可靠、经济、安全为原则。目前，常用的控制方式主要有常规电器控制和小型工艺计算机控制。常规电器控制投资少，具有可以在整条生产线上控制主机及辅助设备的启闭、运行模式、开闭顺次、故障报警等功能，在我国应用较多。

小型工艺计算机控制投资费用相对较高，但具有基本逻辑指令，且具有通用性强、编程方便灵活、功能齐全、体积小、适应性强、抗干扰性好、使用维护方便等优点，是今后种子加工成套设备实现自动控制的发展方向。

(四)种子加工工序的选择

对于任何种子来说，加工工序与加工工艺流程的选择与种子的类别、杂质的种类以及要求达到的种子质量标准等密切相关。种子加工过程中不仅要求保证加工后的种子质量，同时，还保证种子本身较高的获选率。因此，选择工艺流程应该遵循以下原则：

(1)根据加工对象和使用对象制定必要的加工工序，选用最少量的机械设备和最简单的工艺流程，达到最理想的加工效果。同时，还要有一定的应变能力来适应不同加工对象的状态(品种、组成、含水量)。

(2)整个工艺应保证加工质量的稳定性，使加工后种子达到预定的质量指标。

(3)重视除尘系统排放气体的质量控制与成套设备工作过程中的噪声控制。

(4)种子加工厂的设备布置形式决定了种子加工过程中的流动路线，应从加工工艺流程、加工厂总体投资、设备监测、检查维护方便等方面综合考虑。种子加工厂总体布局基本上采用3种形式：第一种是平面布局，一般在小生产率生产线上普遍采用，土建成本低，设备安装期短，但因提升设备有所增加，使种子的破碎率也有增加；第二种是立体布局，土建成本高，施工期长，但能降低种子加工中种子的破碎率；第三种是平面加立体布局，整体造型好，设备维修方便，工艺路线流畅，兼有平面布局和立体布局的优点，是目前种子加工采用较多的方案。在布局时要考虑到现场维修通道、土建基础、电器设备线路架设、总控制室及分控箱的位置。确定提升机位置时，尽量减少地面障碍物。确定各设备的入料口与排料口位置时，留足清选设备出筛的工作空间，以及各调整部分的工作空间。合理确定设备的位置，确保各设备的安全生产空间，尽量减少提升和水平输送距离，以降低设备成本。

每个工序都对应着不同的加工设备，设备选型对一个种子加工厂的质量好坏、水平高低是至关重要的，应遵循以下几个原则：①设备本身的性能要好；②每台主机和配套设备的加工生产率要相匹配；③破碎率要低；④便于清理，防止种子混杂。

第二节　主要种子加工工艺流程

一、玉米种子加工工艺流程

我国多数种子公司都是先对玉米果穗进行烘干，待子粒水分降至18%后进行脱粒，此时脱粒对子粒的机械损伤最小，然后再进行子粒烘干，即二段式烘干法，然后进行清选、分级、包衣与计量包装，这样可以缩短烘干作业的时间，提高加工效率，同时，还可以节省用于烘干玉米芯所用的能源。美国与欧洲则普遍采用一段式烘干法，即将果穗一次干燥至安全水分，然后再进行贮藏或清选加工，可在较短的时间内将种子含水量降至安全贮藏水分，这样可以减少种子自呼吸所造成的能量消耗，充分保存了种子本身的生命活力。具体生产中采用两段式干燥还是一段式干燥可以根据具体情况进行选择。玉米种子的分级程度可以根据玉米精量播种的要求来确定。可先采用窝眼筒清选机进行长度分选后，再采用长孔筛分出圆、扁粒，然后再分别用圆孔筛分出大、中、小粒。玉米种子加工工艺流程如图 6-2 所示。

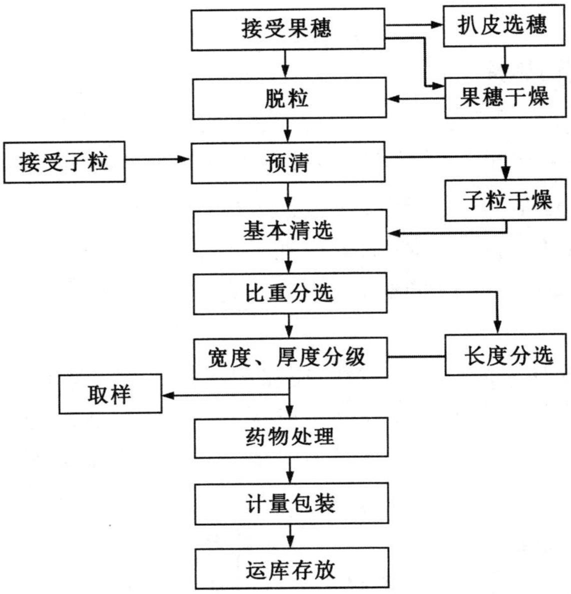

图 6-2　玉米种子加工工艺流程

二、水稻、小麦种子加工工艺流程

在农作物种子中，水稻和小麦种子均为禾本科中中型子粒，但二者有区别：水稻种子在外形尺寸上，其宽度与厚度比小麦种子要小；水稻种子外面裹有稃壳，表面坚硬粗糙，而小麦种子的稃壳在脱粒同时已经去掉；常规水稻种子往往带芒，需要用除芒机除芒后，才能进行下道工序加工，小麦种子不需要进行除芒处理；杂交水稻原种中，那些看上去很瘪的子粒却依然有很好的杂交优势，仍然是好种子。水稻和小麦种子加工工艺流程如图 6-3 所示。

三、大豆种子加工工艺流程

大豆种子在加工处理过程中，有可能产生一定量的破碎粒，此外种子中还可能混有少量的秸秆或豆荚碎片，由于这些杂质与好种子的散落性存在差异，可利用带式分选机清除上述杂质。饱满的大豆种子弹跳性强，可利用这个特性利用螺旋分离机清除混入的杂质或加工过程中产生的破碎粒。大豆种子加工工艺流程见图 6-4。

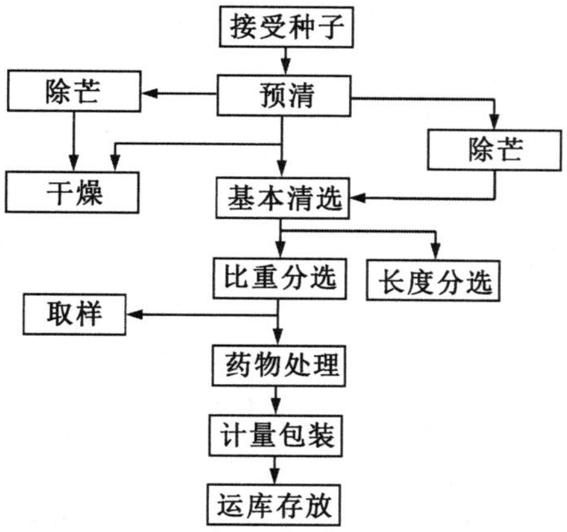

图 6-3　水稻、小麦种子加工工艺流程

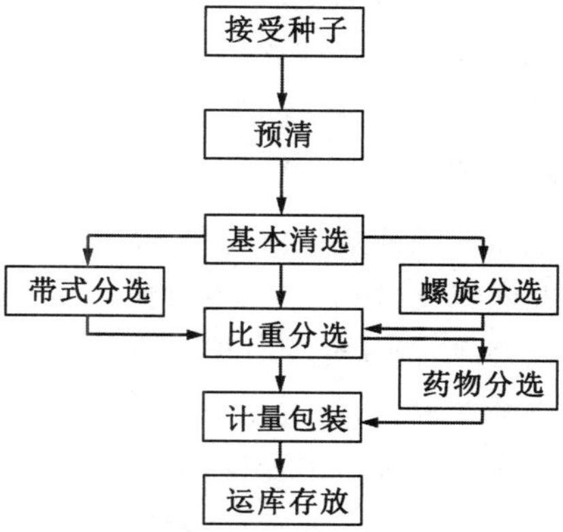

图 6-4　大豆种子加工工艺流程

四、棉花种子加工工艺流程

棉花种子表面长有一定量的棉绒，需要经过进一步剥绒、清选、包衣、包装等过程，才能成为商品种子。目前在国内推广应用的棉花种子脱绒技术主要包括机械脱绒和化学脱绒。

(一)机械脱绒

棉种机械脱绒主要是采用刷轮式棉种脱绒机，脱掉短绒后的光籽再经过风筛清选机、重力式清选机进行精选，淘汰种子中成熟度较差的种子，然后进行种子包衣、包装等工序，即可成为商品种子，工艺流程如图 6-5 所示。刷轮式棉种脱绒机具有操作简单、维修方便、加工成本低等特点，但是单机加工能力低，加工过程中棉籽破损率偏高。棉种加工量较小的企业或棉花育种单位可选择棉种机械脱绒工艺。

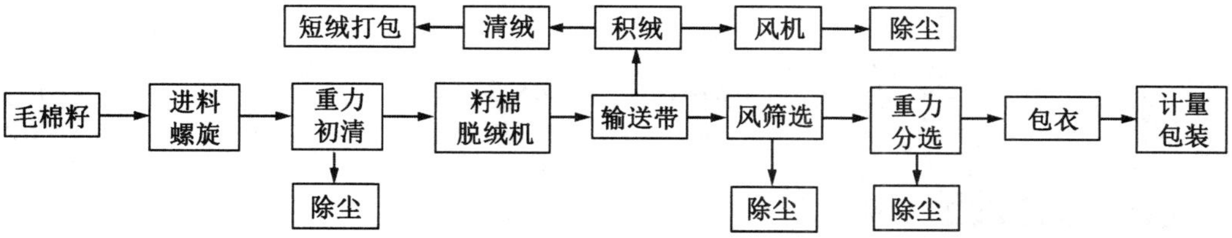

图 6-5　刷轮式棉种脱绒工艺流程

(孙群等，2008)

(二)化学脱绒

化学脱绒是目前普遍应用的棉种脱绒方式，主要有稀硫酸(过量)脱绒和泡沫酸脱绒两种工艺，工艺流程如图 6-6 所示。

1. 稀硫酸脱绒(又称过量式)工艺

稀硫酸脱绒是用浓度为 8%～10%的稀硫酸溶液处理毛籽，充分搅拌后通过离心脱去多余的酸液，然后将棉种送入滚筒式烘干机中进行干燥，使棉籽表面的短绒炭化，然后利用滚筒式摩擦机将炭化棉籽进行脱绒和磨光，然后根据光籽表面棉种的残酸情况，用氨气或石灰水对光籽进行中和。最后经过风筛清选机、重力式清选机进行精选，然后包衣、计量包装入库。

相对于机械脱绒和泡沫酸脱绒，它具有操作简便、棉绒脱净率高、便于精选、流动性好等优点；与泡沫酸脱绒相比，在同等物耗下加工能力明显提高，适于各种气候条件下使用；种子加工质量好，破碎率少，残绒率低，残酸率低；稀硫酸可以再回收利用，减少对环境的污染。

2. 泡沫酸脱绒工艺

泡沫酸脱绒是将浓硫酸(98%)、水、发泡剂按一定比例混合，在压缩空气的作用下使硫酸稀释并泡沫化，增大单位重量酸的体积，通过输送管道将泡沫酸送入注施机，与计量后的棉种均匀混合，使泡沫酸充分渗透到棉短绒中。然后，将其送入滚筒烘干机中进行加热烘干，使棉短绒逐渐被炭化，通过摩擦和棉籽间的撞击作用使短绒脱落，形成光籽；然后对光籽进行中和，将种子表面的残酸中和掉；最后，经过精选、包衣、包装等工序成为商品棉种。

泡沫酸脱绒工艺在全国棉花种子加工范围内是工艺先进、技术比较成熟并得到普遍使用的一种加工方法。相对于过量式稀硫酸脱绒工艺，泡沫酸脱绒操作复杂，对操作人员的素质要求较高，要能根据实际情况对棉籽残绒率与残酸率进行调整，满足种子加工要求；由于棉籽与泡沫状的硫酸液接触，靠棉绒的毛细管作用吸收酸液，因此作用过程极其柔和，酸液不易渗入种子内部，从而能最有效地保证种子质量不受影响；适应能力强，尤其适合于棉籽含绒率超过10%的种子加工；省去离心机，降低动力消耗及生产成本。

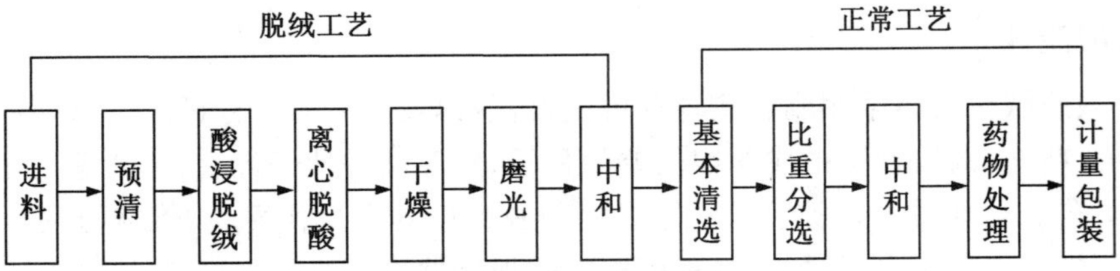

图 6-6 棉花种子加工工艺流程(化学法)

第三节 其他种子加工工艺流程

一、蔬菜种子加工工艺流程

蔬菜种子与粮食作物种子在子粒大小、外形尺寸和表面光滑程度等方面有很大的差别，如胡萝卜种子很小且长着软而长的刺状绒毛，番茄种子表面被一层短而密实的绒毛包围，黄瓜种子、西瓜种子容易粘连在一起，菠菜种子、甜菜种子等多为复胚种子。

蔬菜种子烘干时，要严格控制时间。一般情况下，番茄种子的干燥时间控制在 10 h 左右，黄瓜种子的干燥时间控制在 12 h 左右，角瓜种子、西瓜种子的干燥时间控制在 16～20 h。当种子水分降至安全储藏水分 13%以下时，可进行精选加工及拌药包装处理。

蔬菜种子的精选加工应根据不同作物、不同的技术要求与质量标准，选择不同的加工工序与设备，确定合理的加工工艺流程(图 6-7)。在进行精选加工时，蔬菜种子一般要求进行刷种或除芒处理。使得带毛、带刺或球体种子经过毛刷的摩擦和冲击作用，脱掉表面的绒毛和刺或分离成单个种子，以利于下一步的机械精选加工。如番茄种子表面布满绒毛，必须先经过刷种机(除芒机)进行除芒(脱绒)处理，去掉表面绒毛并使重叠在一起的种子分离成单体的种子。

黄瓜种子表面有一层黏膜，容易使多个种子粘连在一起，也必须经刷种机(除芒机)处理，使粘连在一起的种子分离成单体种子，并磨掉黏膜使其表面光滑。胡萝卜种子子粒较小，种子上面长着细长的刺状绒毛，也要经过刷种机(除芒机)处理后才能进行后续加工。辣椒、茄子种子表面光滑，没有黏膜，不需要刷种机(除芒机)处理，可以直接用风筛清选机进行选种。对于白菜种子而言，子粒小而圆，表面光滑，可用螺旋分离器去掉大杂物和小杂物，再利用风筛清选机进行选种。

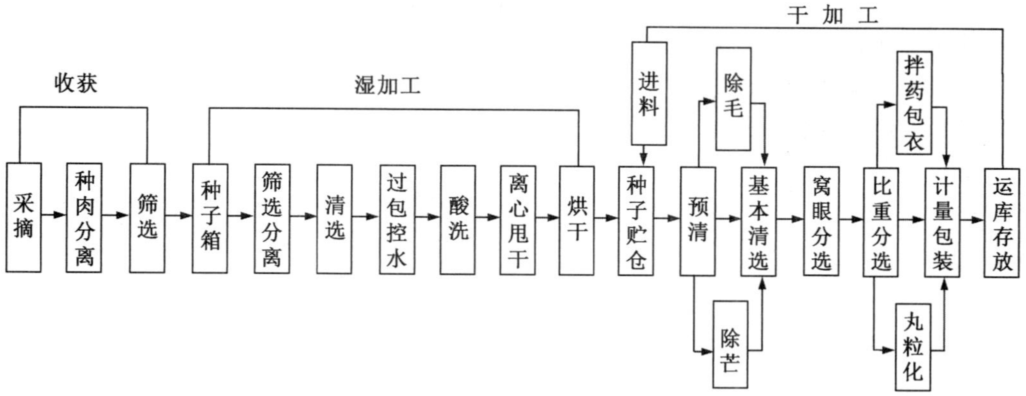

图 6-7　蔬菜种子加工工艺流程

二、牧草种子加工工艺流程

我国的牧草主要为豆科牧草和禾本科牧草两大类，种子子粒大小不一，但多数种子子粒较小，种子与杂质很难分离，有些种子长有毛刺或长芒，相互粘连在一起，较难分开，种子流动性差。牧草种子加工首要的工作是解决种子计量、输送及种子预处理等问题，提高种子流动性，以便在种子加工中进一步提高种子质量。

对于较大的种子，如沙打旺、大燕麦等的种子，外形与谷物种子相近，种子流动性好，可按谷物种子加工方式进行。对于沙拐枣、胡枝子等种子可采用螺旋给料、刷种机刷种的方式除去毛刺和绒毛，提高种子的松散性与流动性，再进行预清选、风筛选和重力分选。

对于粒细长、容重很轻的羊茅草和羊草等的种子，由于健籽率差、杂质多，可采用振动(或螺旋)给料，通过预清、风筛选、窝眼分选等方式，去除较多的秸秆、茎秆等杂质，提高种子质量。老芒麦种子子粒间靠细长芒相互连接在一起，不易松散、流动性很差，应采用螺旋计量、气流输送及除芒等方式进行预处理，搓断种子顶尖上的长芒，然后进行预清、风筛选、窝眼分选等方式加工。

牧草种子加工工艺流程如图 6-8 所示。

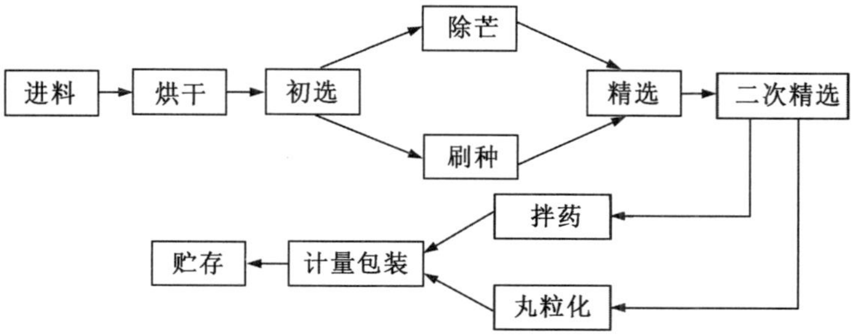

图 6-8　牧草种子加工工艺流程

(孙群等，2008)

思考题

1. 种子加工工序分几类？每一类又包括哪些工序？
2. 种子加工工艺流程选择有哪些基本原则？
3. 在制订玉米种子加工方案时应考虑哪些问题？
4. 简述水稻和小麦种子加工工艺流程的相同之处与主要区别。
5. 简述棉花种子脱绒的几种方式。
6. 简要介绍蔬菜种子的加工工艺。
7. 简要介绍牧草种子的加工工艺。

第七章 种子仓库有害生物防治

种子贮藏期有害生物主要包括仓库害虫、种子微生物和鼠害。这些有害生物的存在不仅会影响种子数量，还会影响种子活力和生活力，严重时会使贮藏期的种子完全丧失利用价值。因此，了解种子贮藏期有害生物发生原因以及发生规律，掌握其防治技术，具有重要的实践意义。

第一节 种子仓库害虫及其防治

一、种子仓库害虫

(一)仓库害虫概念及其危害性

种子仓库害虫是指生活在种子仓库或加工场所，在种子晾晒、脱粒、清选、包装、贮藏和运输过程中为害种子、加工设备、包装材料及其运输工具的害虫和害螨。从广义上讲，它是指所有为害贮藏物品的害虫和害螨。

目前，全世界已知的仓库害虫约有492种，分属于10目58科；害螨约82种，分属于蜱螨目的2个亚目18科。我国已知的仓库害虫约254种，分属于7目42科；害螨54种，分属于蜱螨目的2个亚目15科。据估计，全世界每年贮粮因受虫害而损失5%～10%。我国贮存1年以上的种子损失率平均约为8%，有的地区种子损失率高达25%。目前生产上大多重视田间害虫的发生和防治，却忽视种子、粮食在贮藏过程中因虫害而造成的损失。在贮藏过程中减少不必要的损失，与农业上的增产有着同样重要的意义。

仓库害虫为害种子主要表现为：种子数量减少；降低种子的活力和发芽力；导致微生物大量繁殖，种子发热霉变，色泽变劣；有的微生物产生毒素，使人、畜食用后中毒，甚至死亡；降低粮食的营养价值，加工品质也大大降低。

(二)仓库害虫的传播途径

仓库害虫的传播方法与途径是多种多样的。随着人类生产、贸易、交通运输事业的不断发展，仓库害虫的传播速度更快，途径也更加复杂。仓库害虫的传播途径大致可以分为自然传播和人为传播两种途径。

1. 自然传播

(1)随种子传播　麦蛾、绿豆象、蚕豆象等害虫，在作物成熟时，将卵产在子粒中或卵在子粒中孵化为幼虫，随着子粒的收获贮藏而带入仓库中，继续在仓库中为害。

(2)自身活动传播　成虫可直接由仓库外或田间飞入仓库内，或害虫在仓库外砖石、杂草、包装材料以及加工设备上隐藏越冬，翌年春天进入仓库内为害。

(3)风力传播　由于仓库害虫体小，可以借助风力，随风扩散传播到仓库内。

(4)随其他动物活动传播　可黏附在鸟类、鼠类、昆虫等动物体上传播蔓延。如螨类可借助老鼠的活动在仓库内传播。

2. 人为传播

(1)已感染仓库害虫的贮藏物的传播　已经感染仓库害虫的种子、农产品在调运及贮藏时感染无虫种子，造成蔓延传播。

(2)贮运用具、包装材料以及加工设备的传播　已经感染仓库害虫的贮运用具、包装材料以及加工设备在使用过程中造成仓库害虫的蔓延传播。

(3)空仓传播　仓库和加工厂内的洞、孔、缝成为仓库害虫越冬和栖息的场所，当新种子入库后，害虫会出来继续为害。

(4)种子加工废弃物的传播　在种子加工过程中废弃的芯、糠、种皮、果皮及秕粒等杂物，未能及时彻底清理而造成仓库害虫的繁殖和传播。

(三)仓库害虫的为害方式

1. 根据取食习性分类

(1)第一食性(或称初期性)害虫　多以完整子粒为食，如麦蛾、绿豆象、玉米象、大谷盗、谷蠹、拟谷盗等害虫。

(2)第二食性(或称后期性)害虫　多以破碎或不完整的子粒及碎屑粉末为食，如锯谷盗、扁谷盗、长头谷盗等大多数鞘翅目害虫和蛾类幼虫等。

(3)中间食性害虫　既取食完整子粒又取食破碎种子或腐败杂物及虫粪、虫尸等，如黄粉虫、黑粉虫、螨类、皮蠹、赤拟谷盗和杂拟谷盗等。

2. 根据为害方式分类

(1)蛀空式　害虫以蛀食子粒内部的胚乳为特征。此类虫的卵期、幼虫期和蛹期都在子粒内完成发育，羽化为成虫后才钻出子粒外，所以幼虫、蛹在子粒外不易观察到，是隐蔽性的，如麦蛾、米象、豆象。

(2)剥皮式　害虫从子粒外部开始为害，先咬蚀谷粒的胚部，然后随龄期的增加，开始剥食谷粒的果种皮，如印度谷蛾。

(3)破坏式　害虫从子粒的外部进行为害，但子粒被害后常在表面造成不规则的缺刻或使完整的子粒受到机械的破坏，裂开或破碎，例如大谷盗。

(四)主要仓库害虫的种类及生活习性

仓库害虫的种类繁多，这里主要介绍为害贮藏作物种子的害虫，主要有玉米象、米象、谷象、谷蠹、大谷盗、锯谷盗、赤拟谷盗、豌豆象、蚕豆象、麦蛾、粉斑螟等10余种。

1. 玉米象(*Sitophilus zeamais* Motschulsky)

玉米象属鞘翅目象虫科。世界各地均有分布，在我国除新疆尚无记载外，其他省、市、自治区都已发现。玉米象食性很杂，主要为害禾谷类作物、油料、豆类、荞麦的种子以及中药材等，尤以小麦、玉米、高粱、大麦种子被害最重。幼虫主要在禾谷类种子内蛀食。此虫是一种最主要的初期性仓库害虫，贮存的种子因玉米象咬食而造成许多碎粒及粉屑，易引起后期性仓库害虫的发生，且因排出大量虫粪而增加种子的湿度，容易引起螨类和霉菌的发生，造成严重损失。

(1)形态特征　成虫个体大小因食料条件不同而差异较大，一般体长 2.3～4.0 mm，体呈圆筒形，暗赤褐色至黑褐色。头部向前伸，呈象鼻状；触角 8 节，膝形；有前后翅，后翅发达，膜状，能飞；左右鞘翅上共有 4 个椭圆形淡赤色或橙黄色斑纹。幼虫体长 2.5～3.0 mm，乳白色，背面隆起，腹部底面平坦，全体肥大粗短，略呈半球形。无足，头小，头部和口器褐色。第 13 腹节的背板被横皱分为明显的 3 部分。蛹长 2.8～4.0 mm，椭圆形，吻细长，腹部背面近左右侧缘处各有一小突起，上生一褐色刚毛，腹末有肉刺 1 对(图 7-1)。

(2)生活习性　玉米象一年发生 1～7 代，在北方寒冷地区每年发生 1～2 代，南方温暖地区每年发生 3～5 代，中原地区每年发生 3～4 代，亚热带地区每年发生 6～7 代。主要以成虫在仓内种子及黑暗潮湿的缝隙、包装材料、垫席下和仓外砖石、垃圾、杂草及粉尘中越冬，少数幼虫也可在种粒内越冬。当气温下降到 15 ℃以下时，成虫即进入越冬期。越冬成虫于次年春季转暖时又潜回种堆内取食、为害、繁殖。以幼虫越冬者则在 5 月底或 6 月初羽化为成虫。玉米象生长发育最适条件是温度 24～30 ℃，相对湿度 90%～100%，种子含水量 15%～20%。当种子含水量小于 9.5%时则停止产卵，在种子含水量只有 8.2%时即不能生活。成虫如果暴露在－5 ℃下经过 4 d 即可死亡，暴露在 50 ℃下经过 1 h 即可死亡。

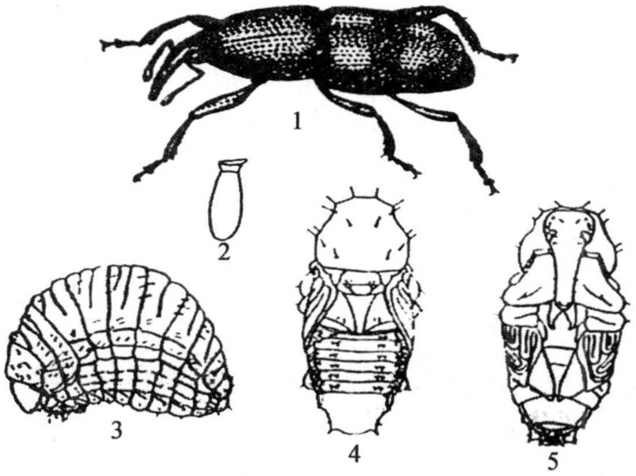

1. 成虫　2. 卵　3. 幼虫　4. 蛹的背面　5. 蛹的腹面

图 7-1　玉米象

(姚康，1986)

2. 米象(*Sitophilus oryzea* Linnaeus)

米象属鞘翅目象虫科，是世界性害虫。在我国主要分布在南方各省、市、自治区。食性及为害特点和玉米象相似。

(1)形态特征　成虫体长 2.5～3.5 mm，一般比玉米象小。米象的体形大小、色泽斑纹、刻点稀密以及触角形状等外部形态特征都与玉米象相似。两者主要区别：米象雄虫阴茎较短而弯，背面从两侧缘到中央均匀地隆起，无隆脊也无沟槽；玉米象雄虫阴茎背面扁平，中央形成一个明显的隆脊，脊两侧各有一条明显的沟槽，端部弯曲呈镰刀状。米象雄虫阴茎背片呈凹陷三角形，长小于宽，末端较钝；玉米象雄虫阴茎背片近三角形，长等于或稍长于宽，末端尖。米象雌虫的“Y”形骨片两侧的端突明显圆钝，表面具有 10～14 根刚毛；玉米象雌虫的“Y”形骨片两侧的端突尖细，表面具有 5～8 根刚毛。米象触角第 2～7 节等长，玉米象触角第 3 节较长，几乎是第 4 节长度的 2 倍(图 7-2、图 7-3)。

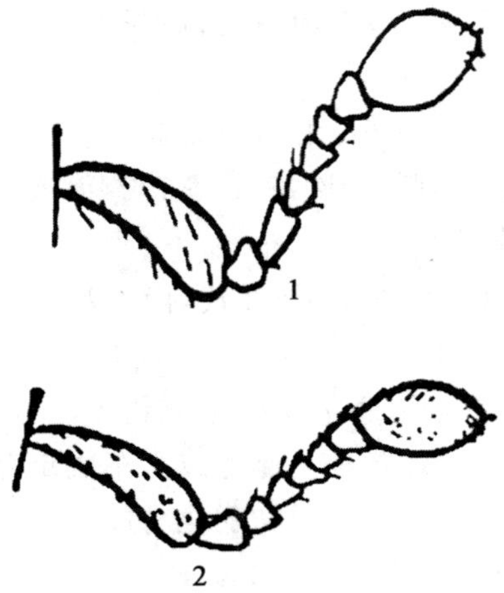

1. 玉米象　2. 米象

图 7-2　玉米象和米象成虫触角比较

（陈启宗，1985）

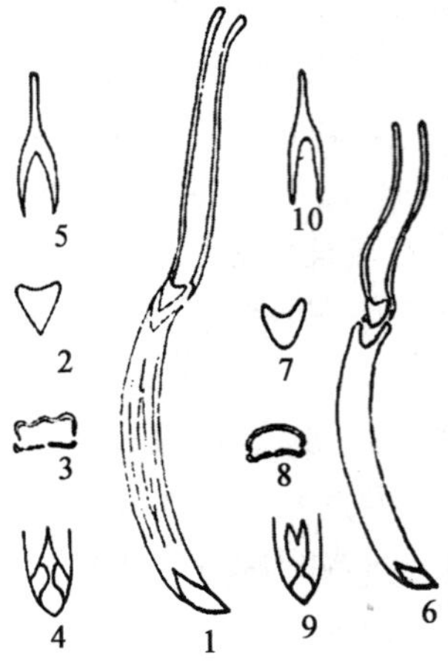

1～5. 玉米象　6～10. 米象　1，6. ♂阴茎侧面
2，7. ♂阴茎背片　3，8. ♂阴茎横断面
4，9. ♂阴茎端部　5，10. ♀"Y"形骨片

图 7-3　玉米象和米象生殖器比较

（陈耀溪，1985）

（2）生活习性　米象的生活习性与玉米象有许多相同之处。一年可发生 4～12 代。米象的耐寒能力较玉米象弱，在 5 ℃条件下，经过 21 d 就开始有死亡。另外，在耐饥和活动力等方面均较玉米象差。米象具有群集、喜潮湿及趋光等特性，繁殖力较强，在南方各地米象与玉米象常混合发生。

3. 谷象（*Sitophilus granaries* Linnaeus）

谷象属鞘翅目象虫科。原产地为印度，目前已分布到世界各地。在我国只有西南、西北部分地区有分布，是国内、国外检疫对象。

（1）形态特征　谷象体形大小与玉米象基本相同，但体色为浓赤褐色，有光泽，鞘翅无黄褐色大斑纹，无后翅，不能飞翔。卵、幼虫和蛹的形状和玉米象相似。但谷象幼虫的上颚尖端短而钝，没有明显的端齿，第 1～4 腹节背板各被横纹划分为明显的 3 部分，腹部各节的下侧区中叶着生 1 根刚毛。谷象蛹的前胸背板上有 9 对小突起，其上各生 1 根褐色刚毛，后翅退化（图 7-4）。

（2）生活习性　谷象一年发生 3～4 代，南方各地可发生 6 代。主要以成虫越冬，少数以幼虫越冬。在温度 21 ℃和相对湿度 80%时，卵期为 5 d，幼虫期为 34 d，蛹期为 8 d，羽化到成虫外出为 9 d。成虫寿命为 7～8 个月，但越冬的成虫可以活 10～15 个月或更长时间。成虫耐饥能力和抗寒能力均比米象强。其他习性与玉米象相似。

4. 谷蠹（*Rhizopertha dominica* Fabricius）

谷蠹属鞘翅目长蠹科。世界各地均有分布，在我国除吉林、新疆、西藏外均有分布。谷蠹食性复杂，主要为害禾谷类种子以及中药材、干果、薯干等，以小麦、稻谷种子受害最为严重。并能引起种子堆发热，导致后期性仓库害虫及霉菌发生。

（1）形态特征　成虫体长 2.3～4.0 mm，体呈长圆筒形，暗赤褐色至暗褐色，略有光泽。头部下弯，隐在前胸之下，背面不能见。卵椭圆形，乳白色，一端粗大，另一端略尖而弯。幼虫蛴螬型，体长 2.5～3.0 mm，头小，三角形，长略大于宽，黄褐色，胸部粗而肥。蛹体长约 3 mm，前胸背板圆形，腹末狭小(图 7-5)。

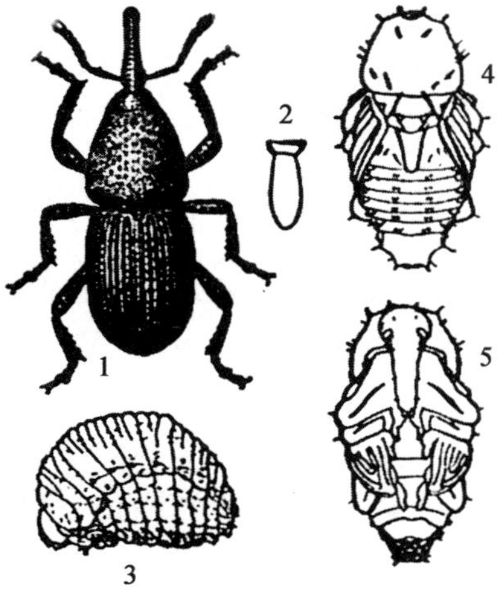

1. 成虫　2. 卵　3. 幼虫
4. 蛹的背面　5. 蛹的腹面

图 7-4　谷象

(姚康，1986)

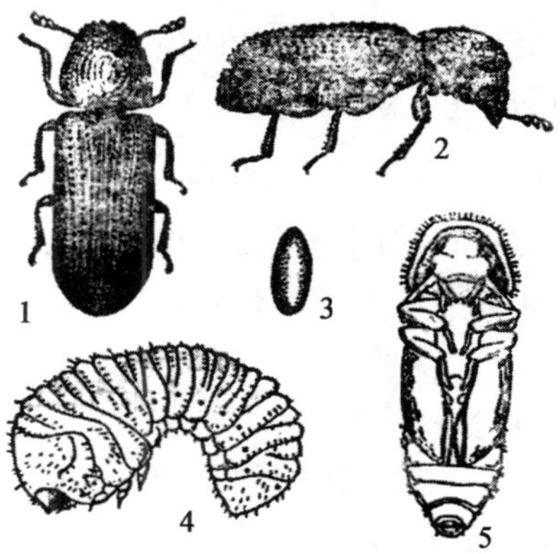

1. 成虫背面观　2. 成虫侧面观
3. 卵　4. 幼虫　5. 蛹

图 7-5　谷蠹

(姚康，1986)

(2)生活习性　谷蠹一年发生 1～2 代，以成虫在子粒、木板、竹器或飞出仓外在树皮裂缝中越冬，少数以幼虫越冬。成虫抗干、抗热性强，生长发育的最适温度为 27～34 ℃。即使谷物水分 8%～10%，相对湿度 50%～60%，温度达到 35～40 ℃时，也能生长繁殖。谷蠹耐寒性较差，温度在 0.6 ℃时，仅能存活 7 d，温度在 0.6～2.2 ℃时，生存不超过 11 d。越冬成虫于次年在气温上升到 13 ℃左右时，开始交配产卵，一般成虫羽化后 5～8 d 即可产卵。幼虫一般 4 龄，末龄幼虫在种粒内或粉屑中化蛹。前蛹期 1～4 d，蛹期 3～7 d，成虫寿命可达 1 年。

5. 大谷盗(*Tenebroides mauritanicus* Linnaus)

大谷盗属鞘翅目谷盗科。分布遍及世界各地，在我国各地均有发生。大谷盗食性复杂，除为害稻谷、小麦、玉米、油料作物种子以及中药材外，还能破坏包装用品和木质器材。

(1)形态特征　成虫体长 6.5～10.0 mm，扁平长椭圆形，黑褐色，无毛，有光泽。卵长 1.5～2.0 mm，宽约 0.25 mm，细长，乳白色，一端较尖，无光泽。幼虫体长 15～20 mm，长而略扁，灰白色。蛹近纺锤形，扁平，长约 9 mm，淡黄色，头部及前胸背板散生黄褐色长毛(图 7-6)。

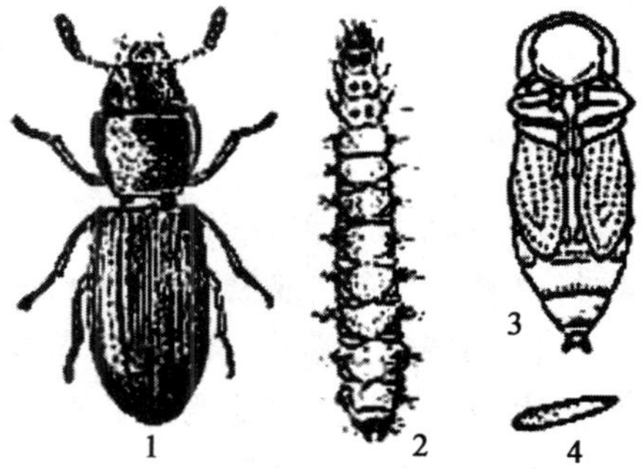

1. 成虫背面观　2. 幼虫
3. 蛹腹面　4. 卵

图 7-6　大谷盗

(陈耀溪，1985)

(2)生活习性　大谷盗一年发生 1～2 代，如条件不适宜，需经 2～3 年完成 1 代。多以成虫越冬，少数以幼虫越冬。越冬成虫于次年 3、4 月份开始产卵，越冬幼虫于次年春季化蛹，5、6 月份开始羽化为成虫并交配产卵。卵散产或成块产在种粒间或仓库缝隙中。成虫寿命较长，一般均在 1 年以上，幼虫 4～5 龄或龄期更长，老熟幼虫多蛀入缝隙中做蛹室化蛹，成虫和幼虫耐饥、耐寒性均较强。当温度在 4.4～10 ℃时，成虫能耐饥 184 d，幼虫能耐饥达 24 个月，在－9.4～－6.7 ℃时，成虫和幼虫能生存数周，但卵和蛹的抗寒能力较弱。由于越冬成虫的产卵期较长，因此，世代重叠现象较明显，成、幼虫性凶残，啮食力较强，不仅能严重为害各类作物种子，也可捕食其他仓库害虫，甚至自相残杀。

6. 锯谷盗（*Oryzaephilus surinamensis* Linnaeus）

锯谷盗属鞘翅目锯谷盗科。分布遍及全世界，在我国各地均有发生。锯谷盗食性很杂，主要为害禾谷类和油料作物的种子以及中药材、干果、糠麸、烟草等多种农产品及加工品，喜食碎屑粉末，大多发生在碎屑杂质多或初期性仓库害虫为害之后及长时间贮存的种子中，是主要的后期性仓库害虫之一。

(1)形态特征　成虫体长 2.5～3.5 mm，体稍扁平，略细长，淡红褐色至深褐色，无光泽，头部呈梯形。卵长椭圆形，乳白色，表面光泽，长 0.7～0.9 mm。幼虫扁平而细长，后半部较肥大，至尾端又缩小，散生淡黄白色细毛。蛹体长 2.5～3.0 mm，乳白色，无毛。复眼黑褐色，前胸背板近方形，两侧缘各有细长条状刺突 6 个。腹末有一半圆形瘤状突，末端有褐色臀突 1 对（图 7-7）。

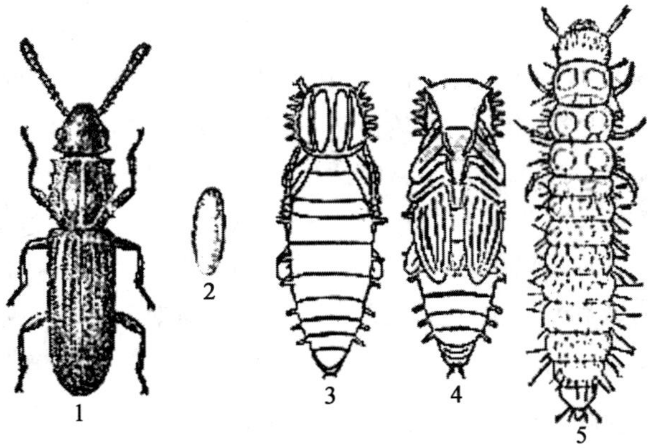

1. 雌成虫　2. 卵　3. 蛹背面　4. 蛹腹面　5. 幼虫

图 7-7　锯谷盗

（姚康，1986）

(2)生活习性　锯谷盗一年发生 2～5 代。主要以成虫聚集在仓库内各种缝隙、孔洞和垫底物料中越冬。有些成虫则逸出仓外潜伏在附近的砖石、杂物、尘渣中越冬。成虫性活泼，爬行速度快，不善飞，喜欢向上爬行和群集在种子堆高处，平时多聚集在种子堆的上层和表层。幼虫活泼，有假死性，只能为害碎屑和种胚，不能为害完整的种粒。锯谷盗最适发育温度为 34 ℃，适宜发育温度为 30～35 ℃，有效发育温度为 17.5～40 ℃。适宜发育相对湿度为 80%～90%。成虫抗寒能力较强，一般在－15 ℃条件下可存活 1 d，在－10 ℃条件下可存活 3 d，在－5 ℃条件下可存活 13 d，0 ℃条件下可存活 22 d。而抗热能力较弱，在 47 ℃条件下 1 h 即可死亡。锯谷盗耐药性较强，许多药剂，特别是熏蒸剂对锯谷盗防治效果较差。成虫寿命较长，可达 3 年以上。

7. 赤拟谷盗(*Tribolium castaneum* Herbst)

赤拟谷盗属鞘翅目拟步甲科。分布遍及全世界,在我国各地均有分布。赤拟谷盗食性复杂,能为害稻类、豆类和油料作物的种子以及麸皮、米糠、干果、中药材、干贮食品等。以禾谷类和油料作物种子受害最多,喜食种子的胚、破碎粒和碎屑粉末。由于成虫体内有臭腺能分泌臭液,使被害物带有腥臭气味。

(1)形态特征 成虫体长 2.5～4.4 mm,扁平长椭圆形,褐色至赤褐色,有光泽。头扁宽,复眼肾形,黑色。卵呈椭圆形,长约 0.6 mm,宽约 0.4 mm,乳白色,表面粗糙无光泽。幼虫体长 7～8 mm,细长圆筒形而稍扁。头部黄褐色,胸腹部共 12 节,各节的前半部为淡黄褐色,后半部及节间为淡黄白色,末节着生 1 对黄褐色的尾突(图 7-8)。

(2)生活习性 赤拟谷盗一年发生 4～6 代,东北寒冷地区每年只发生 1～2 代。多以成虫群集在种子袋、仓壁和仓库缝隙内潜伏越冬,也有少数以幼虫和蛹越冬。成虫善飞翔喜黑暗,有假死性和群集性。成虫羽化后 1～3 d 即开始活动交尾,3～8 d 后产卵,卵多产于种子表面或包装袋的缝隙处,常被黏液黏附在物体上不易被发现。幼虫喜食种子的胚及碎屑。老熟幼虫常连缀粉末做成白色薄茧,在薄茧内化蛹。赤拟谷盗发育适宜温度为 28～30 ℃,蛹和卵较成虫和幼虫能耐高温,如在 45 ℃高温时,成虫经 7 h,幼虫经 10 h 即可死亡,而卵经 14 h,蛹经 20 h 才死亡。在 0 ℃以下 1 周,各虫态均可死亡。

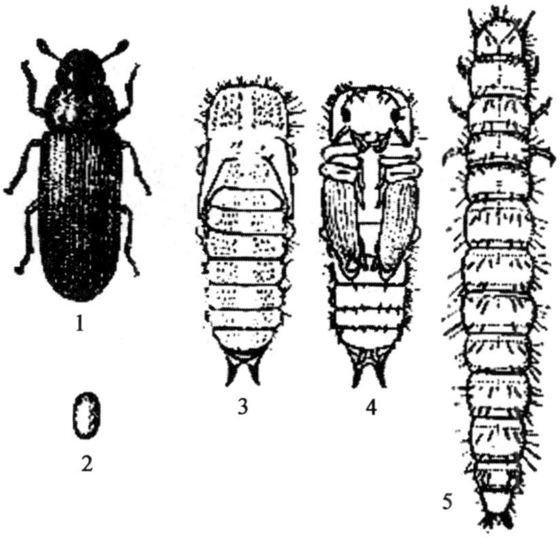

1. 成虫 2. 卵 3. 蛹背面 4. 蛹腹面 5. 幼虫

图 7-8 赤拟谷盗

(姚康,1986)

8. 豌豆象(*Bruchus pisorum* Linnaeus)

豌豆象属鞘翅目豆象科。分布遍及全世界,在我国大部分省区均有发生。主要为害豌豆、蚕豆和赤豆等。

(1)形态特征 成虫体长 4.5～5 mm,长椭圆形。体背面黑色,微发亮,密被红褐色和白色茸毛,体腹面黑色,无光泽,密被灰色茸毛。触角略呈锯齿状,着生在黑色肾形复眼的凹窝内,基部 1～3 节红褐色,端部各节黑褐色。卵为椭圆形,长为 0.5～0.7 mm,乳黄色,在较细的一端着生 2 根长约 0.5 mm 的细丝。幼虫体长 5.5～6 mm，黄白色，蛴螬型，头小，棕褐色。蛹体长 5.5～6.0 mm，椭圆形，淡黄色，前胸背板和鞘翅上光滑无皱纹，前胸背板侧缘的齿较明显（图 7-9）。

(2)生活习性　豌豆象一年发生 1 代，以成虫在仓库缝隙、包装袋内、豆粒内和杂物中越冬。越冬成虫多在春季豌豆开花结荚时，飞到田间取食为害豆花，并交配产卵。卵散产于豆荚表面，在豌豆植株中部产卵最多，孵化的幼虫自卵壳下蛀入豆荚，侵入豆粒，每粒侵入幼虫数头，但通常仅有 1 头存活。幼虫在豆荚内蛀食，经过 4 个龄期老熟化蛹，化蛹前先在豆粒内凿一隧道通至果粒果皮下，便于羽化的成虫从豆粒内飞出。因此，羽化较早的成虫可飞入大田为害，并随豆粒收获带入仓库，羽化较晚的成虫直接寻找越冬场所进行越冬。成虫飞行能力较强，具有假死性。被害豆粒一般表面多皱纹，并带淡红色，豌豆成熟度不同，被蛀率也不同，一般被蛀率为 19%～22%。

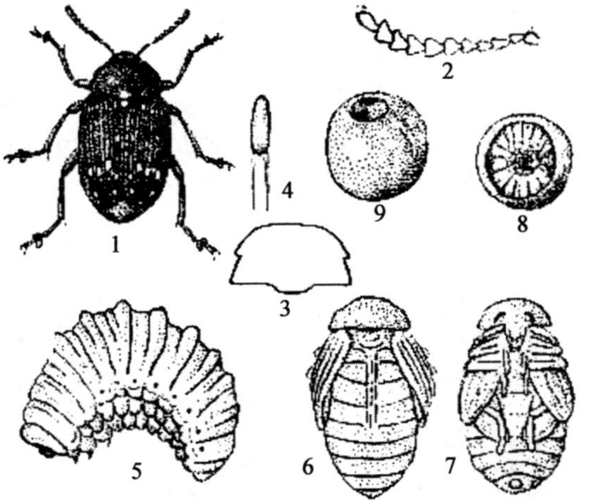

1. 成虫　2. 成虫触角　3. 成虫前胸背板　4. 卵　5. 幼虫
6. 蛹背面　7. 蛹腹面　8. 豆粒内幼虫　9. 豆粒上的羽化孔

图 7-9　豌豆象

（姚康，1986）

9. 蚕豆象（*Bruchus rufimanus* Boheman）

蚕豆象属鞘翅目豆象科。分布遍及全世界，在我国西北、华北、华中、华南等大部分省区均有发生。蚕豆象主要为害蚕豆，也为害其他豆类。幼虫为害蚕豆极烈，豆粒被蛀成空洞，变色变质，有苦味，严重影响蚕豆种子的发芽率。

(1)形态特征　成虫体长 3.5～5 mm，近椭圆形，灰黑色，无光泽，触角 11 节，基部 1～4 节较细小，为赤褐色，末端 5～11 节较粗大为黑色。头小而隆起，前胸背板后缘中央有灰白色三角形毛斑，前胸背板前缘较后缘略狭，两侧中间各有一齿状突起。鞘翅近末端 1/3 处有白色弯形斑纹，两翅并合时白色斑纹呈“∧∧”形。腹部末节背面露出在鞘翅外，密生灰白色细毛。卵椭圆形，长约 0.4 mm，表面光滑，半透明，根据卵的发育期，可将卵分为 4 级。幼虫体长 5.5～6.0 mm，乳白色，蛴螬型，末节较尖。胸足不发达，退化呈肉突状。蛹体长 5～5.5 mm，椭圆形，淡黄色。前胸及鞘翅上密生细皱纹。前胸两侧各着生一个不明显的小齿，中胸背面的后缘中央向后突出，后胸中央有沟。腹节中央及两侧均有隆起线（图 7-10）。

（2）生活习性　蚕豆象一年发生 1 代，以成虫在豆粒内、仓库缝隙中以及包装材料上越冬为主，少数在田间杂草或砖石下越冬。成虫在仓内不能蛀食豆粒，越冬后飞往田间产卵，以幼虫在豆粒内随收获入仓后，继续在豆粒内生长发育，蛀食豆粒。严重时为害率高达 90%以上。成虫飞行能力、耐饥能力及抗寒能力都较强，并有假死性。幼虫在豆粒内自然死亡率平均为 39.1%，并随侵入豆粒内幼虫的增多而增高。

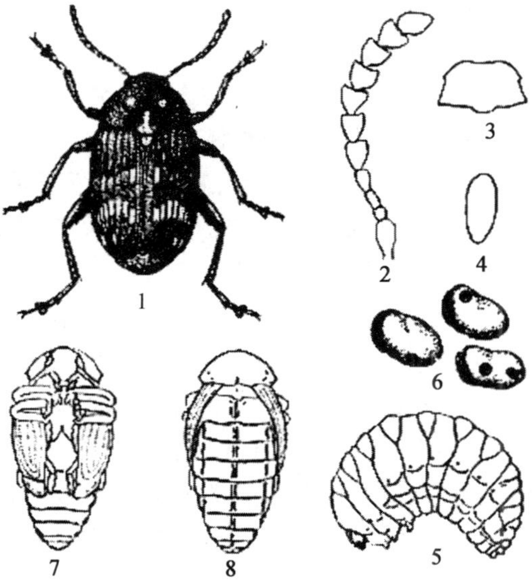

1. 成虫　2. 成虫触角　3. 成虫前胸背板　4. 卵　5. 幼虫
6. 被害的蚕豆　7. 蛹腹面　8. 蛹背面

图 7-10　蚕豆象

（姚康，1986）

10. 麦蛾（*Sitotroga cerealella* Olivier）

麦蛾属鳞翅目麦蛾科，是世界性害虫，在我国除西藏、新疆外，其他省区均有发生。是稻麦产区的重要害虫。以幼虫蛀食麦类、稻谷、玉米、高粱等作物为主，其中以小麦、水稻受害最严重，其次是玉米和高粱，被害作物种子损失率达 56%～75%，是一种严重的初期性害虫。

（1）形态特征　成虫体长 4～6.5 mm，展翅宽 8～16 mm，黄褐色或淡褐色，有光泽。前翅竹叶形，后翅菜刀形，翅的外缘及内缘均生有长的缘毛。复眼圆大，黑色，下唇须发达向上弯曲超过头顶，腹部灰褐色。卵长 0.5～0.6 mm，扁平椭圆形，一端较细且平截，表面有纵横的凹凸条纹，初产为乳白色，后变为淡红色。幼虫体长 5～8 mm，头部小，淡黄色，其余均为乳白色。有短小胸足 3 对，腹足退化，仅剩一小突起，末端有微小的褐色趾钩 1～3 个。蛹体细长，为 5～6 mm，黄褐色，翅狭长，伸达第 6 腹节，蜕裂线伸至前胸前缘，各腹节两侧各生一细小瘤状突起。腹部末节圆而小，疏生灰白色微毛，两侧及背面各有一褐色刺状突（图 7-11）。

（2）生活习性　麦蛾一年可发生 4～6 代。以老熟幼虫在仓库种粒内越冬，极少数以蛹及初龄幼虫在种粒内越冬，但成活率不高。越冬幼虫次年春季化蛹羽化为成虫，一昼夜后即可开始交尾产卵，卵散产或聚产。在仓库内小麦种子上卵多产在腹沟或胚部。在稻谷种子上卵多产在护颖或颖片凹缝表面，在田间则产于近黄熟的稻麦或玉米穗上。幼虫孵化后多由种粒胚部或损伤处蛀入种粒内为害。蛹羽化为成虫后从羽化孔外出。成虫飞行能力不强。麦蛾的发育适宜温度范围为 21～35 ℃，在 15～21 ℃条件下发育速度缓慢，在 11～15 ℃条件下发育最慢。成虫在 45 ℃条件下经过 35 min 即死亡，43 ℃条件下经过 42 min 即死亡。卵、幼虫及蛹在 44 ℃条件下经过 6 h 全部死亡。幼虫在－17 ℃条件下经过 25 h 死亡。当种子含水量在 8％以下，或者在相对湿度 26％以下时，幼虫不能生存。

11．粉斑螟（*Ephestia cautella* Walker）

粉斑螟属鳞翅目卷螟科。分布遍及全世界，在我国各地均有发生。主要以幼虫为害麦类、稻谷、豆类、油料等多种作物的种子，食性很杂。

（1）形态特征　成虫雌虫体长 6～7 mm，雄虫体长 5～6 mm，翅展 14～16 mm。头、胸部灰黑色，腹部灰白色；前翅狭长，底色灰黑，近基部 1/3 处有一明显的灰色横纹；横纹外的色泽较深，后翅灰白色，4 翅外缘都有缘毛。幼虫体长 12～14 mm，头部赤褐色，两侧各具有单眼 6 个。蛹长约 7.5 mm，粗而短。前胸至第 4 腹节宽大，两侧近平行（图 7-12）。

（2）生活习性　粉斑螟一年发生 4 代以上，以幼虫在包装用品、种粒、仓内墙壁缝隙中吐丝结网聚集越冬。次年春季化蛹、羽化的成虫即可交尾产卵，卵多散产或聚产在种子表面或包装材料缝隙内。卵孵化后以成虫尸体或粉屑为食，之后则吐丝连缀粉屑及种粒成巢，潜伏其中为害。老熟幼虫多在包装用品、仓内缝隙或粮堆内做白色强韧薄茧化蛹。粉斑螟发育适宜温度为 15～36 ℃，以 30～32 ℃为最适温度，相对湿度 70％左右。粉斑螟抗寒性较弱，在 0 ℃条件下经过 1 周各虫期可全部冻死。

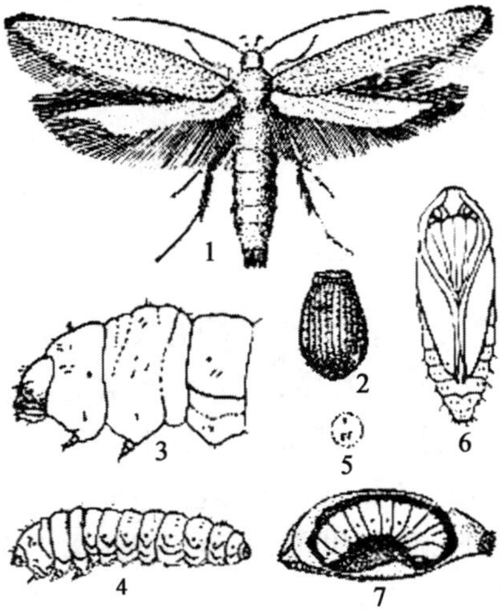

1．成虫　2．卵　3．幼虫身体前部　4．幼虫
5．幼虫第 6 腹节左腹足的趾钩
6．蛹的腹面　7．麦被害状

图 7-11　麦蛾

（姚康，1986）

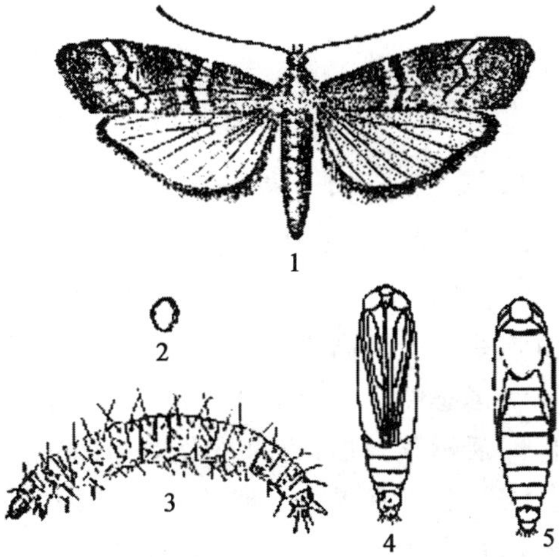

1．成虫　2．卵　3．幼虫
4．雄蛹腹面观　5．雄蛹背面观

图 7-12　粉斑螟

（姚康，1986）

12. 棉红铃虫(*Pectinophora gossypiella* Saunders)

棉红铃虫属鳞翅目麦蛾科,为世界性最重要的棉花害虫之一,在我国除新疆、青海、宁夏及甘肃西部等部分产棉区外,其余各省区棉区都有此虫为害。此虫为多食性,能寄生于8科77种植物上。

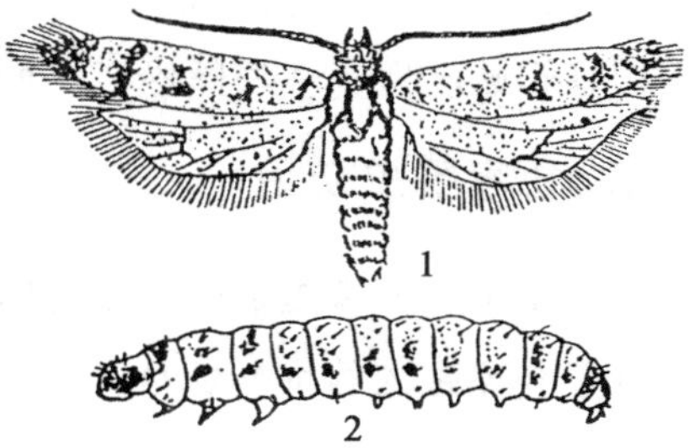

1. 成虫　2. 幼虫

图7-13　棉红铃虫

(胡晋,2001)

(1)形态特征　成虫体长6.5～7.0 mm,翅展12 mm,棕褐色。前翅竹叶形,灰白色,翅面上有4条不规则的黑褐色横纹。后翅菜刀形,灰褐色,后缘着生灰白色长毛,足末端近黑灰色。幼虫体长11～13 mm,头棕黑色,前胸黑褐色,腹部各节有红色斑一块,全体看似红色(图7-13)。

(2)生活习性　棉红铃虫幼虫为害棉花的蕾、花、铃和棉籽,主要蛀食棉籽和棉铃。棉红铃虫一年发生代数因各地气候而异。黄河流域每年发生2～3代,长江流域每年发生3～4代,华南每年发生5代以上。以幼虫在棉籽内、棉花仓库及运棉花器材中越冬。成虫在棉铃上产卵,孵出幼虫后,即钻入棉铃为害,第3龄后,为害棉籽。

13. 谷斑皮蠹(*Trogoderma granarium* Everts)

谷斑皮蠹属鞘翅目皮蠹科。在我国此虫被列为检疫对象,分布于云南,因而在检疫工作中要严格注意。谷斑皮蠹主要为害禾谷类、豆类、油料作物种子及其加工品,也食干血、干酪、巧克力、肉类、皮毛、昆虫标本等。幼虫蛀食种子,损失极大。

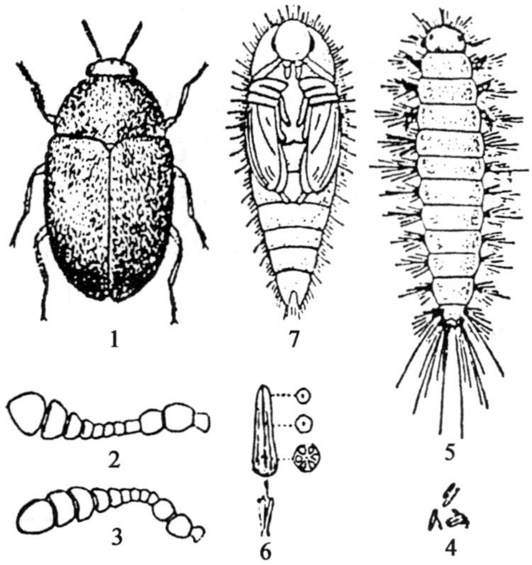

1. 成虫　2. 雌成虫触角　3. 雄成虫触角　4. 卵
5. 幼虫　6. 幼虫体上箭状毛　7. 蛹腹面

图7-14　谷斑皮蠹

(胡晋,2001)

(1)形态特征　成虫体长2.0～2.8 mm,体呈长椭圆形,体色红褐、暗褐或黑褐。密生细毛。头及胸背板常为暗褐色,有时几乎黑色。触角11节,黄褐色,棒形。鞘翅常为红褐色或黑褐色,有时翅上有由2～3条模糊的黄白色疏毛组成的横带。老熟幼虫体长约5 mm,纺锤形,向后稍细,背部隆起,黄褐色或赤褐色。腹部9节,末节小型。体上密生长短刚毛,尾端着生黑褐色刚毛一丛。胸足3对,短小形,每足连爪共5节(图7-14)。

(2)生活习性　谷斑皮蠹在印度如以小麦为食料,一年可发生4代。以幼虫越冬。成虫虽然有翅,但不能飞,它必须依靠人为的力量进行传播。产卵在子粒上,幼虫期约42 d,共蜕皮7～8次。4龄前的幼虫在谷粒外蛀食,4龄以后在谷粒内蛀食,幼虫非常贪食。在适宜的条件下,种堆上层内幼虫数常多于子粒的数目,幼虫除吃去一部分子粒外,更多的是将其咬成碎屑。此虫是为害严重和难以防治的一大害虫。谷斑皮蠹的耐热性及耐寒性都很强。它的最适发育温度为32～36 ℃,最高发育温度为45 ℃,

最低发育温度为10 ℃。在51 ℃及相对湿度75%条件下，经过136 min，仅能杀死95%的4龄幼虫，在50 ℃条件下经5 h，才能杀死其各虫态。在－10 ℃条件下，经25 h，才杀死50%的1～4龄幼虫。此虫的耐干性也极强，它在含水量只有2%的条件下与在12%～13%含水量条件下发育无显著差别，甚至含水量在低于2%时仍能繁殖。此虫的耐饥性也极强，非休眠的幼虫如因食物缺乏而钻入缝隙以后，可活3年；进入休眠的幼虫可活8年。它的抗药性也很强。

二、仓库害虫防治

(一)影响仓库害虫发生的生态因子

种子仓库害虫的生长发育、繁殖和个体寿命的长短与其生存的生态因子密切相关。影响种子仓库害虫发生的生态因子包括生物因子，如食物营养、捕食性和寄生性天敌、人类的活动等；非生物因子，如温度、湿度、气体成分、光的性质及强度和周期等。

1. 营养因子

种子仓库害虫在生长发育过程中需要多种营养物质，不同种类的害虫或同种而不同虫期的害虫，对食物的选择性是不同的，也就是说，不同种类的种子对仓库害虫的取食影响是不同的。根据种子仓库害虫取食范围的宽窄，可将种子仓库害虫分为以下4种。

(1)单食性　一般以一种种子为食。如豌豆象只为害豌豆，蚕豆象只为害蚕豆。

(2)寡食性　以相近科属的植物种子为食。如绿豆象只为害豆类作物的种子。

(3)多食性　以多种植物种子为食。如玉米象、麦蛾等害虫能取食多种谷类、豆类、油菜等植物的种子。

(4)杂食性　有些仓库害虫种类从其取食的食物性质上讲，既可以各种植物种子为食，又可以各种动物毛皮等物品为食，如皮蠹、螨类、拟步行虫、蜚蠊等。

由此可见，仓库内种子的种类不仅影响到仓库害虫的取食性，而且还影响到它们的繁殖能力、发育速度及种群密度。尽管寡食性或多食性害虫能以一种以上的种子为食，但不同的种子对它们的生长发育和繁殖能力的影响是不同的，其中又各有其最适宜的食物种类，如绿豆象最喜食绿豆，麦蛾最喜食小麦和稻谷，谷蠹最喜食稻谷，皮蠹最喜食富含蛋白质的种子等。种子仓库害虫取食了最适宜于嗜食的食料生长发育加快、繁殖率增加、死亡率降低。这是由于不同的种子对不同的害虫具有不同的营养价值。如锯谷盗种类在小麦、大米中生长最好，在稻谷和玉米中生长较差，在绿豆中生长最差(表7-1)。

表7-1　锯谷盗种群生长与食物的关系

(胡晋，2001)

种类	重量/g	含水量/%	重复实验次数	65 d后的平均后代数/头
小麦	30.00	13.08	3	155.30
大米	30.00	13.10	2	160.30
稻谷	30.00	13.25	3	16.70
玉米	30.00	13.00	2	8.50
绿豆	30.00	13.26	2	2.83

注：每处理开始时虫数为1对。

2. 气候因子

与种子仓库害虫生命活动以及种群发生相关的气候因子主要包括温度、湿度、气体成分和光照等，这些因子综合作用于害虫。

(1)温度　昆虫是变温动物，其体温随环境温度而变化。它们的生命活动，需要周围环境具备一定范围的温度。有效温度区，是适合一般昆虫正常生长、发育和生殖的温度范围，又称为适温区，一般为 15～35 ℃。其中最适温度区一般为 25～32 ℃，是有效温度区内对一般昆虫的繁殖和生长发育最适合的温度范围。在此范围内仓库害虫发育速度最快，繁殖能力最强。停育高温区，一般为 45～48 ℃，在此温度范围内，害虫的新陈代谢速率急剧增快，生命活动反而降低，呈现热昏迷状态(又称夏眠)。这时虫体内只进行缺氧代谢，这种温度如持续过久，仓库害虫就会死亡；但如果温度很快恢复到有效温度范围内，就可能继续活动。如赤拟谷盗成虫在 46 ℃下 4.9 h 致死。致死高温区，一般为 48～52 ℃，一般仓库害虫在此范围内，能在较短时间内致死。例如米象、谷象成虫在 47.8～48.9 ℃ 1 h 死亡，赤拟谷盗在 50 ℃ 1.2 h 死亡。发育起点，是害虫开始生长发育的温度，一般在 8～15 ℃。例如米象或麦蛾的发育起点为 10～12 ℃。停育低温区，一般为－4～8 ℃，此温度下，害虫新陈代谢速度变慢，生命活动降低，但不会完全失去生活力，进入冷昏迷状态(又称冬眠)，如时间长久也会死亡。致死低温区，一般为－4 ℃以下，有的害虫要达到－10 ℃以下，一般不超过－15 ℃。同时温度对仓库害虫的影响还与仓内湿度、温度变化速度、仓库害虫的生理状态及发育阶段有关。

温度变化对种子仓库害虫的影响主要有以下几方面：①影响发育速度。在适宜温区内随着温度的升高，昆虫的生长发育速度加快，即发育速度与温度成正比；而昆虫完成某一阶段发育所需的时间则随着温度的升高而缩短，即发育时间与温度成反比。温度与发育速度或发育时间的关系可以用有效积温法则来表示。②影响昆虫全年发生代数和种群密度。同一害虫在不同地区和不同环境条件下由于温度不同所发生的世代数也不相同，如玉米象在北方地区每年发生 1～2 代，在南方地区每年发生 3～5 代，而在亚热带地区每年则可发生 6～7 代。当害虫处于最适温度范围内对它的繁育最为有利，在这种情况下，种群密度也将会大大增加。③影响害虫分布地域。不同地区的温度变化不同，对害虫分布也会带来一定的影响。④影响害虫的寿命和活动。一般情况下，昆虫的寿命随温度的升高而缩短；在适温范围内，昆虫的活动随温度的升高而加强。

(2)湿度　对种子仓库害虫而言，湿度主要包括种子中所含的水分和空气中的相对湿度。种子仓库害虫体内的水分主要来自种子中的水分，而仓库中种子含水量的变化又受空气湿度的影响。各种仓库害虫对湿度的要求有各自的特殊性，与温度一样也有各自的最适湿度、致死干燥点和致死湿度。如麦蛾须生活在含水量至少 9%的种子中，如含水量降至 8%以下则不能生存。米象可忍耐到相对湿度 60%，谷象可忍耐到 50%，印度谷蛾可忍耐到 40%，谷蠹可忍耐到 30%。仓库害虫一般均喜潮湿，如空气湿度较高或贮种含水量较大，同时温度适宜，均能促进仓库害虫繁殖。一般仓库害虫适宜在种子含水量 13%以上及空气湿度 70%以上的条件下生活。湿度可以直接影响仓库害虫个体发育的速度、活动力、死亡的速度和生殖力等，还可以通过影响食料、温度等因子进行间接影响。温度与湿度对仓库害虫的影响是互相联系、互相制约的，如温度有变异则湿度也随之不同。

(3)气体　种子仓库害虫由于生存在仓库内的小气候环境中，仓内气体成分的变化直接影响到它的呼吸作用。特别是仓内种子堆积密集的情况下，堆内的气体随种子、仓库害虫和微生物等生命活动的变化而改变。仓库害虫在整个生命活动过程中，氧的供给和二氧化碳的排放随着新陈代谢的强弱而增减，当种子堆中的氧大量消耗，二氧化碳浓度增高时，将会对仓库害虫的生命活动产生不利的影响。据实验观察，当仓内种子堆中的氧气含量在15%左右时，蛾类成虫的生命活动就会受到抑制；当仓内种子堆中的氧气含量在8%以下时，对各种仓库害虫的生命活动都会起到不同程度的抑制作用。气调贮藏就是通过改变仓库害虫生存环境中氧气的含量，达到抑制和杀死仓库害虫的目的。常用的方法是将仓库(或堆垛)密封、充二氧化碳和充氮气等贮藏。

(4)光照　光线的强弱对种子仓库害虫的生长发育有一定的影响。一般在仓库发生的害虫喜欢在黑暗的环境条件下生活。

3. 天敌因子

仓库害虫的天敌是指捕食或寄生于仓库害虫的昆虫、螨类、病原微生物和其他节肢动物。仓库害虫天敌也是仓库生态系统中一个不可忽视的因子，它们在控制仓库害虫种群的增长方面具有一定的作用。据统计，全世界仓库益虫有186种，我国常见的有15～20种，它们分属于9目40科。其中以膜翅目种类最多，其次是鞘翅目，主要种类分布以金小蜂科、肿腿蜂科最多，再次是花蝽科、步甲科、隐翅虫科、姬蜂科、茧蜂科等。常见的种类有麦蛾茧蜂、米象金小蜂、窗虻、黄色花蝽、仓双猎蝽、普通肉食螨和蜘蛛以及形簇虫、裂簇虫、微粒子虫和单孢虫等一些寄生性的原生动物。试验证明，米象金小蜂能够限制谷蠹种群增长，使之不能造成危害，麦蛾茧蜂可抑制印度螟蛾的发生。黄色花蝽是一种捕食性天敌，可以捕食谷蠹、锯谷盗、角胸谷盗、谷斑皮蠹、杂拟谷盗、赤拟谷盗、烟草甲虫、大蜡螟、粉斑螟蛾、印度螟蛾及麦蛾等重要仓库害虫，最喜欢捕食不能运动的虫卵和蛹。我国从美国引进的黄色花蝽已在国内饲养成功，并能在仓内顺利繁衍后代，建立种群，对仓库害虫起抑制作用。据国外报道，在带穗玉米堆中释放黄色花蝽，对锯谷盗种群可控制97%～99%，而不处理对照15周内数量增值1 900倍。

4. 人为因子

人类的经济活动对仓库害虫的发生、繁殖和消长有很大的影响。人类影响会产生两种完全相反的结果，即控制仓库害虫的发生和发展或助长害虫的传播和大量繁殖。国外输入的种子和粮食如不经严格的检疫与处理，容易传入国内没有或虽有而分布不广的仓库害虫，造成新的仓库害虫种类的蔓延为害。国内种子和粮食的调运如不先经严格的检查和处理也会造成国内地区性仓库害虫的蔓延传播。种子品质差、含水量高，破损粒和杂质多，使仓库害虫易于繁殖。仓库不卫生，种子进仓前不彻底消毒和清扫，贮运工具不随时清理，仓库管理人员管理不严，防治不及时，有利于仓库害虫的大量繁殖。相反，在种子的收获、加工、干燥、运输和贮藏等各个环节如能采取各种有效的措施，阻止害虫的传播感染，创造不利于害虫繁殖和发育的条件，就能控制害虫的发生和发展，减少不必要的损失。

(二)虫情检查与预测预报

虫情检查与预测预报是防治种子仓库害虫的重要环节，做好这项工作，能够及时地掌握种子仓库害虫发生和发展的动态，为综合防治种子仓库害虫奠定一定的基础。

1. 虫情检查

(1)直接检查法　适用于非隐蔽性害虫的检测，非隐蔽性害虫包括种粒间的成虫、幼虫和蛹等虫态。直接检查法包括两个步骤：诱捕和识别。诱捕可采用信息素、食物、光电、陷阱、抽样等方法进行。识别的方法包括人工识别、图像识别。

过筛法：包装好的种子按总件数分点抽查，500 袋以下抽检 3～5 袋，501～1 000 袋抽检 6～10 袋，1 001～3 000 袋抽检 11～20 袋，3 000 袋以上每增加 500 袋抽检数增加 1 袋。散装种子 1.00×10^5 kg 以下选点 5～10 个，$(1.01\sim2.00)\times10^5$ kg 选点 11～15 个，$(2.01\sim5.00)\times10^5$ kg 选点 16～20 个，5.00×10^5 kg 以上每增加 1.00×10^5 kg 选点数增加 1 个，每点抽检样品 1 kg 以上。选取筛目小于种子大小的筛子，将抽检样品过筛，检查筛下物中虫口数量，并做好记载。

打药法：拟除虫菊酯类农药具有一定的刺激害虫活动的作用，只要对准种子堆放缝隙进行喷雾，即可刺激隐藏的害虫活动，并从缝隙爬出，以致触杀而死。

设置人工缝隙诱集法：将有波浪纹的皱纹纸板[(3～5)cm×(20～25)cm]放在包装袋之间，或散装袋周围，经过一段时间后取出检查，如果只有轻度虫害，可以使用大量纸板做诱捕器，放置 4～5 周即可；如果虫害较严重，只要把纸板放置数小时，即可诱捕到大量害虫。另外，可用两根小木条(厚 1 cm，长 50 cm，宽 5～15 cm)放在一起，留有 2～5 cm 缝隙，即构成诱捕谷斑皮蠹幼虫及赤拟谷盗成虫的诱捕器，可以将其塞进袋子内，经过数天以后取出检查。

此外，还有倒袋法、设置诱捕袋法、设置各种捕虫器法等方法应用于害虫检测。

(2)间接检查法　适用于隐蔽性害虫的检测。隐蔽性害虫是指存在于种子内部的幼虫和产在种子内且已发育的卵以及通过破损或其他途径(通常是取食)进入种子内部的害虫。如玉米象、谷蠹、麦蛾等的幼虫及蛹多隐藏在种粒内生活，这类仓库害虫的检查，可采用间接检查法。

剖检法：从送验样品中取出试样，中粒种子 5 g 左右，大粒种子 10 g 左右，逐粒用解剖刀切开种子，或先将种子在 30 ℃的温水中浸泡 3～4 h，再进行剖检，检查种粒内有无幼虫、蛹及卵存在，并按下式计算出虫害种子百分率和害虫含量。

$$\text{虫害种子百分率}=\frac{\text{虫害种子粒数}}{\text{供检种子粒数}}\times100\%$$

$$\text{害虫含量(头/kg)}=\frac{\text{害虫头数}}{\text{试样重量(g)}}\times1\ 000$$

相对密度法：有些种子外观看上去很好，但内部已经被害虫蛀食，凡被种子害虫为害过的种子与健康种子间存在着相对密度(以往称比重)上的差异。把硝酸钠或食盐配成饱和溶液，将一定重量的种子倒入溶液中搅拌静置，取出悬浮在上层的种子，结合剖粒检验，计算每千克种子内害虫的头数及虫害种子百分率。

化学染色法：一些隐伏感染的害虫如米象、谷蠹，在种子内产卵后，能分泌出一种胶质类物质将产卵孔堵塞，一般肉眼很难看出，可通过不同的化学试剂使其染色，然后进行检验。如高锰酸钾染色法，该法适用于被米象、谷蠹为害的禾谷类种子。以小麦种子为例，取试样 15 g，置于铜丝网中，在 30 ℃温水中浸 1 min，然后移置于 1%高锰酸钾溶液中，经 1 min 后取出，用冷水冲洗。有蛀空式隐蔽性害虫为害的种子，在产卵孔处呈明显的褐色小斑点。

此外，还有茚三酮法、软 X 射线检查法、声测法、二氧化碳测定法、近红外分析技术等应用于害虫检测。

2. 仓库害虫的预测预报

通过仓库害虫的预测预报可以掌握害虫种群消长规律，判断害虫发生发展的趋势，及时确定预防措施，实现经济、合理、安全、有效的目的。仓库害虫预测预报有短期预测预报、中期预测预报和长期预测预报之分。短期预测预报主要指导当前的防治，一般预测 1 个月内害虫发生发展情况，如根据害虫的前一虫期预测下一虫期的发生期和发生量。中期预测预报期限一般在 1 个月以上 3 个月以下，主要为近期的防治部署做好准备。长期预测预报主要为制订来年防治计划提供依据，预测期限一般长达数月，甚至跨年度，如根据害虫当年越冬情况预测来年发生发展情况。

这里介绍几种基本的虫害发生期、发生数量的预测方法。

(1)发生期预测　仓库害虫发生期测报中，常将某一虫期的发生时期分为始见期、始发期、高峰期、盛末期和终见期。发生期的预测方法主要有以下几种。

发育进度测报法：发育进度测报法又称为历期标准测报法。它是根据害虫在仓库内发育进度的检测结果，参考当时的仓温、种温以及相应的虫态历期，推测以后虫期的发生期。

按发育进度检测结果来预测发生期时，常把发育进度 16%、50%、84%左右作为始发期、高峰期、盛末期 3 个时期的推算。其理论根据是：害虫各虫期在仓库内的发生，一般都是由个别零星出现，数量缓慢增长，到一定的时候，由缓慢增长突然转为急剧增长，以致达到顶峰，后又转向下降，再由急剧下降转为缓慢减少，整个发生过程中，以日期为横坐标，以出现的数量或绝对百分率为纵坐标，绘成一条曲线。这条曲线经过修匀后，很近似于数理统计中的“正态曲线”。

期距测报法：此法与上面讲的“发育进度测报法”大同小异。根据当地积累多年的历史资料，总结出当地各种害虫两个世代之间或同一世代各虫期的始发期与高峰期之间的间隔的经验值，作为害虫发生期测报的依据。

有效积温测报法：在适宜害虫发生的季节里，仓温、种温的高低是害虫生长发育快慢或迟早的重要因素。当测得害虫某一时期的发育起点和有效积温后，便可根据当地长年仓温和种温，参考近期天气情况，对这种害虫下一个虫期的发生期做出预测。

有效积温公式为：

$$T=C+KV \text{ 或者 } K=N(T-C)$$

式中：T—仓温种温；C—发育起点温度；K—有效积温；V—发育速率；N—发育历期，$V=1/N$，$T-C$—有效温度。

通过试验得出不同温度 T 时的相应发育速率 V，然后求得 C、K，试验温度组数一般不少于 5 个。常用的试验方法有恒温法和自然变温法两种。恒温法是在人工控制的恒温条件下，把要测量的害虫的某个期饲养在 5 个或 5 个以上的不同恒温箱内。保持该种害虫适宜的温度和饲养条件，测得在不同温度下的发育历期。自然变温法是将要测定的害虫分期分批饲养在自然条件下，从而得到多组不同的日平均仓温或种温总积温下的发育历期，而蚕豆象、豌豆象则和一般农业昆虫一样采用日平均气温和总积温。实验的组数最好在 10 组以上，饲养的温差越大越好，并且要和实际发生的季节相一致。这种方法测得的结果也最符合实际情况，准确性较高，而且简便易行。有效积温常数 K 和发育起点温度 C 可按下面公式计算：

$$K=\frac{n\sum VT-\sum V\sum T}{n\sum V^2-(\sum V)^2}$$

$$C=\frac{\sum V^2\sum T-\sum V\sum VT}{n\sum V^2-(\sum V)^2}$$

此外，还有物候测报法、经验性的温度指标法、诱集测报法等可以用于害虫发生期的预测。

(2)发生数量预测　害虫的发生数量常常与上一代的基数密切相关，基数越大，下一代的数量可能就越多；反之则少。根据害虫上一代的有效基数，可以进行下一代发生数量的预测，通常用下面的公式计算其繁殖数。

$$P=P_0\left[e\cdot\frac{f}{m+f}\cdot(1-M)\right]$$

式中：P 为繁殖数，即下一代的发生量；P_0 为上一代的发生量；e 为每头雌虫的平均产卵数；$f/(m+f)$为雌虫百分率，f 为雌虫数，m 为雄虫数；M 为死亡率(包括卵、幼虫、蛹、成虫)；$1-M$ 为生存率，可为$(1-a)(1-b)(1-c)(1-d)$，a、b、c、d 分别代表卵、幼虫、蛹、成虫生殖前的死亡率。

(三)仓库害虫防治方法

仓库害虫防治是确保种子安全贮藏，保持较高活力和生活力的极为重要的措施之一。防治仓库害虫的基本原则是“安全、经济、有效”，防治上必须采取“预防为主，综合防治”的方针，防是基础，治是防的具体措施，两者密切相关。综合防治是采取一切可行的防治方法，确保种子的安全贮藏，并力求避免或减少防治措施本身在经济、生态、社会等方面造成不良后果。综合防治主要从以下几方面着手：限制仓库害虫的传播，改变仓库害虫的生态条件，提高贮藏种子的抗虫性，直接消灭仓库害虫。以下介绍各种防治仓库害虫的方法。

1. 农业防治

许多仓库害虫如麦蛾、豌豆象、蚕豆象等不仅在仓内为害，而且也在田间为害，随着种子的成熟收获而进入种子仓库为害。所以，采用农业防治是很有必要的。农业防治是利用农作物栽培过程中一系列的栽培管理技术措施，有目的地改变某些环境因子，以避免或减少害虫发生与为害，达到保护作物和防治害虫的目的，其中应用抗虫品种防治仓库害虫就是一种有效的方法。

2. 检疫防治

对内对外的动植物检疫制度，是防止国内外传入新的危险性仓库害虫种类和限制国内危险性仓库害虫蔓延传播的最有效方法。随着对外贸易的不断发展，种子的进出口也日益增加，随着新品种的不断育成，国内各地区间种子的调运也日益频繁，检疫防治也就更具有重大的意义。

3. 清洁卫生防治

清洁卫生防治是种子仓库害虫防治工作的基础，种子在贮藏期间需要清洁、干燥和低温的条件，而种子仓库害虫则喜欢在通风透光不良、潮湿温暖的场所活动，清洁卫生防治可以恶化种子仓库害虫的生活环境条件和防止种子仓库害虫侵入贮藏、加工场所，有利于种子的安全贮藏。

实施清洁卫生防治必须建立一整套完整的清洁卫生制度，具体操作可以掌握以下 4 个环节。

(1)清洁工作　对种子仓库和加工车间内的垃圾、存放的种子、杂物等进行认真彻底的清理，并将清除物及时妥善处理，远离种子仓库(最好在 50 m 以外)。仓内不要存放容易为害虫躲藏的物品和不经常使用的物品。加工车间的器材、包装材料、机械设备应经常清理，保持清洁卫生。

(2)改造工作　种子仓库内的裂缝、孔隙及大小洞穴等残破处，是种子仓库害虫潜伏、产卵、繁殖的场所。因此，要及时采取剔刮、嵌缝、粉刷等工作来改变种子仓库的面貌，消除害虫的栖息场所，也便于检查时观察到害虫。

(3)消毒工作　消毒是在清洁的基础上进行的，因为有些害虫喜欢躲藏在仓内或工具上极细小的缝隙内，不易被人们发现和清除掉，所以清洁以后，必须对整个种子仓库和用具进行化学药剂消毒，以便于弥补清洁工作的不足，直接消灭害虫。

(4)隔离工作　种子仓库、晒场、加工车间等场所经清洁、改造、消毒后，还要防止种子仓库害虫的再度感染，应做到有虫和无虫、干燥和潮湿的种子分开贮藏，没有感染害虫的种子不存入未消毒的仓库。包装器材及仓贮用具应保管在专门的库房里，已被仓库害虫感染的工具、包装材料等不应与未被感染的放在一起，更不能在未感染害虫的仓库内和种子上使用。工作人员在离开被仓库害虫感染的种子仓库和种子时，应将衣服、鞋、帽等加以清洁整理检查后，方可进入其他库房，以免人为传播。

4. 机械物理防治

(1)机械防治　机械防治就是利用人工或动力机械设备，将种子仓库害虫从种子中分离清除出来。种子经过机械处理后，不但可以清除害虫和害螨，而且还能把种子中的杂质除去，降低水分，提高种子质量，有利于保管。机械防治的主要方法有风选、筛理等方法。

风选除虫是根据仓库害虫和种子的相对密度不同，在一定的风力作用下，使害虫与种子分离。筛理除虫是根据种子与害虫的大小、形状和表面状态的不同，通过筛面的相对运动把种子和害虫分离开，目前常用的筛子有振动筛和淌筛(溜筛)两种。

在应用机械防治时，应注意在仓外进行，切不可在仓内或加工车间内进行，以免各种仓库害虫仍在仓内扩散蔓延。当工作进行时，应在工作场地周围用辛硫磷或马拉硫磷等农药喷洒成一道防护药带，以防止害虫四处逃散。清理出来的杂物，应及时进行消毒处理或烧毁处理，在机械防治中应特别注意不要损伤种子。

(2)物理防治　物理防治是指利用自然或人工的方法直接消灭仓库害虫，或恶化它们的生活环境条件，抑制害虫的发生和为害。常用的物理方法有高温杀虫和低温杀虫法。

高温杀虫法：种子仓库害虫一般在40～45 ℃时达到生命活动的最高界限，超过这个界限，当温度升高到45～48 ℃时，绝大多数的种子仓库害虫处于热昏迷状态，长时间处在这个温度范围内也能使种子仓库害虫致死。当温度达到48～52 ℃时，经过较短时间也能导致种子仓库害虫的死亡。种子仓库害虫在高温中致死的时间，因空气湿度、害虫的种类及虫态而有所不同。应用高温杀虫时，应在保证不影响种子质量的前提下进行。具体可采用自然干燥法和人工干燥法。

低温杀虫法：利用冬季冷空气或由人工产生的冷气来降低种子温度，达到抑制害虫的发育、繁殖和为害的目的。一般仓库害虫生命活动的最低温度界限为8～15 ℃，低于此温度，仓库害虫的发育与繁殖就会停止。当温度为－4～8 ℃时，仓库害虫进入冷休眠状态，而长期处于冷休眠状态下就会发生脱水死亡。采用低温杀虫法应注意种子水分，若种子水分过高，则会使种子发生冻害而影响发芽率。一般含水量在20%以上的种子不宜在－2 ℃以下冷冻，含水量在18%～19%时，不宜在－5 ℃以下冷冻，含水量在17%左右不宜在－8 ℃以下冷冻。冷冻以后，趁冷密闭贮藏，对提高杀虫效果有显著作用。在种温与气温差距悬殊的情况下进行冷冻，杀虫效果特别显著，这是因为害虫不能适应突变的环境条件，生理机能遭到严重破坏而加速死亡。具体可采用仓外薄摊冷冻、仓内冷冻等方法。

5. 化学防治

化学防治就是利用化学药剂破坏种子仓库害虫正常的生理机能或造成不利于害虫和微生物生长发育的条件，从而使仓库害虫和微生物停止生长或致死的防治方法。化学防治具有高效、速效、经济的优点。但使用不当容易造成工作人员中毒，影响种子的活力，还会引起仓库害虫产生抗药性。在种子仓库害虫的防治中尽管化学防治效果良好，也应注意与其他方法的配合使用，取长补短，以便发挥更好的防治效果。

目前，用于防治种子仓库害虫的化学药剂主要有熏蒸剂和保护剂两大类。

(1)熏蒸剂　利用易于挥发的药剂的蒸气，通过害虫的呼吸系统或由体壁的膜质透入虫体，使害虫迅速中毒死亡的化学药剂称熏蒸剂(fumigants)。主要熏蒸剂有磷化铝、磷化锌、氯化苦、溴甲烷等。目前，氯化苦、磷化锌已被禁用，溴甲烷仅可用于检疫熏蒸处理。由于磷化铝在施用方法、熏蒸期间的管理和成本等方面的优越性，目前仓库熏蒸杀虫以磷化铝为主。

磷化铝(AlP，aluminumphosphide)：是用红磷和铝粉在镁的燃烧下合成的一种熏蒸剂，为浅灰黄色或浅灰绿色松散粉末。剂型有片剂和粉剂两种。种子仓库熏蒸常用片剂。磷化铝片剂含磷化铝 56%以上，氨基甲酸铵 34%左右，石蜡 4%左右。磷化铝能从空气中吸收水汽而逐渐分解产生磷化氢。化学反应式如下：

$$\underset{\text{磷化铝}}{AlP} + \underset{\text{氨基甲酸铵}}{NH_2COONH_4} + \underset{\text{水}}{3H_2O} \rightarrow \underset{\text{氢氧化铝}}{Al(OH)_3} + \underset{\text{磷化氢}}{PH_3\uparrow} + \underset{\text{二氧化碳}}{CO_2\uparrow} + \underset{\text{氨}}{2NH_3\uparrow}$$

起杀虫作用的是磷化氢气体。磷化氢(PH_3)是一种无色剧毒气体，有乙炔气味。气体相对密度为 1.183，略重于空气，但比其他熏蒸气体轻。它的渗透性和扩散性比较强，在种子堆内的渗透深度可达 3.3 m 以上，而在空间扩散距离可远达 15 m，所以使用操作较为方便。磷化氢气体易自燃，当每升体积中磷化氢浓度超过 26 mg 便会燃烧，有时还会有轻微爆鸣声。发生自燃的原因，主要是药物投放过于密集，磷化氢产生量大，或者空气湿度大，有水滴，使反应加速，产生磷化氢多。其中形成少量不稳定的双磷(P_2H_4)，遇到空气中的氧气产生火花。磷化氢燃烧后产生无毒的物质五氧化二磷(P_2O_5)，药效降低。如果周围有易燃物品，容易酿成火灾，所以投药时应予注意。为了预防磷化氢燃烧，在制作磷化铝片剂时，通常加入氨基甲酸铵和其他辅助物。氨基甲酸铵潮解后产生氨和二氧化碳气体，能起辅助杀虫作用，同时还可起到防止磷化氢自燃的作用。

磷化铝片剂每片约重 3 g，能产生磷化氢气体约 1 g。磷化铝片剂用药量种堆为 6～9 g/m^3，空间为 3～6 g/m^3，加工厂或器材为 4～7 g/m^3。磷化铝粉剂用药量种堆为 4～6 g/m^3，空间为 2～4 g/m^3，加工厂或器材为 3～5 g/m^3。投药时应分别计算出实仓用药量和空间用药量，二者相加之和即为该仓总用药量。投药后，一般密闭 3～5 d，即可达到杀虫效果，然后通风 5～7 d 排除毒气。投药方法分包装和散装两种。包装种子在包与包之间的地面上，先垫好 15 cm 见方的塑料布、铁皮板或塑料碗再投药，以便收集药物残渣。散装种子投在种子堆上面，同样要求垫好塑料布或铁皮板等，将药物散放在上面即可。药片也可以用布袋分装，每袋药量不超过 10 片，按施药量将布袋埋入种堆，袋上拴有细绳，便于熏蒸结束取出。

磷化氢的杀虫效果决定于仓库密闭性能和种温。仓库密闭性好，杀虫效果显著，反之效果差，毒气外逸还会引起中毒事故。所以投药后不仅要关紧门窗，还要糊 3～5 层纸张将门窗封死。温度对气体扩散力影响较大，温度越高，气体扩散越快，杀虫效果越好。如果温度较低，则应适当延长密闭时间。通常是当种温在 20 ℃以上时，密闭不少于 3 d；种温在 16～20 ℃时，密闭不少于 4 d；种温在 11～15 ℃时，要密闭 5～7 d；种温在 5～10 ℃时，则要密闭约 10 d；低于 5 ℃，不宜熏蒸。

熏蒸过程需注意：

①磷化氢为剧毒气体，很容易引起人体中毒，使用时要特别注意安全。磷化铝一经暴露在空气中就会分解产生磷化氢，因此，开罐取药前必须戴好防毒面具，切勿大意。

②为防止发生自燃，须做到分散投药，每个投药点的药剂不能过于集中，每点片剂不超过 30 片，粉剂不超过 100 g。片剂之间不能重叠，粉剂应薄摊均匀，厚度不宜超过 0.5 cm。

③药物不能遇水，也不能投放在潮湿的种子或器材上，否则也会自燃。

④为提高药效和节省药物，可在种子堆外套塑料帐幕以减少空气，但是帐幕不能有漏气的孔洞。

⑤种子含水量过高时进行熏蒸易产生药害，会影响种子的发芽率。磷化氢熏蒸对种子水分的要求见表 7-2。

表 7-2 磷化氢熏蒸时种子水分的上限 %

作物	水分	作物	水分
芝麻	7.5	籼稻、小麦、高粱、蚕豆、绿豆、荞麦	12.5
油菜	8	大豆	13
花生果	9	大麦、玉米	13.5
棉籽	11	粳稻	14

⑥正确选定施药时间。根据其分解特性，磷化铝在雨季用药时，只要施药后 4～10 h 内不遇雷雨大风就可以基本避免着火。故要根据天气预报掌握施药时间。

⑦ 为了解仓库门窗缝隙不同密封程度的漏气散毒情况，在施药后 5～6 h，即散毒盛期时，可以用硝酸银显色法，检测门窗的漏气散毒情况。熏蒸通风后，排毒是否彻底也可用硝酸银显色法检查。即用 3%～5%硝酸银溶液浸湿的滤纸条放在被检查处，如空气中有磷化氢，则滤纸变黑，如滤纸在空气中于 7 s 内变黑，即表示空气中毒气浓度已能引起人中毒。反应式如下：

$$PH_3 + 3AgNO_3 \rightarrow 3HNO_3 + Ag_3P\downarrow \text{(黑色)}$$

磷化氢在空气中的允许浓度为 0.3 mg/m^3，在 7 mg/m^3 浓度中停留 6 h，有中毒症状出现。

据报道，磷化铝药剂在气温 28 ℃左右，库温 25 ℃左右，湿度 68%～74%的条件下密封 4 d 杀虫效果可达 100%。在上述温、湿度条件下，种子堆用药 6 g/m^3，空间用药 5 g/m^3，器材用药 5 g/m^3，可 100%消灭米象等仓贮害虫，且对种子发芽势和发芽率都无影响，但对存贮 2～3 年的陈种子，发芽率将下降 10%左右。在上述温、湿度条件下，种子熏蒸后经 96 h 密闭处理，库温、库湿、种温、种湿熏蒸前后基本一致。

防毒面具主要由面罩和滤毒罐构成，有的具有连接两者的呼吸管（图 7-15）。面罩是橡皮和橡皮布制成的，上有眼镜，在鼻口处有两条通道，一条通道接吸气管，受入气活瓣的控制（只能吸气不能呼气）。另一条通道呼出气体，受吐气活瓣控制（只能排气不能进气）。滤毒罐里起主要作用的有活性炭层、化学吸收剂层和防烟滤层。活性炭层主要用于吸附毒气。化学吸收剂层主要是用来中和毒气，因为一般毒气多显酸性，故用碱性物质，其中还含一定量的高锰酸钾，用来氧化毒气。防烟滤层通常用多层的纱布棉花制成。不同型号的防毒面具所防的毒气是不同的，购买时，需选对型号。

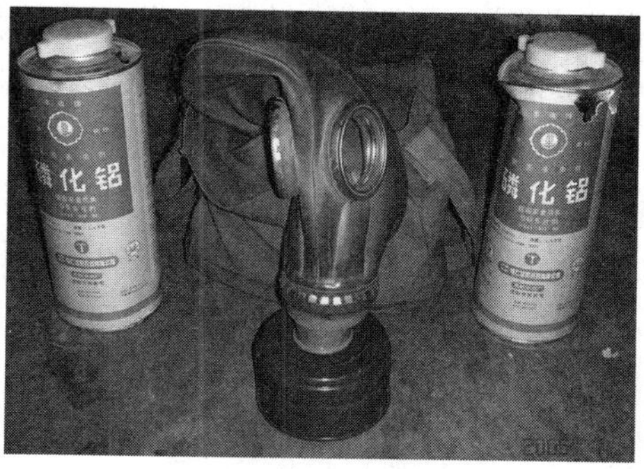

图 7-15　防毒面具（胡晋摄）

(2)保护剂　利用液体或固体状态的药剂，通过胃毒作用或触杀作用，使仓库害虫致死的药剂称保护剂。选用这一类药剂一般要求具有毒性低、药效长、适应性强、使用范围广、对仓库和环境条件无特殊要求、施用安全等特点，常用的保护剂有如下几种。

防虫磷：原名马拉硫磷（malathion），化学分子式为 $C_{10}H_{19}O_6PS_2$。这里指的是一种马拉硫磷含量大于或等于 70%的脱臭马拉硫磷乳油，为区别于低纯度的农用马拉硫磷而改名为防虫磷。防虫磷是一种有机磷杀虫剂，具有触杀、胃毒和微弱的熏蒸作用，能毒杀多种仓库害虫，对人的毒性却较小，是目前防治害虫的高效低毒药剂。在 pH 5～7 范围内稳定，在碱性溶液中最易分解，接触到混凝土和石灰等碱性物质会很快分解失效，对铁有腐蚀性。

防虫磷的使用剂量为 20～30 mg/L，0.5 kg 防虫磷约可处理种子 17 500 kg。处理的种子经过半年以后，其浓度可降到卫生标准 8 mg/L 以下。使用防虫磷一般不会影响种子的生活力。

防虫磷的使用方法分载体法和喷雾法两种。载体法是将防虫磷乳剂原液拌和在其他物体上，简称载体（通常用谷壳或麦壳作载体）。用载有防虫磷的谷壳拌入种子内就能起到防治害虫的作用。谷壳与药剂配比是，每 50 kg 干谷壳加入 1.5 kg 防虫磷，或每 15 kg 干谷壳加入防虫磷 0.5 kg 均可。每千克载体谷壳可处理种子 1 000 kg。处理时可将载体与全部种子拌和，或将载体与种子堆上层厚度为 30 cm 的种子拌和，其用量都需根据种子实际重量计算。喷雾法是将防虫磷乳剂原液用超低量喷雾器以 20～30 mg/L 剂量直接喷在种子上，边喷边拌，要拌和均匀。与载体法一样，可以处理全部种子或处理上层部位 30 cm 厚的种子层。

以上方法处理种子，一般在 6 个月内不会生虫，防虫效果以全部处理较上层处理为好，载体法又比喷雾法好。如果与磷化铝配合使用效果更好，在磷化铝熏蒸之后，再以载体法处理上层种子，则可延长防虫期 3～6 个月。

必须注意，防虫磷是一种防护剂，主要用于防虫，虫口密度在每千克 1 头以下，处理效果较好；防虫磷以原液随用随配为好，不宜加水稀释。载体不宜放在高温下曝晒，以免降低药效；种子水分多少是影响药效的重要因素之一，所以处理的种子必须保持干燥。因高温高湿均能导致药效的降低，水分高还易造成种子的药害，小麦、玉米、高粱大约以 12%和 14%含水量各为其最安全和临界水分。

杀螟松（fenitrothion，sumithion）：又名杀螟硫磷，是一种广谱性有机磷杀虫剂。纯品为淡黄色油状液体，略带蒜臭味，不溶于水，可溶于多种有机溶剂，遇碱分解，对光较稳定。杀螟松具有触杀和胃毒作用，也有一定的内渗作用。对印度谷螟、麦蛾、粉斑螟、玉米象、米象、赤拟谷盗等多种鳞翅目和鞘翅目害虫及害螨都有良好的防效。处理空仓库使用剂量为 0.2%药液 20 mL/m^2,处理入库种子使用 0.2%的药液 50 mL/m^2。

敌百虫(dipterex):是一种高效低毒有机磷杀虫剂。纯品为白色晶体,有醛类气味,工业品为白色略带棕色的蜡状固体或黏稠状液体。易溶于水及有机溶剂,易吸湿受潮分解或其水溶液易分解失效。敌百虫具有强烈的胃毒作用兼有一定的触杀作用,可防治多种仓库害虫,空仓可使用浓度为 0.5%~1%敌百虫 50 mL/m^2,入库种子可使用浓度为 0.2%敌百虫 80 mL/m^2。

敌敌畏(DDVP,dichlorvos):是一种具有触杀、胃毒和熏蒸作用的广谱性杀虫杀螨剂。纯品为无色油状液体,工业品为淡黄色液体。略带芳香气味。敌敌畏作用迅速,击倒力强,但渗透力较弱,遇水极易分解,具有很强的挥发性,温度越高,挥发性越大。对玉米象、米象、印度谷螟、粉斑螟、麦蛾、拟谷盗等多种仓库害虫均有良好的防效。处理空仓,可用 80%敌敌畏乳油稀释 20 倍,用药量为 50 mL/m^2。采用挂布条法,密闭 72 h。处理实仓,可用 80%敌敌畏乳油稀释 50 倍,用药量为 100 mL/m^2,采用喷雾法将药液喷洒在仓内种子表面或种子包装袋表面,密闭 72 h。

6. 生物防治

生物防治指利用生物及其产物控制害虫的方法。主要是利用种子贮藏期间害虫的外激素、生长调节剂、抑制剂、病原微生物、天敌昆虫以及利用种子本身的抗性来防治和抑制害虫的发生。

(1)信息素　又称外激素,指昆虫体内分泌到体外并能引起同种昆虫的某些特殊生理效应和特定行为的超微量物质,包括性外激素、聚集信息素等。现在已经提取并人工合成了谷蠹、谷斑皮蠹、杂拟谷盗、麦蛾、棉红铃虫、印度谷螟等十几种害虫的性外激素。将性外激素与诱捕器结合,可以大量捕杀害虫;也可在空间释放高浓度的性外激素,干扰害虫的交配,又称迷向法。

(2)昆虫生长调节剂　是一类高效、低毒、具有一定选择性和特异作用、对环境相对安全的杀虫剂。作用机理是干扰破坏昆虫内分泌腺体的生理功能,导致虫体内激素失去平衡和酶活力的改变,使其不能正常生长发育而导致死亡。常用的有保幼激素类似物和几丁质合成抑制剂。如蒙 515(甲氧保幼素),对印度谷螟、谷蠹、锯谷盗、粉斑螟、赤拟谷盗等害虫的生长防治效果良好。几丁质合成抑制剂通过抑制昆虫体表几丁质的形成来达到防治害虫的目的,对防治鳞翅目害虫有特效,最常用的生长抑制剂为除虫脲(也称敌灭灵)。

(3)病原微生物　某些微生物及其代谢产物对昆虫有致病作用,可以人为地散布昆虫病原菌和颗粒体病毒。苏芸金杆菌制剂即 Bt 乳剂可以防治鳞翅目幼虫,如印度谷螟、粉斑螟、麦蛾等。颗粒体病毒(GV)用于防治印度谷螟效果明显。利用病原原生动物防治仓库害虫近年来也取得有效进展,研究者发现把信息素与病原体一起使用,可更为有效地防治害虫。

(4)天敌昆虫　寄生和捕食贮藏害虫的天敌很多,我国有 7~8 种,如米象金小蜂、仓双环猎蝽、黄色花蝽、黄冈花蝽等。它们均能寄生或捕食多种害虫,在一定条件下均能有效地控制害虫的为害。缺点是天敌本身也存在着污染种子的问题,所以目前还不能在生产上大范围推广。

另外,有很多植物的提取物对仓库害虫具有良好的防治效果,如从芸香科植物中提取的芸香精油、花椒油对杂拟谷盗、赤拟谷盗有毒杀作用,砂地柏提取物对赤拟谷盗、玉米象有抑制种群作用,对玉米象生长发育及成虫产卵和羽化有明显抑制作用,万寿菊的根提取物对谷蠹有毒杀作用。

第二节　种子病原微生物及其控制

一、种子微生物区系及对种子的影响

(一)种子微生物区系及变化

种子微生物区系是指在一定生态条件下,存在于种子上的微生物种类和成分。种子上的微生物区系因作物种类、品种、产区、气候情况和贮藏条件等的不同而有差异。据分析每克种子常带有数以千计的微生物,而每克发热霉变的种子上寄附着的霉菌数目可达几千万以上。

各种微生物和种子的关系是不同的,大体可以分附生、腐生和寄生 3 种。但大部分是以寄附在种子外部为主,且多属于异养型,由于它们不能利用无机型碳源,无法利用光能或化学能自己制造营养物质,必须依靠有机物质才能生存,所以粮食和种子就成了种子微生物赖以生存的主要生活物质。

种子微生物区系,从其来源而言可以相对地概括为田间(原生)和贮藏(次生)两类。前者主要指种子收获前在田间所感染和寄附的微生物类群,其中包括附生、寄生、半寄生和一些腐生微生物;后者主要是种子收获后,以各种不同的方式,在脱粒、运输、贮藏及加工期间,传播到种子上的一些广布于自然界的霉腐微生物群。因此,与贮藏种子关系最为密切的真菌,也相应地分为两个生态群,即田间真菌和贮藏真菌。

田间真菌一般都是湿生性菌类,生长最低相对湿度均在 90%以上,谷类种子水分在 20%以上,其中小麦水分则为 23%以上。它们主要是半寄生菌,其典型代表是交链孢霉,广泛地寄生在禾谷类种子以及豆科、十字花科等许多种子中,寄生于种皮下,形成皮下菌丝。当种子收获入仓后,其他贮藏霉菌侵害种子时,交链孢霉等便相应地减少和消亡。这种情况往往表明种子生活力的下降或丧失,所以交链孢霉等田间真菌的存在及其变化,同附生细菌的变化一样,可以作为判断种子新鲜程度的参考。显然,田间真菌是相对区域性概念,包括一切能在田间感染种子的真菌。但是一些霉菌,虽然是典型的贮藏真菌,却可以在田间为害种子。如黄曲霉可在田间感染玉米和花生,并产生黄曲霉毒素进行污染。

贮藏真菌大都是在种子收获后感染和侵害种子的腐生真菌,其中主要的是霉菌。凡能引起种子霉腐变质的真菌,通常称为霉菌。这类霉菌很多,近 30 个霉菌属,如根霉、毛霉,但危害最严重而且普遍的是曲霉和青霉。它们所要求的最低生长湿度都在 RH(相对湿度)90%以下,一些干生性的曲霉可在 RH 65%~70%时生长,例如灰绿曲霉、局限曲霉可以在低水分种子上缓慢生长,可损坏胚部使种子变色,并为破坏性更强的霉菌提供后继为害的条件。白曲霉和黄曲霉的为害,是导致种子发热的重要原因。棕曲霉在我国稻、麦、玉米等种子上的检出率都不高。在微生物学检验中,如棕曲霉的检出率超过 5%,则表明种子已经或正在变质。青霉可以杀死种子,使粮食变色,产生霉臭,导致种子早期发热,“点翠”生霉和霉烂。

种子微生物区系的变化,主要取决于种子含水量、种堆的温湿度和通气状况等生态环境以及在这些环境中微生物的活动能力。新鲜的种子,通常以附生细菌为最多,其次是田间真菌,而霉腐菌类的相对密度很小。在正常情况下,随着种子贮藏时间的延长,其总菌量逐渐降低,其菌相将会被以曲霉、青霉、细球菌为代表的霉腐微生物取而代之。芽孢杆菌和放线菌在陈种子上有时也较为突出。贮藏真菌增加越多,田间真菌则减少或消失越快,种子的品质也就越差。在失去贮藏稳定性的种子中，微生物区系的变化迅速而剧烈，以曲霉、青霉为代表的霉腐菌类，迅速取代正常种子上的微生物类群，旺盛地生长起来，大量地繁殖，同时伴有种子发热、生霉等一系列种子劣变症状的出现。

(二)贮藏种子主要微生物种类

1. 真菌

为害种子的真菌种类较多，大部分寄附在种子的外部，部分能寄生在种子内部的皮层和胚部。许多真菌属于对种子破坏性很强的腐生菌，但对贮藏种子的损害作用不尽相同，其中以青霉属(*Penicillium*)和曲霉属(*Aspergillus*)占首要地位，其次是根霉属(*Rhizopus*)、毛霉属(*Mucor*)、交链孢霉属(*Alternaria*)和镰刀菌属(*Fusarium*)等植物病原真菌。

(1)青霉属(*Penicillium* Link)　在自然界中分布较广，是导致种子贮藏期间发热的一种最普遍的霉菌。青霉属真菌种类繁多，分 41 个系 137 个种和 4 个变种，有些菌系能产生毒素，使贮藏的种子带毒。根据对小麦、稻谷、玉米、花生、黄豆、大米的调查结果，在贮藏种子上为害的主要种类有橘青霉(*Penicillium citrinum*)、产黄青霉(*P. chrysogenum*)、草酸青霉(*P. oxalium*)和圆弧青霉(*P. cyclopium*)等(图 7-16 至图 7-19)。

该属菌丝具隔膜，无色、淡色或鲜明颜色。气生菌丝密生，部分结成菌丝束。分生孢子梗直立，顶端呈帚状分枝，分枝顶部小梗瓶状，瓶状小梗顶端的分生孢子链状。分生孢子因种类不同，有圆形、椭圆形或卵圆形。此类霉菌在种子上生长时，先从胚部侵入，或在种子破损部位开始生长，最初长出白色斑色，并伴有特殊的霉味。

青霉分解种子中有机物质的能力很强，能引起种子发热、“点翠”，并有很重的霉味。有些青霉能引起大米黄变，故称为大米黄变菌。多数青霉为中生性，孢子萌发的最低相对湿度在 80%以上，但有些能在低温下生长，适宜于在含水量 15.6%～20.8%的种子上生长，生长适宜温度一般为 20～25 ℃；纯绿青霉(*P. viridicatum*)可在 −3 ℃左右引起高水分玉米胚部“点翠”而霉坏，因此，青霉是在低温下对种子危害较大的重要菌类。青霉均属于好氧性菌类。

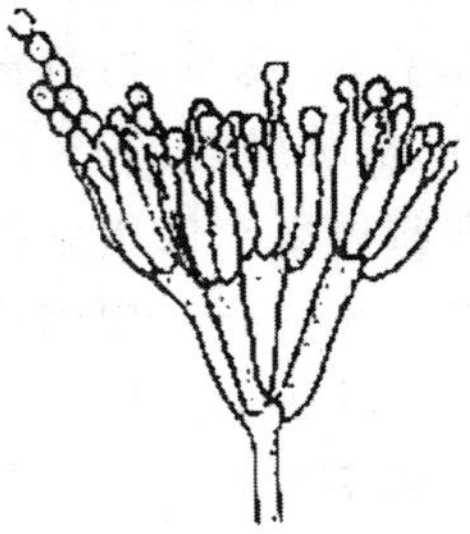

图 7-16　橘青霉
(胡晋，2001)

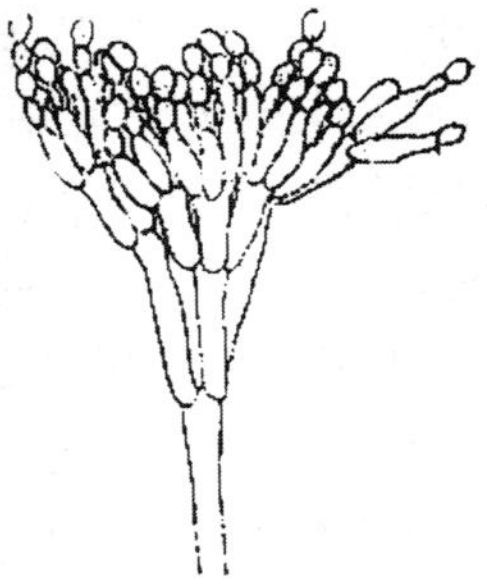

图 7-17　产黄青霉
(胡晋，2001)

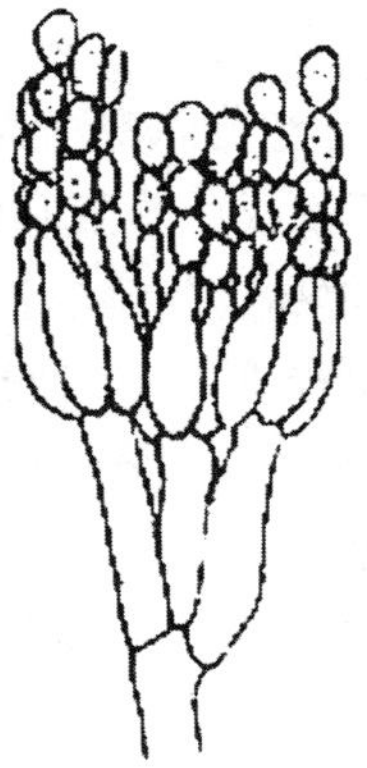

图 7-18　草酸青霉
(胡晋，2001)

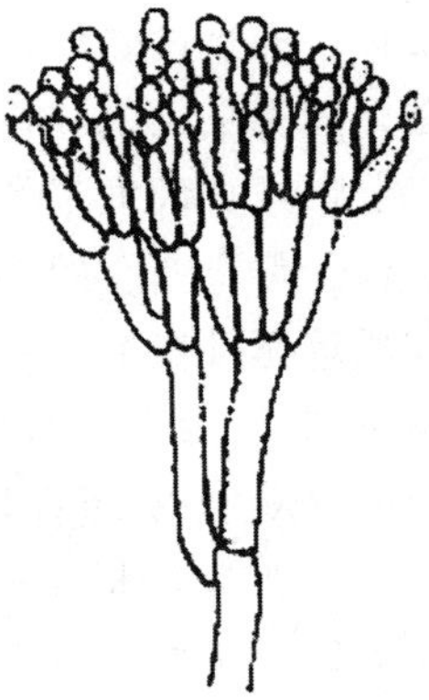

图 7-19　圆弧青霉
(胡晋，2001)

(2)曲霉属[*Aspergillus*(Mich)Link]　广泛存在于各种种子和粮食上，是导致种子发热霉变的主要霉菌，腐生性强，除能引起种子霉变外，有的种类还能产生毒素，如黄曲霉毒素对人畜有致癌作用。曲霉属分 18 个群，包括 132 个种和 18 个变种。据报道，在主要作物种子上分布较多的是灰绿曲霉（*A. gloucus*）、阿姆斯特丹曲霉（*A. amstelodami*）、烟曲霉（*A. fumigatus*）、黑曲霉（*A. niger*）、白曲霉（*A. candidus*）、黄曲霉（*A. flavas*）和杂色曲霉（*A. versicolor*）。种子上主要的几种曲霉形态特征如图 7-20 至图 7-22 所示。

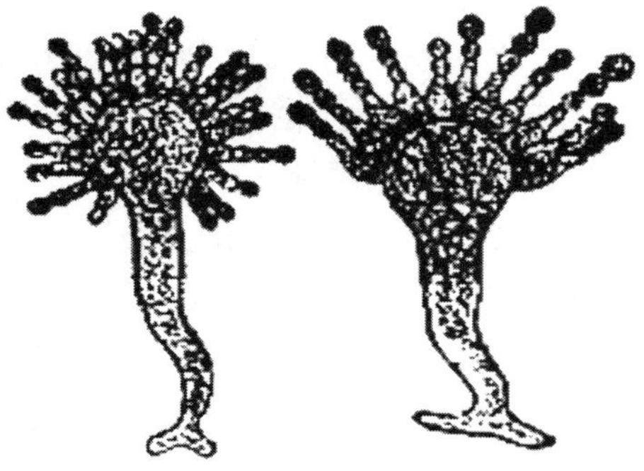

图 7-20　灰绿曲霉

（胡晋，2001）

图 7-21　黄曲霉

（胡晋，2001）

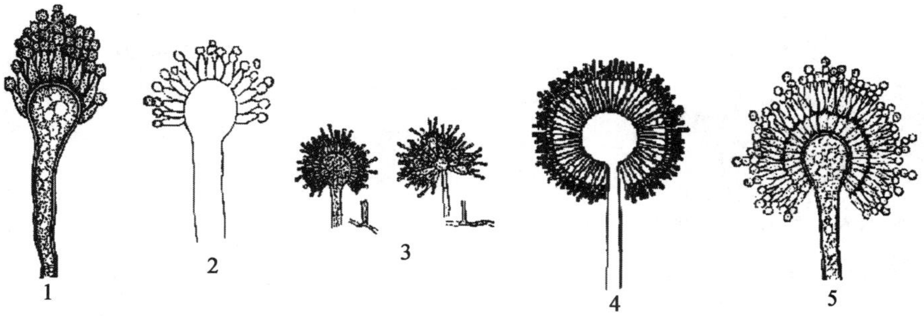

1. 烟曲霉　2. 阿姆斯特丹曲霉　3. 白曲霉　4. 黑曲霉　5. 杂色曲霉

图 7-22　曲霉

（胡晋，2001）

曲霉属菌丝无色或淡色，有时表面凝聚有色物质，分隔；分生孢子梗从菌丝上的厚壁足细胞生出，直立，多数无隔膜，粗大，顶端形成膨大的顶囊；从顶囊的全部表面或仅仅顶部生单层或分枝（双层或多层）的小梗，放射状排列，小梗顶端生瓶状产孢细胞；产孢瓶体连续多次产孢，产生成串的分生孢子，做放射状排列成丛集或柱形；分生孢子单胞，球形、卵形或椭圆形，无色或淡色。形态、大小和颜色变化大，表面光滑或具纹。某些种常生菌核（有些偶生），菌核多呈球形或近球形，由厚壁的多面体状细胞构成。由顶囊、中梗及分生孢子所构成的整体称为分生孢子头或曲霉穗。

在种子上菌落呈绒状，初为白色或灰白色，后来因菌种不同，在上面生成乳白色、黄绿色、烟灰色、灰绿色、黑色等粉状物。不同种类的曲霉，生活习性差异很大，大多数曲霉属于中温性，少数属高温性。白曲霉、黄曲霉等的生长适温为 25～30 ℃，黑曲霉的适宜温度为 37 ℃，而烟曲霉嗜高温，其生长适温为 37～45 ℃，45 ℃以上仍能生长，常在发热霉变中后期大量出现，促进种温的升高和种子败坏。

对水分的要求，大部分曲霉是中生性的。还有一些是干生性的，孢子萌发最低相对湿度，灰绿曲霉群仅为 62%～71%，白曲霉为 72%～76%，局限曲霉为 75%左右，杂色曲霉为

76%～80%。黄曲霉等属于中湿性菌，孢子萌发的最低相对湿度为 80%～86%。黑曲霉等属于近湿性菌，孢子萌发的最低相对湿度为 88%～89%。

灰绿曲霉能在低温下为害低水分种子。白曲霉在水分 14%左右的稻谷上生长。黑曲霉易在水分 18%以上的种子上为害，它具有很强的分解种子有机质的能力，产生多种有机酸，使子粒脆软、发灰，带有浓厚的霉酸气味。黄曲霉对水分较高的麦类、玉米和花生易于为害，当花生仁水分在 9%以上，温度适宜便可在其上发展。它有很强的糖化淀粉的能力，使子粒变软发灰，常具有褐色斑点和较重的霉酸气味。曲霉是好氧菌，但少数能耐低氧。

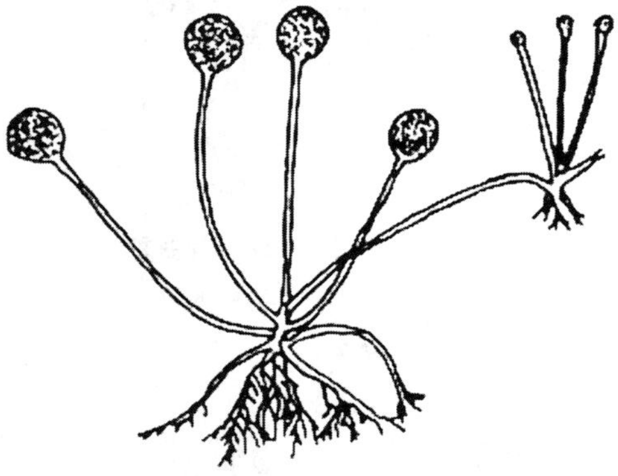

图 7-23 匍枝根霉

（胡晋，2001）

(3)根霉属(*Rhizopus* Ehrehberg ex Cor-da) 是分布很广的腐生性霉菌，大都有不同程度的弱寄生性，常存在于腐败食物、谷类、薯类、果蔬及贮藏种子上，其代表菌类有匐枝根霉(*R. stolonifer*)(图 7-23)、米根霉(*R. oryzae*)和中华根霉(*R. chinensis*)。

根霉菌丝无隔膜，营养菌丝产生匍匐菌丝与基物接触处产生假根，假根相对处向上直立生成孢囊梗，孢囊梗顶端膨大成孢子囊，基部有近球形的囊轴。孢子囊内形成孢囊孢子。孢囊孢子球形或椭圆形。有性生殖经异宗配合形成厚壁的接合孢子。在种子上菌落菌丝茂盛呈絮状，生长迅速，初为白色，渐变为灰黑色，表面生有肉眼可见的黑色小点。

根霉菌喜高湿，孢子萌发的最低相对湿度为 84%～92%。生长温度为中温性，匐枝根霉的生长适温为 26～29 ℃，米根霉和中华根霉的生长适温为 36～38 ℃。根霉菌都是好氧菌，但有的能耐低氧。在缺氧条件下不能生长或生长不良，如在缺氧贮藏中，当水分过高或出现种子堆内部结露时则可能出现所谓“白霉”，即只生长白色菌丝而不产生孢子的米根霉等耐低氧的霉菌。

根霉具有很强的分解果胶和糖化淀粉的能力。有的类群如米根霉、中华根霉具有酒精发酵的能力。根霉在适宜条件下，生长迅速，能很快地导致高水分种子霉烂变质，其作用与毛霉相似。黑根霉又是甘薯软腐病的病原菌，能使病薯软腐，是鲜甘薯的一大贮藏病害。

(4)毛霉属(*Mucor* Micheli ex Fries) 广泛分布在土壤中及各种腐败的有机质上，在高水分种子中普遍存在。为害贮藏种子的主要代表菌为总状毛霉(*M. racemosus*)(图 7-24)。

毛霉菌丝无隔膜，菌丝上直接分化成孢囊梗，孢囊梗以单轴式产生不规则分枝。孢子囊生于每个分枝的顶端，球形浅黄色至黄褐色，内生卵形至球形孢囊孢子。囊轴球形或近卵形。有性生殖经异宗配合产生接合孢子。

该菌明显特征是在菌丝体上形成大量的厚垣孢子。种子上菌落疏松絮状，初为白色，渐变呈灰色和灰褐色。该菌喜中温、高湿，生长最适宜的温度为 20～25 ℃，生长最低相对湿度为 92%。好氧菌，有些类群具耐低氧性。在缺氧条件下可进行酒精发酵。具有较强的分解种子中的蛋白质、脂肪、糖类的能力。潮湿种子极易受害而使种子带有霉味或酒酸气，并有发热、结块等现象。

(5)交链孢霉菌属(*Alternaria* Nees) 也称链格孢霉，是种子田间微生物中的主要类群之一，也是新鲜贮种中常见的霉菌。其主要代表菌为细交链孢霉(*A. tenuis*)(图 7-25)。

菌落平铺，通常灰色暗黑褐色或黑色；菌丝无色、橄榄褐色或褐色，很少形成子座，分生孢子梗分化明显，不分枝或不规则稀疏分枝，淡褐色或褐色，散生或簇生；产孢细胞孔生式产孢，多育，合轴或延伸，孢痕明显，分生孢子串生或单生，卵形或倒棒状，多具喙，淡橄榄褐色至褐色，光滑或具疣刺，具横隔膜及斜向或纵向隔膜，分生孢子顶端或喙部常孔生式产生新的分生孢子，如此连续产生，形成不分枝或分枝的孢子链。

交链孢霉菌嗜高湿、中温，好氧。孢子萌发最低相对湿度为94%左右，在相对湿度100%时可大量发展。其菌丝常潜伏在种皮下，尤以谷类子粒中较多。通常对贮藏种子无明显为害。当其他霉腐微生物侵入种粒内部时，它的菌丝则因拮抗作用而衰退或死亡，故它的大量存在，往往与种子生命力强和发芽率高相联系。

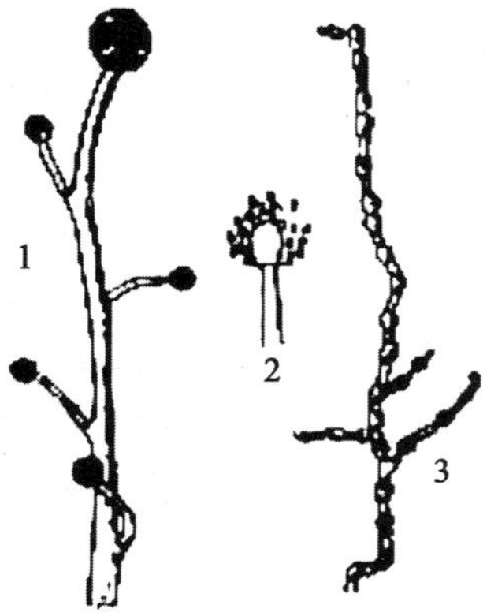

1. 孢囊梗和孢子梗　2. 囊轴和孢囊孢子　3. 厚垣孢子

图 7-24　总状毛霉

（胡晋，2001）

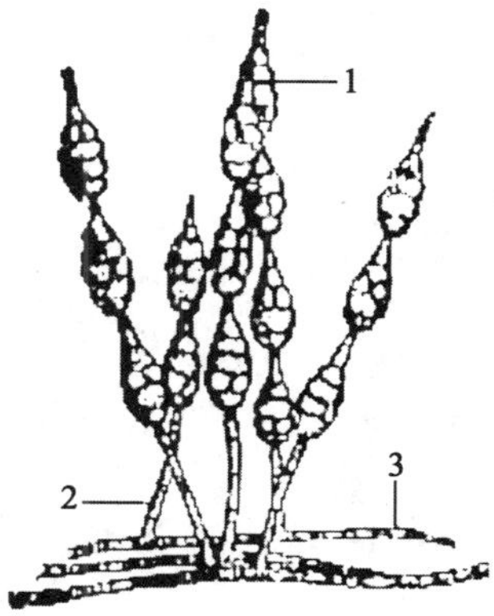

1. 分生孢子　2. 分生孢子梗　3. 菌丝

图 7-25　细交链孢霉

（胡晋，2001）

（6）镰刀菌属（*Fusarium* Link）　分布广泛，种类很多，是种子田间微生物中的重要霉菌之一。许多种镰刀菌可引起植物病害和种子病害，在水分较高的条件下，能使种子霉变变质，破坏种子发芽力以及产生毒素，使种子带毒。此外，一些镰刀菌也是人畜的致病菌。其主要代表菌为禾谷镰刀菌（*F. graminearum*）（图 7-26）。

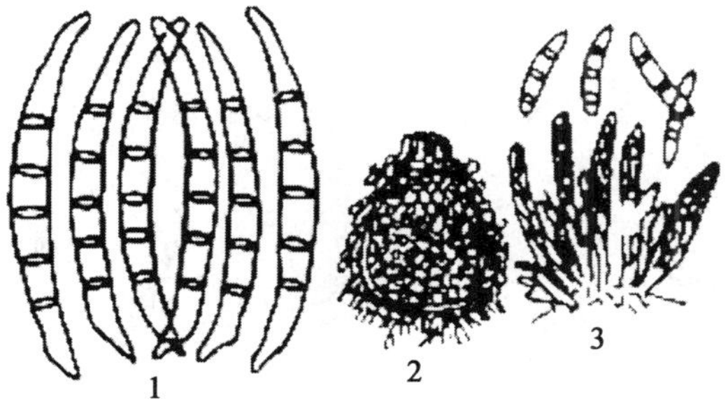

1. 分生孢子　2. 子囊壳　3. 子囊和子囊孢子

图 7-26　禾谷镰刀菌

（胡晋，2001）

在自然条件下，分生孢子梗无色，分隔或不分隔，常下端结合形成分生孢子座有时直接从菌丝生出，单生。在人工培养条件下分生孢子梗一般由菌丝直接分枝产生，极少形成分生孢子座。分生孢子梗不分枝至多次分枝，最上端为产孢细胞，产孢细胞具单个产孢口或多个产孢口，一般可产生两种类型的分生孢子。大分生孢子侧面观呈小舟形或镰刀形，多孢，无色，基部常有一显著突起，称为足孢；小分生孢子无色单孢或双孢，椭圆形、卵形或短圆柱形，单生或串生。两种分生孢子常于梗端部聚集成为黏孢子团或于分生孢子座上聚为黏孢子堆。有些种还可于菌丝或大分生孢子上形成厚垣孢子。厚垣孢子厚壁，球形或近球形，单生或链生，顶生或间生，单孢或双孢。在培养基中产生茂密的菌丝，多呈棉絮状，并常在培养基中产生色素。镰刀菌多数是中温性，少数是低温性。孢子萌发的温度范围为 4～32 ℃，大多数生长适温为 23～28 ℃，孢子萌发的最低相对湿度为 80%～100%。是在低温下导致高水分种子霉变的重要真菌之一。

2. 细菌

细菌是种子微生物中的主要类群之一。种子上的细菌，主要是球菌和杆菌（图 7-27）。其重要代表菌类有芽孢杆菌属（*Bacillus* Cohn）、假单胞杆菌属（*Pseudomonas* Migula）和微球菌属（*Micrococcus* Cohn）等类群中的一些种。

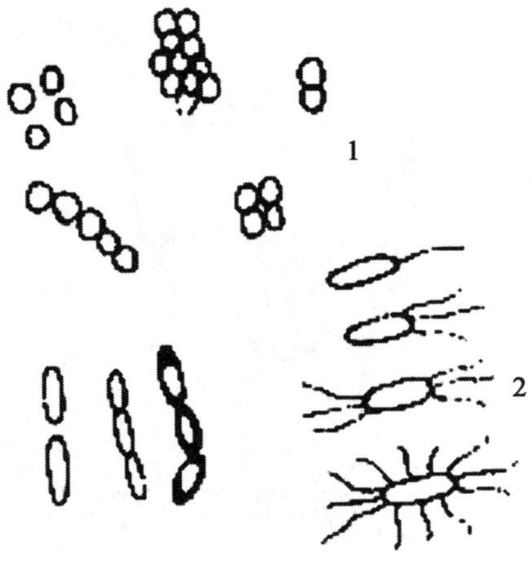

1. 球菌　2. 杆菌

图 7-27　细菌

（胡晋，2001）

种子上的细菌，多数为附生细菌，在新鲜种子上的数量占种子微生物总量的 80%～90%，一般对贮藏种子无明显为害。但随着贮藏时间的延长，霉菌数量的增加，其数量逐渐减少。有人认为分析这些菌的多少可作为判断种子新鲜程度的标志。陈旧的种子或发过热的种子上，以腐生细菌为主，它们主要是芽孢杆菌属和微球菌属。种子上细菌的数量超过霉菌，但是通常情况下对引起贮藏种子的发热霉变不如霉菌严重，原因是细菌一般只能从子粒的自然孔道或伤口侵入，限制了它的破坏作用。同时细菌是湿生性的，需要高水分的环境。

3. 放线菌和酵母菌

放线菌属于原核微生物。大多数菌体是由分枝菌丝所组成的丝状体，以无性繁殖为主，在气生菌丝顶端形成孢子丝（图 7-28）。孢子丝有直立、弯曲、螺旋等形状。放线菌主要存在于土壤中，绝大多数是腐生菌，在新收获的清洁种子上数量很少，但在混杂有土粒的种子以及贮藏后期或发过热的种子上数量较多。

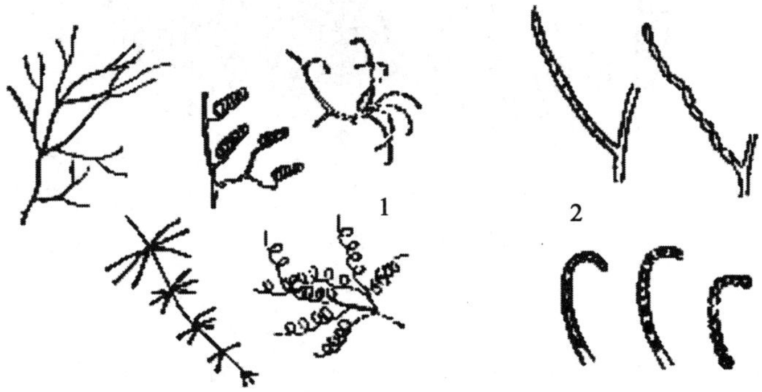

1. 放线菌的形态　2. 放线菌孢子的形态

图 7-28　放线菌

（胡晋，2001）

种子上酵母菌数量很少，偶然也有大量出现的情况，通常对种子品质并无重大影响，只有在种子水分很高和霉菌活动之后，才对种子具有进一步的腐解作用。

(三)微生物对种子生活力的影响

农作物种子在良好的保管条件下，一般在几年内能保持较高的生活力，在特殊的贮藏条件下(即低温、干燥、密闭)能在几十年内都保持较高的生活力。然而在保管不善时，就会使种子很快地失去生活力。种子丧失生活力的原因很多，但是其中重要原因之一是受微生物的侵害。微生物侵入种子往往从胚部开始，因为种子胚部的化学成分中含有大量的亲水基，如—OH、—CHO、—COOH、$—NH_2$、—SH 等，所以胚部水分远比胚乳部分为高，而且营养物质丰富，保护组织也较薄弱。胚部是种子生命的中枢，一旦受到微生物损害，其生活力就会随之降低。

不同的微生物对种子生活力的影响也不一样。许多霉菌，如黄曲霉、白曲霉、灰绿曲霉、局限曲霉和一些青霉等对种胚的伤害力较强。在种子霉变过程中，种子发芽率总是随着霉菌的增长和种子霉变程度的加深而迅速下降，以致完全丧失。

微生物引起种子发芽力降低和丧失的原因主要是：一些微生物可分泌毒素，毒害种子；微生物直接侵害和破坏种胚组织；微生物分解种子，形成各种有害产物，造成种子正常生理活动的障碍等。此外，在田间感病的种子，由于病原菌为害，大多数发芽率很低，即使发芽，在苗期或成株期也会再次发生病害。

(四)微生物与种子霉变

微生物在种子上活动时，不能直接吸收种子中各种复杂的营养物质，必须将这些营养物质分解为可溶性的低分子物质，才能吸收利用而同化。所以，种子霉变的过程，就是微生物分解和利用种子有机物质的生物化学过程。一般种子都带有微生物，但不一定就会发生霉变，因为除了健全的种子对微生物的为害具有一定的抵御能力外，贮藏环境条件对微生物的影响是决定种子是否霉变的关键。环境条件有利于微生物活动时，霉变才可能发生。

种子霉变是一个连续的统一过程，也有着一定的发展阶段。其发展阶段的快慢，主要由环境条件特别是温度和水分对微生物的适宜程度决定。快者一至数天，慢者数周，甚至更长时间方能造成种子霉烂。

由于微生物的作用程度不同，在种子霉变过程中，可以出现各种症状，如变色、变味、发热、生霉以及霉烂等。其中某些症状出现与否，则决定于种子霉变程度和当时贮藏条件。如种子(特别是含水量高时)霉变时，常常出现发热现象，但如种子堆通风良好，热量能及时散发，而不大量积累，种子虽已严重霉变，也可不出现发热现象。种子霉变，一般分为 3 个阶段：初期变质阶段；中期生霉阶段；后期霉烂阶段。通常以达到生霉阶段作为霉变事故发生的标志。

(1)初期变质阶段　是微生物与种子建立腐生关系的过程。种子上微生物，在环境适宜时便活动起来，利用其自身分泌的酶类开始分解种子，破坏子粒表面组织而侵入内部，导致种子的“初期变质”。此阶段可能出现的症状有：种子逐渐失去原有的色泽，接着变灰发暗；发出轻微的异味；种子表面潮湿，有“出汗”“返潮”现象，散落性降低，用手插入种堆有湿涩感；子粒软化，硬度下降；并可能有发热趋势。

(2)中期生霉阶段　是微生物在种子上大量繁殖的过程。继初期变质之后，如种堆中的湿热逐步积累，在子粒胚部和破损部分开始形成菌落，而后可能扩大到子粒的一部分或全部。由于一般霉菌菌落多为毛状或绒状，所以通常所说种子的“生毛”“点翠”就是生霉现象。“点翠”则主要指发生的部位在胚部。生霉的种子已严重变质，有很重的霉味，具有霉斑，变色明显，营养品质变劣，还可能污染霉菌毒素。生霉的种子因生活力低不能作为种用外，也不宜食用。

(3)后期霉烂阶段　是微生物使种子严重腐解的过程。种子生霉后，其生活力已大大减弱或完全丧失，种子也就失去了对微生物为害的抗御能力，为微生物进一步为害创造了极为有利的条件。若环境条件继续适宜，种子中的有机物质遭到严重的微生物分解，种子霉烂、腐败，产生霉、酸、腐臭等难闻气息，子粒变形，成团结块，以至完全失去利用价值。

二、种子病原微生物的控制

(一)影响种子病原微生物的因素

微生物在贮藏种子上的活动主要受贮藏时水分、温度、空气及种子本身的健全程度和理化性质等因素的影响和制约。此外，种子中的杂质含量、害虫以及仓用器具和环境卫生等对微生物的传播也起到相当重要的作用。

1. 种子水分和空气湿度

种子水分和空气湿度是微生物生长发育的重要条件。不同种类的微生物对水分的要求和适应性是不同的，据此可将微生物分为干生性、中生性和湿生性 3 种类型(表 7-3)。

表 7-3　微生物对水分的适应范围

(胡晋，2001)

微生物类型	生长最低相对湿度/%	生长最适相对湿度/%
干生(低湿)性微生物	65～80	95～98
中生(中湿)性微生物	80～90	98～100
湿生(高湿)性微生物	90 以上	接近 100

几乎所有的细菌都是湿生性微生物，一般要求相对湿度均在 95%以上。放线菌生长所要求的最低相对湿度通常为 90%～93%。酵母菌也多为湿生性微生物，它们生长所要求的最低相对湿度范围为 88%～96%，但也有部分酵母菌是中生性微生物。植物病原真菌大都是湿生性微生物，只有少数属于中生性类型。在贮藏种子中，为害最大的霉菌微生物都是中生性的，如青霉和大部分曲霉等。干生性微生物几乎都是一些曲霉菌，主要有灰绿曲霉、白曲霉、局限曲霉、棕曲霉、杂色曲霉等。接合菌中的根霉、毛霉等以及许多半知菌类，则多为湿生性微生物。

不同类型微生物的生长最低相对湿度界限是比较严格的，而生长最适相对湿度则都以高湿度为宜。干燥环境可以引起微生物细胞失水，使细胞内盐类浓度增高或蛋白质变性，导致代谢活动降低或死亡，大多数菌类的营养细胞在干燥的大气中干化而死亡，造成微生物群体的大量减少。这就是种子贮藏中应用干燥防霉的微生物学原理。

根据以上所述，采用各种办法降低种子水分，同时控制仓库种子堆的相对湿度使种子保持干燥，可以控制微生物的生长繁殖以达到安全贮藏的目的。一般来说，只要把种子水分降低并保持在不超过相对湿度 65%的平衡水分条件下，便能抑制种子上几乎全部微生物的活动(以干生性微生物在种子上能够生长的最低相对湿度为依据)。虽然在这个水分条件下还有极少几种灰绿曲霉能够活动,但发育非常缓慢。因此,一般情况下,相对湿度65%的种子平衡水分可以作为长期安全贮藏界限,种子水分越接近或低于这个界限,则贮藏稳定性越高,安全贮藏的时间也越长。反之,贮藏稳定性就差。

2. 温度

温度是影响微生物生长繁殖和存亡的重要环境因子之一。种子微生物按其生长所需温度可分为低温性、中温性和高温性3种类型(表7-4)。3种类型微生物的划分是相对的,也有一些中间类型。微生物生长最高、最低温度界限也随人类对自然的深入探索而有变化。

表7-4 微生物对温度的适应范围

(胡晋,2001) ℃

微生物类型	生长最低温度	生长最适温度	生长最高温度
低温性微生物	0以下	10～20	25～30
中温性微生物	5～15	20～40	45～50
高温性微生物	25～40	50～60	70～80

在种子微生物中,以中温性微生物最多,其中包括绝大多数的细菌、霉菌、酵母菌以及植物病原真菌。大部分侵染贮藏种子引起变质的微生物在28～30 ℃生长最好。高温性和低温性微生物种类较少,只有少数霉菌和细菌。通常情况下,中温性微生物是导致种子霉变的主角;高温性微生物则是种子发热霉变的后续破坏者;而低温性微生物则是种子低温贮藏时的主要为害者,如我国北方寒冷地区贮藏的高水分玉米种子上,往往能看到这类霉菌活动的情况。

一般微生物对高温的作用非常敏感,在超过其生长最高温度的环境中,在一定时间内便会死亡。温度越高,死亡速度越快。高温灭菌的机理主要是高温能使细胞蛋白质凝固,破坏了酶的活性,因而杀死微生物。种子微生物在生长最适温度范围以下,其生命活动随环境温度的降低而逐渐减弱,以致受到抑制,停止生长而处于休眠状态。一般微生物对低温的忍耐能力(耐寒力)很强。因此,低温只有抑制微生物的作用,杀菌效果很小。一般情况下,种温在20 ℃以下时,大部分侵染种子的微生物生长速度就显著降低;温度降到10 ℃左右时,发育更迟缓,有的甚至停止发育;温度降到0 ℃左右时,虽然还有少数微生物能够发育,但大多数则是非常缓慢的。因此,在种子贮藏中,采用低温技术具有显著的抑制微生物生长的作用。

在贮藏环境因素中,温度和水分二者的联合作用对微生物发展的影响极大。当温度适宜时,对水分的适应范围较宽,反之则较严;在不同水分条件下微生物对生长最低温度的要求也不同,种子水分越低,微生物繁殖的温度就相应增高,而且随着贮藏时间的延长,微生物能在种子上增殖的水分和湿度的范围也相应扩大。

3. 仓房密闭和通风

仓房密闭和通风主要是通过气体成分对微生物进行影响。根据微生物对氧气的不同要求,分为好氧(好气性)、厌氧(嫌气性)和兼性厌氧(兼嫌氧气性)3种类型(表7-5)。

种子上带有的微生物绝大多数是好气性微生物(需氧菌)。引起贮藏种子变质霉变的霉菌大都是强好气性微生物(如青霉和曲霉等)。缺氧的环境对其生长不利,密闭贮藏能限制这类微生物的活动，减少微生物传播感染以及隔绝外界温湿度变化的不良影响，所以低水分种子采用密闭保管的方法可以提高贮藏的稳定性和延长安全贮藏期。

种子微生物一般能耐低浓度的氧气和高浓度的二氧化碳的环境，所以一般性的密闭贮藏对霉菌的生长只能起一定的抑制作用，而不能完全制止霉菌的活动。试验证明，在氧气含量与一般空气相同(20%)条件下，二氧化碳浓度增加到20%～30%时，对霉菌的生长没有明显的影响；当浓度达到40%～80%时，才有较显著的抑制作用。霉菌中以灰绿曲霉对高浓度的二氧化碳的抵抗能力最强，在浓度达到79%仍能大量存在。此外，还应该注意到种子上的嫌气性微生物的存在，如某些细菌、酵母菌和毛霉等。在生产实际上，高水分种子保管不当(如密闭贮藏)，往往产生酒精味和败坏，是这类湿生性微生物在缺氧条件下活动的结果，所以高水分种子不宜采用密闭贮藏。但种子堆内进行通风也只能在能够降低种子水分和种子堆温湿度的情况下才有利，否则将更加促进需氧微生物的发展。因此，种子贮藏期间做到干燥、低温和密闭，对长期安全贮藏是最有利的。

表7-5 微生物对氧需求的不同类型

(胡晋，2001)

微生物类型	对氧的要求	呼吸类型
好氧(好气性)微生物	需氧	有氧呼吸
厌氧(嫌气性)微生物	不需氧	无氧呼吸
兼性厌氧(兼嫌氧气性)微生物	氧可有可无	有氧或无氧呼吸

4. 日光

日光包括波长390～770 nm的可见光以及部分不可见的紫外线和红外线。种子微生物的生长，大都不需要光线。散射的日光对微生物没有明显的危害，而直射的强烈日光则具有较强的杀菌作用，并能抑制多数霉菌孢子的萌发。其杀菌机理主要是红外线的热效应和紫外线具有的杀菌力。一般腐生菌对日光的抵抗力比寄生菌要强一些。如许多霉菌虽经强烈日光照射，只能抑制菌丝生长，但仍可存活。日光可以杀菌防霉是人们早已知道的事实，在贮藏工作中，普遍利用日光曝晒来处理种子，可起到降低水分和防霉的良好效果。

5. 种子状况

种子的类型、形态结构、化学品质、健康状态和生活力强弱以及纯净度和完整度，都直接影响着微生物的生长状况和发育程度。

新种子和生命力强的种子，在贮藏期间对微生物有着较强的抵抗力，成熟度差或胚部受损的种子容易生霉。子粒外有稃壳和果种皮保护的比无保护的种子更具有抵抗微生物侵入的能力，保护组织厚而紧密的种子易于贮藏，所以在相同贮藏条件下，水稻和小麦比玉米易于保管，红皮小麦比白皮小麦的贮藏稳定性高。

贮种的纯度和净度，对微生物的影响很大。组织结构、化学成分和生理特性不同的种子混杂在一起，即使含杂量不多也会降低贮藏的稳定性，被微生物侵染后会相互传染。种子如清洁度差、尘杂多，则易感染微生物，常会在含尘杂多的部位产生窝状发热。这是因为尘杂常带有大量的霉腐微生物，且容易吸湿，使微生物容易发展。此外，同样水分的种子，不完整粒多的容易发热霉变。这是因为完整的种子能抵御微生物的侵害,而破损的种子易被微生物感染。由于营养物质裸露,有利于微生物获得养料,加之不完整子粒易于吸湿,更有利于微生物的生长。

除了以上所述影响微生物活动的因子外,种子微生物之间还存在着互长、共生、寄生和拮抗的关系。

(二)种子微生物的控制

1. 提高种子质量

高质量的种子对微生物的抵御能力较强,为了提高种子的生活力,应在种子成熟时适时收获,及时脱粒和干燥,并认真做好清选工作,去除杂物、破碎粒、不饱满的子粒。入库时注意新、陈种子,干、湿种子,有虫、无虫种子及不同种类的不同纯净度的种子分开贮藏,提高贮藏的稳定性。

2. 干燥防霉

种子含水量和仓内相对湿度低于微生物生长所要求的最低水分时,就能抑制微生物的活动。为此,首先种子仓库要能防湿防潮,具有良好的通风密闭性;其次种子入库前要充分干燥,使含水量保持在与相对湿度65%相平衡的安全水分界限以下,高水分种子入库后则要抓紧时机通风降湿;再次在种子贮藏过程中,可以采用干燥密闭的贮藏方法,防止种子吸湿回潮;最后,在气温变化的季节还要控制温差,防止结露。

3. 低温防霉

控制贮藏种子的温度在霉菌生长适宜的温度以下,可以抑制微生物的活动。保持种子温度在15 ℃以下,仓库相对湿度在65%～70%,可以达到防虫防霉、安全贮藏的目的。这也是一般所谓"低温贮藏"的温、湿度界限。控制低温可采用自然低温的方法,具体做法可以采用仓外薄摊冷冻,趁冷密闭贮藏;仓内通冷风降温。如我国北方地区,在干冷季节,利用自然低温,将种子进行冷冻处理,不仅有较好的抑菌作用和一定的杀菌效果,而且可以降水杀虫。此外,目前各地还采用机械制冷,进行低温贮藏。进行低温贮藏时,还应把种子水分降至安全水分以下,防止在高水分条件下一些低温性微生物的活动。

4. 化学药剂防霉

常用的化学药剂是磷化铝。磷化铝水解生成的磷化氢具有很好的抑菌防霉效果。磷化铝的理化性质可参见本章第一节中"仓库害虫防治"的相关内容。根据经验,为了保证防霉效果,种堆内磷化氢的浓度应保持不低于0.2 g/m^3。控制微生物活动的措施与防治仓库害虫的方法有些是相同的,在实际工作中可以综合考虑应用。如磷化铝是有效的杀虫熏蒸剂,杀虫的剂量足以防霉,所以可以考虑一次熏蒸达到防霉杀虫的目的。

目前国内外还开展植物防霉剂的研究,我国湖南从山苍子中提取的柠檬醛具有防霉的作用,并对黄曲霉毒素有去毒的效果。国外有人应用香料、调味剂、草药等进行抑菌防霉的试验,结果发现肉桂、丁香、大茴香、牙买加胡椒对黄曲霉、杂色曲霉和棕曲霉有抑制作用。

5. 气调防霉

气调防霉就是通过控制贮藏环境气体成分进行防霉,可用除氧、充二氧化碳、充氮气等方法,达到抑制微生物活动的目的。具体可以在密封的尼龙薄膜罩内进行,但在种子仓库贮藏上应用较少。

第三节 种子仓库鼠类及其防治

一、仓库鼠类的危害性

鼠是啮齿动物，种类多，数量大，分布广，全世界共有 1 700 多种，与农业生产关系密切的有 20 多种。近几年来，由于老鼠天敌的减少，使老鼠的数量明显增加，对种子和粮食的为害相当严重。据观察，一只家鼠每日平均吃 25 g 种子，一年就吃掉种子 9 kg，而且易使种子混杂，鼠排泄的粪便对种子造成污染。鼠类身上常带有多种病原体，能传染疾病，对人体健康带来威胁，鼠类还破坏包装器材及仓库建筑，造成一定的经济损失。

二、仓库鼠类的种类和生活习性

鼠类具有一些共同的生活习性：视觉和听觉均较灵敏，行动机警、迅速，记忆力较强，存有戒心；一般多在夜间活动，每夜觅食两次，多在墙壁四周、种堆中的夹道、囤底或堆放器材处等阴暗的地方活动；食性很杂，粮食、油料、薯类、瓜果、蔬菜、肉、鱼、昆虫，甚至粪便等均可取食；高温季节，喜在通风阴凉近水源场所活动，如水沟旁、露天囤垛底部、仓房的檐口与仓内近窗口的种堆上，冬季则多转移至仓内或包装种堆内部或露天囤垛的顶层等较温暖的场所取食做窝。

1. 褐家鼠（*Ratus norvegicus* Berkenhout）

褐家鼠俗称大家鼠、沟鼠、水老鼠、大京鼠、大灰鼠。

（1）主要形态特征　体长 150～250 mm，体粗壮；鼻端圆钝；尾粗而短，其尾约为体长的 3/4；耳较短；背毛灰色，腹毛灰白色；足的背面毛近白色，其尾背面毛为赤褐色，腹面毛为白色，体毛较稀（图 7-29）。

（2）生活习性　褐家鼠是我国分布最普遍的家鼠之一。在仓房、土墙下、垃圾堆、阴沟以及露天囤垛等处栖息。善于钻洞、挖沟，一般有洞口 2～4 个，洞道长 50～150 cm，最深可达 1.5 m，性凶猛，有同类残杀性。感觉灵敏，机警，行动狡猾，昼夜均出外活动，上半夜活动频繁。喜食含脂肪多的粮食和肉类。繁殖力强，每年繁殖 6～10 胎，每胎产仔 5～14 只。

2. 黄胸鼠（*Rattus flavipectus* Milne-Edwards）

黄胸鼠俗称黄腹鼠、长尾鼠、屋顶鼠。

（1）主要形态特征　体长 130～190 mm；鼻端部尖锐；背毛棕褐色，腹毛呈土黄色，前足背面中央的毛为暗褐色，尾毛黑色；尾长超过体长（图 7-30）。

（2）生活习性　此鼠善于攀爬，可在粗糙墙壁上行走，也能在屋梁上奔跑，喜欢栖息屋顶。鼠洞构造简单。食性复杂，主要食米类、豆类、面粉和稻谷等，有时也吃肉、鱼、瓜果等。主要在夜间活动，尤以黄昏与黎明最为活跃，白天有时出洞活动，但时间短、次数少。终年均能繁殖，每年繁殖 4～6 胎，每胎产仔 5～7 只，最多可达 13 只，繁殖高峰在每年 5—6 月份。

3. 小家鼠（*Mus musculus* Linnaeus）

小家鼠俗称小老鼠、小耗子、小鼠。

（1）主要形态特征　体长 60～100 mm；尾长约为体长的 2/3；毛杂，背面有灰色，间有灰褐色毛，或以灰褐色毛为最多，腹部有灰白色至灰黄色毛，一般多为灰白色；嘴短（图 7-31）。

图 7-29　褐家鼠

（路纪琪等，1997）

图 7-30　黄胸鼠

（路纪琪等，1997）

(2)生活习性　活动敏捷，善于攀登、跳跃，常栖居室内、仓库或囤顶。洞穴构造简单，但洞口较多。喜食面粉、大米等，贪食，行动不太机警。昼夜均进行活动。每年繁殖 6～8 胎，每胎产仔 6～8 只，最多可产 11 只，是仓库中数量最大的一群。

4. 黑线姬鼠(*Apodemus agrarius* Pallas)

黑线姬鼠俗名田姬鼠、长尾黑线姬鼠、田鼠。

(1)主要形态特征　体长 70～125 mm，尾长约为体长的 2/3；体背中央有一条黑线，从尾基部直达头顶；背毛浅棕色，间杂黑色，腹毛灰白色(图 7-32)。

(2)生活习性　此鼠喜挖洞，栖息在田野近水源的耕作地区，一般在田埂、土坎、坟地作洞。洞口两个，深 150～200 cm。有贮食习惯。季节迁移现象明显，通常冬季迁入室内生活，春暖后迁入田间。喜黄昏、黎明时活动，上午 9—11 时、下午 2—4 时也会出来觅食。此鼠繁殖力强，一年繁殖 2～5 胎，每胎产仔 3～11 只。食性杂，为害多种农作物，以稻谷、麦类、玉米为害最重。

图 7-31　小家鼠

（路纪琪等，1997）

图 7-32　黑线姬鼠

（路纪琪等，1997）

三、仓库鼠类的防治技术

种子仓库发生的害鼠主要为家栖鼠类，主要有小家鼠、褐家鼠和黄胸鼠，其分布广，栖息场所多。防治时应注意地上地下、室内室外的全面防治。

1. 防鼠驱鼠

经常清除仓房四周和场地的杂草、垃圾、砖瓦石砾，随时整理包装器材和散落种，扫除鼠类的隐蔽场所。发现鼠洞应及时用碎玻璃、沙土、石灰等将鼠洞堵塞，并可在仓房设置防鼠板、防鼠门等，外墙可通过对墙体的适度改进，在离地 2 m 处，用水泥糊成 40 cm 的墙裙，表面整平，或镶嵌 40 cm 平板薄玻璃或玻璃钢，可以切断鼠路，防止鼠窜入仓内。贮种货场应将下水道口用铁丝网覆盖。放线菌酮对鼠的口腔黏膜有刺激作用，包装器材喷浓度为 0.05% 的放线菌酮药液，能防鼠达数月之久。

2. 器械捕鼠

捕鼠的器械很多，如鼠夹（包括铁丝夹、木板夹、铁板夹、钢弓夹、环形夹等）、捕鼠笼、黏鼠胶、电子捕鼠器（电猫）等。在使用器械前应详细阅读说明书，并观察鼠路、鼠迹。鼠虽食性复杂，活动范围广，但它有一定的出没道路与活动场所，并能留下痕迹。因此，可以从足迹、粪便、洞穴、为害等情况加以判断。根据所掌握的具体情况，选择适当捕鼠方法和器械，才能收到良好的效果。根据鼠的习性，扑杀时应注意：根据鼠的警觉性要先诱后杀，捕鼠器械的布放要变化多端，勤换诱饵，勤检查捕鼠器械。

3. 化学药剂灭鼠

化学药剂灭鼠是利用有毒的药物使鼠类中毒死亡、数量减少或不能生存而减少鼠害的一种方法。常用的化学药剂包括经口药（胃触剂）、熏蒸剂、不育剂和驱避剂。

（1）经口药（胃触剂） 目前最常用的化学药剂种类，按作用时间可分为急效药和缓效药。急效药多为神经毒素类药物，投药 1～2 d 即可看到死鼠；易产生拒食现象，其灭杀谱广，易造成其他鸟类或畜类中毒，人类一旦误食，抢救困难。缓效药多为抗凝血剂类药物，在短时间内可能见不到死鼠，但 1 周后可发现鼠类数量明显减少；这一类药物避免鼠类的拒食现象，对其他动物相对安全。国家已经明令禁止使用氟乙酰胺、甘氟、毒鼠强、氟乙酸钠、毒鼠硅、鼠立死等神经毒素类剧毒药物，推荐使用的杀鼠剂主要是抗凝血剂类药物，如敌鼠钠盐、溴敌隆、大隆、杀鼠迷、杀鼠灵、杀它仗等。中华人民共和国农业农村部农药检定所的官方平台——中国农药信息网也发布了一些灭鼠化学药剂供参考使用。比如，溴鼠灵、胆钙化醇、雷公藤甲素、地芬·硫酸钡、氟鼠灵、肉毒素等。

通常将杀鼠剂配制成毒饵使用，可选择鼠类喜食的粮食、谷物作为载体，并添加油、糖、盐、香料、香精等物质，增加鼠类的喜食性。为了防止人类误食，需要在毒饵中添加食用色素作为警戒色。如敌鼠钠盐，其毒饵配制方法为先称取敌鼠 5 g 倒入 0.5 kg 水中，浸泡一夜，次日加入冷水 1.5 kg，稀释浓度为 0.25%，再与 0.5 kg 大米充分拌和，即配制成 0.1% 的毒饵，将其晾干后备用。也可以蔬菜、瓜果为饵料。对鼠洞明显的鼠类，可选择在洞口投饵；也可在仓库中老鼠容易出没的地方间隔一定的距离进行毒饵的堆投。将毒饵置于毒饵盒中再投放到仓库中，可有效避免环境污染、毒饵受潮发霉和被其他动物误食等问题，所以这种方式在生产上应用得越来越多。

（2）熏蒸剂 主要是指磷化铝，利用磷化铝吸潮释放的磷化氢气体，导致害鼠死亡。其作用原理与熏蒸杀虫相同。

（3）不育剂 利用不育剂来控制害鼠种群，是鼠害防治过程中一个创新，长远来看，其应用比传统的毒杀方法更有潜力。

（4）驱避剂 在鼠类正常食物中加入某种制剂后能够起到抑制鼠类摄食作用的物质被称为驱避剂，如胺类、氮化物、二硫化物、肉桂酰胺类、辣椒素、福美双以及中草药马钱子、苍耳、狼毒等。

4. 生物防鼠

开展生物防治，控制害鼠种群数量的增长，是减轻鼠害程度的有效途径。鼠类的天敌有猫、黄鼠狼、蛇等，主要天敌是猫。猫捕鼠能力强，又便于驯养，适合基层种子仓库的鼠害防治。一个站库只要饲养 2～3 只猫，即可达到无鼠害的目的。利用微生物进行防鼠是目前的一个研究热点，应用较为广泛的是 C 型肉毒梭菌毒素。

思考题

1. 简述种子仓库害虫的概念及其发生特点。
2. 影响种子仓库害虫发生的生态因子有哪些？
3. 种子仓库害虫综合防治有哪些主要途径？
4. 影响种子病原微生物活动的主要因子有哪些？
5. 种子病原微生物的控制措施有哪些？
6. 仓库鼠类的防治技术有哪些？

第八章　种子仓库及其设备

种子仓库(seed storehouse)是保藏种子的场所,也是种子生存的环境。仓库环境条件的好坏,对于保持种子生活力具有十分重要的意义。

贮藏种子的仓库类型多样,种子仓库按堆装形式可分为散装仓库和包装仓库,按温度控制要求可分为种质库(−4 ℃以下用于种质资源的保存)、低温库(温度不高于 15 ℃)、准低温库(温度在 15～20 ℃)和常温库,根据其结构分为房式仓和筒式仓,其中房式仓是我国目前建造最多、使用最普遍的一种仓型,房式仓包括平房仓、楼房仓和拱形仓,以平房仓为主,楼房仓和拱形仓较少。常见的房式仓库按结构类型又可分为砖混结构、框架结构和轻钢结构等。筒式仓包括砖圆仓、土圆仓、钢板筒仓和钢筋混凝土立筒仓。此外还有一些简易仓和地下仓。

目前,我国贮藏种子的仓库类型主要为平房仓和钢板筒仓,仓库内环境比较稳定,受外部环境影响小。其他如简易仓等因贮存条件相对较差,并不利于种子的长期贮存。

第一节　建仓标准及仓库保养

一、仓地选择及建仓标准

(一)仓地选择原则

首先应在经济调查的基础上确定建仓地点,然后计划需建仓库的类型和大小。不但要考虑公司当前的生产特点,还要考虑目前生产发展情况及今后远景规划,使仓库布局合理适用。

建仓地段应符合以下几点要求:

(1)仓基选择以坐北朝南、地势高燥的地段较好。为防止仓库地面渗水,应根据当地的水文资料,选择高于地下水位及洪水水位的地点并加高建仓地基。

(2)建仓地段的土质必须坚实稳固,一般要求土壤坚实度每平方米面积上能承受 10 t 以上的压力。如果不能达到这个要求,则应加大仓库四角和砖墩的基础,以防坍陷、房基下沉或地面断裂而造成不必要的损失。

(3)建仓地点交通方便,有利于种子的运输。

(4)建仓地点应尽量接近种子繁育和生产基地,以减少种子运输过程中的时间和费用。

(5)应具备建造相应配套设施的条件。根据仓库容积大小和贮存种子的类型,应建立足够的晒场和相应的检验室、车库、干燥室等建筑。

(6)建仓以不占用耕地或尽可能不占用耕地为原则。

(二)建仓标准

(1)种仓应牢固,能承受种子对地面和仓壁的压力以及风力和不良气候的影响。建筑材料从仓顶、仓身到墙基和地坪，都应采用结实耐用材料，以利于种子安全贮藏。

(2)具有防潮性能。种子具有很强的吸湿性，要求仓库应具有优良的防潮性能。通常最易引起种子受潮的部位是地坪返潮、仓壁和墙根透潮、房屋渗漏，因此，种仓地坪和仓壁(至少在贮种线以下的仓壁)要用隔潮性能好的建筑材料建造(表 8-1)。种仓防潮材料一般使用沥青，沥青的渗透系数是水泥的 1/12，防潮效果好，成本低，坚固耐用。仓房要建在高燥处，四周排水通畅；仓内地坪应高于仓外 30～40 cm；屋檐要有适当宽度，仓外沿墙脚砌泻水坡，保持外墙及墙基干燥，严防雨水积聚渗入墙内。

表 8-1　建筑材料的隔热、隔湿性能

(麻浩等，2007)

材料名称	容重 /(kg/m^3)	导热系数 /[kJ/(m·h·℃)]	比热 /[kJ/(kg·℃)]	蒸气渗透系数 /[g/(m·h·Pa)]
石棉水泥隔热板	300	0.33	0.84	0.052
沥青混凝土	2 100	3.76	1.67	0.001
碎石和卵石混凝土	2 200	4.60	0.84	0.006
草泥	1 000	1.25	1.05	0.025
土坯墙	1 600	2.51	1.05	0.023
黏土-稻草浆	1 000	1.25	1.05	0.025
干沙	1 600	2.09	0.84	0.022
砂岩与石英岩	2 400	7.32	0.92	0.005
形状不整齐石砌体	2 420	9.24	0.92	0.006
重砂浆黏土砖砌体	1 800	2.93	0.88	0.014
轻砂浆黏土砖砌体	1 700	2.92	0.88	0.016
油毛毡、油毡纸	600	0.63	1.46	0.000 18
水泥砂浆	1 800	3.34	0.84	0.012
石灰砂浆	1 600	2.93	0.84	0.016
石灰砂浆内表面粉刷	1 600	2.51	0.84	0.018
稻壳	250	0.75	1.84	0.060
稻草	320	0.33	1.63	0.060
砻糠	155	0.29	1.84	—
空心砖	1 500	2.30	0.92	6.90
自然干燥土壤	1 800	4.18	0.84	—
沥青	1 800	2.72	1.67	0.001
聚苯乙烯泡沫塑料	30～50	0.04～0.05	—	—
膨胀珍珠岩	90～300	0.04～0.1	—	—
膨胀蛭石	120	0.06	—	—
聚氨酯泡沫塑料	40～55	0.02～0.03	—	—

(3)具有隔热性能。仓外温度能影响仓温和种温,仓库的建造需要具有良好的隔热性能,以减少仓外温度变化对仓内的影响。

(4)具有密闭与通风性能。密闭的目的是隔绝雨水、潮湿或高温等不良气候对种子的影响,并使药剂熏蒸杀虫达到预期的效果。通风的目的是及时散去仓内的水汽和热量,防止高温高湿对种子生活力的影响。采用自然通风时,门、窗以对称设置为宜;窗户以翻窗形式为好,关闭时能做到密闭可靠;窗户位置高低应适当,过高则屋檐阻碍空气对流,不利通风;过低则影响仓库利用率。目前,新建仓库尽可能配套建设机械通风设备。

(5)具有防虫、防杂、防鼠、防雀的性能。仓内房顶应设天花板、内壁四周需平整,并用石灰刷白,便于查清虫迹,仓内不留缝隙,既可杜绝害虫的栖息场所,又便于清理种子,防止混杂。库门需装防鼠板,窗户应装铁丝网,以防鼠雀进入。

(6)仓库附近应设晒场、保管室和检验室等建筑物。晒场用以干燥或处理进仓前的种子,其面积大小视仓库而定,一般以相当于仓库面积的 1.5～2 倍为宜。保管室是贮放仓库器材工具的专用房,其大小可根据仓库实际需要和器材多少而定。检验室需设在安静而光线充足的位置。同时,根据需要可以设立熏蒸室,用于种子和麻袋等包装用品的熏蒸。

二、仓库保养

种子入库前必须对仓房进行全面检查与维修,以确保种子在贮藏期间的安全。首先,应观察仓房地基有无下陷、倾斜、房屋开裂等迹象,如有大面积开裂和倒塌的可能,就不能存放种子。其次,检查房顶有无渗漏、门窗有无缺损、墙壁上的灰砂有无脱落和细小裂缝等,如有上述情况发生,应及时维修。仓内地坪应保持平整光滑,如发现地坪有渗水、裂缝、麻点时,必须补修,修补完后,刷一层沥青,使地坪保持原有的平整光滑。同样,内墙壁也应保持光滑洁白,如有缝隙应予嵌补抹平,并用石灰水刷白。仓内不能留小洞,防止老鼠潜入。对于新建种仓应做短期试存,观察其可靠性,试存结束后,即按照建仓标准进行检修,确定其安全可靠后,才能贮藏种子。

第二节 仓库类型

一、房式仓

房式仓(storehouse)是外形如一般住房的种仓(图 8-1),大多为平房,是我国目前已建种仓中数量最多、容量最大的一种仓型。目前建造的大部分是钢筋水泥结构的房式仓,这类种仓较牢固,密闭性能好,能达到防鼠、防雀、防火的要求。仓内无柱子,仓顶均设天花板,内壁四周及地坪都铺设防湿的沥青层。这类种仓适宜于贮藏散装或包装种子。仓容量一般 15 万～150 万 kg。

房式仓的建筑形式及结构比较简单,造价较低。但其机械化程度相对较低,流通费用较高,不宜作周转仓使用。

房式仓平面形状一般呈矩形,这样可最有效地利用种仓的面积,便于种子的直线运行,适宜固定式机械的安装和作业,同时也便于移动式种子机械的移动。房式仓的跨度宜控制在 18～36 m,长度宜为 30～60 m,可根据需要和实际情况确定。檐口高度根据装种方式、设备情

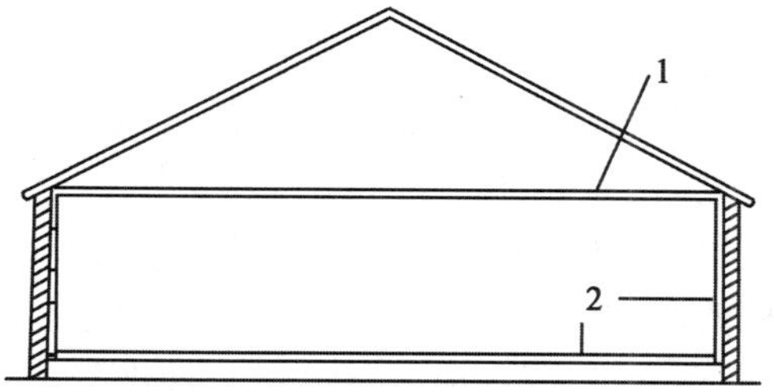

1. 天花板　2. 沥青层

图 8-1　房式仓

（毕辛华，1993）

况以及仓壁的强度条件确定。袋装仓的仓壁只作围护之用，其檐口高度较高，一般在 6 m 左右。而散装仓壁要受到种子的侧压力，且其侧压力同堆高的平方成正比，故其檐高一般在 4～5 m。

房式仓由地坪、仓壁、墙基、屋架、屋面及门窗等主要构件组成，各个构件的构造性能直接影响整个种仓的贮藏性能，因而对这些构件有特殊的要求。

1. 地坪

地坪性能好坏直接影响种子贮藏。因此要满足以下要求：①能防止潮气、雨水及湿气的渗透；②能防止鼠类的侵入；③平整光洁，不隐藏害虫，并便于熏蒸；④能承受种仓机械的运转与碾压。

因此，地坪的材料必须有足够的坚固性，良好的防湿性，并且还要求造价便宜，修理方便。目前多采用沥青地坪，这种地坪既能较好地防止地下水的渗入，又适合于机械的移动。但必须指出，因煤沥青含有毒物质，作为种仓的地坪沥青只能使用石油沥青。但也有的采用混凝土或青砖地坪，虽然这种地坪的强度和刚性较好，但不能有效防止地下潮气的渗入，故在堆置种包时必须用垫仓板将其与地面隔离。用木板作地坪其成本较高，并且易造成种子混杂和隐藏害虫。一些常规地坪的建造方法和要求见表 8-2。

表 8-2　常规地坪的建造方法和要求

（麻浩等，2007）

<table>
<tr><th>名称</th><th>常用材料</th><th>要求</th></tr>
<tr><td>面层</td><td>水泥砂浆、沥青砂浆、混凝土砖、砖浸沥青等</td><td rowspan="7">①材料和构造要有足够强度，以免承重时产生裂缝，破坏防潮功能。
②表面要求光洁，便于清扫。
③地基必须夯实，以免长期承受种子压力而产生沉陷。</td></tr>
<tr><td>间层</td><td>沙、沥青砂浆</td></tr>
<tr><td>平层</td><td>水泥砂浆、混合砂浆、防水砂浆</td></tr>
<tr><td>防潮层</td><td>沥青砂浆、油毡</td></tr>
<tr><td rowspan="3">垫层</td><td>非刚性垫层：沙、碎砖</td></tr>
<tr><td>半刚性垫层：各种石灰、三合土</td></tr>
<tr><td>刚性垫层：混凝土</td></tr>
</table>

2. 仓壁

仓壁作为种仓的重要组成部分，应该满足以下要求：①坚固、价格便宜、防火和防雨性能好；②隔热性和吸湿性良好，表面平滑无孔。

砖石墙比较符合经久耐用、防雨防火等方面的要求。砖制和天然石料的仓壁必须要用灰浆涂抹在仓壁的内壁面和外壁面，尤其是内壁面，用于改善仓壁的表面平滑度和消除害虫的潜藏处。为加强仓壁的抗渗、防潮性能，可在内仓壁上刷石油沥青(10%～30%三号石油沥青和70%～90%五号石油沥青)。为了避免种子与沥青接触，改善墙面的吸湿性，减少“出汗”现象，可在沥青墙面上再刷一层1～2 cm厚的1∶2.5的石灰砂浆。

仓壁用作抵抗种子的挡墙，因此，仓壁的厚薄应该根据仓壁的性质和种子堆放形式计算其所承受的压力而定。

3. 墙基

墙基一般用混凝土、砖、石料做成。墙基均深埋在地下，墙基的深度和宽度应根据土壤的耐压力计算决定，墙基及顶部应有防湿层，以阻止地下水浸入墙身和进入仓内。

4. 屋架

屋面承重结构的形式及种类较多，目前主要采用的是钢筋混凝土组合屋架，这种屋架节约木材，便于预制，施工较简便，结构强度、刚性及稳定性好，并且跨度较大，可不设置中柱，便于移动式机械作业。

5. 屋面

我国广泛采用的是中瓦和平瓦做成的屋面。平瓦的屋面是在人字架上布置椽条，椽条的中心距为75 cm，在椽条上铺有厚为1.5 cm的屋面毛板，然后在毛板上紧贴二号油毛毡一层，再在油毛毡上布置2.5 cm×2.5 cm的挂瓦条(即隔椽)，在挂瓦条上铺置平瓦。中瓦的屋面也类似如上的布置，不过中瓦屋面比平瓦要重，因此，目前在可能的范围内均采用平瓦。瓦屋面具有较好的隔热性，价格便宜，所以，在目前的房式仓中得到广泛应用。但其结构比较复杂，施工较烦琐，并且质量大，必须有较强的屋架结构。此外，若房仓的跨度不大，屋面也可采用混凝土一体式浇铸，并做好防水和隔热，再加盖瓦片。

二、机械化圆筒仓

机械化圆筒仓(mechanization silo)仓体呈圆筒形，筒体高大，包括进出仓输送装置、工作塔、筒仓等(图8-2)。进出仓输送装置的功能是将种子输送进工作塔或从筒仓中将种子输送出来；工作塔是用来升运和清理种子用的；工作塔后面设有筒仓体，用于贮藏种子，常由几个到十几个筒仓构成筒仓群。工作塔可以是固定的也可以是移动的。筒仓一般用钢筋水泥制成，一般筒仓高15 m，半径为3～4 m，每个筒仓可贮藏种子20万～25万kg。筒仓内设有遥测温湿仪、通风装置和除尘装置。机械化圆筒仓特点是：

(1)一切操作均为机械化作业，便于种子进出仓等操作。

(2)高度密闭，可防除鼠害、鸟害、虫害，消毒方便，贮藏效果好。

(3)仓内温度、湿度可以通过通风装置或自动控制仪器进行调节，易于实现种子安全贮藏。

(4)仓容大，占地面积小，可充分利用空间，一般要比房式仓省地6～8倍。

(5)造价较高，技术性强，存放的种子要求较严格。

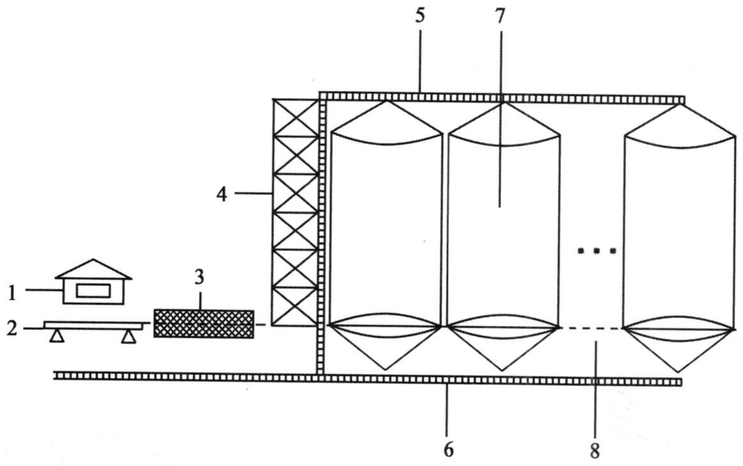

1. 控制室　2. 地磅　3. 预清装置　4. 工作塔
5. 进仓装置　6. 出仓装置　7. 筒仓　8. 地平面

图 8-2　机械化圆筒仓结构

(麻浩等,2007)

三、低温仓库

这类仓库是根据种子安全贮藏必需的低温、干燥、密闭等基本条件而建造的。其库房的形状、结构大体与房式仓相同,但构造相当严密,其内壁四周与地坪除有防潮层外,墙壁及天花板都有较厚的隔热层。库房内设有缓冲间。低温库不能设窗,以免外界温、湿透过缝隙影响库内。垛底设置 18 cm 高度的透气木质垫架,房内两垛种子间留 60 cm 过道,垛四周边离墙体 50 cm,以利取样、检查和防潮。库房内备有降温和除湿机械设备,能使种温控制在 15 ℃以下,相对湿度在 65%左右,是目前较为理想的种子贮藏库。低温仓库的建造要求和管理技术要点见本章第四节。

四、土圆仓

土圆仓(clay formed silo)又称土圆囤,是用黄泥、三合土或草泥建成,仓体呈圆筒形(图 8-3)。这类仓库结构简单,造价低廉,适用于广大农村专业户,尤其适宜气候干燥的北方。其仓容量一般在 0.5 万～2.5 万 kg。由于土圆仓存放种子数量较少,体积小,一般密闭条件也不如大仓,因此仓内的种子易受大气温度的影响,变化速度较大仓快,基本上随大气温度的升降而变化,仓内温度略低或略高于气温。表层种子因仓内空间小,易受太阳辐射热的影响,种温变化较快。据观察,土圆仓的表层种子经一个夏季和冬季的贮存,至第二年 5 月,其水分比入仓时增加近 5%,其余各层仅增加 1%～2%。因此,土圆仓内表层种子贮存到第二年,因受大气温、湿度的影响较大,生活力一般较低,所以在表层 30 cm 以内的种子,不宜作种用。

五、简易仓

简易仓(facility seed storage)利用民房改造而成,将原民房结构保留,检修堵塞仓内各处破漏洞,并用纸筋石灰把梁柱、墙壁抹平刷白,地面将土夯实,铺上 13～17 cm 厚的干河沙;压平后，铺一层沥青纸(油毛毡)，沥青纸上再铺一层土坯，并将它抹平即可(图 8-4)。总之，要使仓内达到无洞无缝、不漏不潮、平整光滑的要求，并待充分干燥后，才可存放种子。

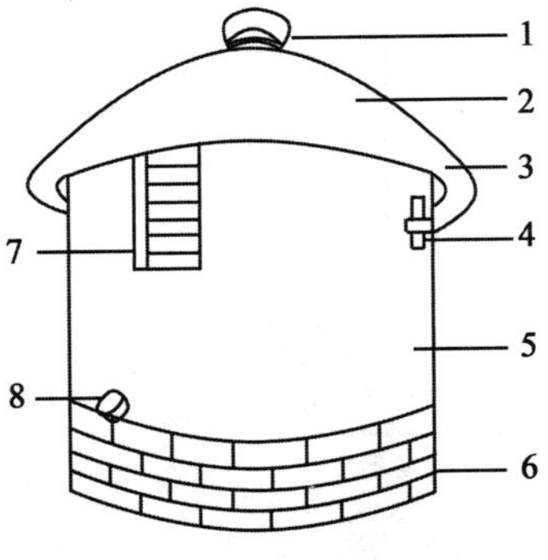

1. 通气孔 2. 仓顶 3. 仓檐
4. 通风窗 5. 墙身 6. 仓基
7. 进口 8. 出口

图 8-3 土圆仓外貌

(毕辛华，戴心维，1993)

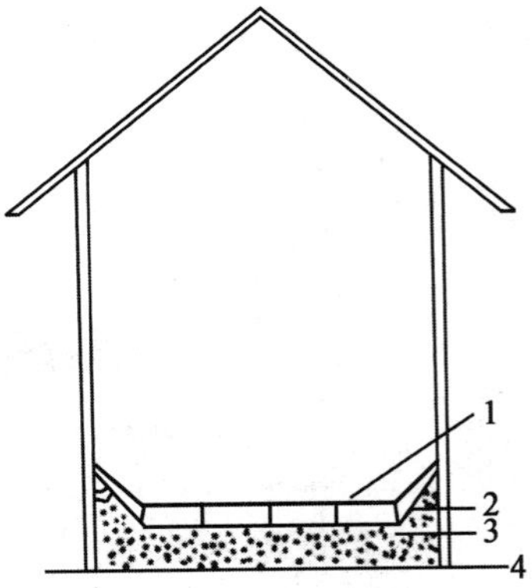

1. 纸筋石灰地坪 2. 土坯
3. 干沙 4. 油毛毡

图 8-4 简易仓

(毕辛华，戴心维，1993)

第三节 仓库设备

为提高管理人员的技术水平、工作效率和减轻劳动强度，种仓内应配备下列设备。

一、检验设备

为正确掌握种子在贮藏期间的动态和种子进出仓时的品质，必须对种子进行检验。检验设备应按所需测定项目设置，如测温仪、水分测定仪、温湿度遥测仪器、油脂分析仪、发芽箱、容重器、放大镜、显微镜和手筛等。目前通常采用温度、湿度遥测仪器，可随时了解种子堆各部位和袋装种子堆垛不同部位的温度和湿度。使用时，将其探头埋在种子堆不同部位，就可及时观测到种子堆不同部位温度、湿度的变化，了解种子贮藏的稳定性。

二、装卸、输送设备

装卸、输送设备是种仓的重要组成部分，不仅可减轻劳动强度、成倍提高工作效率，同时也可提高种子贮藏效率。装卸、输送设备按照其工作原理可分为气力输送设备和机械输送设备两大类。

(一)气力输送设备

1. 气力输送装置的特点

气力输送装置在种子加工和贮藏过程中有着广泛的应用，与机械输送装置相比，气力输送有很多优点，但也有缺点。

(1)优点

①结构简单，在气力输送装置中只有风机是运动部件，结构不复杂，初次投资成本也低。

②输送路线可以任意组合和变更，输送距离远，设备布置合理。

③装置密封性好，能有效控制粉尘外扬，降低粉尘爆炸的危险程度，改善劳动条件，保证安全生产。

④不仅可以输送种子，同时还可利用气力输送装置结构形式的变化，预先进行简单的种子清选和去杂。

⑤输送过程中种子能自然降温，能避免因种温上升带来的各种不利影响。

⑥工艺过程易实现自动化。

(2)缺点

①动力消耗大，噪声大，弯管等部件易磨损。

②气流速度较大时对种子会造成一定程度的损伤。

2. 气力输送装置的类型

根据气流输送种子的方式，可以将气力输送装置分为吸送式、压送式和混合式 3 种类型(图 8-5)。

(1)吸送式　吸送式气力输送装置可以从几处向一处集中输送，也可以在一个气力输送中完成多个作业机的输送任务。机器工作时，种子输送过程是在风机吸气一侧完成的。因吸送式系统处于负压状态，因而不会尘土飞扬，保证了场地的卫生条件。吸送式能从低处及狭窄处进行输送，但输送量和输送距离均受限制。吸送式的种子进料方式较简单，对卸料器和除尘器的密封性要求较高。

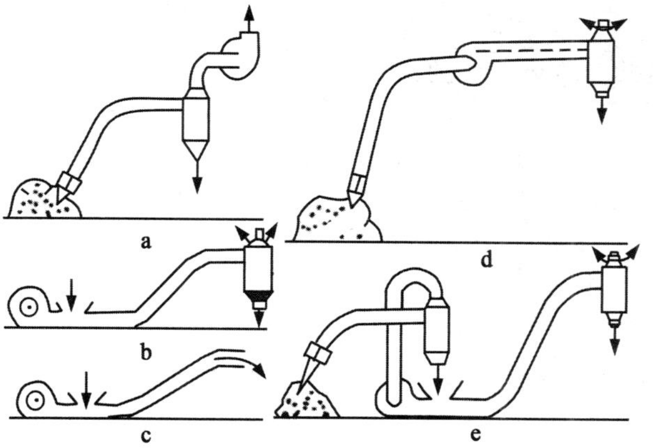

a. 吸送式　b，c. 压送式　d，e. 混合式

图 8-5　气力输送装置

(麻浩等，2007)

(2)压送式　压送式气力输送装置工作时，种子输送是靠风机的压出端所产生的气流压力完成的。压送式气力输送装置适用于由一点向多点大容量、长距离的种子输送，能够防止杂质和油、水侵入。分离筒结构简单，动力消耗较小，但种子对管道的磨损较重，密封性要求较高，种子供料装置较复杂，易造成尘土或种子飞扬。

(3)混合式　混合式气力输送装置是由吸送式和压送式输送装置组合而成的，具有两种类型的共同特点，适用于长距离种子输送，一般用在移动式气力输送装置上，这种组合式气力输送装置可以减少输送程序和设备，能节省投资。

(二)机械输送设备

1. 皮带输送机

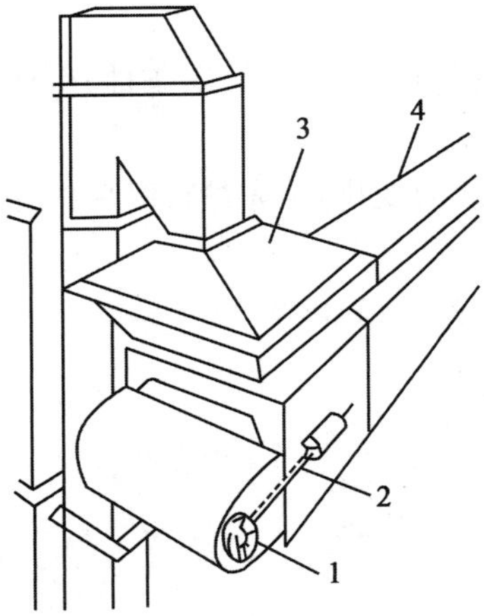

1. 皮带轮　2. 纺织橡胶带
3. 料斗　4. 输送槽

图 8-6　固定式皮带输送机

(麻浩等,2007)

皮带输送机是把种子向水平方向或稍有倾斜的方向输送的设备,有固定式和移动式两种(图 8-6 至图 8-8)。皮带输送机结构简单,工作平稳,功率消耗少,运料连续,适合于各种运输距离使用,种子在装卸和输送过程中受损伤最轻。皮带输送机在倾斜方向输送种子时,其倾斜角应比种子与皮带之间的摩擦角小 10°～18°,以防止种子沿运动反方向下滑。对于普通的光面皮带,倾斜角不超过 25°。倾斜角需要增大时,可采用特殊的高花纹皮带或增加板条,但最大倾斜角仍不能超过 45°。在皮带输送机工作过程中,为了保持工作面的平直和减少皮带张力,输送距离短或小型皮带输送机的工作面皮带常用金属板支承,皮带在金属板上滑动,而大型皮带输送机的工作面皮带要用滚轮支撑。

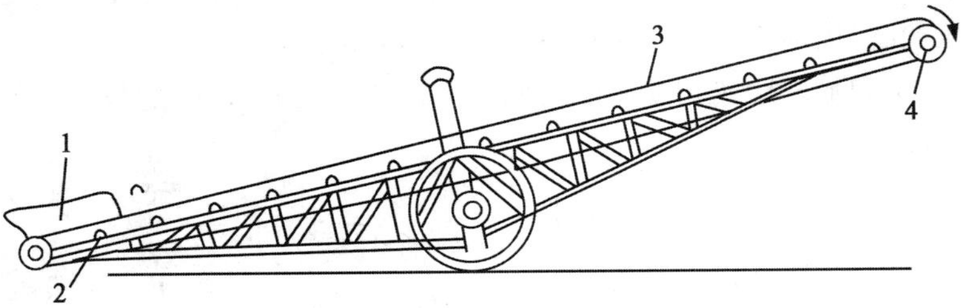

1. 接受槽　2. 牵引滚筒　3. 转动环带　4. 传动滚筒

图 8-7　移动式皮带输送机

(颜启传,2001)

2. 斗式升运机

斗式升运机是把种子垂直向上输送的输送装置,由皮带轮、料斗和外罩等组成(图 8-9)。机器工作时,传动机构带动上皮带轮旋转,料斗由下方或侧面舀取种子,并将其运至上方,当料斗翻转时把种子抛出,种子经出口流出。斗式升运机结构紧凑(横向尺寸小),提升高度大(可达 45～60 m),生产率较高,工作平稳,功率消耗小,易于维修和操作,所以在种子加工机械中应用广泛。

3. 刮板输送机

在散装种子的作业中,运用刮板机将种子刮到输送机上,可减少人工入料程序。刮板机可随时移动(图 8-10)。

4. 堆包机

堆包机也称平板升运机,在种子包装运输作业中,运用堆包机可减少人工扛袋或抬袋工作,减小劳动强度,提高工作效率,加速运输过程(图 8-11)。

图 8-8　移动式皮带输送机实物图
（路纪琪等，1997）

图 8-9　斗式升运机
（路纪琪等，1997）

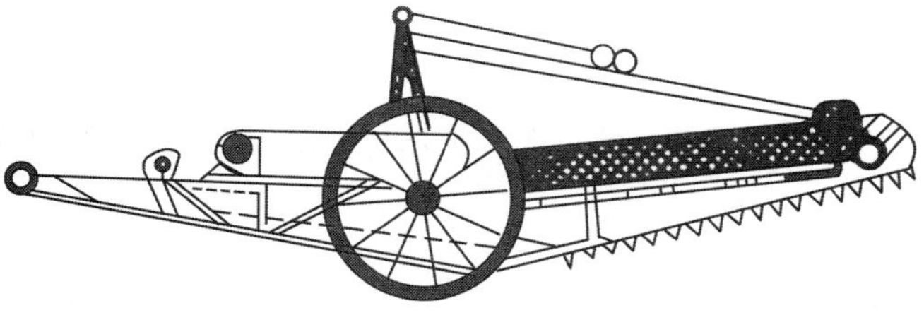

图 8-10　刮板输送机
（董海洲，1997）

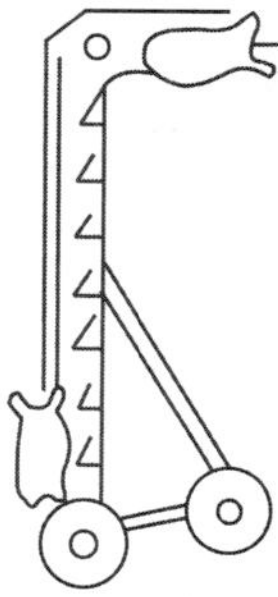

图 8-11　堆包机
（颜启传，2001）

上述几种运输机械可以组配成套后进行连续工作。如散装种子作业中，首先由刮板机将种子刮入输送机，输送机将种子输送到选种机；或者用气流输送机直接将种子吸入选种装置中进行选种。在包装运输中，由平板升运机将种子包运送到输送机，再由输送机运至火车、汽车上运走或转仓等（图 8-12 至图 8-14）。

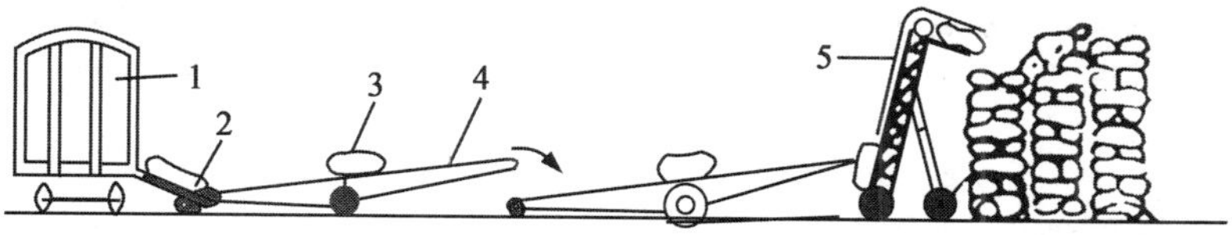

1. 火车　2. 倾斜滑板　3. 种子袋　4. 皮带输送机　5. 堆包机

图 8-12　接受袋装种子作业
（颜启传，2001）

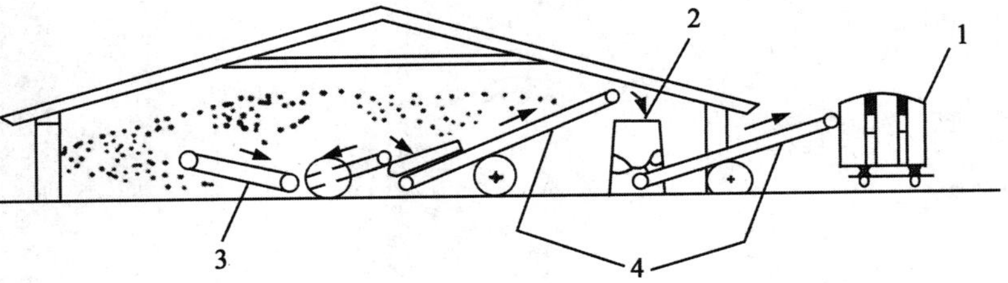

1. 火车　2. 斗磅秤　3. 刮板输送机　4. 皮带输送机

图 8-13　发放仓内散装种子作业

（颜启传，2001）

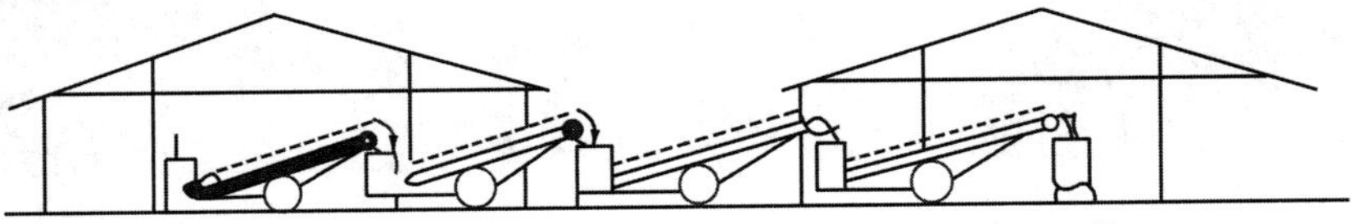

图 8-14　输送机种子转仓作业

（颜启传，2001）

三、机械通风设备

当自然通风不能降低仓内温度、湿度时，应采用机械通风。通风机械主要包括风机（鼓风、吸气）及管道（地下、地上两种）（图 8-15、图 8-16）。一般情况下的通风方法以吸风比鼓风为好。

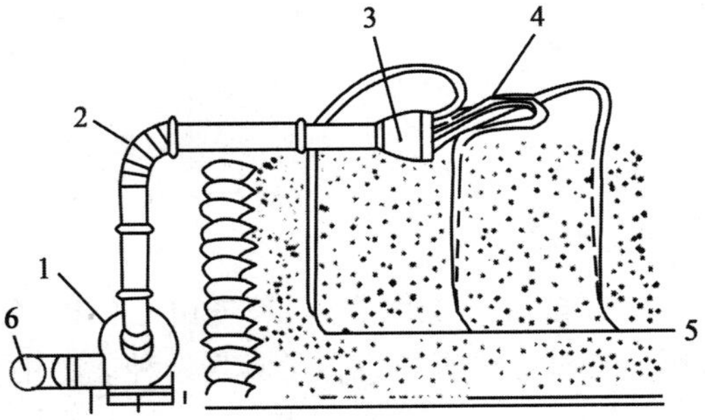

1. 吸风机　2. 风管弯头　3. 空气分配头

4. 软管　5. 支风管　6. 废气出口

图 8-15　多管吸风机装置

（颜启传，2001）

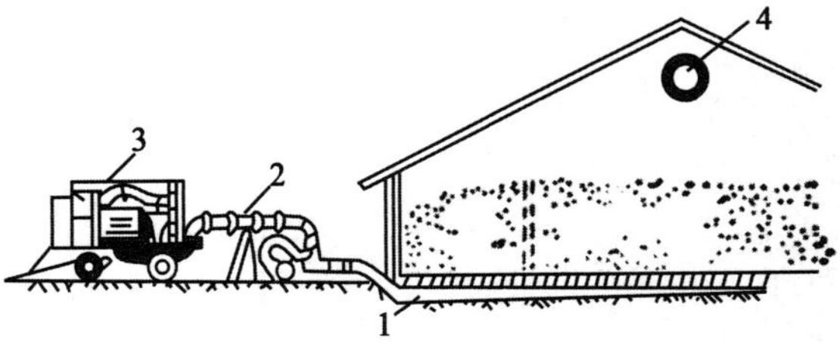

1. 分气管　2. 通风管

3. 空气推动装置　4. 排气管

图 8-16　种子地下通风装置

（颜启传，2001）

四、熏蒸设备与消防设备

熏蒸设备是防治仓库害虫必不可少的设备，有各种型号的防毒面具、防毒口罩、投药器及熏蒸剂等。

防火是仓库管理工作中的重要内容之一。因此，仓库应有消防设备，包括各种灭火器、干沙、消防栓等。

五、其他设备

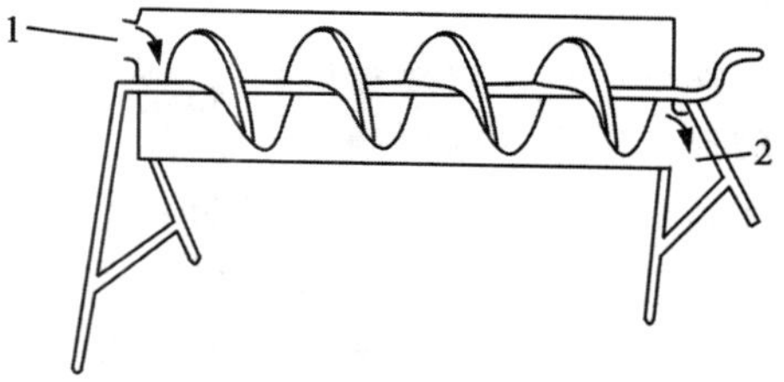

1. 种子和农药进口 2. 出口

图 8-17 药物拌种机

(颜启传,2001)

其他设备根据需要可配套除湿机、降温设备等。同时,仓库内还需要包装器材如打包机、封口机,各种规格麻袋、复合袋,晒场用具,计量用具如磅秤、电子秤等。此外,可根据情况配备药剂处理机械如消毒机、药物拌种机(图 8-17)等,对种子进行消毒灭菌,防止种子病害蔓延。

广义的仓库设备还可以包括种子加工设备,如清选、干燥、包衣和计量(数)包装等四大部分。清选机械又分为粗选和精选两种。干燥设备除晒场外,应备有种子干燥机。

第四节 低温种子仓库特点及管理

低温低湿仓库(low temperature and humidity storehouse)采用机械降温的方法使库内的温度保持在 15 ℃以下,相对湿度控制在 65%左右,能有效延长种子寿命和保持较高的发芽率。但是,这种仓库造价比一般房式仓高,并须配有成套的降温和除湿机械。

低温低湿种子库的建筑结构、设备配置、温湿度控制要求、监测和种子管理等技术都与常温库有所不同,其特点和管理要求介绍如下。

一、低温种子仓库的基本要求

低温库是依靠人工制冷降低库内温度的,如果不能隔绝外来气温的影响,工作效能就差,制冷费用也大。一座良好的低温库必须具备以下要求。

(一)隔热保冷

这是低温库最基本的要求,库内的隔热保冷性能直接关系到制冷设备的工作时间、耗能及费用等方面的问题。为此,仓库的墙壁、天花板及地坪的建造,都应选用较好的隔热材料。隔热材料的性能与它的导热系数有关,导热系数越小,导热能力越差,隔热则越好。每种隔热材料的导热系数与它的容重成正相关,容重大,导热系数也大。应尽可能选用既要导热系数小,又要容重小的材料作为隔热材料。一般用的隔热材料导热系数在 0.083 6～0.502 0 kJ/(m·h·℃)为好。各种材料及其导热系数的选用可以参考表 8-1。

(二)隔湿防潮

仓库的墙壁、屋顶及地坪容易渗透雨水和潮气,隔热层的材料也易受潮。实践证明,隔热层受潮后,它的隔热性能下降 1/2～2/3,制冷量增加 10%～30%。不仅影响隔热保冷的效果,还要增加保管费用,因此墙壁、屋顶和地坪都须有防潮层,以提高隔热层的功能。一般用的防潮材料有改性沥青、油毛毡及其他防水涂料如环氧树脂、油性聚氨酯、负离子氯丁胶等,可根据实际需要选用。

(三)结构严密

仓库结构的严密程度,对防止外界热、湿空气影响,以及提高隔热保冷功能有密切的关系。

结构越严密，隔热保冷功能越好。

低温库不能设窗，以免外界温、湿透过玻璃和窗框缝隙传入库内，防止因库内外温差过大，在玻璃上凝结水露而滴入种子堆。库门必须能很好地隔热和密封，门上衬上密封橡胶层。低温库最好设两道门，两道门中间有拐弯，以减少热量、水汽的进入。有条件的可以设立缓冲间，防止高温季节种子出库时结露。对开启频繁的大门可以安装风幕，避免外界的热空气进入仓内。

库房面积不宜过大，也不能太高，通常建造一个单独的大低温库，还不如将其隔成几个小库更为适宜。由于有几个小库，当只有少量种子贮藏时，只需要将一两个小库制冷，而不必使整个大仓库降温，这样每年的操作费用可显著降低。

(四)屋顶和仓壁的隔热

干燥种子贮藏在低温条件下，生命活动进行得十分缓慢，呼吸作用释放的热量较少。因此整个贮藏期内的耗冷量，在很大程度上取决于库房的隔热结构。而仓壁、屋顶、地坪的结构对低温仓库的隔热影响较大。结构隔热条件好，制冷量少，制冷设备工作时间短，耗费也少。反之耗冷量就多。

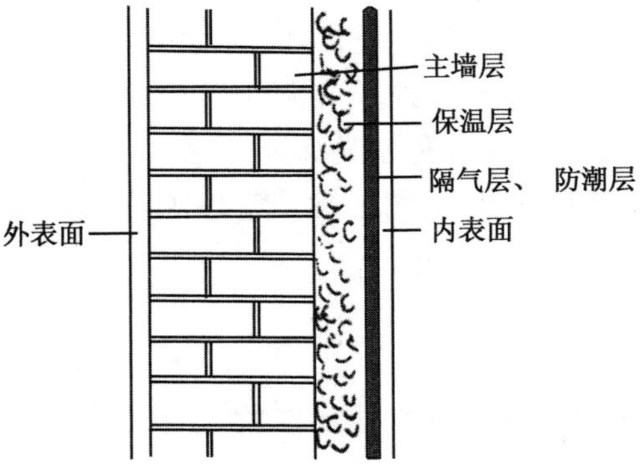

图 8-18 保温墙模式

（胡晋，2001）

屋顶受热时间长，面积大，尤其要做好隔热工作。屋顶要设天花板，在天花板上可放隔热材料，如放入 10 cm 厚的聚苯乙烯泡沫塑料板或 30 cm 厚的膨胀珍珠岩粉用以隔热。低温库仓壁有内外 2 层，外墙为承重墙，内墙起隔热防潮作用(图 8-18)，两墙之间填充导热系数小的材料作为隔热层。隔热层可以采用膨胀珍珠岩、空心砖软木和泡沫塑料等。

根据主体墙和保温层用材的不同，可分以下几种：

(1)膨胀珍珠岩隔热层　一般砖外墙(承重墙)370 mm，砖内墙(保温墙)120 mm，两墙之间填充膨胀珍珠岩粉 120 mm。膨胀珍珠岩是一种矿物产品，质地较轻，价格便宜，分岩粉和岩块两种，其中岩粉料较为便宜。膨胀珍珠岩易吸湿，在使用过程要防止吸湿(图 8-19)。

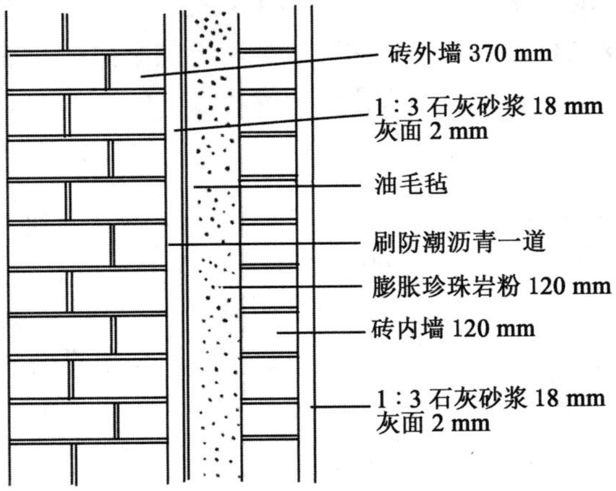

图 8-19 膨胀珍珠岩隔热层

（胡晋，2001）

(2)空心砖软木隔热层　用空心砖做墙体，可增加墙的厚度和空间，以降低传热能力。软木的隔热性能较好，价格较贵。粘贴时要贴得平整牢固，再用塑料面或木板做面层(图 8-20)。

(3)泡沫塑料隔热层　泡沫塑料的隔热性能比以上几种隔热材料均好，质地轻，可粘贴在天花板和墙体上。用这种材料做隔热层不会霉烂，不会燃烧，是目前较为理想的隔热材料(图 8-21)。

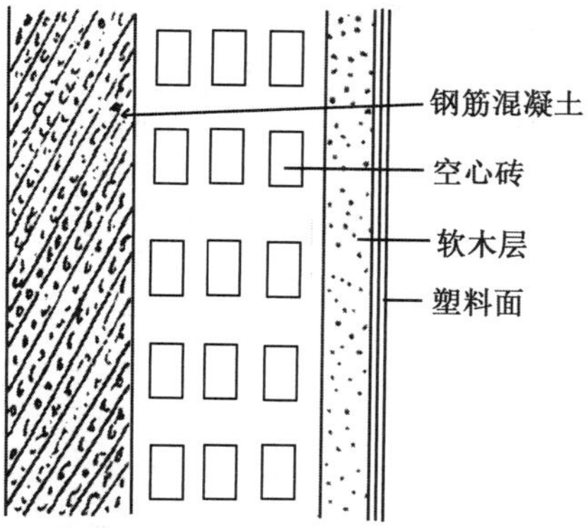

图 8-20　空心砖软木隔热层

(胡晋，2001)

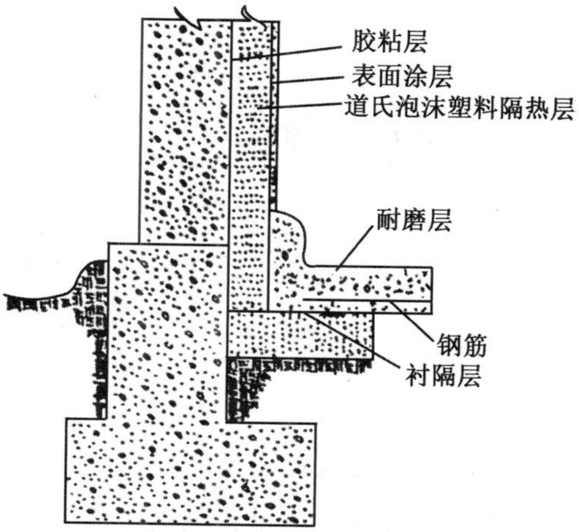

图 8-21　泡沫塑料隔热层和隔热地坪的构造

(胡晋，2001)

(4)钢结构低温仓库保温隔热层　钢板仓导热快，保温隔热要求高，可选择在钢板仓仓体表面和彩钢板夹层间喷涂聚氨酯材料，要求喷涂均匀密实，严禁有漏喷、虚喷等现象；仓顶和锥斗表面直接用喷枪喷涂配制好的聚氨酯材料，待发泡成型后，修整平整，安装并固定好彩钢板。聚氨酯泡沫塑料保温层厚度一般要求在 8 cm 以上、容重 45 kg/m^3 左右。

二、低温种子仓库设备和技术管理特点

(一)制冷设备

制冷设备主要是制冷机，制冷机主要由压缩机、冷凝器、膨胀阀和蒸发器等 4 部分组成，其装置如图 8-22 所示。机器启动后，压缩机工作，对蒸发管产生抽吸、降压作用，液态的冷冻剂经由膨胀阀进入蒸发器并在蒸发器内蒸发变为气态，同时吸收大量的热量，然后压缩机把从蒸发器中进入的气态制冷剂从低压变成高压送入分油器和冷凝器。制冷剂在冷凝器中被水或空气冷却后，便由气态变成液态，再沿管径膨胀阀调节进入蒸发器，制冷剂在蒸发器中再次吸收介质(空气)的大量热量，并由液体变成气体，压力降低。在蒸发器周围制成的冷气由风机送入贮种仓库。如此循环不息，构成一个连续的冷却系统，进行不间断的冷却，达到预定的制冷效果。制冷的程度，可由膨胀阀(又称节流阀)调节流量大小而增减。

目前的制冷设备中使用较广泛的制冷剂为一氯二氟甲烷(R22)，但将处于被淘汰状态，主要环保替代品是 R410A、R290、R32 等。R32 制冷剂又称二氟甲烷，无色、无味、无毒、可燃性低，臭氧消耗潜能值(ODP)为 0，全球变暖潜能值(GWP)为 0.11，这些优点使其成为 R22 的替代品之一。R290 制冷剂又称丙烷，是一种可以从石油裂解物中直接获得的天然碳氢制冷剂，属新型环保制冷剂，主要用于中央空调、热泵空调、家用空调和其他小型制冷设备。ODP 值为

0,对臭氧层不具有破坏作用。GWP 值接近 0,对温室效应没有影响。

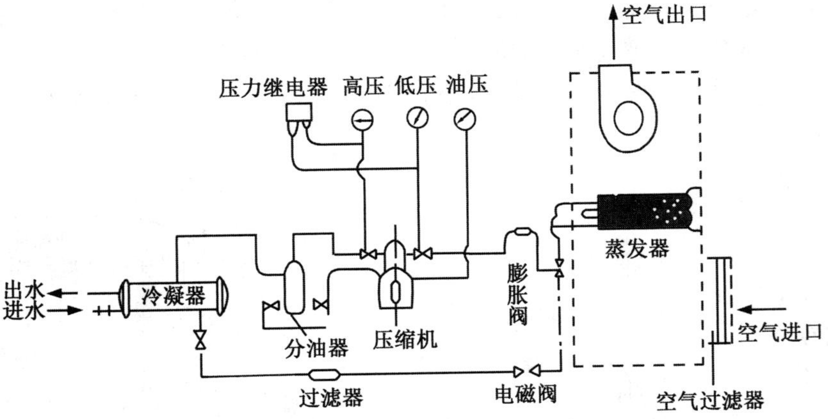

图 8-22 制冷系统示意图

(胡晋,2001)

(二)种子低温仓库设备管理

库内主机及其附属设备是创造低温低湿条件的重要设施。因此,设备管理是低温仓库管理的主要内容。通常要做好下列工作:

(1)制订正确使用的规章制度,加强对机房值班工人的技术培训。使工人熟练掌握机器性能、设备安全技术操作规程、维修保养和实际操作技术。做到"三好"(管好、用好、修好)、"四会"(会使用、会保养、会检查、会排除故障)。

(2)健全机器设备的检查、维修和保养制度。搞好设备的大修理和事故的及时排除,确保设备始终处于良好的技术状态,延长机器使用寿命。

(3)做好设备的备品、配件管理。为了满足检修、维修和保养的需要,要随时储备一定品种与数量的备件。

(4)精心管好智能温、湿度仪器。探头在库内安放,要充分注意合理性、代表性。

(5)建立机房岗位责任制,及时、如实记好机房工作日志。

(三)低温种子仓库技术管理特点

1. 严格建立仓贮管理制度

(1)种子入库前,彻底清仓,按照操作规程严格消毒或熏蒸。种子垛底必须配备透气木质(或塑料)垫架。两垛之间、垛与墙体之间应当保留一定间距。

(2)把好入库前种子质量关。种子入库前搞好翻晒、精选与熏蒸;种子含水量达不到国家规定标准、质量不合格的种子不准入库;种子进库时间宜安排在清晨或晚间,中午一般不安排种子入库,若室外温度或种温较高,宜将种子先存放缓冲室,预冷后再安排入库。

(3)合理安排种垛位置,科学利用仓库空间,提高利用率。

(4)库室密封门尽量少开,即使要查库,也要多项事宜统筹进行,减少开门次数。

(5)严格控制库房温、湿度。通常库内温度应控制在 15 ℃以下,相对湿度控制在 65%或以下,并保持温、湿度稳定状态。

(6)建立库房安全保卫制度。加强防火工作,配备必要的消防用具,注意用电安全。

(7)种子进低温库不能马上开机降温,应先通风降低湿度,否则降温过快,达到露点,易造成结露。

2. 收集与贮存下列主要种子信息

(1)按照国家颁发的种子检验规程,获取每批种子入库时初始的发芽率、发芽势、含水量及主要性状的检验资料。

(2)种子存贮日期、重量和位置(库室编号及位点编号)。

(3)为寄贮单位存贮种子,双方共同封存样品资料。

3. 收集与贮存下列主要监测信息

(1)种子贮藏期间,当地自然气温、相对湿度、雨量等重要气象资料。

(2)库内每天定时、定层次、定位点的温度和相对湿度资料。有条件的,应将智能温、湿度仪与电脑接口连接,并把有关信息贮存在电脑中。

(3)种子贮藏过程中,种子质量检验的有关监测数据。

(四)技术档案管理

低温低湿库的技术档案,包括工艺规程、装备图纸、机房工作日志、种子入库出库清单、库内温湿度测定记录、种子质量检验资料以及有关试验研究资料等,这些档案是低温库技术成果的记录和进行生产技术活动的依据和条件。每个保管季节结束以后,必须做好工作总结,并将资料归档、分类与编号,由专职人员保管,不得随便丢失。

思考题

1. 请简要描述种子仓库仓地选择的原则和建仓的标准。
2. 种子仓库的类型有哪些?各有什么特点?
3. 种子仓库的主要设备和用品有哪些?
4. 请简要描述低温种子仓库的基本要求和技术管理特点。

第九章　种子入库及贮藏期间的变化

种子入库包括入库前准备、种子包装以及合理堆放等工作。它涉及对入库种子的质量要求、贮藏条件和贮藏期间进行科学管理等一系列问题，是确保贮藏种子不受意外损耗、不变质，并能保持种子潜在生命力的重要环节。种子入库存放以后，虽然环境条件处于低温干燥密闭的状态，但种子的生命活动并没有停止，由于种子本身的代谢以及贮藏环境的影响，仓内温度、湿度等条件不断发生变化，贮藏种子会出现吸湿回潮、发热和虫霉等变化。因此，做好种子入库工作，了解种子贮藏期间的变化，对于种子安全贮藏具有重要意义。

第一节　种子入库前的准备

种子入库前需要做好两方面的准备工作，即种子的准备和仓库的准备。种子的准备包括种子质量检验(seed quality test)、种子干燥(seed drying)和清选分级(seed cleaning and classification)。仓库的准备包括仓房(storehouse)的全面检查和维修以及清仓消毒等。

一、种子的准备

(一)种子入库的标准

入库种子必须达到入库标准方能入库。种子质量的构成指标较多，我国在评价种子质量时，选出了对种子质量影响最大的 4 项指标进行评价，这 4 项指标是品种纯度、种子净度、发芽率和水分，其中又以品种纯度指标作为划分种子质量级别的依据。我国最早于 1984 年颁布了《粮食、蔬菜、林木和牧草种子质量标准》，随着我国农业的发展和种子检验规程的重新修订，1996 年重新修订和颁布了粮食作物(禾谷类和豆类)、经济作物(纤维类和油料类)、瓜菜作物(瓜类)等主要农作物种子质量标准。2008 年、2010 年以来又先后重新修订和颁布了《主要农作物种子质量标准》，常规种子级别只分原种(basic seed)和大田用种(qualified seed)两类，纯度达不到原种标准的降为大田用种，达不到大田用种的，则为不合格种子；杂交种不分级，只有大田用种；净度、发芽率和水分有一项达不到指标的，则为不合种格子。相关标准见表 9-1 至表 9-12。凡不符合入库标准的种子，必须经过重新处理，进行清选、干燥或分级，经检验合格后才能入库贮藏。

由于我国南北各省气候条件相差太大，种子入库的标准不可能强求一致，如长城以北和高寒地区的水稻、玉米(单粒播种种子除外)、高粱的水分允许高于 13%，但不能高于 16%，调往长城以南的种子(高寒地区除外)水分不能高于 13%；长城以北和高寒地区的大豆种子水分允许高于 12.0%，但不能高于 13.5%，长城以南的大豆种子(高寒地区除外)水分不能高于 12.0%。稻杂交种质量指标适用于三系和两系稻杂交种子。由于在相同的水分条件下，一般油料作物种子比含淀粉或蛋白质较多的种子不易贮藏，对贮藏种子水分的要求也不相同。如籼稻种子的安全水分在南方必须为13%以下才能安全过夏季；而含油分较多的种子如油菜、花生、芝麻、棉花等种子的水分必须降低到8%或10%以下(根据种子含油量高低而定)。破损粒或成熟度差的种子，由于呼吸强度大，在含水量较高时，很易遭受微生物及仓库害虫为害，种子生活力也极易丧失，因此，这类种子必须严格加以清除。

表9-1　禾谷类作物种子质量指标

(GB 4404.1—2008和GB 4404.1—2008/XGB 1—2020)　%

作物名称	种子类别		纯度不低于	净度不低于	发芽率不低于	水分不高于
稻	常规种	原种	99.9	98.0	85	13.0(籼) 14.5(粳)
		大田用种	99.0			
	不育系、保持系、恢复系	原种	99.9		80	13.0
		大田用种	99.5			
	杂交种	大田用种	96.0		80	13.0(籼) 14.5(粳)
玉米	常规种	原种	99.9	99.0	85	13.0
		大田用种	97.0			
	自交系	原种	99.9		80	
		大田用种	99.0			
	单交种	大田用种(非单粒播种)	96.0		85	
		大田用种(单粒播种)	97.0		93	
	双交种	大田用种	95.0		85	
	三交种	大田用种	95.0			
小麦	常规种	原种	99.9	99.0	85	13.0
		大田用种	99.0			
大麦	常规种	原种	99.9	99.0	85	13.0
		大田用种	99.0			
高粱	常规种	原种	99.9	98.0	75	13.0
		大田用种	98.0			
	不育系、保持系、恢复系	原种	99.9			
		大田用种	99.0			
	杂交种	大田用种	93.0		80	
粟、黍	常规种	原种	99.8	98.0	85	13.0
		大田用种	98.0			

注：长城以北和高寒地区的稻、玉米(单粒播种种子除外)和高粱种子水分允许高于13.0%，但不能高于16.0%，若在长城以南(高寒地区除外)销售，水分不能高于13.0%。稻杂交种质量指标适用于三系和两系稻杂交种子。

表 9-2　纤维类作物种子质量国家标准

(GB 4407.1—2008)　　%

作物种类	种子类型	种子类别	纯度不低于	净度不低于	发芽率不低于	水分不高于
棉花常规种	棉花毛籽	原种	99.0	97.0	70	12.0
		大田用种	95.0			
	棉花光籽	原种	99.0	99.0	80	12.0
		大田用种	95.0			
	棉花薄膜包衣籽	原种	99.0	99.0	80	12.0
		大田用种	95.0			
棉花杂交种亲本	棉花毛籽		99.0	97.0	70	12.0
	棉花光籽		99.0	99.0	80	12.0
	棉花薄膜包衣籽		99.0	99.0	80	12.0
棉花杂交一代种	棉花毛籽		95.0	97.0	70	12.0
	棉花光籽		95.0	99.0	80	12.0
	棉花薄膜包衣籽		95.0	99.0	80	12.0
圆果黄麻		原种	99.0	98.0	80	12.0
		大田用种	96.0			
长果黄麻		原种	99.0	98.0	85	12.0
		大田用种	96.0			
红麻		原种	99.0	98.0	75	12.0
		大田用种	97.0			
亚麻		原种	99.0	98.0	85	9.0
		大田用种	97.0			

(二)种子入库前的分批

农作物种子在入库以前，不但要按不同作物、同一作物的不同品种严格分开，还应根据产地、收获季节、水分及纯净度等情况分别堆放和处理。每批入库种子，无论数量多少，都要均匀一致，要求从不同部位所取得的样品都能反映出该批种子所具有的特点(胡晋等，2004)。

通常不同批次的种子都存在着一些差异，如果差异显著，就应分别堆放，或者进行重新整理，使其标准达到基本一致时才能并堆，否则就会影响种子的品质。如纯净度低的种子容易吸湿回潮，混入纯净度高的种子堆，不仅会降低后者在生产上的使用价值，而且还会影响种子在贮藏期间的稳定性。同样，把水分悬殊太大的不同批次种子混放在一起，会造成种子堆内水分的转移，致使种子发霉变质。如果种子染病状况、成熟度不一致，也应分批堆放。同批种子数量较多时(如稻、麦种子超过 2.5×10^{4} kg)也宜分开。总之，种子入库前做到种子“五分开”。“五分开”是指有虫、无虫的种子要分开；不同种类、品种的种子要分开；不同含水量的种子要分开；不同纯度、净度的种子要分开；新种子和陈种子要分开。此外还应根据产地、收获季节等情况分别堆放和处理。种子入库前的分批，对保证种子播种品质和长期安全贮藏十分重要，不能草率从事。

表 9-3　油料类作物种子质量国家标准

(GB 4407.2—2008)

%

作物种类	种子类别	纯度不低于	净度不低于	发芽率不低于	水分不高于
油菜常规种	原种	99.0	98.0	85	9.0
	大田用种	95.0			
油菜亲本	原种	99.0	98.0	80	9.0
	大田用种	98.0			
油菜杂交种	大田用种	85.0	98.0	80	9.0
向日葵常规种	原种	99.0	98.0	85	9.0
向日葵常规种	大田用种	96.0	98.0	85	9.0
向日葵亲本	原种	99.0	98.0	90	9.0
	大田用种	98.0			
向日葵杂交种	大田用种	96.0	98.0	90	9.0
花生	原种	99.0	99.0	80	10.0
	大田用种	96.0			
芝麻	原种	99.0	97.0	85	9.0
	大田用种	97.0			

表 9-4　豆类作物种子质量国家标准

(GB 4404.2—2010)

%

作物种类	种子类别	纯度不低于	净度不低于	发芽率不低于	水分不高于
大豆	原种	99.9	99.0	85	12.0
	大田用种	98.0			
蚕豆	原种	99.9	99.0	90	12.0
	大田用种	97.0			
赤豆(红小豆)	原种	99.0	99.0	85	13.0
	大田用种	96.0			
绿豆	原种	99.0	99.0	85	13.0
	大田用种	96.0			

注：长城以北和高寒地区的大豆种子水分允许高于 12.0%，但不能高于 13.5%。长城以南的大豆种子(高寒地区除外)水分不得高于 12.0%。

表 9-5 荞麦种子质量国家标准

（GB 4404.3—2010）

%

作物种类	种子类别	纯度不低于	净度不低于	发芽率不低于	水分不高于
苦荞麦	原种	99.0	98.0	85	13.5
	大田用种	96.0			
甜荞麦	原种	95.0	98.0	85	13.5
	大田用种	90.0			

表 9-6 燕麦种子质量国家标准

（GB 4404.4—2010）

%

作物种类	种子类别	纯度不低于	净度不低于	发芽率不低于	水分不高于
燕麦	原种	99.0	98.0	85	13.0
	大田用种	97.0			

表 9-7 瓜类作物种子国家标准

（GB 16715.1—2010）

%

作物种类	种子类别		纯度不低于	净度不低于	发芽率不低于	水分不高于
西瓜	亲本	原种	99.7	99.0	90	8.0
		大田用种	99.0			
	二倍体杂交种	大田用种	95.0	99.0	90	8.0
	三倍体杂交种	大田用种	95.0	99.0	75	8.0
冬瓜	原种		98.0	99.0	70	9.0
	大田用种		96.0		60	
甜瓜	常规种	原种	98.0	99.0	90	8.0
		大田用种	95.0		85	
	亲本	原种	99.7	99.0	90	8.0
		大田用种	99.0			
	杂交种	大田用种	95.0	99.0	85	8.0
哈密瓜	常规种	原种	98.0	99.0	90	7.0
		大田用种	90.0		85	
	亲本	大田用种	99.0	99.0	90	7.0
	杂交种	大田用种	95.0	99.0	90	7.0
黄瓜	常规种	原种	98.0	99.0	90	8.0
		大田用种	95.0			
	亲本	原种	99.9	99.0	90	8.0
		大田用种	99.0		85	
	杂交种	大田用种	95.0	99.0	90	8.0

表 9-8 白菜类作物种子质量国家标准

(GB 16715.2—2010) %

作物种类	种子类别		纯度不低于	净度不低于	发芽率不低于	水分不高于
结球白菜（大白菜）	亲本	原种	99.9	98.0	85	7.0
		大田用种	99.0			
	杂交种	大田用种	96.0	98.0	85	7.0
	常规种	原种	99.0	98.0	85	7.0
		大田用种	96.0			
不结球白菜	原种		99.0	98.0	85	7.0
	大田用种		96.0			

表 9-9 茄果类作物种子质量国家标准

(GB 16715.3—2010) %

作物种类	种子类别		纯度不低于	净度不低于	发芽率不低于	水分不高于
茄子	亲本	原种	99.9	98.0	75	8.0
		大田用种	99.0			
	杂交种	大田用种	96.0	98.0	85	8.0
	常规种	原种	99.0	98.0	75	8.0
		大田用种	96.0			
辣椒（甜椒）	亲本	原种	99.9	98.0	75	7.0
		大田用种	99.0			
	杂交种	大田用种	95.0	98.0	80	7.0
	常规种	原种	99.0	98.0	80	7.0
		大田用种	95.0			
番茄	亲本	原种	99.9	98.0	85	7.0
		大田用种	99.0			
	杂交种	大田用种	95.0	98.0	85	7.0
	常规种	原种	99.0	98.0	85	7.0
		大田用种	95.0			

表 9-10 甘蓝类作物种子质量国家标准

(GB 16715.4—2010) %

作物种类	种子类别		纯度不低于	净度不低于	发芽率不低于	水分不高于
结球甘蓝	亲本	原种	99.9	99.0	80	7.0
		大田用种	99.0			
	杂交种	大田用种	96.0	99.0	80	7.0
	常规种	原种	99.0	99.0	85	7.0
		大田用种	96.0			

续表9-10

作物种类	种子类别	纯度不低于	净度不低于	发芽率不低于	水分不高于
球茎甘蓝	原种	98.0	99.0	85	7.0
	大田用种	96.0			
花椰菜	原种	99.0	98.0	85	7.0
	大田用种	96.0			

表 9-11　叶菜类作物种子质量国家标准

(GB 16715.5—2010)　　%

作物种类	种子类别	纯度不低于	净度不低于	发芽率不低于	水分不高于
芹菜	原种	99.0	95.0	70	8.0
	大田用种	93.0			
菠菜	原种	99.0	97.0	70	10.0
	大田用种	95.0			
莴苣	原种	99.0	98.0	80	7.0
	大田用种	95.0			

表 9-12　绿肥种子质量国家标准

(GB 8080—2010)　　%

作物种类	种子类别	纯度不低于	净度不低于	发芽率不低于	水分不高于
紫云英	原种	99.0	97.0	80	10.0
	大田用种	96.0			
毛叶苕子	原种	99.0	98.0	80	12.0
	大田用种	96.0			
光叶苕子	原种	99.0	98.0	80	12.0
	大田用种	96.0			
蓝花苕子	原种	99.0	98.0	80	12.0
	大田用种	96.0			
白香草木樨	原种	99.0	96.0	80	11.0
	大田用种	94.0			
黄香草木樨	原种	99.0	96.0	80	11.0
	大田用种	94.0			

二、仓库的准备

仓库准备工作包括仓库全面检查、清仓、消毒和计算仓容等。

(一)仓库全面检查

仓库在使用前应进行全面检查,主要针对仓库的牢固性、隔热性、防潮性和防鼠防雀性进行检查,包括门窗是否牢固齐全,关闭是否灵活、紧密,仓壁有无裂缝、地坪有无破损,防鼠、防雀设备是否完好。对于机械式圆筒仓,还要检测控制室、工作塔和进、出仓装置是否运转正常,通风系统是否正常工作。

(二)清仓

清仓是防止品种混杂和病虫滋生的基础,特别是那些长期贮藏种子而又年久失修(包括改造仓)的仓库。

清仓工作包括清理仓库与仓内外整洁两方面。清理仓库是将仓内的异品种种子、杂质、垃圾等全部清除,同时还要清理仓具,剔刮虫窝,修补墙面,嵌缝粉刷。仓外应经常铲除杂草,排去污水,使仓外环境保持清洁。对于机械式圆筒仓,还应注意去除进、出仓装置上以及缝隙中残留的种子,以免发生混杂。具体做法如下:

(1)清理仓具。仓库里经常使用的竹席、箩筐、种子袋等器具,最易潜藏仓库害虫,须采用剔刮、敲打、洗刷、曝晒、药剂熏蒸和开水煮烫等方法对其进行清理和消毒,彻底清除仓具内嵌着的残留种子和潜匿的害虫。

(2)剔刮虫窝。木板仓内的孔洞和缝隙多,是仓库害虫栖息和繁殖的好场所,因此仓内所有的梁柱、仓壁、地板必须进行全面剔刮,剔刮出来的种子等杂物应予清理,虫尸及时焚毁,以防感染。

(3)修补墙面。如果种仓内外墙壁因年久失修发生壁灰脱落等情况,应及时补修,防止害虫藏匿。

(4)嵌缝粉刷。经过剔刮虫窝之后,仓内不论大小缝隙,都应该用纸筋石灰嵌缝。当种子出仓之后或在入仓之前,对仓壁进行全面粉刷,不仅整洁美观,而且还有利于发现墙壁上的虫迹。

(三)消毒

仓库消毒的方法有喷洒和熏蒸两种。由于新粉刷的石灰,在干燥前碱性很强,易使喷洒和熏蒸的药物分解失效,影响消毒效果。所以在清理仓具和剔刮虫窝之后,就应对仓库消毒,不论是旧仓还是新仓。空仓消毒可用防护剂或熏蒸剂处理。常用的防护剂有敌百虫、敌敌畏等,熏蒸剂有磷化铝。

敌百虫消毒时,将敌百虫原液稀释至0.5%～1%,搅拌均匀后,用喷雾器均匀喷布,一般用0.5%～1%的水溶液3 kg可喷100 m^2。也可用1%的敌百虫水溶液浸渍木屑,晒干后做成烟熏剂进行烟熏杀虫。药剂处理后要关闭门窗72 h以上,以达杀虫目的。消毒后通风散毒,并及时清扫仓库,妥善处理清扫物。

敌敌畏消毒时,每立方米仓容用80%乳油100～200 mg处理。处理时可采用两种方法:①喷雾法,用80%敌敌畏乳油1～2 g兑水1 kg,配成0.1%～0.2%的稀释液即可喷雾。②挂条法,将浸过80%敌敌畏乳油的布条或纸条,挂在种仓的空中,挂条行距2 m,条距2～3 m,任其自行挥发杀虫。利用上述两法处理后都必须密闭门窗72 h,才能有效。消毒后也必须通风24 h,种子才能入仓,以保证人体安全。

磷化铝有片剂和粉剂两种。对于空仓消毒,片剂用量3～6 g/m^3,粉剂2～4 g/m^3,投药时注意要分散，投药后注意密闭门窗，消毒完毕要打开门窗通风 5～7 d 排除毒气。详见第七章种子仓库有害生物防治。

（四）计算仓容

计算仓容是为了合理使用和保养仓库，可以有计划地贮藏种子。通常计算仓容的方法是在不损坏仓库、安全贮藏种子、不影响操作的前提下，合理地测算出仓库的可堆放面积、可堆高度、种子容积，再根据堆放种子的种类来确定仓房的容量。

袋装仓容量＝可堆放面积(m^2)×包装种子重量[kg/(m^2·层)]×堆放层数

散装仓容量＝仓库容积×种子容重

可堆放面积为仓库总面积减去操作道等不能堆放种子的面积（如垛与垛之间、垛与墙之间面积等）。散装的仓房一般是采取全仓散装堆放，可以将整个仓房面积减去柱子、门距及间隔的面积。包装的仓房以及围包散装或需要堆放多品种的散装仓房，应留出必要的走道、墙距和间隔，其宽度根据搬运工具与机械操作的需要而定，一般可按走道 2～3 m 掌握。种堆与种堆、种堆与墙壁之间的距离一般不超过 0.6 m。

每平方米每层包装种子重量参考值：小麦、玉米、大豆每袋种子重量 90 kg，重量为 172 kg/(m^2·层)；稻谷、大麦每袋种子重量 70 kg，重量为 143 kg/(m^2·层)。

仓库容积为可堆放面积乘以可堆高度(m)，如不堆成立方体，需根据实际计算。

可堆高度一般按设计规定在仓内四壁画有堆高线。无设计标准的简易仓、改建仓等，可根据仓房的牢固程度、堆放方式，结合以往的情况加以研究确定。

第二节　种子入库与堆放

一、种子入库

种子入库是在质量检验、清选分级和干燥的基础上进行的。入库前除了做好种子准备和仓库准备外，还须做好标签和卡片。标签上注明作物、品种、等级及经营单位全称，将它拴牢在袋外。卡片应在包装封口前填写好装入种子袋内，或放在种子囤、堆内。填写内容包括作物、品种、纯度、发芽率、水分、生产年月和经营单位。种子入库时，必须过磅登记，然后按种子类别和级别分别堆放，防止混杂。有条件的单位，应按种子类别不同分仓堆放。对计划贮藏时间较长的种子，应存放在贮藏条件较好的仓库内；对计划要调拨的种子，可放在一般仓库内。

二、种子堆放

种子堆放的形式包括袋装堆放(bagged storage)和散装堆放(bulk storage)两种。

（一）袋装堆放

袋装堆放是指用麻袋、布袋、编织袋等盛装种子，然后堆放成垛。袋装堆放适用于多品种种子和较大容量的包装种子，这种堆放方式既能防止品种间的混杂，又有利于通风和管理。袋装堆垛方式有实垛法、非字形及半非字形堆垛法、通风垛等。袋装堆垛方式依仓房条件、贮藏目的、种子品质、入库季节和气温高低等情况灵活运用。为了管理和检查方便起见，堆垛时应距离墙壁 0.5 m，垛与垛之间相距 0.6 m，垛高和垛宽应根据种子干燥程度和种子状况以及仓库情况而增减。对于含水量较高的种子，垛宽越小越好，垛高也不宜太高，便于通风散去种子内的潮气和热量；干燥的种子可垛得宽、高一些。堆垛的方向应与库房的门窗相平行，如门窗是南北对开，则垛向应从南到北，这样便于管理，打开门窗时，有利于空气流通。堆垛时每袋种子的袋口要朝里，以降低感染虫害和防止散口倒堆，种垛底部有垫仓板，离地约 20 cm，利于通气防潮。

1. 实垛法

实垛法即袋与袋之间不留距离，有规则地依次堆放，宽度一般为 4 列（列指包装袋的长度），也可以堆成 2 列、6 列或 8 列等。长度视仓库而定，有时堆满全仓（图 9-1）。堆垛时两头要堆成半“非”字形，以防倒垛。实垛法仓容利用率较高，但对种子品质要求很严格，一般适宜于冬季低温入库的种子或临时性存放种子。

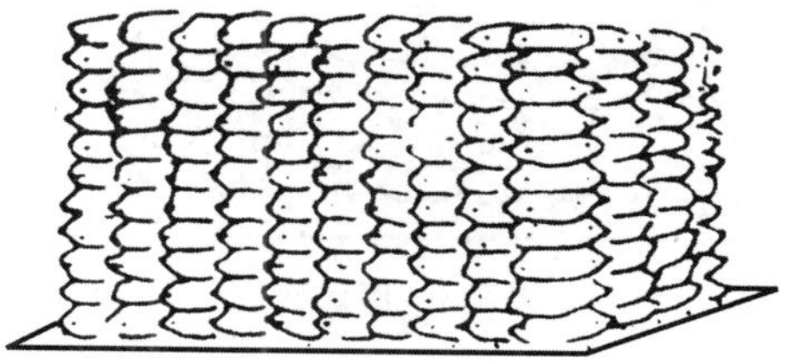

图 9-1　实垛

2. “非”字形及半“非”字形堆垛法

这种方法是按照“非”字或半“非”字排列堆放种袋。如“非”字形垛是形如“非”字，第一层中间并列各竖着平放 2 包，左右两侧各横着平放 3 包。第二层是第一层的中间两排与两边换位排成的。第三层的堆法和第一层的相同。半“非”字形是“非”字形的减半（图 9-2），也称五包法，第一层竖着平放 2 包，左或右侧横着平放 3 包。第二层将第一层的竖放 2 包与横着 3 包位置互换，第三层的堆法和第一层的相同。此外，还有六包法堆垛和七包法堆垛。这类堆垛方法的优点是通风性能好，不易倒塌，便于检查。

图 9-2　半非字形垛

（胡晋　摄）

3. 通风垛

这种堆垛法空隙较大，便于通风散湿散热，多半用于保管高水分种子。夏季采用此法，便于逐包检查种子的安全情况。通风垛的形式有“井”字形、“口”字形、金钱形和“工”字形等多种。堆时难度较大，应注意安全，不宜堆得过高，宽度不宜超过两列。

（二）散装堆放

在种子数量多，仓容不足或包装工具缺乏时，多半采用散装堆放。这种贮藏方式对种子要求严格，只适用于净度高和充分干燥的种子。散装堆放的仓容利用率高。

1. 全仓散堆及单间散堆

全仓散堆即将种子散装堆放在仓内所有可利用的空间上，全仓散堆堆放的种子数量较多，仓容利用率高。如果需堆放多个品种时，为了避免混杂和管理方便，可将全仓隔成几个单间，进行堆放，即单间散堆。种堆高度一般 2～3 m，但必须在安全线以下，全仓散堆数量大，必须严格掌握种子入库标准，平时加强管理，尤其要注意表层种子的结露、出汗等不正常现象和堆底种子的温度变化，发现问题后要及时解决。

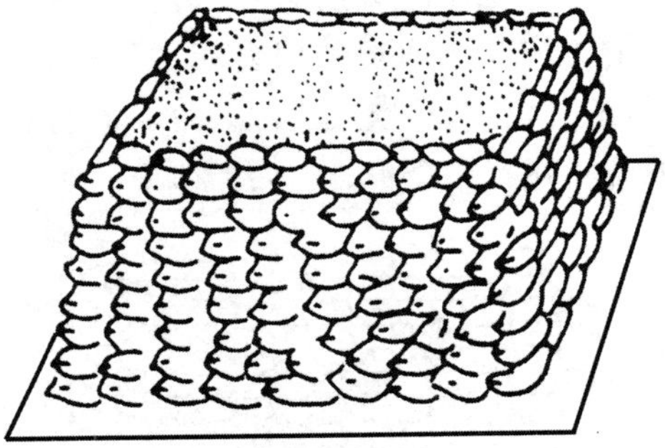

图 9-3 围包散堆

2. 围包散堆

围包散堆是在堆放前按仓房大小，以一批同品种种子做成麻袋包装，将包沿壁四周离墙 0.5 m 垛成围包墙，围包墙高度 2 m 左右，在围包以内就可散放种子。围包内的种子必须低于围包高度，并应注意防止塌包(图 9-3)。堆围包墙时要包包靠紧，层层骑缝，使围包连成一体，不易倒塌，同时由下而上逐层缩进 3 cm 左右。围包散堆适用于仓壁不十分坚固或没有防潮层的仓库，或堆放散落性较大的种子(如大豆、豌豆)。

3. 围囤散堆

围囤散堆是用围席围成圆筒状的围囤，然后将散装种子装入围囤内进行贮藏，堆放时边围囤边装种子，囤高一般 2 m 左右。在品种多而数量又不大的情况下采用此法，当品种级别不同或种子还不符合入库标准而又来不及处理时，也可作为临时堆放措施。

第三节　种子贮藏期间的变化

种子在贮藏期间，基本上处于低温干燥密闭状态，种子生理活动常常较弱，但由于种子本身的特性和环境条件的影响，种子温度、水分不断发生变化，如果管理不当，还会发生结露、发热、霉变、结块等现象。这些变化直接影响到种子贮藏的稳定性和种子的生活力和活力。为了防止这些不良现象的发生，必须了解各种变化规律和影响条件，以采取相应措施做好种子的安全贮藏工作。

一、种子温度和水分的变化

种子入库后，处于一个新的环境中，仓中的种子与周围环境构成了一个统一的整体，成为一个小型的生态系统。在这个生态系统中，对贮藏种子生命力影响最大的环境因子是温度和水分。一般情况下，大气温、湿度的变化影响着仓内温湿度，仓内温湿度的变化又影响着种温和种子水分。大气温湿度、仓内温湿度和种堆温湿度统称为“三温三湿”，其变化规律主要指一年中和一天中的变化规律。如果种子温度变化偏离了这种变化规律，而发生异常现象，就有发热的可能，应采取必要的措施加以处理。所以掌握“三温三湿”的变化规律，对种子的安全贮藏有着重要意义。

(一)温度的变化

1. 种温日变化

种温在一昼夜之间的变化称为种温日变化(change of seed temperature per day)。一天当中，气温有一个最高值和最低值，通常中午 12:00 到下午 2:00 气温最高，凌晨 4:00 左右气温最低。所以仓温和种温也有一个最高值和最低值，仓温的最高值和最低值较气温迟 1～2 h，随仓房结构与密闭情况不同而异，而种子是不良导体，传热缓慢，种温比气温最低、最高值出现的时间迟 2～3 h。种温以每日上午 6:00—7:00 最低，之后逐渐上升，下午 5:00—6:00 最高，之后又逐渐下降。种温的日变化表现并不十分明显，仅对种子堆表层 15～30 cm 左右和沿壁四周有影响，变化幅度较小，一般在 1 ℃左右，种子表层 30 cm 下几乎没有什么变化。

2. 种温年变化

种温在一年之中的变化称为种温年变化(change of seed temperature per year)。种温的年变化较大，在正常情况下，随气温的变化而变化，但具有滞后效应。每年 3—8 月气温上升，种温也随着上升，但种温低于仓温和气温；9 月至次年 2 月气温下降，种温也随着下降，但高于仓温和气温。种温升降的速度一般要比气温慢半个月至 1 个月，这种现象往往表现在当气温开始回升，而种温却还在继续下降，当气温开始下降，而种温却还会继续上升。如每年 1—2 月气温最低，3 月开始回升，而种温在 3 月还会继续下降，因此最低种温出现在 3 月或以后；7—8 月气温最高，9 月开始下降，而种温在 9 月还继续上升，因此最高种温出现在 9 月或 9 月以后。

种温的年变化在种子堆各层次之间也不同，各层次之间变化的幅度受种子堆的大小、堆放方式(包装与散装)、仓房结构严密程度以及作物种类等影响。小型种子堆、包装堆放、大粒种子及仓房密闭性能差的，种温随气温变化较快，各层次间的温差幅度也较小，基本上随气温在同一幅度内升降。相反的条件下，种温随气温变化较慢，各层次间的温度也较明显。以大型仓散装水稻种子为例，其最高、最低种温出现时间往往比仓温变化延迟 1 个月左右，各层的种温都相应地延迟。上层种温变化较快，每月可升降 5～6 ℃，中层次之，下层最慢，每月可升降 3～4 ℃，因此各层间温差变幅较为明显。一年当中，1—3 月下层种温最高，中层其次，上层最低；6—10 月上层最高，中层其次，下层最低；4—5 月与 11—12 月时 3 层种温基本上平衡(图 9-4)。

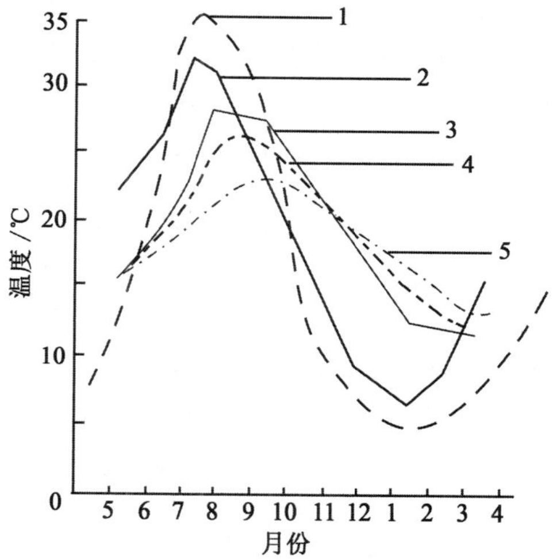

1. 气温　2. 仓温　3. 上层温度
4. 中层温度　5. 下层温度

图 9-4　平房仓大量散装稻谷各层温度的年变化

3. 影响种温变化的因素

种温的变化除受外界温度的影响外，还与种子的贮藏条件、堆置方式、仓库类型、处理方法等因素有关。总的变化规律是：仓库的隔热性能越好，种温的变化越小，砖、石仓要比铁皮仓库变化幅度小得多，高大的仓库比矮小的仓库变化小，仓内存放的比仓外存放的变化要小。散存的比袋装的变化小，大堆的比小堆的变化小。种子堆的孔隙度小，空气流通差，种温变化小。此外，还与种子的入库季节有关。高温季节入库的，一般种温偏高；低温季节入库的，种温较低。

在生产实践中，应根据种温变化的规律搞好种子的管理，如种温变化异常，就必须查清楚原因并及时处理，以免造成不应有的损失。

(二)水分的变化

1. 种子水分的日变化和年变化

种子水分受空气湿度影响反应较快，日变化范围在种子堆表面 15～20 cm，30 cm 以下影响较小。一天中夜间 2:00—4:00 最高，下午 4:00—6:00 最低。

种堆内的水分主要受大气的相对湿度的影响而变化，一年中的变化随季节而不同，在正常情况下，低温和梅雨季节的种子水分较高，夏、秋季节的种子水分较低。各层次的种子水分变化各不相同，上层受影响最大，影响深度一般在 30 cm 左右。表面的种子水分变化尤为突出，中层和下层的种子水分变化较小，但下层近地面 15 cm 左右的种子易受地面的影响，种子水分上升较多。实践表明：表面层和接触地面的种子易受大气温、湿度的影响，水分增多时会发生结露，甚至发芽、发热、霉烂。种子结露现象多发生在每年 4 月和 11 月的前后，必须引起注意。

2. 种堆内冷热空气对流

种堆内冷热空气对流，会造成种子水分分层现象。种堆内热空气相对密度轻而上升，水汽也随着上升，至种堆表面遇冷空气，水汽达到饱和状态即相对湿度增大，上层种子吸湿，水分含量增加，从而产生种子水分分层现象。此种现象常发生在秋冬季节。一般所说的“结顶”，大都是由此产生和发展的结果。因此进入秋冬季节，经常翻动种堆的表面层，使种堆内部水分向外散发，可以降低种子水分，防止结露、结顶。

3. 种堆内的水分热扩散

种堆水分按照热传递的方向而移动的现象，称为水分热扩散现象(thermal radiation of seed mass water)，也就是种堆内水汽总是从温暖部位向冷凉部位移动的现象，也称为水分湿热扩散现象。种堆内的温度是不平衡的，常存在着温差，种温高的部位空气中水汽含量大，水汽压力大，而低温部位的水汽压力小，根据分子运动规律，水汽压力大的高温部位的水汽分子总是向水汽压力小的低温部位扩散移动，使低温部位水分增加。种堆水分的湿热扩散和空气对流而导致的水分转移，往往同时发生，不易区分。但发生原因前者是由于水汽压力的差异，后者是由于空气相对密度的不同。

湿热扩散造成的局部水分增高常常发生在阴凉的墙边、柱石周围、墙角、种堆的底部等部位。种堆中温差越大，时间越长，湿热扩散就越严重，甚至发生结露，严重影响贮藏种子的安全。如莫斯科大学用人工方法在种堆内制造局部冷却，观察水分的热扩散现象，发现即使原始水分很低的种子，因湿热扩散而增加水分，也能使种子发芽生霉(表 9-13)。

表 9-13　小麦种堆的热扩散现象

开始时种子水分含量/%	终止时种子水分含量/%		温差/℃	试验日数	冷却部位中的种子状态
	冷却部分	其他部分			
8.2	8.9	3.2	13.0	33	无变化
9.1	10.3	9	8.0	30	无变化
9.8	36.2	—	20.0	14	发芽发霉
14.6	22.9	13.8	14.0	33	发芽发霉
15.1	18.2	—	6.0	42	无变化
19.1	29.1	13.2	16.0	39	芽长、黏液多
20.5	23.1	—	6.5	14	发霉

4. 种堆水分的再分配

种子水分能通过水汽的解吸和吸附作用而转移，这一规律称为“水分再分配”(seed mass water redistribution)。当高水分和低水分的种子堆在一起时，高水分种子解吸水汽，降低水分，并在子粒间隙中形成较高的湿度，使低水分的种子吸附水汽而增加水分。经过再分配的种子水分，只会达到相对平衡，这是因为存在吸附滞后现象。影响种子水分再分配速度的主要因素是温度，温度越高，水分再分配(平衡)速度越快。

所以在种子入库和堆放时，必须把不同水分的种子分开堆放，以防干燥的种子受潮，影响种子的安全贮藏。

二、种子结露

种子结露是种子贮藏过程中常见的现象。种子结露使种堆局部种子含水量急剧增加，生理活动随之增强，导致种子发芽、发热、虫害和霉变。只要加强管理，采取措施就可消除这种现象的发生。即使种子已出现结露现象，将种子进行翻晒干燥、除水，不使其进一步发展，也可以避免或减少种子遭受损失。因而，预防种子结露，是贮藏期间管理上的一项经常性工作。

(一)种子结露的原因和部位

结露是空气中的水汽量达到饱和状态后，凝结成水的现象。种子在贮藏过程中，当湿热的空气和较低温度种子层相遇，种粒间隙的水汽量达到饱和状态时，水汽便凝结在种子表面，形成与露水相似的水滴，这就是种子的结露(seed dewfall)。开始出现结露时的温度称为露点温度，简称露点(dew point)。因此，露点的定义是水分含量一定的空气，当它达到饱和状态(相对湿度100%)时所对应的温度。

当空气与种子之间存在温差，达到露点时就会发生种子结露现象。这是由于热空气遇到冷种子后，温度降低，使空气的饱和含水量减小，相对湿度变大。当温度降低到空气饱和含水量等于当时空气的绝对湿度时，相对湿度就达到100%，此时在种子表面上开始结露。如果温度再下降，相对湿度超过100%，空气中的水汽不能以水汽状态存在，在种子上的结露现象就明显。种子结露是物理现象，一年四季都有可能发生。空气湿度越大，越容易引起结露；种子水分越高，结露的温差越小；反之，种子越干燥，结露的温差越大，种子不易结露。种子水分与结露温差的关系见表9-14。

表9-14　种子水分与结露温差的关系

种子水分/%	10	11	12	13	14	15	16	17	18
结露温差/℃	12～14	10～12	8～10	7～8	6～7	4～5	3～4	2	1

仓内结露的部位，常见的有以下几种：

(1)种子堆表面结露　春天气温回升，外界气温上升，空气比较潮湿，这种湿热空气进入仓内首先接触种子堆表面，引起种子表面层结露，其深度一般由表面深至3 cm左右。

(2)种子堆上层结露　秋、冬转换季节，气温下降，上层种子的温度也下降，而中、下层种子温度仍较高，热空气上升，遇到上层冷种子，二者造成温差引起上层结露，其部位距表面20～30 cm处。

(3)地坪结露　常发生在经过曝晒的种子未经冷却，直接堆放在地坪上，造成地坪湿度增大，引起地坪结露。也有可能发生在距地坪 2～4 cm 的种子层，所以也称下层结露。

(4)垂直结露　发生在靠近内墙壁和柱子周围的种子，成垂直形。前者常见于圆筒仓的南面，因日照强，墙壁传热快，种子传热慢而引起结露；后者常发生在钢筋水泥柱子周围，这种柱子传热快于种子，使柱子或靠近柱子周围种子结露。木质柱子结露的可能小一点。其次房式仓的西北面也存在结露的可能性。

(5)种子堆内结露　种子堆内通常不会发生结露，如果种子堆内存在发热点，而发热点温度又较高，则在发热点的周围就会发生结露。如仓库中害虫或微生物大量发生时，发生点的热量远远高于种子呼吸放出的热量，形成一个热点，与其他部分的种子产生较大的温差，就会形成结露，也称窝状结露。另一种情况是两批不同温度的种子堆放在一起，或同一批经曝晒的种子入库时间不同，造成二者温差引起种子堆内夹层结露。

(6)冷藏种子结露　经过冷藏的种子温度较低，遇到外界热空气也会发生结露，尤其是夏季高温时，从低温库提出来的种子，更易引起结露。

(7)覆盖薄膜结露　应用塑料薄膜进行密封贮藏，有隔湿作用。然而在有温差存在的情况下，却易凝结水珠。结露发生在薄膜温度高的一面。

(二)种子结露的预测

种子结露是由于空气与种子之间存在温差而引起的，但并不是任何温差都会引起结露，只有达到露点温度时才会发生结露现象。为了预防种子结露，必须及时掌握露点温度。预测露点温度的方法有多种，在此介绍常用的两种。

1. 应用种堆露点近似值表

预测种子的露点温度，一般可采用查露点温度的方法进行。例如，已知仓内种子水分为 13%，种温 20 ℃，查表 9-15，以种子水分 13%向下找，种温 20 ℃向右找，二者的交点就是露点的近似值，即约在温度 12 ℃。说明种子水分 13%时，种温由 20 ℃降至 12 ℃，温差 8 ℃以上时，就有可能发生结露现象。

2. 应用空气饱和湿度表

在一定温度下，空气的饱和湿度是个常数，当空气中实有水汽达到饱和时便能发生结露。因此，根据这种关系就可预测露点。

例：种温为 20 ℃，仓内或种堆的湿度为 74%，求露点。

测算方法：

(1)查饱和水汽量表(参见表 4-1)，得出 20 ℃时的饱和水汽量为 17.117 g/m^3。

(2)计算 20 ℃时的实有水汽量，17.117×74%＝12.667(g/m^3)。

(3)再查饱和水汽量表(表 4-1)，当 12.667 g/m^3 为饱和水汽量时，其相当的温度在 15 ℃与 14 ℃之间，接近 15 ℃，则取 15 ℃为所求的露点。即如果入库种子的温度低于 15 ℃，就有可能发生结露。

表 9-15　种堆露点温度近似值　℃

种温/℃	种子水分/%								
	10	11	12	13	14	15	16	17	18
0	−14	−11	−9	−7	−6	−4	−3	−2	−1
5	−9	−7	−5	−3	−1	0	1	3	4
10	−2	0	1	3	4	5	7	8	9
13	1	3	4	6	7	9	10	11	12
14	2	4	6	7	8	10	11	12	13
15	3	5	6	8	9	10	12	13	14
16	3	5	7	8	10	11	13	14	15
18	4	6	8	10	12	13	15	16	17
20	6	8	10	12	13	15	16	18	19
22	8	10	12	14	15	17	18	20	21
24	10	12	14	16	17	19	20	22	23
26	12	14	16	18	20	21	22	24	25
28	14	16	18	20	22	23	24	26	27
30	16	18	20	22	24	25	26	28	29
32	18	20	22	24	26	27	28	30	31
34	20	22	24	26	28	29	30	32	33

(三)种子结露的预防

防止种子结露的方法，关键在于设法缩小种子与空气、接触物之间的温差，具体措施如下：

(1)保持种子干燥。干燥种子能抑制种子生理活动及虫、霉为害，也能使结露的温差增大，在一般的温差条件，不至于立即发生结露。所以种子入库前一定要充分干燥，降到安全水分以下才能入库。

(2)密闭门窗保温。季节转换时期，气温变化大，这时要密闭门窗，对缝隙要糊 2～3 层纸条，尽可能少出入仓库，以利于隔绝外界湿热空气进入仓内，可预防结露。

(3)表面覆盖移湿。春季在种子堆表面覆盖 1～2 层麻袋片，可起到一定的缓和作用。即使结露也是发生在麻袋片上，到天晴时将麻袋移置仓外晒干冷却再使用，可防种子表面结露。

(4)翻动面层散热。秋末冬初气温下降，经常翻动种子面层深至 20～30 cm，必要时可扒深沟散热，可防止上层结露。

(5)种子冷却入库。经曝晒或烘干的种子，都应冷却后才能入库，可预防地坪结露。

(6)围包柱子。有柱子的仓库，可将柱子整体用一层麻袋包扎，或用报纸 4～5 层包扎，可防柱子周围的种子结露。

(7)通风降温排湿。气温下降后，如果种子堆内温度过高，可采用机械通风方法降温，使之降至与气温接近，可防止上层结露。对于采用塑料薄膜覆盖贮藏的种子堆，在 10 月中、下旬应揭去薄膜改为通风贮藏。

(8)仓内空间增温。将门窗密封,在仓内用电灯照明,可使仓内增温,提高空气持湿能力,减少温差,可防上层结露。此法在湖北省使用有较明显的效果。他们在约 1 300 m^3 空间内,安装 20 个 60 W 的灯泡和 4 个 200 W 灯泡共 2 000 W,可增加仓温 3～5 ℃,从当年 10 月下旬至次年 2 月,基本上昼夜照明,未发生结露。

(9)冷藏种子增温。冷藏种子在高温季节出库,须进行逐步增温或通过过渡间,使之与外界气温相接近,可防结露。但每次增温温差不宜超过 5 ℃。

(四)种子结露的处理

种子结露预防失误时,应及时采取措施加以补救。补救措施主要是降低种子水分,以防进一步发展。处理时,应根据具体的结露情况,采取不同的措施,具体如下:

(1)如果是种子堆表层结露,可将结露部分种子深至 50 cm 的一层揭去曝晒。或翻倒种面、扒沟自然通风进行降温降湿。

(2)如果是种子堆深层结露,范围过大,则进行整仓大功率机械通风;范围较小,可采用单管风机或通风机组进行结露部位局部通风。

(3)对因仓贮害虫猖獗引起的结露,应及时熏蒸仓库,或用药剂杀死害虫。

(4)对因贮藏种子杂质过多且集中引起的结露,应首先降温散湿,再进行过筛除杂,达到彻底解决的目的。

(5)当种子结露严重时,应倒仓曝晒或烘干。

(6)当曝晒受到气候影响,也无烘干通风设备时,可根据结露部位采用就仓吸湿的办法,也可收到较好的效果。即采用装有生石灰的麻袋,平埋在结露部位,让其吸湿降水,经过 4～5 d 取出。如果种子水分仍达不到安全标准,可更换石灰再埋入,直至达到安全水分为止。

三、种子发热

(一)种子发热的判断

在正常情况下,种温随着气温、仓温的升降而变化。如果种温不符合这种变化规律,发生异常高温时,这种现象称为种子发热(seed heating)。在种子发热过程中,种子本身的生理活性和微生物活动加剧,消耗营养物质并产生有毒代谢物,使种子品质和活力下降,甚至完全丧失生活力。因此发热后的种子一般不能直接作为种用。

种温究竟达到多高才算发热,不可能规定一个统一的标准,如夏季种温达 35 ℃不一定是发热,而在气温下降季节则可能就是发热,这必须通过实践加以仔细鉴别。正常情况下,种子是否发热可以从以下几方面加以判断。

(1)种温与记录比较。同一层种温与前几次检查记录对照,如果是按三温变化规律变化,应不是发热。

(2)各检查点比较。同一批种子比较,各检查点间的温度应一致。

(3)种温与仓温比较。在春天气温上升季节,种温不正常的上升,其幅度超过日平均仓温 3 ℃以上时;在秋冬气温下降季节,种温长期不降甚至上升,均是发热的现象。

(4)检查的温度数据与早几年比较。一般情况下,相近年份同季节的温度变化相接近。

在判断种子是否发热时,除对温度对比分析外,还要检查种子的色、味、水分、虫霉发生情况,以做出正确的判断。

(二)种子发热的原因

种子发热主要由以下原因引起。

(1)种子呼吸放热。种子在贮藏期间仍在新陈代谢,会释放出大量的热能,积聚在种子堆内。这些热量又进一步促进种子的生理活动,放出更多的热量和水分,如此循环往复,导致种子发热。这种情况多发生于新收获的或受潮的种子。

(2)微生物的迅速生长和繁殖引起发热。在相同条件下,微生物释放的热量远比种子要多。实践证明,种子发热往往伴随着种子发霉。因此,种子本身呼吸热和微生物活动的共同作用是导致种子发热的主要原因。

(3)仓库害虫活动放热。仓库害虫大量聚集在一起,其呼吸和活动摩擦会产生热量。害虫达 100～200 头/kg,能使种温升至 38.5 ℃,谷蠹 100～170 头/kg,种温能达 40 ℃。害虫在 30 头/kg 以下对种温影响不大。

(4)种子堆放、管理不合理发热。种子堆各层之间或局部与整体之间温差较大,造成水分转移、结露等情况,也能引起种子发热。仓房条件差如封闭不严密,发生雨水渗漏,引起种子吸湿返潮或管理不当,也会引起种子发热。

总之,发热是种子本身的生理生化特点与环境条件、管理措施等综合作用的结果。

(三)种子发热的种类

根据种子堆发热部位、发热面积的大小可分为以下 5 种发热类型。

(1)上层发热　一般发生在近表层 15～30 cm 厚的种子层。发生时间一般在初春或秋季。秋季气温下降,新入仓种子的后熟呼吸旺盛,放出大量水汽。外界气温逐渐下降影响到仓壁,使靠仓壁的种温和仓温随之降低,近墙壁的空气形成一股气流向下流动,由于种堆中央受气温影响小,种温仍较高,形成一股向上的气流,因此向下的气流,经过底层,由种子堆的中央转而向上,通过种温较高的中心层,再到达顶层中心较冷部分,与四周的下降气流形成回路。在此气流循环回路中,种子堆中水分随气流流动,热水汽向上运动在上层遇冷而凝结,此部位水分增高,使种子和微生物呼吸增强,引起发热(图 9-5)。若不及时采取措施,顶部种子层将会发生败坏。初春气温逐渐上升,而经过冬季的种子层温度较低,两者相遇,上表层种子容易造成结露而引起发热。

(2)下层发热　发生在接近地面的一层种子。多半由于晒热的种子未经冷却就入库,遇到冷地面发生结露引起发热,或因地面渗水使种子吸湿返潮而引起发热。开春后,热空气沿仓壁上升,冷空气在中心部位下沉,形成回流。在此气流循环中,种子堆中水分随气流流动,遇地面较冷种子层而凝结,使下层种子水分增高,引起发热(图 9-6)。

(3)垂直发热　在靠近仓壁、柱子等部位,当冷种子遇到热仓壁或热种子接触到冷仓壁或柱子形成结露,并产生发热现象,称为垂直发热。前者发生在春季朝南的近仓壁部位,后者多发生在秋季朝北的近仓壁部位。

(4)局部发热　这种发热通常呈窝状,发热的部位不固定,多半由分批入库的种子品质不一致,如水分相差过大,整齐度差或净度不同等所造成。某些仓库害虫大量聚集繁殖也可以引起发热。

(5)整仓(全囤)发热　上述四种发热现象中,无论哪种发热现象发生后,如不迅速处理或及时制止,都有可能导致整仓(整囤)种子发热。尤其是下层发热,由于管理上造成的疏忽,最容易发展为全仓发热。

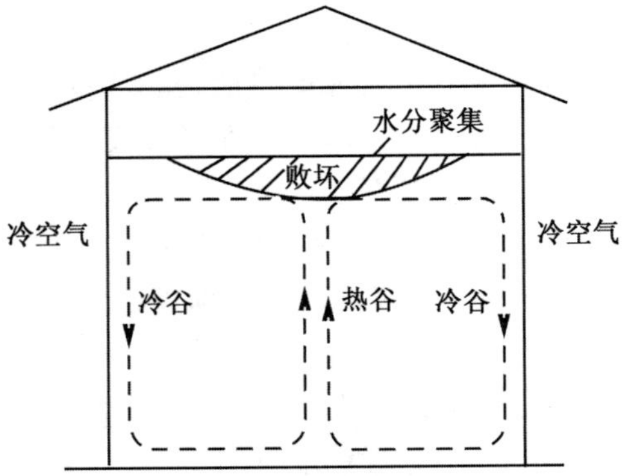

图 9-5 上层发热

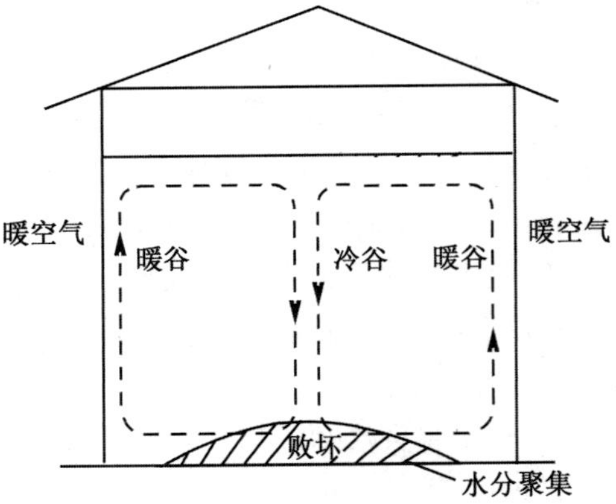

图 9-6 下层发热

(四)种子发热的预防

根据种子发热的原因,可采取以下措施加以预防。

(1)严格掌握种子入库的质量。种子入库前必须严格进行清选、干燥和分级,不达到标准,不能入库,对长期贮藏的种子,要求更加严格。入库时,种子必须经过冷却(热进仓处理的除外)。这些都是防止种子发热、确保安全贮藏的基础。

(2)做好清仓消毒,改善仓贮条件。贮藏条件的好坏直接影响种子的安全状况。仓房必须具备通风、密闭、隔湿、防热等条件,以便在气候剧变阶段和梅雨季节做好密闭工作;而当仓内温湿度高于仓外时,又能及时通风,使种子长期处在干燥、低温、密闭的条件下,确保种子安全贮藏。

(3)加强管理,勤于检查。应根据气候变化规律和种子生理状况,订出具体的管理措施,及时检查,及早发现问题,采取对策,加以制止。种子发热后,应根据种子结露发热的严重情况,采用翻耙、开沟、扒塘等措施排除热量,必要时进行翻仓、摊晾和过风等办法降温散湿。发过热的种子必须经过发芽试验,凡已丧失生活力的种子,应改作他用。

四、种子衰老

种子同一切生物一样,要经历形成、生长、发育、成熟和死亡的过程。在贮藏期间,种子逐渐衰老,如果不是突发性的原因(例如骤然高温或低温冻害、机械损伤、化学药品腐蚀、有毒物质或高渗压物质的损害等)造成种子的突然死亡,种子生命力的丧失应该看成是种子劣变(deterioration)逐渐加深和累积的结果。在种子完全死亡之前,种子的形态结构及生理生化等方面均发生了一系列的变化,这些变化过程就是种子的衰老过程(seed senescence),这些变化的积累造成种子生命力的最终丧失。

(一)细胞膜变化

细胞膜分质膜和内膜两大类。在成熟、干燥过程中,种子的细胞膜发生显著的变化。种子干燥时,种子收缩,细胞壁高度扭曲,细胞核和线粒体呈不规则状态,膜遭到不同程度的破坏。这一变化大大减弱种子的生理活动,有利于种子的安全贮藏。当种子吸水后,各种成分(如糖类、氨基酸、蛋白质以及各种离子)都有渗漏,然而,这一过程非常短暂。随着水分进入,膜的水合程度增加，各种膜进行修复，很快恢复到正常状态，渗漏也得到抑制。

当种子发生劣变时，干燥种子膜的渗漏程度较严重。种子劣变使膜端的卵磷脂和磷脂酰乙醇胺分解解体，使膜端失去了亲水基团，因而也就失去了水合和修复功能。由于膜内部脂肪水解和氧化，又使膜内部疏水基团解体。劣变种子再度吸水时，膜的修复很缓慢，甚至无法恢复到正常的双层结构，因此造成了永久性的损伤。

膜的永久性损伤造成大量可溶性营养物质以及生理上重要物质（如激素、酶蛋白等）的渗漏，使新陈代谢的正常过程受到严重影响。此外，膜的渗漏造成微生物大量繁殖，死种子和劣质种子最容易长霉就是这个原因。膜是许多酶的载体以及生理活动的场所（例如呼吸作用主要在线粒体膜上进行），膜的破坏使酶无法存在，它的功能亦随之丧失。脂肪的水解氧化不仅使膜的结构破坏，而且产生大量自由基离子，这种自由基离子既是电子供体又是电子受体，在生化反应中极为活跃，由于它的存在使物质的氧化分解更加快速，最终导致 DNA 突变和解体。

（二）大分子变化

1. 核酸的变化

大分子主要是指对生物物质合成起关键作用的核酸而言。种子的劣变表现在核酸方面的反应：一是原有核酸解体，二是新的核酸合成受阻。

核酸的分解是由核酸酶和磷酸二酯酶作用的结果，衰老种子中，这两种酶的活性均比新鲜种子高。Roberts（1973）等发现，发芽率在 95% 以上的黑麦草种子，胚中 DNA 含量为 10.2 mg/g，而对应的低活力种子只有 3.1 mg/g；而且 DNA 所含的碱基数也不同，前者有 300 对，后者只有 200 对。这一例子说明衰老种子中 DNA 开始解体。

新的核酸合成受阻，首先是由于衰老种子中 ATP 含量减少，能荷降低而能量不足。用 ^{14}C 标记的嘌呤渗入大豆种子中的试验表明：新鲜种子 ATP 含量高，新合成的核酸多，衰老种子则相反。ATP 不仅是合成核酸的能源，更是合成 DNA 和 RNA 的基质。此外，核酸合成过程中必须要有 DNA 聚合酶和 RNA 聚合酶的参加，而衰老种子中这两种酶很快失活甚至分解，这也是新的核酸无法合成的原因之一。

核酸和蛋白质结合而形成核蛋白，它是细胞核和细胞质的主要组分。核酸的降解和合成受阻，其影响面是极其广泛的。衰老种子中胚发生 DNA 损伤以及修复功能降低。DNA 的损伤必然反映到转录和转译能力的下降以及错录错译可能性的增加，因此衰老种子萌发过程中常有染色体畸形、断裂、有丝分裂受阻等情况发生，最终造成无法逆转的损伤。在生产上，由衰老种子长成的幼苗畸形、矮小、早衰、瘦弱苗明显增多，最终导致产量降低。

2. 酶的变化

种子衰老过程中蛋白质的变性首先表现在酶蛋白的变性上，其结果使酶的活性丧失和代谢失调。研究最为广泛和深入的是种子中的过氧化物酶（POD）、乙醇脱氢酶（ADH）和谷氨酸脱羧酶（GAD），这 3 类酶的活性和种子的发芽率有极高的相关性。呼吸作用有关的一系列酶类，其活性和种子发芽率也都存在一定的相关性。至于酶的活性如何因种子衰老而丧失，目前尚有多种解释，如某些官能团被氧化分解（如硫氢基被氧化成二硫键），酶的辅基或辅酶失落，酶分子的构象改变，酶和某种物质（如蛋白质等）形成复合体以及酶本身被分解等。然而，并非所有酶类的活性都随着种子衰老而降低，相反某些水解酶类的活性反而增高，例如核酸酶和酸性磷酸酯酶(acid phosphatase,ACP)等。如三叶草种子在不同条件下进行15年贮藏,在38 ℃下贮藏,其游离磷酸高达38 μg/g,在22 ℃下贮藏只有11 μg/g,这说明在分解非丁(phytin)过程中,前者的ACP活性高出后者两倍,表明其代谢已失调。此外,种子在贮藏过程中会发生阿马道里-美拉德反应(Amadori-Maillard reactions,A-M),该反应产生的物质会抑制抗氧化酶和DNA修复酶的活性,并通过非酶促反应糖基化修饰造成蛋白质和DNA功能和结构改变,最终导致蛋白质降解和染色体畸变(Murthy and Sun,2020)。

(三)有毒物质积累

种子贮藏过程中,随着时间的推移特别在不良的环境条件下各种生理活动产生的有毒物质逐渐积累,使正常生理活动受到抑制,最终导致死亡。例如种子无氧呼吸产生的酒精和二氧化碳,蛋白质分解产生的胺类物质对种子都有毒害作用。从老化种子浸出液或渗漏液中可测得多种脂类氧化产物的羰基化合物,这类物质既是一种有毒物质,又是一种诱发剂,可以诱发多种化学反应。脂类氧化分解过程中产生的丙二醛(MDA)是普遍性产物,对种子有严重的毒害作用。其他的许多代谢产物,如游离脂肪酸、乳酸、香豆素、肉桂酸、阿魏酸、花楸碱等多种酚、醛类和酸类化合物、植物碱,均对种子有毒害作用。种子中存在过多的IAA和ABA也成为抑制种子萌发和生长的有毒物质。此外,微生物分泌的毒素对种子的毒害作用也不能低估,尤其在高温高湿条件下更是如此。例如,腐生真菌分泌的黄曲霉毒素会诱发种子染色体畸变。有毒物质的积累胚比胚乳要多,胚是主要的积累场所。

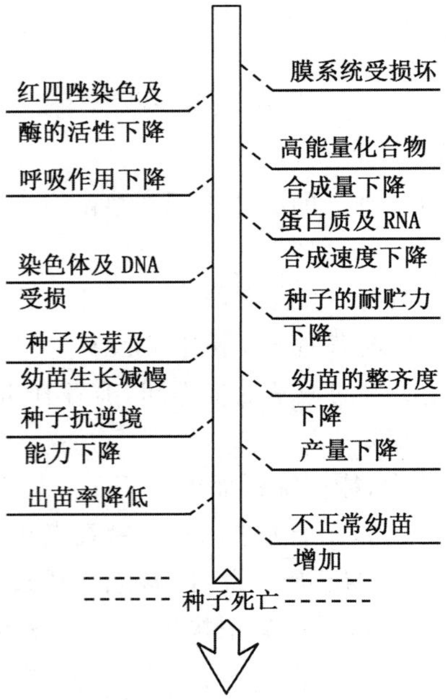

图9-7 种子衰老现象出现的大致顺序

种子衰老的原因和机理还有多种:亚细胞结构如线粒体、微粒体破坏,无法维持独立结构而丧失功能;胚部可溶性养分的消耗,在贮藏温度和种子水分较高时微生物和仓库害虫造成的为害等。总之,种子衰老过程是一个从量变到质变的过程,随着衰老的程度而有不同的表现和特点(图9-7),最终导致种子死亡。

思考题

1. 入库种子分批的依据是什么?
2. 种子堆放的方式有几种?如何堆放?
3. 种子贮藏期间温度和水分是如何变化的?
4. 种子结露的原因和部位有哪些,如何预防?
5. 种子贮藏期间发热的原因有哪些,如何预防?

第十章 种子贮藏期间的管理

种子贮藏期间的管理工作十分重要，应该根据具体情况建立各项管理制度，提出管理的内容和措施，采取定期与灵活机动相结合的原则，检查“三温三湿”、种子活力和发芽率以及虫霉鼠雀的危害和仓库设施安全等情况，发现问题，及时解决，避免种子的损失。贮藏期间要适时合理进行通风，防止种子发热霉变，延缓种子老化劣变，保证种子的贮藏质量。同时，可应用先进的计算机管理技术，实现种子贮藏管理工作的自动化和现代化。

第一节 管理制度和管理工作

一、管理制度

种子贮藏机构应建立健全规范的质量管理文件（质量手册），其中应包括以下主要管理制度：

（1）岗位责任制度　明确库房的行政、业务负责人和种子贮藏技术人员、工作人员的责任与义务，每个岗位的职责都应有详细描述。贮藏技术人员应具有较强的责任心和敬业精神，业务素质和管理水平较高，并接受有关部门的定期考核和强化培训，持证上岗。

（2）安全保卫制度　仓库要建立值班制度，组织人员巡查，及时消除不安全因素，做好防火、防盗工作，保证不出事故。

（3）清洁卫生制度　做好清洁卫生工作是消除仓库病虫害的先决条件。仓库内外须经常清扫和消毒，保持清洁卫生。要求做到仓内六面光（房式仓四面墙壁和上下两面），仓外三不留（杂草、垃圾和污水）。种子出仓时，应做到出一仓（囤）清一仓（囤），防止种子混杂和感染病虫害。

（4）检查评比制度　检查内容包括气温、仓温、种温、大气湿度、仓内湿度、种子水分、发芽率、虫霉鼠雀及仓库设施安全情况等。根据种子仓库情况开展“五无”仓库的评比，“五无”种子仓库是指种子贮藏期间无混杂、无害虫、无霉变、无鼠雀、无事故。通过评比，交流贮藏管理方面的经验，促进种子贮藏工作的开展。

（5）建立档案制度　每批种子入库、出库，都应将其来源、数量、品质状况等逐项登记入册，每次检查后的结果必须详细记录和保存（最好在纸质档的基础上同时用电子档保存），便于前后对比分析和考查，有利于发现问题，及时采取措施，改进工作。记录表格可参考表 10-1。

（6）财务会计制度　每批种子进出仓库，必须严格实行审批手续和过磅记账，账目要清楚，账、物、卡（含标签）要相符，对种子的余缺做到心中有数，不误农时，对不合理的额外损耗要追查责任。

表 10-1 仓内种子情况记录

品种名称	入库日期	种子数量	检查日期			相对湿度/%		气温/℃	仓温/℃	种堆温度/℃															种子水分/%	发芽率/%	种子纯度/%	虫害情况/(头/kg)		处理意见
										东			南			西			北			中								
			月	日	时	仓外	仓内			上层	中层	下层	上层	中层	下层	上层	中层	下层	上层	中层	下层	上层	中层	下层				玉米象	谷蠹	

检查员：

二、管理工作

(一)防止混杂

种子贮藏和粮食贮藏的主要区别在于,种子贮藏要求无混杂以及保持较高的活力和发芽率。无混杂是“五无”种子仓库管理工作的重要内容之一。在种子贮藏管理的各个环节,都要时刻注意防止混杂。种子进出仓库时比较容易发生品种混杂,特别是水稻种子,类型和品种繁多,特别需要注意。杂交稻种子与其不育系种子难以区别,如搞混或错发,则损失巨大。仓库内不同类别的包装种子应分区、分类堆放,堆垛上应有易于区分的挂牌标识,种子包装内外均要有标签。杂交种子和其亲本种子最好分库存放。散装种子要防止人为的混杂,也要防止鼠、雀等为害造成的混杂。散在地上的种子,如品种不能确定,则不能作为种用。

(二)隔热防潮,合理通风

根据季节变换时外界温度和湿度的变化特点,结合仓房的性能状况和种子的包装、堆放方式,从仓顶、墙壁、门窗、地坪和贮藏用具等方面全面考虑,做好密闭隔热防潮工作,防止外界的热量和水分进入仓内,保持种子的低温干燥状态。根据种子温度、水分以及药剂熏蒸杀虫等情况,适时进行合理通风,以降温降湿和排除有害气体,保证种子贮藏的安全。

(三)治虫防霉

治虫防霉是种子贮藏期间仓库管理工作的一项重要内容,对于种子的安全贮藏,减少数量损失有明显作用。

(四)防鼠防雀

种子贮藏期间,鼠雀危害除造成种子数量损失外,还可能引起散装种子的混杂,老鼠还能破坏包装器材及仓房建筑。因此防鼠防雀也是仓库管理工作的一个环节。

(五)防止事故

防止事故的发生是“五无”种子仓库管理工作的一项重要内容。贮藏期间要防止发生火灾、水淹、盗窃、错收错发和不能说明原因的超耗等仓贮事故。

(六)查仓步骤

查仓是一项细致的工作,应有计划有步骤地进行,并要有详细的记录,以便能及时发现问题,全面掌握种情,又能节省人力物力。具体步骤如下:

(1)打开仓门后,先闻一下有无异味,然后再看门口、种子堆表面等部位有无鼠雀活动留下的足迹,观察墙壁等部位有无仓库害虫,用“撒谷看蛾飞”的方法检查蛾类害虫。

(2)划区设点,安放测温、测湿仪器。

(3)扦取样品,供水分、发芽率、虫害、霉变等项目的测定所用。

(4)观看温度、湿度测定结果。

(5)察看仓库内外有无倾斜、缝隙和鼠洞。

(6)根据以上的检查结果,进行分析,针对问题,及时处理或提出解决的方法。

实际工作中,常将查仓步骤简要概括成顺口溜:查蛾看漏寻鼠雀,测温过筛再记录。

第二节 合理通风

一、通风的目的

通风(ventilate)是种子贮藏期间管理上必不可少的技术措施。种子入库以后，无论是进行长期贮藏还是短期贮藏，甚至是刚入库的种子，都需要在适当的时候进行通风。通风的目的主要有以下3个方面：

(1)降温散湿。通风可以降低温度和水分，使种子在较长时间内保持干燥和低温，有利于抑制种子生理活动和害虫、霉菌的危害。对于有发热症状或经过机械烘干的种子，更需要及时通风降温。

(2)维持种堆温度的均衡性。通风可以使种堆不同部位温度达到均匀，不至于因存在温差而发生水分转移，造成种子结露、发热霉变。

(3)排除有害气体。通风可以促使种堆内的气体对流，排除种子本身代谢作用产生的有害物质和药剂熏蒸后的有毒气体等。

对于有发热症状或经过机械烘干的种子，则更需要通风散热。总之，通风是种子在贮藏期间管理上必不可少的技术措施。

二、通风的原则

不论采用哪种通风方式，通风之前都必须测定仓库内外的温度和相对湿度的高低，以决定能否通风。通风应遵循以下原则：

(1)遇雨天、刮台风、浓雾等天气，不宜通风。

(2)当仓外温湿度均低于仓内时，可以通风。但要注意寒流的侵袭，防止种子堆内温差过大而引起表层种子结露。

(3)当仓外温度与仓内温度相同，而仓外湿度低于仓内时，可以通风，以散湿为主；当仓内外湿度基本相同而仓外温度低于仓内时，可以通风，以降温为主。

(4)仓外温度高于仓内而相对湿度低于仓内；或者仓外温度低于仓内而相对湿度高于仓内，这时能不能通风，就要看当时的绝对湿度[绝对湿度(g/m^3)＝饱和水汽量(g/m^3)×相对湿度(%)]，如果仓外绝对湿度低于仓内，就能通风，反之就不能通风。

例如，仓外气温为15 ℃，空气相对湿度为80%；而仓内温度为20 ℃，相对湿度65%的情况下，能否通风？

经查饱和水汽量表(参见表4-1)知道，温度15 ℃时的饱和水汽量为12.712 g/m^3，温度20 ℃时的饱和水汽量为17.117 g/m^3，仓外、仓内的绝对湿度分别为：

$$\text{仓外绝对湿度}=12.712\ g/m^3\times 80\%=10.169\ 6\ g/m^3$$

$$\text{仓内绝对湿度}=17.117\ g/m^3\times 65\%=11.126\ 1\ g/m^3$$

二者相比较，仓外绝对湿度低于仓内，因此可以通风。

(5)一天当中，以上午7:00—9:00、下午5:00—8:00通风为宜；最低气温(通常在凌晨4:00左右，此时相对湿度较高)、最高气温(通常在中午12:00到下午2:00)出现时，不可通风。

(6)一年当中,雨季到来时不能通风,气温上升阶段(通常为 3—8 月份)应以密闭为主,避免通风,以尽量保持种子原有的干燥程度和低温状态;气温下降阶段(通常为 9 月份至次年 2 月份)可以逐步通风,以降低种温和仓内湿度。

生产上,常将通风的原则简要总结为顺口溜:晴通雨雾雪不通,滴水成冰可以通,早通晚通午不通,夜有露水不能通。

三、通风的方法

通风的方法有自然通风和机械通风两种,可根据仓房的设备条件和需要选择进行。

(一)自然通风

自然通风是根据仓房内外温、湿度状况,选择有利于降温、降湿的时机,打开门窗让空气进行自然交流,达到仓内降温散湿目的的一种方法。此法简便易行,经济实用,但通风效果与温差、风速和种子堆装方式有关。当仓外温度比仓内低时,便产生了仓房内外空气的压力差,空气就会自然交流,冷空气进入仓内,热空气被排出仓外。温差越大,内外空气交换量越多,通风效果越好;风速越大,风压则增大,空气流量也增多,通风效果越好;仓内包装堆放的通风效果比散装堆放为好,而包装小堆和通风垛又比大堆和实垛的通风效果为好。

(二)机械通风

机械通风是一种用机械鼓风(或吸风)通过通风管或通风槽进行空气交流,使种子堆降温、降湿的方法。此法多用于散装种子,由于它是采用机械动力,通风效果比自然通风为好,具有通风时间短、降温快、降温均匀等优点。

机械通风的方式有风管式机械通风和风槽式机械通风两种,根据空气在种子堆内流动的方式不同,又可分为压入式(鼓风)与吸出式(吸风)。用风机把干燥冷空气从管道或风槽压入种子堆,使堆内的湿、热空气由表面排出的称压入式;从管道或风槽吸出湿、热空气,而干冷空气从表面进入种子堆的称吸出式。此外,如果在种子入库前未能铺设好通风槽,需要通风时,也可以采用箱式通风法,即清出仓库一角安放存气箱,风机放于仓外,结合揭去种堆覆盖膜进行箱式通风。以上几种通风方式,可根据仓房条件和种子堆装需要而定。最好把风机安装成能吸、能压两用,以便根据通风降温的具体情况,确定采用哪种形式或交替使用。为了便于移动,做到一机多用,一般把风机安装在能移动的小车上。当一个仓达到通风降温目的后,可移到另一个仓使用。

1. 风管式机械通风

由一个风机带一个通风管或带多个通风管组成的通风系统,这些风管可根据通风部位的需要自由移动。通风管一般为薄钢板卷制成圆形再焊接而成,单管通风的管道直径约 8 cm,分上、下两段,上段长 1.5～2 m,下段长 2 m,下段管道末端 50 ～100 cm 长度的范围内钻有直径为 2～3 mm 的圆孔,孔眼排列为等边三角形(图 10-1)。多管通风是通过蛇形软管连接风机和支风管,风管直径 11 cm,圆孔直径 2～3 mm。使用时将风管按等边三角形排列插入种子堆内,风管间距为 2 m,每根风管与仓外风机相连接(图 10-2)。

用风管式机械通风降温,一般采用吸出式为宜。吸出式通风对上、中层种子降温效果显著,但对下层种子降温效果较差。为了避免发生这种情况,在用吸出式之后再改用压入式,既可提高通风效果,又可防止表层种子结露。通风降温后,还需要拔去通风管以防管壁周围的种子结露。风管式机械通风具有移动性强，布点灵活等特点，但装卸麻烦，布、压、拔管劳动强度较大，适用于处理种子堆局部发热的部位。

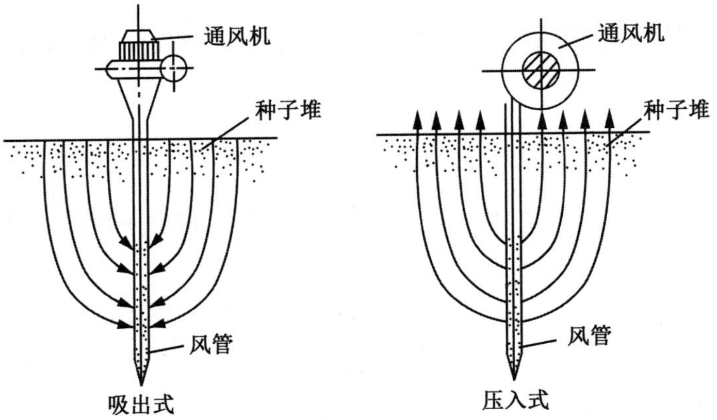

图 10-1　单管通风两种用法

（胡晋，2001）

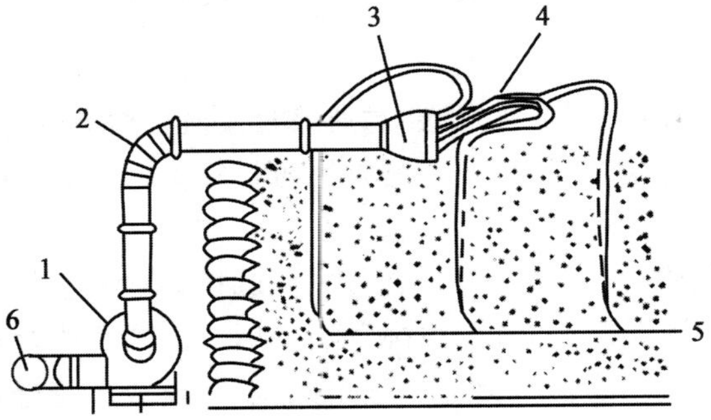

1. 吸风机　2. 风管弯头　3. 空气分配头　4. 软管　5. 支风管　6. 废气出口

图 10-2　多管吸风机装置

（胡晋，2001）

2. 风槽式机械通风

由风机和通风槽组成的通风系统。根据通风槽能否移动，可分为固定式（在地下）和移动式（在地上）两种。

固定式又称地槽式，在仓房地坪面下开设地槽。地槽的间距一般不宜超过种子堆的高度，地槽离墙壁的距离不大于两地槽间距离的 1/2。地槽宽度为 30 cm 左右。地槽有等截面和变截面两种形式，变截面地槽深度由连接风机的一端到另一端，应逐渐由深变浅形成斜坡，可使通入种子堆的风压相等（图 10-3）。槽面可盖铁丝网或竹篾编成的网，但必须与地坪平齐，以利清扫防止种子混杂。

移动式通风槽可制成三角形或半圆形，根据仓房形状布置在地坪上（图 10-4）。三角形通风槽可在三角形的木框架上钉上铁丝网或盖草包片即成。半圆形通风槽可用薄铁皮弯制而成，在薄铁皮上打直径为 2 mm 左右的小孔以利于通气，也可用竹篾编织而成。在实际使用中，竹篾编织的通风槽比铁皮的为好，可以避免金属导热快而引起的结露现象。

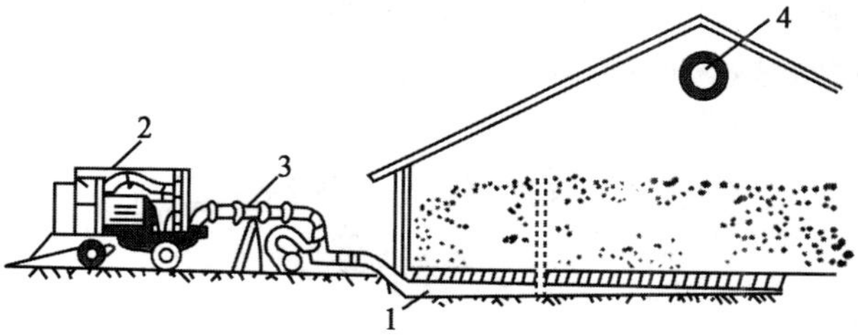

1. 分气管 2. 通风机 3. 空气推动装置 4. 排风器

图 10-3 种子地下通风装置

(胡晋,2001)

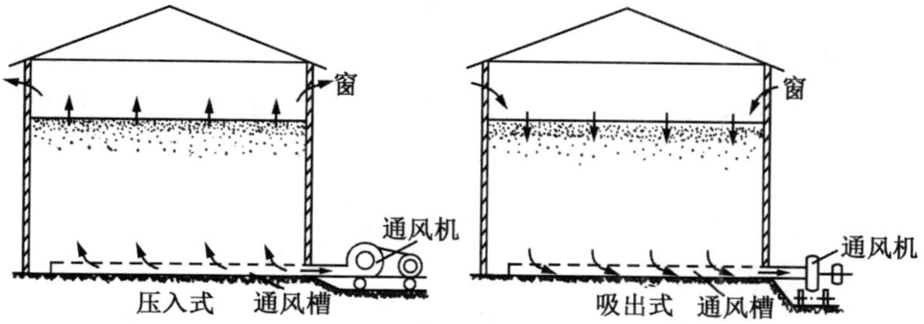

图 10-4 通风槽(地上)两种用法

(胡晋,2001)

(三)机械通风应注意的事项

(1)机械通风的效果与当时外界的温、湿度有关。外界温、湿度低,通风效果较好;反之,除特殊情况外,一般不能通风。通常选择气温与种温的温差在 10 ℃以上时,通风效果较为明显。为防止种子从潮湿空气中吸湿,应掌握在当时外界空气的相对湿度低于种子平衡水分的相对湿度条件下进行通风。

(2)通风前要耙平种子堆表面,使种子堆厚薄均匀,以免因种子堆的厚薄不一造成通风不均匀。

(3)采用压入式通风时,开始一段时间,种子堆表面会有结露现象。为预防种子堆表面结露,可在面上铺一层草包,即使结露,也是发生在草包上,之后可以移去。在结露消失之前,不能停止通风。采用吸出式通风时,则要用容器在风机出口处盛接凝结水。在水滴未止时不能停机,更不能中途停机,以防风管内的凝结水经管道孔流入种子堆。地槽式通风则可在出风口接水或垫糠包吸湿。

(4)吸出式风管通风,种子堆的上、中层降温快,底层降温效果较差,在没有达到通风要求时不能停止通风。或采用先吸后压的方式,以提高通风效果。使用单管或多管通风,各风管的接头要严密不能漏气,以免影响通风效果。风管末端应掌握在距地面 30～40 cm 为宜,不能离地面过高,否则会降低底层通风效果。

(5)通风时须加强温度和水分的检查,随时掌握种温、种子水分下降状况和可能出现的死角。出现死角主要是通风管、槽布置不合理引起的。补救办法是在死角部位增加风管。只有当种子温度或水分降到预定目标,且种层厚度的温度梯度小于 1 ℃/m,水分梯度小于 0.5%/m 时,才能停止通风,否则易发生水分转移现象。

(6)在实施通风作业时,应打开全部门窗,以加快空气流量。不进行通风时,应将进风口严密堵塞,以免种子受外界湿热空气的影响,以及防止老鼠钻入仓库为害贮存种子。

第三节　种子的检查

一、种温的检查

(一)种温的变化

在正常情况下,种温的升高和降低受仓温的影响,仓温的升降主要受仓外气温的影响。仓温及种温的变化状况与仓房隔热密闭性能、种子堆大小及堆垛方式有关,一般是仓房的隔热密闭性能差,种子堆数量少以及包装堆放的,受气温影响较大,种温升降变化也较快;反之,仓房隔热密闭性能好,又是全仓散装种子,受气温影响较小,尤其是中、下层种温比较稳定。

(二)种温检查方法

种温变化一般能反映出贮藏种子的安危状况,而且相当灵敏,检查方法又简而易行。所以生产上普遍采用检查种温的方法指导贮藏工作。

检查温度的仪器有曲柄温度计、杆状温度计和遥测温度仪等。曲柄温度计又称米温计,外有金属套,里面是 1 支弯曲温度计,适用于包装种子测温。杆状温度计用金属制成,杆的一端嵌有温度计 1 支,长度分 1～3 m 不等,可分上、中、下分别插入种子堆,适用于散装贮藏种子。遥测温度仪由热敏电阻(测温头)与仪表组成,种子入库时把测温头埋到种子堆内,通过导线接在仪表上,只要打开开关调节旋钮,就可分别测出各部分种子的温度,较为简便省力而准确。微机巡回测温仪一般也是采用热敏电阻作为传感器,并以先进的 PC 机、打印机替代了测温表,可实现远距离检测和自动监测。

为避免受外温的影响,1 d 内检查温度的时间以上午 9:00—10:00 为好,此时的气温与仓温较接近全天的平均温度。除了检查种温外,还要记录仓温和气温。

检查种温需要划区定点,如散装种子在种子堆 100 m^2 面积范围内,将它分成上、中、下 3 层,每层设 5 个检查点(似梅花形)共有 15 处,即用 3 层 5 点 15 处的测定方法。包装种子则用波浪形设点的测定方法,即根据堆垛大小,把测温点均匀分布在堆垛的上、中、下各部。例如 9 包高的种堆,第 1 次检查时从第 1 行的底层第 1 包开始,作为第 1 个检查点,然后依次检查第 2 行的第 4 包,第 3 行的第 8 包,第 4 行的第 4 包,第 5 行的底层第 1 包,循环检查。第 2 次检查时从第 2 行底层第 1 包开始,第 3 次检查时则从第 3 行底层第 1 包开始,如此周而复始,尽可能全面查到(图 10-5)。设点并非机械不变,可根据种子堆的不同情况酌情增减。如散装种堆面积超过 100 m^2,就应该相应增加检查点。对于平时有怀疑的区域,如靠墙壁、屋角、近窗处以及曾有漏雨渗水等部位,都应增加辅助点,以便更全面地掌握情况。

检查种子温度的周期原则上是根据种子质量、生理状态、气候条件等决定。种子入库完毕后的半个月内,每 3 d 检查 1 次(北方可减少检查次数,南方对油菜籽、棉籽要增加检查次数),以后每隔 7～10 d 检查 1 次。在遇大雨、雪或仓库条件较差地面返潮等情况时,应随时检查。具体可参考表 10-2。

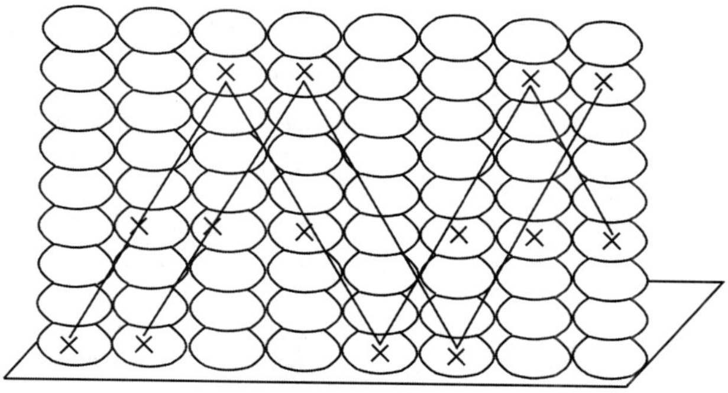

图 10-5　袋装种子温度检查点示意图

(麻浩等,2007)

表 10-2　不同季节温度检查周期

种子水分/%	夏秋季		冬季种温		春季种温		
	新收获或未完成后熟种子	已完成后熟种子	0 ℃以上	0 ℃以下	低于 5 ℃	5～10 ℃	10 ℃以上
安全水分以下	1 d 1 次	3 d 1 次	5～7 d 1 次	15 d 1 次	7～10 d 1 次	5 d 1 次	3 d 1 次
安全水分以上	1 d 1 次	1 d 1 次	3 d 1 次	7 d 1 次	5 d 1 次	3 d 1 次	1 d 1 次

二、种子水分的检查

(一)种子水分的变化

在通常情况下,种子堆水分主要受空气相对湿度的影响。种子水分在 1 d 中变化很小,只是在表面层。水分在 1 年中变化随季节而不同,低温和梅雨季节种子水分偏高一些,夏季和秋季的种子水分则偏低一些。各层次种子水分变化也不相同,上层受空气影响最大,深度一般在 33 cm 左右,而其表面种子水分变化尤为突出,中层和下层的种子水分变化较小,但下层近地面 17 cm 左右的种子,易受地面影响有时水分上升较多。当开春外界气温上升后,如果仓库密闭防潮措施不严,易造成散装种子堆表层种子结露增加水分,同时种子堆中因冷热空气的循环,也会引起下层种子水分的增加。根据以上变化情况,种堆的不稳定现象常常发生在春季和入夏以后,所以在生产上有“春查面、夏查底”之说。

当种子堆存在较小的温差时,也会发生水分转移现象。如向阳部位温度较高的种子,它的水分便向温度较低的方向移动,使原来比较均匀的种子水分发生变化。高温部位的种子水分变低,低温部位的种子水分则变高。

(二)种子水分检查方法

检查水分同样需要划区定点,不过每个区域面积要小一些。一般散装种子以 25 m^2 面积为一个小区,分 3 层 5 点 15 处设 15 个检查点取样。袋装种子则以堆桩大小,把样袋均匀地分布在堆桩的上、中、下各部,并成波浪形设点取样。将各点取出的种子样品混合为混合样品,然后按照现行的国家标准(农作物种子检验规程 水分测定)进行分析。在检查过程中,对于有怀疑的检查点,所取出的样品则应单独分开。

分析方法可先用感观法:看、摸、闻、咬。即看种子色泽有无变化,摸种子有无潮湿的感觉,闻种子有无霉味，咬种子是否松脆。一般是种子色泽无变化，有干燥感觉，无霉味，咬上去很松脆为安全的。对于那些有怀疑的种子，则应用仪器复验。目前测定种子水分的仪器种类较多，使用也较方便，只要定标准确，结果还是可靠的，但仍以烘干法为标准。根据所测种子的种类采用低恒温烘干法或高温烘干法。低恒温烘干法是将种子磨碎，称样重 4.5～5 g，用温度 (103±2)℃烘 17 h 后，取出放在干燥器冷却后再称重。高温烘干法用温度 130～133 ℃根据不同种子种类烘 1 h 或 2 h 或 4 h 后，取出冷却称重(ISTA，2023)。烘干称重后计算：

$$种子水分=\frac{试样烘前重-试样烘后重}{试样烘前重}\times 100\%$$

检查水分的周期取决于种温，种温在 0 ℃以下时，每月检查 1 次；在 0 ℃以上时，每月检查 2 次。每次整理种子以后，也应检查 1 次。仓库密闭性较差，遇到阴雨、梅雨季节可以根据需要增加测定次数。种子进出仓和熏蒸杀虫前也应该了解种子的水分。

三、仓库害虫的检查

(一)害虫的活动状况

害虫的活动随着温度的变化而不同。温度在 15 ℃以下，害虫行动迟缓，为害极少。在生命活动的温度范围内，害虫的活动随着温度的升高而变得活跃，为害状况也逐渐变得严重。所以，1 年中冬季温度低，害虫危害少；春季气温回升，为害逐渐增大；夏季气温高，尤其在 7—8 月份害虫活动猖獗，为害严重；进入秋季后气温下降，为害逐渐减少。害虫在种子堆内的活动又受种温变化而不同，一般是向较高温度的部位移动。春季移向靠南面表层 33 cm 以下，夏季多集中在种子堆表面，秋季移向靠北面的 33 cm 以下，冬季则移向种子堆 1 m 以下深处。因此，生产上常将害虫的检查简要概括为：春查南，秋查北，夏查面层，冬查下。害虫在种子堆内移动能力与仓库害虫种类有关，蛾类害虫大多只能在表面及表面以下 30 cm 左右范围内活动，而甲壳类害虫则能在种子堆深处活动。喜湿性害虫会向种子堆水分较高的部位移动，有些害虫则会向杂质、破碎粒集中的部位移动。害虫怕光，一般是向阴暗处移动。

(二)仓库害虫检查方法

检查仓库害虫时，要根据仓库害虫的习性和密度来确定取样点，种子堆的虫口密度要以最大的部位代表全仓。取样点的具体要求：散装种堆面积在 100 m^2 以内的设 5～10 点，在 101～500 m^2 的设 10～15 点。取样时在仓库害虫群集处分层设点，堆高在 2 m 以内的分 2 层，超过 2 m 的则分 3 层。袋装种子分层定包取样，500 包以下的取样 10 包，超过 500 包的按 2%比例取样，应注意外层多设点，内层少设点。每点(包)所取样品应不少于 1 kg。

检查方法一般采用筛检法，在一个检查点取 1 kg 种子，经过一定时间的振动筛理，把虫子筛下来，然后分析其虫种及活虫头数，再决定防治措施。在缺少筛子的情况下，可以把检查样品平摊在白纸上，仔细找出虫子，统计虫种和每千克种子感染率(头/kg)。在气温下降的季节，需正确判别害虫死活状况。可将检查出来的虫子放在手掌上或呵一口热气，活虫受热后便会苏醒爬动起来。检查蛾类害虫，一般不用筛检法，因蛾类害虫善飞，受震动后就会飞逃，不易筛理。可用撒谷看蛾飞目测统计，即就手抓把种子抛撒，当种子表面因撒谷振动后，蛾类害虫就会飞起来，然后观察虫口密度计数，再决定防治措施。对于子粒内部的仓库害虫，可采用剖粒法或饱和食盐相对密度法、软 X 射线法、二维 X 射线成像或三维成像等进行检查。

筛检害虫的周期，可根据气温、种温而定，一般情况下，冬季温度在15 ℃以下，每2～3个月检查1次；春、秋季温度在15～20 ℃，每月检查1次，温度超过20 ℃，每月检查2次；夏季高温则应每周检查1次。

四、发芽率、活力的检查

种子在贮藏期内，其发芽率因贮藏条件和贮藏时间不同而发生变化。在良好的条件下贮藏时间较短的，种子发芽率（生活力）几乎不会降低（胡晋，2009）。对于一些有生理休眠的种子，经过一段时间贮藏，则能提高发芽率。所以，对种子定期进行发芽试验十分必要。根据发芽率的变化状况，及时采取措施改善贮藏条件，以免造成损失。

检查发芽率的方法，可根据定点取样，将其混合成混合样品。然后按照现行的国家标准（农作物种子检验规程 发芽试验）进行检测。小粒种子为100粒，重复4次；大粒种子为50粒，重复8次。通常小粒种子选用纸床做发芽床，大粒种子则选用沙床或纸间为宜，中粒种子选用纸床、沙床均可，然后置于恒温箱内发芽。一般冬季作物种子的发芽温度为20 ℃；夏季作物种子的发芽温度为30 ℃，其中大豆种子以20 ℃为宜。一般情况下，种子发芽率应每4个月检查1次。根据气温变化情况可增加检查次数，如在高温或低温之后，以及药剂熏蒸前后都应检查1次。最后1次不得迟于种子出仓前10 d做完。

有时种子的发芽率没有下降，但是种子的活力已经降低，势必影响种子的田间出苗和成苗。因此，贮藏期间检查种子的活力非常必要。活力测定方法较多，常用的有发芽指数、活力指数、平均发芽时间、胚根伸长计数、加速老化、电导率等方法。

五、霉变、鼠雀的检查

检查霉变的方法一般采用目测和鼻闻，检查部位一般是种子易受潮的墙角、底层、柱基和上层或沿门窗、漏雨、渗水等部位，以及容易结露和杂质集中的部位。

检查鼠雀主要是观察仓内有无鼠雀粪便和活动留下的足迹，以及有无鼠洞。平时应将种子堆表面整平以便发现足迹。对于老鼠，一经发现则应予以捕捉消灭，还需堵塞漏洞。

六、仓库设施的检查

检查仓库地坪的渗水、房顶的漏雨、灰壁的脱落等情况，特别是遇到强热带风暴、台风、暴雨等天气，更应加强检查。同时对门窗启闭的灵活性和防雀网、防鼠板的坚牢完好程度进行检查。

第四节　种子耐藏性的预测

在种子销售季节，种子往往不可能全部售完。因此，种子公司往往会遇到这样的问题，即保存的作物品种中哪些种子批先出售，哪些可以放到次年出售，或下一季节出售。仅靠发芽率指标做出决定是不够的，只有了解种子的耐藏性才能做出相应的判断。要了解不同品种、不同种子批间种子的贮藏特性，就有必要进行种子耐藏性的预测。在保证种子有较高发芽率的前提下，可以将不耐藏的种子先出售，耐藏的种子可以放到下一季节出售。

种子耐藏性的预测是根据高活力的种子能提高耐藏性这一原理进行的。因此可以说测定种子的耐藏性也就是测定种子的活力水平。测定种子活力的大多数方法都可以用于种子耐藏性的测定，如发芽速率、幼苗生长速率、呼吸速率、谷氨酸脱羧酶活性、电导率等的测定，但目前认为较有效的方法是加速老化试验(accelerated ageing test，简称 AA 测定)。此法适用性广，已被国内外较多地区应用。而其他的方法，只是对某些特定种类种子有效。

一、加速老化试验方法

加速老化试验采用高温(40～50 ℃)、高湿(95%～100%相对湿度)处理种子，使种子快速老化劣变，适宜的老化天数可以根据所用种子及其他因素确定。种子老化结束后，进行标准发芽试验，高活力种子经老化处理后仍能正常发芽，低活力种子则产生不正常幼苗或全部死亡。

现将国际种子检验规程中大豆种子加速老化试验方法简要介绍如下。

(1)准备老化外箱和内箱(老化盒)。外箱最好是能保持恒温的水套培养箱，如果没有水套培养箱，其他有加水的加热培养箱(如恒温水浴箱)也可以，使箱温调节至(41±0.3)℃。内箱是带盖的塑料盒，大小为 11.0 cm×11.0 cm×3.5 cm，内有 1 个网架盘 10.0 cm×10.0 cm×0.3 cm(网孔为 14 mm×18 mm)(图 10-6)。老化内箱可买，也可以自制，注意不应密封，勿用金属容器制作内箱。为了防止菌类污染，使用过的老化内箱、盖和网架需经过热消毒或用 1%次氯酸钠溶液洗净并烘干，才可使用。

(2)将 40 mL 去离子水或蒸馏水放入塑料盒(老化内箱)，然后插入网架，确信水不渗到网架和后来置放的种子上。如果在处理时种子渗到水，则用另一试样种子替代。

(3)从净种子中称取(42±0.5)g 大豆种子(至少含有 200 粒种子，种子水分应事先调节至 10%～14%)，称重后放在网架上，摊成一层以保证种子的吸湿，然后加盖。

(4)将内箱排成一排(间距约 2.5 cm)放在架上，同时放入外箱内。记录内箱放入外箱的时间。准确监控老化外箱的温度在(41±0.3)℃保持 72 h。

(5)经 72 h 老化后(大豆种子水分应在 27%～30%)，取出种子于 1 h 内进行标准发芽试验(50 粒，4 次重复)，统计发芽率，将长出正常幼苗种子作为高活力种子。

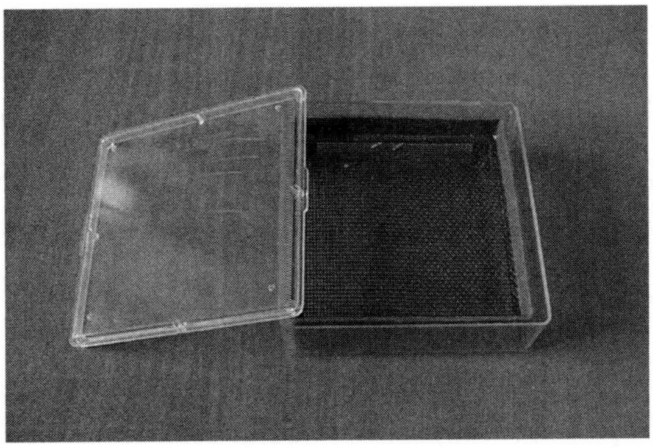

图 10-6 老化盒及网架盘

(胡晋 摄)

此法还适用于其他作物种子。国际种子检验协会出版的《活力测定方法手册》推荐和建议了一些作物种的加速老化试验条件(表 10-3、表 10-4)，可参照使用。

表 10-3　不同作物种子加速老化试验条件

(ISTA，1995)

属或种名	内箱		外箱		老化后种子水分/%
	种子重量/g	箱数目	老化温度/℃	老化时间/h	
推荐：					
大豆	42	1	41	72	27～30
建议：					
苜蓿	3.5	1	41	72	40～44
菜豆(干)	42	1	41	72	28～30
菜豆(法国)	50	2	45	48	26～30
菜豆(菜园)	30	2	41	72	31～32
油菜	1	1	41	72	39～44
玉米(大田)	40	2	45	72	26～29
玉米(甜)	24	1	41	72	31～35
莴苣	0.5	1	41	72	38～41
绿豆	40	1	45	96	27～32
洋葱	1	1	41	72	40～45
辣椒属	2	1	41	72	40～45
红三叶	1	1	41	72	39～44
黑麦草	1	1	41	48	36～38
高粱	15	1	43	72	28～30
苇状羊茅	1	1	41	72	47～53
烟草	0.2	1	43	72	40～50
番茄	1	1	41	72	44～46
小麦	20	1	41	72	28～30

表 10-4　加速老化条件尚不完善仅老化温度和时间有效

(ISTA,1995)

种名	外箱	
	老化温度/℃	老化时间/h
棉花	45	72
绛三叶	41	72
长叶松	41	96
湿地松	41	144
萝卜	45	48
红花	38	72
无芒雀麦	45	72
梯牧草	41	72
西瓜	45	144
黑栎	41	108

此外，还有采用缓慢人工老化方法，即用 30～35 ℃温度、75%相对湿度处理种子数周至数月。

二、预测效果

Delouche 和 Baskin(1973)以玉米、高粱、洋葱种子为材料进行加速老化试验，并与自然老化的种子进行比较。绝大部分的种子批加速老化后的发芽率和开放条件下贮藏的种子发芽率呈显著正相关。加速老化后发芽率高的种子批，耐藏性好。而老化后发芽率下降严重的种子批，贮藏时发芽率下降很快(表 10-5)。

表 10-5 高粱种子批加速老化和开放贮藏发芽率的相关性(33 批种子)

加速老化条件	开放贮藏/个月				
	12	15	18	21	24
45 ℃，RH 100%，72 h	0.917**	0.928**	0.959**	0.921**	0.875**
30 ℃，RH 75%，12 周	0.939**	0.960**	0.967**	0.931**	0.912**

注：** 表示 0.01 水平显著相关。

胡晋等(1988，1989)以杂交水稻及三系种子汕优 6 号、IR26、珍汕 97A、珍汕 97B 为材料，进行加速老化处理 10 d(50 ℃，90%RH)，老化后的发芽率和发芽指数均是 IR26 最高，珍汕 97A 和汕优 6 号最低且接近，表明 IR26 活力最高，耐藏性最好。这一结果与常温开放贮藏 1 年后发芽力和发芽指数的结果相一致。张文明等(1998，2004，2007)分别对 5 个杂交水稻品种(40 ℃，100%RH，72 h)、6 个草坪草品种(41 ℃，100%RH，48 h)、5 个常规甜瓜品种(41 ℃，100%RH，72 h)、11 个大豆品种(40 ℃，100%RH，72 h)的加速老化试验结果表明，加速老化试验发芽率与种子的田间(或模拟田间)出苗率均存在显著或极显著正相关。

所以，加速老化试验方法可以预测种子的耐藏性。也可以用此法在同一品种中选出耐藏性较好的种子批，在不同品种中筛选活力高耐藏性好的品种。当然，预测种子耐藏性的方法尚需不断完善。

思考题

1. 种子贮藏期间应建立哪些管理制度？何谓“五无”种子仓库？
2. 简述通风的目的和原则。机械通风应注意哪些事项？
3. 简述种子贮藏期间种温、种子水分、仓库害虫活动等变化规律和检查的具体方法。
4. 如何预测种子的耐藏性？举例说明。

第十一章　主要种子贮藏技术

农作物种类繁多，种子的形态、生理特性各具特点，因此对于贮藏条件的要求也不一致。本章介绍一些主要农作物、蔬菜及其他类型种子的贮藏特性、贮藏保管技术等方面的知识，以便在生产实践中，根据当地情况，灵活运用，以达到安全贮藏的目的。

第一节　粮食作物种子贮藏技术

一、水稻种子贮藏技术

水稻(*Oryza sativa* L.)是我国分布范围较广的一种农作物，稻谷类型和品种繁多，种植面积很大。为了预防缺种，实际留种数量远比播种量多，有时连贮备种子在内，往往超过数倍。所以稻种贮藏的任务十分艰巨。

(一)水稻种子的贮藏特性

1. 散落性差

水稻种子为颖果，子实由内外稃包裹着(实为假果)，稃壳外表面被有茸毛。某些品种外稃尖端延长为芒。由于种子表面粗糙，其散落性较一般禾谷类种子差，静止角为33°～45°，对仓壁产生的侧压力较小，一般适宜高堆，以提高仓库利用率。同一批稻谷如水分高低不平衡，则散落性亦随之发生差异。因此，同一品种的稻谷，其静止角可作为衡量水分高低的粗放指标。稻谷水分高则子粒间的摩擦力增大，即散落性减小，凭手指感觉亦可大致辨别，初步的水分感官检验即以此为依据。

2. 通气性好

由于水稻种子形态的特征，形成的种子堆一般较疏松，孔隙度较禾谷类的其他作物种子为大，在50%～65%之间。因此，贮藏期间种子堆的通气性较其他种子好。稻谷在贮藏期间进行通风换气或熏蒸杀虫，较易取得良好效果。稻谷由于孔隙度较大也易受外界不良环境条件的影响。

3. 不耐高温和低温

稻谷在干燥和贮藏过程中耐高温的特性比小麦差。如用人工机械干燥或利用日光曝晒，都须勤加翻动，以防局部受温偏高，影响原始生活力。另外，稻谷不论用人工干燥或日光曝晒，如对温度控制失当，均能增加爆腰率，引起变色，降低发芽率，这样不但降低种用价值，同时也降低工艺和食用品质。稻谷高温入库，处理不及时，种子堆的不同部位会发生显著温差，造成水分分层和表面结顶现象，甚至导致发热霉变。在持续高温的影响下，稻谷所含的脂肪酸会急剧增高。据中国科学院上海植物生理研究所研究结果：含有不同水分的稻谷放在不同温度条件下贮藏 3 个月，在 35 ℃下，脂肪酸均有不同程度的增加。这种贮藏在高温下的稻谷由于内部发生变质，不适于作种用，经加工后，米质亦显著降低。

成熟的水稻种子比较耐低温，但是不成熟的种子不耐低温。我国东北地区由于霜期来得早，尤其是晚熟品种的种子，在收获时期往往不能达到成熟，在霜冻的影响下，发芽率会受到较大的影响。在无霜期短的东北地区，蜡熟期收获，霜冻前发芽率可达到 90%以上，但霜冻后蜡熟期收获的种子，其发芽率只有 60%左右；而完熟期的种子，无论在霜冻前或霜冻后收获，其发芽率没有明显的变化。

4. 稃壳具有保护性

大多数水稻种子的内外稃坚硬且勾合紧密，在天气变化和虫霉为害时起到保护种子的作用；少数水稻种子内外稃裂开，易受天气变化的影响，且容易遭受害虫的为害。水稻种子因内外稃的保护而吸湿缓慢，水分相对地比较稳定，但是当稃壳遭受机械损伤、虫蚀或气温高于种温且外界相对湿度又较高的情况下，则吸湿性显著增加。

5. 耐藏性有差异

一般非糯性种子比糯性种子耐贮藏，籼稻种子比粳稻种子耐贮藏，常规稻种子比杂交稻种子耐贮藏。糯性种子含支链淀粉多，种子的持水力比非糯性种子强，所以非糯性种子一般比糯性种子耐贮藏。粳稻种子颖毛(刚毛)长而密，有芒，种堆孔隙度大，通气性强，内部物质分解快；内、外颖结合松弛，胚部易受大气湿度影响；支链淀粉含量一般比籼稻多，种子持水力较强；另外，脂肪含量高，较易水解、氧化、酸败。因此，从种子的形态结构、化学成分等方面看，粳稻种子比籼稻种子耐藏性差些。

(二)水稻种子贮藏技术要点

稻种有稃壳保护，比较耐贮藏，只要做好适时收获，及时干燥，控制种温和水分，注意防虫等工作，一般可达到安全贮藏的目的。

1. 准备适合贮藏的水稻种子

(1)适时收获。稻种成熟阶段正是农忙季节，有时因为工作日程安排上的困难，或没有掌握品种成熟特性将种子过早或过迟收获。过早收获的种子成熟度差，瘦瘪粒多，不耐贮藏。过迟收获的种子，在田间日晒夜露呼吸作用消耗物质多，有时种子会在穗上发芽，这样的种子同样不耐贮藏。所以，收获时必须充分了解品种的成熟特性，适时收获。水稻种子易受冻害影响，在寒冷地区生产的水稻种子要求要在霜前的晴天收割完，以利于种子贮藏。

(2)科学干燥。未经干燥的稻种堆放时间不宜过久，否则容易引起发热或萌动甚至发芽以致影响种子的贮藏品质。一般在早晨收获的稻种，即使是晴朗天气由于受朝露影响，种子水分可达 28%～30%，午后收获的稻种在 25%左右。种子脱粒后，应立即进行曝晒，只要在平均种温能达到 40 ℃以上的烈日下，经过 2～3 d 曝晒即可达到安全水分标准。曝晒时如阳光强烈，要多加翻动，以防受热不匀，发生爆腰现象，水泥晒场尤应注意这一问题。早晨出晒不宜过早，事先还应预热场地，否则由于场地与受热种子温差大发生水分转移，影响干燥效果。这种情况对于摊晒过厚的种子更为明显。

如果遇到阴雨天气，应采用薄摊勤翻、鼓风去湿、加温干燥、药物拌种等方法尽快地将种子水分降下来。机械烘干温度不能过高，干燥速度不能太快，防止灼伤种子。低温干燥速度慢、时间长，但不易爆腰，种子品质好；干燥温度越高，则降水速率越快，稻谷爆腰率越高，种子品质越差。因此稻谷干燥时，干燥温度最好控制在 43 ℃以下，降水速度控制在 5%之内，否则会影响种子发芽力。药物拌种是一种应急措施，将药物拌入湿种子内可抑制种子的呼吸作用，在短期内能预防种子发热和生霉。据华南植物研究所试验，向含水量为 28%的籼稻种子 5 000 kg 均匀拌入丙酸 4 kg，在通气条件下可保存 6 d。在 6 d 之内能将种子干燥，基本上不影响发芽率。用 0.5 kg 漂白粉拌在 500 kg 稻种内，有同样效果。

(3)冷却入库。经过高温曝晒或加温干燥的种子，应待冷却后才能入库。否则，种子堆内部温度过高会发生“干热”现象，时间过长引起种子内部物质变性而影响种子发芽率。热种子遇到冷地面还可能引起结露。

(4)防止混杂。水稻种子品种繁多，有时在一块晒场上同时要晒几个品种，如稍有疏忽，容易造成品种混杂。因此种子在出晒前，必须清理晒场，扫除垃圾和异品种种子。出晒后，应在场地上标明品种名称，以防差错。入库时要按品种有次序地分别堆放。

(5)控制入库种子水分。为有效地控制种子内部的生理活动、微生物的繁育和仓库中螨类的滋生，稻种在入库前必须降到安全水分标准才能进仓贮藏。安全贮藏水分标准应根据不同品种、温度而定，一般在高温季节稻谷含水量应在 13%以下，而在低温季节可放宽至 14%以下。在生产上，一般对早稻种子的入库水分应掌握严一些。这是因为早稻种子须经过高温的夏季，而且曝晒条件较好，种子容易降低水分。对晚稻种子，尤其是晚粳稻种子的入库水分，可适当放宽一些。这是根据晚稻种子入库时气温较低，干燥条件比较困难，粳稻种子又不易降低水分等具体情况而放宽的。但是种子水分不能放得过宽，以免发热和生霉。晚稻种子的水分，一般不能超过 15%，而且还须在晴朗天气进行翻晒降水。

(6)控制种子净度。水稻种子的安全贮藏还与稻谷净度有关。如种子饱满、杂质少，基本上无损伤及芽谷，安全程度就高；反之，安全程度就低。因此，稻种入库前必须及时清选，剔除破损粒、秕粒、病虫粒和其他植物种子，以利于安全贮藏。

2. 控制仓库的温度和湿度

(1)种子水分和贮藏温度对种子发芽率的影响　水稻种子水分含量的多少直接关系到稻种在贮藏期内的安危状况。据试验证明，种子水分降低到 6%左右，温度在 0 ℃左右，可以长期贮藏而不影响发芽率；如果贮藏温度是室温，也可以贮藏 3～5 年而不严重影响发芽率。水分为 13%的稻种可安全度过高温夏季。水分超过 14%的稻种，到第二年 6 月份发芽率会有下降，到 9 月份则降至 40%以下，而水分为 12%以下的稻种保存 3 年，发芽率仍有 80%以上。水分在 15%以上，贮藏到翌年 8 月份以后，种子发芽率几乎全部丧失。然而稻种水分对发芽率的影响，往往与贮藏温度密切相关。贮藏温度在 20 ℃，水分 10%的稻种保存 5 年，发芽率仍在 90%以上。温度在 28 ℃，水分为 15.6%～16.5%的稻种，贮藏 1 个月便生霉。

总之，须经过高温季节的稻种，种子水分必须控制严格一些，进入低温季节的稻种，水分可适当放宽一些。通常是温度为 30～35 ℃时，种子水分应控制在 13%以下；温度在 20～25 ℃，种子水分应控制在 14%以内；温度在 10～15 ℃，水分可放宽到 15%～16%；温度在 5 ℃以下，水分则可放宽到 17%。但是，16%～17%水分的稻种只能作暂时贮藏，应抓紧时间进行翻晒降水，以防高水分种子在低温条件下发生霉变。

(2)仓库温度和湿度的控制措施

①做好早稻种子的降温工作。新入库的早稻种子种温较高，生理活动较强，所以它在贮藏

前期稳定性较差。稻种入库一般又在立秋以后，白天气温较高，夜间气温下降，形成明显的昼夜温差，易导致仓温上升和上层种子增加水分。因此，在入库后的2～3周内须加强检查，并做好通风降温工作。在傍晚打开门窗通风，经常翻动面层种子，以利于种堆内热量散发。

②做好晚稻种子的降水工作。晚稻种子的干燥受气候条件限制，入库后已进入冬季低温阶段，所以一般对种子入库水分要求不是十分严格。由于种子水分偏高，引起某些低温性霉菌的为害以致影响发芽率，这是造成晚稻种子发芽率下降的主要原因。因此，晚稻种子入库时同样要严格控制水分，超过16%水分的种子不能入库贮藏。即使已经入库的种子必须做好降水工作，把水分降到13%以内。水分超过15%的晚稻种子应在2～3周内设法将水分降低，否则在第二年播种时，难以保证应有的发芽率。

③做好"春防面、夏防底"的工作。"春防面、夏防底"是指春季要预防面层种子结露，夏季要预防底层种子霉烂。经过冬季贮藏的稻种，温度已经降得较低，由于种子本身导热性较差，这种低温要延续很长一段时间。当春季气温回升时，种温与气温形成较大的温差，如果暖空气接触到冷种子，便会在表层种子发生结露，使这层种子增加水分，并且会逐渐向下延伸。种堆越大，上层的结露现象越是明显。所以，开春前要做好门窗密闭工作，尽可能预防潮湿的暖空气进入仓内。对于水分低于13%，温度又在15 ℃以下的稻种，可采用压盖密闭法贮藏，既可预防上层种子结露，又可延长低温时间，有利于稻种安全过夏。到了夏季，地坪和底层温度还低，湿热空气扩散现象使底层稻种水分升高，易使底层种子霉烂。

少量稻种贮藏温湿度控制：对于数量不多，只有几十千克到几百千克的稻种，可以采用干燥剂密闭贮藏法。通常用的干燥剂有生石灰、氯化钙、硅胶等。氯化钙、硅胶的价格较贵，但吸湿后可以烘干再用。生石灰较经济，适用于广大专业户。种子存放前须选择小口、内外涂釉的缸、坛、瓮，经检查确实无缝、不漏气、不渗水的才能使用。先在存器底层铺上生石灰，再装入种子，然后封口（不能漏气）并放在阴凉处，可延长种子寿命数年。据江苏省兴化市稻麦良种场试验，用籼、粳、糯3种类型共8个品种的稻种作贮藏，上层和底层各放生石灰50 kg，中间放稻种100 kg，再用4层塑料薄膜封口。经3年贮藏种子水分由原来的12.6%～14.6%降低到4.3%～5.8%，发芽率则由原来的82.0%～97.5%增加到91%～99%。而采用塑料袋贮藏的稻种，则全部丧失发芽率。干燥剂密封贮藏，不仅适用于水稻种子，也适用于其他种子，但是对于大豆、油料种子，放生石灰的数量要适当，否则，种子干燥过度反而会影响发芽率。

大量稻种贮藏温湿度控制：生产上的水稻种子数量一般很大，通常采用常温库贮藏，但要控制好温湿度。要使种子保持较高的活力，可以采用低温贮藏。低温贮藏可以采用自然低温贮藏和机械低温、低湿库贮藏。

自然低温贮藏是利用自然低温条件进行贮藏，这种贮藏方法省能、经济。种子需要贮藏1年左右时，可利用大型山洞仓，利用其天然的低温条件贮藏水稻种子，效果较好且经济，但须注意防湿。房式仓贮藏的种子可充分利用冬季自然低温，在气温较低时，将种子堆通风降温，使种子堆内温度降到10 ℃左右。入春后雨水多，空气湿度大，则采用门窗密闭或薄膜密闭方式保管。

机械低温、低湿库贮藏是利用电力设备降低温度、湿度进行种子贮藏。如果种子贮藏期在1年以上的，安全有效的措施是低温、低湿贮藏（常年种子的温度不超过15 ℃，水分控制在13%以下，仓内相对湿度不超过65%）。如果要对冷库的温湿度进行调控，首先需要冷库设备达到一定的技术标准，然后需要恰当的调控技术。

3. 治虫防霉

(1)治虫　我国产稻地区的特点是高温多湿,仓库害虫容易滋生。仓库害虫通常在稻谷入仓前已经感染种子,如贮藏期间条件适宜,就迅速大量繁殖,造成极大损害。仓库害虫对稻谷危害的严重性,一方面决定于仓库害虫的破坏性,另一方面也随仓库害虫繁殖力的强弱而不同。一般情况,每千克稻谷中有玉米象 20 头以上时,就能引起种温上升,每千克内超过 50 头时,种温上升更为明显。单纯由于仓库害虫为害而引起的发热,种温一般不超过 35 ℃,但由于谷蠹危害而引起的发热,种温则可高达 42 ℃。水稻种子主要的害虫有玉米象、米象、谷蠹、麦蛾、谷盗等。

仓库害虫大量繁殖时,除引起贮藏稻谷的发热外,还能剥蚀稻谷的皮层和胚部,使稻谷完全失去种用价值,同时降低酶的活性和维生素含量,并使蛋白质及其他有机营养物质遭受严重损耗。

仓内害虫可用药剂熏杀及机械物理方法防治。药剂熏杀目前常用的杀虫药剂有磷化铝,另外,还可用防虫磷防护。具体的用法和用量可参见本书第七章“种子仓库有害生物防治”。

(2)防霉　种子上寄附的微生物种类较多,但是为害贮藏种子的主要是真菌中的曲霉和青霉。温度降至 18 ℃,大多数霉菌的生长速度显著降低。相对湿度低于 65%,种子水分低于 13.5%时,大多数霉菌的活动才会受到抑制。霉菌对空气的要求不一,有好气性和嫌气性等不同类型。虽然采用密闭贮藏法对抑制好气性霉菌(如青霉和曲霉等)能有一定效果,但对能在缺氧条件下生长活动的霉菌如白曲霉、毛霉之类则无效。所以密闭贮藏必须在温度较低、稻谷充分干燥和空气相对湿度较低的前提下,才能起到抑制霉菌的作用。详细方法可参考本书第七章“种子仓库有害生物防治”。

(三)杂交水稻种子贮藏特性和越夏贮藏技术

杂交水稻种子生产的成本较昂贵,种子销售价格一般为常规水稻种子的几倍以上,一旦积压,若贮藏不好,造成报废,经济损失巨大。因此,加强对杂交水稻种子的贮藏工作显得非常重要。根据各地贮藏经验,将杂交水稻种子贮藏特性和越夏贮藏技术做以下介绍。

1. 杂交水稻种子的贮藏特性

(1)种子保护性能往往比常规稻种子差。裂颖是水稻不育系的一种遗传特性。杂交水稻制种时的不育系颖花,通过延长开颖时间,来增加捕获花粉的机会。在长时间的开颖过程中,内、外颖会因日晒、失水等因素而老化甚至皱缩,致使受粉后颖花的闭颖能力明显降低,部分颖花的内、外颖不能完全闭合而形成开裂粒;另一部分颖花,其内、外颖虽能勉强闭合但也不能严密勾合而形成裂纹粒。湖南农学院 1987 年调查结果表明,不育系和杂交种的种子裂颖率平均为 26.1%;而保持系和恢复系平均只为 2.2%。颖壳闭合差,使种子保护性能降低,种子易受外界因素影响,不利于贮藏。

杂交水稻及三系之间种子耐藏也不同。据刘天河(1984)对水稻(籼型)杂交种及其三系种子耐藏性的研究,保持系和恢复系的种子较不育系和杂交种子的寿命为长。又据胡晋等(1989)研究,籼型杂交稻汕优 6 号及其三系种子中恢复系 IR26 种子的耐藏性最好,其次是保持系珍汕 97B,耐藏性最差的是不育系珍汕 97A 和杂交种汕优 6 号种子;粳型杂交稻虎优 1 号及其三系种子中则以恢复系 77302-1 和杂交种虎优 1 号种子的耐藏性最好,保持系农虎 26B 种子的耐藏性最差。杂交种及其三系种子耐藏性的不同可能与种子的原始活力及种子覆盖物的保护性能有关,裂壳率和柱头残迹夹持率高的种子不耐贮藏。

林程(2017)对 2 个杂交水稻品种种子采用牛皮纸袋和尼龙塑料袋(采用密封机封口)包装后分别在室温、15 ℃和 5 ℃下贮藏 18 个月后发现,同是籼型杂交水稻,三系的钱优 1 号耐藏性要好于两系的 Y 两优 689。

(2)耐热性差。杂交水稻种子耐热性低于常规水稻种子。干燥或曝晒温度控制失当,均能增加种子爆腰率,引起种子变色,降低发芽率。同时,持续高温,使种子所含脂肪酸急剧增高,降低耐藏性,加速种子活力的丧失。早夏季制种的杂交稻种子晴天午间水泥地晒种,温度可达 60 ℃左右,造成种子损伤,发芽势、发芽率、发芽指数均降低(胡晋等,1999)。

(3)休眠期短,易穗萌。杂交水稻种子生产过程中需使用赤霉素。高剂量赤霉素的使用可打破杂交水稻种子的休眠期,使种子易在母株萌发。据对种子蜡熟至完熟期间考察,颖花受精后半个月胚发育完整,在适宜萌发的条件下,种子即开始萌动发芽。据 1989 年对收获的汕优 64 种子考察,因种子成熟期间遇上阴雨,穗上发芽种子达 23%。1990 年同一种种子虽未遇雨,穗上发芽仍达 3%~5%。而常规水稻种子两年均未发现穗上发芽现象。

(4)贮藏稳定性差。杂交水稻生产过程中易使种子内部可溶性物质增加,可溶性糖分含量比常规稻种子高,因此杂交水稻种子生理代谢强,呼吸强度比常规稻大,不利于种子贮藏。

杂交水稻种子在贮藏期间游离有机酸、脂肪酸和氨基酸含量也往往比常规稻种子高。这些可溶性物质增多后,种子的生理代谢比较强,故杂交水稻种子比常规稻种子不耐贮藏。

(5)不同收获期的杂交稻种子贮藏期间出现情况不同。春制和早夏制收获的种子收获期在高温季节,贮藏初期处于较高温度条件下,易发生“出汗”现象。秋制种子收获期气温相对较低,种子难以充分干燥,到翌年 2—3 月份种子堆顶层易发生结露发霉现象。

2. 杂交水稻种子变质规律

(1)湿度大引起霉变。湿度大引起杂交水稻种子霉变主要有 3 种情况:一是新收种子进仓后有一个后熟阶段,种子内部进行着一系列生理生化变化,种子呼吸旺盛,不断放出水分,使种子逐渐回潮,湿度增大,引起种子发霉变质。二是秋制种子收获时气温较低,种子难以干燥,进仓后到次年春暖,气温回升,种子堆表层吸湿返潮,顶层“结露”,发霉变质。三是连续阴雨(特别在梅雨季节),空气相对湿度接近饱和,在种子稃壳上凝成液滴附在表面,引起种子发霉变质。

(2)发热引起霉变。一是种子贮藏期间(主要是新收获种子或受潮和高水分种子)新陈代谢旺盛,释放的大量热量聚积在种子堆内又促进种子生理活动,放出更多热量,如此反复,导致种子发热发霉变质。二是春制或早夏制收获的种子,初藏时处于高温季节,种子堆上层种温往往易突然上升,继而出现“出汗”现象,导致种子发热霉变。三是种子堆内部水分不一,整齐度差,出现种子堆内部发热,最终发霉变质。

(3)仓库害虫与病菌活动繁殖引起霉变。杂交稻种子产区的气候特点是高温多湿,仓库害虫螨类最易滋生。仓库害虫活动引起种温上升,造成发热霉变。同时仓库害虫剥蚀皮层和胚,使种子失去种用价值。病菌在适宜条件下能很快繁殖,为害种子,引起种堆部分发热霉变、结顶,最终腐烂变质。

3. 杂交水稻种子越夏贮藏技术

杂交水稻种子生产常常出现过剩积压或丰歉不均的现象,因此常常遇到越夏贮藏的问题。对于越夏贮藏的种子关键是控制种子的水分和贮藏的温度。具体可以采取以下措施。

(1)降低水分,清选种子。先准确测定种子水分,以确定其是否直接进仓密闭贮藏,或先作翻晒处理。种子水分在12.0%以下,可以不作翻晒处理,采用密闭贮藏,对种子生活力影响不大。但必须对进库种子进行清选,除去种子秕粒、虫粒、虫子、杂质,减少病虫害,提高种子贮藏稳定性和通风换气的能力,为降温降湿打下基础。

(2)搞好密闭贮藏。密闭贮藏使种子处在相对密闭条件下,对外界气温、湿度的影响起一定的隔绝作用,使种堆温度、种子水分波动较小,防止种子吸湿,节省处理和翻晒种子的费用和时间,延长种子安全保管的期限。种子含水量在12.5%以下时,采用密闭贮藏,使种子呼吸作用降到较低水平,对种子安全贮藏起到较好的作用。但对高水分种子,不能马上采用密闭贮藏,更不能操之过急地熏蒸。因为含水量较高的种子,呼吸作用旺盛,种子生活力容易下降,也容易产生仓库害虫和霉菌;含水量较高的种子,如果密闭贮藏,则容易产生无氧呼吸,产生酒精等对种子有毒害作用的物质;熏蒸含水量高的种子将会使种子吸进较多的毒气,导致种子发芽率急剧下降。因此,应及时选择晴好天气进行翻晒。如无机会翻晒,在种子进入仓库时应加强通风,安装除湿机吸湿,迅速降低种子含水量。随着含水量的降低而逐步转入密闭贮藏。种子含水量在12.5%以下,可以常年密闭贮藏;含水量在12.5%～13%的种子,在贮藏前期应短时间通风,降低种堆内部温度与湿度后,立即密闭贮藏。在4月中旬到下旬进行磷化铝低剂量熏蒸。熏蒸前,种子含水量应控制在12.5%以下,熏蒸剂量控制在空间每立方米为2 g,种堆为3 g,熏蒸7 d后开仓释放毒气,然后进行密闭贮藏管理。

(3)注意控制温湿度。外界温湿度可直接影响种堆的温湿度和种子含水量。长期处于高温高湿季节,往往造成仓内温湿度上升。如果水分较低,温度变幅稍大,对种子贮藏影响不大。但水分过高,则必须在适当低温下贮藏。种子含水量未超过12.5%,种温未超过20～25 ℃,相对湿度在55%以内,能安全贮藏比较长的一段时间。湿度影响种子含水量,高湿度能使种子堆水分升高。在6月下旬至8月下旬可采取白天仓内开除湿机,除去仓内高湿。晚上10:00后或早上8:00左右,采取通风、换气、排湿、降温,使仓内一直保持相对的低温、低湿,以顺利通过炎热夏季。

此外,种子贮藏期间应增加库内检查次数,加强种情检查,掌握变化情况,及时发现问题,及早采取措施处理。同时注意仓内外的清洁卫生,消除虫、鼠、雀危害。

(4)采用低温低湿库贮藏。有条件的地方,应采用低温低湿库贮藏,可以较好地保持种子的生活力。在低温库条件下(15 ℃以下)种子的水分控制在13%以下,可以安全度夏,而保持其原有的生活力水平。长时间在低温低湿库贮藏的种子,要注意选择种子出仓时间,最好是播种前7 d内出仓较适宜。因为据试验,种子在低温库贮藏2～3年后,在出仓7 d内,发芽率基本不发生变化,但到出仓第2周发芽率开始下降,出仓14 d发芽率可下降5%～10%。这是由于长期贮藏的种子已经衰老,在外界温湿度变化较大时,种子生活力容易降低。

4. 小包装种子的贮藏

杂交水稻种子销售过程中,需要独立的小包装(一般每袋0.5～1.5 kg)。种子包装前必须经过干燥,将水分降至安全水分以下(一般要求13%以下)。农户购买了小包装的种子后,也应将种子放在低温、干燥的环境,并且应尽快使用。

如果小包装的种子不能在短时间销售完,需要继续贮藏,需根据种子水分高低进行处理。如水分较高,要拆去塑料包装,及时晒种,把种子的含水量降到安全水分标准(一般13%以下)。晒种后,及时做好种子的发芽势和发芽率试验。选择发芽率符合种子质量标准(发芽率>80%)的种子进行再次贮藏利用。对于种子活力不是很高、发芽势较弱的种子,即使发芽率在80%左右,它的再次贮藏效果一般不会很理想。因此,晒种后,应选择发芽势较强、发芽率正常的杂交水稻种子作为贮藏对象。将它们及时放入低温库保存,把库内温度控制在5~10 ℃的恒温条件下,湿度控制在65%以下。经这种低温库保存的隔年杂交水稻种子,发芽率一般能够保持在80%以上,而在自然条件下再保存1年的杂交水稻种子,发芽率只有30%~50%,甚至更低,直至完全报废。

二、小麦种子贮藏技术

小麦(*Triticum aestivum* L.)种子收获时正逢高温多湿季节,收获后必须经过充分晾晒或干燥才能贮藏。即便经过充分干燥的种子,入库后如果管理不当,仍易吸湿回潮、生虫、发热霉变。因此,小麦种子贮藏较为困难,必须引起足够的重视。

(一)小麦种子的贮藏特性

1. 吸湿性强,易生虫霉变

小麦种子属于颖果,稃壳在脱粒时分离脱落,果实外部没有保护物,而且果种皮较薄,组织疏松,通透性好,种子胚乳内淀粉含量高,且含有大量的亲水物质,在干燥条件下容易释放水分,在空气湿度较大时容易吸收水分。因此,小麦种子在曝晒时降水快,干燥效果好;相反,在相对湿度较高的条件下,容易吸湿而提高种子含水量。小麦种子吸收水分的速度,因品种不同而不同。在相同条件下,白皮小麦比红皮小麦吸湿速度快,软质小麦比硬质小麦吸湿速度快,小粒、虫蚀粒比大粒小麦吸湿能力强。总的来讲,小麦种子具有较强的吸湿能力,在相同的条件下,种子的平衡水分较其他麦类高,吸湿性较稻谷强。另外,麦种在吸湿过程中还会产生吸胀热,产生吸胀热的临界水分为22%,水分在12%~22%之间,每吸收1 g水便能产生336 J的热量。种子水分越低,吸湿产生的热量越多。所以,干燥的麦种一旦吸湿不仅会增加水分,还会提高种温。

小麦种子吸湿后,一方面体积胀大,粒面变粗糙,容重减轻,千粒重增加,散落性降低,淀粉、蛋白质水解,可溶性糖含量增加;另一方面呼吸强度增大,产生了较多的热量和水分,水分的加大和热量的增高又促使呼吸作用加强,热度进一步升高,这都促使微生物(霉菌、细菌等)、仓库害虫的迅速大量繁殖,导致种子发霉、变质,丧失生活力。为害小麦种子的仓库害虫主要有麦蛾、玉米象、米象、谷蠹、印度谷蛾等,特别是麦蛾和玉米象为害最为严重。被害的子粒往往有孔洞或被蛀蚀一空,完全失去种用价值。因此,小麦种子的贮藏应特别注意防潮、防害虫和防病菌等"三防"工作。

2. 通气性差

小麦种子的孔隙度一般在35%~45%之间,通气性较稻谷差,适宜干燥密闭贮藏;保温性也较好,不易受外界温度的影响。但是,当种子堆内部发生吸湿回潮和发热时,则湿热不易排除。

3. 耐热性强

小麦种子能忍耐较高的温度,特别是未通过后熟的种子,忍耐高温的能力更强。小麦种子的耐热性与含水量密切相关,含水量在17%以下,种温在较长时间内不超过54 ℃,或含水量在17%以上,种温不超过46 ℃的条件下进行干燥和热进仓,不会降低发芽率。根据小麦种子这一特性,实践中常采用热进仓的方法防治害虫。但通过后熟的小麦种子耐热性降低。所以小麦陈种子以及通过后熟期的种子，不宜采用高温干燥和贮藏，否则会影响种子发芽率。

4. 后熟期长

小麦种子具有较长的后熟期，一般在1～3个月。后熟期的长短因品种而异，通常红皮小麦比白皮小麦长，冬性品种比春性品种长。另外，与小麦种子成熟度有关，充分成熟后收获的小麦种子后熟期较短，提早收获的小麦种子则较长。通过后熟作用的小麦种子可以改善麦粉品质，但在后熟过程中，由于物质的合成作用不断释放水分，这些水分聚集在种子表面便会引起"出汗"，严重时甚至使种子堆出现结顶或发热霉变现象。有时还因种子的后熟作用引起种温波动，即"乱温"现象。这些都是小麦种子贮藏过程中需要特别注意的。

小麦种皮颜色不同，耐藏性存在差异，一般红皮小麦的耐藏性强于白皮小麦。

（二）小麦种子贮藏技术要点

1. 严格控制入库种子水分

小麦种子贮藏期限的长短，取决于种子的水分、温度及贮藏设备的防潮性能。小麦种子入库时，要将水分控制在10.5%～11.5%，密闭贮藏期间应控制在12.0%以下。种子水分低于12.0%，种温不超过25 ℃，小麦种子可安全贮藏。种子水分超过12.0%，种温超过30 ℃便会降低发芽率，水分越高，发芽率下降越快。据试验，水分为11.0%、13.0%和15.0%的麦种，在室温条件下用铁桶密封贮藏，经过一年半后，水分为11.0%的麦种发芽率仍能保持在94%以上，水分13.0%的种子发芽率下降到69%，失去种用价值，而水分为15.0%的麦种，经过一个高温季节发芽率便下降，一年半后发芽率全部丧失。实践经验表明，小麦种子即使在低温条件下密闭贮藏，同样需要保持干燥。例如，在15～20 ℃条件下，水分为11.3%的麦种，贮藏12个月发芽率完好；水分为14.0%的麦种，贮藏5个月，发芽率便开始下降；水分为16.5%的麦种，贮藏2个月，发芽率便下降。所以，小麦种子收获后要趁高温天气及时晾晒或采用机械烘干，将种子水分降到12.0%以下，然后用缸、坛、木柜或铁桶等容器密闭贮藏。密闭贮藏既能避免种子受潮湿空气的影响，又能预防种子吸湿而生虫。

2. 密闭压盖防湿防虫贮藏

此法适用于数量较大的全仓散装种子，对于防治麦蛾有较好的效果。具体做法：先将种子堆表面耙平，后用麻袋2～3层，或篾垫2层或干燥砻糠灰10～17 cm覆盖在上面，可起到防湿、防虫作用，尤其是砻糠灰有干燥作用，防虫效果更好。覆盖麻袋或篾垫要求做到平整、严密、压实。就是指覆盖物要盖得平坦而整齐，每个覆盖物之间衔接处要严密不能有脱节或凸起，待覆盖完毕再在覆盖物上压一些有分量的东西，使覆盖物与种子之间没有间隙，以阻碍害虫活动及交尾繁殖。

压盖时间与效果有密切关系，一般在入库以后和开春之前效果最好。但是种子入库以后采用压盖，要多加检查，以防后熟期"出汗"发生结顶。到秋冬季交替时，应揭去覆盖物降温，但要防止表层种子发生结露。如在开春之前采用压盖，应根据各地不同的气温状况，必须掌握在越冬麦蛾羽化之前压盖完毕。在冬季每周进行面层深扒沟一次，压盖后能使种子保持低温状态，防虫效果更佳。

3. 热进仓贮藏

热进仓贮藏是利用小麦种子耐热性强而采用的一种贮藏方法，对于杀虫和促进种子后熟有很好的效果，同时具有方法简便、节省能源、不受药物污染、不受种子数量限制等优点。具体做法：选择晴朗天气，将小麦种子进行曝晒，当种子含水量降至 12%以下，种温达到 46 ℃以上但不超过 52 ℃，趁热迅速将种子入库堆放，覆盖麻袋 2～3 层密闭保温，将种温保持在 44～46 ℃之间，经 7～10 d 后掀掉覆盖物，进行通风散热直到与仓温相同为止，然后密闭贮藏即可。

为提高小麦种子热进仓贮藏效果，必须注意以下事项：

(1)严格控制水分和温度。小麦种子热进仓贮藏成败的关键在于水分和温度，水分高于 12.0%会严重影响发芽率，一般可掌握在 10.5%～11.5%。温度低于 42 ℃杀虫无效，温度越高杀虫效果越好，但温度越高且持续时间越长，对种子发芽率影响越大。一般种温 46 ℃密闭 7 d 较为适宜，44 ℃则应延长至 10 d。如果曝晒种温达到 50 ℃以上，将麦种拢成 2 000～2 500 kg 左右的大堆，保温 2 h 以上然后再入库，杀虫效果更好。

(2)入库后严防结露。热进仓的麦种温度较高，而仓内地坪温度较低，二者温差较大，种子入库后容易引起种子堆底层结露。再有，种子堆上表层种温因受仓温影响而下降，与堆内高温形成温差使水分分层。有时这两部分种子反而会生虫和生霉。所以，麦种入库前必须打开门窗使地坪增温，或铺垫经曝晒过的麻袋和砻糠(谷壳)，以缩小温差。如果用缸、坛、瓮等容器贮藏种子，必须与麦种同时曝晒增温。入库时，无论种子数量多大均应连续进仓，一次完成，以免种子堆之间出现温差而造成水分分层。入库后应在种子堆表面加覆盖物，密闭门窗，既可保温又可预防结露。对于一些缸、坛等容器也应密封，以防小麦种子在冷却过程中吸湿回潮。

(3)抓住有利时机迅速降温。高温密闭杀虫达到预期效果后，应迅速通风降温，这项工作应在短期内完成。因为长时间的高温密闭虽对杀虫有效，但对保持种子发芽率并不一定有益。如果降温时间拖得太长，麦种受外界温湿度影响反而增加水分，有时还有可能感染害虫。

(4)通过后熟期的麦种不宜采用热进仓贮藏。这是因为通过后熟作用的麦种耐热性降低，经高温处理后虽能达到杀虫目的，但是对发芽率会有较大影响。所以，热进仓贮藏应在麦种收获后立即进行。

4. 低温密闭贮藏

低温密闭贮藏既能降低种子呼吸强度，延长种子寿命，又能抑制仓库害虫和微生物的繁殖。保持种子温度在 15 ℃以下，仓内相对湿度在 65%以下，可以达到防虫、防霉和安全贮藏的目的。

控制低温的方法有自然低温法和冷风降温法两种。自然低温法是在仓外将种子进行薄摊冷冻，趁低温密闭贮藏。在我国北方地区，可利用自然低温法在冬季通过翻仓、通风措施将种温降到 0 ℃以下，再进行密闭贮藏。这种方法对消灭种子堆内的越冬仓库害虫有较好的效果，也能延缓外界高温的影响。冷风降温法是在低温库或恒温恒湿库内利用机械制造冷风降低种子温度进行低温贮藏的方法，其贮藏效果更为理想。对种子采用低温密闭贮藏时要特别注意控制种子的水分，种子水分过高，会在低温下遭受冻害而降低发芽率。

小麦种子仓内的害虫主要有麦蛾、玉米象、谷蠹、大谷盗等。一般在气温 25 ℃左右，每 20 d 进行一次检查，扦样量为 1 kg，用铝制套筛筛选，仔细观察并计算每千克样本中害虫头数。当种子已经发生害虫且其他防治措施难以奏效时，可使用磷化铝熏蒸防除。

(三)少量小麦种子的贮藏

对于少量麦种、少量育种材料或保留样品可采取以下几种方法贮藏：

(1)对于少量种子，必须将种子含水量降到安全水分以下，然后装在牛皮纸袋、布袋或塑料袋中，再将其放在密闭干燥的环境中贮藏；对于几十千克甚至数百千克的种子，可放在缸(罐)内贮藏。具体做法是：缸(罐)底铺上一层干燥的草木灰，将种子放进后，上面盖一层10～15 cm厚干燥的草木灰，然后用塑料布包好缸口即可。用此法贮藏的种子室温下一般经2～3年不会变质。若在低温下，贮存时间更长。

(2)将充分晒干的种子装在玻璃瓶或铁罐内，加盖并用蜡封口贮藏。贮藏时，在罐(瓶)中放少许变色硅胶干燥剂，当硅胶变为粉红色，表示硅胶已失去干燥能力需将其取出烘干再使用。这样贮藏的种子若置于低温(5 ℃以下)下，可经几年甚至几十年不丧失生活力。

(3)对于保存选留的单穗种子，也可采用带穗贮存的方法。在挂藏室内用竹竿等搭成4～5层的架，将麦穗100个左右捆成一把，两把捆在一起挂在架上，然后用杀虫剂如敌敌畏原液喷洒墙壁和地面以消毒杀虫，喷后关严门窗，以后每隔10～15 d喷洒一次，每月用敌敌畏挂条熏蒸一次，注意挂藏室必须密闭，尽可能保持较低的室内温度。播种前，将穗子取出喷适量水分，以防断梗落粒。

三、大麦种子的贮藏技术

大麦(*Hordeum vulgare* L.)属于禾本科大麦属一年生草本植物。大麦是皮大麦和裸大麦的总称。一般子粒有稃的大麦称皮大麦，其特征是稃壳和子粒相粘连；裸大麦稃壳与子粒分离，子粒裸露，在青藏高原称“青稞”，在长江流域称“元麦”，在华北地区称“米麦”，曾与小麦、大麦并称“三麦”。按照用途，分为饲料大麦、食用大麦和啤酒大麦，广泛用于饲料、食物和啤酒麦芽工业原料。生产上用的大麦种子一般为常规种，分原种和大田用种两个等级。种用大麦和啤酒大麦都要求有较高的内在品质和较高的发芽率。所以，掌握大麦种子贮藏特性与科学贮藏技术，是安全贮藏、提高种用价值的关键所在。

(一) 大麦种子贮藏特性

1. 休眠期较长

大麦种子收获后，一般不能立即发芽，即使有些麦粒能发芽，发芽率也不高，常在80%以下。研究表明，不同大麦品种的休眠期长短不同，裸大麦为1～2个月，小粒种子(千粒重在32.5～41.15 g)比大粒种子(千粒重在43.5～48.8 g)休眠期短，小粒种子为15 d左右，大粒种子30 d以上。种子在这一阶段，由于旺盛的呼吸作用和低分子缩合作用(氨基酸合成蛋白质，脂肪酸合成脂肪，可溶性糖合成淀粉)都放出一定量的水分。所以新入库的种子在贮藏前期常会出现种子水分逐渐增多的现象。水分增多后，其中一部分蒸发成水汽，充满种子堆间隙，一旦达到饱和状态，水汽就凝结成小水滴，附着在种子表面，形成所谓的“出汗”现象。在南方冬大麦区，此时正值梅雨季节，空气湿度大、气温渐渐升高，如果没有及时干燥通风，就会引起回潮发热，也会为害虫和微生物提供有利的生长发育条件，造成种子活力下降或丧失，严重者发生虫霉。

2. 易生虫霉变

大麦种子在休眠期间，呼吸作用旺盛，释放出的水分和热量，常常引起种子“出汗”。或者种子入库时，水分过高或含水量不一致时，都会引起结露现象的发生。“出汗”和“结露”更加剧了种子呼吸作用，使微生物迅速增长繁殖，而在相同条件下，微生物释放出的热量比种子本身多，如此循环往复，不但使种子生活力很快丧失，而且特别适宜于仓贮害虫和霉变的发生。

(二)大麦种子贮藏技术要点

1. 严格控制种子水分

贮藏期间的种子水分是影响种子生活力甚至导致虫霉的关键因素。新收获的大麦,子粒含水量高达40%,一般要进行日光曝晒或干燥,使水分降至12%以下,方可入库。对于酿造用大麦,干燥温度不应超过40 ℃,因为过高的温度往往对酿造品质造成一定的破坏作用。

大麦贮藏期间呼吸作用的强弱,不仅与温度有关,而且与种子本身水分的关系更为密切。水分过高时,种子内就会出现大量的自由水,这样就大大增强了呼吸酶的活性,因而增强了呼吸作用。尤其在水分高、温度高的情况下,呼吸作用更强,这就大大加快了贮藏种子的劣变过程,使发芽率大大下降。“如冬3号”大麦种子试验表明:当种子含水量在16%左右时,贮藏10 d发芽率就由90%下降到80.5%;贮藏2个月后,发芽率下降到21%。种子含水量在13.5%左右时,同等条件下贮藏,发芽率仅下降1%~4.5%。此外,降低大麦种子含水量,可预防结露。大麦种温在30 ℃,含水量在16%左右时,结露温度约为26 ℃;含水量在13%以下时,结露温度约为21 ℃。降低种子含水量还可以控制微生物的为害,减少霉变。因此大麦种子收获后,必须及时晾晒和充分干燥,将种子的含水量降到安全水分以下。

2. 加强管理,合理通风

大麦种子在后熟作用期间呼吸旺盛,散发大量的水汽和热量,因此在贮藏期间要选择空气湿度较低的晴天进行通风。要经常检查麦堆,发现堆内湿度变大,种子有结露现象时,要及时进行倒堆或倒仓,进行通风降温降湿,严重时要进行晾晒或烘干,一般夏季要进行1~2次倒堆倒仓,以免发生虫蛀、发热、发霉、返潮等现象,影响种子发芽力。种子收购入库时如因分户管理而出现水分差异、或入库时间参差不齐时,应选择晴好低温天气进行通风。种子收获后遇雨不能及时干燥的,不能用塑料薄膜就地进行长时间密闭防雨,而要摊晾在室内,勤翻动。需要长期贮藏的啤酒大麦,为延长保存期,可以选择冬季寒冷的天气进行通风冷冻,到翌年开春后做好密封工作,防止吸湿和温度上升。

3. 科学防治仓库害虫

大麦在贮藏过程中经常遭受玉米象、麦蛾、谷蠹、螨类等危害,贮藏时首先要清除种子杂质、害虫,搞好仓库内外的环境卫生。清除种子害虫可以进行热进仓贮藏,具体做法是:贮藏前选择晴好的天气将大麦种子充分曝晒2~3 d,保证种子含水量降到12%以下,在下午2:00左右趁热贮藏,为提高杀虫效果和防止温差造成的结露现象,要做到种子热、仓库热、麻袋和其他用具热。其次可以使用磷化铝药剂熏蒸杀虫。

四、玉米种子贮藏技术

玉米(*Zea mays* L.)为禾本科玉米属,一年生谷类植物,起源于美洲。它是一种高产作物,适应性强,是分布最广泛的粮食作物之一,它的种植范围从北纬58°(加拿大和俄罗斯)至南纬40°(南美),在我国各地几乎都有种植。玉米是我国种植面积最大的作物。我国年产玉米量占世界第二位,仅次于美国。玉米是异花授粉作物,自然杂交率很高,但保纯较难。玉米子粒根据其形态、胚乳的结构以及颖壳的有无可分为9种类型,即硬粒型、马齿型、半马齿型、粉质型、甜质型、甜粉型、蜡质型、爆裂型、有稃型。按品质分类,可分为普通玉米(饲料玉米)和特用玉米。特用玉米是指除常规玉米以外的各种类型玉米,包括甜玉米、糯玉米、高赖氨酸玉米、高油玉米、高淀粉玉米、青饲玉米、爆裂玉米、笋玉米等。玉米是我国的主要粮食作物之一，但玉米种子贮藏过程中极易发生发热霉变与低温冻害等使种子劣变现象。因此，安全、有效地贮藏玉米种子具有重要意义。

(一)玉米种子的贮藏特性

穗贮与粒贮并用是玉米种子贮藏的一个突出特点，一般新收获的种子多采用穗贮以利于通风降水，而隔年贮藏或具有较好干燥设施的单位常采取脱粒贮藏。不同的玉米种子其耐藏性是不同的。据报道，脂肪氧化酶广泛存在于植物特别是高等植物体内，其活力高低直接影响到农作物，如大豆、小麦、水稻和玉米等种子的贮藏特性。程昕昕和刘正(2006)以不同玉米自交系为材料，采用人工加速老化的方法，研究了种子脂肪氧化酶缺失对玉米贮藏过程的影响，结果表明，不同的自交系在同时缺失 Lox-1、Lox-2 时，其玉米自交系具有耐贮藏的特性。一般来说，玉米种子具有以下 5 种贮藏特性。

1. 子粒大，种胚大，呼吸旺盛，容易发热

玉米种子粒型大，在禾谷类作物种子中，属大胚种子，种胚的体积占整个子粒的 1/3 左右，重量占全粒的 10%～12%。从它的营养成分来看，脂肪占全粒的 77%～89%，蛋白质占 30%以上，并含有大量的可溶性糖。胚部组织疏松，含有较多的亲水基，因此比胚乳更容易吸湿。在种子含水量较高的情况下，胚的水分含量比胚乳高，而干燥种子的胚，水分却低于胚乳(表 11-1)。因此，玉米种子吸水性较强，呼吸量也比其他谷类种子大得多，因而在贮藏期间稳定性差，容易引起种子堆发热，导致发热霉变。有资料报道，含水量 14%～15%的玉米种子在 25 ℃条件下贮藏，呼吸强度为 28 mg O_2/(kg · 24 h)，而相同条件下的小麦种子呼吸强度仅为 0.64 mg O_2/(kg · 24 h)。

表 11-1　玉米胚与胚乳水分变化的比较　　%

不同处理的玉米	全粒水分	胚部水分	胚乳水分	备注
新剥玉米粒	31.4	45.2	29.0	刚从植株上剥下时测定的水分
收获后 5 d 的玉米	23.8	36.4	22.4	收获后剥去苞叶 5 d 后测定的水分
烘干的玉米	12.8	10.2	13.2	
晾晒后的玉米	14.4	11.2	14.8	

2. 玉米种胚易遭虫霉为害

玉米胚部水分高，可溶性物质多，营养丰富，容易遭受虫霉为害。为害玉米的害虫主要有玉米象、大谷盗、杂拟谷盗、锯谷盗、印度谷螟、粉斑螟、麦蛾等，为害玉米的霉菌多半是青霉、曲霉、镰刀菌、交链孢霉等。由于甜玉米种胚比普通玉米营养更丰富(含糖量高)，因此甜玉米的受害程度更为突出。Zhao 等(2005)的研究结果表明，为害甜玉米的霉菌达 16 个属之多，其中尤以镰刀菌属的为害最为严重，而且研究还表明，甜玉米种子的带菌越多或是镰刀菌分离越多，种子的活力也越低，种子的贮藏寿命也越短。

当玉米水分适宜于霉菌生长繁殖时，胚部会长出许多菌丝体和不同颜色的孢子，被称为“点翠”。因此，完整粒的玉米霉变，常常是从胚部开始的。实践证明，经过一段时间贮藏后的玉米种子，其带菌量比其他禾谷类种子高得多。玉米胚部是虫、霉首先为害的部位，胚部吸湿后，在适宜的温度下，霉菌即大量繁殖。因此，在生产上玉米种子经常发生“点翠”现象，这是玉米种子较难贮藏的原因之一。

在穗轴上的玉米种子由于开花授粉时间的不同，顶部子粒成熟度差，往往为不成熟粒，加上含水量高，在脱粒加工过程中易受损伤而成为破损粒。据统计，一般损伤率在15%左右。损伤子粒呼吸作用较旺盛，易遭虫霉为害，经历一定时间会波及全部种子。所以，入库前应将这些破碎粒及不成熟粒清除，以提高玉米种子贮藏的稳定性。

3. 玉米种胚容易酸败

玉米种子脂肪含量高达4%～5%，其中绝大部分(77%～89%)集中在种胚中，所以胚部的脂肪酸值始终高于胚乳，由于这种分布特点再加上种胚吸湿性又较强，因此，玉米种子非常容易氧化酸败，酸败也首先从胚部开始，从而导致种子生活力降低。特别是在高温、高湿条件下贮藏，种胚的酸败比其他部位更明显。据试验，玉米在13 ℃和相对湿度50%～60%条件下贮藏30 d，胚乳的酸度为26.5(酒精溶液，下同)，而胚为211.5。在温度25 ℃、相对湿度90%的条件下，胚乳酸度为31.0，胚则高达633.0，可见玉米种胚容易酸败，高温高湿更加快酸败的速度。

4. 玉米种子易遭受低温冻害

我国玉米生产主要在北方地区。在我国北方，玉米属于晚秋作物，一般收获较迟，收获时天气已转凉，加之种子较大，果穗被苞叶紧紧包裹在里面，在植株上得不到充分的日晒干燥，水分不易蒸发，因此收获时种子水分较高，一般在20%～40%。即使在秋收时，日照好、雨水少的情况下，玉米种子含水量也在17%～22%。由于种子水分高，入冬前来不及充分干燥，极易发生低温冻害，而这种现象在下列情况下更易发生：一是低温年份，特别是霜冻来得早的年份，种子成熟期推迟，或不能正常成熟，含水量偏高；二是种子收获季节阴雨连绵、空气潮湿或低温来得早；三是一些杂交组合生育期偏长、活秆成熟或穗粗、粒大、苞叶包裹紧密。

有关玉米种子低温冻害条件的研究资料众多，由于研究者选用的材料和试验方法不同，得到的结果也不尽一致。据试验，玉米水分高于17%时易受冻害，发芽率迅速下降。

5. 玉米穗轴特性

玉米穗轴上种子成熟度存在差异，脱粒时子粒破碎增加，加之受热害或受冻害等原因，都能增强种子生理活性，促进种子呼吸作用，从而降低玉米种子贮藏的稳定性。穗轴部位不同，种子活力存在差异。陈志英(2021)比较了隆平206、华皖267、豫单112、齐玉606、庐玉4130等5个玉米品种不同穗位种子的活力差异，发现5个品种在发芽势和发芽率上都是中部大于顶部，同一品种不同粒位间在发芽率上差异不显著。

此外，玉米穗轴在乳熟及蜡熟阶段柔软多汁，成熟时穗轴的表面因细胞木质化而变得坚硬，其主要化学成分是纤维素、木质素、果胶及矿物质，而轴心(髓部)组织却非常松软，通透性较好，具有较强的吸湿性。种子着生在穗轴上，其水分的大小在一定程度上取决于穗轴。潮湿的穗轴水分含量大于子粒，而干燥的穗轴水分则比子粒少。果穗在贮藏期间，种子和穗轴水分变化与空气相对湿度有着密切关系，都是随着相对湿度的升降而增减。

将玉米穗轴和玉米粒放在不同的相对湿度条件下，其平衡水分有明显的变化。据实验，在空气相对湿度低于80%的情况下，穗轴水分低于玉米粒；当相对湿度高于80%时，穗轴水分却高于玉米粒。前者情况，穗轴从子粒吸水，可以使玉米粒降低水分，而后者却相反，玉米粒从穗轴吸水，使种子增加水分。因此，相对湿度低于80%的地区以穗藏为宜，超过80%的地区，则以粒藏为宜。但是，考虑到果穗贮藏仓容量大和运输上的困难，种子仓库多半以子粒贮藏为主。

(二)玉米种子贮藏技术要点

1. 普通玉米种子贮藏技术

普通玉米种子安全贮藏的关键在于提高入库质量,降低种子水分。低水分种子如不吸湿回潮,则能长期贮藏而不影响生活力。由于各地的空气温度和湿度有较大差异,应根据当地具体情况,采用相应的贮藏措施。据各地经验,北方玉米水分在14%以下,种温不高于25 ℃,而南方玉米种子水分在13%以下,种温不超过30 ℃,可以安全过夏。玉米霉变的临界水分见表11-2。

表11-2　玉米霉变的临界水分

含水量/%	13	14	15	16	17	18	19	20
温度/ ℃	30	27	24	21	18	15	12	9

玉米种子贮藏有穗藏法和粒藏法两种方式。穗藏即苞叶去掉后,将整个果穗贮藏。粒藏即将脱粒后的子粒干燥后入仓贮藏。常年相对湿度较低的丘陵山区和我国北方,常采用穗藏法。常年相对湿度较高或仓房条件较好的地区则采用粒藏法。

(1)果穗贮藏

果穗贮藏优点:①新收获的玉米果穗,穗轴内的营养物质因穗藏可以继续运送到子粒内,使种子达到充分成熟,且可在穗轴上继续进行后熟作用。②穗藏孔隙度大,达51%左右,便于空气流通,堆内湿气较易散发。高水分玉米有时干燥不够,经过一个冬季的自然通风,可将水分降至安全标准以内,至第二年春即可脱粒,再进行密闭贮藏。③子粒在穗轴上着粒紧密,外有坚韧果皮,能起到一定的保护作用,除果穗两端的少量子粒可能感染霉菌或被虫蛀蚀外,一般能起防虫、防霉作用,中间部分种子生活力不受影响,所以生产上常采用这部分种子作播种材料。

果穗贮藏同样要注意控制水分,以防止种子发热和受冻害。果穗水分高于20%,在温度−5 ℃的条件下便受冻害而失去发芽力。水分高于17%,在−5 ℃时也会轻度受冻害,在−10 ℃以下便失去发芽力。水分大于16%时,果穗易受霉菌为害,在14%以下方能抑制霉菌生长。所以,过冬的果穗水分应控制在14%以下为宜,干燥果穗的方法可采用日光曝晒和机械烘干。曝晒法一般比较安全,烘干法对温度应作适当控制,种温在40 ℃以下,连续烘干72～96 h,一般对发芽率无影响,高于50 ℃对种子有害。

果穗贮藏法有挂藏和玉米仓堆藏两种。挂藏是将果穗苞叶编成辫,用绳逐个联结起来,挂在避雨通风的地方。有些是采用搭架挂藏,也有将玉米苞叶联结后围绕在树干上挂成圆锥体形状,并在圆锥体顶端披草防雨。挂藏操作简单方便,无需成本,能有效避免玉米种子发热、发霉等情况发生,适用于玉米种子产量较少的情况(宋冬艳,2022)。堆藏则是在露天地上用高粱秆编成圆形通风仓,将剥掉苞叶的玉米穗堆在里面越冬,翌年再脱粒入仓,此法在我国北方采用较多。堆藏具有通风、挡雨、防鼠、防涝、建造成本低、方便简洁、使用寿命长等优点(宋冬艳,2022)。

(2)子粒贮藏

子粒贮藏优点:仓容利用率高,如仓库密闭性能好,种子处在低温干燥条件下,可以长期贮藏而不影响活力和发芽率。粒藏法可提高仓容量,密度在55%～60%,空气在子粒堆内流通性较果穗堆内差。如果仓房密闭性能较好,可以减少外界温、湿度的影响,能使种子在较长时间内保持干燥,在冬季入库的种子,则能保持较长时间低温。据试验,利用冬季低温种温在0 ℃时将种子入库,面上盖一层干沙,到6月底种温仍能保持在10 ℃左右,种子不生霉不生虫，并且无异常现象。

对于采用子粒贮藏的玉米种子，当果穗收获后不要急于脱粒，应以果穗贮藏一段时间为好。这样对种子完成后熟作用，提高品质以及增强贮藏稳定性都非常有利。玉米种子的后熟期因品种而不同，一般经过 20～40 d 即可完成，而经过 15～30 d 贮藏之后，就可达到最高的发芽率。

粒藏种子的水分，一般不宜超过 13%，南方则在 12%以下才能安全过夏。据各地经验，散装堆高随种子水分而定。种子水分在 13%以下，堆高 3～3.5 m，可密闭贮藏。种子水分在 14%～16%，堆高 2～3 m 需间隙通风。种子水分在 16%以上，堆高 1～1.5 m，需通风，保管期不超过 6 个月，或采用低温保管，但要注意防止冻害。

玉米种子的粒藏法必须同时满足种温和种子含水量两个指标要求。南方入库玉米种子种温不高于 30 ℃，且含水量应控制在 13%以下。北方入库玉米种子种温不高于 25 ℃，且含水量应控制在 14%以下。入库前进行种子干燥处理，严格控制种子入库水分；入库后的玉米种子要严防吸湿回潮，新收玉米种子在秋冬交替时易发生结顶发热，此时应及时倒仓，转入低温贮藏。

超干贮藏不但具有低温贮藏的效应，极大地延长种子寿命，而且又可降低保管费用，简便易行、高效低耗且利于环保。在种子尤其是种质资源和高价值种子的长期贮藏中，应用前景广阔。随着种子超干贮藏技术的发展，像玉米等大粒种子的超干燥处理虽然困难，但随着相关研究越来越多，超干贮藏有望成为普通玉米种子的常规贮藏方法。胡伟民等（2002）采用硅胶干燥和较高温度加温干燥两种方法对玉米种子进行超干处理，并经 7 年常温密闭贮藏。通过发芽试验和超氧歧化酶活性测定，用硅胶干燥的玉米种子在水分降至 4.05%时生活力和活力最高，水分超过 7.49%时，便失去生活力。较高温度加温干燥的玉米种子生活力和活力普遍较差，当水分低于 5.97%时，发芽率迅速降低为零，无法进行超干贮藏。由此可见，采用硅胶进行超干处理，在一定时期内有利于玉米种子的长期贮藏，同时也表明了玉米种子不宜过度干燥。李圣福等（2008）以玉米杂交种农大 108 和自交系黄 C 为材料，用真空冷冻干燥机和烘箱干燥的方法进行超干处理，并对超干后的种子进行发芽测定，探讨玉米种子的超干适应性，筛选适宜的超干燥方法。结果表明，冷冻干燥机干燥较烘箱干燥速度快，能在较短时间内达到超干水平，且超干种子具有强的抗高温老化能力。但超干种子直接进行发芽，发芽率较低，缓湿后发芽率明显提高。说明玉米种子可以进行超干贮藏，但必须进行缓湿处理后再播种。

2. 北方玉米种子越冬贮藏技术

我国北方玉米种子贮藏的突出问题是种子成熟后期气温较低，收获时种子水分较高，又难晒干，易受低温冻害，因此如何安全越冬是北方玉米种子贮藏管理的重点。根据研究结果与实践经验，从收获前开始，利用北方秋季凉爽干燥的气候条件，抓好晒种降水这一关键措施，在低温来临之前将水分降至受冻害的临界水分以下，可以使玉米种子安全越冬。

北方玉米种子越冬贮藏的具体技术措施如下：

（1）站秆扒皮，收前降水。在种子乳熟末期至蜡熟期之间，将玉米果穗的苞叶扒开，使果穗暴露在空气当中，可收到明显的降水效果。这一措施已成为辽宁、吉林等省普遍采用的玉米种子干燥措施。扒皮时间在 9 月上中旬，收获前 10～20 d 进行。试验表明收前 20 d 扒皮可比对照多降水 9.7%，收前 15 d 扒皮多降水 8.6%，收前 9 d 扒皮则多降水 6.5%。站秆扒皮的最适宜时机是种子蜡熟初期，过早则会影响产量，太晚则降水不明显，得不偿失。站秆扒皮尤其适用于那些生育期偏长、活秆成熟和子粒脱水较慢的品种。

（2）适期早收，高茬晾晒。玉米种子的生活力形成较早。试验表明，乳熟末期的玉米种子已具有较好的种用品质，是适期早收的临界期，而蜡熟期收获比较理想，不仅种子活力高，而且不影响产量。

高茬晾晒的具体做法是先收父本，将父本从地上 30 cm 处割断。母本从地面割倒后，扒棒绑挂，2～4 个一串，挂在父本行的高茬上进行风干。

(3)玉米果穗通风贮藏。玉米穗贮时由于孔隙度较大，便于通风干燥，可利用秋冬季节继续降低种子水分，同时穗轴对种胚有一定的保护作用，可以减轻霉菌和仓库害虫的感染。

玉米果穗通风贮藏有多种方式，可根据种子量的大小不同灵活选用。少量种子可采用立桩搭挂、木架吊挂、棚内吊挂等方式进行。种子量较大时可选择地势干燥、通风良好的地方与秋季主风向垂直搭砌玉米穗仓，具体方法是在地面用砖、木等垫高 30～50 cm 做好仓底，铺上秫秸，上面砌玉米穗仓，仓的厚度 70～100 cm，高度和长度依种子量而定，也可砌成多排仓，但各排之间要留有一定距离，以免相互挡风。为便于搭砌通风仓，有的地方将玉米果穗先装入通气良好的编织袋，然后建仓，效果很好。有条件的单位也可建造永久性玉米仓：四周用方木作固定柱，在离地面 30～50 cm 架好仓底，四周用木板条或金属做成通风仓壁，顶盖用人字架做遮雨(雪)棚，既通风又防雀防雨。

玉米果穗入仓时应进行挑选，将未成熟、含水量高的果穗挑出继续干燥，当种子水分降至 20%以下时，可入仓贮藏而不必倒仓，一直贮藏至春季播前脱粒，也可在入冬前种子水分降至 16%以下时，入种子库贮藏。

(4)低温密闭隔年贮藏。通风仓中的玉米果穗，至春季含水量可降至 13%左右，如果当年不用于播种，最好脱粒后进行密闭贮藏。方法是在早春(3—4 月份)脱粒，然后趁自然低温过风作囤密闭贮藏，以保持种子干燥低温的贮藏状态。密闭贮藏可有效提高玉米种子的使用寿命。据 Odjo 等(2022)研究表明，墨西哥玉米地方品种采用密闭贮藏技术后损失最小，昆虫损伤和重量损失分别仅为 4.1%和 2.2%。密闭可采用压盖、囤套囤等方式，隔热材料以膨胀珍珠岩效果较好，稻壳等容重较低的材料也有一定效果。隔离层厚度以 20～40 cm 较适宜，并注意密闭隔热层的完整性。

北方玉米种子贮藏管理中必须注意以下几点：

(1)严格控制水分以防冻害。种子贮藏效果的好坏，很大部分取决于种子含水量。低温是种子贮藏的有利条件，但在北方寒冷的天气到来之前，种子只有充分晒干，才能防止冻害。入仓及贮藏期间，含水量要始终保持在 14%以下，种子方可安全越冬。如果玉米种子含水量过高，种子内部各种酶类进行新陈代谢，呼吸能力加强，严寒条件下，种子就会发生冻害，降低或丧失发芽能力。据有关资料介绍，当玉米种子含水量低于 14%时，室外温度在－40 ℃的条件下，不降低发芽率；当含水量在 19%时，室外温度在－18～－12 ℃的条件下，仅 8 d 就丧失发芽力；当含水量在 30%时，在同样的室外温度下，只 2 d 时间，就全部冻死。

(2)定期检查含水量、种温、发芽率。北方玉米种子冬贮时间较长，因此在贮藏期间要检测玉米种子含水量、温度变化情况，保证玉米种子温度与含水量在正常范围，做到定期、定点、定时、定层进行检查(宋冬艳，2022)。如发现水分超过安全贮藏标准，应及时通风透气，调节温湿度，以免种子受冻或霉变。另外还应定期进行种子发芽试验，检验种子是否受害。若发芽率降低，应查明原因，及时采取补救措施。

(3)创造良好的贮藏环境。对不符合建仓标准和条件差的仓库要进行维修，种子仓库要做到库内外干净清洁，仓库不漏雨雪。室外贮藏不可露天存放在雨雪淋浸的地方，还要认真做好防虫、防鼠工作。

(4)有合理的贮藏保管方法。贮藏方法是否合理，直接影响贮藏效果。贮藏方法大致有室外、冷室、暖室贮藏等几种，若种子含水量在14%以下，室内外均可安全越冬。但一般多以冷室贮藏为宜，也可室外贮藏，但应注意防止雨雪淋浸。不论采取什么方法贮藏，都应把种子袋垫离地面30 cm以上，堆垛之间要留一定空隙。还应注意，在室外贮存的种子，遇冷后不应再转入室内；同样在室内贮存的种子，不可突然转到室外，否则，温度的骤然变化，会使种子的发芽率降低。

3.南方玉米种子越夏贮藏技术

南方各地的夏收早玉米，应注意种子水分，只有充分干燥的种子才能安全度过炎夏高温期。为了避免种子在夏、秋季节吸湿返潮，要认真搞好种子库的维修与防潮。地面没有隔潮层的库房，可以采用垫高堆底30～50 cm，或地面铺上干河沙、稻壳等隔湿物20～30 cm。高湿是导致种子发热霉变和降低种子活力的主要原因。在玉米越夏贮藏过程中，要千方百计地减少外界气温对种子堆温度的影响，保持种子在干燥低温条件下的宜贮状态。在高温、高湿季节，原则上库房管理应以密闭贮藏为主，有条件的地方可以采用低温密闭的形式。气温下降季节或仓内温湿度较高时，可采用自然通风或机械通风，更好地解决贮藏需求与季节变化之间的矛盾。

在种子越夏贮藏中，要加强种子堆温的检查，按定期、定时、定层、定点的原则，掌握种子堆温度变化规律，稍有异常就应及早采取处理措施。同时，要定期分垛进行水分检测，尤其对种子堆表层水分变化的检测。对水分增高的种子要及时进行倒垛、通风、晾晒。

杂交玉米种子经济价值较高，每年过剩种子如转为商品粮，降价销售，会造成经济损失，如能通过有效种子贮藏管理措施，保持良好的种子生活力和活力，以供翌年播种，就可减少损失和满足生产用种。杂交玉米种子越夏贮藏的关键是要做好“低温、干燥、密闭”工作。

(1)低温　要求7、8、9月高温多湿季节采取合理通风的办法，使仓温不高于25 ℃，种温不高于22 ℃。种子是热的不良导体，种温不会随外界温度变化而迅速改变。在6月底以前温度上升的时候不宜开仓，以免热空气进入仓内，提高仓温。发现种子含水量超过越夏种子贮藏安全标准(玉米小于12%)，也只能通过春前低温季节的低湿度空气通风和仓内除湿等措施来降低种子含水量，以防高温季节晒种使种温提高。7、8、9三个月，虽是高温季节，但也有晴、雨、阴、早、中、晚的气温差异，此期的通风主要是以降温为目的，多采用阴天或晴天的傍晚，以排风扇、电动鼓风机等机械进行强力通风，迅速降低仓温。种温是影响种子呼吸强度的重要因素，仓贮期间控制好种温是重要的一环。当然有条件的地方最好将越夏玉米放在低温仓库贮藏。

(2)干燥　要求严格控制越夏种子水分。整个贮藏期要保证种子水分的变化在安全水分范围内，既要考虑到种子本身入仓水分的标准，又要考虑到影响水分变化的各个因素。在控制种子贮藏水分工作中，着重做到种子入库时“五不准”(即未检验的种子不准入库，净度达不到国家标准的种子不准入库，水分超过安全水分标准的种子不准入库，受热害的种子不准入库，受污染的种子不准入库)。贮藏中做到亲本种子与杂交种子分开贮藏，高活力种子与低活力种子分开贮藏，异品种种子分开贮藏，带病虫种子和无病虫种子分开贮藏。同时，密切注意种子入仓后第1个月内水分的变化。种子入库季节正值高温高湿时期，同时也是种子生理成熟的重要时期，入库种子常会因后熟作用发生“出汗”而提高种子含水量，也会因种温、仓温(特别是地坪)的温度差异出现“结露”而使局部种子含水量急剧增加。据介绍通过袋装种子用药后迅速整理翻包，散装种子入仓1月后及时定额装袋等措施，能有效地阻止因“出汗”“结露”而导致水分提高和发生仓贮异常现象。对隔年种子有两个特殊的要求：一是通过水分仪速测种子的含水量，把住杂交玉米亲本和一代种子入库含水量不高于 11.5%；二是通过机械清选，使种子净度达到国标净度标准，尽量除去秕粒、破碎粒和泥沙这些易吸湿、易生虫和易受微生物侵害的杂物。发芽率较低的种子不宜越夏，应在当年及时售出。

(3)密闭　要求在种子贮藏性能稳定之后，特别是水分达到越夏要求后，用塑料薄膜密闭种子和仓房门窗。仓门的密闭，绝不是一年四季常闭仓库。具体工作严格掌握以下两点：一是种子入库 1 个月内除投药杀虫需密闭外，其余时间应尽量抓住机会开门通风，以降温降湿；二是在 10 月中、下旬气温处于下降季节，应寻找机会尽快开门通风使种温下降。总之，密闭的目的是减轻仓外温度、湿度对仓温、种温、种子水分的影响。

根据玉米种子的贮藏特性及变化规律，其贮藏方法通常采取穗藏法和粒藏法。但穗藏法占体积较大，仓容利用率低，因而南方玉米种子越夏贮藏常采用粒藏法。一般气温在 15～25 ℃时，水分需在 14%以下。据试验玉米种含水量降低到 12.5%，贮藏 0.5～1.5 年种子的生活力可达 99%以上，发芽率达 97%～98%。而降低种子水分的最有效措施是通风，因为空气具有一定的传热和载湿能力，通风可降低种子的温度和水分，提高种子贮藏的稳定性，使种堆处于低温低湿状态。

4.包衣玉米种子贮藏技术

(1)包衣种子贮藏特点　据研究，在低温低湿条件下贮藏一年，包衣种子发芽率保持不变；在正常贮藏条件下，贮藏一年的包衣与不包衣种子的发芽势和发芽率基本无差异。包衣种子由于种衣剂含有杀菌杀虫成分，具有防霉、防虫的作用。包衣种子易吸湿回潮，当其含水量超过安全水分时，种衣剂中的化学药剂会渗入种胚，伤害种子，因此贮藏时保持包衣种子的干燥状态是十分重要的。根据国家标准《农作物薄膜包衣种子技术条件》(GB 15671—2009)的规定，包衣后的种子不能立即搬运，需根据所使用种衣剂的要求，待种衣成膜后方可入库。包衣种子要专库分批贮存，仓库要求干燥，在常温下贮存期不得超过 4 个月。

包衣种子临界含水量应不高于 13.5%(毛泓权等，2023)。据报道，水分含量在 13%～16%的包衣玉米种子密封期在 3 个月内，其发芽率仍保持在国标 85.0%以上。生产包衣种子的水分如果掌握在 13%以下则可进一步延长贮藏时间。玉米种子包衣后，水分增加了 1%左右，但随着贮藏时间的后移，水分会自然释放，最终降到包衣前的水平。当种子含水量在 14.8%时，经过 3 个月的贮藏，发芽率不变，贮藏 4 个月种子发芽率仍能达到国家标准。种子含水量在 13.5%以内进行种子包衣处理，贮藏 5 个月发芽率仍可达到国家标准。柳少锋等(2006)报道，当玉米种子含水量在 13%～13.5%时，贮藏 150～210 d，种子发芽率变化不大，贮藏 390 d 时，发芽率下降 4%～5%；但当含水量为 15%时，玉米种子贮藏至 390 d 时，种子发芽率下降 8%。由此看出，包衣种子含水量高低是确定包衣时间和包衣种子安全贮藏时间长短的重要依据。

(2)包衣玉米种子越夏贮藏方法　①欲越夏贮藏的玉米种子，先做种子发芽试验和活力测定，选择发芽率和活力水平高的种子批进行越夏保存。②降低种子含水量，达到安全水分标准。③采用防湿包装和干燥低温仓库贮藏。④在贮藏期间做好防潮和检查工作，以发现问题并进行及时处理，以确保种子贮藏安全。⑤出仓前做好种子发芽试验和活力测定，选择具有种用价值的种子进行销售。

(三)特用玉米种子贮藏技术要点

特用玉米与普通玉米相比，具有更高的技术含量和更大的经济价值。特用王米是根据不同需要培育出的适合特殊用途的优质玉米，在国内外具有广阔的市场前景。目前，国内各育种机构相继培育出了一批具有推广应用价值的特用玉米品种，主要分为八大类型，即甜玉米、糯玉米、高油玉米、高赖氨酸玉米、高淀粉玉米、笋玉米、青饲玉米、爆裂玉米。

1. 甜玉米

甜玉米是一种菜果兼用的新兴食品，具有甜、黏、嫩、香的特点，有“水果玉米”“蔬菜玉米”之称；甜玉米子粒中不仅富含各种维生素和胡萝卜素等营养元素以及 18 种氨基酸，其中 8 种人体必需氨基酸总量比普通玉米和糯玉米分别高出 23.5%和 6.6%，而且还含有 Ca、Mg、Fe、Zn 等多种矿物质；甜玉米最突出的特点是含糖量高，如蔗糖、葡萄糖，最高可达干物重的 20%，所以被誉为老弱病幼的营养补品，更是健康人的保健食品。因此，甜玉米越来越受到消费者的青睐。

甜玉米是由普通玉米胚乳基因隐性突变产生的玉米类型，根据含糖量和基因型的差异，可分为普通甜玉米、超甜玉米和加强甜玉米 3 种类型。

甜玉米种子因其特殊的遗传特性，其贮藏特性与普通玉米存在差异。据王州飞(2004)报道，随着贮藏时间的延长，玉米种子发芽率和活力指数逐渐下降，超甜 2018 较对照苏玉 1 号种子易发生劣变，室温贮藏较低温(4～5 ℃)贮藏易发生劣变，高含水量(12.5%)较低含水量(10.9%)种子易发生劣变。随着贮藏时间的延长，种子渗透液电导率、渗透液可溶性糖和核苷酸含量逐渐增加，超甜 2018 较苏玉 1 号增加量大，室温贮藏较低温贮藏增加量大，高含水量较低含水量种子增加量大。室温贮藏的萌发种子胚过氧化物酶(POD)活性逐渐下降，而低温贮藏其活性逐渐上升。贮藏期间，超甜 2018 萌发种子胚过氧化氢酶(CAT)活性逐渐下降，而苏玉 1 号其活性保持在较低水平且基本保持不变。贮藏 180 d 后，丙二醛(MDA)积累量，超甜 2018 玉米种子高于苏玉 1 号，室温贮藏高于低温贮藏种子。相关分析表明，种子发芽率和活力指数分别与种子渗透液电导率大小、渗透液可溶性糖和核苷酸含量、萌发种子胚 CAT 活性及种子内 MDA 含量呈显著负相关。试验认为，超甜玉米种子不耐贮藏，贮藏种子细胞膜完整性变化和种子有毒物质 MDA 积累是超甜玉米种子发生贮藏劣变的主要原因。甜玉米密封贮藏时，含水量控制在 8%～9%时贮藏效果较好。

从种子结构、生理特性试验结果看，造成超甜玉米种子田间出苗率低的原因，主要是种子自身遗传原因造成的胚乳积累淀粉不足。虽然种子的生理特性和胚的功能与普通杂交玉米差异不大，有些生理指标(如淀粉酶活性)甚至优于普通杂交玉米，但由于超甜玉米种子胚乳淀粉不足，干燥失水后种子皱缩，在收获、加工、贮运过程中破损严重，加之种子含糖量高，从而造成种子吸胀速度过快，种子膜修复能力下降，种子渗漏严重。渗漏物的增加必然导致病菌侵染概率增加，胚乳积累淀粉不足，种子出苗所需能量来源受到限制。可溶性糖是种子萌发时可及时获得的能量，虽然超甜玉米种子可溶性总糖含量很高，但可溶性总糖绝对量有限。

此外，甜玉米子粒具有种皮薄、皱缩、不饱满等特点，因此贮藏时条件应更加严格，注意干燥、低温、密闭的综合运用，特别注意防止种子破碎。乐素菊和张璧(2001)探讨了不同贮藏条件对超甜玉米种子活力及田间出苗的影响。试验结果表明，在室温条件下贮藏，种子活力及田间出苗率迅速下降，贮藏 8 个月后种子基本失去活力；在放石灰条件下贮藏，能有效降低种子的含水量，种子活力缓慢下降；在 5～10 ℃的低温条件下贮藏，能较长时间保持种子活力和提高田间出苗率。

2. 糯玉米

糯玉米又称黏玉米，是由隐性基因 *wx* 突变产生的玉米类型。糯玉米起源于中国，是在中国西南地区种植的硬质玉米发生突变，经人工选择而逐渐出现的糯质类型。目前，在中国糯玉米中发现的 *wx* 等位基因包括 *wx-D7*、*wx-D10*、*wx-Cin4* 和 *wx-124*，其中 *wx-Cin4* 和 *wx-124* 被鉴定为转座子插入突变（Wu 等，2019）。糯玉米所含淀粉几乎全部为支链淀粉，分子量比直链淀粉小 10 多倍，食用消化率比普通玉米高 20%以上，具有较高的黏滞性和适口性，这些优良特性赋予糯玉米宝贵的价值和广泛的用途。糯玉米鲜穗是人们喜食的啃青玉米，也是加工速冻玉米和罐头的优质原料。在工业上，由于支链淀粉稳定性强，凝胶透明度好，经化学改性的糯玉米淀粉可作为增稠剂、乳化剂、悬浮剂、黏着剂广泛用于香肠、汤羹罐头、甜玉米糊状罐头、凉拌佐料、冷冻食品和各类快餐方便食品的加工及造纸业、纺织业、制药业等领域。

美国糯玉米淀粉产量占整个湿磨淀粉产量的 8%～10%，年生产能力 160～200 万 t，我国工业用支链淀粉主要从美国进口。糯玉米用于酿酒，出酒率和品质都优于普通玉米。用作饲料，消化率比普通玉米高 20%以上，美国许多牲畜饲养场和奶牛场都开始用糯玉米取代普通玉米。我国糯玉米产业发展很快，糯玉米种植加工前景广阔。糯玉米种子是发展糯玉米产业的关键，而种子的贮藏效果直接关系到糯玉米市场的发展。

糯玉米种子不像甜玉米种子具有种皮薄、皱缩、不饱满等特点，因此，糯玉米种子贮藏技术可参照普通玉米种子贮藏方法，即果穗贮藏和子粒贮藏。子粒贮藏可以提高仓储量，便于管理。为了保证种子安全贮藏，应注意水分和温度的关系。根据经验，种温每降低 3 ℃，种子含水量可以提高 1%。当种子含水量为 13%以下时，可以安全度夏。如果隔年贮藏，种子含水量最好不高于 11.5%。

3. 高油玉米

高油玉米是一种子粒含油量比普通玉米高 50%以上的玉米类型。普通玉米的含油量一般为 4%～5%，而高油玉米含油量高达 7%～10%，有的可达 20%左右。玉米油的主要成分为脂肪酸甘油酯。此外，还含有少量的磷脂、糖脂、甾醇、游离氨基酸，脂溶性维生素 A、维生素 D、维生素 E 等。不饱和脂肪酸是脂肪酸甘油酯的主要成分，占其总量的 80%以上，主要包括人体内吸收值高的油酸和亚油酸，具有降低血清中胆固醇含量和软化血管的作用。

玉米的油分 85%左右集中在子粒的胚中，所以高油玉米都有一个较大的胚。玉米胚的蛋白质含量比胚乳高 1 倍，赖氨酸和色氨酸含量比胚乳高 2～3 倍，而且高油玉米胚的蛋白质也比胚乳的玉米醇溶蛋白品质好。因此，高油玉米和普通玉米相比，具有高能、高蛋白、高赖氨酸、高色氨酸、高维生素 A、高维生素 E 等优点。作为粮食，高油玉米不仅产热值高，而且营养品质也有很大改善，适口性也好。作为配合饲料，则能提高饲料效率。用来加工，可比普通玉米增值 1/3 左右。

高油玉米在果穗苞叶发黄后 10 d 左右即可采收。刚收获的高油玉米成熟度不匀，一般含水量为 20%～30%，成熟后应抓紧时机收获，最好带果穗进行晾晒，直到水分降至 13%以下，然后脱粒，以减少损粒，之后便可以安全贮藏。也可以采用“田间站秆扒皮降水”的方法，可使玉米提早 7～8 d 成熟，水分比未站秆扒皮的低 5%～6%，贮存时要认真清杂，由于高油玉米子粒中含油分较高，易霉变，易受害虫的危害，不耐贮藏。高油玉米水分要降至 12%以下，温度要低于 28 ℃贮藏。含油量越高的玉米，贮藏的安全水分要控制得越低。贮藏保管过程中要勤检查，要注意干燥防潮、清除杂质和防霉防虫。

4. 高赖氨酸玉米

高赖氨酸玉米又称优质蛋白玉米或高营养玉米，是指蛋白质组分中富含赖氨酸的特殊类型。一般来说，普通玉米的赖氨酸含量仅为0.2%，而高赖氨酸玉米达到0.48%，比普通玉米提高1倍以上。另外，高赖氨酸玉米子粒中色氨酸含量是普通玉米的2倍，组氨酸、精氨酸、天门冬氨酸、甘氨酸、蛋氨酸等的含量略有增加，使氨基酸在种类、数量上更为平衡，提高了高赖氨酸玉米的利用价值。

高赖氨酸玉米一般在苞叶变黄时就已成熟，应选晴天抓紧收获，待子粒含水量降到15%～16%时脱粒，晒干至子粒含水量为12%～13%时入库贮藏。由于高赖氨酸玉米脱水速度慢，贮存时易吸湿回潮，因此，仓贮时要注意采取预防措施。

5. 爆裂玉米

爆裂玉米是玉米种中的一个亚种，是用来制作爆玉米花的专用玉米。其爆裂能力受角质胚乳的相对比例控制。爆裂玉米子粒中蛋白质、钙质及铁质的含量分别为普通玉米的125%、150%和165%，并富含营养纤维、磷脂、维生素A、维生素B_1、维生素E及人体必需的脂肪酸等成分。

爆裂玉米要适时晚收，一般爆裂玉米比普通玉米收获时间晚5～7 d，在子粒充分成熟时收获，果穗要及时晾晒风干，使子粒含水量降至14%～18%，以防霉变、发芽或受冻害而影响膨爆品质。在含水量14%～18%时脱粒，减少子粒损伤。爆裂玉米种子贮藏时要特别注意保持干燥，防湿防霉，要保持子粒的适宜含水量，过高过低均影响膨爆质量。

高淀粉玉米、笋玉米、青饲玉米种子的贮藏可以参照普通玉米种子的贮藏。

五、大豆种子贮藏技术

大豆[*Glycine max* (L.) Merr.]种子含有较高的脂肪(17%～22%)和丰富的蛋白质(35%～50%)，种皮比较薄，子叶发达，无胚乳。因此，其贮藏特性不仅与禾谷类作物种子有较大差别，而且与其他豆类种子也有所不同。在农作物种子中，大豆属于比较难贮藏的种子。

(一)大豆种子的贮藏特性

1. 吸湿性强

大豆种子因其子叶中含有大量的蛋白质(蛋白质为吸水力很强的亲水胶体)，同时由于大豆的种皮较薄，种孔(发芽口)较大，所以具有很强的吸湿性。但在干燥的条件下，大豆的解吸(散湿)能力也比较强。研究表明，在20 ℃、相对湿度90%的条件下，大豆种子的平衡水分达20.9%，而禾谷类作物种子在20%以下；在20 ℃、相对湿度70%的条件下，大豆种子的平衡水分仅为11.6%，而禾谷类作物种子均在13%以上。因此，大豆种子若贮藏在潮湿的条件下，极易吸湿膨胀。大豆吸湿膨胀后，其体积可增加2～3倍，对贮藏容器能产生很大的压力。因此，大豆种子晒干以后，必须在相对湿度70%以下的条件下贮藏，否则容易因吸湿超过安全水分标准，影响安全贮藏。

2. 易丧失生活力

大豆种子的发芽率通常随着贮藏时间的延长而降低(表11-3)。即使种子水分保持在9%～10%的水平，如果种温达到25 ℃，大豆种子仍然很容易丧失生活力。

表 11-3 贮藏时间对大豆种子发芽率的影响

(谢皓等,2003) %

大豆品种	贮藏 1 年	贮藏 2 年	贮藏 3 年
早熟 18	99	96	76
科选 93	99	98	71
中黄 18	97	92	69
科丰 14	98	94	67

注:自然干燥后常温贮藏。

种子水分和温度越高,种子的呼吸强度就越大(表 11-4),种子生活力和活力的丧失也越快。在其他条件一致的情况下,贮藏的大豆种子发芽率随着种子水分的升高而降低(表 11-5),种子的发芽力和活力随着贮藏温度的升高而降低(表 11-6)。据 Toole 等(1946)对大粒黄和耳朵棕两个大豆品种的研究表明,高水分种子(大粒黄为 18.1%,耳朵棕为 17.9%),在

表 11-4 温度对大豆种子呼吸速率的影响

(金文林,2003) mg CO_2/(100 g · 24 h)

贮藏时间/月	水分含量/%	38 ℃	25 ℃	20 ℃
3.5	13.8	10.6	12.8	2.8
3.5	14.9	12.5	20.5	3.6
3.5	15.8	24.9	25.5	7.8
3.5	16.9	72.8	44.2	7.8

表 11-5 水分含量对大豆种子发芽率的影响

(金文林,2003) %

种子含水量	9.4	10.5	12.6	14.6	15.5	16.6
发芽率	78	67	41	4	1	0

注:最初发芽率 85%,在 25 ℃条件下,封闭容器内贮藏 3 个月。

表 11-6 贮藏温度对大豆种子发芽率及种子活力的影响

(高平平等,1996)

品种	贮藏前发芽率/%	−4～0 ℃低温贮藏			4 ℃低温贮藏			常温贮藏		
		发芽势/%	发芽率/%	活力指数	发芽势/%	发芽率/%	活力指数	发芽势/%	发芽率/%	活力指数
闪金豆	99.0	97.0	97.0	174.6	86.0	87.0	117.5	3.0	3.0	1.1
小黑豆	99.0	94.0	95.0	367.7	88.0	91.0	232.9	3.0	3.0	1.6
小白豆	89.0	82.0	82.0	227.6	79.0	79.0	298.4	2.0	2.0	0.8
钢鞭豆	90.3	72.0	75.0	135.9	64.0	65.0	74.8	0.0	0.0	0.0
紫皮豆	98.0	93.0	95.0	266.0	92.0	95.0	172.6	2.0	2.0	0.8

30 ℃条件下贮藏1个月，大粒黄种子的发芽率仅有14%，而耳朵棕种子则完全死亡；在10 ℃条件下贮藏1年，发芽率分别为88%和76%。自然风干的种子（大粒黄水分为13.9%，耳朵棕为13.4%）在10 ℃条件下贮藏4年，发芽率分别为88%和85%。低水分种子（大粒黄水分为9.4%，耳朵棕为8.1%）在30 ℃条件下贮藏1年，大粒黄和耳朵棕种子仍有87%和91%的发芽率；在10 ℃条件下贮藏10年，发芽率分别为94%和95%。

贮藏期间的通风条件也会影响大豆的呼吸作用，从而间接影响种子生活力。当大豆种子水分为10%，在0 ℃时呼吸强度（放出CO_2的量）为100 mg/(kg·24 h)；当温度升高到24 ℃时，通风贮藏的，其呼吸强度增至1 073 mg/(kg·24 h)（即增强了10倍多），而不通风的仅为384 mg/(kg·24 h)（增强还不到4倍）。呼吸强度增高，促进了水分和热量的释放进而进一步增加呼吸作用，最终导致贮藏条件的恶化而影响种子生活力。

大豆种子生活力的影响因素除水分、温度及通风条件外，与种皮色泽也有很大的关系。黑色大豆保持发芽力的期限较长，而黄色大豆最容易丧失生活力。种皮色泽越深，其生活力保持越久，这一现象在其他豆类中也有出现，其原因是深色种子的种皮组织较为致密，代谢作用较为微弱。

3. 破损粒易生霉变质

大豆子粒多为圆形、椭圆形、扁圆形或长圆形，种皮比较光滑，散落性较大，种堆通气性较好。同时种皮含有较多纤维素，对虫霉有一定的抵抗力。但大豆种子因皮薄、粒大，在收获、脱粒和干燥过程中，若操作不当，子粒容易损伤、破碎。大豆在田间易受虫害、早霜（夏大豆）和高温高湿（春大豆）的影响，有时虫蚀和霉变粒高达50%左右（春大豆比夏大豆的霉变粒更高）。这些虫蚀粒、霉变粒、冻伤粒以及机械破损粒的呼吸强度要比完整粒大得多，而且受损伤的暴露面容易吸湿，往往成为发生虫害和霉变的诱因，进而引起大豆种子大量的生霉变质。

4. 导热性差

大豆种子含油脂较多，正常情况下油脂的导热率很小。所以大豆种子在高温干燥或烈日曝晒的情况下，不易及时降温，以致影响种子生活力和食用品质。大豆种子贮藏期间可利用其导热性差的特点以增强贮藏的稳定性，即大豆种子进仓时，必须干燥而低温，仓库严密隔热性能好，则可较长期保持低温状态，不易导致生活力下降。据黑龙江省试验，大豆在木板仓壁和铁皮仓顶的仓库中贮藏，于1月份入库，种堆高度为4 m，种温为−11 ℃，到7月份出仓时，仓温达30 ℃，而上层种温为21 ℃，中层为10 ℃，下层为7 ℃。如果仓壁加厚，仓顶选用良好的隔热材料，则贮藏稳定性将会大大提高。

5. 蛋白质易变性，油脂易酸败

大豆种子含有大量蛋白质和较多油脂，且种子中的脂肪多由不饱和脂肪酸构成，在高温高湿条件下贮藏，蛋白质很容易老化变性，油脂很容易被氧化酸败变质，以致影响种子生活力、加工品质及食用品质。大豆种子收获后干燥降水过程中，应严格控制好温度，以防温度过高对种子产生不利影响。

（二）大豆种子贮藏期间的变化

大豆种子从收获到再次播种，一般要经过数月的贮藏，在贮藏期间会发生一系列变化，除在一般农作物种子贮藏过程中所见到的结露、发热霉变、生虫、酸败等现象外，还会发生某些大豆种子所特有的变化，其中比较突出的就是浸油和红变。

大豆浸油和红变是在贮藏过程中常常遇到的一种不正常变化。当水分超过13%、温度达25 ℃以上，即使种子还未发热生霉，但经过一段时间，豆粒会发软，两片子叶靠近脐的部位呈现深黄色甚至透出红色(一般称为红眼)。以后随种温逐渐升高，豆粒内部红色加深并逐步扩大，即所谓的红变，严重时有明显的浸油蜕皮现象，子叶呈蜡状透明。这一变化不仅严重影响种子的生活力，同时也大大降低食用价值，导致出油率下降，油色变深，做成的豆制品带有酸味，豆浆颜色发红等。

大豆发生浸油和红变现象的原因，一般认为是在高温高湿的作用下，种子中的蛋白质凝固变性，破坏了脂肪与蛋白质共存的乳化状态，脂肪渗出呈游离状态，即发生浸油现象，同时脂肪中的色素逐渐沉积以致引起子叶变红。从外观上看，大豆的浸油和红变也表现出逐渐发展的过程。先是种皮光泽减退，种皮与子叶呈斑点状粘连，略带透明，习惯上称为“搭皮”，再进一步发展到脱皮，稍加压碾，种皮即破碎脱落，而子叶内面出现红色斑点，逐步扩大，呈明显的蜡状透明，带赤褐色，在整个红变过程中，种皮色泽也不断加深，由原来的淡黄色发展成为深黄、红黄以至红褐色。

大豆浸油和红变与吸湿生霉之间存在一定的关系，即浸油和红变可以单独出现而不伴随着吸湿生霉，而吸湿生霉的发展过程中都会出现浸油和红变。根据实践经验，大豆水分超过13%，当种温超过25 ℃，就会发生红变现象。红变的严重程度随着保持高温时间的延长而增加，但红变的发展速度较生霉变质要慢一些。据哈尔滨市香坊仓库观察结果，水分达13.4%的大豆，放在25 ℃条件下贮藏，经3 d后，出现红眼豆0.7%，10 d后增至2.6%，20 d后增至21.8%。

(三)大豆种子贮藏技术要点

为了保证大豆种子的安全贮藏，应注意做好以下几项工作。

1. 充分干燥

充分干燥是大多数农作物种子安全贮藏的关键，对大豆来说更为重要。一般需要长期安全贮藏的大豆种子水分必须控制在12%以下，如超过13%，就有霉变的危险。大豆种子首先要注意适时收获，生产上适宜的收获期，常依据收获方法不同而异，如采用联合收割机收获，一般应始于大豆完熟初期为宜，即当大豆植株叶子基本枯黄脱落，荚壳开始干缩，种子变硬，茎、荚、子粒均呈现原品种固有的颜色，摇动植株豆荚互相碰撞发出响声时，进行收割为宜。如采用分段收割(先用割晒机或改装的联合收割机将大豆植株割倒平铺，待晾晒干后，再用联合收割机安装拾禾器拾禾，同时脱粒)，或人工收割时，则以黄熟期进行为宜。

大豆种子干燥的常用方法有带荚晾晒、脱粒晾晒和机械烘干3种，其中带荚晾晒是最为经济而稳妥的方法。带荚晾晒是指大豆连株带荚收割后，摊在晒场上铺晒2～3 d，待荚壳干透有部分裂口时，再行脱粒，这样可有效防止种皮发生裂纹和皱缩现象。脱粒晾晒是针对一些高水分的大豆种子而言，大豆入库后，如水分过高也须进一步曝晒。据试验，大豆经阳光曝晒对出油率并无影响，但若阳光过分强烈，则易使子叶变成深黄、脱皮甚至发生横断等现象。因此，在曝晒过程中，以不超过44～46 ℃为宜，而在较低温度下晾晒，更为安全稳妥。种子晒干以后，应先摊开冷却，再分批入库。机械烘干具有降水快、不受天气条件限制等优点，但容易出现焦斑和裂皮种粒，引起光泽减弱、脂肪酸含量增加等现象。若烘干温度达到50～60 ℃，则会引起蛋白质变性。因此，大豆种子机械烘干时一定要考虑种子水分的高低，合理掌握烘干温度和时间，一般出机种温应低于 40 ℃。

干燥过后的大豆种子还要进行精选，进一步剔除破损粒、瘦秕粒、虫蚀粒、霉变粒、冻伤粒等异常豆粒以及其他杂质，以提高入库种子质量和贮藏的稳定性。

2. 低温密闭

大豆由于导热性不良，在高温条件下又易引起红变，所以应该采取低温密闭的贮藏方法。一般可趁寒冬季节，将大豆转仓或出仓冷冻，使种温充分下降后，再进仓密闭贮藏，最好在种堆表面加一层压盖物(如麻袋、草垫等)。加覆盖物的和未加覆盖物的相比，在种堆表层的种子水分较低，种温也较低，并且能保持原有的正常色泽和优良品质。有条件的地方可将种子存入低温库、准低温库、地下库等，效果会更佳，但地下库一定要做好防潮去湿工作。干燥的大豆种子对低温的敏感程度较差，因此贮藏期间很少发生低温冻害。

对于包衣大豆种子，在播种剩余又不能转作他用的情况下，采用科学的贮藏方法，保持其播种品质，对节省种子、减少经济损失具有实际意义。张文明等(2001)的研究表明，包衣大豆种子经适度干燥降水后低温密闭贮藏，可以保持其种用价值，降水方法以日晒为宜，低温(0～5 ℃)贮藏的适宜种子水分为 10%左右。

3. 及时倒仓过风散湿

我国夏大豆区和北方春大豆区大豆收获时正值秋末冬初季节，此时气温逐渐下降，大豆种子入库后，还需进行后熟作用，会放出大量的水分和热量，如不及时散发，就会引起发热霉变。为了达到长期安全贮藏的要求，大豆种子入库 3～4 周，应及时进行倒仓过风散湿，并结合过筛除杂，以防止出汗、发热霉变、红变等异常情况的发生。

根据实践经验，大豆在贮藏过程中，进行适当通风很有必要。贮藏在缸坛中的大豆种子，由于长期密闭，其发芽率反而比仓库内贮藏的差。适当通风不仅有利于保持大豆的发芽率，还能起到散湿作用，使大豆水分下降，因为在较低的相对湿度下，大豆种子平衡水分较一般种子低。

大豆种子贮藏期间的害虫主要有印度谷蛾、粉斑螟蛾、谷盗、谷蠹等，可采用种堆表面压盖法，防止蛾类成虫在春暖后交配产卵繁殖为害，或采用药剂熏蒸法杀灭害虫。

我国南方春大豆 7、8 月份收获到翌年 3、4 月份播种，其贮藏期处在秋、冬、春季节，秋季高温不利于大豆种子安全贮藏，冬、春季一般多雨，空气湿度大，露置的种子容易吸潮。因此，少量种子最好用坛子、缸等盛装密封，以防受潮。大量种子只要水分在安全水分以内，用麻袋包装放在防潮的专用仓库里贮藏即可。我国南方秋大豆 11 月份收获到次年 7 月底 8 月初播种，其贮藏期要经过多雨的春季和高温的夏季，种子最易变质，必须在种子干燥后，随即选用小口的瓦坛进行干燥密闭贮藏，种子入坛时不能装满，要留有一定空间，以保证种子的微弱呼吸。盛装后用塑料薄膜密封坛口，再压上草纸、木板、砖头等，到播种前 10 d 左右启封，再晒 1～2 d 即可播种。

六、高粱种子贮藏技术

高粱[*Sorghum bicolor* (L.) Moench] 又名蜀黍、芦粟、秫秫，是世界五大谷类作物之一，也是我国北方地区的主要杂粮之一，有食用、糖用、饲用等类型。

(一) 高粱种子的贮藏特性

1. 子粒结构与成分

高粱种粒一般外被颖壳，内有果种皮、胚和胚乳等。其主要化学成分见表 11-7。

高粱种子种皮内含有不同程度的色素和单宁。色素以花青素为主，其次是类胡萝卜素和叶绿素。一般淡色种子中花青素很少或没有。抗鸟害的杂交高粱单宁含量可达 2.36%～7.25%。单宁的存在，对鸟、虫和霉菌有防御作用，但单宁有致癌性，食用品种以含单宁少或不含为宜。单宁含量在蜡熟期比完熟期高，经低温(−2 ℃)贮藏可以减少。此外，据研究，高粱种粒内还含有 20 种以上的甲基甾醇、脱甲基甾醇和三萜烯类物质，这些物质对动物生长影响很大，如能降低消化率和氨基酸的利用率等。

表 11-7　高粱种子的主要化学成分　%

子粒部分	粗蛋白	粗脂肪	粗纤维	无氮浸出物	灰分	钙	磷
整粒	7.4 ～11.4	2.8～4.5	1.0～ 8.0	64.2～73.9	1.8～4.9	0.02～0.19	0.11～0.41
糠层	10.3	9.2	10	54.5	6	0.37	0.68
颖壳	2.2	0.5	26.4	44.8	17.4	—	0.11

2. 水分高、杂质多、易霉变

北方地区高粱种子收获时天气较冷，不易干燥，入仓水分多在 16%～25%。同时经常混入护颖等杂质，既易吸湿，又易堵塞种堆孔隙，不利于通风散湿，易发生霉变。霉变时，粒面生白色菌丝，继之胚部出现绿色菌落，粒面变黑。种皮和胚乳间由于单宁氧化而呈现紫圈。整个霉变过程约 15 d 左右，伴随发热温度可高达 50～80 ℃。

(二)高粱种子贮藏技术要点

1. 除杂、适时通风降湿

高粱在收获脱粒后杂质较多，必须清选除杂，以保证种子的通透性，减少吸湿和虫霉。高粱种子入库必须在安全水分以内(含水量在 13%以下)，仓库内不要装得过满，种子堆、垛要与墙有一定距离，避免返潮，便于检查。对于较湿的高粱(含水量在 14%以上)，应注意 1—3 月份天气变化，天气寒冷时不必过早挪动。4 月初风多气爽，应通风倒晒使其干燥，水分降低到 14%以下过筛入仓。“伏期”后谷物返潮，倒仓反而容易增加水分和温度，检查时发现发热，可在早晚通风倒仓。影响高粱种子安全贮藏的因素除水分外还有温度，据东北地区的经验，高粱种子的相对安全水分和温度有关，如表 11-8 所示。

表 11-8　高粱种子相对安全水分

水分/%	13	14	15	16	17	18
温度/ ℃	<30	<25	<20	<15	<10	<5

2. 低温密闭

高粱种子适宜于冷进仓、低温密闭贮藏，冬季气温较低可通风、冷冻，开春后气温回升，需要加盖密闭，低温保管。据东北地区实地保管经验，凡在低温季节经过清理除杂入库的高粱种子，水分在14.5%～15.0%的也可以安全度夏。据吉林省试验，2月份低温入库的高粱种子水分为14.6%，种堆上部温度为－10 ℃，中部为－6 ℃，到8月份上部种温20 ℃，中部16 ℃，可安全度夏。另一高粱种子水分为14.4%，3月份入库，种温2 ℃，到8月份发生变化，种温达到23 ℃，已稍有发热，并使种子水分增加到15.2%。据报道，少量高粱种子在充分干燥后，于低温下密闭贮藏，经17年还可保持98%的发芽率。

3. 注意防潮、防虫

高粱种子容易发生的害虫有米象、印度谷蛾和麦蛾等，虫害多发生在距种堆表层5～10 cm处，下部很少见。因此，必须在入库前做好清仓消毒和害虫防治工作。在夏季要做好防潮防热工作；在气温下降季节，要防止种子的结露，以利于较长时间的贮藏。

七、杂粮种子贮藏技术

(一)谷子种子贮藏

谷子（*Setaria italica* Beauv.）古称粟，系禾本科黍族狗尾草属的一个种。

1. 谷子种子的贮藏特性

谷子种子的贮藏特性与本身的形态特征、内部构造、所含化学成分以及贮藏环境条件如温度、湿度、所含杂质等有关。

(1)耐藏性好。谷子种子具有完整的稃壳且比较坚硬，对虫、霉的侵害有一定的抵抗能力，并能减轻温湿度和不良气体(药物熏蒸等)的影响。

(2)耐热性较强。谷子种子在烈日下曝晒或初期发热时，生活力和加工后米质都没有大的变化。

(3)原始水分含量低。谷子多种植在干旱地区，比较耐旱，而且子粒小、表面积大，脂肪含量少，易干燥。一般情况下，谷子种子的水分含量能降到12%以下。即使在东北地区秋季降雨较多，气温较低时，其水分也不超过14%(指完熟期后)。在内蒙古地区，最低水分含量能降到9%～10%。据测定，谷子含水量在12.5%以下，温度在25 ℃以下，相对湿度在65%以下的相对平衡条件下，就能抑制谷子种子堆内微生物的活动，处于稳定状态。

(4)种子堆通气性差，杂质多。谷子种子子粒细小，千粒重仅2～4 g，形状多为圆形或近圆形，种子堆孔隙度小，通气性差。谷子往往含杂质和不熟粒较多，通风换气阻力大，当水分含量高时，种堆内的湿、热气不易散开，容易发热霉变。

(5)种子发热霉变规律。如果谷子种子贮藏前未充分干燥，含水量超过13%，或贮藏期间空气相对湿度大于65%，种子就会吸湿返潮，促使呼吸增强，放出大量的水分和热量，这些水分和热量又会促进呼吸加快。再加上种子堆含杂质多、孔隙度小，通气性不良，更有利于微生物繁殖，两方面的原因都会造成种子发热霉变。种子发热霉变时，子粒表面开始湿润、散落性降低，粒色鲜艳，经3～4 d开始发热，如及时晾晒通风，不会影响种子质量。否则，种温继续升高，种皮颜色加深，种胚发红。7 d左右，种胚开始出现灰白色菌丝，以后逐渐扩展，并加深颜色，变成墨绿色，有霉味，种子呈黄褐色，已经失去生活力，若加工碾米时，出米率降低且易碎。如不及时处理，而继续发展下去，温度仍能升高，谷子逐渐结块成团，直至腐烂。

2. 谷子种子贮藏技术要点

(1)适时收获。谷子种子的收获时期要根据种子的成熟度来决定。收获过早青粒多、含水量高，干燥后皱缩不饱满、千粒重低、产量不高，种子堆杂质含量高且含水量高，易发热霉变。收获过迟，茎秆干枯易折，穗码脆弱易断，谷壳口松易落粒。一般以蜡熟末期或完熟初期收获最好，此时谷秆略带韧性逐渐呈现黄色，下部叶片变黄，上部叶片稍带绿色或呈黄绿色，子粒呈现本品种特有的颜色，谷粒坚实，颖壳和稃壳全部变黄，种子含水量在20%左右。

(2)后熟处理。收获谷子时，可选择晴朗天气，植株割倒后，散放于田间摊晒，然后捆成捆，使穗头朝上在田间立码晾晒，数日后再运回晒场切穗。经过后熟处理的谷种呼吸较弱，内部物质的代谢强度和水分含量都较低，耐贮藏。反之，则不耐贮藏。

(3)干燥除杂。谷穗切下后，平铺在场上晾晒，厚度10～15 cm。选择晴朗天气进行脱粒，以减少破碎粒。脱粒后继续晾晒，并进行严格去杂。晾晒时，应先将晒场预热，因为谷子种子颗粒光滑细小，有效面积大，如果晒场未预热进行晾晒，会造成种堆表层和底层吸热散湿不均衡，贮藏时容易发生质变。其次，应薄摊勤翻。经过干燥除杂，水分含量下降到12.5%以下，净度达到98%以上，摊晾降温后，再入库贮藏。

(4)合理通风密闭。谷子种子入库后，正是气温下降季节，应利用干燥寒冷的冬季，翻仓倒囤，通风降温散湿，彻底清杂。一般应使种温下降到−10 ℃左右，以冻死病虫害。在春季气温回升以前，关闭仓库门窗，并在种堆上压盖事先消毒干燥的芦席、麻袋或草袋等，并在上面压盖重物进行密闭，这不仅能隔绝外界不良气候的影响，而且能保持低温干燥，防止病虫害的侵入。

(二)荞麦种子贮藏

荞麦有4个栽培种，即甜荞、苦荞、翅荞和米荞，我国栽培的荞麦主要有普通荞麦和鞑靼荞麦两种。普通荞麦又称甜荞(*Fagopyrum esculentum* Moench)、花麦、三角麦、乌麦、花荞。鞑靼荞麦又称苦荞[*Fagopyrum* tartaricum (L.)Gaerth]。都属于蓼科(Polygonaceae)荞麦属(*Fagopyrum* Gaerth)，荞麦和其他粮食作物不同，不属于禾本科，是一种双子叶植物。荞麦是从野生荞麦(*Fagopyrum leptopodum*)演化过来的，但野生荞麦是一种藤本植物，荞麦是直立茎。

1. 荞麦种子的贮藏特性

(1)皮壳坚硬，耐贮藏性好。荞麦为三棱卵圆形瘦果，果皮革质。甜荞果实棱角明显，表面与边缘光滑，无腹沟。苦荞果实较小，棱角不明显，表面粗糙、有3条深沟、无光泽。荞麦果皮内含有1粒种子，种子由种皮、胚、胚乳组成。果皮分为4层，种皮分内外两层。胚位于种子中央、嵌入胚乳中，横断面呈“S”形，占种子总重量的20%～30%。由于荞麦具有完整坚实的皮壳，在贮藏中能缓和温湿度的影响，并对虫、霉有一定的抵抗力。

(2)种粒一致性差。荞麦开花期较长，结实期长达20～40 d，子粒成熟时间极不一致，在同一植株上可以同时看见完全成熟的种子、未成熟的种子和刚刚开放的花朵。成熟的种子由于本身特性和风雨及机械振动极易脱落，导致减产。

(3)蛋白质、脂肪含量高。荞麦比一般禾谷类作物含有较高的脂肪和蛋白质，其蛋白质组成不同于一般粮食作物，清蛋白和球蛋白含量较高，而谷蛋白和醇溶蛋白含量较低。高蛋白种子对高温的抗性较弱，遇高温会造成蛋白质变性，种子品质变劣，生活力、发芽力下降。脂肪易水解转变为游离脂肪酸，游离脂肪酸进一步氧化生成戊醛、己醛等挥发性物质，加速种子品质下降，故不宜长时间贮存。

2. 荞麦种子贮藏技术要点

(1)适时收获,干燥除杂。最适宜的收获时期是当荞麦全株 2/3 子粒成熟,即子粒呈现本品种固有颜色时,在上午 10:00 前及时收获。过早收获,大部分子粒尚未成熟,会降低品种的品质和产量;过晚收获,子粒大量脱落,影响种子的产量和质量。荞麦收获后要及时脱粒晾晒,除去空粒、秕粒、破粒、草粒和杂质,降低子粒含水量,直到低于 13%才可入库。如果种子水分在 14%以上,温度在 30 ℃以上,则会加快种子劣变。

(2)低温密闭,适时通风。由于荞麦种子的蛋白质、脂肪含量较高,贮藏时对仓房要求较高,既要求仓房具有良好的防潮、隔热性能,又要求有良好的通风和密闭性能。我国大多数荞麦在晚秋收获,收获干燥后,贮存于低温密闭防潮的仓房,保证种子的安全贮藏。贮藏期间要进行严格管理,如发现种子发热,要及时通风除热散湿。

(3)合理堆放。入库的荞麦应根据荞麦的特点,不同的质量、用途、存贮时间及气候条件,灵活运用不同的贮存方式。大量种子贮藏时,可采用散装堆放,要求仓房不仅防潮、隔热、密闭,还要求具有通风、防虫、防鼠、防雀的性能。还可用麻袋、草袋、编织袋等装好,堆垛存放,这种方法有利于通风降温、降湿,能较好地保持荞麦的清洁和纯度,但占用仓房面积大,一般只作临时性存放。

(三)燕麦种子贮藏

燕麦(*Avena sativa* L.)又称莜麦、玉麦、铃铛麦,是禾本科燕麦属一年生草本植物,一般分为带稃型和裸粒型两大类。世界各国栽培的燕麦以带稃型为主,常称皮燕麦,我国栽培的燕麦以裸粒型为主,常称裸燕麦。下面介绍的莜麦种子贮藏技术即是裸燕麦种子贮藏技术。

1. 莜麦种子的贮藏特性

(1)种粒一致性差。莜麦的子粒为颖果,瘦长有腹沟,表面有茸毛。莜麦种子形状因品种不同而呈筒形、卵圆形、纺锤形。同一品种同一穗上的莜麦种子大小很不一致,以基部第一朵小花的种子最大,依次递减。莜麦穗部不同小穗或同一小穗的不同粒位成熟很不一致,通常在穗部 3/4 的小穗成熟时,即应收获。即使如此,收获脱粒后仍包含有不成熟的子粒、杂草种子等。

(2)蛋白质、脂肪含量高。莜麦种子的蛋白质、脂肪含量高于小麦、水稻、谷子、高粱、玉米、荞麦等粮食作物,而且蛋白质中人体所需要的 8 种氨基酸组成比较平衡,所含脂肪和所能释放的热量位居首位。由于莜麦营养丰富,耐瘠抗寒,在内蒙古自治区西部被誉为一宝。莜麦含糖分少,含蛋白多,是糖尿病患者较好的食品。又因脂肪中含有较多的亚油酸,是老年人常用的疗效食品。

(3)易发热霉变。由于莜麦种子在收获脱粒时会混入不成熟的子粒、杂草种子等杂质,在贮藏过程中如果通风不良,自身呼吸所产生的水分和热量得不到及时散失而积攒起来,将会导致呼吸旺盛和微生物大量繁殖,使得莜麦种子发热霉变。并且莜麦种子发热霉变的速度很快,在发热初期茸毛脱落,子粒失去光泽,温度升高,如不及时处理则在 3～5 d 内即可导致霉变。莜麦种子霉变后呈灰褐色,硬度明显降低。

2. 莜麦种子贮藏技术要点

(1)适时收获,干燥除杂。莜麦种子的成熟很不一致,当花铃期已过,穗下部子粒进入蜡熟期,穗中上部子粒进入蜡熟末期时,即应收获。此时子粒干物质积累达到了最大值,茎秆尚有韧性，收割时麦穗不易断落。如果延迟收获，上部子粒容易脱落造成损失。收获时最好熟一片割一片，边割边捆，及时运回进行脱粒。脱粒后及时晾晒，清除杂草种子和破碎子粒等，当种子含水量下降到13%以下，方可入库。

(2)严格控制种子水分和贮藏温度。莜麦种子在一定的温度和水分下进行呼吸作用，水分、温度越高，呼吸作用越强烈，物质消耗越多，产生的热量越高，发霉变质的危险性越大。因此，脱粒后种子水分含量一定要晾晒到13%以下，在贮藏期间，要严格控制莜麦种子的含水量和贮藏温度，最好含水量低于13%，温度低于15 ℃。莜麦种子一般在冬季入库，因此可利用高寒地区"寒冷、干燥、风大"的特点，对莜麦种子进行低温密闭保管。充分利用冬季和初春的寒冷季节通风降温，入夏前进行密闭保管，并应对仓房采取隔热措施，以保持较长时间的低温状态。

(四)绿豆、小豆种子贮藏

绿豆(*Vigna radiate* L. Wilclzek)，又名菉豆、植豆、文豆。小豆[*Vigna angularis* (Wild) Ohwi&Ohashi]又名赤豆、赤小豆、红豆、红小豆、朱豆等。绿豆和小豆营养丰富，医食同源，经济价值高，用途广泛，分别被称为粮食中的"绿珍珠"和"红珍珠"，但难贮藏。因此，做好绿豆和小豆种子的贮藏工作特别重要。

1. 绿豆、小豆种子的贮藏特性

(1)易变色变质。绿豆、小豆易变色，其原因是种皮内含有较多的单宁和多酚氧化酶，在空气、光照、水分、温度作用下易氧化变色。水分越大，温度越高，光照越强，空气接触面越大，变色越严重，深色变浅，浅色变深，品质相对降低。

(2)吸湿性强。绿豆、小豆吸湿性强，种堆孔隙度小，易发热霉变和受害虫为害。

(3)易发生虫害。对绿豆、小豆贮藏为害最大的是绿豆象，绿豆象习惯上人们称它为"豆牛子"，其成虫极为活跃，在交尾10 min后即可产卵，卵产在绿豆豆粒中，每粒有卵4～5个。每个雌绿豆象可产卵70～80个，每年可繁殖4～6代，如气候适宜，可在田间或室内交替繁殖10代以上。为害后会很快将绿豆蛀成空壳，有时虫蚀粒在80%以上，不仅不能发芽，而且严重降低食用价值。

2. 绿豆、小豆种子贮藏技术要点

(1)适时收获，及时晾晒。绿豆多数品种为无限结荚习性，而且有裂荚落粒现象，一般植株上有60%～70%的豆荚成熟时，可开始采摘，以后每隔6～8 d采摘1次。收获过早，不成熟子粒较多，收获过晚，会发生裂荚落粒，影响产量。收获时，应在早晨或傍晚。收获后的绿豆在无毒、无害、干净的场地及时进行晾晒，严禁在柏油路面或其他有污染的地方进行晾晒、脱粒，以防污染，并且保持良好的商品色泽。防止雨淋浸湿发芽。

小豆成熟期往往不一致，基部荚果已呈现黑色，而上部的荚果还为青色或尚在灌浆。小面积栽培可分多次采摘，收后晾晒促进后熟，即可脱粒，扬净晒干后入库贮藏。小豆入库的含水量必须在13%以下，否则极易变质。种子的寿命一般可保持3～4年，在良好的贮藏条件下，保存4～5年仍有较高的发芽率。

(2)密闭贮藏。绿豆、小豆散装堆放时表层受外界影响首先变色，下层种子能减轻上述现象。最好采取密闭的办法，把绿豆、小豆放在容器内，上面覆盖一层干净的麦糠，再盖严，减少与空气、阳光、温热等不良因素的接触，以防止变色。

(3)预先杀虫贮藏。绿豆、小豆在生长期中就易受绿豆象、豌豆象等害虫为害，种脐上易沾染虫卵，入仓后条件适宜开始羽化成虫。绿豆、小豆在贮藏过程中极易遭受绿豆象的蛀食，为了防止虫蛀，可采用以下方法杀虫。

①药剂熏蒸　贮藏大量种子时，可取磷化铝，按贮存空间 1～2 片/m^3 的比例，在密封的仓库或熏蒸室内熏蒸，既可杀死成虫，又可杀死虫粒中的幼虫和卵，还不影响食用和种子发芽。贮藏场所应清洁卫生，不得与有毒、有害物品混放。

②高温杀虫　种子收获后，抓紧时间连续晾晒，使含水量降至 13%以下，可使各种虫态的豆象在高温下致死，然后在贮藏的种子表面覆盖一层麻袋，可防止外来豆象成虫产卵。

③冷冻杀虫　选择冬季寒冷晴天，仓外薄摊绿豆或小豆种子层厚 6～9 cm，勤加翻动。夜间温度如在－5～－10 ℃以下，连续冷冻 2～3 d，即可冻死害虫，并趁冷入仓密闭。当种子量较少时也可在电冰箱、冷柜或冷库中冷冻杀虫：把干燥种子装入布袋中扎紧袋口，置于冷冻室，温度在－10 ℃以下，经 24 h 即可冻死幼虫。

(4)对于少量种子的贮藏，可采用以下方法。①开水浸烫。入仓前，可将豆子放在沸水里短暂浸泡，捞出晒干入仓，这样可杀死虫卵，防止虫害的发生，又不影响发芽率，但要求绿豆要干燥，并掌握好浸烫时间。②密封法。家庭贮藏小量绿豆，可装入塑料袋等密封容器内，当容器内氧气含量降到 2%～4%时，绿豆象会因缺氧而死亡。③利用花生油防虫。贮藏时，可将晾晒好的种子装入塑料袋，将 0.1%花生油敷于表面。绿豆象对花生油的气味特别敏感，闻触后将不产卵。

(五)薏苡种子贮藏

薏苡(*Coix lacryma-jobi* L.)，是禾本科薏苡属植物，又名薏米仁、药玉米、六谷子、川谷、菩提子、草珠子等。薏苡不仅具有丰富的营养价值，而且具有良好的药效，是历史悠久的粮药兼用作物。

1. 薏苡种子的贮藏特性

(1)吸湿性强，易发生虫霉。薏苡种子的耐藏性比谷子(粟)、糜子(黍、稷)、大麦、水稻差，虽然有着坚硬的珐琅质颖壳，但种子顶端和基部有孔(上面为胚芽伸长的出口，下面为胚根生长的出口)，昆虫、病菌及水汽易侵入而在贮藏期间发生虫害和霉变。

(2)子粒一致性差。薏苡分枝性很强，先后分枝的子粒成熟难以一致。收获脱粒后要对种子进行清选，筛选出破碎粒和不饱满的子粒，保证种子的一致性。

(3)蛋白质、脂肪含量高。薏苡营养十分丰富，薏米仁的蛋白质、脂肪、维生素 B_1 及主要微量元素以及人体所需的 8 种氨基酸均比稻米高，所以高温高湿条件下，蛋白质容易变性，种子易酸败老化。

2. 薏苡种子贮藏技术要点

(1)适时收获。薏苡种子成熟期不一致。一般可在田间下部叶片叶尖变黄，80%子粒变成浅褐色或原品种壳色时收获。一般早熟品种在 7 月下旬至 8 月初收获；中熟品种在 8 月下旬至 9 月下旬；晚熟品种在 10 月下旬。收割时采用全株或分段收获方法。全株收割用镰刀齐地割下，然后捆成小捆立于田间或平置于土垄上，晾晒 3～4 d 后用打谷机脱粒或人工稻桶甩打脱粒。

(2)干燥贮藏，适时通风。脱粒后种子要经过 2～3 个晴天晒干，干燥后的种子含水量在

12%左右方可入库贮藏。仓库应选干燥、通风、凉爽的场所，防潮防虫。夏天要经常检查，温度过高或过湿，要及时通风晾晒，对已发霉的种子可用清水洗净后再晒干。薏苡种子对光照敏感，容易失去萌发力，因此存储时应放在避光的地方。

(3)科学防虫。薏苡种子贮藏期间极易遭受米象、谷蠹等的为害，贮藏前首先要清洁仓内外环境，其次可用药剂熏蒸杀虫贮藏。

第二节　经济作物种子贮藏技术

一、油菜种子贮藏技术

油菜(*Brassica napus* L.)属于十字花科植物，其种子较小，千粒重 3～5 g，脂肪 40%～50%、蛋白质 23.2%、碳水化合物 14.8%、纤维素 7.6%、灰分 5.5%。由于油菜种子较小，含油量较高，一般认为不耐贮藏。油菜种子的寿命一般为 2～5 年，属中命种子。掌握油菜种子贮藏特性，严格控制贮藏条件，能有效确保油菜种子的安全贮藏。

(一)油菜种子的贮藏特性

1. 吸湿性强

油菜种子种皮脆薄，组织疏松，且子粒细小，暴露的面积大。大部分冬油菜收获正近梅雨季节，很容易吸湿回潮；但是遇到干燥气候也容易释放水分。据浙江省的经验，在夏季比较干燥的天气，相对湿度在 50%以下，油菜种子水分可降低到 7%以下；而相对湿度在 85%以上时，其水分很快回升到 10%以上。因此，常年平均相对湿度较高的地区和潮湿季节，特别要注意种子吸湿。

2. 通气性差，易发热

油菜种子近似圆形，密度较大，一般在 60%以上。由于种皮松脆，子叶娇嫩，种子不坚实，在脱粒和干燥过程中容易破碎，或者收获时混有泥沙等因素，往往使种子堆的密度增大，不易向外散发热量。此外，油菜种子的代谢作用又旺盛，放出的热量较多。如果感染霉菌，分解脂肪释放的热量比淀粉类种子高 1 倍以上，所以油菜种子比较容易发热。尤其是那些水分高、感染霉菌，又是高堆的种子。据上海、苏南等地经验，发热时种温甚至可高达 70～80 ℃。经发热的种子不仅失去发芽率，同时含油量也迅速降低。

3. 含油分多，易酸败

油菜种子的脂肪含量较高，在贮藏过程中，脂肪中的不饱和脂肪酸会自动氧化成醛、酮等物质，发生酸败。尤其在高温高湿的情况下，这一变化过程进行得更快，结果使种子发芽率随着贮藏期的延长而逐渐下降。

油脂的酸败主要由两方面原因所引起：一是不饱和脂肪酸与空气中的氧起作用，生成过氧化物，它极不稳定，很快继续分解成为醛和酸；二是在微生物作用下，使油脂分解成甘油及脂肪酸，脂肪酸进而被氧化生成酮酸，酮酸经脱羧作用放出二氧化碳便生成酮。实践中油脂品质常以酸价表示，即中和 1 g 脂肪中全部游离脂肪酸所耗去的氢氧化钾的毫克数。耗去氢氧化钾量越多，酸价越高，表明油脂品质越差。

油菜种子在贮藏期间的主要害虫是螨类，它能引起种子堆发热，是油菜种子的危险害虫。螨类在油菜种子水分较高时繁殖迅速，只有保持种子干燥才能预防螨类为害。

(二)油菜种子贮藏期间的变化

1. 水分变化

油菜种子的大量贮藏在种堆里往往发生水分再分配现象，比其他种子更为明显。其原始水分不论较高(12%～13%)或较低(8%左右)经过高温季节的贮藏期，在上、中、下3层的水分都逐渐趋向平衡，其差距不超过0.5%，这是指散装而言，若为袋装，水分再分配则将受到一定限制。

2. 酸价和含油量变化

油菜种子在贮藏期间，由于脂肪酶的作用，油分被分解而产生游离脂肪酸，积累在种子内部，因而使酸价增高；尤其在高温高湿情况下，这变化过程进行得更快，结果使含油量随着贮藏期的延长而逐渐下降。据浙江省过去观察，油菜种子经4个月的贮藏期，酸价从1.40增高到2.38，同时含油量由41.55%下降为40.85%，酸价增高的快慢，除受水分和温度的影响外，和种子堆的高度以及种子所在层次也有关系，一般种子堆越高则酸价增高越快，而中、下层的种子则较上层为快。

油菜籽油所含脂肪酸以不饱和的芥子酸所占相对密度最大，占50%以上，其次为油酸，约占30%，此外还有一定相对密度的亚油酸，约占15%，以及少量的其他脂肪酸。油菜种子所含这些不饱和脂肪酸在脂肪酶的作用下，被空气中的氧所氧化形成过氧化物，这种过氧化物具有极强的氧化力，能继续氧化种子中的各种物质，而其本身也容易分解成为醛和酮。使油脂发生酸败，种子丧失生活力。如在低温低湿条件下，这一变化过程可大大延缓。

3. 生活力变化

水分较高的油菜种子进仓后如通风不良，生活力很易丧失，尤其在散装堆放较高的情况下。据浙江省余杭市等地观察结果：水分在8.5%左右的油菜种子用袋装法堆藏，堆高6～12袋，由于通风条件良好，贮藏1年后，发芽率尚达到61%。油菜种子贮藏在北方干燥低温条件下，发芽率和含油量亦都有逐年下降趋势，在开始3～4年降低比较缓慢，到5年以上，就显著下降，根本不能作为种子用。据中国科学院陕西分院测定结果可说明这一情况(表11-9)。在南方高温多湿地区，油菜种子的生活力更难保持，如果要长期保藏，必须采取简便措施，使不受外界环境的影响。比较简便的方法就是将油菜种子与生石灰密封在白铁罐里，使水分降到6%以下，则虽经5年的贮藏时间，也能保持发芽率在80%以上。

油菜种子用低温贮藏，虽然水分在8%左右，其生活力亦可保持很长的时间。根据浙江农业大学种子教研室观测结果：油菜种子水分在7.9%～8.5%范围内，用塑料袋贮藏，放在冰箱中(温度在8 ℃左右)，经过10年以上，发芽率仍保持在95%以上。

表 11-9　油菜种子贮藏年限对发芽率和含油量的影响

（胡晋，2001）　%

贮藏年限/年	发芽率	发芽势	含油量
当年	99.5	99.0	45.35
1	94.0	85.0	43.35
2	78.5	45.5	42.04
3	77.0	45.0	41.91
4	73.0	41.0	41.59
5	17.0	1.0	40.85
6	16.0	0.5	39.60

4. 发热生霉

油菜种子收获后，正当高温多湿的梅雨季节，接下去是炎夏季节，对保藏种子很不利。油菜种子含油量高，胚细胞在物质代谢过程中耗氧很快，在相同的温湿条件下，其呼吸强度较其他作物种子为大，释放出来的热量多，在高温季节很容易发热霉变。尤其在高水分情况下，只要经过 1～2 d 时间就会引起严重的发热酸败现象，而且发热时间往往持续很久。据浙江省余杭、海宁及平湖等地试验结果：入库油菜种子水分在 10%～11%时，到了高温季节（7 月中旬左右），就有发热迹象，种温超过仓温 3～5 ℃，并有浓厚霉变味；到 8 月下旬上升到 42 ℃，如不进行处理，可持续发热直到秋凉 11 月份而出现霉变。发热的部位在 7 月份开始时，仅限于中上层某一点局部范围内，8 月中旬发展到全部上层及中层，9 月下旬发展到下层造成全堆发热。引起油菜种子发热生霉的因素除水分与温度外，含杂质多少也有一定关系，杂质过多，使油菜种子堆通气不良，妨碍散热散湿，容易引起不良后果。

（三）油菜种子贮藏技术要点

1. 适时收获，及时干燥

油菜种子收获以在花薹上角果有 70%～80%呈现黄色时为宜。太早嫩籽多，水分高，不易脱粒，内容欠充实，较难贮藏；太迟则角果容易爆裂，子粒散落，造成损失。脱粒后要及时干燥，晒干后须经摊晾冷却才可进仓，以防种子堆内部温度过高，发生干热现象（即油菜种子因闷热而引起脂肪分解，增加酸度，降低出油率）。

2. 清除泥沙杂质

油菜种子入库前，应进行风选一次，以清除尘芥杂质及病菌之类，可增强贮藏期间的稳定性。此外对水分及发芽率进行一次检验，以掌握油菜种子在入库前的情况。

3. 严格控制入库水分

油菜种子入库的安全水分标准不宜机械规定，应视当地气候特点和贮藏条件而有一定的灵活性。就大多数地区一般贮藏条件而言，油菜种子水分控制在 9%以下，可保证安全，但如果当地特别高温多湿以及仓库条件较差，最好能将水分控制在 8%以下。根据四川省经验，水分超过 10%，经高温季节，就会发生不正常现象，开始结块；水分在 12%以上就会形成团饼，出现霉变现象。

4. 低温贮藏

贮藏期间除水分须加控制外，种温也是一个重要因素，必须按季节严加控制，在夏季一般不宜超过 28 ℃，春秋季不宜超过 13 ℃，冬季不宜超过 6 ℃，种温与仓温相差如超过 3 ℃就应采取措施，进行通风降温。

5. 合理堆放

油菜种子散装的高度应随水分多少而增减，水分在≤8%时，仓内堆高为 1.5～2.0 m；水分在 8%～10%时，堆高为 1.0～1.5 m；水分在 10%～12%时，堆高只能 1 m 左右；水分超过 12%时，应进行晾晒后再进仓。散装的种子可将表面耙成波浪形或锅底形，使油菜种子与空气接触面加大，有利于堆内湿热的散发。

油菜种子如采用袋装贮藏法应尽可能堆成各种形式的通风桩，如“工”字形，“井”字形等。油菜种子水分在 8%以下时，可堆高 10 包，8%～9%的可堆 8～9 包，9%～11%的可堆 6～7 包，11%以上的高度不宜超过 5 包。

6. 加强管理勤检查

油菜种子贮藏期间要加强管理，经常检查。根据浙江省粮食部门总结的经验，按水分高低油菜籽保管时间和方法也有所不同(表 11-10)。

表 11-10　油菜种子贮藏方法

(胡晋，2001)

油菜种子水分/%	安全保管时间	散装堆高	袋装高度
8～9	适于长期贮藏	2～2.5 m	12～13 袋
9～10	可保管 2 个月	1.5～1.8 m	10 袋
10～12	可保管 1 个月	1.5 m	6～8 袋
12～13	可保管 7～15 d	1 m	6 袋
13～14	可保管 10～15 d	至多 80 cm，须经常翻动	经常倒袋通风
14～15	可保管 7 d	麻袋不缝口，经常倒袋翻动	麻袋不缝口，经常倒袋翻动
16 以上	可保管 1～2 d	应及时处理	应及时处理

二、棉花种子贮藏技术

(一)棉花种子的贮藏特性

棉花种子(棉籽)种皮厚而坚硬，一般在种皮表面附有短绒，导热性很差，在低温干燥条件下贮藏，寿命可达 10 年以上，在农作物种子中属长命类型。但如果水分和温度较高，就很容易变质，生活力在几个月内完全丧失。

1. 耐藏性好

成熟后的棉籽，种皮结构致密而坚硬，外有蜡质层可防外界温、湿度的影响。种皮内含有约 7.6%的鞣酸物质，具有一定的抗菌作用。所以，从生物学角度讲，棉籽属于长命种子。但未成熟种子则种皮疏松皱缩，抵御外界温、湿度影响的能力较差，寿命也较短。由于棉花的开花、收获期较长，一般霜前花轧出的棉籽成熟度较高，内容物质充实饱满，种壳坚硬，比较耐贮藏。而霜后花轧出的棉籽成熟度较低，种皮柔软，内容物质松瘪，在相同条件下，水分比霜前采收的棉籽为高，生理活性也较强，因此耐藏性较差，常不作为留种用。

棉籽的不孕粒比例较高，据统计，中棉约占10%，陆地棉约占18%。棉籽经过轧花后机械损伤粒比较多，一般占15%～29%，特别是经过轧短绒处理后的种子，机损率有时可高达30%～40%。上述这些种子本身生理活性较强，又易受贮藏环境中各种因素的影响，不耐贮藏。因此，棉籽入库前，要进行一次检验，其安全标准为：水分不超过11%，杂质不超过0.5%，发芽率应在80%以上，无霉烂粒，无病虫粒，无破损粒。霜前花籽与霜后花籽应分开堆放。

2. 通气性差

一般的棉籽表面着生单细胞纤维称为棉绒。轧花之后仍留在棉籽上的部分棉绒称为短绒，约占种子重量的5.5%，它的导热性较差，具有相当好的保温能力，不易受外界温湿度的影响。如果棉籽堆内温度较低，则能延长低温时间；相反，则堆内的湿热也不易向外散发。短绒属于死坏物质，易吸附水分子，在潮湿条件下易滋生霉菌，相对湿度在84%～90%时霉菌生长很快，放出大量热量，积累在棉籽堆内而不能散发引起发热，最高可达60～70 ℃，干燥的棉籽很容易燃烧，在贮藏期间要特别注意防火。

3. 含脂肪多，易酸败

棉籽的脂肪含量较高，在20%左右，其中不饱和脂肪酸含量比较高，占70%～80%，易受高温、高湿的影响使脂肪酸败。特别是霜后花中轧出的种子，不饱和脂肪酸含量达80%以上，更易酸败而丧失生活力。

4. 容重小，带菌多

棉花种子子粒大，外被短绒，壳与种仁之间有空隙，因此，种子堆的空隙大，容重小，贮藏时占用仓库容积大，但棉花种子种壳坚硬，约占整粒重量的34%，加上种壳和棉仁之间有空气层，抗压性能好。另外，棉花种子表面附着有短绒，常带有大量的附生细菌，在生命活动中产生大量的热。而短绒保温性能好，不易散热，给种子堆发热和微生物的侵染、繁殖、为害创造了良好条件。为了节约仓容、消除病菌，留种用的棉籽可用脱短绒机或用浓硫酸将短绒除去。脱绒处理后要用清水将残留酸液冲洗掉，待晾晒后再入库。脱绒处理后的种子在播种时不会互相缠结，使播种落籽均匀，对吸水发芽也有一定促进作用。但应注意脱去绒的棉籽在贮藏中容易发热，须加强检查和适当通风。

（二）棉花种子贮藏技术要点

棉籽从轧出到播种须经过5～6个月的时间。在此期间，如果温湿度控制不适当，就会引起棉胚内部游离脂肪酸增多，呼吸旺盛，微生物大量繁殖，以致发热霉变，丧失生活力。应选择霜前花的棉籽留作种用，轧花时要减少破损粒提高健籽率，以保证种子质量。除此之外，应掌握以下技术环节。

1. 合理堆放

棉籽可采用包装和散装。一般来说，包装要好于散装，小包装要好于大包装，堆放时，小垛好于大垛。散装虽对仓壁压力很小，但也不宜堆得过高。一般只可装满仓库容量的一半左右，最多不能超过70%，以便通风换气。堆装时必须压紧，可采用边装边踏的方法把棉籽压实，以免潮气进入堆内使短绒吸湿回潮。华中及华南地区的棉籽,堆放不宜压实。棉籽入库最好在冬季低温阶段冷籽入库,可延长低温时间。但是当堆内温度较高时,则应倒仓或低堆,并在种子堆内插入用竹篾编成的通气篓,以利于通风散热。

2. 严格控制水分和温度

我国棉花种植区域跨度大,气候条件不尽相同,贮藏方式应因地制宜。华北地区冬春季温度较低,棉籽水分在12%以下,已适宜较长时间保管,贮藏方式可以用露天围囤散装堆藏;冬季气温过低,须在外围加一层保护套,以防四周及表面棉籽受冻。水分在12%以上的棉籽要注意经常性测温,以防发热变质。如水分超过13%,则必须重新晾晒,使水分降低后,才能入库。棉籽要降低水分,不宜采用人工加温机械烘干法,以免引起棉纤维燃烧。华中、华南地区,温湿度较高,必须有相应的仓库设备,采用散装堆藏法。安全水分要求达到11%以下,堆放时不宜压实,仓内须有通风降温设备,在贮藏期间,保持种温不超过15 ℃。长期贮藏的棉籽水分必须控制在10%以下。

3. 加强管理

(1) 温度检查。在9—10月份应每天检查1次。入冬以后,水分在11%以下,每隔5~10 d检查1次,12%以下则应每天检查。方法可采用每隔3 m插竹管1根,管粗约为2 cm,一端制成圆锥形以利插入堆内。竹管分上、中、下层,各置温度计1支,定时定点进行观测。

(2)杀虫。棉籽入库后的主要害虫是棉红铃虫,幼虫由田间带入,可在仓内继续蛀食棉籽,在蛀食处还易诱导其他仓库害虫和真菌的繁殖,为害较大。幼虫在仓内越冬,到第2年春暖后羽化为成虫飞回田间。因此,棉籽入库前如果发现有虫,可在轧花后进行高温曝晒,或将60 ℃左右的热空气通过种子5 min,再装袋闷2 h,可将棉红铃虫杀死;也可在仓内沿壁四周堆高线以下设置凹槽,在槽内投放杀虫药剂,当越冬幼虫爬入槽内时便可将其杀死。

(3)防火。棉籽有短绒,本身含油量又高,遇到火种容易引起燃烧,而且在开始燃烧时往往不易察觉,一旦被发觉时已酿成火灾,应高度重视。在管理上要严禁火种接近棉籽仓库,仓库周围不能堆放易燃物品。工作人员不能带打火机、火柴等物入库,更不能在库内吸烟。在库内甚至不能发生铁器碰撞现象,以免产生火花引起火灾。

4. 脱绒棉籽的保管

脱绒棉籽是指经过脱绒机械或硫酸处理过的种子。这些棉籽因经过处理,其外壳虽然未破碎,但种皮一般都受到机械磨损或腐蚀,透水性增加,比较容易受外界温、湿度的影响,不耐贮藏。在贮藏过程中容易引起发热现象。所以,对脱绒棉籽应加强管理多检查,在堆法上采用包装通风垛或围囤低堆等通风形式更为有利。

5. 少量种子的贮藏

对于一些稀有种质资源或具有特殊价值的棉花种子,可采用低温、冷冻或超低温贮藏。

(1)低温贮藏　将棉花种子装在密封好的塑料袋中贮藏在0~5 ℃,耐贮藏性明显增强,但要严格控制种子吸湿。据Stewart(1976)报道,在低温条件下,干燥的棉花种子经过25年贮藏仍有生活力。

(2)冷冻贮藏　贮藏温度控制在 −30~−5 ℃。据Stewart (1976)报道,含水量低于10%的棉花种子在冷冻条件下经过37年仍有发芽能力。

(3)超低温贮藏　Wheeler(2000)将8个品种的棉花种子在液氮超低温环境中贮藏180 d,

然后转移到室温条件下测其发芽率。发现贮藏在－150 ℃左右液氮环境中若不直接与液氮接触，种子发芽率和田间表现不受影响，但直接浸在液氮中贮藏的种子，尽管发芽率不受影响，但出苗后幼苗的叶片受到显著不利影响。超低温贮藏的种子含水量以4％～12％为宜，高于12％会显著影响种子的发芽率。

(三)包衣棉籽的贮藏方法

一般包衣后种子，不应作长期贮藏，由于用剩包衣棉籽带剧毒农药，无法转商，只能深埋处理，既浪费种子，又会污染环境。不过，据研究只要认真做好安全贮藏，种子发芽率和田间出苗率仍能基本保持原有水平，翌年仍能使用，既能节约种子，又增加经济效益。包衣棉籽贮藏特点和方法简介如下：

(1)脱绒包衣棉种易于在夏秋两季吸潮、发热、降低发芽率。因此，必须堆成通风垛，在种垛上、中、下各处均匀放置温度计，掌握温度的变化情况。高温潮湿季节须每天检测1次，棉籽温度须保持在20 ℃以下。如有异常，迅即采取倒仓或通风降温等措施。最好放入低温库保存，确保种子安全越夏。

(2)脱绒包衣棉籽种皮脆、薄、机械损伤多，如压力一大往往出现种皮破裂的情况。因此，仓贮中袋装种子高度不应超过2 m。

(3)包衣棉种带有剧毒，发出刺激性气味，仓内不应贮存其他种子。同时，应注意人身安全，以防中毒。

三、蔬菜种子贮藏技术

蔬菜种子种类繁多、种属各异，种子的大小、形态特征和生理特性很不一致，种子的寿命也长短不一，对贮藏条件的要求也各不相同。种子贮藏的标准、设施条件、环境、方法直接影响种子发芽率、发芽势及种子寿命，因此采取科学贮藏方法，对蔬菜生产发展具有重要意义。若贮藏不当，造成人为混杂或丧失发芽力，将会对种子生产者、经营者以及农民带来不可估量的经济损失。

各种蔬菜种子贮藏条件、时间与发芽率的关系见表11-11。

表11-11 各种蔬菜种子贮藏条件、时间与发芽率的关系

(吴志行，1986；孙庆泉，2002)

蔬菜名称	贮藏条件	贮藏时间	贮藏后的发芽率/％
番茄	一般室内贮藏	3～4年	85
	含水量5％，密闭贮藏	5年	89
	含水量5％，密闭贮藏	10年	83
	含水量5％，－4 ℃，密闭贮藏	10年	97
	含水量5％，－4 ℃，密闭贮藏	15年	94
茄子	一般室内贮藏	3～4年	85
	含水量5.2％，密闭贮藏	5年	87
	含水量5.2％，密闭贮藏	10年	79
	含水量5.2％，－4 ℃，密闭贮藏	10年	84

续表 11-11

蔬菜名称	贮藏条件	贮藏时间	贮藏后的发芽率/%
辣椒	一般室内贮藏	2～3 年	70
	含水量 5.2%，密闭贮藏	5 年	61
	含水量 5.2%，密闭贮藏	7 年	57
	含水量 5.2%，－4 ℃，密闭贮藏	10 年	76
菜豆	一般室内贮藏	2～3 年	95
	相对湿度 50%，10 ℃，贮藏	8 个月	80～90
	相对湿度 80%，26.7 ℃，贮藏	8 个月	0
	相对湿度 35%，17 ℃，贮藏	4 年	50
莴苣	一般室内贮藏	3～4 年	80
	含水量 4.1%，密闭贮藏	3 年	88
	含水量 4.1%，－4 ℃，贮藏	5 年	94
	含水量 4.1%，－4 ℃，密闭贮藏	7 年	91
洋葱	一般室内贮藏	1～2 年	80
	常温，含水量 6.3%，密闭包装	5 年	89
	常温，含水量 6.3%，密闭包装	7 年	78
	含水量 6.3%，－4 ℃，密闭包装	7 年	92
	含水量 6.3%，－4 ℃，密闭包装	10 年	78
菠菜	一般室内贮藏	2～4 年	70
甘蓝	一般室内贮藏	3～4 年	90
萝卜	一般室内贮藏	3～4 年	85
大白菜	一般室内贮藏	3～4 年	90
芜菁(蔓菁)	一般室内贮藏	4～5 年	95
黄瓜	一般室内贮藏	2～3 年	90
南瓜	一般室内贮藏	3～5 年	95
笋瓜	一般室内贮藏	3～5 年	95
西葫芦	一般室内贮藏	4 年	95
西瓜	一般室内贮藏	4～5 年	95
豇豆	一般室内贮藏	2～3 年	95
胡萝卜	一般室内贮藏	2～3 年	70
	含水量 5.4%，－4 ℃，贮藏	7 年	67
芹菜	一般室内贮藏	2～3 年	75
韭菜	一般室内贮藏	1～2 年	80
大葱	一般室内贮藏	1～2 年	80
茴香	一般室内贮藏	2～3 年	60

种子干燥是保证蔬菜种子安全贮藏的一项重要措施。种子通过适当干燥处理，可以降低呼吸强度，抑制和消灭仓库害虫和微生物的为害，延长种子贮藏寿命。

蔬菜种子的种类很多，其组织结构和化学成分不同，种子贮藏的安全水分也不同(表11-12)。由于大部分蔬菜种子子粒小，含油脂较高，收获时含水量较高，耐高温能力差，所以在种子干燥时，要严格掌握干燥温度。

表 11-12　主要蔬菜种子安全贮藏含水量

(吴志行，1986)　%

蔬菜名称	含水量不高于	蔬菜名称	含水量不高于
番茄	7～12	南瓜	8～11
茄子	7～11	丝瓜	9
辣椒	7～12	菠菜	8～11
甜椒	7～11	花椰菜	7～9
韭菜	7～11	芹菜	8～11
葱	7～11	芫荽	11
黄瓜	7～12	苋菜	8
冬瓜	8～9	茼蒿	8～11
莴苣	7～11	萝卜	9～11
甜菜	8	毛豆	9
荠菜	7	豇豆	9～12
芥菜	9～11	豌豆	10～11
甘蓝	7～10	菜豆	10～12
结球白菜	7～11	蚕豆	12～13
不结球白菜	7～11	大头菜	7
香瓜	9～11		

(一)十字花科蔬菜种子贮藏技术

十字花科蔬菜主要包括芸薹属的白菜、芥蓝、甘蓝类(椰菜、花椰菜、青花菜、球茎甘蓝等)、芥菜(叶芥菜、茎芥菜、根芥菜等)以及萝卜属的萝卜等蔬菜作物，是我国种植最广泛、食用最普遍的叶菜、花菜和根菜类蔬菜作物。

十字花科蔬菜种子的贮藏特性：①吸湿性强。十字花科蔬菜的白菜、甘蓝类种子种皮薄脆，组织疏松，表面积大，很容易吸湿回潮。在干燥季节，相对湿度在60%以下，种子的含水量可降到7%～8%；当相对湿度在80%以上时，种子含水量可达到10%以上，对种子的安全贮藏造成了威胁。②通气性差。十字花科蔬菜种子种堆密度大，通气性差。由于种子种皮松脆，种胚较大，子叶较嫩并折叠于种皮内，种子不坚实，在脱粒和干燥过程中容易破碎或收获时混有泥沙等，使种子堆的密度增大，不易向外散发热量，所以种子在收获后期很容易发热霉变。③种子含油量高，富含不饱和脂肪酸，易酸败。种子的脂肪含量较高，在贮藏过程中，脂肪中的不饱和脂肪酸会自动氧化成醛酮类等物质，发生脂肪酸败。尤其在高温条件下，这一过程进行得更快，导致种子发芽率降低，失去种用价值。④高油分的种子如大白菜、芥蓝、甘蓝、芥菜和萝卜等种子水分干燥到2%，仍旧保持较高的活力，可以进行超干燥贮藏。

十字花科蔬菜种子的采收：十字花科蔬菜种子属于干种子成熟的类型，即随种子成熟度的增加，种子的含水量逐渐减小。为避免在收获时种荚爆裂造成种子损失，种株可提前从田间收割，整株干燥，再进行机械或手工脱粒，以利种子进一步发育成熟。在种子采收期，需要仔细观察角果和植株的其他部分是否正逐渐脱水变干，这是种子已经成熟的指标，只有植株充分成熟，才可以获得高质量的种子及其最大的干物质含量。

十字花科蔬菜种子的干燥：子粒较小的十字花科蔬菜种子的子叶中含有大量的脂肪，为不亲水性物质。在干燥时水分容易散发，但由于其子粒小，种皮松脆易破，热容量低，在高温条件下易走油。因此，在干燥时，一般收割后先采用整株晾晒。当种壳变色、后熟作用完成后再脱粒，进行荚壳与子粒混晒，以减少翻动次数，既能防止走油，又能起到促进干燥的效果。

十字花科蔬菜种子的新陈度判别：十字花科蔬菜种子用指甲重压或将种子放在桌面上，用手掌稍用力来回搓动几下，粒皮难以脱开，手捏种子有黏性，种子呈绿黄色或浅黄色的多为新种子；陈种子则表面晦暗无光泽，有时表皮上还附有“盐霜”，剥开闻一闻，有轻微的油哈味，油分也少，用指甲重压，子叶易碎，粒皮容易分开。

1. 白菜种子贮藏技术

白菜[*Brassica rapa* ssp. *pekinensis* (Lour.) Hanelt，异名 *Brassic campestris* L. ssp. *pekinensis* (Lour.) Olsson]，又称大白菜，具有“百菜之王”的美誉，是我国的原产和特产蔬菜，许多人把白菜称为我国的“国菜”。白菜种子种皮呈红褐色或灰褐色，圆球形，直径为2.0～3.0mm，千粒重 3.0～3.6 g。

(1)适时收获，整株晾干再脱粒并及时干燥。在植株基部的角果呈现黄色，内部种子呈棕色时收获最好。收获太早，种子的含水量较高，不易脱粒和干燥，较难贮藏；收获太迟，由于角果干燥爆裂，种子散落，造成损失。通常收获以单株收获为主，用刀或镰刀整株收获，时间在早晨露珠未干时收获最好，可以减少角果爆裂的种子散落。母株收获后置于通风较好处自然风干，同时要注意收集角果裂开后散落的种子。母株干燥了 10～14 d 后就可以进行机械或人工脱粒、热空气干燥，干燥时的温度不能超过 45 ℃，以免引起种子生活力的下降。

(2)清选分级。白菜种子的清选分离工作可采用空气风选机去除杂质和植株碎片，螺旋分选机可以进一步分离白菜种子与植株的混杂物。

(3)合理贮藏。必须存放在凉爽干燥的地方，切勿用水缸、铁桶等不透气的容器存放，以免把种子捂坏而影响出苗率。

如果白菜种子的含水量在 8%左右，种子的有效贮存期限在 2 年以内，第 2 年仍可作种用。贮存期超过 2 年的种子，播种后出苗率会降低 20%左右，且极易感染病害。存放时间越长，出苗率越低，抗病能力也越差。

Stanwood (1985) 认为白菜种子适合于冷冻保存的最高含水量(high moisture freezing limits，HMFL)即种子含水量的最高极限值为 13.8%左右，超过 HMFL 值，温度降至－28 ℃，发芽率即降至 0。低温冷冻真空干燥处理小白菜种子 1 d 或 2 d，种子含水量可降到 2.9%或 1.9%；在 20 ℃温度下密封贮存 94 个月(近 8 年)后，种子发芽率仍能维持在 96%以上的贮藏初期水平。同时实验结果还表明，经低温冷冻真空干燥处理后，种子的生活力和种子活力都比对照(4%含水量)的贮藏效果好(张海英，1999)。

2. 芥蓝种子贮藏技术

芥蓝(*Brassica alboglabra* Bail)又称芥兰，十字花科芸薹属草本植物，一年生或二年生，在遗传学方面，也有人提出芥蓝是甘蓝的一个变种。芥蓝是我国特有的一个蔬菜种类，在南方各省普遍种植。芥蓝种子含油量高达 36%～42%，并富含不饱和脂肪酸和维生素 E。芥蓝种子中含有芥子油，会抑制种子发芽。

(1)贮藏温度对种子活力的影响与种子含水量有很大的关系。在含水量较低时，温度对贮藏效果的影响较小；而在种子含水量较高时，温度的高低才会对贮藏效果产生较大的影响。吴晓珍、傅家瑞(1997)报道芥蓝种子最佳的贮藏条件是低温 10 ℃，种子含水量在 6.82% 左右，无论从种子的发芽率、活力指数还是膜透性的变化及各种酶活性来看，该条件适宜芥蓝种子的安全贮藏。而常温贮藏 2 个月的芥蓝种子，在 45 ℃和 100%的相对湿度下人工老化 5 d，发芽率就降为 0(陆美莲等，2004)。

芥蓝种子开放贮藏时的生活力和活力下降较快。贮藏芥蓝种子时，可采用布袋包装，置于冷库中贮藏。若在室温下贮藏，则需将种子干燥至 9%或以下的含水量，采用铝箔包装，使种子保持恒定的低含水量。张文海(1999)等报道含水量 3.06%的芥蓝种子，以铝箔袋密封包装，在室温下贮藏 16 个月，仍可保持 87.0% 的发芽率；而含水量为 13.03%的高水分芥蓝种子，即使用铝袋包装，发芽率下降也很快，贮藏效果差。

如果冷库容量有限或为减少使用冷库、降低费用时可将冷库作为周转，先将芥蓝种子以布袋包装贮藏于冷库之中，待天气晴朗时，再分批晒干、干燥，进行铝箔包装置于室温下贮藏。

(2)超干处理可提高芥蓝种子的耐藏性，延长其寿命。张施君、陈润政(2003)报道芥蓝种子经超干处理后仍具有较高的活力，含水量为 4.91%、3.25%和 2.84%超干芥蓝种子具有良好的耐藏性，其种子发芽率提高，抗老化能力、超氧化物歧化酶和过氧化氢酶的活性增强，膜透性降低，其中以含水量 2.84%的芥蓝种子贮藏效果最好。

3. 甘蓝种子贮藏技术

甘蓝(*Brassica oleracea* L.)，属十字花科芸薹属甘蓝种，为二年生草本植物。甘蓝是我国主要蔬菜作物之一，在蔬菜周年供应和出口贸易中均占有重要地位。

(1)及时采收。甘蓝种子达到生理成熟时表现出最大的萌发潜力，收获过早或过迟都可能导致发芽率和活力的降低。开花授粉后 45～50 d，是种荚特别是子粒发育、增重的重要时期，可使种子千粒质量增加、秕粒数减少。而开花授粉后 50～55 d，种子的发育、增重相对减缓，千粒质量差异不显著。授粉后 55 d 采收的种子，其种子活力和发芽率均达到 97.5% 以上，种子完全达到了成熟，也即当种荚变成蜡黄，荚内种子开始变成红褐色时即可采收。为提高杂交种子的整齐度，要将父、母本生产的种子分收。

(2)及时晾晒和干燥。种株在收获后应及时晾晒，并在晒干后及时拍打脱粒，晾晒种子时要避免气温过高杀死种子，降低种子发芽率。甘蓝种子在收获后如果采用烘干干燥，40 ℃的加温干燥对种子的生活力和活力是安全的。

(3)包装和贮藏。甘蓝种子在包装贮藏时，包装材料以塑料铝箔复合袋为最佳，种子水分以 6.0% 为最好，能较好地保证种子的发芽率和活力，同时贮藏于空气相对湿度较低(低于 50%)的条件下种子可以贮藏 4～6 年。根据周红丽等(1993)报道，蔬菜种子贮藏初含水量和贮藏期间的包装材料对贮藏 10 个月后的种子发芽率有一定的影响，以复合铝箔包装的效果最好，能较好地保持种子的含水量，贮藏后种子发芽率和发芽势较高。大白菜、萝卜、甘蓝、花椰菜等 4 种叶、根菜类种子贮藏初含水量与贮藏后含水量、发芽率均呈负相关，贮藏初的种子含水量以控制在 6% 左右为宜。

4. 芥菜种子贮藏技术

芥菜(*Brassica juncea* Coss.)古称芥，是十字花科芸薹属一年生或二年生草本芥菜类蔬菜的总称，是中国最古老的蔬菜之一，不仅栽培历史悠久，分布广泛，而且有极为丰富的变种和品种。芥菜类蔬菜包括根用芥菜、茎用芥菜、叶用芥菜、芽用芥菜、薹用芥菜和籽用芥菜等 6 个变种，分别以肉质根、肉质茎、叶片、肉质腋芽、花薹以及种子供食用。此外还有利用种子萌发的嫩芽入蔬的芥菜芽菜。这类蔬菜其产品器官除了鲜食外，主要用于加工，其中以榨菜和雪菜最为著名，产品不仅畅销国内，还远销东南亚等地。

(1)芥菜种子繁殖和采收

芥菜种子的繁殖方式：有秋播大株采种、春播小株采种、冬播小株采种等 3 种采种方法。其中以大株采种的种子产量最高，而春播、冬播小株采种种子产量较低，但二者之间差异不大。大株采种的种子成熟期、种株的生长发育情况、单位面积产量等均优于春播、冬播小株采种。同时大株留种的种子纯度高，质量优异，但种子数量有限，难以满足大面积生产的需要，可采用小株留种扩大繁殖系数。

采种的产量和质量：单株不同分枝不同部位种子产量以第 2 分枝最高，第 1 分枝次之，主枝和第 3 分枝较低。但单株不同分枝种子质量一般以主枝、第 1 分枝最优，第 2 分枝次之，第 3 分枝最差。

采种时期：当种荚茎基部开始发黄但尾部存有个别小花时，便可以收割。收割后适当晒一下，然后放入室内后熟。几天后，将种荚取出，轻轻敲打，种子即脱壳而出。然后，再进行日晒，收起后熟，脱粒，如此反复进行 2～3 次就可以脱粒完全。

在 3 种繁殖方式中，秋播越冬的大株采种，物候期较早，6 月中旬即可收获种子，而春播和冬播采种的其物候期大体相同，均在 7 月 10 日左右收获种子。

(2)芥菜种子的干燥和贮藏

芥菜种子的干燥：脱粒的种子应及时干燥。南方高温地区不应放于强烈的阳光下曝晒，而应选择春光明媚的日子进行晒种，中午可以收起，晒种时要经常搅动，否则上下层温度不一而影响将来种子发芽的整齐度。当种子晒至用手摸去具有松软感觉时，若用玻璃瓶碾压种子呈大小适中的小块表明晒种恰到好处。若碾压种子呈粉状，则说明已经过干，停止日晒。如果种子呈饼状，应继续晒种，直到达到标准符合要求为止。

芥菜种子的休眠期：芥菜种子中本身含有发芽抑制物质——芥子油，可抑制种子发芽。所以芥菜种子存在一定的休眠期，提前播种，若没有破除休眠，往往造成芥菜种子发芽率偏低，给生产造成损失。芥菜种子休眠还与种子干燥程度、晒种方法、贮藏条件有关。一般芥菜收种后阴干，种子休眠期很短；而收种后晒干，种子出现明显的休眠。

芥菜种子的贮藏：休眠程度越深的种子，耐贮能力越强；而休眠浅或无休眠的种子，种子劣变快，抗老化能力差，耐贮能力也较弱。3 个芥菜类蔬菜——黑芥(*Brassica nigra*)、芥菜(*Brassica juncea*)、埃塞俄比亚芥(*Brassica carinata*)与其他芸薹属的蔬菜种类相比较，种子耐贮性都较强，种子的寿命也较长。

芥菜种子在干燥后安全水分不超过 7%，种子用筛子进行筛理后，用铝箔袋装，密封保存于干燥、通风的地方，可以保存 5 年左右。因芥菜类种子较小，在清选加工时可以采用小型的吹风机，去除混杂在种子中的杂质和未成熟不饱满的瘪种等，提高芥菜种子的净度和发芽率。超干贮藏的芥菜种子水分以不低于 2.5%为宜。

5. 萝卜种子贮藏技术

萝卜(*Raphanus sativus* L.)为十字花科萝卜属，能形成肥大肉质根的一年生或二年生蔬菜作物，是我国人民十分喜爱的重要蔬菜，南北方均广泛栽培。目前我国选育推广的品种大致分为春夏萝卜、夏秋萝卜、秋冬萝卜、冬春萝卜、四季萝卜5种类型。

(1)种子采收和干燥

常规萝卜的种株采收：萝卜是异花授粉作物，一般采用原种生产和大田用种二级繁育制度。萝卜的采种方式也分大株留种、半大株留种和小株留种。

杂交萝卜的采种技术：目前萝卜主要利用雄性不育系配制一代杂种，杂种一代种子的生产通常也采用半成株或小株采种法，以达到降低种子成本的目的。在采种时，为防止父母本种子混杂应分开采收，先收父本，待父本收完后，再采收母本，母本上采收的种子为杂交种子。

收获脱粒和干燥：种株谢花后40 d左右，种荚呈黄色时及时收获种株，一般在晴天的早上进行，收割时下面留0.33 m以上的桩子，把收割的枝条放在桩子上晒2～3 d，然后拖回晒场上堆，堆下面垫1 m高防雨层，堆顶部盖防雨油布，捆好，让种子充分后熟，时间1～3 d。待天气晴好进行脱粒，脱粒后及时晒干。堆放期间要及时翻堆，切忌收割后堆沤后熟，造成种堆烧热，防止遇雨种子变黑，失去商品价值。

在收获时也有的用刀将结荚花枝割下，运到晒场上进行晾晒，晾晒的果荚要经常翻动，均匀晾晒。遇雨及时遮挡，防止雨淋霉变，种子变色。等到果荚完全干燥后，由于果荚较硬，在场上用石磙打压脱籽，有条件的用脱粒机脱粒。

(2)种子包装和贮藏　利用种子精选机对萝卜种子进行精选加工，提高种子的纯净度。萝卜种子含水量8%以下、净度98%以上，种子可以用布袋包装，贮藏于通风、干燥的地方。如果萝卜种子经过适当的干燥，含水量低于6%，用复合铝箔袋包装，并贮藏于空气相对湿度较低(低于50%)的条件下种子可以贮藏4～6年。欧哲等(2012)研究表明，采用铝箔袋密封包装对于萝卜种子生活力的保持优于聚乙烯纸袋，包装袋中添加硅胶干燥剂可以有效延缓种子的衰老。蒋燕等(2010)研究了超干处理与种子活力及脂质过氧化的关系，认为萝卜种子超干贮藏最适含水量在3%左右。

相同品种的萝卜种子，千粒重较大、充实饱满、种皮发青的种子，粗脂肪含量较小粒种子多，贮藏寿命较小粒种子长。

6. 花菜种子贮藏技术

花菜(*Brassica oleracea* L. var. *botrytis* L.)又称菜花、花椰菜，属十字花科芸薹属植物，是甘蓝的一个变种。其花球肥嫩，营养价值较高，我国南北方均有普遍栽培。

(1)花菜种子的采收与干燥　花菜一般在生长季结束后的秋季开始开花结实，在花菜结实之后，花期为60～90 d，能够采摘到成熟的种子。对于花菜种子的收获，关键是选择适宜的收获时间。如果收获时间过早，种子还没来得及成熟，不利于保存和繁殖；反之，如果等到种子过度成熟或过于干燥，种子的质量和活力都会降低，从而影响后续种植效果。在采收花菜种子时，要避免在高温潮湿的环境下进行，以免种子发霉变质。同时，要注意保护好花芽，以便进行下一茬种植。

花菜种子干燥时，要避免过度干燥或受热不均，以免影响种子的质量和活力。同时需要注意防止黑腐的发生，可以在干燥的种子中加入福美双可湿性粉剂进行拌种，混合比例为每千克种子3 g药剂，这样可以有效地提高花菜种子的贮藏稳定性和活力。

(2)花菜种子的包装与贮藏　根据种子质量标准要求，花菜种子的水分不能高于7%。短期存放可选择普通包装，将干燥种子装入清洁的塑料袋或布袋中，扎紧袋口，然后放入干燥、阴凉、通风的地方贮存。这种包装方式可以防止种子受潮、发霉和虫蛀等问题。长期存放可选择真空包装,使种子处于高度真空状态,以延长种子的寿命同时可以有效地防止种子受潮、氧化和虫蛀等问题。

(二)茄科蔬菜种子贮藏技术

茄科蔬菜主要包括番茄(*Lycopersicon esculentum* L.)、茄子(*Solanum melongena* L.)和辣椒(*Capsicum* spp.)3种茄果类蔬菜作物。由于其种子形态特征和特性基本相同,其种子贮藏方法也基本相同。

茄果类种子的贮藏特性:茄果类蔬菜种子由种皮、子叶、内胚乳和胚等部分组成,种子扁平状,微皱,似肾型、卵圆形或圆形;种脐部分凸起,内壁和侧壁厚,而外壁很薄;种皮坚硬,表面有一层角质层,可防外界温度、湿度的影响,因而有较好的耐藏性;种子的大小、千粒重因品种的不同而有差异。

1. 番茄种子贮藏技术

番茄(*Lycopersicon esculentum* L.),别名西红柿、洋柿子、柿子、番柿。因其营养丰富、风味独特,既可熟食,也可生食,既能鲜用,也能加工,深受广大消费者的喜爱。

(1)番茄种子的贮藏特性　番茄种子千粒重2.7～3.3 g,一般大果型番茄种子的千粒重在3.2克左右。常温下贮藏不能超过4年,在生产上利用年限2～3年。否则,会降低发芽率。新种子上有很多小茸毛,且有番茄味;旧种子外皮茸毛少或脱落,气味也淡。

王若菁(1997)选用室温贮藏4年、3年和2年的番茄种子,对其发芽率、种子活力、逆境萌发和幼苗田间生长等进行了综合测试,以检验种子的劣变进程及种子质量。结果表明,番茄种子室温贮藏4年,种子质量显著劣变,种子生活力及活力显著低于贮藏2～3年的种子,田间幼苗生长势下降,畸形苗及小苗比例增加。

(2)番茄种子贮藏技术要点

适时采种:在果实生理上成熟度90%～95%时采收。采回的果实先晾放3～5 d进行后熟处理,然后剖取种子,剖出种子后需发酵2～3 d任其表面的胶质充分分解,待种子与果肉分离后,再用清水漂洗干净,再晾干或晒干。

种子和果肉的分离是在一条设有很多阀门的水槽中进行的,果肉和种子的混合物在水流的作用下通过水槽时,发育饱满的种子会沉到阀门后面,而果肉组织和秕种则被流水冲掉。种子和果肉分离后,湿种子被收集到脱水机中甩干,然后被传送到热风干燥机中风干到适宜的水分含量。

干燥降水:根据瓜菜作物种子国家标准GB 16715.3—2010要求番茄种子含水量不超过7%,密闭贮藏时水分含量低于5%。张海英等(2002)报道番茄种子经过超干处理后,使其含水量降至安全含水量(5%)以下,如2.4%～4.6%,在常温下贮存13年后仍有较高的发芽率。胡晋等(1994)选用了在常用干燥剂(硅胶、氧化钙、氯化钙)中吸水速率最快的氧化钙作为干燥剂,番茄种子水分降至3.77%后,种子的生活力和活力没有影响,这就说明番茄种子可以较快的速度干燥,具有较强的耐干燥损伤的特性。

在晾晒种子时应放在纱网或凉席等上面晾干,不要在太阳下曝晒。晒种时每1～2 h翻动1次。

大量种子贮藏方法:大量番茄种子的贮藏常采用普通贮藏的方法,又称为开放贮藏法,即将充分干燥的番茄种子用布袋、无毒塑料编织袋等盛装，分品种堆垛，每一垛下垫上木架，有利于通风。堆垛排列应与仓库通风同一方向，种子包距仓壁 0.5 m 以上，垛与垛之间应留出 0.6 m 宽的操作道。贮藏期间应做好合理通风、防潮隔湿、低温密闭等工作，并及时检查温度、水分、仓库害虫、种子发芽等。此种贮藏方法的安全贮藏期为 1～2 年，是我国北方的主要贮藏方法。

少量种子贮藏方法：主要有密闭贮藏法、真空贮藏法和低温除湿贮藏法。密闭贮藏法，即把种子干燥到符合密闭贮藏要求的水分含量标准，再用密闭容器包装密封贮藏。密闭贮藏一般应配合低温，不能放在高温条件下。在温度变化大、多雨的地区，这种贮藏方法更有实用价值。密闭贮藏的容器，目前主要是玻璃瓶、干燥器、铝箔袋、聚乙烯袋、锡铁罐、塑料罐和纸罐等。真空贮藏法，是将充分干燥的种子密闭在近似真空的容器内，使种子与外界隔绝，不受外界温度的影响，抑制种子的呼吸作用，强迫种子进入休眠状态，以达到延长种子寿命的目的。真空贮藏的容器，目前采用的为真空罐。真空罐的规格因罐材及贮藏要求而异，种子装罐体积为 3/4，留 1/4 空间。装罐后，真空罐应放置在低温环境下贮藏，种子的寿命可达 10 年以上。而低温除湿贮藏法是在种子仓库中，装备制冷机和除湿机等设备，把库温降到 15 ℃以下，库湿降到 60%以下，从而达到安全贮藏种子的目的。

2. *茄子种子贮藏技术*

茄子（*Solanum melongena* L.）属于茄科茄属一年生草本植物，是我国栽培较广的茄果类蔬菜之一，是一种分布广、周年供应、经济实惠的大宗蔬菜，深受广大生产者和消费者的欢迎。目前我国是世界上最大的茄子生产国。

（1）茄子种子的贮藏特性　新采收的茄子种子普遍存在休眠现象。茄子种子种皮坚硬，种皮透气性差是造成茄子种子休眠的重要因素；而茄子种子内部存在包括 ABA 在内的多种发芽抑制物质加剧了种子的休眠，茄子种子休眠是由多种因素引起的综合休眠。茄子种子的休眠期由遗传因素决定，不同品种间休眠程度差异很大。有的茄子品种，发芽缓慢、出苗不整齐、发芽势较低，为浅休眠，自然贮藏 2～3 个月即可完全解除休眠。有的品种休眠较深，发芽势、发芽率、发芽指数均很低，为中度休眠，自然条件下完全解除休眠需 8～10 个月。茄子种子须进行种子处理，才能保证发芽整齐。

（2）茄子种子贮藏技术要点　茄子种子贮藏 5 年内都可以用。新种子外皮有光亮，呈乳黄色；但光泽会随贮藏期延长而变淡。陈种子表面暗红色，无光亮。

适时采种和干燥：授粉后 60 d，种茄果皮全部变黄，后熟 15 d 的种子饱满，呈金黄色具有光泽，千粒重最高，发芽势和发芽率最好。因此，种茄从授粉到采收 60 d、后熟 7～15 d 为茄子种子达到生理成熟的最佳期。

种果采收后，后熟 7～15 d，再把每个果实的上部（连接萼片部分）1/2 切掉，这部分的种子一般不饱满。接着把剩下的果实剥去外皮，将果肉捣烂，立即用清水洗涤，去掉果肉等杂物，取出干净的种子，进行晾晒，不可在烈日下暴晒。果皮中含有大量色素，如果与果肉一起捣烂并放在水中，加之浸泡时间过长，那么种子便容易着色变灰、变暗，影响种子的发芽率和商品外观。茄子种子与番茄和辣椒种子相比较，茄子的成熟度相差 10 d，茄子种子发芽率的下降幅度最大接近 20%，因此，茄子采种技术中，严格采收期，保证茄子种子充分成熟，将是保证茄子种子质量的关键性措施之一。

茄子种子的贮藏方法：基本与番茄种子的相同。

3. 辣(甜)椒种子贮藏技术

辣(甜)椒(*Capsicum annuum* L.)为茄科辣椒属植物,种子为黄色,千粒重因不同品种而不同,为4.5～6.5 g。原产中南美洲,现已成为中国的重要蔬菜和调味品,每年的栽培面积稳定在125.1×10^4 hm^2 以上。

(1)辣椒种子的贮藏特性　辣椒种子含油量较高,达到26.6%,其中不饱和脂肪酸的含量为86%,不饱和脂肪酸中亚油酸的含量占80%左右(程绍玲等,2004)。所以辣椒种子在贮藏过程中容易氧化酸败,而不耐贮藏。

(2)辣椒种子贮藏技术要点　① 适时采种和干燥。一般在授粉后50～60 d,种果表面充分红熟即可收获。剖果取籽后,宜放在席子或纱布上充分晾晒阴干,切忌放在水泥地面及金属板上暴晒。辣椒种子在果实红熟期达到最高发芽率和发芽势。② 合理贮藏。辣椒种子常温下贮藏不能超过3年,贮藏2年发芽率降到80%左右,贮藏3年发芽率降到50%以下。新种子呈金黄色,辣味浓,发芽率在90%左右;旧种子黄色消退,呈杏黄色,辣味变淡。

辣椒种子在超低水分下贮藏能够保持较高的活力,且使用价廉的石灰干燥贮藏效果和使用硅胶的效果差不多。辣椒种子在常规贮藏条件下,贮藏4年发芽率即很低,失去使用价值。

在辣椒种子生活力水平的调查中,可以认为贮藏2年的种子生活力相对较高,某些贮藏4年的种子生活力也较高。贮藏期较短的种子,其油脂含量和总蛋白含量较高,过氧化物酶活性较低,过氧化氢酶活性较高。随着种子贮藏年限的增加,其酸性磷酸酯酶活性通常增加。辣椒种子经超干处理,使其含水量降至安全含水量(5%)以下,其种子活力不仅未受影响,而且能显著提高抗老化能力。从种子发芽势、脱氢酶活性、丙二醛含量、电导率等指标看,超干贮藏辣椒种子有利于保证辣椒种子的活力。辣椒种子与其他油质种子相同,同样显示出耐脱水性强,超干效果好。严敏(2013)报道,无论是常温贮藏3年,还是高温老化1个月,辣椒种子超干贮藏的最适含水量范围均为2.4%～5.0%。当含水量降低到1.4%时活力指数显著降低。

(三)豆科蔬菜种子贮藏技术

1.豌豆种子的贮藏技术

(1)豌豆种子的贮藏特性　① 生活力易丧失。豌豆子叶的化学成分和蚕豆很相近,含有丰富的蛋白质和少量的脂肪。因此,比含脂肪丰富的大豆等豆类容易贮藏。但由于其颗粒呈球形且较小,种子堆的密度较大,其种皮亦不及蚕豆坚厚,因此在耐藏性方面就远不如蚕豆,在同样的条件下进行保藏,其生活力较易丧失。② 散落性好。豌豆的容重约为800 g/L,相对密度达1.32～1.40,静止角在21°～30°,散落性好,孔隙度小,如大量散装,对仓壁或其他容器的侧压力较大(超过大多数农作物种子)。因此,在仓库建筑时必须注意材料的强度与构造的坚牢度。③ 易受虫害。豌豆在贮藏中经常发生的问题是豌豆象的为害。据某些地区调查,一般被害率可达30%左右,而最严重的高达90%。重量损失一般轻度被害的约15%,严重的达40%左右。豌豆象是在豌豆开花结荚期间产卵在嫩荚上,幼虫孵化出来就咬破豆荚,侵入豆粒中,以后随着豌豆收获带入仓库,继续在豆粒中发育、化蛹,最后羽化成虫,隐匿在仓库隙缝、屋檐瓦缝里越冬。到翌年豌豆开花期又飞到田间交尾产卵。④ 耐高温。据试验,当豌豆种子含水量降低到14%以下,种温不超过55 ℃时,仍不影响其生活力。

(2)豌豆种子贮藏技术要点　我国北方的农户多用袋子、囤子贮藏豌豆,而南方的农户多用盆、罐、缸和桶等容器贮藏豌豆。豌豆贮藏要注意防潮、防虫和防鼠,其中豌豆贮藏的关键是如何有效地防止豌豆象为害。

综合防治措施:实践证明,必须根据豌豆象的生活习性,采取综合技术措施防治,才能达到目的。一是在豌豆开花结荚期,喷施农药,杀死飞到豌豆嫩荚上产卵的成虫;二是对新入库的豌豆种子进行突击熏蒸,杀死随豌豆种子收获带入仓库的幼虫;三是冬季清扫仓库,彻底通风降温,冻死隐藏在仓库中的成虫,同时也可以进行熏蒸。

开水烫种法:若贮藏少量豌豆种子,消灭豌豆象亦可采用开水烫种法,即用大锅将水烧开,把豌豆(水分在安全标准以内,即 14%以下)倒入竹筐内,浸入开水中,速用棍搅拌,经 25 s,立即将竹筐提出放入冷水中浸凉,然后摊在垫席上晒干贮藏。处理时要严格掌握开水温度,烫种时间不可过长或过短,开水须将全部豌豆浸没,烫时要不断搅拌。

囤套囤密闭贮藏法:如果贮藏大量种子,从实践中摸索出的囤套囤密闭贮藏法是一种切实易行的措施。豌豆刚收获后,呼吸作用非常旺盛,产生大量热能,用密闭保温法使热量不易散发,种温很快升高,经过一定时间,即可杀死潜伏在豆粒内的豌豆象幼虫;同时由于豌豆象在高温下强烈呼吸作用所产生的大量 CO_2,也能促使其幼虫窒息死亡。此法具体步骤是当豌豆收获后,趁晴天晒干,使水分降到 14%以下;当种温晒到相当高时,趁热入囤密闭,使在密闭期间温度继续上升达到 50 ℃以上(如未达到,杀虫效果不好);入仓前预先在仓底铺一层谷糠(先经过消毒),压实,厚度须在 30 cm 以上;糠面垫一层席子,席子上围一圆囤,其大小随豌豆数量而定,然后将晒干的豌豆倒进囤内,再在囤的外围做一套囤,内外囤圈的距离应相隔 30 cm 以上;在两囤的空隙间装满谷糠,最后囤面再覆盖一层席子,席上铺一层谷糠,压实,厚度须在 30 cm 以上。这样豌豆上下和四周都有 30 cm 厚的谷糠包围着,密闭的时间一般为 30～50 d,随种温升高程度加以调整。

豌豆密闭后的 10 d 内,须每天检查种温,每隔 1 d 检查虫霉情况,到 10 d 以后,就可每隔 3～5 d 检查 1 次。豌豆在密闭前后,须测定发芽率。上述方法除囤边部位有时有很少数害虫未杀死外,其他部位能达到 100%的杀虫效果,而且经过这样处理的豌豆不降低发芽率,理化特性也不受影响。但必须抓紧在豌豆收获后尽快进行处理。

此外,贮藏过程中,要注意合理堆放。贮藏豌豆种子时,最好用麻袋包装,减少对仓壁、囤壁的侧压力。在堆放时,不要超过安全线,并注意不要倾向仓、囤的一侧,以防墙裂囤塌。

2. 菜豆种子贮藏技术

(1)菜豆种子的贮藏特性　①易受潮吸湿。菜豆种子较大,一般千粒重 250～350 g,种子性状有肾形、长或短桶形、椭圆形。干燥的种子易受潮、吸湿,因种子含水量高呼吸旺盛,产生大量的呼吸热使种子温度升高,加快种子表面附有微生物的繁殖、发育,使种子发热霉变,使种子活力迅速下降。菜豆种子在一般条件下可贮藏 3～5 年,在干燥冷凉的条件下贮藏,可保证发芽力。在密封贮藏时,要求低温、低湿的贮藏条件,若空气相对湿度降至 30%以下,菜豆种子则易变为不透水、不易发芽的硬实种子。②易受虫害。菜豆象又叫大豆象,是我国的检疫对象,是一种世界性的害虫,为害严重时可造成贮藏食用豆类 35%的重量损失。菜豆象一年发生 1～4 代,以幼虫或成虫在仓库内越冬。第二年春播时随被害种子带到田间或成虫羽化后飞到田间。卵产在豆荚的缝上,或豆荚内;卵经 5～6 d 孵化,而后幼虫侵入种子内,以排泄物堵塞入口,老熟后在豆内化蛹。幼虫期 24 d,6～8 周完成一个世代,第二代以后的各代均在仓库内完成。

(2)菜豆种子贮藏技术要点　在种子贮藏过程中,要严防种子混杂,还必须尽量保持种子的生活力，要密切注意种子含水量、贮藏温度、湿度等。菜豆种子发育大致在开花后 25～30 d 完成。当豆荚从青绿色转为黄色、曲折不易折断时，为种用成熟，种荚老熟后应及时采摘、晾晒、脱粒、清选。脱粒的种子，须选晴天晾晒 2～3 d，使其充分干燥，以利于安全贮藏。

常规贮藏：常规贮藏是将充分干燥的种子用透气的布袋、麻袋或者塑料编织袋盛装，置于冰凉、干燥无降温除湿装置的种子库内贮藏的方法。通常库内的温度控制在 10～15 ℃，空气相对湿度控制在 50%～60%，种子含水量控制在 8%以下，主要用于大量生产用种的短期(1～2 年)贮藏。

冷却防潮贮藏：冷却防潮贮藏是采用设有防潮层、隔热层和冷却装置的种子库贮藏种子的方法。通常库内温度控制在 0～10 ℃，空气相对湿度 60%以下，种子含水量控制在 8%以下，主要用于高温、高湿地区生产用种或者生产用原种的中短期(3～5 年)贮藏。

低温干燥贮藏：用于低温干燥贮藏的种子库设有较为严密的绝热防潮设施，安装精良的冷冻机和降湿设备，将空气相对湿度控制在 30%以下，温度控制在 15 ℃以下，种子含水量控制在 6%以下，主要用于品种资源、原种和原原种的长期贮藏。

3. 豇豆种子贮藏技术

(1)豇豆种子的贮藏特性　①易受潮吸湿。不同品种豇豆种子大小差异不大，一般千粒重 100～200 g。种子为肾形或弓月形。干燥的种子易受潮、吸湿，易使种子发热霉变，使种子活力迅速下降。在一般贮藏条件下，种子的发芽年限为 3～4 年。②易受虫害。豇豆贮藏期间极易遭受豆象为害，有时使 80%的豇豆种子受到侵害，损失十分严重。受害的种子，轻者生活力降低，出苗后生长不良，成为弱苗，重者完全丧失生活力，失去种用价值。豆象性活泼，善于飞翔，多以成虫越冬。产卵习性因种而异，除野生外，仓库内的豆象在所寄生的豆上产卵，次年春天飞出到大田，在结荚的豇豆上产卵。

(2)豇豆种子贮藏技术要点　豇豆种子贮藏期间极易遭受豆象为害，豇豆贮藏的关键就是如何能有效地防止豆象的为害。防治豇豆种子贮藏期间受豆象蛀食为害可采取下列措施。

药剂防治：在豇豆开花期喷杀虫剂，可选用 80%敌百虫晶体或可湿性粉剂 1 000 倍液或 2.5%的敌杀死乳油 5 000 倍液或 50%马拉硫磷乳油 1 000 倍液等。

及时采收干燥：豇豆种荚为分期成熟，当种荚萎黄，弯曲不易折断，手按豆荚种子可活动时，便可采收。采收后最好摊放在阴凉通风处后熟 5～7 d，再干燥脱粒。将脱粒后的种子干燥至含水量小于 14%时贮藏，可以减轻其危害。种荚采收后，挂在阴凉通风处晾干不脱粒，直至第二年播种前脱粒，也可免遭豆象危害。

密闭存放：种子收获晾晒干后，装入容器中密闭 20 d 以上，使豆粒内的虫子窒息死亡。密封时也可在容器中放入樟脑丸，杀虫效果更好，但种子不能再食用。

开水烫种：在种子采收后半个月内，种子含水量降至 13%以下时，用开水杀虫。具体方法，把种子放在竹筐里，种子和筐一起浸入开水中 30 s，水面应超过种子表面 3 cm 以上，并搅动种子，使受热均匀。烫种后立即取出放入冷水中散热，以防烫伤种子，影响发芽力。充分冷却后摊开晾干。

药剂熏蒸：当种子脱粒晾晒至含水量 14%以下时，把磷化铝药片插入豆堆或豆包中间，密闭 3～5 d。用药量为每 100 kg 或每立方米豆种 1 片(3 g)，或每立方米豆种堆用氯化苦 36～50 g，空间体积用 30 g，密闭熏蒸 48 h，温度低于 20 ℃，熏蒸 72 h。熏蒸过的种子不宜食用。

(四)葫芦科蔬菜种子贮藏技术

在我国,常见的葫芦科蔬菜主要包括西瓜、甜瓜、冬瓜、黄瓜、丝瓜、苦瓜、南瓜、西葫芦等。这些蔬菜栽培面积大,且具有较高的经济效益,在百姓日常生活中具有重要作用。而高质量的种子是蔬菜获得丰收的重要保证,因此,做好这些种子的贮藏工作显得尤为重要。

1. 西瓜种子贮藏技术

西瓜[*Citrullus lanatus*(Thunb.)Matsum. &Nakai]种子含油量达 50%,可榨油、炒食或作糕点配料。种子扁平、卵圆或长卵圆形,平滑或具裂纹。种皮白色、浅褐色、褐色、黑色或棕色,单色或杂色。种子千粒重大籽类型 100~150 g、中籽类型 40~60 g、小籽类型 20~25 g。

随着西瓜杂交良种的推广,杂交西瓜种植面积越来越大。西瓜种子种皮较厚且质地致密,属长寿命种子类。但因其高含脂肪(普通西瓜种仁脂肪含量一般为 42%,籽用西瓜种仁可高达 48 %以上),贮藏 4 年以上时表现发芽推迟,略不整齐,种子活力明显下降,散装西瓜种子的有效贮藏期一般为 3~4 年(陶永红和陈年来,1996)。籽瓜种子的生活力随贮藏年限的延长而降低,黑籽瓜种子与红籽瓜种子有效贮藏寿命不同,散装籽瓜种子在自然通风条件下的有效贮藏期为:黑籽瓜种子 2~3 年,红籽瓜种子 4~5 年(陈年来等,1997)。

杂交西瓜种子在一般条件下不耐贮藏。当年新收获的西瓜种子,发芽率为 100%,活力指数为 18.11,室温开放贮藏 12 个月后,发芽率下降到 10%,活力指数下降到 0.12(刘文华等,1996)。低温和低含水量有利于西瓜种子的贮藏。在适宜的低温低含水量条件下贮藏的西瓜种子,发芽率下降不明显。在常温超干条件下,西瓜种子活力保持最好。低活力的西瓜种子,电导率和紫外吸收值比高活力种子的高。高活力的西瓜种子的酸性磷酸酶、过氧化物酶以及过氧化氢酶活性均比低活力种子的高,这 3 种酶的活性与种子活力呈正相关。活力低的种子在萌发初期放出较多的挥发性醛,种子的活力与挥发性醛产生量呈负相关。

西瓜种子只要包装密封性好,室温下可贮藏 6 年,低温条件下贮藏年限更长,若西瓜种子含水量≤5%可安全贮藏 6 年以上,含水量≤7%可安全贮藏 6 年,含水量≤8%可安全贮藏 5 年,含水量≤9%可安全贮藏 1 年(陈龙英等,1996)。因此,在低温、低水分和密封包装条件下,西瓜种子具有较好的耐藏性。根据瓜类作物种子国家标准 GB 16715.1—2010,西瓜种子水分不高于 8%。

宁波微萌种业有限公司通过承担全国农业技术推广服务中心下达的西瓜种子质量认证试点示范任务,制订了高于国家标准的企业种子质量控制标准,即纯度不低于 98%、发芽率不低于 92%、水分不高于 6.5%、净度不低于 99%,同时种子活力较高,子粒大小均匀、色泽一致,不携带检疫性病菌、病毒,显著提高了西瓜种子质量(包卫国等,2023)。该标准规定需根据不同西瓜种子类型及其相应的贮藏要求,将种子进行低温低湿库的分库贮藏,包括原种(亲本)种子、原料种子、商品种子低温低湿库,并进行专人管理。原种(亲本)种子需要长期贮藏,其温湿度要求为 5 ℃、45%;原料种子和商品种子流动性较大,其温度和湿度要求分别为 15 ℃、60%,15 ℃、50%。

宁夏农林科学院参照《农作物种子贮藏》(GB/T 7415—2008)起草制定了《西瓜甜瓜杂交种子贮藏技术规程》(DB64/T 633—2010,宁夏回族自治区质量技术监督局,2010),主要内容如下:

入库前进行种子干燥和精选去杂处理,种子质量按 GB/T 16715—2010 执行。包衣种子按 GB/T 15671—2009 执行。种子入库须过秤，填写单证，做到账目和实物相符。同时种子入库不得带有活的害虫。种子的存放按 GB/T 7415—2008 执行。即种子距地面高度最低≥200 mm，距库顶 500 mm，距离墙壁的距离>500 mm。袋装堆放呈半“非”字形。种子堆放后留有通道，通道宽度>1 000 mm。包衣种子存放执行 GB/T 15671—2009 的要求，设立专库，与其他种子分开存放，仓库要有通风设施，保持干燥。种子主要进行低温低湿贮藏。温度≤15 ℃，相对湿度≤65%，同时放入低温种子仓库的种子温度与仓库内的温差≤5 ℃，种子接触地面和墙壁处要做隔热铺垫和架空，保证通气。种子入库后标明堆号、产地、生产日期、品种、种子批号、种子数量、入库时间、种子水分、净度、纯度和发芽率。种子入库后要进行定期检查。15 d 内，每 3 d 检查 1 次。15 d 后检查周期可延长。贮藏期间对种子水分和发芽率进行定期抽样检查，在高温季节低温库种子应每 15 d 抽样检测 1 次。采用分上、中、下 3 层随机抽样，按 1 kg 样种中的活虫头数计算虫害密度，库温度高于 20 ℃，15 d 检查 1 次，库温低于 20 ℃，2 个月检查 1 次。仓库内外应保持整洁卫生，清仓消毒采用风选、筛选和化学药剂防治仓库虫害。药剂防治可采用磷化铝防治，磷化铝熏蒸种子时，种子水分在 6.5%以内。投药量按照种子体积计算，粉剂 4～6 g/m^3，片剂 6～9 片/m^3；空间体积粉剂 2～4 g/m^3，片剂 6～9 片/m^3。投药时必须分布均匀。投药后密闭 120～168 h，散气 72 h。灭鼠采用机械、物理、化学、生物和人工捕杀相结合的方式，做到无鼠和无鼠洞。种子因受潮和自然吸湿超过安全水分标准时，必须翻堆、晾晒到安全水分，以防种子霉烂。种子贮藏期间的水分要求应符合国家标准 GB/T 16715 的要求。

对无籽西瓜杂交种子，须贮藏在干燥、低温的环境中，空气相对湿度在 60%以下。据韦公远(2000)报道，在室温条件下贮藏 2 年，发芽率仍为 60%，8 ℃低温和干燥器内贮藏 7 年，发芽率仍达 60%。空气相对湿度在 60%以下，温度在 15 ℃以下和种子含水量在 8%以下，种子必须充分成熟，才能延长无籽西瓜杂交种子的寿命。

胡伟民等(2002)以西瓜种子为材料，用硅胶进行干燥，发现水分在 3.73%时，生活力和活力最高，发芽率为 71.5%。进一步研究发现，采用室温硅胶干燥西瓜种子至含水量为 1.65%～4.12%，经 20～23 年室温贮藏仍能保持较高的发芽率，当种子含水量超过 5.22%时，随贮藏时间延长，发芽率下降较快(何序晨等，2017)。‘皖杂一号’和‘丰收 2 号’西瓜种子含水量降至 2.32%和 2.23%时，历经 23 年室温贮藏，其发芽率仍高达 96%和 91%。由此可见，采用硅胶对西瓜种子进行超干处理至适宜含水量，可长期保持西瓜种子良好的生活力，在一定时期内有利于西瓜种子的长期贮藏。

2. 甜瓜种子贮藏技术

甜瓜(*Cucumis melo* L.)种子披针形或扁圆形，大小各异。大的千粒重达 25 g 左右，小的仅 14 g 左右。甜瓜要求低的空气湿度。甜瓜中的网纹甜瓜不耐湿润，普通甜瓜次之。甜瓜要求日照良好，在阳光充足时病害少，植株生长强健，结果多而品质好。

随着种子成熟度的增加，甜瓜种子千粒重和相关活力指标呈上升的趋势(李计红等，2006)。早期采收的果实后熟对种子的发育起到相当重要的作用，采收期越早，后熟作用越明显。但果实后熟的作用不能完全替代茎叶对种子的影响，特别是在种子千粒重和贮藏性能方面。

甜瓜种子成熟采收后，除进行种子杂交率鉴定，或者加代繁殖外，当年秋冬一般都不播种，需要贮藏一段时间，翌年春季播种。生产上，在繁种过剩的情况下，需要贮藏几年。此外为了预防自然灾害等意外损失，也要贮备一部分种子。甜瓜种子属于长寿命种子，种子的生活力随着贮藏年限的增加逐年降低，其发芽率和发芽势明显下降。张建农(2002)用贮藏 12 年、8 年、4 年、1 年的甜瓜种子做发芽和播种试验，结果显示，随着种子贮藏年限的增加，不但发芽率和发芽势明显降低，而且幼苗的出土时间延长，生长势受到很大影响，特别是根系的发育受到限制，表现为主根发育不良，侧根少。

空气和温度以及相对湿度对种子贮藏的寿命影响较大，适当的低温干燥能降低种子的呼吸作用，减少营养物质的消耗，从而延长甜瓜种子的贮藏时间。目前在日本、美国使用库温－10 ℃、相对湿度 30％的调控贮藏库。我国许多生产和科研单位现在也开始采用低温库贮藏，但普通仓库贮藏也较普遍。在西北低温干燥地区普通仓库贮藏种子保存的年限较长，而在南方高温高湿地区保存的年限较短。具体可参考宁夏回族自治区质量技术监督局发布的《西瓜甜瓜杂交种子贮藏技术规程》(DB64/T 633—2010)。我国中部地区甜瓜种子在普通仓库内的贮藏技术如下(王素彩，1995)。

(1)种子贮藏库内适宜的温、湿度。在夏季，仓库内的温度不能超过 32 ℃，相对湿度不超过 50％。如湿度过大，可用抽湿机降低湿度，库内要安装通风换气设备。种子入库后，库内要经常用生石灰干燥消毒灭菌，定期检查库内温、湿度的变化情况，夏季晴好天气要及时通风降温。

(2)控制好种子的含水量。甜瓜种子成熟采收洗净后，要充分晾晒，晾晒时最好不要直接摊在水泥地上暴晒。地表温度不能超过 50 ℃，以免烫伤种胚，影响发芽率。晾晒后种子的含水量一般为 8.5％，在生产上即可暂时入库保存，但秋季和冬季必须再次晾晒。种子含水量应控制在 7.5％～8％，这样保存的种子可供第二年春季播种。如需继续贮存，春季再次晾晒，可安全过夏。

(3)种子入库时要做好分放隔离。种子入库时，不同品种要分开存放，不能堆放混杂或品种标记不清，以免品种错乱。因天气原因种子未能及时晒干时，干种子和湿种子要分库存放，以免湿种子加大库内湿度，干种子吸水变潮。不同采种年度的种子要分开存放，生产上一般先使用采种年限长，发芽率达标的种子，以免造成种子积压报废。

(4)对特殊的品种可采用容器贮藏。对一些采种量少、成本高、贮藏寿命短、需要保存年限长的种子，为了延长种子在普通库内的贮藏时间，可采用容器内加干燥剂密闭贮存的办法。保存种质资源、品种单系，用玻璃干燥器加硅胶干燥剂盛放种子即可。生产用种，种子量较多，可用大缸作容器，用低价的无水氯化钙或生石灰作干燥剂，干燥剂放入缸底，铺上筛板再放入种子，种子不要接触干燥剂，然后用塑料薄膜密封好缸口。

(5)用铝盒包装。铝盒包装的种子，在冬季低温干燥的季节装盒密封，盒内湿度低，种子含水量保持在 7.5％～8％。铝盒密封后受库内湿度的影响较小，1 个铝盒相当于 1 个干燥密封贮存的小容器。

(6)做好虫害和鼠害的防治工作。为害甜瓜种子的害虫主要有米织蛾、褐斑谷蛾、四点谷蛾等。这些害虫大都在 4 月份成虫羽化，交配产卵，幼虫孵化后蛀食种子，夏季为害严重，10 月份化蛹越冬。防治方法：当年 10 月份晒种结合杀虫，虫蛹多结在包装物的表面，晒种时人工灭蛹。翌年 4 月份成虫羽化后，库内使用 56％的磷化铝片剂熏蒸杀虫，每立方米空间 2～3 片。药片放入透气的小布袋内，在库内多处投放，密封门窗 5～7 d。熏蒸时虫和老鼠都可杀死。

近年来，随着蔬菜种子包衣技术的普及，市场上也开始销售包衣甜瓜种子。甜瓜种子经种衣剂包衣后，会使种子含水量提高，在润湿环境下，药物也会穿透种皮而进入胚乳或胚芽，从而对种子活力带来一定影响。因此，经包衣的甜瓜种子，最大的问题是种子的耐藏性。用18%绿野种衣剂1∶50剂量处理甜瓜种子3个月后，其发芽率较即时测定下降24.4%，但较对照发芽率提高13.5%，贮藏6个月后包衣甜瓜种子发芽率仍较对照提高2倍，活力指数也显示同样趋势。但绿野种衣剂在室内常温条件下包衣种子后的安全贮藏期仅为90 d，否则影响发芽率和种子活力（喻凤琴等，2006）。

3. 冬瓜种子贮藏技术

冬瓜[*Benincasa hispida*（Thunb.）Cogn.]雌雄异花同株，其繁殖主要通过种子。新鲜采收的冬瓜种子具有休眠性，加之种皮厚、富含角质层，同时组织较松，不易下沉吸水，发芽率低，甚至不发芽，整个休眠期长达80 d左右。冬瓜种子贮藏一段时间可打破休眠。据黄如葵（2006）报道，冬瓜种子的休眠可通过种子库藏或采后果实贮藏等方法解除，其中果实贮藏更有利于解除种子休眠。

关于冬瓜种子贮藏技术报道很少，传统的做法如下。取籽时，一般选择肉厚、空腔小的果实中部的种子，将种瓤搓揉分离后，用水漂洗去瓤，并将籽搓洗至无黏液后晒干。操作过程中不能用铁容器盛装，以防籽色变暗。种子不能直接摊放在水泥地上晒，最好放在竹器上，摊晒厚度越薄越好，争取第一天将种皮晒干，但不能暴晒，防止因种皮脱水过快，引起种皮开裂。未充分晒干前不可堆放，种子充分晒干后装放于阴凉干燥处贮藏。苏伟强和黄显进（1995）认为应选无病植株、具有本品种性状、充分老熟的果实。采收后即可取种，或贮藏后取种。切开果实，取出种子，果实还可食用。冬瓜种子入库水分不高于9%。

在影响种子寿命的诸多环境因子中，种子水分和贮藏温度最为关键。低温贮藏冬瓜种子对保持种子生活力是有利的，但鉴于低温贮藏的投资费用过大，还可以超干贮藏。季志仙和郭长根（1996）采用氧化钙干燥剂对冬瓜种子进行干燥处理，当种子水分降至低水分和超低水分后室温和高温贮藏。结果表明：种子贮藏的安全水分范围是1.79%～4.07%。在安全水分范围内的种子能保持较高的生活力和活力。水分若低于上述范围，种子会出现干燥损伤。若水分超过上述范围，种子生活力和活力均降低，耐藏性降低。

4. 黄瓜种子贮藏技术

黄瓜（*Cucumis sativus* L.）有3个品种群：第一类果很大，生长旺盛，但仅适应于温室或搭架栽培；第二类果大，一般具白刺，室外栽培；第三类果小而带刺，产量高，室外栽培。

一般生产用的黄瓜种子收获后都需要保存一段时间才用于播种，如果作为资源种子则需保存更长时间。但黄瓜种子的寿命相对较短，由于夏季高温多湿的影响，种子极易丧失生活力。黄瓜种子最多可贮藏3年，超过此期限其发芽率一般降低至20%～30%，即使有的能出苗，出苗后也无法长出真叶，不易成活。根据瓜类作物种子国家标准GB 16715.1—2010，黄瓜种子水分不高于8%。

目前国内外贮藏黄瓜种子的主要方法是低温贮藏，通过降低贮藏温度以达到延缓种子衰老、劣变的目的。王伟等（2003）介绍了黄瓜种子的收获及贮藏方法。一般可根据黄瓜早、晚熟不同类型的要求选择种株。早熟品种应选第1雌花节位低、瓜码密、节间短、生长健壮的作为种株。中、晚熟品种要选长势强壮、抗病性强、第1雌花出现节位和瓜码密度符合所选育品种特征的种株，并做好标记，每株可留一两条。选留种瓜的条件，应是正、长、直、上下粗细均匀、皮色果刺棱沟符合所选品种特征。中晚熟品种也可选腰瓜作种，并做好标记，要及时摘除种株上其余的瓜。当黄瓜种瓜果实的果皮变成黄褐色，并有小的裂纹时，即是适时采收的最佳时期。采收下的黄瓜应放在避雨的阴凉处堆放，使之后熟 7～8 d，当黄瓜外皮全部呈现枯黄色时，就可洗种。待种子阴干后可装入布袋，放在低温干燥处贮藏。

另一种方法是超干贮藏，通过降低并维持种子含水量在一个比较低的水平，以便减弱种子代谢活动，延长种子寿命。张海英和孔祥辉(1996)将 3 种不同含水量的黄瓜种子密封包装后，于 20 ℃、0 ℃和－20 ℃的条件下贮藏 70 个月，从种子的劣变衰老情况来看，降低含水量有利于延长黄瓜种子的贮藏寿命，能起到替代低温贮藏的作用。季志仙和郭长根(1996)对黄瓜种子超干贮藏的研究结果表明，黄瓜种子贮藏的安全水分范围是 1.02%～4.08%，在安全水分范围内的种子能保持较高的生活力和活力。水分低于上述范围，种子则会出现干燥损伤。水分超过上述范围，耐藏性降低，种子生活力和活力均降低。

黄瓜种子贮藏期间不同包装材料对种子活力的影响不同。当黄瓜种子用防湿密封材料包装时种子安全水分上限为 6%～7%时才能保持原有种子的活力(颜启传，1984)。当黄瓜种子在初始水分含量为 8%时，用复合铝箔袋包装种子发芽率高(周红丽和严见方，1993)。实际上，目前国内蔬菜种子市场，采用不同防湿材料包装种子时，初始水分含量往往显著高于上述水分含量。李永义等(1997)研究了黄瓜种子贮藏期包装材料对种子活力的影响，10.5%初始水分含量的黄瓜种子采用塑料铝箔复合袋、牛皮纸袋外套塑料袋包装，以散装为对照。在常温常湿条件下贮藏 40 个月，种子发芽势、发芽率、出苗率用牛皮纸袋外套塑料袋包装的明显高于塑料铝箔复合袋包装和散装的，而种子浸出液电导率最低。李瑞云等(2013)研究了铝箔袋、铜版纸袋和罐包装的黄瓜种子分别在南方(广东茂名)和北方(北京)贮藏 3～28 个月后种子的发芽率变化(原始水分‘中农 118’黄瓜种子水分为 5.5%，‘中农 128’黄瓜种子的水分为 5.8%)，结果表明，不同包装材料包装的种子在北方贮藏后发芽率差异不显著，在南方贮藏后不同包装材料间的种子发芽率差异极显著，其中以铝箔袋包装对黄瓜种子保存效果最好。

5. 丝瓜种子贮藏技术

丝瓜(*Luffa cylindrica* L.)分普通丝瓜和有棱丝瓜。丝瓜具有耐热性特点，在我国华北、华东、华中等地区作为渡淡菜栽培，7—9 月采收上市，华南地区采收期自 4 月中旬可延续至 11 月。如果配合保护地生产，可以做到周年供应，是南菜北运的一种重要蔬菜。丝瓜的药用价值最高，全身都可入药。丝瓜所含各类营养在瓜类食物中较高，所含皂苷类物质、丝瓜苦味质、黏液质、木胶、瓜氨酸、木聚糖和干扰素等特殊物质具有一定的特殊作用。

优质的丝瓜种子是培养丝瓜壮苗和获得高产的基础。影响丝瓜种子质量的因素很多，其中采收期和后熟处理是影响丝瓜种子质量的重要因素。唐术江等(2003)研究结果表明，种瓜采收期对丝瓜种子质量有明显影响，雌花开放后 25 d 采收的种瓜，种子无发芽率。随着种瓜采收期的延长，种子质量明显提高，当种瓜采收期达 45 d 以上时，种子质量达正常种子水平，可用于生产。后熟处理能明显提高丝瓜种子质量，且瓜龄越短，后熟处理对丝瓜种子质量的影响越大，当瓜龄达 35 d 以上时，只要加上后熟天数共达 50 d，丝瓜种子质量即可符合正常种子水平，可用于生产。丝瓜种子入库水分可以控制在 8%以下。

丝瓜新种子存在休眠现象，但收获的丝瓜种子经贮藏后，种子休眠可自动解除。也可以采用 30%双氧水浸种、0.1 mol/L 硝酸浸种、超声波振荡和种子单侧缘破皮处理来破除休眠，但以种子单侧缘破皮处理效果最佳，种子发芽率分别从 7.8%～30.7%提高到 88.2%～100%

(徐盛春等,2006)。

选留丝瓜种子,一般以株选效果较好。选留种子时,选择具有本品种特性的植株。一般要求节间短、节间均匀、叶片大小适中、叶柄短、结瓜早、丝瓜条上下粗细均匀的植株留作种株,在雌花开放前套袋,开花后用自花的雄蕊授粉,再套上纸袋,花冠萎缩后就可去掉,把种瓜做好记号,不要误采。一般每株可留种瓜 3～4 条。种瓜采收时间可以在授粉后 45～50 d,种子取出后晒干,低温贮藏。

6. 苦瓜种子贮藏技术

苦瓜(*Momordica charantia* L.)别名凉瓜。苦瓜耐热,病虫害少,易栽培,近年来我国各大中城市作为增加夏秋淡季蔬菜花色品种来栽培。苦瓜果实中含有各种营养物质,是瓜类蔬菜中含维生素 C 最高的一种,在蔬菜中仅次于辣椒。苦瓜有增进食欲、明目、助消化、清凉解毒、利尿和降血糖等功效。苦瓜已日益引起人们的重视,而逐渐扩大栽培区域。

据陈真元等(2007)报道,苦瓜留种应选取中部的健壮、正常果实,并待果实顶部转黄时采收,后熟 2～3 d 剖种,种子用清水洗净晾干。采收时用剪刀于果柄基部剪下,以防用手撕摘损伤植株茎蔓或叶片。苦瓜种子不宜在烈日下暴晒,否则会降低甚至丧失发芽力,适宜通气贮藏,密闭贮藏反而容易丧失发芽力。

苦瓜种子在一般条件下不耐贮藏,在普通仓库条件下贮藏 6 个月,发芽率迅速下降。特别是在南方地区,高温、高湿的气候条件使种子的生活力和活力下降很快,同时也易遭受虫害,贮藏寿命很短。而利用低温库保存投资大、耗资多、常年运转费用高,为此,张施君和陈润政(2004)尝试通过降低种子含水量来延长种子寿命。初始含水量为 8.81%的苦瓜种子,用氯化钙为干燥剂将种子含水量降至 5.85%、4.09%、3.45%和 2.71%。室温下密闭贮藏各批种子,以开放贮藏的种子作为对照,每隔 3 个月取出检测生活力和活力。1 年的监测结果显示,苦瓜种子开放贮藏时生活力和活力下降最快,而经过脱水干燥的种子耐藏性增强,随着种子含水量的降低,生活力和活力增强,2.71%含水量的苦瓜种子贮藏效果最好。

7. 南瓜种子贮藏技术

南瓜(*Cucurbita moschata* L.)种子卵形或椭圆形,长 1.5～2 cm,灰白色或黄白色,边缘薄。果实作蔬菜,富含淀粉、蛋白质、胡萝卜素、维生素 B、维生素 C 和钙、磷等成分,营养丰富。种子含油,可食用,种子和瓜蒂常入药,能驱虫、健脾、下乳。南瓜具有多种食用价值和药用价值,近几年来在我国发展迅猛,并逐渐形成产业。

南瓜种子贮藏除与其遗传特性和个体发育有关外,其贮藏条件也和其他蔬菜种子一样,与温度、湿度和含水量有关。一般在高温高湿条件下,种子容易丧失生活力;在低温干燥条件下,贮藏时间较长。南瓜种子室内可贮藏 3～5 年。种子干燥是保证南瓜种子安全贮藏的一项重要措施。种子通过适当干燥处理,可以降低呼吸强度,抑制和消灭仓库害虫和微生物的为害,延长种子贮藏寿命。南瓜种子贮藏的安全含水量不应高于 8%。

8. 西葫芦种子贮藏技术

西葫芦(*Cucurbita pepo* L.)属雌雄同株异花植物,有矮生、半蔓生、蔓生三大品系。西葫芦为瓠果,形状有圆筒形、椭圆形和长圆柱形等多种。嫩瓜与老熟瓜的皮色有的品种相同,有的不同。嫩瓜皮色有白色、白绿色、金黄色、深绿色、墨绿色或白绿色相间;老熟瓜的皮色有白色、乳白色、黄色、橘红或黄绿相间。每果有种子 300～400 粒,种子为白色或淡黄色,长卵形,种皮光滑，千粒重 130～200 g。寿命一般 4～5 年，生产利用上限为 2～3 年。西葫芦种子室内可贮藏 4 年，其贮藏技术可参考南瓜。

（五）其他蔬菜种子贮藏技术

1. 葱类种子的贮藏技术

葱类主要包括洋葱（onion）、大葱（welsh onion）、韭菜（Chinese chives）、香葱（chive）、韭葱（leek）等，为百合科（Liliaceae）葱属（*Allium*）蔬菜作物，其种子外观相似，含油量较高，种子自然寿命短。当年新种子经去杂去秕后，发芽率一般能达到 90%以上，以后每年以 20%～30%的比例递减，第 3 年的种子一般不能使用。但是实践也表明，适时采收，合理控制水分和种温，可以使葱类种子的寿命大大延长，从而达到安全贮藏的目的。

（1）适时采收。葱类种子为伞形花序，其中的小花是由外向内陆续开放，种子成熟度不完全一致。因此，当大部分蒴果呈黄色，有少数蒴果缝合线裂开时，即是采收种子的最佳时期。不同品种特点不同，抽薹、开花期的长短不一致，采收种子时，应根据不同品种的特点，可分期采收种子 1～2 次。

进入灌浆后期要注意观察蒴果皮色变化，做好适时采收工作。防止采收过迟，子粒脱落，采收过早，子粒瘦瘪，降低产量。采收种子应在清晨有露水的情况下，在花序下 3～5 cm 花梗处采摘，可保持花序完整，防止子粒脱落，有利于种子后熟。

（2）充分后熟，及时晒打。采收下的种子，经过 2 d 晾晒后，可堆放在室内或凉棚内进行后熟，堆放厚度以 30 cm 左右为宜，上边不加覆盖物，每天翻动 2～3 次，避免热闷降低发芽率和后熟效果。后熟 4～5 d，当大部分蒴果开裂时，可进行晒打种子。晾晒的适宜温度为 25～30 ℃，相对湿度低于 50%，时间控制在 2～3 d 为宜。应避免过长时间暴晒，否则易使种子受热过度，破裂，从而降低品质。

把后熟过的种序及时推入打扫干净的晒场中晒打，上午在晒场上摊 10～15 cm 厚，每天翻动 2～3 次，让蒴果自然开裂。每天下午把晒落的种子过筛、扬净。第 2 天再晒，种子水分达 8%～9%即可，表现为种子一般用手抓起感到干硬发响，松手即落。晒打几天后，剩下不能开裂的蒴果，再用木棒槌打，脱粒、过筛、扬净。最后剩下少部分含杂质多的种子，可选择晴天采用水淘的方法，把杂物漂去，淘净的种子晒干。

在脱粒期间，若遇阴雨天气，要防止雨水淋湿。对没有打下的种子，要每天翻堆 2～3 次；过筛、扬净的种子，放在室内摊开风干，切忌装入袋子堆放。否则种子会热闷而降低发芽率。

（3）严格控制水分和温度。葱类种子一般应装袋贮存，可装入布袋、麻袋或缸内。种子应贮藏在干燥低温通风处，避开化肥、农药、烟熏等，以免影响种子发芽率。一般葱类种子贮藏的适宜水分为 8%～9%，若种子水分过高，种子呼吸强度加大，呼吸热不能及时散发，会导致种子热闷，而失去生活力。温度的高低对葱类种子的寿命也有影响，在常温下贮存，种子寿命短，一般不超过 2 年，低温贮存可减弱种子的呼吸强度，减少呼吸消耗，有利于延长种子寿命。因此，有条件的地区，可将种子存放于低温低湿库内贮藏。此外，商品种子装罐，或用铝箔或聚乙烯薄膜袋包装时，可在罐内或袋中放入少量硅胶吸湿，有利于延长种子寿命。王利亚等（2010）研究表明，0～4 ℃低温下铝箔袋包装是较好的保持韭菜种子活力的方法。

2. 胡萝卜种子贮藏技术

胡萝卜（*Daucus carota* L. var. *sativa* DC.）为伞形花科（Umbelliferae）胡萝卜属二年生

蔬菜作物。胡萝卜果实为双悬果，成熟时分裂为二，成为独立的半果实，生产上即以此为种子，真正的种子包含在果皮内。半果实椭圆形，黄褐色，皮革质，长约 3 mm，宽 1.5 mm，厚 0.4～1.0 mm，纵棱上密生刺毛，千粒重 1.1～1.5 g。种胚很小，常发育不良或无胚，出土力差，发芽率在 70%左右。而且，其刺毛易黏结成团，使播种不易均匀，因此，播种前应搓去刺毛。另外，其革质的果皮透水性差，且含有挥发油，不易吸水，致使发芽慢。种子寿命一般 3～4 年，但 2 年后的种子发芽率明显下降。

（1）及时采收。胡萝卜种子采收分为机械化采收和人工采收两种方式，采用机械采收，一般在主薹花序变成褐色，一级侧枝花序开始转变成褐色时进行，或者一级侧枝花序变成褐色，二级侧枝花序开始转变成褐色时进行。如果采收过早，后期种子的成熟度不够，影响种子质量，如果采收过晚，早期种子就会很容易散落，从而影响种子的产量。采用人工采收，则可分批次进行，采收最佳时期是种子完全转色，一般是花序第一朵小花开放之后 50～55 d 时进行，但不同品种或气候条件，种子成熟期会有差异。

（2）及时干燥，去除刺毛。将成熟花序剪下并晾干，采用胡萝卜脱扬机将种子从花序上脱落，通过网筛将花序、花梗去掉。由于胡萝卜种子带有刺毛，容易相互粘在一起，影响后期包装、播种等，并极易吸潮，影响其贮藏寿命，必须将其除去，可采用专门的搓毛机进行处理。

（3）严格控制种子水分和温度。胡萝卜种子贮藏期间的水分含量必须保持在 10%以下，一般室内贮藏条件下，经过 2～3 年，种子发芽率仍能保持在 70%左右。而在温度 8 ℃、水分含量 8%的条件下，可大大延长种子寿命，经 4～5 年贮藏后，仍有种用价值。

3. 菠菜种子贮藏技术

菠菜（*Spinacia oleracea* L.）为藜科（Chenopodiaceae）菠菜属一年生或二年生草本蔬菜作物。根据果实上刺的有无，分为有刺和无刺两个变种。有刺种菠菜的花萼发育成角状突起，俗称“刺”，一般有 2～3 个刺，少数有 1 个或 4～6 个刺；无刺种菠菜的花萼不发育成角状突起。子房仅有 1 个心室，内含胚珠 1 枚，受精后形成一粒种子，包被在由花萼和子房壁形成的果皮之中，称“胞果”。所以播种用的菠菜种子实际上是果实。

菠菜种子发芽率低。菠菜的雌花是数个簇生在叶腋中，中间的花受精后结的种子最大，周围的花受精后结的种子较小，而且不整齐，所以菠菜种子的大小和重量很不一致。极小和极大的种子，发芽率都很低，一般只有 30%～40%；中、小粒种子的发芽率一般为 72%～80%；大粒种子的发芽率一般为 60%左右。因此，种子采收后如果不经筛选和分级，必然会降低种子整体的发芽率。此外，菠菜种子发芽率低与其果皮较硬，导致透水透气性均较差也存在密切相关；而充分成熟的果实，随成熟度的增加会变厚变硬，其种子发芽率较未充分成熟的果实低。因此，掌握菠菜种子采收时的适宜成熟度对提高种子发芽率也很重要。张延波等（2020）认为在天气条件允许的情况下，菠菜制种种子尽可能在 50%种皮变褐时采收，以获得更好的种子产量和质量。

（1）及时采收和晒打。掌握种株的适宜收割时期和采收种子的方法，可以提高菠菜种子质量和产量。菠菜果实外的果皮，随成熟度的增加而变厚变硬。过度老熟的种子，发芽率降低，而且容易脱落和遭受麻雀为害，应在种株茎、叶有 1/3～1/2 变黄，果皮呈黄绿色时，齐地面割下。

菠菜种子的采收方法有晒打和捂打两种方法。晒打是将割下的种株摊在晒场上晒 3～4 d，充分干燥后打场脱粒，用这种方法采收的果实果皮为淡绿色，有新鲜感，但脱粒不易干净。

捂打是将割下的种株堆放在一起，3～4 d 后再脱粒，用这种方法，果实容易脱落，脱粒比较干净，但果皮颜色发黄，有陈旧感，而且发芽率稍低。因此，一般还是采用晒打方法比较好。

(2)严格控制种子入库水分。菠菜种子入库的安全水分应控制在 9%以内，可保证种子安全贮藏。一般室内贮藏条件下，种子寿命可保持 2～3 年。

四、蚕豆种子贮藏技术

(一)蚕豆种子的贮藏特性

蚕豆(*Vicia faba* L.)的种子是一种比较耐贮藏的大粒豆类种子。蚕豆种子晒干后，在贮藏期间很少有发热生霉现象，更不会发生酸败变质等情况。而经常遇见的突出问题是蚕豆象为害和种皮褐变。

1. 种皮较坚韧，具有防湿性能

蚕豆种子的种皮通常比较坚韧完整，具有防止外界水分进入的性能，对保持种子的干燥非常有利。但种皮破损后，种子吸湿较快，吸湿量可达 150%以上。蚕豆种子含有 25%左右的蛋白质和 55%左右的淀粉，二者的持水力很强。因此，吸湿后的蚕豆种子降湿比较慢。

2. 耐热性较强

蚕豆种子的耐热性比大豆及禾谷类作物种子都强。因此，生产上可采用沸水烫种法杀虫贮藏。

3. 易受蚕豆象为害

蚕豆象是为害蚕豆的主要害虫，以幼虫蛀食豆粒，被害率一般为 50%左右，严重的可达 90%以上。目前在生产上已采取田间杀虫和仓内防治结合的技术措施，可以大大降低或完全防止蚕豆象的为害。

4. 种皮易变色(褐变)

蚕豆的种皮颜色因品种而不同，但大体上可分为两类，即青皮(青绿色)蚕豆和白皮(苹果绿色，白里带绿)蚕豆。也有少数品种的种皮呈紫红色。青皮蚕豆或白皮蚕豆在贮藏过程中，往往随着贮藏时间的延长而引起种皮变色。变色一般从内脐(合点)和侧面近脐隆起部分先出现，开始呈淡褐色，以后范围逐步扩大，色泽逐步加深，变为褐色、深褐色、红褐色乃至黑褐色。

蚕豆种皮变色的原因主要是子粒内含有酚类物质和多酚氧化酶(polyphenol oxidase，PPO)的缘故，即酚类物质在 PPO 的催化下发生氧化并聚合成黑色素所致，其发展速度除与温度及 pH 直接有关外，还受光线、水分及虫害的影响。当温度达 40～44 ℃，pH 在 5.5 左右时，PPO 活性最强，而在强光、高水分及虫蚀的情况下，酶的作用更为活跃，因而促进蚕豆变色加快，色泽加深。从散装的种子堆来看，上层表面易受到水、温、光的综合影响，所以首先变色，且变色程度较其他部分严重，在 60 cm 以下，变色程度逐步减轻；通过高温夏季，变色较多，通常变色粒增加 10%～20%，多的可达 50%以上，而度过冬季则变色较少；水分达 11%～12%的变色较少，13%以上的变色较多；豆粒遭受蚕豆象为害的，由于害虫在豆粒内部不断进行呼吸、蜕变，放出热量和水分，会加速氧化变色过程。

蚕豆变色不很严重的子粒仍能正常发芽，可用来播种。但变色较深且贮藏时间较久(特别是通过炎夏季节)的种子，活力会显著降低，即使播后能出苗，也易长成弱苗，造成减产。

(二)蚕豆种子贮藏技术要点

蚕豆收获后，一般采用带荚晾晒的方法降低种子水分，秋播区种子水分在11%～12%，春播区种子水分在13%以下，才能安全贮藏。根据生产实践经验，蚕豆种子贮藏技术主要针对防止蚕豆象为害和种皮褐变。

1. 防治蚕豆象

蚕豆开花结荚期蚕豆象的成虫在田间产卵并孵化为幼虫，到收获入库以后，幼虫才发育化蛹和羽化为成虫。因此，防治工作要采取生产单位与贮藏单位相互协助，田间和仓内同时并举的综合措施。在具体操作上要紧紧抓住两个关键时期：一个时期是蚕豆开花期，此时正是成虫集中田间活动交尾时期，须抓紧田间杀虫以防止产卵；另一个时期是收获以后到7月底以前，此时正是幼虫发育和化蛹期，须抓紧入库前后杀虫以防止成虫羽化。

(1)开花期田间杀虫　在蚕豆开花结荚期，喷施马拉硫磷、敌敌畏等药物，杀死飞到田间交尾产卵的蚕豆象成虫。

(2)沸水烫种法杀虫　沸水烫种法是将蚕豆种子放进箩筐或竹篮里，约占容积的1/2，然后浸入沸水中浸烫28 s左右(不可超过30 s)，边浸边搅拌，使热度均匀，同时继续保持水沸腾。取出后立即放入冷水中冷却，再立即从冷水中取出，摊晾干燥。一般杀虫效果可达100%。但必须注意蚕豆种子的原始水分须在13%以下，浸烫时间掌握在30 s以内，烫后随即冷却晾干，否则可能会影响发芽力。

(3)药剂熏蒸法杀虫　对于贮藏数量较大的蚕豆种子，用沸水烫种法杀虫比较困难，可在仓内投放磷化铝片剂，然后密封72 h，亦可杀死全部害虫。剂量按每立方米蚕豆700 kg计算，用磷化铝3片。此法比较简便，但必须注意安全问题，预先要做好充分准备工作，防止发生意外。熏蒸时间最好在7月底以前，否则成虫一旦羽化完成，就从种子里钻孔飞出，藏匿在各种隐蔽地方，不但导致本批种子受到严重损失，而且会使来年蚕豆在开花期间的被害范围进一步扩大。

蚕豆秸是隐藏蚕豆象的重要场所，须在7月底即羽化成虫以前全部烧掉，以减少后患。

2. 防止种皮褐变

根据生产实践上的探索，影响蚕豆褐变的主要因素是光线、温度和水分。因此，要防止蚕豆褐变，应该避光、低温和干燥3方面同时兼顾。

(1)低温贮藏法　低温贮藏的目的在于防虫防褐变。温度在25 ℃以下即可减少褐变，但要同时防虫，所以温度必须控制在15 ℃以下。据试验，在0～4 ℃低温下贮藏的蚕豆种子不生虫，无褐变，发芽率保持完好。蚕豆收获后到晚秋播种须经过一个夏季，要保持低温在5 ℃以下虽然比较困难，但进入冬季后实行冷冻密闭，在较长保藏时期减少生虫、变色程度，仍有相当实践意义。

(2)低氧贮藏法　一般密闭抽氧充氮贮藏有利于保持蚕豆种子生活力，防止生虫和褐变。浙江农业大学种子教研室用去氧剂密封贮藏蚕豆，明显降低种子的变色率。据试验，将蚕豆装入牛皮纸袋，外套塑料袋、密封、抽真空93 325.4 Pa(700 mmHg)，对防止褐变有一定效果。但真空密闭贮藏对保持蚕豆种子生活力有一定的损害，所以低浓度的氧气还是必需的。

(3)避光贮藏法　蚕豆曝晒时带荚壳或不带荚壳对变色无直接影响，但夏天翻晒脱壳的蚕豆时，最好将蚕豆放在草席、竹垫等工具上晾晒，不宜直接放在水泥场上晾晒，曝晒后的种子须冷却入库，以免高温引起种皮变色。避光贮藏对防止蚕豆变色有显著的效果。据试验，在相同条件下，受日光照射的比没有受日光照射的变色粒高15%以上。避光贮藏方法是将蚕豆装入涂墨汁的牛皮纸袋，再加套一层塑料袋，密闭；或在蚕豆子粒上层表面加麻袋、草垫等覆盖物，既可以避免日光直接照射，又能减少种子吸潮。此法简便易行，成本低，可供生产上广泛应用。

(4)分层压盖法 用等量干河沙与蚕豆分层压盖囤藏，可以形成低温缺氧条件，同时又能避光，经证明对控制虫害及防止褐变都有很好的效果。如当地缺少河沙，可采用谷糠分层压盖法，亦有同样效果。具体做法是：蚕豆入库时，先在囤底垫30～50 cm的谷糠，摊平，倒10 cm厚的蚕豆一层，然后上面铺3～5 cm的谷糠。像这样一层谷糠一层蚕豆相间铺平，到适当高度时，再在表面加盖30 cm厚的谷糠一层。另一种保藏方法是用新鲜干燥的谷糠（按1筐蚕豆2筐谷糠的比例）拌匀藏在篾囤中，囤底要垫一层谷糠，在囤的周围和种子堆表面都应加一层谷糠以防潮隔热，囤高以1.5～2 m为宜。采用此法时，须注意以下几点：①蚕豆种子水分必须在12%以下；②所用谷糠须干燥无虫，新鲜清洁，垫底的和表层覆盖的谷糠应厚实，覆盖的谷糠要经常检查，如发现结露返潮，应及时调换；③每次检查完毕，须立即照原状覆盖严密；④围囤边沿空隙部分须灌注谷糠，以杜绝害虫通过。

五、花生种子贮藏技术

花生（*Arachis hypogaea* L.）荚果果壳坚厚，成熟后不易开裂，每个荚果中有2～6粒种子，种子俗称为花生米或花生仁，种皮有白色、粉红色、红色、红褐色、紫色、红白色或紫白色相间等不同颜色。种子由种皮、子叶和胚3部分组成，种皮内为两片子叶，呈乳白色或象牙色，占种子总重量的90%以上，胚芽隐藏于两片肥厚的子叶中间。

花生种子含有非常丰富的油分和较高的蛋白质，种子中脂肪含量高达40%～50%、蛋白质含量为25%～36%、碳水化合物含量为6%～22%、纤维素含量为2.0%～4.3%、灰分含量为1.4%～4.6%。花生种子由于含油分较高，易发生酸败，耐贮性较差。

（一）花生种子的贮藏特性

1. 干燥缓慢，后熟期长，易发热生霉

花生的荚果刚收获时水分很高，可达40%～50%。由于颗粒较大，荚壳较厚，而且子叶中含有丰富的蛋白质，水分不易散发。秋花生收获时正值秋季冷凉季节，种子干燥速度较慢，会造成种子入库时含水量偏高。春花生收获时正值夏季高温，种子干燥速度较快，但如果荚果干燥过度，则质地会变松脆，易开裂，吸湿性也会增强。此外，花生种子后熟期较其他作物长，种子在后熟过程中酶的活性很强，呼吸时放出较多的水汽和热。一般来说早熟品种种子休眠期短，迟熟品种休眠期长，龙生型品种休眠性最强。上述原因均会引起花生种子含水量过高，造成贮藏期间出现发热霉变、走油、酸败、含油率降低以及生活力丧失等不良现象。据生产实践经验，花生荚果含水量11.4%，同时温度升高到17 ℃时，即滋生霉菌引起变质。花生种子易受黄曲霉菌为害，产生的黄曲霉毒素对人畜都有很强的致癌作用，种子一旦大量感染黄曲霉素，则完全失去种用和食用价值。

2. 原始水分高，易受冻害

花生种子的安全含水量应控制在9%以下，但种子刚收获时含水量较高，秋花生收获时气

温已经开始降低，若收获前遇早霜侵袭，温度降低到－3 ℃，或收获后未能及时晒干，种子含水量超过15%，气温降到0 ℃以下，都易发生冻害。尤其在我国东北地区，秋季低温天气来得早，花生不易晒干，易遭受冻害。受冻的花生种子发软，色泽发暗，有酸败气味。据赵增煜和王景升(1978)研究，含水量38.41%～45.15%的花生种子在－3～－2 ℃条件下处理12 h，发芽率明显降低；含水量24%的种子，在－6 ℃条件下存放3 d，发芽率显著下降。据河北省秦皇岛市粮食仓库的资料，受冻的花生不但丧失生活力，同时食用品质也显著下降(表11-13)。

表11-13 花生种子受冻以后的化学成分变化

(张存信，1998) %

试样	水分	脂肪	脂肪酸	蛋白质	碳水化合物	灰分
正常粒	9.32	42.53	26.83	31.74	15.40	1.96
受冻粒	9.28	40.12	29.67	31.59	18.18	1.83

3. *种皮薄，含油多，对高温敏感*

花生种子的种皮薄而脆，如日晒温度较高，种皮容易脆裂，色泽变暗。在日晒过程中多次翻动也会导致种皮破裂，破瓣粒增加，吸湿性增强，易诱发虫霉，降低贮藏稳定性和种子品质。若未充分晒干而天气连续阴雨，种皮就会失去光泽，子粒发软。花生种子含油分40%～50%，在高温、高湿、机械损伤、氧气、日光及微生物的综合影响之下，很容易发生酸败。花生种子除含有丰富的油分外，还含有较多的蛋白质，在高温条件下蛋白质易变性，使种子生活力下降。

4. *果壳具有保护作用*

花生荚果果壳坚厚，成熟后不易开裂，对种子具有很强的保护作用。荚果组织疏松，一经晒干，不易吸潮，受不良气候条件影响较小，种子水分相对稳定。坚厚的果壳也使种子不易受到外界虫霉为害。因此，带壳贮藏是花生种子保持其生活力的重要措施。

(二)花生种子贮藏期间的变化

1. *贮藏物质的变化*

花生在贮藏过程中种子会发生一系列品质成分及生理生化变化，随着贮藏时间的延长，花生种子中总糖含量随贮藏时间而增加，蛋白质和粗脂肪含量整体呈降低趋势，油酸含量总体升高，亚油酸含量降低，在常温干燥情况下，这种变化幅度相对较小。如果贮藏条件不适宜，温度过高或湿度过大，则变化幅度大幅增加。据实践经验，花生种子入仓初期，尚处在后熟过程中，仍进行着物质合成作用，脂肪酸稍有下降趋势。以后随着贮藏期延长逐渐升高，升高速度主要取决于水分和温度：当水分为8%，温度在20 ℃以下时，变化基本稳定；温度升高到25 ℃，脂肪酸显著增加。凡受机械损伤、受冻害及被虫蚀的子粒，脂肪酸的增加更为明显。当脂肪酸达到一定程度，就会引起整个子粒酸败变质，种皮由新鲜的浅红色变为发暗的深红色，以至暗红色，种皮易脱落。因此，花生在贮藏期间脂肪酸的变化情况可作为衡量种子贮藏稳定性的指标。范国强等(1996)对花生种子老化与蛋白质变化关系的研究，指出随着种子老化的加深，种子内一种蛋白质(多肽)的含量逐渐增加，也可作为鉴别花生种子老化程度的指标。林鹿等(1996)则认为贮藏蛋白质中花生球蛋白和种子活力有更密切的关系。

2. 浸油现象

贮藏期间花生种子的脂肪酸逐渐增高，当温度超出一定限度时，就会发生浸油现象，种皮色泽变暗，呈深褐色，子叶由乳白色转变为透明的蜡质状，食味不正常，严重的还带有腥臭味。据吉林省试验结果：花生浸油的临界水分与温度和是否带壳贮藏有密切关系。花生种子水分在8%，温度上升到25 ℃时即开始浸油。而花生荚果要当水分达到10%，温度上升到30 ℃时才开始浸油。水分含量和温度越高，浸油越快越严重。此外，通风条件和堆放部位也有一定的影响，通风贮藏浸油出现温度低2～4 ℃，在同一围囤内的花生，一般都是从囤的外围开始浸油，当温度达到25 ℃时，外部的花生浸油而内部花生正常。

3. 发热生霉

花生种子含有较多的蛋白质，容易吸湿返潮，引起发热霉变。霉变首先从未成熟粒、破损粒、冻伤粒开始，逐渐扩大影响至完好种子。用一般贮藏方法(囤藏、散藏、袋藏等)，水分在8%以下，不会发热生霉。据山东莒南县粮食局测定，含水量9.2%的花生种子当温度上升到36～41 ℃时，表层0.4 cm左右就生霉，表面变黑。据秦皇岛市观察结果，由于囤顶毡席较薄，到了7月份花生水分从8.49%上升到10%而生霉，试验资料表明，花生保持在20 ℃以下时，可以稳定贮藏。引起花生霉变的临界水分和温度大致关系如表11-14所示。

花生是最容易遭受黄曲霉菌污染的粮油作物之一。黄曲霉的繁殖及产毒受营养成分、含水量、温度、相对湿度、通风等条件的影响。当花生果水分超过10%、花生仁水分超过8%时，进入高温高湿的夏季容易霉变，最易受黄曲霉菌的感染，产生黄曲霉毒素。脱壳后的花生仁，更易吸湿受潮，受潮后色泽就会发暗，子粒发软，并易生虫、发霉，使花生胚芽萌动，极易丧失发芽力。

表11-14　花生霉变的临界水分和温度

(张存信，1998)

水分/%	6	7	8	9	10
温度/℃	34	32	28	24	16

(三)花生种子贮藏技术要点

花生种子安全贮藏的关键在于适时收获、充分干燥、带壳贮藏、冷却进仓、低温密闭。

1. 适时收获

花生荚果成熟不一致，提前或延迟收获，均会影响种子的生活力。过早收获，秕果多，产量和发芽率均较低；过迟收获，果柄干枯霉烂，荚果易脱落，不易收获，而且腐烂粒增多。另外早熟花生可能会在田间发芽，晚熟花生则可能受冻，因此确定适宜的收获时间非常重要。生产实践证明，75%左右的花生荚果充分成熟时可作为适宜的收获时间，此时植株顶端停止生长，上部叶片发黄，中下部叶片脱落，茎变黄且出现不规则的长条黑斑，荚果多数网纹明显，荚果内膜呈白色，果仁充实饱满，此时种子生命力较强。另外要特别注意选择具有本品种特性、成熟一致、分枝整齐、结果集中而饱满的植株所结的荚果作种用，贪青晚熟、过早衰弱和患病的植株所结的荚果不能作种用。留种的花生要比商品花生提早收获 2～3 d，选择晴好天气收获。

2. 选择适宜的干燥方法

花生掘起后，应采取全株晾晒，不仅干燥安全，还有利于植株内的营养成分继续输送到果荚内。田间晾晒时，可将荚果朝上，植株向下顺垅堆放，荚果上泥变白后，再将荚果摘下；也可运到晒场上，堆成南北小长垛，蔓在内，荚果在两侧朝外，花生秸干后，将荚果摘下，放在阴凉处摊开进一步干燥。收获时如遇阴雨天气，须将花生荚果上的湿土除去，放在木架上，堆成圆锥形垛，荚果朝里，并留孔隙通风，晾晒 7 d 左右即可将荚果摘下。带荚壳晾晒可防止种皮变色破裂，但要防止暴晒，以免造成种子灼伤、出油，降低发芽率。晒种要做到薄摊、勤翻，晒至摇动荚果内有响声，剥开果壳，用牙咬果仁发脆，手搓种皮易脱落（种仁含水量在 10%左右）时，荚果冷却后即可入库贮藏。胡承莲(1996)研究发现，花生种子超干贮藏的临界水分是 2%，室温贮存的种子最佳含水量 2%～3%，0 ℃贮藏的种子最佳含水量为 3%～4.4%。

3. 带壳贮藏

花生带壳贮藏具有许多优越性。种子有荚壳保护，不易被虫霉为害；荚果组织疏松，一经晒干，不易吸潮，受不良气候条件影响较小，可以较长时间保持种子的生活力；对检验和播种前的选种工作较为方便，特别是鉴定种子的品种纯度和真实性等。缺点是占用库容较大。由于花生荚果干燥后不耐重压，最好袋装贮藏，而且不宜堆放过高，如果短期贮藏，也可以散装，散装堆高不超过 2 m。袋装以 7 个标准麻袋高为宜。当温度或水分有一项指标增加时，堆放高度要合理递减。花生种子后熟期长，入库初期还继续进行后熟作用，因此花生入库初期要注意定期检验仓库内的温湿度，注意通风以排湿降温，必要时进行倒仓倒垛。每 30 kg 荚果放 250 g $CaCl_2$，用这种方法贮藏 10 个月花生种子还有 80%的生活力（表 11-15）。此外，药剂处理也助于花生种子的安全贮藏，曾双海(2005)用“9013”“9013＋助剂”两种药剂处理春花生种子后贮藏，于第二年春天种植，可比对照提高出苗率 4.8%～7.4%，且长势旺盛，单株结荚数多，产量提高。张凯等(2008)的研究表明，采用紫外辐照处理花生种子 40 min，可以显著降低花生种子贮藏期间的霉菌感染率，且对种子质量没有影响。翌年播种前，不宜过早脱壳，否则影响发芽率，一般花生剥壳时间在播种前 10 d 左右为宜。

表 11-15 贮藏 10 个月花生种子的发芽率及幼苗活力指数

（夏清华，1996）

处理	发芽率/%	根长/cm	芽长/cm	幼苗活力指数
对照	10	0.11	0.13	1.1
$CaCl_2$ 贮藏	80	8.0	1.40	632

黄金堂等(2007)通过对春花生与秋花生种子活力的比较研究，指出第二年春播用种最好采用秋花生种子，其贮藏期较短，种子活力较高。春花生收获时正值炎夏，种子成熟期处于高温高湿条件下，活力较低，采收后因贮藏期较长，翌年播种时活力水平较低，易出现严重的缺苗断垄现象，秋花生采收期是在冷凉干燥的深秋，种子积累相对更多的贮藏物质，活力水平较高，但是秋花生种子收获时含水量较高，不易晒干，必须注意充分干燥，冷却入库。

作为食用或工业用的花生，一般采用种仁（花生米）贮藏，占用库容较小。

4. 低温贮藏、气调贮藏

花生在贮藏过程中，良好的贮藏方式可以很好地减少花生受到温度、湿度、氧气、贮藏时间等外界环境因素的影响，减缓其贮藏品质的劣变程度及黄曲霉毒素含量。张俊等(2018)比较了室温、低温和真空贮藏3种方式贮藏1年对种子活力的影响。表明，低温贮藏后种子发芽能力降低最小，室温贮藏降低最大，低温贮藏表现出较好的贮藏效果(表11-16)。王允等(2021)研究表明不同贮藏条件对花生贮藏品质的影响程度从大到小依次为：贮藏时间、贮藏温度、贮藏方式。最佳的贮藏方式为气调贮藏。胡玫等(2022)研究表明氮气气调贮藏期间，花生果水分含量为4.97%～6.46%，花生仁水分含量为4.79%～5.60%；花生果与花生仁的发芽率均维持在90%以上。且花生仁提取油的酸价、过氧化值相对高于花生果，说明在氮气气调条件下，带壳贮藏有利于延缓花生的氧化酸败。

表11-16　不同贮藏条件下的花生种子发芽力及发芽指数

品种	处理	发芽势/%	发芽率/%	发芽指数
豫花9326	常温贮藏	0.00 Dd	12.43 Dd	1.78 Dd
	低温贮藏	16.87 Bb	85.24 Bb	12.14 Bb
	真空贮藏	6.87 Cc	42.49 Cc	6.07 Cc
	CK	25.00 Aa	100.00 Aa	14.29 Aa
远杂9102	常温贮藏	1.84 Dd	12.43 Cc	1.78 Cc
	低温贮藏	19.37 Bb	96.71 Aa	13.57 Aa
	真空贮藏	8.12 Cc	47.50 Bb	6.78 Bb
	CK	23.12 Aa	98.37 Aa	13.93 Aa

注：数值后大小写字母表示0.01和0.05显著水平差异。

六、芝麻种子贮藏技术

芝麻(*Sesamum indicum* L.)又称脂麻、油麻，属于胡麻科(Pedaliaceae)胡麻属。芝麻是一年生草本植物，种子由种皮、胚乳和胚构成。小而扁平，粒形有卵圆、椭圆和长椭圆。千粒重一般为2.5～3.5 g。种皮有净白、黄、褐、黑等色。一般是色浅、皮薄、带光泽的含油量较高；色深、皮厚而粗糙的含油量较低。其种子富含脂肪、蛋白质，可用于榨油和制作食品，也可作香料、医药和化工原料。芝麻是古老的油料作物，中国的芝麻最初可能是由印度或巴基斯坦等地引入，其栽培历史至少有2 000余年。芝麻种子种皮保护性能较好，室温条件下，其自然寿命一般可在3年以上。

(一)芝麻种子的贮藏特性

1. 通气性差，易发热

芝麻种子近似长圆形，表面光滑，加上种子较小，平均大小在3.40 mm×1.95 mm，种子堆的密度较高，不易向外散发热量。当种子水分较高或感染霉菌时，种子堆比较容易发热，往往造成种子发芽率迅速下降。

2. 含油量高，易酸败

芝麻种子含油量高于油菜等其他油料作物，一般在45%～59%之间，所含油脂中绝大部分为不饱和脂肪酸，其中油酸平均含量41.29%，亚油酸平均含量43.67%，二者相加占芝麻总脂肪酸的84.96%。在贮藏过程中，芝麻种子中所含的不饱和脂肪酸会自动氧化，发生酸败，从而导致种子活力下降，生活力丧失。

(二)芝麻种子贮藏技术要点

1. 打顶保叶，提高种子成熟度

芝麻打顶就是在种子生产中人为摘除不能正常结实的茎秆顶部，减少营养消耗，从而提高中下部蒴果种子粒数和种子饱满度。

芝麻打顶的具体时间应根据种植时间、植株长势和气候因素确定，一般在植株不再继续生长，只有顶端少数花朵继续开放时进行。打顶应在晴天进行，以利于伤口及时愈合。打顶一般摘除顶尖3 cm左右。植株长势好，生长时间充足，可以只摘顶心；植株长势较差或生长时间不够，可以摘除顶端幼小花蕾，同时摘除分枝梢部。此外，除因密度过大，荫蔽严重的田块可适当打去基部老叶外，一般不宜打叶，打叶不利于芝麻种子的充实。

2. 适时收获，及时干燥

芝麻花期长，下部蒴果即将成熟，而上部仍在开花，全株蒴果成熟度极不一致，适时收获对防止中、下部蒴果开裂落粒十分重要。芝麻的成熟标志依品种不同而异。分两种情况：第一类品种，当茎、叶及蒴果由青绿色转为黄色等颜色，大量落叶时即可收获；第二类品种，成熟时茎、叶及蒴果仍呈青绿色，必须根据种子成熟度和该品种种子固有色泽来进行判断，当植株中、下部蒴果内种子饱满，水分少，种皮由乳白色转暗白色或其他固有色泽时，即为适宜收割期。张秀荣等(2007)研究指出，芝麻子粒干重在授粉后36 d达到最大值，此时种子发芽率、发芽势和活力指数均为最高，即此时种子已经达到生理成熟。

收割以刈割为好，在近地面3～6 cm处割断，捆扎成直径为15～20 cm的捆束，运回晒场后，每3束搭成一个支架，以利曝晒和通风干燥。当大部分蒴果裂开时进行第一次脱粒，然后再晒，一般需脱粒2～4次方可脱净。

3. 去杂去秕，提高种子净度

种子进仓前需去掉种子中易吸潮的夹杂物和秕粒，提高芝麻种子贮藏期间的稳定性。

4. 严格控制水分和温度

芝麻种子含油量高，需晒干到种子含水量在7%以下时才能进仓贮藏，并以袋装较为适宜。芝麻种子吸湿性强，种子入库后，底部应用隔潮物垫底，种子堆上面还可以用草垫或麻袋等物压盖。堆垛不宜过高，以免下部种子受压破损。芝麻种子贮藏期间，仓温一般应控制在25 ℃以下，有条件的地区，最好采用低温低湿种子库贮藏芝麻种子，延长种子使用寿命。

七、甜菜种子贮藏技术

甜菜(*Beta vulgaris* L.)是藜科(Chenopdiaceae)甜菜属的二年生草本植物，是我国的主要糖料作物之一，分为野生种和栽培种。栽培种有5个变种：糖用甜菜、叶用甜菜、根用甜菜、饲用甜菜和观赏甜菜。其中用于生产制糖原料的糖用甜菜简称甜菜(sugar beet)。

（一）甜菜种子的贮藏特性

1. 种子具有生理休眠特性

由于胚休眠、种皮透氧性差以及种球存在抑制物质这 3 个因素，使得甜菜种子具有休眠特性。胚休眠有两种不同类型：一种是种胚尚未成熟，另一种是种子尚未完成后熟。甜菜种子在收获时，如果种胚尚未成熟，则需要在潮湿且温度在 18～25 ℃的适宜条件下继续发育至生理成熟。如果种子在形态上已经完全成熟，但生理状态还不适宜于完全发芽的要求，则需要在 0～10 ℃的低温和一定的湿度条件下，经过 10 d 左右完成后熟，条件不宜时不仅延缓后熟过程，更会导致甜菜种子进入深度休眠。

2. 吸湿性强，容易丧失生活力

甜菜种子外面被木质化的花萼包围，吸湿性强，贮藏环境特别是湿度的变化对种子播种品质影响很大。在甜菜种子贮藏中，种子水分随着贮藏环境中空气的相对湿度而变化，而种子水分和空气湿度相互作用影响甜菜种子寿命。在气候较干旱的北方如内蒙古自治区、甘肃、新疆等地，甜菜种子贮藏 2～5 年，发芽率每年递减 5.3％～6.5％。一般在良好的贮藏条件下，种子贮藏 3～4 年仍然具有生产实用价值。另外，叶用甜菜和根用甜菜种子均不耐贮存，发芽力下降较快，生产上以使用新种子为宜。

3. 种子成熟度差异大

甜菜种子收获时的成熟度与种子生活力有密切关系。种子饱满，成熟度高，则种子生命力强；反之，则生活力弱。甜菜是无限花序，成熟期不好掌握，即使同一采种田，各株成熟期差异也较大。种子收获太早，尚未达到生理成熟，营养物质积累少，致使种子不能萌发，或仅能产生瘦弱的幼苗；收获太晚，或种子过湿、过干，都会引起种子生活力降低。

4. 复粒型和单粒型

甜菜种子实为果实，有的单生为单果，有的几个相结合形成不规则的球块，俗称“种球”。单果内只含有一粒种子，是单粒型种子，所以又称单粒种、单胚种或单果种，种球一般都含有两粒以上（包括两粒）种子，是复粒型种子，所以又称为多粒种、多胚种或复果种。无论是单粒型还是复粒型种子，由于种球表面粗糙，种子之间孔隙度大，容易吸湿，都增加了甜菜种子贮藏的难度。

5. 甜菜母根贮藏难度大

甜菜为两年生异花授粉作物，从种子播种到种子形成，需要两年才能完成整个生长周期，第 1 年完成营养生长形成肉质直根，称为母根。母根要经冬季贮藏，第 2 年早春栽植于田间以后，由根沟再生出大量侧根，根头长出新叶，接着经历抽薹、孕蕾、开花、结实的过程，完成生殖生长，最终形成种子。我国东北、华北、西北地区由于冬季气候寒冷，冻土层厚，多将培育的春播和夏播母根在秋收后置入窖内贮藏，翌年春季土地解冻后移栽田间采种。甜菜母根内富含薄壁组织，贮藏大量营养物质，供翌年生长发育所需，由于母根含水量大，呼吸作用旺盛，使得母根贮藏难度较大，在整个越冬过程中需要根据母根的特点，采取多种形式保证母根不受冻害。

(二)甜菜种子贮藏技术要点

1.母根窖藏

母根是甜菜种子繁殖的基础,母根窖藏是指通过对母根进行入窖贮藏的方法,确保甜菜母根安全越冬,是甜菜贮藏技术中非常关键的环节。

(1)母根的选择　为了保持母根的优良性状,在母根的培育过程中,应进行多次选择。在田间间苗时先要去掉弱苗、病苗,留壮苗。在母根收获前要去杂、去劣,对当年抽薹等杂劣株予以淘汰。收获时要选择根型、根色正常,主根直,无大分叉的母根;在母根质量方面,春播甜菜地块应选择单根重在250～300 g的块根作为母根。夏播地块选择单根重在100 g以上、根头小、无多头、不空心、无病虫害、无机械损伤的块根作母根,要求母根无萎蔫、受冻情况。凡不符合以上要求的块根一律淘汰。

(2)贮窖的准备　选择地势高、地下水位低、土壤紧密、透风差、运输方便的地方,在母根收获前半月挖窖,使窖充分晾晒干燥。入窖前先将窖内打扫干净,窖底撒施少量石灰粉消毒。窖的方向为东西向,挖窖容量由留种多少而定,一般容量为母根500～600 kg/m^3。窖深1.5～2 m。母根堆高0.8～1.2 m。在窖的南北两端窖壁上各挖1个直径为25～30 cm的通气孔,以调节窖内温度。窖内挖出的土全部覆盖在窖上。

(3)母根的临时贮藏　春播地块甜菜母根从收获到入窖约有25 d,夏播地块甜菜母根从收获到入窖仅有10～15 d。入窖过早,易受气温和甜菜母根呼吸产热的影响,导致窖温过高,所以收获后的母根一般先在地面堆存一段时间,待气温冷凉后再入窖。通常在母根窖旁临时贮藏,假藏堆的大小以每堆刚好够两窖为宜,一般每堆约4 500 kg,这样可以减少窖地运输。母根堆放规格为:堆宽1.5～2.0 m、高1.0～1.2 m、覆土厚度为10～15 cm,覆土一定要取30 cm以下土层的湿润土。假藏堆覆土既能防冻,又能防风吹日晒,还能散热,覆土用铁锹拍实表面,以防母根受冻、萎蔫、腐烂。

(4)母根入窖　母根入窖要适时,各地入窖时间因气候条件而异,但一般都在"霜降"至"立冬"之间当月平均气温降至0～3 ℃时进行。每日在0 ℃以上时入窖,入窖时间愈短愈好。入窖前应再次精选母根,淘汰腐烂、受冻、失水严重、机械损伤等不良母根。母根入窖时,先由窖的一端开始,由底向上堆积母根。为增加窖内母根透氧,每隔1.4～1.5 m距离,在堆中插一个直径15～20 cm的通气管。当全窖堆积母根高度达80 cm时,母根堆上盖一层厚约10 cm的潮湿细土(以看不见母根为度),然后用厚0.5～0.6 m土覆盖窖顶,封好窖门。封冻前筑好窖南北两端的通风口,以利于窖藏期间通风。

(5)窖藏期的管理　母根窖藏时间长达5个月,一般于来年4月上旬出窖,因此,冬季窖藏工作直接关系到第2年的采种。在甜菜母根窖藏期间,要严格控制好窖内温、湿度。若温度过高,会提高母根呼吸强度,使根头顶芽生长,消耗块根内贮藏的养分,易诱发窖腐病,同时也会妨碍母根顺利通过春化阶段,降低抽薹率;窖温过低,又会使母根受冻。所以,窖温控制在1～2 ℃(不超过3 ℃)为好,相对湿度控制在85%～95%。

母根入窖后的管理工作:一是检查温度。在窖内安装温度计和湿度计,贮藏前期每日测定窖内空间温湿度和母根堆内的温度,待稳定后可3～5 d观测一次。一般窖内空间温湿度会随外界温湿度的变化而变化,母根堆内温度初期会逐渐上升,10 d左右后开始逐渐下降。母根入窖初期,气温和窖温较高,母根呼吸旺盛,散出的热能较多,母根堆温常达5 ℃以上,要利用通风口调节窖温，白天和晚上都要把窖两端的通风口打开，让空气自由流通。当窖温降至2～3℃时，南通风口昼夜开放，北通风口封闭。若贮藏20 d左右窖温降至1～2℃，说明窖内正常，可以将南北通风口全部封闭。若窖温降到－2℃以下，应立即采取防冻措施，如加厚覆盖层，封闭通风口。二是检查母根贮藏状况。定期检查母根贮藏状况，防止母根在贮藏过程中发芽、腐烂、萎蔫、受到冻害。例如窖藏期出现窖温逐步上升，采取降温措施后，仍无明显效果，说明窖内母根已发生腐烂，需及时选晴朗温暖天气开窖检查。剔除腐烂母根，在未腐烂的母根中，掺以母根重量0.4%的熟石灰粉，创造碱性环境，以抑制窖内有害微生物的繁殖。

2.甜菜种子贮藏

(1)适时收获，及时晾晒脱粒。当种株有1/3以上的种球呈现黄色，剖开种子的剖面已呈粉状时即为成熟，一块地有2/3种株达到成熟，即为收获适期。要选择地势较高的场院，将运回的种株捆码成“人”字形，每天翻动一次。如果天晴，晾晒3～4 d后即可脱粒。采用人工摔打脱粒法或用机械脱粒法，每天以早晨8—10时为好。第一次脱下绝大部分种球，再经晾晒后，进行第2次脱粒，可用风车或簸箕(少量种子)风选，将秸叶、短枝梗、土块等夹杂物清除。用直径2.5 mm(二倍体种子)或3.0 mm(三倍体种子)筛子过筛，淘汰不合格的小球种，当清洁率、种球大小及种子含水量达到标准时，即可装袋保藏。

(2)把好种子安全水分关。甜菜种子的安全水分随贮藏温度的改变而变化，一般是温度越高，安全水分越低。当温度在4.5～10℃时，甜菜种子安全水分为14 %；温度为21℃时，安全水分为11 %；26.5℃时，安全水分为9 %，可根据温度决定种子贮藏的安全水分。

在贮藏过程中种子含水量过高会引起种子“发热”，在高温条件下，种子会失去发芽能力。因此，脱粒后的种子应及时摊开晾晒，再进行风选，如果仍不合要求，还需采用人工挑选，使其完全达到入库贮藏标准。清选后的种子，往往含水量仍然较高，还需要进一步晾晒，一般达到含水量标准13%，方可入库。

(3)贮藏管理。甜菜种子吸湿性强，容易丧失活力，干燥种子可用塑料薄膜密封，放在通风、干燥的地方，贮藏库的温度最好维持在0～4℃，避免将其放在向阳的房子里，也不能随意放在地上。甜菜种子多放1年，其出苗率就降低10 %左右。一般种子贮存年限不超过3年。不同年份、不同品种、不同产地种子在库内外保管均要单独堆放。库内保管时可用垫仓板将种子垫高，铺设防潮层，堆高不超过20袋，堆与堆间每隔5～6 m留30 cm通风道，种子堆距离墙壁应大于60 cm。库外保管种子时，选择地势高、干燥的通风场所，堆底垫高，并铺设防湿层。堆高不超过30袋，堆底宽不超过7 m，堆长30 m，短期临时保管可盖一层毡布，一年以上保管要用5层席子封严。

(4)定期检查。种子贮存期间根据季节变化测定种子水分、发芽率。库内、外保管种子每年1、4季度各测1次发芽率。种子水分1、2、4季度每季度检查1次，3季度每月检查1次。种子出库前必须经过发芽试验，不合格种子不准出库。

八、烟草种子贮藏技术

烟草(tobacco)属于茄科(Solanaceae)烟属，目前主要栽培种是普通烟草(*Nicotiana tabacum* L.)和黄花烟草(*Nicotiana rustica* L.)。烟草种子自然寿命一般为3～5年。烟草种子的体积较小，内含物少，其化学成分中油脂类物质含量较多，在自然条件下，其体内的代谢和氧化呼吸较强，容易加速衰老、劣变。另外，在高温、高湿条件下，烟草种子很容易衰老，丧失生活力。

(一)烟草种子的贮藏特性

1. 吸湿性强

烟草种子种皮脆薄，组织疏松，且子粒细小，暴露的比表面积大。收获时容易吸湿回潮，但是遇到干燥空气时又容易释放水分。所以常年平均相对湿度较高的地区和潮湿季节，特别要注意防止烟草种子吸湿。

2. 通气性差，容易发热

烟草种子近似圆形，密度较大。由于种皮松脆，子叶较嫩，种子不坚实，在脱粒和干燥过程中容易破碎，或者收获时混有泥沙等因素，往往使种子堆的密度增大，不易向外散发热量。此外，烟草种子的代谢作用比较旺盛，放出的热量较多，如果感染霉菌以后，分解脂肪释放的热量可以比淀粉类种子高 1 倍以上，所以烟草种子比较容易发热。尤其是那些水分高、感染霉菌的种子，发热后的种子发芽率迅速降低。

3. 含油分多，易酸败

烟草种子的脂肪含量较高，在 35%～40%之间，在贮藏过程中，脂肪中的不饱和脂肪酸会自动氧化成醛、酮等物质，发生酸败。尤其在高温高湿的情况下，这一变化过程进行得更快，导致种子发芽率随着贮藏期的延长而下降。

(二)烟草种子的贮藏技术

烟草种子含水量及贮藏环境的温度和湿度是种子贮藏的三要素。在种子贮藏过程中，种子水分会发生一定的变化，变化的幅度取决于种子原始水分的高低及与种子库温、湿度条件相对应的平衡水分。烟草种子只要做好适时收获、及时干燥、控制种温和水分、注意防虫等工作，一般可达到安全贮藏的目的。

1. 适时收获，及时干燥

待 70%～80%蒴果呈褐色时采下果枝或蒴果，晒干，脱粒，风选。采收太早嫩籽多，水分高，不易脱粒，内容欠充实，较难贮藏；采收太迟则蒴果容易爆裂，子粒散落，造成损失。

2. 清除泥沙杂质

烟草种子入库前，应进行风选 1 次，以清除杂质、瘪粒、破损粒及病菌等，可提高贮藏期间的稳定性。此外，对水分及发芽率进行预检验，以掌握烟草种子在入库前的情况。

3. 严格控制入库的水分

烟草种子入库的安全水分标准，一般控制在 7%～8%以内，可保证安全贮藏。对于中、长期库烟草种质资源保存，可将种子放入硅胶干燥器中，或在具有温、湿控制的干燥间中进行预干燥，使种子含水量平衡到 5%以下。对烟草种子来说，贮藏最佳环境条件是 10～15 ℃，空气相对湿度 10%～15%。

4. 严把种子入库关

种子入库应做到“六不入库”，即种子来源不清的不入库；品种、名称、数量不清的不入库；种子水分高于标准的不入库；种子纯度低于标准的不入库；种子有活虫或病菌感染的不入库；

无种子纯度和发芽率证明的不入库。

5. 合理包装堆放

目前，烟草种子大多采用棉布袋装，悬挂于种子存放架上贮藏。但也应注意种子袋的装种数量（一般是 8～10 kg/袋）。种子架间和沿仓壁四周应留 50 cm 的通道，架底层距地面要求不少于 60 cm，架层间隔 50 cm。

烟草包衣种大多采用铝箔复合袋装，然后封装于专用纸箱中贮藏。但应注意纸箱中的装种数量要合适（一般是 300 袋/箱）。纸箱层垛高一般不超过 7 层，纸箱垛间和沿仓壁四周应留 50 cm 的通道。

6. 低温贮藏

低温贮藏可以有效地延长种子的寿命，最大限度地保持种子的质量，同时有效地控制虫、霉危害，减少种子损失。经过清选干燥至安全含水量并包装在棉布袋或铝箔袋的种子要放在干燥、密封、低温（10～15 ℃）的条件下保存。少量的种子可储于干燥器内，底部盛放生石灰、硅胶等作干燥剂，上放种子袋，然后加以密闭，放置于低温干燥处。包衣种子种库温度控制在 15～18 ℃，相对湿度控制在 40%～50%。

第三节　其他作物种子贮藏技术

一、牧草及草坪草种子贮藏技术

牧草（forage grass）通常是指可供养殖动物采食的各种栽培或野生的一年生或多年生草类，如豆科牧草、禾本科牧草等，广义上讲，还包括草坪草、绿肥植物和一些半灌木、灌木等。草坪草（turf grass）是指能够形成草坪、耐修剪和供人们使用的一些草本植物以及地被植物，大多数是根茎型和匍匐型的多年生禾本科草类（约占草坪草的 90%以上），也有一些是非禾本科（如莎草科、豆科、旋花科等）的矮生草类。草坪草的种质资源绝大多数来源于牧草或与牧草相同。为了便于介绍，以下将“牧草及草坪草”简称为“牧草”。

（一）牧草种子的贮藏特性

一年生和多年生的牧草主要是通过种子进行有性繁殖的。由于牧草的育种目标主要是地上营养体的产量而不是种子产量，所以牧草没有产生种子的优势。大多数牧草结实率低，种子产量也低。多数牧草还保留有某些野生的特性，种子成熟一致性差，种子落粒性极强，禾本科牧草种子成熟后常从花序上脱落，豆科牧草种子常从荚果中崩落。

禾本科牧草种子外面具有稃壳，对种子起到一定的保护作用。某些豆科牧草种子存在硬实现象，休眠性比较强，耐贮藏。一般来说，豆科牧草种子比禾本科牧草种子寿命长，在豆科牧草中，小粒硬实种子寿命长，一年生牧草的种子比多年生牧草种子寿命长（表 11-17 至表 11-19）。但有些牧草种子贮藏 2 年即丧失生活力，如豆科中的绛三叶、苕子，禾本科牧草中的多年生早熟禾等种子的耐藏性极低。

表 11-17 禾本科牧草种子贮藏年限与发芽率

(陈宝书等,1999)

种类	贮藏时间/年	发芽率/%	供试品种数
苏月草	11～13	82.0～64.0	3
	18	70.0	1
一年生黑麦草	5	93.5	1
扁穗雀麦	9	91.0	1
日本雀麦	9	86.0	1
纤毛鹅冠草	8	91.0	1
老芒麦	8	82.0	4
	9	64.0	1
无芒雀麦	6	84.0	1
	8	78.6	10
	9	45.0	2
	11	0	1
冰草	8	33.0	1
虉草	5	88.5	1
高牛尾草	5	19.5	1

表 11-18 豆科牧草种子贮藏年限与发芽率

(陈宝书等,1999)

种类	贮藏时间/年	发芽率/%	硬实率/%	有生活力的种子/%	供试品种数
紫花苜蓿	4	91.1	6.5	97.6	3
	13～16	92.0～88.7	4.2～2.1	96.2～90.8	27
	18	77.0	0.0	77.0	1
百脉根	6	69.0	3.0	72.0	1
白花草木樨	14	46.0	53.0	99.0	1
天蓝苜蓿	6	8.5	90.5	99.0	1(野生)
野火球	5	8.5	79.5	88.0	1(野生)
	5	74.0	14.3	88.3	1
红豆草	8	51.0	—	—	1
	10	9.0	—	—	1
绛三叶	13	80.5	8.0	88.5	1
红三叶	7	69.0	—	—	1
	8	54.0	—	—	3
	14	47.0	14.0	61.0	1
箭筈豌豆	6	97.0	—	—	1
	10	60.0	—	—	1
黄花羽扇豆	10	91.0	—	—	1
豌豆	13	74.0	—	—	1

表 11-19　草坪草种子的贮藏期与发芽力

（陈宝书等，1999）

种类	贮藏时间/年	发芽势/%	发芽率/%
草地早熟禾	15	12	19（野生）
扁秆早熟禾	15	10	16（野生）
普通早熟禾	15	10	14
草地羊茅	15	4	28
尾状羊茅	15	6	21
紫羊茅	15	5	18
意大利黑麦草	8	49	57
	14	35	46
多年生黑麦草	8	45	53
	14	26	32
鸡脚草	5	41	69
	14	17	33
冰草	5	48	61
	15	21	26
无芒雀麦	5	53	87
	15	16	24
白三叶	12	58	80
百脉根	12	43	51
红三叶	5	44	78
	12	22	41

（二）牧草种子贮藏技术要点

1. 适时收获

确定牧草种子最适的收获时间，既要考虑能获得品质优良的种子，也要注意尽可能地减少因收获不当造成的落粒损失。多年生黑麦草、草地羊茅、多花黑麦草、鸭茅等牧草种子成熟时因种子落粒每公顷可损失种子 100～290 kg。因此，必须适时收获。牧草种子的成熟过程可分为乳熟期、蜡熟期和完熟期。当用联合收割机收获时，一般可在蜡熟期或完熟期进行，而用割草机、人工收获或收割后需在草条上晾晒时，可在蜡熟期进行。种子水分可作为指示收获的一个指标，对于大多数牧草来说，当种子水分达到 35%～45%时即可收获（表 11-20）。

豆科牧草种子成熟时，植株还未停止生长，茎叶处于青绿状态，给种子收获带来很大困难。因此，在种子收获之前要进行干燥处理，常用飞机或地面喷雾器对田间生长的植株喷施化学干燥剂，在喷后 3～5 d，直接用联合收割机进行收割，匍匐型牧草用割草机割成草条，晾晒之后用脱粒机脱粒。干燥剂为一些接触型除莠剂，如敌草快，用量为 1～2 kg/hm^2；敌草隆用量为 3～4 L/hm^2；利谷隆用量为 3.2 kg/hm^2。

矮柱花草、圭亚那柱花草和大翼豆种子的落粒性非常强，常常随成熟落地，加之种子的成熟期不一致，用收割机收割的植株地上部分持留种子量仅占总产量的 1/3～1/2，给种子生产带来巨大困难。目前国内外常采取收割后将带种子的牧草堆积于原地，等种子完全脱落后再用吸种机将散落于地面上的种子吸起或人工扫起。

表 11-20　牧草种子收获的适宜时间

(Fairey 和 Hampton,1997)

牧草名称	割倒后草垄上干燥	联合收割机直接收获
鸭茅	形态成熟等级 3.4～3.6, 种子含水量 35%～40%	盛花期后 26～30 d
紫羊茅	形态成熟等级 4.0～4.5, 种子含水量 35%～40%	盛花期后 24～38 d 形态成熟等级 4.5～5.0 种子含水量 20%～30%
高羊茅	含水量 43%	盛花期后 29～30 d
草地早熟禾	形态成熟等级 3.3, 种子含水量 38%	初花期后 23 d 种子含水量 35%
多花黑麦草	形态成熟等级 3.0, 种子含水量 40%～45%	盛花期后 28～30 d 形态成熟等级 3.3～3.4 种子含水量 37%～40%
多年生黑麦草	形态成熟等级 2.5～3.5, 种子含水量 40%～47%	盛花期后 28～30 d 形态成熟等级 3.0～4.5 种子含水量 25%～35%
猫尾草	形态成熟等级 3.6, 种子含水量 37%～40%	盛花期后 33～38 d 种子含水量 23%～31%
红三叶	盛花期后 42 d	盛花期后 42 d(人工干燥)
白三叶	盛花期后 21～26 d	—
紫花苜蓿	果荚 2/3～3/4 变为黑褐色	干燥剂处理后 3～10 d 收获,这时果荚和叶的含水量为 15%～20%
百脉根	大部分果荚变为浅褐或褐色	—

注:形态成熟等级,花序完全绿色为 1;不完全绿色或黄色为 3;完全黄色为 5。

2. 及时干燥

牧草种子收获之后水分仍然较高,必须及时干燥,使其水分达到安全水分标准。牧草种子的干燥方法有自然干燥和机械干燥。刈割成草条的牧草可在草条上将种子自然干燥一段时间后再进行脱粒。有些牧草刈割后常捆成草束,可将种子留于植株上自然干燥。草条上干燥的牧草,在干燥期翻动 1～2 次,之后进行脱粒。捆成草束干燥的牧草,为了加速干燥防止产生霉烂,一般应将草束成行码成“人”字形,架晒于晾晒场上,也可将草束打开摊晒于场上,厚度为 5～10 cm,在日光下干燥。牧草干燥至一定时间,即可进行脱粒。如脱粒后的种子水分仍然较高时,仍应进行曝晒或摊晾。在现代牧草种子生产中,种子常采用机械干燥的方法,特别是在气候潮湿的地区。常用的干燥设备有火力滚动烘干机、烘干塔及蒸气干燥机。机械干燥时,出机种温度应保持在 30～40 ℃,如果种子水分较高时,最好进行两次干燥,并采取先低温后高温的方法,以防因干燥不当而降低种子质量。

3. 合理包装

经干燥、清选分级后的牧草种子应进行合理包装以利于贮藏和运输。包装可用麻袋、棉布袋、纸袋或薄膜(塑料或金属箔)袋、金属板或纤维板筒、玻璃罐、纤维板箱或各种材料制成的容器。贮藏准备成批出售的种子,包装容器可用较大的针织袋或多层纸袋、大纤维板筒、金属罐或纤维板箱(盒);零售的牧草种子一般与成批出售的容器相同,但贵重的牧草、草坪草种子零售时或原种的包装容器一般是小纸袋、薄膜袋、压制的薄膜套、小纤维板盒或小金属罐。国际市场上出售的牧草种子一般用麻袋、编织袋、多层纸袋包装,每袋可装 50 lb、100 lb(22.7 kg、45.4 kg)或 25 kg。种子袋的内层常为防潮的聚乙烯薄膜。

4. 选择适宜的贮藏方法

(1)普通贮藏法　又称开放贮藏法,将充分干燥的种子用麻袋、布袋、无毒塑料编织袋、木箱等盛装,贮存于贮藏库里,由于种子未被密封,种子的温度和水分随库内的温、湿度而变化。贮藏库可根据需要安装特殊的降温除湿设施,当库内温度或湿度比库外高时,可利用排风换气设施进行调节,使库内的温湿度低于库外或与库外达到平衡。

普通贮藏法简单、经济,适合于贮藏大批量的生产用种,贮藏时间以 1～2 年为宜,如时间过长,种子生活力将会明显下降(表 11-21)。

表 11-21　贮藏在不同条件和贮藏容器中黑麦草种子的发芽率

(Lewis 等,1998)　%

贮藏条件/容器	1984 年	1985 年	1990 年	1994 年	平均值*
种子库(2 ℃,RH 10%～20%)					
玻璃罐	95.5	96.3	96.7	94.3	95.8
麻布袋	95.5	96.0	96.7	94.3	95.7
塑料袋	95.5	96.3	95.7	93.7	95.2
平均值	95.5	96.2	96.4	94.1	
冰箱(4 ℃,RH 70%～90%)					
玻璃罐	95.5	94.3	93.0	89.7	92.3
麻布袋	95.5	94.7	94.7	87.7	92.4
塑料袋	95.5	95.7	94.0	93.0	94.2
平均值	95.5	94.9	93.9	90.1	
仓库(5～20 ℃,RH 50%)					
玻璃罐	95.5	92.0	62.7	—	77.4
麻布袋	95.5	94.0	36.0	—	65.0
塑料袋	95.5	93.7	84.0	—	88.9
平均值	95.5	93.2	60.9	—	

注:* 表中平均值为黑麦草 3 个种 9 个品种的均值。

(2)干燥密闭贮藏法　干燥密闭贮藏法是指将种子干燥至符合密闭贮藏要求的水分标准，再用各种不同的容器或不透气的包装材料密封起来，进行贮藏。此法在一定的温度条件下，不仅能较长时间保持种子的生活力，延长种子的寿命(表 11-21)，而且便于交换和运输。在湿度变化大、雨量较多的地区，采用此法贮藏种子的效果更好。目前用于干燥密闭贮藏种子的容器主要有：玻璃瓶、干燥箱、铁皮罐、铝箔袋、聚乙烯薄膜等。有试验表明，种子在中等温度条件下，密闭防潮安全贮藏 3 年，适宜的种子水分为：紫花苜蓿 6%；三叶草、多年生黑麦草 8%；鹳股颖、早熟禾、羊茅、鸭茅、野豌豆 9%；雀麦、一年生黑麦草、饲用玉米、燕麦 10%。

(3)低温低湿贮藏法　即采用低温低湿库贮藏。低温低湿贮藏库装备有制冷机和除湿机等设备，库内温度控制在 15 ℃以下，相对湿度在 65%以下，可大大加强种子贮藏的安全性，延长牧草种子的寿命(表 11-21)。牧草种子含水量降至 5%～7%，然后密封包装存入 －18 ℃冷库，保存 20 年后，检测平均发芽率仍然可以达到 74.9%(辛霞等，2011)。垂穗披碱草种子在收获当年存在不同程度的休眠，室温(四川雅安等)贮藏 1～2 年种子活力较高，第 3 年种子活力显著降低，贮藏 4 年以上种子活力完全丧失，而低温条件下贮藏的种子的活力始终保持较高水平(陈仕勇等，2018)。牧草种子低温低湿贮藏的具体做法及低温低湿库管理措施与一般农作物种子的技术要求基本一致。

二、花卉种子贮藏技术

与农作物和蔬菜种子相比较，花卉种子的生产规模和数量相对较小，但是包含了许多栽培条件各不相同的植物种类，从温室中几平方米的海棠到田间几公顷的万寿菊。一些价格昂贵的盆花种子和切花种子的生产是以克为计量单位，而田间成本低廉的异花授粉种子的生产，则以磅或千克为计量单位。花卉种子贮藏除与种子的遗传特性和个体发育程度有关外，其贮藏条件主要与温度、湿度有关，在高温高湿条件下，种子容易丧失生活力；在低温干燥条件下，贮藏时间较长。

(一)花卉种子的贮藏特性

花卉种子种类繁多，其寿命也是长短不一，贮藏在相对适宜的条件下花卉种子的自然寿命可分为短命(短于 1 年)、中命(2～3 年)和长命(长于 3 年)种子。短命种子有：莲花、文竹、翠菊、海棠、长春花、非洲菊、凤仙花、鸢尾花、百合、三色堇、福禄考、报春花、一串红、大岩桐、堇菜；中命种子有：停荠、金鱼草、辣椒果、瓜叶菊、彩叶、仙客来、大丽花、石竹、一品红、千日红、向日葵、芙蓉、薰衣草、洋桔梗、半边莲、荷花、羽扇豆、牡丹、罂粟花、天竺葵、矮牵牛、马齿苋、金光菊、非洲紫罗兰、红景天、万寿菊、马鞭草；长命种子有：金盏菊、鸡冠花、矢车菊、满天星、牵牛花、沙斯塔雏菊、甜豌豆、百日草。

花卉种子的寿命与种子的结构、种被透水性、化学成分、成熟度等因素均有关系。由于小粒的种子相对于大粒种子具有较大表面积比，吸水速度较快，导致小粒种子更加容易劣变；种被透水性越强，种子劣变的速度就越快；含泊量较高的花卉种子如三色堇种子的贮藏寿命较短；一串红等种子在吸胀时会产生果胶类黏液物质，导致种子周围的相对湿度增大，贮藏寿命较短；很多花序为无限生长的总状花序、伞状花序、复伞状花序、穗状花序等的花卉种子由于成熟发育程度不一致，同批种子的耐藏性也不一致。

(二)花卉种子贮藏技术要点

1. 及时合理采收种子

适时采收成熟的花卉种子,保证种子品质和产量。采收过早,种子的贮藏物质尚未充分积累,生理上也未成熟,种子的活力较低;采收过迟,会导致种子劣变。通常在果实接近脱落,如干果已干燥接近裂开、浆果变软的时候进行采收,此时种子的干物质积累达到了最大值,到达生理成熟,种子活力最高。同时需要注意观察果实的颜色变化及花瓣干枯的程度,掌握不同花卉种子蜡熟期的特征,在生产中根据观察不同花卉种子所特有的蜡熟期特征进行适时采收,可避免种子散落,降低产量。如当紫茉莉、石竹种子呈黑色,一串红、醉蝶花种子呈深褐色时要立即采收。很多花卉的种子,蜡熟期很短,完熟期迅速到来,种子从急骤开裂的果实中散落,如三色堇、凤仙花、茑萝、牵牛花等花卉的果实颜色出现蜡熟后期特征时极易开裂,因此,这类花卉种子必须在蜡熟后期及时采收。

根据花卉种子生产的方式、果实的类型和着生部位选择不同的采收方法,在温室内生产的杂交种子,经授粉后,就可以根据种子在母株上的成熟顺序分批采收果实。大田里生产的异花授粉品种,如果气候环境条件适宜,开花期和坐果期持续时间就会较长,须陆续分批采收种子。如紫茉莉、波斯菊等边开花边结实的花卉,每天观察,随时采集陆续成熟的种子。开裂的干果如蒴果、荚果、角果等,在果实成熟前自然干燥,开裂散出种子或种子与干燥的果实一同脱落。对这类种子应在果实成熟开裂或脱落前,于清晨空气湿度较大时采收。如果在强烈的阳光下采收,果实容易开裂,种子易散落,如凤仙花、花菱草、月见草等果实由绿色转黄褐色时,应及时采下其果实。对不开裂的干果和不易散落的种子,以及成熟期比较一致的花卉种类,当大部分果皮出现变黑、变黄、变褐等成熟特征时,一次性刈割果枝采集种子,如万寿菊、翠菊、孔雀草、百日草的种子是四周先成熟,应待大部分果实成熟变色时将整个干枯的头状花序一同采下。浆果、柑果、梨果、瓠果等肉质果,成熟的特征是果皮的颜色发生变化,一般由绿色变为红、黄、白、黑等颜色;果皮由硬变软,如君子兰、冬珊瑚、石楠等的肉质果。肉质果成熟后要及时采收,过熟会脱落或被鸟虫取食;如果在肉质的果皮干燥后采收,会加深种子的休眠或受霉菌侵染。肉质果采收后,应先在室内放置几天使种子充分成熟,腐烂前浸泡在清水里,搓洗去果肉或果浆,并去除浮于水面的不饱满种子,一定要把果肉洗净,否则易滋生霉菌。

无论用上述哪种方法采收花卉种子,都要在种子袋上粘贴标签,写上种子的中文名或学名,以免混淆,同时还应记录种子采收的时间、地点等内容。

2. 合理干燥

种子采收后需要晾晒的,连同果壳一起晾晒,可将种子放在帆布、苇席、竹垫上晾晒。怕光的种子采用自然风干法,即将种子置于通风、避雨的室内,使其自然干燥。一些温室种子的生产者,都具备适合种子干燥的设备如加温干燥箱,可以连同果荚一起干燥。一般草本花卉种子的安全水分含量为7%以下。

3. 重视种子的清洁精选

花卉种子的种类和品种多、子粒小、重量轻,需根据不同的植物种类、生产和收获方式不同,进行清洁和精选。田间刚收获的种子中混杂了各种大小的土壤泥沙和植株碎片,种子清洁的目的是去除所有的田间杂质、植株碎片和空瘪粒以及未成熟的小种子,精选的目的是获得纯净度和生活力较高的高品质花卉种子。

对温室内生产的可多次人工采收的 F_1 杂交种子，因混有的植株碎片和杂质较少，种子的清洁较为容易，只需要利用手筛或小型空气吹风机就能去除所含的杂质碎片或较轻的小种子。从田间收获的异花授粉的种子，由于花卉种类和采收方式（人工采收或机械采收）不同，会混有较多的泥沙和植株碎片，占体积的 20%～80%。整株拔回的晾干后脱粒，连果实一起采收的要去除果皮、果肉及附属物。若混有泥沙等杂物，收获的种子就需要先用空气筛清选机，以去除植株碎片和泥沙、去除空瘪粒和未成熟种子。

为提高花卉种子的商品价值，需要进一步进行精选以提高种子的整齐度、净度和生活力。有的种皮带有茸毛短刺，易粘附或混入菌核、虫瘿、虫卵及杂草种子等，需要使用去毛机去除种皮上的种毛，有的种皮较厚的硬实种子需要经过预处理。

4. 选择适宜的包装材料

可用聚乙烯铝箔复合袋包装，外套纸质种子袋，含芳香油的花卉种子宜装在金属罐、木盒或有色玻璃瓶中贮藏。罐装、铝箔袋在封口时抽成真空或半真空状态，以减少容器中的氧气量。为准确了解种子的情况，要求种子公司在种子外包装上注明种子有效期限。

5. 选择适宜的贮藏方法

在我国花卉生产中常采用以下方法来贮藏花卉种子。

(1)自然干燥贮藏法　主要适用于耐干燥的草本花卉种子，经过阴干或晒干后装入纸袋中或纸箱中保存。此种方法适宜次年就播种的短期保存。

(2)干燥密闭贮藏法　将充分干燥的种子，装入密闭容器中密封起来放在冷凉处保存，可保存稍长时间。

(3)低温干燥密闭贮藏法　将充分干燥的种子存放在干燥器中，置于 1～5 ℃的低温环境中贮藏，可以较长时间保持花卉种子的生活力，是正常型种子主要的贮藏方式。

(4)层积沙藏法　有些顽拗型的花卉种子，置于干燥环境下容易丧失发芽力，可采用层积沙藏法，即在贮藏室的容器底部铺上一层厚约 10 cm 的湿沙，再铺上一层种子，如此反复，使种子与湿沙交互作层状堆积贮藏。一些休眠种子用这种方法处理，如将采收的牡丹、芍药等种子，置于 2～7 ℃的条件下用湿沙层积贮藏，可以促进种子的后熟和通过休眠，促进种子发芽。

(5)水藏法　王莲、睡莲、荷花等水生花卉种子必须贮藏在水中才能保持其发芽力，如睡莲等，应贮藏于 5 ℃左右的水中，低于 0 ℃时种子会受到冻害，影响出芽。

花卉种子价值较高，很多花卉种子公司都具备优越的贮藏条件和设施来贮藏花卉种子，以保证其较高的活力。目前对花卉种子贮藏条件的研究内容较少，陈叔平(1995)采用来自 3 个不同生态区的同一个品种种子，两种包装条件，贮于－18 ℃、－10 ℃、0 ℃及室温下，研究甜菊种子在不同贮藏条件下的生活力变化。不密闭条件，种子生活力随贮藏温度不同，降低速率也不同，12 个月贮藏期是甜菊种子生命力的转折点，北京常温下甜菊种子的有效寿命在 1 年左右。密闭条件下种子生活力比不密闭条件下的高，贮于 0 ℃以下的甜菊种子，3 年以上仍有一定发芽率。

三、药用植物和林木种子贮藏技术

(一)药用植物种子贮藏技术

我国药用植物资源丰富，共有 11 146 种药用植物，包括 383 个科 2 309 个属，是全世界药用植物种类和数量最多的国家。联合国卫生组织确定在全世界流通的200多种药用植物中，我国占有100多种，如人参、地黄、远志、大黄等。药用植物繁殖方式分为有性繁殖（种子繁殖）、无性繁殖和孢子繁殖，其中以种子繁殖最为普遍，约占60%以上，如人参、板蓝根、决明、党参、桔梗、黄芪、西洋参、黄连、当归等大部分中药材都采用种子繁殖。在大面积生产时，采用种子繁殖可以获得大量的实生苗。优质药用植物种子是获得高产优质中药材的前提和保证。

1. 药用植物种子的贮藏特性

各种药用植物种子的寿命差异很大，即种子寿命与其本身的遗传性有关。许多热带药用植物种子，如槟榔、沉香、丁香、肉豆蔻、古柯等的种子，无论是晒干还是阴干，种子一经干燥都会大幅度降低或丧失发芽力。肉桂新鲜种子发芽率为85%，去果皮通风存放10 d则全部丧失发芽力，而决明种子经过158年仍能发芽。伞形科植物当归、白芷等种子在普通贮藏条件下寿命不超过1年，苋科种子如青葙子、牛膝等，在常温下可保持2～3年，豆科、蓼科药用植物种子可保持5年左右，大部分中药种子寿命为2～3年。种子的寿命与种子的成熟度、含水量关系较大。凡充分成熟、含水量较低的种子寿命较长；反之，则易丧失生活力。

药用植物种子如杏仁、巴豆、芡实、核桃仁、柏子仁、薏苡仁、郁李仁、木鳖子等，多含淀粉、脂肪、糖类、蛋白质等，其油分容易渗出，引起变质、败坏和走油，不宜贮藏在高温场所，应置于陶瓷、金属盒、玻璃瓶内在阴凉处贮藏。

2. 药用植物种子贮藏技术要点

（1）选择生长健壮、株型良好的植株适时采种。各种药用植物的生长发育规律及对生态环境的要求各不相同，其种子生理生态特性也各不相同，因此不同种类的药用植物其适宜的采收期和采收技术也各不相同。有的药用植物花果期长，种子陆续成熟，如补骨脂、萝芙木等，对这一类中药植物应定期检查，分期分批采集。有的植物从果实成熟至落地时间很长，如小檗类、茜草、银杏、栝楼、忍冬、爬山虎等的果实，至冬季仍挂在树梢，则可以缓采，入冬前一次采集。另有一些药用植物种子从成熟至散布的时间很短，如蒲公英、白头翁种子一成熟冠毛散开，或宿存花柱变干，被风吹散。牻牛儿苗、半边莲、凤仙花、狼毒、甘遂、紫花地丁、白屈菜等种子一旦成熟蒴果开裂，种子弹出散落，对于这一类种子应掌握成熟的标志，一旦成熟立即采收。此外，不同采收期对药用植物种子的活力也有影响，如天麻种子应在果实开始变软但还未开裂之前采收，此时种子活力最高。3～4年生川牛膝植株上采收的种子生命力最旺盛。

一般情况下，大多数药材种子都以新种子贮藏为好，新种子有光泽、养分足、发芽能力强。在购买时要：一看光泽，二看断面，三闻气味，必要时还要用水浸泡，以辨新陈，确保种子质量，以免因种子质量带来不必要的损失。如板蓝根种子新籽外表蓝黑色，光泽度好、发亮，清香味较浓，用手剥开外皮，内仁颜色较青；陈种子外表颜色为灰黑色，已失去光泽，发乌，清香味很淡，有的还带有潮湿味，剥开外皮，内仁颜色为黄白色或红色。白芷新种子香味很浓，陈种子香味较淡。新白术种子有光泽，种子茸毛多、不易脱落；而陈种子茸毛较少，很容易脱落，无光泽。桔梗新种子有光泽，用手抓握，有滑腻感；陈种子既无光泽，又无滑腻感。

（2）根据植物特点采用不同的干燥方法，干燥入库。含油类多的药用植物种子水分应控制在8%以下，一般药用植物种子则应该控制在12%以下。日晒的方法适用于大部分喜阳的药用植物，如黄芪、党参、甘草、连翘、长春花、仙鹤草、地耳草、茵陈、毛地黄、侧柏、曼陀罗、鸡冠花、国槐、地榆、苍术、苦参、紫草、川楝、云实、云木香、白术、百部、香薷、夏枯草、萹蓄、瞿麦、千日红、白花菜、桔梗等。对于来源于高海拔地区的或喜荫中药植物，或种子内含油或芳香油较高的种类，如大黄、当归、黄柏、龙胆、荆芥、知母、白芷、黄芩、羌活、龙葵、白屈菜、蒲公英、白花前胡、商陆、刺五加、千里光、桑、秦艽、金盏花、枸杞等种子，则不宜采用日光曝晒的方法，应采用阴干的方法使其含水量下降，以最大限度地保持种子活力。对于细辛、重楼、枳壳、七叶树、罗汉松、红毛七及很多原产热带或亚热带的顽拗型药用植物种子不宜干燥，否则活力会严重丧失。

(3)根据不同植物特点，选择不同的贮藏方法。根据种子本身的特性，药用植物种子贮藏方法可分为干藏法和湿藏法两大类。

干藏法：即将干燥的种子贮藏于干燥的环境中，大多数药用植物种子均为正常型种子，适宜干藏。如知母、决明、穿心莲、桔梗等种子可以先阴干或晾干，脱粒清选干净后装入袋内挂于通风干燥处，或装入坛、缸、瓶内，将口封闭，置于低温、干燥的室内贮藏。干藏除要求有适当的干燥环境外，有时也可结合低温和密闭的条件。

针对仓库贮藏，依据种子的堆装形式可分为散装仓库和包装仓库；依据温度可分为低温库(≤15 ℃)、准低温库(15～20 ℃)和常温库。杜松种子在冷藏室(5 ℃)、泥房(15 ℃)、混凝土房(17 ℃)以及铁房(20 ℃)中贮藏 42 个月后，在冷藏室中贮藏的种子发芽率最高，其次是泥房、铁房和混凝土房(Mamo 等，2011)。含水量低于 12.2%的香椿种子在低于 15 ℃的条件下贮藏 90 d 后发芽率高于 65%。含水量低于 9.1%的香椿种子在温度 15～20 ℃条件下贮藏 90 d 发芽率高于 65%(张海波等，2019)。含水量小于 8.5%的白花桔梗种子在室内及室外贮藏 12 个月后发芽率均在 95%以上。

针对种质库贮藏，药用植物种子种质库的保存条件分为中期库(温度－4 ℃±2 ℃，相对湿度＜45%)、长期库(温度－18 ℃±2 ℃，相对湿度＜50%)(刘忠玲，2008)。目前我国已在北京、四川和海南建立了国家药用植物种质库。芍药种子在中期库和长期库贮藏 1 年后发芽率在 94%左右(雷慧霞，2019)。在中期库贮藏 4 年后，荆芥种子发芽率下降了 2.2%，黄芩种子发芽率下降了 5.4%，桔梗种子发芽率下降了 8.9%，党参种子发芽率下降了 14.3%，益母草种子发芽率下降了 12%，穿心莲种子发芽率下降了 12.2%，冬凌草种子发芽率下降了 17%(金钺等，2016)。目前，种质库保存的药用植物种子活力监测时间还比较短，应长期监测其活力变化，以确定种子更新时间(隋昕等，2022)。

一些特殊用途的药用植物种子也可采用超低温贮藏、超干燥贮藏的方式。种子的超低温保存是指种子贮藏在液氮(－196 ℃)中，此时种子的代谢活动处于极为缓慢的状态，从而延长种子寿命，使种子可以长期贮藏。该技术已应用于红豆杉、白木香、杜若、过江藤、夏枯草、皱果苋、罗勒、山香等药用植物种质资源的保存(程利红等，2012；刘军民等，2007；曾琳等，2017)。但超低温贮藏成本较高，无法在生产中大批量贮藏种子。超干贮藏成本较低，但一般适用于正常型种子，顽拗型种子和中间型种子会因水分过低而干燥失活(林坚等，1996)。

湿藏法：有一些药用植物的种子未完成生理后熟，进行湿藏的目的主要是促进后熟、破除休眠，提高发芽率。还有一些药用植物种子属于顽拗型种子，湿藏可以防止种子含水量降低，防止干燥引起的活力丧失。湿藏一般是将种子与湿润的沙土按 1∶3 混合，装入通风容器中，置于室内低温阴凉处贮藏，或在室外挖窖贮藏。以辛夷种子采用湿沙层积的方法贮藏为例，选择较细的沙子，其湿度以手握成团为佳。贮藏前，先用 0.3%的退菌特或高锰酸钾拌入沙中，以防细菌和虫害的侵入。将消毒过的细沙铺 10 cm 厚，然后把种子均匀地放在上面，种子厚度不超过 2 cm。上面再盖一层沙，其厚度为 2～3 cm，以不露种子为准，依次类推。最后在上面盖上一层 5～8 cm 的细沙。应选择阴凉通风，无太阳光直射的地方，而且种子贮藏期间要定期翻动检查，一般 15 d 检查一次。适宜湿藏的药用植物种类还有：山茱萸、银杏、黄连、玉兰、酸橙、升麻、天葵、掌叶半夏、独活、酸枣、三颗针、乌桕、八角枫、阔叶十大功劳、鸡尿藤、天南星、芫花、忍冬、明党参、贝母、牡丹、杜仲、厚朴、五味子、人参、延胡索、天门冬、使君子、血盆草、败酱、南天竹、女贞、射干、木瓜、芍药及其他很多热带药用植物。

(二)林木种子贮藏技术

1. 林木种子的贮藏特性

林木种子的贮藏寿命各有长短，主要由种子本身的遗传特性所决定。大量研究资料表明，林木种子在 0～30 ℃下贮藏寿命长短不一。不超过半年的，如杨、柳、榛、可可、咖啡、橡胶等；不足 2 年的，如杉木、柏木、樟树、山苍子、金钱松等；3～15 年的，如桃、杏、红松、桦树、珙桐、山茱萸等；15 年以上的，如合欢、决明、刺槐、皂荚、凤凰木、台湾相思等。

种皮致密、坚硬、不易透水透气的种子，寿命较长，如蔷薇科的桃、杏、李、樱桃、山楂等种核坚硬，纤维木质化，加之胚部含有抑制物，所以生命力顽强。此外，种子所含化学成分也会影响种子的耐贮性，如樟科的山苍子、浙江楠等种皮结构虽致密坚实，表层角质化，内层栅栏组织木质化和被果胶填充，加之种子内含芳香类物质，在一定程度上阻碍胚的发育与萌发，但脂肪含量高，因此不耐贮藏。油桐、油茶、乌桕、白玉兰、肉豆蔻、红豆杉以及松科的多数树种种子脂肪含量高，不耐贮藏。成熟度差的种子，其耐贮性也会降低，因此在林木种子质量检测中，成熟度是一项重要指标。未成熟的大中粒种子往往不饱满或是种皮不坚硬，如杉木、马尾松、银杏、板栗等。林木种子普遍存在休眠性，休眠可帮助种子度过逆境，延长寿命。据报道，香榧、山茱萸、山楂、珙桐、红豆杉等大粒种子的休眠受种皮、胚、抑制物以及外部环境等多种因素影响。这些种子在自然土壤中要经过 2～3 年才能萌发，但如果埋于半干半湿的深层土壤中可延长贮藏期。其中山茱萸和珙桐种皮厚而坚硬且有发育完全的胚，埋在深层土壤中 5～10 年仍然新鲜如初。

2. 林木种子贮藏方法

林木种子按植物学分类包括 5 种类型：①真正的种子，如松属、杨属；②果实，翅果如臭椿、白榆，坚果如栎树属、椴树属，瘦果如桑树，颖果如毛竹；③果实的一部分，如核桃、楝树；④种子的一部分，如银杏、紫玉兰；⑤无融合生殖形成的种子，如柑橘类等。为了安全贮藏种子，延长种子的寿命，首先应保证种子充分成熟，净度高，发芽能力强，避免机械损伤和病虫害的种粒，含水量等于或接近种子的安全含水量。大多数树种种子贮藏适宜的含水量在 5%～12%之间。Gonzalea 和 Fisher(1997)的研究结果表明，一些热带树种种子含水量在 6%～8%之间有利于贮藏。根据林木种子特性和贮藏目的，林木种子贮藏的方法可分为干藏法和湿藏法两大类。林木种子贮藏无论采用哪种方法，在贮藏过程中，都要进行定期检查和测定工作，随时掌握种子活力和贮藏条件的变化，防止种子发热、过早发芽、受冻、变霉。与此同时，还要防止鼠害发生。

(1)干藏法　就是把种子贮藏在干燥的环境中。这种方法简单易行，凡安全含水量低的种子均可采用此法。如针叶树种中的松、柏、杉以及泡桐、漆树、杜仲、枫杨、枫香等种子以及阔叶树中的杨、柳、桑、榆、刺槐、合欢、皂荚、白蜡、香椿、臭椿等种子。根据贮藏时间长短和采取贮藏条件的不同，干藏又可分为普通干藏法、密封干藏法、低温干藏法、低温密封干藏法、超低温贮藏法、超干贮藏法。

普通干藏法：即将干燥的种子装入容器（如麻袋、布袋、箱、桶、缸等）内置于室温、相对湿度为 50％以下的干燥种子室内贮藏。这种方法多用在人工不能控制温湿度的贮藏条件，仅适合于短期贮藏，如秋季采种翌年播种的树种。凡是安全含水量低、在自然田间条件下又不会很快失去发芽力的种子，可采用此法，这些树种主要有杉木、柳杉、侧柏、刺槐、合欢、油松、臭椿、楝树、黑枣、槭树类等。该方法贮藏效果较差，但不需要特殊设备，简单易行，成本低。

低温干藏法：即将干燥种子置于低温、相对湿度为 50％～60％的条件下贮藏。该方法可使种子的寿命保持 1 年以上。要达到低温贮藏的标准，一般要有专门的种子贮藏室或控温、控湿的种子库。低温贮藏林木种子效果显著好于普通干藏法。如杉木、马尾松种子低温干藏 60～70 d 后发芽率比普通贮藏高 20％以上（Zhao 等，2013；2014）。

密封干藏法：是将种子装入密封容器中室温贮藏。种子量如果不多，可用玻璃瓶等透明容器盛装，便于观察种子的变化。如果不能做到绝对密封，如用聚乙烯容器，要在容器中放入变色硅胶、氯化钙、木炭等干燥剂，防止种子含水量的升高。普通干燥法易失去发芽力的种子（如杨、柳、榆、桦、桑、桉、香椿等）以及需要长期贮藏的珍贵种子，都可采用密封干燥。

为了更有效地贮藏种子，保持种子寿命，往往把密封贮藏与低温贮藏结合起来，称为低温密封干燥法。

超低温贮藏法：是将种子贮藏在液氮（－196 ℃）中，使其新陈代谢活动处于基本停止状态，从而达到长期贮藏种子目的的方法。为防止种子在冷冻和解冻过程中引起冻害，在种子贮藏前先辅以防冻剂处理，再投入液氮中贮藏效果会更好（陈礼光等，2005）。大多数林木种子既耐干燥又耐低温，因此超低温贮藏林木种子，含水量可能是关键的限制因子，一般含水量在 8％以下则为安全含水量。许多果树和坚果类如李属、榛属和咖啡属的种子能干燥到含水量 10％以下，但不能忍耐－40 ℃以下的低温。

超干贮藏法：即将种子含水量降至 5％以下，密封后在室温条件或低于室温的条件下贮藏。多数安全含水量低的种子可以进行超干贮藏，如程红焱等（1992）对自然贮藏 1～2 个月就失去发芽力的短命榆树种子进行了超干贮藏研究，结果表明，榆树种子含水量降至 2％以下，在室温下贮藏 3 个月种子仍保持较高活力。种子超干并不是越干越好，存在一个超干水分的临界值。据蔡克孝（1985）报道，马尾松贮藏时，种子含水量以 3.4％～5.7％最佳，低于这个范围，贮藏效果会显著下降。

（2）湿藏法　将含水量较高的种子置于经常保持湿润和较低温度的环境中贮藏称为湿藏。一般适用于顽拗型种子或有生理休眠的种子，如板栗、栎、银杏、核桃等。银杏等种子可用含水量 15 ％左右的湿沙；板栗、麻栎、核桃等种子可用含水量 30％的湿沙，湿度不宜太大，以免引起发芽。湿藏法又分为露天坑藏和室内堆藏两种方法。

露天坑藏法：在室外选择靠高坡背风的、有利于排水、土质比较好的地势。山地可选半阳坡或半阴坡的山脚附近，然后挖贮藏坑。坑挖好后，先在坑底铺一层粗沙，5 cm 左右，再铺 5 cm 左右厚的湿润细沙，坑中央插一束秸秆或带孔的竹竿，高出坑面 15 cm，以便通气。然后将种子与湿沙按 1∶3 的容积比混合堆放在坑内，或一层种子一层湿沙交错层积。沙子湿度以手握成团不出水，松手触之即散开为宜，当种子堆到离地面 20 cm 时，在上边覆盖湿沙，再盖土堆成屋脊形。露天坑藏法贮藏量大，无需专门设备，但埋藏后不易检查，种子容易过早发芽或腐烂，采用此法要定期检查林木种子存放期间是否存在种子发热、发霉、鼠害、虫害等现象（霍海军，2018）。

室内堆藏法：选择没有直射阳光、不潮湿、通风良好的闲置空房子，或者修建草棚。先用水把地面浇湿，然后铺一层稍厚的湿沙，再把一层种子与一层湿润沙子交替存放，或者事先把种子和湿润沙子按一定比例混合堆放，离地面 20 cm 左右，就不放种子，直接堆盖湿沙，直至堆满坑面为止。种子堆中每隔一定距离插以秸秆，以流通空气，防止林木种子腐烂。当种子数量不多时，可把种子混沙装于有孔的木箱中，放于通风的地下室内（霍海军，2018）。

四、种薯贮藏技术

（一）马铃薯种薯贮藏技术

马铃薯又名土豆、洋芋、山药蛋、荷兰薯等，原产于南美洲的秘鲁与智利的高山地区，17 世纪初传到我国，是目前我国仅次于水稻、小麦、玉米的四大粮食作物之一。主要分布在黑龙江、吉林、内蒙古、青海、甘肃、山西、陕西、云南、贵州等省、自治区。种植面积约为 460 万 hm^2，占世界的 25%；鲜薯产量约 7 500 万 t，约占世界的 19%，居世界第一。

1. 马铃薯种薯的贮藏特性

（1）种薯耐贮性差异大。马铃薯种薯的耐贮性差异较大，与品种特性、栽培管理有着密切关系。马铃薯品种较多，按皮色可分为：白皮、红皮、黄皮和紫皮 4 种类型，其中以红皮种和黄皮种较耐贮藏。氮肥施用过量，导致茎叶徒长，种薯水分高，干物质积累少，不耐贮藏；相反，施用氮磷钾复合肥、马铃薯专用复合肥或配方施肥，使茎叶与种薯膨大相互协调，增加干物质含量，可增强耐贮性。

（2）种薯在贮藏期间具有 3 个生理阶段：①生理后熟阶段。收获后的种薯在生理上有一个后熟期，该期种薯表现以下特点：表皮尚未充分木栓化，含水量高，呼吸旺盛，由于收获或分级等原因造成的伤口尚未愈合。这时，如果通风不良，造成窖温过高，种薯会大量腐烂和出现黑心现象，但一般经过 15～30 d 的后熟作用后，其表皮充分木栓化，伤口得到愈合，种薯的各项生理生化活动逐渐下降，种薯开始进入休眠状态。②休眠阶段。种薯经过生理后熟阶段后，进入休眠阶段。该休眠阶段包括生理休眠和强迫休眠两阶段。生理休眠是指种薯放在最适宜的发芽条件下（温度 20 ℃，湿度 90%，氧浓度 2%）也不发芽的现象。强迫休眠是指幼芽生理上已具备了伸长的可能，但不具备发芽条件，芽的生长处于抑制状态而不能萌发的现象。种薯生理休眠期一般 1.5～3.5 个月，其长短受品种、收获期、栽培条件和贮藏条件的影响。一般早熟品种的生理休眠期比晚熟品种的生理休眠期长；早收获种薯的生理休眠期比晚收获种薯的生理休眠期长；在冷湿之后收获的种薯比正常条件下收获的种薯，其生理休眠期长；在显著干热季节收获的种薯，生理休眠期变短；在 1～22 ℃，生理休眠期随着温度的升高而逐渐变短。在休眠时，种薯的外表虽然没有可见的变化，但却发生着结构变化：周皮细胞内壁不断为木栓质充填加厚，在遇光时产生花青素、叶绿素等色素及茄素（龙葵素或茄碱）；芽眼的分生组织仍继续进行分裂活动，是种薯中结构变化最大和生理生化过程最活跃的部位。在休眠时，种薯的呼吸强度一般比较弱，但受很多因素影响。温度是影响块茎呼吸的主要因素，2～4 ℃时，呼吸强度最弱，5 ℃以上随温度的升高呼吸强度增强；湿度的增加，也会刺激呼吸作用增强；块茎的损伤和病菌的感染会使呼吸加强；氧气的不足会使呼吸强度降低，但高温下缺氧导致块茎窒息，造成块茎黑心，会严重影响发芽，对于种薯贮藏尤其不利。种薯的各种物质在休眠期也发生一些变化。种薯占碳水化合物95%以上的是淀粉，淀粉随着贮藏期的延长而不断减少，而块茎的还原糖含量不断增加。块茎中淀粉转化成还原糖的速度与温度有密切关系：当贮藏温度在0～10 ℃时，淀粉含量随温度降低而迅速转化为还原糖，块茎中的还原糖含量逐渐增加。当贮藏温度在10 ℃以上时，淀粉含量变化很小，基本保持稳定。块茎中的淀粉和还原糖可以相互转化，如将低温贮藏的块茎放于室温20 ℃(左右)条件下，一定时间后，块茎中的还原糖又可转化为淀粉。种薯的蛋白质含量在收获后至休眠期末变化很小，其他物质如维生素C含量会随贮藏时间的增长而减少。种薯水分含量为80%～85%，一般情况下，贮藏的第1个月，块茎的失水量为鲜重的1.5%，以后每月为0.5%～1%。为减少损耗种薯的水分，贮藏期间的贮藏湿度应在85%以上。③萌芽阶段。通过休眠的种薯，在适宜的条件下，芽开始萌发生长。种薯贮藏3个月以上，休眠期结束时，如贮藏温度高于5 ℃，则会发芽。发芽的马铃薯一昼夜内质量损失在0.05%～0.07%。需要抑制发芽时，要将温度控制在2～4 ℃，或者利用抑芽剂[青鲜素(MH)或萘乙酸甲酯等药剂]处理。

2. 马铃薯种薯的贮藏技术要点

(1)马铃薯种薯的入库前管理。种薯收获前1周要停止浇水，以减少含水量，促进薯皮老化。新收获的马铃薯，还未完全成熟，块茎的表皮没有充分木质化，收获时造成的伤口还没有愈合，其呼吸强度非常旺盛。如这些马铃薯立即下窖贮藏，块茎散发大量热量，使薯堆发热，造成烂熟。因此，新收获的块茎要放在通风良好，温度在15～20 ℃的库房中，薯堆高和宽大致为2～4 m，堆与堆之间留通风道，经过15～20 d的预贮过程，使表皮木栓化，薯皮干爽，以便修复收获时的机械损伤，以利于及早进入休眠和减少病害，这种方法称为愈伤处理。与此同时，种薯贮藏前还要严格挑选，剔除病烂、虫口、受伤、有麻斑和受潮的不良薯块。

(2)贮窖的选择。窖址应选地势高、地下水位低、排水良好、土质坚实、向阳背风和保暖的地方，并应在收获前1个月修好以充分干燥。无论新窖与旧窖，都要用石灰水喷洒消毒，窖底铺一层垫料(一般用禾秸)。应根据气候、土质、地势等条件，因地制宜选择窖型。不太冷、土壤坚实性不太强的黑土地区应选沟窖；不太冷、土质坚实的地区应选棚窖；气候较寒冷、土壤坚实的黄土地区应选井窖；在较寒冷、土壤坚硬的土坡或土丘旁应选洞窑。贮窖最好挖通气沟，即在堆底地面上，挖成"十"字形或"丰"字形沟，其深宽均为20 cm，沟长与窖壁相接，在沟上铺秸秆或树条，以不漏种薯为宜。

(3)确定马铃薯种薯窖藏容量。适宜的贮藏数量为块茎的堆积高度不超过贮藏窖高度的66%，也就是可以利用的容积占窖容积的60%～65%。由于块茎大小不同，一般1 m^3块茎质量为650～750 kg，根据窖的总容积，就可以计算出适宜的块茎贮藏数量。

(4)合适的堆放技术。首先要按不同品种分别贮藏，以防休眠期长短、耐贮性强弱不一致造成互相影响以及造成品种的混杂。其次是种薯堆高度应因品种而异。在一般情况下，薯堆的温度总是高于周围的温度，高出多少视薯堆的高度而定。不通风的堆内最高温度比周围空气温度高出的温度一般是薯堆高度的1.8倍。因此，为使堆内温度不至于过高，通常要求堆高不超过2 m，一般不超过窖高的66%，达到窖高的50%最合适，这样可以保证良好的空气流通和块茎的正常呼吸。再次是建造通气系统。在堆内插入秸秆绑的通气把，直径为20 cm左右，底部与贮窖通气沟相接，上面高出薯堆30 cm左右，也可用木板条做成三角形通气塔代替。最后是在种薯堆表面加覆盖物如稻草、麦秸等，这样既能保温又能吸湿，但吸湿后应及时更换。

(5)药物处理。贮藏中采用青鲜素(MH)或萘乙酸甲酯等药剂处理,不仅可以抑制或减少发芽,还能抑制病原微生物的繁殖及防腐。药物处理的时间以收获后2个月(在休眠期)比较适宜,否则经过休眠期限开始萌芽的马铃薯,即使用药物处理仍不能抑制发芽。具体方法:①配药。药物要现用现配,称取98%的萘乙酸甲酯150 g,溶解于300 g丙酮或酒精内,再缓缓拌入预先制好的10~12.5 kg的粉状细土中,很快拌匀后装入用纱布或稀麻布缝制的口袋内。②撒药。将配制成的药物,像扑粉似的均匀地撒在5 000 kg马铃薯块上。为便于操作,防止药物影响人体健康,也可将口袋扎在竹竿的一端,不断地摆动竹竿,就可将药物均匀地撒在薯块上。

(6)控制贮藏窖温、湿度。贮藏温度是决定块茎贮藏质量的最重要条件。在整个贮藏期间,贮藏温度2~3 ℃可以使种薯活力更强。刚入窖时正值外界的气温较高,种薯的周皮没有完全木质化,伤口没有完全愈合,呼吸强度大,放出热量多,薯堆温度高,湿度大。因此,该期间应该加强空气流通,降低薯堆温度。而立春后,块茎正处于深度休眠,呼吸弱,放出热量少,外界温度降低到一年中最低温度,所以该期间应关闭窖门,防止外界冷空气进入窖内,降低薯堆温度,防止块茎受冻。开春后温度迅速增高,不可随便打开窖门或气孔,防止外界热空气进入而增高窖内温度,使种薯发芽。贮藏湿度也是决定块茎贮藏质量的重要条件。在种薯的贮藏期间,保持窖内80%~93%适宜湿度,种薯不失水,不会造成萎蔫,同时也不因湿度过大而造成腐烂,保证种薯贮藏质量。刚收获块茎表面湿度大,加之块茎本身含水量高和块茎呼吸产生的水汽,通过薯皮的渗透和蒸发,在薯堆内水汽量高,而由对流进入薯堆的空气往往水汽量低,因此,当空气从薯堆中泄出时,就会带走较多的水分。在通风的情况下,这些带有较多水分的空气扩散到外界,以及外界较干空气的进入,这样循环往复就会使窖内湿度不断降低。因此,在块茎贮藏之初,在薯堆温度高、湿度很大的情况下,需要加强空气对流,以降低堆内的湿度。但当进入严冬季节,窖温开始逐渐下降,此时窖门气眼全部封闭,与外界空气的对流全部停止,窖内的水气量基本保持恒定;当气温进一步下降,窖顶温度达0 ℃以下时,如果窖内水汽量过大,多余的水汽还会在窖的四壁凝结成水滴。因此,常在薯堆上面覆盖一定厚度的草或其他秸秆,使堆顶部的块茎较温暖,堆顶块茎不易凝水;或接受由窖顶融化的霜水,这样可使薯堆免于因湿度过大而引起腐烂。

(7)冷藏。在休眠期后的马铃薯转入冷库中贮藏,可以较好地控制发芽和失水。在冷库中可以进行堆藏,也可以装箱堆码。将温度控制在3~5 ℃,相对湿度85%~90%。

(8)播种前处理。播种前种薯适当通风露光,提高温度,促进皮层产生叶绿素,芽眼部分积累茄素(龙葵素),有利于嫩芽生长,幼苗健壮。

(二)甘薯种薯贮藏技术

甘薯[*Ipomoea batatas*(L.)Lam](sweet potato)是旋花科甘薯属甘薯组唯一的一个栽培种,又称红薯、地瓜,是富含淀粉的块根作物,具有产量高、适应性广、用途多和营养丰富等特点。我国是世界最大的甘薯生产国,在我国北方的华北地区和南方许多省份均有种植,其主要的留种材料是种薯(薯块、块根)。

1. 甘薯种薯贮藏特性

甘薯种薯的贮藏特性是由其本身的形态特征、内部构造和所含化学成分以及贮藏环境条件如温度、湿度、气体变化情况等决定的。

(1)种薯皮薄，组织脆嫩，水分含量高达65%～75%，在收获和运输过程中稍不注意就会擦伤、破碎，致使病菌极易侵害而腐烂。

(2)种薯可溶性糖含量在5%～10%，对温度十分敏感。如果长时间处于15 ℃以上，不但易发芽，而且由于呼吸旺盛，干物质大量消耗，可溶性糖增加，抗病力降低；当温度超过20 ℃则易发生热害，造成烂薯现象。如果长时间处于9 ℃以下，薯块的细胞原生质活动停滞，影响正常的生理代谢活动，又会发生冷害，发生冷害的种薯薯心原果胶增加，原果胶不溶于水，易形成煮不烂的硬核(冷生核)。初期的硬核肉色不变，淀粉逐渐转化为糖，形成甜核。继续变化使单宁减少，多酚物质增加，遇空气迅速氧化，肉色发暗，其断面很少有乳白色汁液，生活力降低。如继续发展，病菌侵入使肉味变苦，维管束变黑，表面有明显凹陷斑块，严重的脱水腐烂，失去生活力。因此，温度低、湿度大，会加快腐烂程度。目前认为种薯最适宜的贮藏温度为13 ℃。薯块受冷害后并不是马上就发生腐烂，一般要经过一定时间后才发生。例如在4～5 ℃时发生的冷害，要在半个月后才开始腐烂；6～7 ℃时发生的冷害，要在20 d后才开始出现症状，30 d后发生部分烂薯，40 d后发生大面积烂薯。

(3)呼吸作用强烈。种薯入窖初期，强烈的呼吸作用放出大量的水分、热量和二氧化碳，如不及时通风排除，轻则促使种薯发芽，重则导致病害蔓延。在一定范围内，温度越高，湿度越大，病菌繁殖蔓延越快，种薯呼吸强度越大，消耗营养物质越多，放出热量、水分和二氧化碳越多，如此反复互相促进，造成种薯腐烂，引起“烧窖”。

(4)种薯对湿度十分敏感。当相对湿度低于80%时，种薯开始失水，发生干缩“糠心”，淀粉加速分解，抗病力减弱，耐贮能力下降，即所谓的干害；当相对湿度过于饱和时，又会引起窖顶滴水导致病菌繁殖，发生腐烂，即所谓的湿害。受湿害较轻的种薯与正常种薯不易区分，但若用为育苗则湿害种薯不易发芽生根，且会腐烂。为了防止干害或湿害的发生，窖内相对湿度应保持在85%～90%，同时注意排水防淹。

在收获前，如水涝受渍、低温霜冻等原因使秋薯受到损伤，虽然当时表面无异常现象，但抗病力降低，生活力明显下降，贮藏时易腐烂变质，蒸煮时有硬心。

(5)种薯易“闷窖”。种薯入窖贮藏，由于长时间不通风，易形成氧气过低，二氧化碳过高，影响正常呼吸，引起细胞组织酒精积累中毒，生活力下降，抗病力减弱，日久也会造成腐烂。当窖内气体中氧气和二氧化碳含量分别为15%和5%时，可有效降低呼吸速率，减少贮藏期间薯块对养料的消耗，对控制病菌的活动和提高薯块的贮藏能力有益。甘薯缺氧主要是入窖初期气温较高，或装薯过满，或封窖过早造成的。

(6)种薯新薯皮的形成。新收获的种薯，薯皮受伤后，如在高温高湿条件下，保持良好通风，种薯损伤部分就会形成木栓组织保护层，不仅能阻碍水分损耗，同时能阻碍氧气和各种病原菌侵入，增加薯块的耐藏性。木栓组织在高温、高湿的条件下形成较快，反之则慢。

(7)甘薯在贮藏期间的主要病害是软腐病、黑斑病和茎线虫病，其次是镰刀菌干腐病、青霉病等。发病的原因是薯块感染病菌、拐子带菌或病窖传染等。薯块受冻害、淹水或缺氧时，常发生软腐病。黑斑病在贮藏初期气温较高时，发病较重，后期气温较低，病害发展较慢。因此，入窖前应严格选择没有破皮损伤和不带病的薯块，同时注意窖的消毒。

2. 甘薯种薯贮藏技术要点

(1)适时收获，严格选择种薯。甘薯没有明显的成熟期，所谓适时收获，就是将种薯在不影响茬口安排的前提下，尽可能地延长种薯生长期，根据当地的气温变化规律，保证种薯不受低温霜冻的时期内采收贮藏。实践证明，淮河以北宜在秋季平均气温达到 15 ℃左右时采收，平均气温降至 12 ℃之前全部入窖，即霜降前必须全部入窖。收获时首先进行选株，并做标记，待地上部枝叶全部割除 2～3 d 后再挖薯。从收获到入窖，应轻刨、轻装、轻运、轻放，以减少机械损伤和病害感染机会。严格选择种薯，除去损伤、受霜冻、带病斑、受水渍涝、在露天放置过久的种薯。收刨时，在田间边刨边选，入窖前再进行复选。

(2)选择适宜的窖址和窖型。窖址应选择地势高、地下水位低、排水良好、土质坚实、运输方便、向阳背风、保暖的地块，并应在收获前 1 个月修好，以充分干燥。无论新窖与旧窖，种薯入窖前须用硫黄熏蒸或福尔马林消毒或硫酸铜、多菌灵喷洒，也可用枯草残枝烧窖灭菌，窖底铺一层垫料布(一般用稻草)。贮藏窖的深度，要超过历年冻土层的深度，高于历年地下水位的高度，以免窖内过于潮湿，引起烂窖，或温度过低，引起冻窖。应根据气候、土质、地势等条件，因地制宜选择窖型。常用的有高温大屋窖、深井窖、棚窖等。高温大屋窖是一种新型保管鲜薯的技术，鲜薯入窖后立即进行高温处理，使薯块伤口很快愈合，不仅能有效地抑制黑斑病菌和镰刀菌干腐病的发生和流行，还有利于提高甘薯抗软腐病和耐低温的能力，而且可促使薯块不定芽萌发，育苗时能提早 2～3 d 出苗，出苗率提高 10%以上。但要注意发芽和“糠心”现象的发生。深井窖适于气候寒冷、土质坚实的地区，优点是保温保湿性好，建窖简便，成本低。缺点是通气不良，管理不便，贮藏量少，甘薯只能装七成满，以便留出换气的地方，否则会因湿、热而加重腐烂。棚窖适合于地下水位高，土质疏松、土层薄的地区，缺点是保温保湿性差，需要年年拆建。

(3)加强贮藏窖的管理。根据贮藏期间气候的变化和种薯的生理变化，应及时调节贮藏窖的温湿度，注意“两头防热，中间防寒”，通过合理的通风和密闭，使贮藏窖温度保持在 10～15 ℃，相对湿度保持在 85%～90%。在管理上，应掌握“前期通气降温，中期保温防寒，后期平稳窖温”的原则。

前期，即从薯块入窖到封窖。此期甘薯呼吸旺盛，温度高，湿度大，管理上以通风降温散湿为主，防止薯块糠心、发芽和病害侵染蔓延。薯块入窖后温度保持在 20 ℃左右，以促进薯块伤口愈合，7 d 之后打开窖门及通风口，通风降温散湿，使窖内温度降至 15 ℃，空气相对湿度保持在 85%～90%。如果白天窖外温度高，可将窖口用苇席或草帘遮盖，也可昼关夜开。若遇霜冻，注意防寒。当窖温稳定在 14～15 ℃时进行封窖。

中期，即从封窖到来年气温开始回升。此期经历时间最长，而且正处在最寒冷的季节，同时薯块呼吸减弱，产生热量少，是薯块最易遭受冷害的时期。管理上以保温防寒为主，将窖温保持在 12～14 ℃，不低于 10 ℃，防止薯块遭受冷害。窖温一旦下降到 13 ℃时，高温大屋窖和棚窖要关紧门窗，堵住气眼，深井窖要盖严通风口。封窖时薯堆表面铺盖 30 cm 左右厚的干草，有利于薯窖的保温和防寒。应进行密闭贮藏，封闭全部气孔和窖门。必要时，还应加厚窖顶和四周土层，在贮藏窖的东、北、西 3 个方向加设风障，以利保温保湿。高温大屋窖的冬季窖温下降到 10 ℃时，可小火加温至 13 ℃。

后期，即从气温回升、大地开始化冻到薯块出窖。此期随着外界温度的不断回升，窖内温度开始升高，薯块呼吸逐渐加强，加之经过长期贮存，对不良环境的抵抗能力下降，管理不当容易使薯块遭受冷害、病害侵染造成腐烂。所以这一时期管理以稳定窖温为主，将窖温维持在 11～13 ℃，适当通风、散热、散湿。对贮藏量大，湿度大的窖，气温升至 11 ℃时，晴天中午打开通风口，通风散湿，傍晚及时关闭。若遇寒流，应做好防寒保温工作，但也要防止窖内温度过高引起烂薯或发芽。

(4)注意控制与调节种薯堆温湿度。种薯堆放所占空间,应是贮藏窖容积的70%～80%。种薯过多,氧气不足,二氧化碳浓度过大,常会导致“闷窖”;种薯过少,散发热量不足,易引起“冻窖”;将种薯堆积成正方形,尽量集中,减少与外界空间接触面,使其散热面积达到最小,以充分利用堆积热,保持种薯安全越冬;在种薯堆表面加覆盖物厚度为20 cm左右,如稻草、麦秸等,既能保温,又能吸湿,但吸湿后应及时更换。由于使用窖型和种薯堆放方式不同,薯堆不同部位温度差别明显:如井窖种薯堆上层温度多低于中、下层;沟窖种薯堆中层温度高于上、下层,以下层温度最低;棚窖种薯堆上、中层温度多高于下层。所以,应多设几个测温点并应经常检查。进窖检查时,为避免发生人员缺氧“闷气”的事故,应打开窖口后,先试以灯火,火不灭有氧时才能进窖检查。

第四节 顽拗型种子贮藏

种子的安全贮藏对农业生产的稳定发展和植物资源的保存和利用具有重要意义。顽拗型种子寿命短,不耐贮藏,因此,加强对顽拗型种子的研究,对做好顽拗型种子贮藏,更好地利用顽拗型种子植物资源具有重要意义。

一、顽拗型种子研究意义和鉴定

(一)顽拗型种子的含义

种子的寿命有长有短,一些植物种子的寿命很短,这类植物的种子不耐干燥,一般也不耐零度以上的低温,在自然条件下贮藏很快失去生活力,而另一些植物的种子在自然条件下贮藏,寿命则很长。为了区分贮藏行为不同的植物种子,Roberts(1973)提出了“顽拗型”种子和“正常型”种子的概念。顽拗型种子(recalcitrant seed)是对干燥和低温敏感的种子,在自然条件下贮藏寿命短;正常型种子(orthodox seed)是指能在干燥、低温条件下长期贮藏的植物种子。但有些植物种子如咖啡和木瓜种子的贮藏特性介于顽拗型种子和正常型种子之间,这类植物的种子称为中间型种子(intermediate seeds)(Ellis 等,1990)。

(二)顽拗型种子研究的意义

自然界植物种类繁多,不同植物种子贮藏特性差异很大。对6 919种植物种子的贮藏特性研究结果表明,正常型种子占88.6%,顽拗型种子占7.4%,中间型种子占1.9%,尚有2.1%植物种子的贮藏特性未被确定(Hong 等,1998)。考虑到已研究的植物主要是作物或其他栽培温带植物,Hay 等(2000)认为在种子植物中,最少有9.3%～11.4%的植物产生顽拗型种子。

产生顽拗型种子的植物主要有2类:水生植物,如水浮莲与菱;具有大粒种子的木本多年生植物,包括若干重要的热带作物如橡胶、可可、椰子,多数的热带果树如油梨、杧果、山竹子、榴莲、红毛丹、菠萝蜜,一些热带林木如坡垒、青皮、南美杉和一些温带植物如橡树、板栗、七叶树。

虽然产生顽拗型种子的植物种类相对较少,但这些植物多属于经济价值较高或珍贵的作物,有些植物具有很高的生态利用价值。因此,顽拗型种子的研究越来越受到国内外种子科学工作者的重视(黄雪梅等,2004)。1994 年 1 月、1997 年 1 月和 2000 年 1 月先后 3 次在南非召开了“国际种子和植物营养组织脱水耐性和脱水敏感性工作会议”,1998 年 10 月国际林木研究联合会(IUFRO)在马来西亚召开“顽拗型种子”学术研讨会,有力地推动了顽拗型种子脱水敏感性机理及其中长期保存的研究开展。

Hanelt(1977)认为种子的贮藏特性与其生态习性有关。生长在湿润环境、热带雨林、温带走廊和水生环境中的植物种子多为顽拗型种子。但最近的一些研究结果并非如此,如在水生植物中,正常型种子、顽拗型种子、中间型种子、尚未被确定贮藏特性的植物种子比例分别为 74.7%、6.9%、3.4%和 15.0%,顽拗型种子的比例比预期的低。即使亲缘关系很近的植物种子在贮藏特性上也明显不同。比如欧亚槭(*Acer pseudoplatanus*)的种子是顽拗型种子,不能忍受 45%以下的脱水干燥,而挪威槭(*Acer platanoides*)的种子表现为正常型种子的贮藏生理特性。甚至同一种植物的不同亚种和品种在种子贮藏特性上也不相同。因此,研究种子的顽拗性对阐明种子贮藏特性的分化、遗传和分子机理,更好地解决顽拗型种子的贮藏具有重要意义。

(三)顽拗型种子的鉴定

顽拗型种子脱落时含水量高,在自然条件下贮藏寿命短。因此,当一种植物的种子在自然条件下贮藏寿命很短时,可初步确定为顽拗型种子。但这种植物的种子究竟是不是顽拗型种子还需要测定其脱水敏感性和低温敏感性,具体的鉴定程序如图 11-1 所示。若种子不耐脱水,干燥后生活力很快丧失,对低温敏感,保存种子生活力的最低含水量较高时,属于顽拗型种子。若种子能忍受一定程度的脱水,在相对低的含水量下能够存活,但不能忍受像正常型种子那样的水分丧失,如果是起源于热带,即使在脱水状态下也可能对低温敏感,则属于中间型种子(Ellis 等,1990;Hong 和 Ellis,1996)。若种子既耐脱水,又耐低温,能在干燥、低温和密闭的条件下长期贮藏,则属于正常型种子。

种子的顽拗性鉴定是根据干燥后种子生活力的丧失进行的。除了种子的顽拗性外,种子成熟度、干燥方法、种子预处理、生活力测定方法等都会影响种子生活力的测定结果,因此,在无法排除上述因素对种子生活力测定结果影响的情况下,仅凭干燥后种子生活力的丧失很难对种子的顽拗性做出准确判断,因此迄今尚有许多植物种子的贮藏特性未得到确认。

二、顽拗型种子的生物学特性

顽拗型种子的形成是种子在贮藏特性上产生分化的结果。除贮藏特性外,顽拗型种子在种子的大小、单果中种子的数量、种子形成的生态环境等方面也具有和正常型种子不同的特性。

(一)干燥脱水易损伤

干燥脱水易损伤是顽拗型种子最显著的特性。对典型的顽拗型种子而言,保持种子活力的最低水分通常为 35%～40%,种子水分干燥至某一临界值时,一般为 12%～35%,种子则死亡(表 11-22)。不同顽拗型种子脱水耐性不同,红毛丹种子干燥至水分 13%,榴莲种子干燥至水分 20%会丧失生活力,荔枝(*Litchi chinensis*)、英国栎(*Quercus robur*)、欧洲七叶树(*Aesculus hippocastanum*)等种子存活的最低含水量为 0.2～0.3 g/g;而一些热带区域特有的顽拗型种子,如海榄雌、亨氏罗汉松(*Podocarpus henkelii*)和澳大利亚栗子豆(*Castanospermum australe*)的成熟胚,其存活的临界含水量为 0.6～0.8 g/g。据此,顽拗型种子也称为干燥敏感型种子。

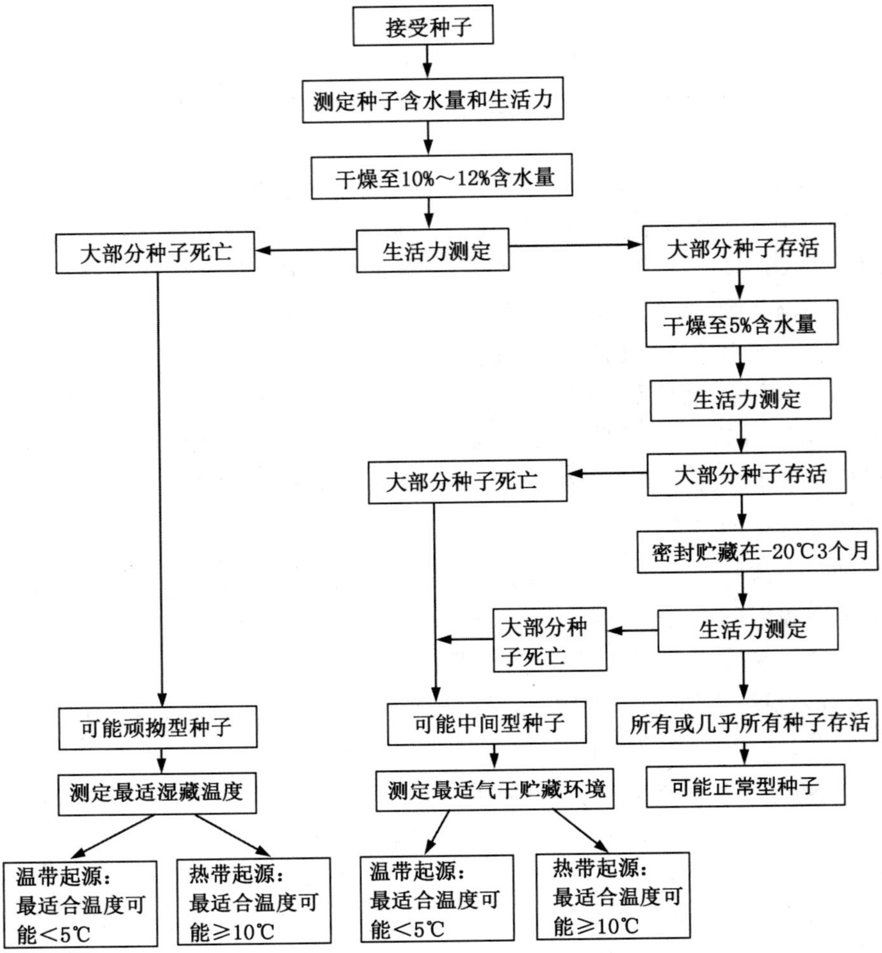

图 11-1　种子贮藏性测定

（胡晋，2001）

表 11-22　不同植物种子脱落时的含水量、临界致死含水量和寿命

种子	脱落时含水量(湿重)/%	临界致死含水量(湿重)/%	寿命/d
杧果(*Mangifera indica*)	49.0～74.0	40.0～50.0	6～8
荔枝(*Litchi chinensis*)	45.0	21.0	6
龙眼(*Euphoria longana*)	43.0	20.0	14
婆罗双(*Shorea* spp.)	54.0	30.0	12
红掌(*Anthurium andraeanum*)	80.0	20.0	7
海榄雌(*Avicennia marina*)	65.0	50.0	14～21
榴莲(*Durio zibethinus*)	44.0	21.0	
黄皮(*Clausena lansium*)	50.4	22.4	7～14
板栗(*Castanea mollissima*)	44.7	5.0	

(二)易遭冷害和冻害

种子冻害是指零下温度对种子产生的危害。顽拗型种子由于水分高,在零下温度会在细胞内形成冰晶体而杀死细胞,从而导致种子死亡。而一些热带的顽拗型种子对温度更敏感,不但易遭冻害,而且易遭冷害。如可可、红毛丹、婆罗洲樟种子在 10 ℃,杧果种子在 3～6 ℃就会死亡。有时冷害往往不是低温的直接作用,而是在种子吸胀时发生损伤。

(三)寿命短,不耐贮藏

寿命短、不耐贮藏是顽拗型种子的另一个显著特点。多数顽拗型种子在自然条件下的寿命为几周到几个月,有些顽拗型种子的寿命只有几天到几周,运输和短期贮藏都很困难(表 11-22)。即使采用适温保湿贮藏,顽拗型种子的贮藏时间也很短,如橡胶种子在湿木屑中,外用有孔的聚乙烯袋包装,在 7～10 ℃下只能保存 4 个月。

(四)属大型和大粒种子

顽拗型种子和正常型种子在种子形态上差异明显。多数顽拗型种子较大,种子千粒重通常大于 500 g(表 11-23)。如椰子千粒重为(0.5～1)×10^6 g、杧果千粒重为 4 000～5 000 g,栗子、面包果为 600～8 000 g。然而在水生植物中,顽拗型种子通常是小粒种子。

(五)多属于热带植物和水生植物

顽拗型种子多数属于热带和水生植物而且多数是多年生,种子成熟时水分较高。多数顽拗型种子成熟时存在于肉质或多浆汁果实中,且种果皮透性差。在生理成熟期种子含水量通常为 50%～70%,比正常型种子高。

表 11-23 正常型种子和顽拗型种子大小、千粒重和种子水分比较

(Copeland 等,2001)

作物种类	种子大小(长×宽)/(mm×mm)	千粒重/g	种子水分/(g/g 鲜重)
顽拗型 recalcitrant			
红毛丹(*Nephelium lappaceum* L.)	28×16	3 555	0.49
木菠萝 (*Artocarpus heterophyllus* Lam.)	35×24	8 520	0.52
沙波仙人掌[*Artocarpus champedem* (Lour.) Spreng.]	30×20	5 814	0.71
栽培榔色木 (*Lansium domesticum* Corr.)	17×13	2 335	0.52
Bouea ganadaria	22×15	3 530	0.46
榴莲 (*Durio zibethinus* Murr.)	42×25	14 783	0.50
可可 (*Theobroma cacao* L.)	25×25	1 995	0.36
正常型 orthodox			
咖啡黄葵 (*Hibiscus esculentus* L.)	6×4	146	0.18
长豇豆 [*Vigna sesquipedalis*(L.)Fruw.]	12×5	192	0.16

对于顽拗型与正常型种子曾有很多人进行过划分。King 和 Roberts(1979)根据文献报道,列出了可以划分为顽拗型种子的大约 90 个种。较近的是 Ellis(1984)及 Bajaj(1987)划分

的，部分顽拗型种子参见表 11-24。但随着研究的不断深入，顽拗型种子的目录不断在被修改。种子的贮藏特性确定可以简单地以图 11-1 说明（Hong 和 Ellis，1996）。

表 11-24 部分顽拗型种子

（Ellis，1984；Bajaj，1987 等）

拉丁文学名	中译名	贮藏特性	种子千粒重/g
Acer pseudoplatanus	欧亚槭	顽拗型	65～20 000
Acer saccharum	糖槭（银槭）	顽拗型	71
Aesculus hippocastanum	欧洲七叶树	顽拗型	4 000～20 000
Araucaria angustifolia	窄叶南洋杉	顽拗型	5 000
Araucaria araucana	智利南洋杉	顽拗型	2 900～5 000
Araucaria bidwillii	大叶南洋杉	顽拗型	1 000
Araucaria heterophylla	诺和南洋杉	顽拗型*	2 000～3 000
Araucari humsteinii	南洋杉属	顽拗型	
Artocarpus spp.	波罗密属（桂木属）	顽拗型	6 000～8 000
Baccaurea dutcis	木奶果	顽拗型	
Baccaurea motleyana	木奶果属	顽拗型	
Bouea macrophylla	四数巨蓋属	顽拗型	
Carva ilionoensis	薄壳山核桃	顽拗型	
Castanea spp.	栗属	顽拗型	650～7 500
Chrysophyllum cainilo	星苹果	顽拗型	
Cinnamon zibethinus	樟属	顽拗型	
Cocos nucifera	椰子	顽拗型	$(0.5 \sim 1.0) \times 10^6$
Coffea arabica	小果咖啡	顽拗型	
Corybus avellana	榛	顽拗型	
Dryobalanops aromatica	龙脑香属冰片	顽拗型*	3 000～4 500
Diospyros spp.	柿树属	顽拗型	110～900
Durio kutejensis	榴莲属	顽拗型*	
Durio zeylanicum	榴莲属	顽拗型*	
Durio zibethinus	榴莲	顽拗型*	
Elaeis guineenis	油棕	顽拗型	
Elettaeia cardamomum	豆蔻	顽拗型	
Erythroxylum coca	古柯	顽拗型	
Euphorbia longan	龙眼	顽拗型	
Garcinia dulcis	藤黄属	顽拗型	

续表 11-24

拉丁文学名	中译名	贮藏特性	种子千粒重/g
Garcinia mangostana	倒捻子	顽拗型	
Ginkgo biloba	银杏	顽拗型*	700～4 700
Hevea brasilienses	橡胶树	顽拗型	
Hopca spp.	坡垒属	顽拗型	220～400
Juglans spp.	核桃、胡桃	顽拗型	
Lansium domesticum	栽培榔色木	顽拗型	
Litchi chinensis	荔枝	顽拗型	
Mangifera indica	杧果	顽拗型	4 000～5 000
Manilkara achras	铁线子属	顽拗型	
Myristica fragrans	肉豆蔻	顽拗型	
Nephelium lappaceum	韶子	顽拗型	190～270
Nephelium mutabile	易变韶子	顽拗型	
Persea americana	鳄梨	顽拗型	
Quercus borealis	北方红栎	顽拗型	4 200
Quercus cerris	苦栎	顽拗型	5 300
Quercus ilex	圣栎	顽拗型	2 500
Quercus palusteis	沼栎	顽拗型	1 400
Quercus petraea	无梗花栎	顽拗型	4 600
Quercus robur	欧洲白栎	顽拗型	5 000
Sandoricum kcetjape	山道楝	顽拗型	
Shorea spp.	娑罗双属	顽拗型	60～625
Swietenia mahagoni	桃花心木	顽拗型	
Syzygium aquaeum	蒲桃属	顽拗型	
Syzygium arromaticum	丁香	顽拗型	
Syzygium malaccense	马六甲蒲桃	顽拗型	
Thea sinensis	茶	顽拗型*	
Theobroma cacao	可可	顽拗型	1 000～3 600

* 表示其贮藏特性可能属于顽拗型。

三、顽拗型种子的贮藏特性和方法

(一)顽拗型种子的贮藏特性

1. 易产生干燥损伤

顽拗型种子离开母体时往往水分很高，其致死临界水分也很高，如海榄雌(*Avicennia marina*)种子的致死临界水分为 50%，可可种子是 36.7%。种子干燥时，易造成干燥损伤

(desiccation injury)。干燥脱水能导致顽拗型种子细胞中水介质流动性下降，产生代谢胁迫；细胞失去膨压甚至出现萎缩，引起机械胁迫；诱导脂质相变，降低脂肪酸的不饱和程度，生成脂质过氧化物，造成膜结构蛋白的不可逆外流和膜功能的丧失，最终使顽拗型种子的生活力逐渐丧失。

2. 不耐低温、易发生冷害

对多数顽拗型种子来说，种子存活的最低水分通常为 35%～40%。因此，顽拗型种子的贮藏温度一般不能低于 0 ℃，否则会因为细胞中形成冰晶而致死。其中起源于热带的顽拗型种子一般不耐 10 ℃以下低温，否则会发生冷害(chilling injury)。

3. 微生物生长旺盛

一般来说，种子水分在 9%以上，细菌就开始为害；种子水分为 11%～14%，真菌开始为害。顽拗型种子存活的临界水分大都在 15%以上，这给微生物的生长提供了极有利的条件。此外，种子微生物多为中温性微生物，生长的最低温度为 5～15 ℃，而顽拗型种子的贮藏温度相对较高，因此也有利于微生物的生长繁殖。

4. 呼吸作用强

由于顽拗型种子水分和贮藏温度高，所以种子代谢旺盛，需氧量大，呼吸作用强，因此，顽拗型种子一般不能密闭贮藏。

5. 贮藏期间易发芽

在适宜条件下，一般种子在水分 35%以上时就会发芽。由于一些顽拗型种子的致死临界水分很高，所以很容易在贮藏期间发芽。如葫芦科的一种南瓜(*Telfairia occidentalis*)种子致死的临界水分是 40%～60%，甚至在成熟时期就在果实内发芽、长根。因此，防止贮藏期间种子发芽是做好顽拗型种子贮藏的重要工作之一。

(二)顽拗型种子贮藏的关键措施

1. 控制水分

对顽拗型种子来说，适宜的种子水分是保持种子生活力的关键。贮藏种子水分过高不仅会造成种子发热和微生物为害，降低种子生活力，而且使种子在贮藏期间易发芽；但水分过低又会造成脱水损伤。因此，适合顽拗型种子的贮藏水分应略高于致死的临界水分。贮藏中可采用潮湿的木屑、木炭粉和苔藓等介质与种子混合，然后放入聚乙烯袋中，以达到控制水分的目的。由于种子水分过高，需氧量大，因此绝对不能密封(袋口敞开或袋上打孔)。为了防止微生物、菌类的旺盛生长，贮藏前用杀菌剂处理是必要的。如采用克菌丹、0.5%氯化汞等处理。

2. 防止发芽

顽拗型种子在贮藏过程中最易发生的现象就是发芽。为了防止发芽，在贮藏过程中可采取以下几种措施：

(1)使种子水分刚刚低于种子发芽所需的水分。采用 PEG 等渗透调节剂控制水分，使种子水分略低于种子发芽所需要的最低需水量，达到抑制种子发芽的目的。利用这一原理，Roberts(1984)将可可种子贮藏在盛有饱和硫酸铜溶液(RH98%)的容器中，在 20 ℃下贮藏，种子发芽明显受到抑制。

(2)抑制发芽。抑制发芽通常采用发芽抑制剂，如采用甲基次萘基醋酸等种子发芽抑制剂处理种子，以抑制种子发芽。

(3)使种子保持休眠。采用提早收获、远红光照射等方法保持或加深种子休眠，防止种子发芽。如橡树、槭树等植物种子收获后，由于种子未完成后熟作用处于休眠状态，如果不对种子进行层积处理，种子就会保持休眠状态而不会发芽。黄皮种子离开未十分成熟的果实时有1～2 d的休眠期，此时采用密封、隔氧和保温处理，种子将再进入休眠，胚芽生长受到明显抑制，12个月后种子发芽率能达到90%以上，大大延长了贮藏期(陈光仪和傅家瑞，1997)。

很多未成熟的果实内有抑制剂存在，但成熟果实所含的抑制剂大大减少，保存这类种子可提早收获未成熟果实进行贮藏。有些对光敏感的种子，可利用光敏色素的转化 Pr(抑制) ↔ Pfr(活性)，用远红光照射，诱导种子休眠。Hanson(1983)利用吸胀种子来保存菠萝蜜、榴莲、红毛丹，也有一定的效果。

3. 适宜低温

贮藏温度是影响贮藏安全的另一个重要因素，尽可能采用低温贮藏对保持种子生活力有利。不同顽拗型种子对低温的敏感性不同，起源于热带、亚热带地区和水生植物的顽拗型种子易遭受冷害，贮藏温度一般为15～20 ℃。起源于温带的顽拗型种子一般不易遭受冷害，贮藏温度一般为5 ℃左右。但所有顽拗型种子的贮藏温度均应不低于0 ℃。

(三)顽拗型种子的贮藏方法

产生顽拗型种子的植物多为热带亚热带重要的林木、果树和经济作物，有效保存这些植物资源无疑具有重要意义。目前这些植物资源主要通过田园连续栽培和繁殖的方法进行保存，这种方法不仅费工费时费钱，而且易受自然灾害、病虫害和经济条件等影响。因此，探讨合适的保存技术十分必要。目前研究的贮藏方法除了采用种子为材料进行贮藏外，较多的是采用离体胚或胚轴进行保存，然后应用组织培养技术恢复生长。

1. 种子适温保湿贮藏

适温保湿贮藏是根据顽拗型种子贮藏特点及其贮藏的影响因素而设计的一种短期贮藏方法，实际中应用的方法主要包括吸胀贮藏法和水浸贮藏法。适温保湿贮藏法可以防止脱水伤害和低温伤害，将顽拗型种子的寿命从几天或十几天延长至几个月甚至几年，能有效解决顽拗型种子的运输和短期贮藏问题。如黄皮种子的自然寿命为7～14 d，将新鲜的生理成熟期的种子用自来水反复冲洗，自然干燥1～2 d后，每100 g种子混入4～5 g百菌清，充分混匀后装入塑料袋，密封贮藏于15 ℃培养箱中，840 d后，种子的发芽率为70%，活力指数为11.2，种子水分为44.6%，比刚贮藏时的种子水分(49.4%)稍低。由于适温保湿贮藏方法中的种子水分保持在很高水平、贮藏温度也相对较高，因此在贮藏过程中可能会出现微生物侵染、种子萌发、氧量供应不足等问题，在实际贮藏过程中可采用诱导休眠、添加杀菌剂和改变贮藏容器中气体成分等方法加以解决。

顽拗型种子多属于多年生种子。其中某些林木种子要十几年才繁殖一次种子。显然通过上述的一些改善条件而延长寿命的措施对种质的长期保存仍不奏效，所以有必要探讨长期保存技术。

2. 种子超低温保存

超低温保存被认为是长期保存顽拗型种子种质资源的最有前途的方法。在理论上，采用超低温保存生物材料，可以最大限度地抑制生理代谢活动，降低劣变频率，达到长期保存种质资源的目的。许多植物的种子、花粉、分生组织、芽、愈伤组织和细胞等都能成功地保存于液氮(－196 ℃)中而生活力不受影响，这些保存材料主要是正常型种子或组织。液氮保存顽拗型种子难度较大。

番茄种子是正常型种子，但高水分的番茄种子可认为是顽拗型种子的模式。Grout(1980)报道了一个令人振奋的关于番茄种子液氮保存的试验结果。试验用不同水分的番茄种子为材料，采用15％(体积比)二甲基亚砜(dimethyl sulphoxide，DMSO)作为保护剂。他发现快速冷冻至－196 ℃时，水分为33.4％的种子仍有86％的发芽率；而水分高达72.3％的种子丧失发芽力，但胚芽外植体(外植体是指用于发生一个培养无性系的植物或组织的切段)仍有29％存活。这个试验给用液氮保存顽拗型种子的成功增强了信心。用液氮保存顽拗型种子，以前均认为难度较大，如印度国家植物遗传资源局(NBPGR) Chaudhury 等(1990)用整粒茶籽超低温保存一直未取得成功，认为是种子太大、水分太高、干燥敏感性这几个因素影响的结果。最后转而采用胚轴(axis)为材料进行研究(1991)。所以以往均认为尚无真正的顽拗型种子在－196 ℃贮存成功实例。1992 年，浙江农业大学种子教研室对茶和樟籽进行超低温保存研究，获得成功。茶籽超低温保存的最适含水量为13.83％，在液氮内经118 d保存，发芽率达93.3％，且均成苗(Hu 等，1994)。

3. 离体保存

离体保存是指在无菌的环境条件下进行植物组织和细胞培养，然后将培养得到的能再生成小植株的中间繁殖体在人工控制的条件下培养或保存，以达到长期保存种质资源目的的方法。常用的离体保存方法有常温保存和限制生长保存。

(1)常温保存　也称继代培养保存，是指在常温条件下每隔一定的时间将植物的中间繁殖体进行继代培养，以达到保存种质资源目的的方法。该法对生长较慢、对低温敏感和不易产生无性系变异的植物效果好。伊华林和邓秀新(1998)对24份柑橘胚性愈伤组织的常温保存研究结果表明，在(25±2) ℃条件下，不同柑橘品种愈伤组织继代周期和适宜的保存培养基有所不同，对保存13年的锦橙胚性愈伤组织进行染色体分析，99％的细胞染色体数目没有变异，通过胚状体途径再生的植株形态和特性也没有变异。保存6年的龙眼胚性愈伤组织也具有强烈的体细胞胚胎发生能力，细胞学检查结果发现，个别愈伤组织的细胞团中出现了一些变异细胞。

(2)限制生长保存　是通过改变培养基组分或环境条件，使中间繁殖体的生长速度降到最低限度，以保存种质资源的方法。经研究，继代培养会导致变异增加(Scowcroft，1984)，而且转移时也易导致污染。因此，最理想的种质保存技术是控制条件即只允许最小生长进行贮藏。一般可分为3种：一是改变培养的物理条件。最常见的是降低容器的贮藏温度(在6～9 ℃之间)，也有采用改善容器的气体条件。通过降低温度抑制中间繁殖体的生长而进行种质保存的方法称为低温保存法。起源于热带的顽拗型种子植物不耐低温，可以在较高的温度下(10～20 ℃)下保存，而起源于寒带和温带植物的中间繁殖体可以在6～9 ℃的低温下保存。二是在培养基中加生长迟缓剂，如脱落酸(ABA)、甘露糖醇、矮壮素、多效唑和 B_9 等。三是改变培养基的成分，即通过减少正常生长的必需因子或减少营养的可给性，如降低蔗糖浓度，降低培养环境中的氧含量和在培养基中添加一些高渗化合物如蔗糖、甘露醇和聚乙二醇等来抑制或延缓中间繁殖体的生长，减少继代次数。

对不同顽拗型种子而言，离体贮藏可以补充种子贮藏的缺陷。

4. 超低温保存结合组织培养

由于以顽拗型种子为材料在液氮中保存难度较大。目前许多试验采用离体胚或胚轴进行贮藏，并结合组织培养技术。保存过程一般为：材料（如胚）分离—消毒—（防冻剂使用）—冷冻—贮藏—解冻—恢复生长（培养基上）。

首例顽拗型种子离体胚在液氮保存后存活是 Normah 等（1986）报道的，他们将木菠萝（*Hevea brasiliensis*）的胚干燥 2～5 h，当种子水分为 14%～20%时，投入液氮内保存 24 h 后，20%～69%胚存活，并形成了具有正常根、芽的幼苗。随后对顽拗型种子南洋杉（Pritchard 和 Prendergast 1986）、橡胶（Normah 等，1986）、龙眼（Fu 等，1990）、可可（Pence，1991）、茶（Chaudhury 等，1991）、椰子（Engelmann，1992）、黄皮（Lu 等，1998）、英国栎（Berjakt 等，2000）等的种质超低温保存进行了研究，但没取得令人满意的结果，仅可可幼胚及椰子的成熟胚保存后能产生幼苗，其余的只产生愈伤组织、根、茎、叶或不定芽，成活率不高（黄雪梅等，2004）。Fu 等（2003）和黄雪梅等（2003）将预培养 3 周的黄皮胚轴先培育于 27%、50%和 60%蔗糖中，然后在硅胶中继续脱水，使含水量下降到 18%，然后应用玻璃化液（PVS2：15% DMSO＋15%乙二醇＋30%甘油）处理以增加耐冻性。经液氮处理 24 h 后，在 WPM 中培养 1 周，外植体仍保持绿色。在电镜下观察，下胚轴细胞受到伤害，而胚芽细胞却保持正常或近乎正常，线粒体及质体仍明显可见。但胚芽最后不能存活。

超低温保存的方法有预冷法、两步法、玻璃化法、包埋脱水法和微滴冻法（droplets freezing）（Englemann，1998）等。预冷法是指将样品添加冰冻保护剂（如二甲基亚砜、蔗糖、甘油、海藻糖等）后置于－70～－10 ℃之间几小时，然后将样品投入液氮中，以长期保存种质资源的方法。两步法是指样品在添加冰冻保护剂后，用程序降温仪，以 0.1～0.5 ℃/min 速率降温至－70～－40 ℃，然后投入液氮中，以保存种质资源的方法。玻璃化法是指样品在添加冰冻保护剂后，快速投入液氮中、玻璃化冰存。由于玻璃化法细胞内外没有冰晶形成，样品各部分连同保护剂都进入了相同的玻璃化状态，因此它是目前最有效的方法。包埋脱水法是指茎尖分生组织和体细胞胚等样品用褐藻酸钙包埋后，先在含高浓度蔗糖的培养基上脱水，再用无菌空气流或干燥硅胶脱水，然后投入液氮中，以保存种质资源的方法。

影响超低温保存的因素有很多，主要包括材料类型、发育时期、脱水方法、冰冻保护剂的种类、降温速度、解冻方式、恢复生长培养基种类、生长调节剂组分和条件。

材料是影响超低温保存成功与否的关键因素之一。植物的基因型，器官、组织和细胞的年龄、大小及其生理状态都会对冷冻保存的效果产生影响，一般认为胚（excised embryos）和离体的胚轴（excised axis）是顽拗型种子超低温保存的理想材料。为了增强保存细胞的抗寒能力，通常先将材料接种到含高蔗糖浓度或其他能增加抗寒能力的化学物质的培养基中进行抗寒锻炼或预培养，然后再冰冻保护剂处理。目前常用的冰冻保护剂有两类：一类是能穿透细胞的低分子量化合物如二甲基亚砜和各种糖类等；另一类是不能穿透细胞的高分子量化合物如聚乙烯吡咯烷酮（PVP）和聚乙二醇（PEG）等。将两类冰冻保护剂复合使用，效果更好。

降温方式和速度是影响超低温保存的另一个重要因素。降温方式有慢速降温、直接降温和程序降温。对顽拗型种子而言，除可可未成熟胚的超低温保存采用过程序降温外，其余顽拗型种子的超低温保存均采用直接降温的方法（李庆荣和郑郁善，2003）

解冻方式和培养方法等是影响保存后材料再生植株的重要因素之一。一般认为，缓慢解冻时，细胞内容易发生剧烈的再结冰，而快速解冻能防止降温过程中形成的晶核对细胞的损伤。Fu 等(1990)发现,解冻温度对龙眼胚轴存活率有影响,在 30 ℃中解冻,存活率为 80%;在 10 ℃中解冻,存活率依然很高;在 0~5 ℃中解冻,存活率降到 25%~45%。用 0.1%的脯氨酸有助于提高存活率。黄雪梅等(2000)发现,影响黄皮胚轴超低温保存后的正常成苗的重要因素有胚轴剥取方法、脱水以及梯度蔗糖预培养。成熟黄皮种子的胚轴胚芽已分化,胚根未分化,只有根原基,在剥取胚轴时很容易损伤胚芽,改善剥取胚芽的方法成苗率可达 100%。黄皮胚轴对脱水高度敏感,经硅胶加真空快速脱水至含水量 31.3%时,胚芽伤害严重,培养 1 个月后全部能长出无芽的畸形苗。梯度蔗糖预培养也会损伤胚芽。

四、重要作物顽拗型种子的贮藏

(一)荔枝种子的贮藏

荔枝(*Litchi chinensis* Sonn)是典型的亚热带水果,可通过有性和无性的方法繁殖。许多老的果园都是实生苗果树,现在的荔枝园多采用高空压条方法繁殖荔枝,用该方法繁殖的果树 4~6 年可以挂果。目前种子繁殖主要用于杂交育种和砧木的生产。

1. 荔枝种子形成、萌发和贮藏特性

荔枝开花后 56 d 种子干重达到最大,此时种子的萌发率为 42%,90 d 种子的萌发率可达 100%,但不同品种的结果不完全相同。荔枝种子收获后立即萌发,但种子萌发差且没有规律,由于种皮坚硬,出苗较慢且不整齐。在 25~30 ℃恒温下种子萌发率高,16 d 萌发结束。大种子萌发和出苗快,淀粉含量高的种子萌发快。

荔枝种子是典型的顽拗型种子,对干燥损伤和低温敏感,在室温下干燥 4~6 d,种皮和子叶变褐。种子刚收获时,含水量为 45%,生活力为 100%,自然风干至含水量为 33%时,生活力在 50%以下,而当种子水分降至 21%~22%时种子的生活力完全丧失(黄雪梅等,2004),因此 26%种子水分是荔枝种子贮藏的临界水分,低于这一水分,种子的生活力受到损伤。在种子干燥过程中,过氧化物酶含量增加,抗坏血酸含量下降。

荔枝种子脱离果实后,活力快速下降。采用适宜的贮藏方法种子的贮藏寿命可延长至几个月。干燥损伤、冰冻损伤、微生物污染、含水量高和贮藏期间种子萌发是导致荔枝种子活力丧失的主要因素。因此,要延长荔枝种子寿命就必须找出能解决上述问题的贮藏方法。

2. 荔枝种子的贮藏方法

(1)果实贮藏　是一种简单的贮藏方法,适合于短期保存种子生活力。荔枝果实粗糙和厚的果皮能有效减缓水分流失,保持种子水分。贮藏时,用 0.05%的苯菌灵和 6%的蜡质悬乳液处理果实,然后密封在聚乙烯袋中保存 24 d,42%的种子具有生活力。

(2)水中贮藏　快速失去水分是荔枝种子难贮藏的主要原因,将种子贮藏在水中 7 d,75%的种子能萌发,贮藏 14 d,30%种子能萌发。

(3)气藏　将荔枝种子常温下贮藏或冷藏,种子的生活力快速丧失,贮藏在防湿容器中引起种子萌发,种子湿藏于聚乙烯塑料袋内 5 ℃保存,60 d 后种子发芽率为 90%,但 100 d 后种子发芽率显著下降至 36%(Fu 等,1990),将种子在 80% N_2O+20% O_2 中于 8~10 ℃贮藏 3 个月,92%的种子萌发,在空气中贮藏的对照种子只有 44%种子萌发。

(4)化学物质贮藏　种子丸化能够减少种子水分的丧失。荔枝种子用 4%氯化钙浸泡后,用 4%的海藻酸钠进行丸化处理,在 10 ℃下贮藏 80 d,53%的种子能保持活力。将荔枝种子贮藏于含水量为20%并加入5%百菌清的珍珠岩中，在15 ℃下贮藏280 d，种子的发芽率为70%，此时种子的含水量仍有43%～45%（Xia 等，1992）。

（二）龙眼种子的贮藏

龙眼（*Euphoria longana* Steud.）是无患子科龙眼属常绿植物，起源于中国，在东南亚地区广泛栽培，靠种子或嫁接繁殖。龙眼种子圆形，寿命短，在室温条件下种子生活力可以保持4～6 d。

新鲜采收的龙眼种子在30 ℃下发芽率低且发芽缓慢，在25 ℃下发芽率可达100%，且发芽迅速，在含水量为20%的珍珠岩中贮藏15 d后，种子的萌发率从60%提高到100%，种子活力也有所提高。可见龙眼种子具有短暂的休眠性。

龙眼种子为顽拗型种子，对脱水敏感，在自然条件下风干4 d，含水量下降至21%，种子便失去了生活力，此时种子浸泡液的可溶性糖、紫外吸收物质及电导率均明显增加（Fu 等，1990）。

将龙眼种子贮藏在密封的聚乙烯塑料袋中，生活力能保持5 d，用冰箱贮藏可以延长种子寿命。将龙眼种子贮藏在装有含水量为20%的珍珠岩的塑料袋中，于5 ℃中贮藏30 d，种子发芽率为70%，90 d种子发芽率为3%，160 d时发芽率为0%（表11-25），于15 ℃中贮藏30 d、90 d和160 d，种子发芽率分别为93%，51%和8%，表明15 ℃对龙眼贮藏有利。在珍珠岩中加入4%的百菌清，于15 ℃中贮藏30 d、90 d和160 d，种子发芽率分别为97%，80%和73%，贮藏到250 d时，种子的发芽率仍可达67%，表明加入百菌清能有效延长种子贮藏期。将种子在80% N_2O+20% O_2中贮藏7周，72%的种子有生活力，在空气中贮藏的对照种子完全丧失生活力。

表11-25 温度和贮藏基质对龙眼种子发芽率的影响

（Xia 等，1992） %

处理	温度/℃	贮藏时间/d						
		0	10	30	60	90	160	250
对照（珍珠岩）	5	60	100	70	63	3	0	—
	15	60	100	93	71	51	8	—
珍珠岩+苯甲酸钠	5	60	87	72	37	3	0	—
	15	60	90	73	67	17	—	—
珍珠岩+山梨酸	5	60	100	97	90	17	0	—
	15	60	100	87	75	29	23	—
珍珠岩+2%百菌清	5	60	100	100	97	63	25	—
	10	60	100	93	97	74	60	61
珍珠岩+4%百菌清	15	60	—	97	87	80	73	67
珍珠岩+5%百菌清	15	60	—	100	90	77	53	62

（三）板栗种子的贮藏

板栗（*Castanea mollissima* Blume）是壳斗科栗属中的一种优良果树和用材树种，是我国特有的干果，广泛地分布于北起辽宁、吉林，南至广东、海南等省广大地区。

板栗种子含水量高，种子含水量和发芽率之间关系密切。新采收种子含水量为44.66%，种子发芽率为76%。种子水分降到10%以下时，种子发芽率很低，种子水分降到5%时种子受到严重的脱水伤害，基本上丧失活力。

板栗种子大、脱水敏感性高，属于典型的顽拗型种子。但不同时期的种子脱水敏感性不同，种子成熟脱落时，脱水敏感性相对较弱，子叶和胚轴中棉籽糖和水苏糖含量达最高峰，电导率和紫外吸收值最低，总酚含量与POD活性较低。种子脱落后，脱水敏感性上升，子叶和胚轴中棉籽糖和水苏糖含量下降，膜渗漏物质增多，总酚含量及POD活性急剧上升，从而导致褐变发生。板栗种子脱水敏感性大小与胚可溶性糖的组分及其含量可能有关。板栗种子不耐低温，0 ℃以下低温易受冻害。

板栗种子怕干、怕湿、怕热、怕冻，在贮藏过程中易遭病虫害，是较难贮藏的种子。适时采收是影响板栗种子安全贮藏的关键。做种子用的板栗要让其充分发育成熟，果肉充实饱满，水分含量较低，可显著提高其自身耐贮藏的能力。具体贮藏可采用以下方法：

(1)湿藏法　把种子放在低温和湿润的条件下贮藏。贮藏期间的温度为0～3 ℃，保持通气和湿润，使种子不至于过多失水而丧失生活力。

(2)坑藏法　在室外选择地势高、排水良好、背风干燥的地方挖土坑，将种子和湿沙按1∶4比例放在土坑中贮藏。在贮藏期间为了不使种子发芽，温度应保持在0 ℃左右，最高不超过2 ℃，种子贮藏期间要注意通风。

(3)室内堆藏法　选择通风干燥的房屋、地下室或草棚，在地上洒一些水，铺一层厚约10 cm的湿沙，然后一层种子一层湿沙放置，堆放高度为50 cm左右，在种子堆内每隔1 m放一束秫秸以便通气。定期检查种沙的湿度和种子状况，湿度不够时应及时洒水。

(4)窖藏法　选择土地干燥、排水良好、阴凉处挖土成坑，坑口直径50 cm，坑腹直径120 cm，坑深100 cm左右，在坑底放一层10 cm卵石，把种子放到坑内摊平，装到离坑口15 cm处用石板封口，上面用土封成堆，四周挖排水沟。

(5)超低温贮藏　超低温保存被认为是保存顽拗型种子最有希望的途径。郑郁善等(2002)对板栗种子和离体胚进行了超低温保存研究。结果表明，种子水分是板栗种子超低温保存的关键因素，当种子水分在20%～25%时，种子发芽率较高。采用缓冻缓解的方式有利于种子的超低温保存。

(四)银杏种子的贮藏

银杏(*Ginkgo biloba* L.)是银杏科银杏属的一个种，是我国特有的种子、叶、木材和观赏兼用的经济树种，其种子被称为银杏或白果，具有较高的食用和药用价值，在我国的山东、江苏和广东等地广泛栽培。

银杏为裸子植物，种子核果状，倒卵形或椭圆形，外种皮肉质，成熟时成杏黄色，中果皮白色或灰白色，骨质，坚硬，具2～3条纵棱，内种皮膜质，红褐色，胚乳丰富，双子叶。银杏种子的含水量为40%～50%，在0 ℃以下易受冻害。

银杏种子无胚率较高，种子的发芽率一般为70%～80%。银杏种子在贮藏过程中容易产生种子霉变和种仁硬化等问题，种子霉变和种仁硬化明显降低种子发芽率、出苗率和种子活力。种仁硬化与温度、湿度、呼吸作用及相关的酶类有关。霉变是由于贮藏条件不适，技术不当，病原菌侵染所致。银杏种子贮藏在温度≤9 ℃，空气相对湿度>80%的条件下，可较好地抑制霉变，降低硬化率。贮藏前用漂白粉或 10 g/L $NaHSO_3$ 处理种子可减少贮藏过程中失水率和硬化率，用 10 g/L $NaHSO_3$ 处理种子 1 h，25 ℃下贮藏 30 d，种子的硬化率为 0.52%，霉变率为 1.36%，发芽率为 92.57%，而同期对照的霉变率为 89.14%，发芽率只有 6.53%。用 0.8 g/L 施保功和 1.0 g/L 抑霉唑的混合液处理银杏种子 0.5 h，0.02 mm 聚乙烯薄膜塑料袋包装，20 ℃下贮藏 90 d，霉变率仅为 2.51%，种子发芽率为 91.24%。处理后的种子呼吸强度下降 69.92%，呼吸衰老作用明显受到抑制。调节贮藏环境中的气体组分同样能够有效抑制银杏种子贮藏过程中霉变率、硬化率、呼吸强度和失水率。

(五)杧果种子的贮藏

杧果(*Mangifera indica* L.)是漆树科杧果属多年生常绿果树，是一种重要的热带果树，在东南亚地区广泛栽培。杧果种子包裹在坚硬的内果皮之内，有两片子叶，很少或没有胚乳，多数品种为单胚，少数品种为多胚。杧果主要靠无性繁殖，种子繁殖主要用于杂交育种和砧木的培育。

杧果种子寿命很短，表现为顽拗型种子的贮藏特性。种子对干燥脱水敏感，种子采收后如果立即干燥就会丧失活力。种子贮藏时也不耐低温，种子在湿润的条件下可贮藏几周至几个月。

种子水分与杧果种子的贮藏寿命关系密切。含水量为 70%～75%的杧果种子在 15 ℃下的贮藏寿命只有 120 d，将种子部分脱水至含水量约 50%，然后放入盛有珍珠岩的聚乙烯塑料袋中在 15 ℃下贮藏，7 个月后，种子发芽率为 65%(Fu 等，1990)，而含水量为 43%的种子贮藏 7 个月后，种子发芽率为 40%(王晓峰和傅家瑞，1991)。不同品种的杧果种子安全贮藏的水分不同。'Alphonso'种子水分低于 25%时，种子萌发率和幼苗活力降低，而'Totapuri'在种子水分低于 32%时，种子萌发率和幼苗活力就会降低。在高温、高种子含水量时，种子生活力易丧失。种子水分高，会促进真菌生长，导致种子脱色和活力丧失，同时导致种子发芽。

杧果种子保持在果实中能萌发，将杧果果实在 22～25 ℃条件下贮藏 70 d，种子仍具有活力，大种子杧果贮藏效果比小种子好。

用碳粉作介质贮藏杧果种子效果比用聚乙烯塑料袋、干燥器、冰箱等贮藏效果好。用碳粉将种子贮藏于干燥器中，在 50%相对湿度下贮藏 70 d，80%的种子能够萌发；在 22～25 ℃下贮藏 100 d，37.5%的种子能萌发。

湿润和相对低温的贮藏条件有利于延长杧果种子寿命。种子在硫酸 8-羟基喹啉中处理后于 15 ℃中贮藏在厚的聚乙烯塑料袋中 12 个月，50%种子能萌发，但当贮藏在 8 ℃时没有种子萌发。

(六)红掌种子的贮藏

红掌(*Anthurium andraeanum* L.)为南天星科花烛属多年生草本植物，起源于哥伦比亚，是具有重要观赏价值和经济价值的花卉。红掌可以通过种子、吸芽和茎扦插繁殖，组织培养快速繁殖是目前繁殖的主要方法，种子繁殖主要用于红掌的杂交育种。

红掌的果实为浆果，每个果实中有 2～3 粒种子，红掌的种子由胚、胚乳和种皮 3 部分组成，当果实成熟时，红掌的胚呈纺锤状，未分化出胚芽、胚根、胚轴和子叶结构。种子采收后，应立即播种，否则种子将很快失去发芽能力。

红掌种子寿命很短，在常温条件下只能存活 5～7 d，是典型的顽拗型种子。种子水分是影响种子寿命最主要的因素(表 11-26)，红掌种子刚收获时种子水分为 80%～85%，种子萌发率为 90%～100%，当种子水分降至 20%以下时，种子几乎全部丧失生活力。

防止干燥损伤、冰冻损伤、微生物污染是有效延长红掌种子贮藏期的关键。采用浆果保存，红掌种子生活力可延长至 10 d 左右，将浆果用 1%的次氯酸钠消毒 10 min 后晾干，在 16 ℃下贮藏 20 d，部分种子发霉，种子的发芽率为 5%；用苯菌灵等消毒后在 10 ℃下贮藏 16 周，60%种子具有生活力；种子在 70 kPa 和 40 kPa 的容器中于 11 ℃下贮藏 20 周后，分别有 70%和 50%种子萌发。红掌种子对低温敏感，浆果贮藏于 5 ℃，种子受到冷害。

表 11-26 红掌种子水分与萌发率的关系 %

自然放置时间/d	种子水分	种子萌发率
0	85.49	91.00
1	64.70	78.00
2	42.58	50.00
3	33.83	28.50
4	29.54	14.50
5	23.70	4.50
6	18.07	3.00

(七)黄皮种子的贮藏

黄皮[*Clausena lansium* (Lour.)Skeels] 属芸香科常绿植物，是著名的亚热带果树。黄皮种子为典型的顽拗型种子，不耐脱水和低温，一般条件下寿命很短，在室内自然风干，寿命只有十来天。在 10 ℃中贮藏 256 d，发芽力完全丧失，在 5 ℃中贮藏，伤害更为严重；贮藏于 15 ℃中，600 d 后仍有 90%的发芽率，800 d 后种子的发芽率仍有 70%，加入 4%～6%的百菌清效果更好；贮藏于 25 ℃，种子的贮藏寿命为 600 d(陆旺金等，1998)。

种子含水量对黄皮种子活力有很大影响，适宜贮藏的含水量为其成熟脱落的自然含水量(50.4%)。贮藏前使种子表面干爽，但不脱水，种子极少在贮藏过程中萌发。对种子进行部分脱水，种子浸出液的电导率增加，活力下降，干燥时间越长，种子脱水越严重，电导率越高，发芽率越低，根长越短，越不耐贮藏。表明，部分脱水对黄皮种子的贮藏不利(表 11-27)。

表 11-27 部分脱水后贮藏对黄皮种子活力的影响

(黄雪梅等，2004)

贮藏时间/d	参数	不同干燥时间/h				
		5	24	48	72	96
0	含水量/%	50.4	48.9	44.1	42.0	39.8
	电导率/(μS/cm)	12.4	13.1	18.8	22.1	21.4
	发芽率/%	100	100	95.0	81.0	40.0
	根长/mm	26.7	19.7	15.1	10.6	7.6
120	含水量/%	50.6	48.9	44.1	55.0	52.5
	电导率/(μS/cm)	13.6	16.5	25.5	33.7	42.3
	发芽率/%	100	100	98	0.0*	0.0
	根长/mm	26.8	18.0	12.7	0.0	0.0

注：* 种子全部霉烂。

黄雪梅等(2000a)的研究表明,黄皮种子在 20 ℃中的贮藏效果比 15 ℃好,在 120 d 的贮藏过程中,电导率始终低于 15 ℃中的种子,种子活力也显著高于 15 ℃中的种子。种子剥出清洗后,用百菌清拌种(百菌清：种子=6：1 000),晾干表面水分贮藏于双层保鲜袋中能较好地维持种子的活力而延长种子的贮藏寿命。

黄皮种子置于不同的盐饱和溶液调控相对湿度的环境中贮藏,在高于 RH90%下贮藏,60 d 种子全部霉烂,电导率明显增加;在低于 RH80%下贮藏,120 d 后,种子活力快速下降,RH86%有利于黄皮种子贮藏,但贮藏效果没有保鲜袋保湿贮藏效果好(黄雪梅等,2000b)。

(八)水浮莲种子的贮藏

水生植物的一些顽拗型种子通常采用水浸法贮藏。水浮莲(*Pistia stratiotes*)种子在水中贮藏 180 d,发芽率达到 100%,约 900 d 之后仍可保持 97%的发芽率,而贮藏在通风处的阴干种子在半年后发芽力基本丧失(表 11-28)。水浮莲种子是需光种子,在水浸法或湿沙法贮藏时,只要用黑布覆盖不漏光,种子在贮藏期间不会发芽,在水浸贮藏期间经常换清水,可以防止种子发霉(傅家瑞,1957)。

表 11-28　不同贮藏方法对水浮莲种子发芽率的影响

(黄雪梅等,2004)　%

贮藏方法	贮藏时间/d							
	48	83	150	180	246	292	578	910
水浸贮藏	21	97	99	100	100	100	100	97
阴干种子贮于室内	97	99	87	20	0	0	0	0

思考题

1. 水稻种子贮藏特性有哪些?
2. 大豆种子贮藏期间发生浸油和红变现象的原因是什么?如何防止浸油和红变?
3. 试述小麦种子贮藏技术要点。
4. 荞麦和燕麦种子贮藏技术要点有何异同?
5. 油菜种子贮藏技术要点有哪些?
6. 脱绒棉籽的贮藏应注意什么?
7. 试述蔬菜种子的贮藏要点。
8. 简述牧草种子的贮藏特性与贮藏技术要点。
9. 顽拗型种子贮藏方法和关键措施有哪些?

第十二章　种子贮藏加工新技术

随着科学技术的发展，种子贮藏加工理论和技术也取得了长足的进展，特别是种子超低温贮藏、种子超低水分贮藏以及种子处理等近年来研究日益深入。本章将简要介绍此方面的近况。

第一节　种子贮藏的计算机管理

计算机技术的飞速发展和在种子领域的应用，促使种子贮藏工作朝着自动化、智能化方向发展。种子仓库的自动化管理，可通过电脑控制各种种子仓库贮藏条件，给予不同情况的种子以最适合的贮藏措施。在仓库中应用计算机技术，我国粮食部门先于种子部门，种子部门可以加以借鉴、改进和应用。

一、种子贮藏计算机应用管理系统

目前国内种子仓库应用的计算机管理系统主要有以下两种。

(一)种情检测系统

种情检测系统的作用是对种子仓库的温度、湿度、水分、氧气、二氧化碳等实行自动检测与控制，有的还能检测磷化氢气体(图 12-1)。

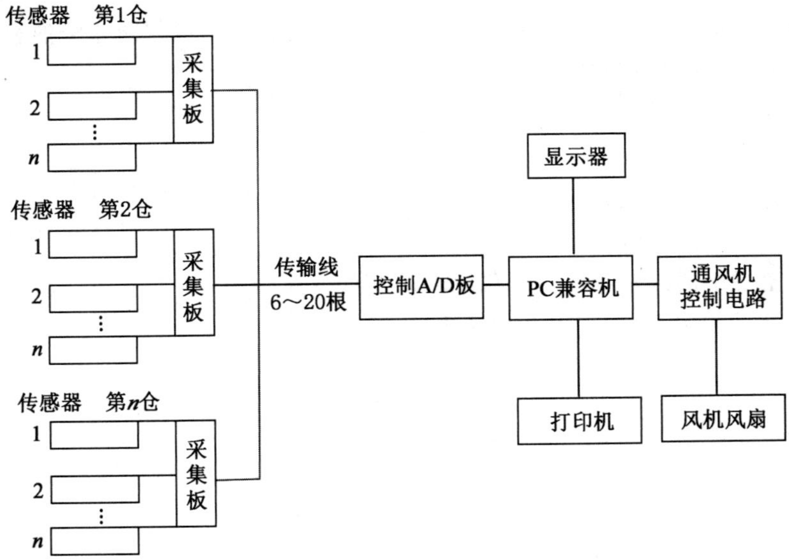

图 12-1　PC 兼容机测控系统

(胡晋，2001)

(二)设备调控系统

设备调控系统的作用是对仓库的干燥、通风、密闭、运输和报警等设备实行自动化管理与控制(图 12-2)。

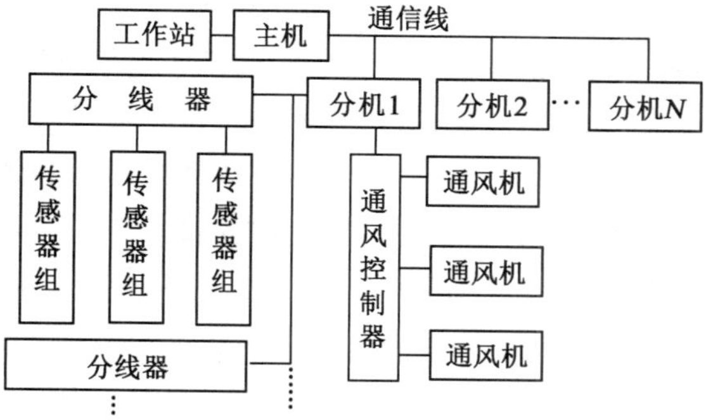

图 12-2　种情测控网络系统

(胡晋,2001)

二、种子安全贮藏专家系统的开发和应用

种子安全贮藏计算机专家系统开发是从影响种子安全贮藏的诸多环境因素的信息采集入手,通过系统的实验室实验、模拟试验和实仓实验,以及大量调查研究资料的收集处理分析,获得种子安全管理的特性参数和基本种情参数;然后将这些参数模型化,并建立不同的子系统,基于大数据技术,集合成为“种子安全贮藏专家系统”软件包。它能起到一个高级种子贮藏专家的作用,可为管理者和决策者提供一套完整的、系统的、经济有效和安全的最佳优化贮种方案,是最终实现种子贮藏管理工作科学化、智能化和自动化的重要环节之一。目前,开发中的安全贮种专家系统由 4 个子系统组成,见图 12-3。

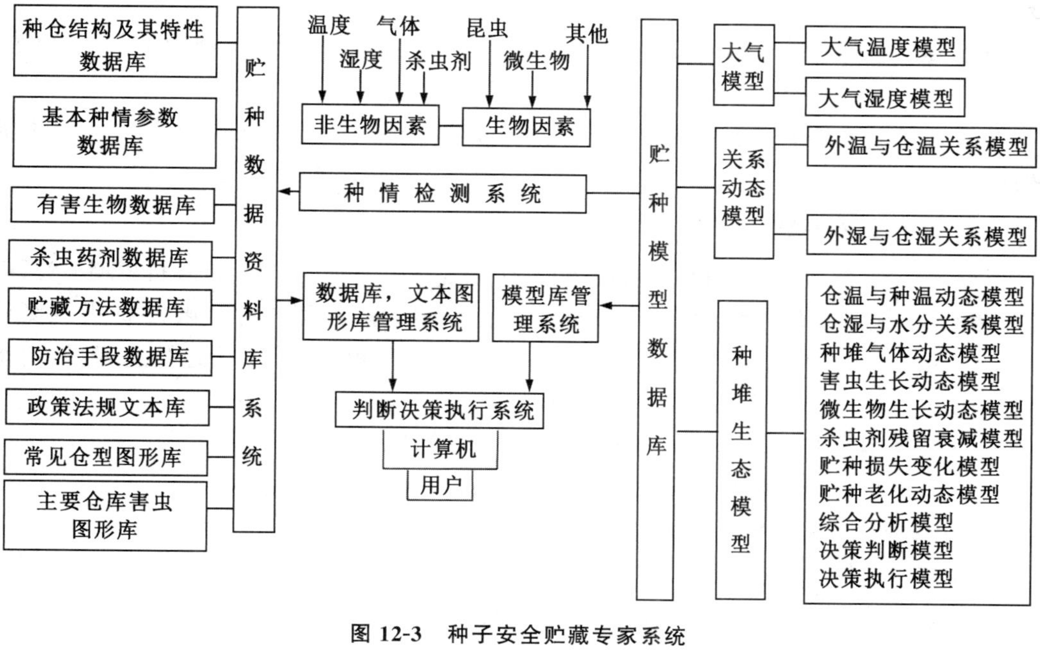

图 12-3　种子安全贮藏专家系统

(胡晋,2001)

(一)种情检测系统

种情检测系统是整个系统的基础和实现自动化的关键。通过该系统将整个种堆内外生物和非生物信息量化后，送入计算机中心贮存。使管理者能通过计算机了解种堆内外的生物因素，如仓库害虫、微生物的数量、危害程度等；非生物因素如温度、湿度、气体、杀虫剂等状态和分布等，随时掌握种堆中各种因子的动态变化过程。该系统主要由传感器、模/数转换接口、传输设备和计算机等部分组成。随着目前大数据技术的快速发展，通过构建和维护种情大数据分析平台，即可进行各类数据的存储与检索，自动保存和备份每天检测到的种情数据，查询任何一个检测日期的数据。智能种情分析系统能够判断种仓是否处于正常状态。

(二)贮种数据资料库系统

贮种数据资料库系统是专家系统的“知识库”。它将各种已知贮种参数、知识、公认的结论、已鉴定的成果、常见仓型的特性数据、昆虫、图谱、有关政策法规等资料数据收集汇总，编制为统一的数据库、文本库和图形库。用计算机管理起来，随时可以查询、调用、核实、更新等，为决策提供依据。其内容主要包括：

(1) 种仓结构及特性参数数据库和图形库　以图文并茂的方式提供我国主要种仓类型的外形、结构特性、湿热传导特性、气密性等。

(2) 基本种情参数数据库　包括种子品种、重量、水分、等级、容重、杂质和品质检验数据，以及来源、去向和用途等。

(3) 有害生物数据库、图形库　以图文并茂的方式提供我国主要贮种有害生物的生物学和生态学特性、经济意义和地理分布，包括贮种昆虫种类(含害虫和益虫)、虫口密度(含死活数)、虫态、对药剂抗性，以及其他生物如微生物、鼠、雀的生物学、生态学特性等参数。

(4) 杀虫药剂数据库　包括杀虫剂的种类、作用原理、致死剂量、CT 值、半衰期、残留限量、商品杀虫剂的浓度、产地、厂家、单价、贮存方法、使用方法和注意事项等。

(5) 防治手段数据库　包括生态防治、生物防治、物理机械防治、化学防治等防治方式的作用、特点、费用、效果、使用方法、操作规程和注意事项等。

(6) 贮藏方法数据库　包括常规贮藏、气调贮藏、通风贮藏、低温低湿贮藏、地下贮藏、露天贮藏等贮藏方法的特点、作用、效果、使用范围等。

(7) 政策法规文本库　包括有关种子贮藏的政策法规技术文件、操作规范、技术标准等文本文件。

(三)贮种模型库系统

贮种模型库系统将有关贮种变化因子及其变化规律模型化，组建为计算机模型，然后以这些模型为基础，根据已有的数据库资料和现场采集来的数据，模拟贮种变化规律，并预测种堆变化趋势，为决策提供动态的数据。其内容主要包括大气模型、关系动态模型、种堆生态模型等。

(1) 大气模型　包括种堆周围大气的温度和湿度模型。

(2) 关系动态模型　包括种堆与大气之间，气温与仓温和种温之间，气湿与仓湿和种子水分之间，温度、湿度和贮种害虫及微生物种群生长危害之间的关系模型。

(3) 种堆生态模型　包括整个种堆中各种生物、非生物因素的动态变化。如种温变化、水分变化、种仓湿度变化、种堆气体动态变化，害虫种群、生长动态变化，微生物生长模型，药剂残留及衰减模型等。

(四)判断决策执行系统

判断决策执行系统是专家系统的核心。首先，它通过数据库管理系统和模型库管理系统将现场采集到的数据存入数据库，并比较修改已有的数据，然后用这些数据作为模型库的新参数值，进行种堆的动态变化分析，预测其发展趋势；其次，根据最优化理论和运筹决策理论，对将采用的防治措施和贮藏方法进行多种比较和分析判断，提出各种方案的优化比值和参数，根据决策者的需要，推出应采取的理想方案，并计算出其投入产出的经济效益和社会效益。

种子安全贮藏专家系统的开发是一项浩大的系统工程。未来，通过结合大数据技术、可视化技术、物联网传感技术等现代化技术手段，不断开发、完善和推广应用种子安全贮藏专家系统，将显著提高我国种子贮藏工作的管理水平和种子质量。

第二节　计算机控制与图像识别技术在种子加工中的应用

一、计算机控制技术在种子精选加工成套设备中的应用

目前，国内主要以风筛选、窝眼选、重力选、包衣机、计量包装系统组成的种子加工成套设备进行种子的加工，并在生产中得到了广泛的应用。但该类生产线在物料流量的控制、各主机的风量、振频的调节方面缺乏统一的量化标准，三通阀门的转换全靠手动，各主机的调节全凭经验感觉，给种子精选带来了诸多困难。同时，由于在实际生产中，经常发生堵机、短路、过载等情况，导致设备的损坏，这不仅影响了生产效率，也给用户造成很大的经济损失。随着计算机控制技术的成熟、各种接口的标准化，数据采集变得比较方便。奥凯公司经过多年的研究，开发研制了计算机控制的种子精选加工成套系统。该系统主要用于生产线中各主机的风量、振频的调节，阀门的转换，流量的控制，电机的监控。该技术的应用，使种子精选加工成套设备的自动化程度、运行稳定性和可靠性以及危险和错误操作的报警灵敏性大大提高(王广万和郭军锋，2011)。该控制系统包括工业控制计算机、PLC(可编程控制器)、电源控制系统、手动操作开关组、变频器等电子元器件和专门用于控制种子精选加工成套设备的应用软件。其主要功能有：①根据不同种子几何和物理特征自动选择合理的工艺流程；②对种子加工机械进行实时监控，动态显示设备的运行状态；③采用冲板流量计进行物料流量的检测，并进行流量瞬间量和累积量的显示；④按工艺流程方案的不同，自动进行三通阀转换和变频器调节的远程控制；⑤按选定的方案进行设备的自动逐次启停，可随意设置启停的延时时间；⑥对设备的机械故障进行记录和报警提示，并自动有序地停止其他设备；⑦进行生产量的统计和报表打印；⑧根据种子的加工质量要求自动调整生产率，使整个加工过程做到均衡生产；⑨全汉字菜单提示，操作简单方便；⑩该系统同时配有自动和手动两种操作方式，可根据用户的不同情况任意选用。

二、计算机技术在种子图像识别中的应用

采用计算机对检验样品的图像识别，主要依靠计算机视觉技术。计算机视觉技术就是以计算机和图像获取部件为工具，以数字图像处理分析技术、模式识别技术、人工智能技术等为

理论，处理获取的图像信号，并从图像中提取某些特定的信息。采用计算机视觉技术可以消除和减少由人类生理器官的差异造成的分析结果不一致性，甚至可以感知人类生理器官不能识别的信息。应用计算机视觉技术进行种子和幼苗的识别，可实现种子净度、发芽率、种子活力、品种真实性和纯度、种子千粒重和生活力等指标的自动化检测，其主要流程为：图像采集—图像增强—图像转换—软件判别—输出结果。

（一）计算机视觉技术在品种真实性和纯度测定中的应用

美国、日本、加拿大、英国等发达国家从 20 世纪 80 年代起把计算机视觉技术应用于种子纯度检验中，研究的种子主要有玉米、大麦、小麦、大豆、燕麦、黑麦草、水稻等。坂井（Sakai）等（1996）利用两维图像分析法识别水稻种子的面积、周长、长度和宽度等指标，结果表明，该方法不但可以有效识别糙米和精米，而且可以使品种的识别率达到 95.40%。格里略（Grillo）等（2011）用计算机视觉技术识别野豌豆种子的形状、大小和颜色，基于线性判别算法，能够有效区分 10 个品种。吴继华等（2005）研发出一套基于计算机视觉技术的快速低成本实时检测杂交水稻种子品种的系统。该系统包括自动上料、光照箱、图像采集卡、电荷耦合器件（CCD）摄像头和自动下料等硬件，以及图像处理及品种识别软件。通过上料斗自动装入种子，种子由单片机控制的输送装置进入光照箱，每隔 2 s 停止 1 次，CCD 摄像头采集图像，图像被读入内存，通过软件系统处理种子图像，并提取品种的特征参数。通过此系统识别 100 粒种子的时间为 5 s，品种的识别率最高可达 99.99%。史中辉等（2011）采用优化的玉米种子图像处理策略，提出了比较全面有效的玉米种子特征参数。应用玉米种子识别的多对象轮廓提取算法，采用 VC++ 编制了玉米种子特征参数提取系统，可有效进行玉米种子品种的计算机自动识别。闫小梅（2011）提出了一种玉米种子纯度的智能识别方法，根据玉米种子冠部和侧面的颜色特征进行玉米种子纯度识别，可实现玉米种子纯度检测的自动化和智能化。美国艾奥瓦州立大学种子科学中心已开发出种子纯度计算机图像分析系统，该系统将标准品种的种子、幼苗和植株形态特征及电泳图谱摄入计算机内建立图像库。当鉴定未知纯度或品种时，将种子、幼苗、植株形态及电泳图谱摄入计算机与标准图像比较后，就可鉴定品种的纯度。

（二）计算机视觉技术在种子活力测定中的应用

维洛那（Venora）等在 2007 年根据兵豆种子的形状、大小和颜色，采用计算机视觉技术进行分级，从而将不同活力的种子区分开。在加拿大建立的兵豆种子自动分级系统有效率达到了 99.80%。佐谷（Sako）等（2001）将一个倒置成像的平面扫描仪同计算机连接，扫描仪检测的幼苗形态信息传入计算机，计算机自动进行种子活力指数计算。该系统用于评估种子批活力，具有客观、经济、易于操作的特点。恰克马克（Çakmak）和博亚齐（Boyaci）（2011）基于神经网络原理，采用计算机视觉技术分析鹰嘴豆种子形状和种皮颜色等信息，从而自动判断种子质量。阿里亚（Arya）和蕾哈娜（Lehana）（2012）采用计算机视觉技术构建了一个种子分析系统，能自动分析种子质量。李锦卫和廖桂平（2006）利用采集的油菜种子图像提取 7 个种子形状特征参数，选用圆形度和短长轴比作为油菜种子分类参数，应用模糊聚类分析方法把全体样本分为 3 类并得到油菜种子形状量化参数，在此基础上对样本油菜种子形状进行量的规定，从而实现利用计算机视觉技术将油菜种子按活力大小分级。种子饱满度与种子活力相关，在运用计算机视觉技术对玉米子粒的饱满度进行检测时，李佩阳等（2021）提出了一种新型检测算法来提高玉米粒饱满度检测精度。通过加入高斯滤波去除图像的高斯噪声，在坎尼（Canny）边缘检测算子中引入最大类间方差法(OTSU)代替人工设置的方式选取高低阈值,从而避免真实边缘的丢失,保证图像处理过程中信息的完整性。该新型检测算法对玉米粒饱满度的检测结果明显优于传统检测算法,可以解决玉米子粒饱满度检测失真问题,能极大地提高检测的精度。

色选技术是利用被测物的颜色差异,通过光学技术将异色物分离出来的方法。由于低活力的种子通常伴随着变质、褐变,其颜色与高活力种子有明显差异,因此可利用色选技术通过种子颜色差异将高、低活力种子区分开。该项技术目前已被应用于实际生产中。

此外,自动三维X射线计算机断层摄影术(CT)和磁共振成像技术也开始被应用于种子检测(Porsch,2020)。

第三节　种子贮藏及处理新技术

一、种子超低温贮藏的原理和技术

(一)种子超低温贮藏的概念和意义

1. 种子超低温贮藏的概念

种子超低温贮藏是指利用液态氮(−196 ℃)为冷源,将种子等生物材料置于超低温下(一般为−196 ℃),使其新陈代谢活动处于基本停止状态,而达到长期保持种子寿命的贮藏方法。在−196 ℃如此低温下,原生质、细胞、组织、器官或种子代谢过程基本停止并处于"生机暂停"的状态,大大减少或停止了与代谢有关的劣变,从而为"无限期"保存创造了条件。

通常超低温以液态氮为冷源,液氮罐中液相的温度为−196 ℃。液氮超低温技术提供了种子"无限期"保存的可能(Stanwood,1985)。在液氮中冷却和再升温过程中能够存活的种子,延长其在液氮中贮存的时间也不会对种子有害。

2. 种子超低温贮藏的应用和意义

近40年来,低温冷冻保存技术发展很快,尤其在医学和畜牧业中,利用低温冷冻技术成功地保存了血红细胞、淋巴细胞、杂交瘤细胞、骨髓、角膜、皮肤、人和动物的精液、动物胚胎等。利用低温冷冻技术保存植物材料的研究,自70年代以来已有较大的进展,利用液氮可以安全地保存许多作物的种子、花粉、分生组织、芽、愈伤组织和细胞等(胡晋等,1996)。这种保存方式不需要机械空调设备及其他管理,冷源是液氮,容器是液氮罐,设备简单,保存费用只相当于种质库保存的1/4。入液氮保存的种子不需要特别干燥,一般收获后,常规干燥种子即可,也能省去种子的活力监测和繁殖更新,是一种省事、省工、省费用的种子低温保存新技术。适合于长期保存珍贵稀有种质。

(二)不同种类种子对液氮低温反应的差异

根据种子对液氮低温的反应,将种子分为3种类型:①忍耐干燥又忍耐液氮的种子(desiccation-tolerant and LN-tolerant seed);②忍耐干燥对液氮敏感的种子(desiccation-tolerant and LN-sensitive seed);③对干燥和液氮均敏感的种子(desiccation-sensitive and LN-sensitive seed)。

1. 忍耐干燥和液氮的种子

多数农作物、园艺作物种子都能忍耐干燥和液氮低温。目前,已有许多研究者成功地将这类种子冷却到液氮温度，再回升到室温，不损害种子生活力。但是外在因素如冷冻解冻速度，种子含水量等能影响种子对液氮的反应。对超低温冷冻保存而言，种子含水量可能是关键的限制因素。种子含水量过高在冷冻和解冻过程中死亡，含水量过低又会导致种子生活力的部分丧失。不同的植物品种种子都含有一个适宜的含水量范围(表 12-1)。

表 12-1　8 个品种不同含水量的种子经液氮保存 7 d 后的发芽率

(石思信等，1985)　　%

品种	含水量										保存前发芽率
	2	4	6	8	10	12	14	16	18	20	
水稻中作 75			88	85	92	97	80	86	71	13	97
绿豆 DO245-1		96	98	96	95	97	93	87	69	69	95
花生狮油 14	9	83	94	89	84	81	8	0			94
白菜小青口	100	100	99	100	100	100	99	99	99	80	99
六叶茄	19	88	96	93	90	90	93	84	78	69	93
汉中冬韭	75	83	73	86	70	72	77	74	73	65	86
翠菊 5-9-8	90	87	86	97	90	90	89	85	82	80	97
月见草	89	78	78	86	84	82	89	84	78	83	78

适合于冷冻保存的最高含水量(high moisture freezing limits，HMFL)就是种子含水量的临界值。在同一植物种中这个临界值有一个不大的变动范围，但是植物种间有明显的差异(表 12-2)。

表 12-2　几种作物种子冷冻时含水量的临界值

(Stanwood，1985)

作物种子	含水量临界值/%	种子存活		
		含水量在临界值以下发芽率/%	含水量在临界值以上	
			致死温度/ ℃	发芽率/%
大麦	20.8(1.2)	98	−12，−13	18
菜豆	27.2(1.2)	99	−25	84
白菜	13.8(0.3)	90	−28	0
胡萝卜	21.7(1.6)	83	−25	0
花椰菜	14.2(1.1)	97	−25	0
三叶草	25.6(0.5)	95	−15	2
黄瓜	16.4(0.9)	98	−23，−26	1
羊茅	23.0(3.8)	98	−25	2
洋葱	24.7(0.8)	70	−18，−22	0
胡椒	18.6(1.2)	99	−22，−25	0
萝卜	16.8(0.9)	99	−25	4
芝麻	9.3(1.6)	97	−18，−26	0
番茄	18.5(1.6)	93	−20，−25	0
小麦	26.8(4.7)	96	−7	25

注：括号内的数值为标准差。

种子含水量超过 HMFL，冷冻到一定温度，种子死亡。例如，小麦种子含水量高于 26.8%，冷冻到−7 ℃则发芽率下降到 25%(表 12-2)。根据试验，小麦种子含水量为 5.7%～16.4%，在液氮温度(−196 ℃)冷冻保存 24 个月之后发芽率仍在 92%～96%，同对照相比没有明显差异。

较多的研究报道认为，冷冻和解冻速率对多数植物种子冷冻到液氮温度影响不大。然而莴苣和芝麻种子却不一样。Roos(1981)用莴苣种子做试验，其含水量接近于 HMFL 值即 19%，发现用 200 ℃/min 的速率冷冻几乎百分之百的成活，若用 22.2 ℃/min 或更低的速度冷冻，生活力明显下降。水分非常低的芝麻种子以 1～30 ℃/min 缓慢冷却时，几乎 100%存活而不受水分的影响。但以 200 ℃/min 冷冻时，种子生活力随含水量下降而下降。冷冻速率对种子生活力的影响同种子含水量有关，假如种子含水量在适宜范围内，则慢速或快速冷冻对多数种子的成活率没有明显影响。

在冷冻和解冻过程中由于温度的极端变化，种子要经受极大的物理压力。如果种子的细胞间质承受不了如此巨大的压力，就会产生物理损伤，种皮破裂。当种子在回升到室温之前在液氮蒸气上停留一段时间也可减少破裂。因此，破裂主要产生在冷冻和解冻过程中。当种子只暴露在液氮气相中(约−150 ℃)，种子不发生破裂，小部分的破裂发生在−196～−150 ℃。亚麻、蚕豆、萝卜、大豆、紫花苜蓿等都在液氮温度时会产生一定程度的破裂现象。

2. 忍耐干燥对液氮敏感的种子

许多果树和坚果类作物如李属、胡桃属、榛属和咖啡属的植物种子属于这种类型。这类种子多数能干燥到含水量 10%以下，但是不能忍耐−40 ℃以下的低温。例如榛子含水量可降到 6%，冷冻到−20～0 ℃不失去生活力。但是当温度降低到−40 ℃以下时，种子生活力受损。忍耐干燥对液氮敏感的种子多数含有较高的贮存类脂(如脂肪等)，有的种含量高达 60%～70%。含油量是不是引起种子对液氮敏感的因素，尚不清楚。这类种子的寿命一般少于 5 年。研究这类种子的保存技术非常必要，因为这类种子多属于主要经济作物种，目前还只能无性保存。如果建立了超低温冷冻保存技术，可改进这类植物种质长期保存的方法，从而改良育种和繁殖技术。

3. 对干燥和液氮均敏感的种子

这类种子就是顽拗型种子，它们的寿命很短，难以保存，对于这类种子保存见本书第十一章第四节顽拗型种子贮藏。

(三)种子超低温贮藏的技术关键

根据不完全统计，已有约 200 个植物种，能成功地贮藏在液氮温度(表 12-3)。种子超低温贮藏的关键技术问题主要有：

(1)寻找适合液氮保存的种子含水量。只有在合适的含水量范围内，种子才能在液氮内存活。多年生黑麦草和红豆草种子超低温保存最适含水量分别为 9.2%～11.8%和 5.6%～9.0%(李荣辉和曹社会，2007)。

(2)冷冻和解冻技术。不同种子的冷冻和解冻特性有差异，需分别探讨，以掌握合适的降温和升温速度。

(3)包装材料的选择。根据报道，包装材料有牛皮纸袋，铝箔复合袋等。有的包装材料能使种子与液氮隔绝，如种子与液氮直接接触，有些种子会发生爆裂现象，而影响种子的寿命。

(4)添加冷冻保护剂。常用的冷冻保护剂有二甲基亚砜(DMSO)、甘油、PEG等,最近报道脯氨酸的效果很好。使用冷冻保护剂的量应是足够到有冷冻保护作用,但又不超过渗透能力和中毒的界限。吴萍等(2017)研究了不同甘油体积比(0、5%、10%、15%、20%、25%、30%)对超低温保存白芷种子活力的影响。认为不同体积配比的甘油在白芷种子超低温保存过程中对种子萌发均有不同程度的促进作用,以10%甘油处理效果最显著。白芷种子超低温贮藏过程中,甘油的使用能降低种子电导率,提高种子可溶性蛋白含量和POD活性。

(5)解冻后的发芽方法。经液氮贮存后种子的发芽方法是一个容易被研究者忽视的问题,液氮保存顽拗型种子难以成功,可能与保存后的发芽方法不当有关,致使还有生活力的种子在发芽过程中受损伤或死亡。如茶籽在超低温保存后,最适发芽方法是在5%水分(W/W)沙床中于(5±1) ℃预吸处理15 d,然后移到25 ℃发芽。预处理后的种子,细胞膜修复能力增强,渗漏物减少,发芽率提高(Hu等,1994)。

液氮超低温保存的技术还需进一步完善,该项技术的创建和完善为植物遗传资源保存开辟了新的途径。

表12-3 液态氮(−196 ℃)保存后存活的一些作物种子

植物种	含水量/%	贮存时间/年	发芽率/%		备注
			保存前	保存后	
洋葱	4.0	3.75	—	83.5	种子无细胞变异
花椰菜	4.8	3	94	97	冷却率−200 ℃/min,30 ℃解冻,3个品种
西瓜	5.6	3	97	97	冷却率−200 ℃/min,30 ℃解冻,5个品种
水稻	9.7	3	96	92	冷却率−200 ℃/min,30 ℃解冻,2个品种
早熟禾	7.2	3	86	90	冷却率−200 ℃/min,30 ℃解冻,3个品种
半边莲	9.5	1	90	88	冷却率−200 ℃/min,30 ℃解冻,3个品种

二、种子超干贮藏原理和技术

(一)种子超干贮藏概念和意义

1. 种子超干贮藏的概念

超干种子贮藏(ultradry seed storage)也称超低含水量贮存(ultra-low moisture seed storage),是指种子水分降至5%以下,密封后在室温条件下或稍微降温的条件下贮存种子的一种方法。常用于种质资源保存和育种材料的保存。

2. 种子超干贮藏的经济意义

传统的种质资源保存方法是采用低温贮存,大部分的基因库都以−20～−10 ℃,5%～7%含水量的条件贮存种子。但是低温库建库资金投资和操作运转费用是相当高的,特别是在热带地区,这对发展中国家是一个较大的负担。因此,有必要探讨其他较经济简便的方法来解决种质的保存问题，种子超干贮藏正是这样一种探索中的种质保存新技术，以通过降低种子水分来代替降低贮藏温度，达到相近的贮藏效果而节约种子贮藏的费用。

Ellis(1986)将芝麻种子水分由5%降到2%，在20 ℃下种子寿命延长了40倍，并证明2%含水量的芝麻种子贮藏在20 ℃条件下与5%含水量种子贮藏在−20 ℃条件下效果一样。可见，种子超干贮存大大节省了制冷费用，节省能耗，有很大的经济意义和潜在的实用价值，是一种颇具广阔应用前景的种子贮存方法。

(二)种子超干贮藏的研究概况

1985年，原国际植物遗传资源委员会首先提出对某些作物种子采用超干贮存的设想，并作为重点资助的研究项目。1986年，英国里丁大学首先开始种子超干贮藏研究。从20世纪80年代后期开始，浙江农业大学、北京植物园、中国农科院国家种质库也相继开展了种子超干贮藏研究。近10多年来，种子超干贮藏研究已取得了很大进展。

1. 超干贮藏技术研究涉及的物种

十几年来，超干种子贮藏的研究涉及大约50多个物种(程红焱，2005)，由于开展种子超干贮藏研究的机构大多是农林类院校与研究所，研究对象大多为蔬菜、瓜果、豆类、谷物、药用植物和树木的种子。尽管如此，这些物种及其不同品种的种子涵盖了不同寿命长短(如放置在开放室内的寿命只有2个月的榆树种子和几年寿命的大白菜种子)、不同组分类型(油质种子、淀粉类种子)、不同种粒大小、裸子植物和被子植物(包括双子叶植物和单子叶植物)等类型，可以认为研究结果具有代表性。研究证明，多数种子通过特殊的干燥技术可将含水量安全降至5%以下，种子在常温下的耐藏性大幅度提高。结合特定的包装技术，可以获得更好的保存效果。

2. 适合超干贮藏的种子种类

小粒种子的耐干性强于大粒种子，禾谷类作物种子的耐干性强于豆类种子。脂肪类作物种子比淀粉类作物种子容易降低水分，具有较强的耐干性，可以进行超干贮存，而淀粉类和蛋白类种子却与油料作物种子有很大差别，很难失去水分，安全含水量较高。何序晨等(2017)采用硅胶干燥的方法对‘皖杂一号’和‘丰收2号’西瓜品种的种子进行超干贮藏试验，几种不同干燥水平处理的种子在室温条件下历经23年的密闭贮藏，种子含水量分别降至2.32%和2.23%时，发芽率分别为96%和91%。种子发芽率的高低与其含水量呈显著负相关，过氧化物酶(POD)活性、干种子种胚蔗糖含量与发芽率的变化呈正相关，而超氧化物歧化酶(SOD)活性与发芽率的变化呈负相关。比较二倍体西瓜‘皖杂一号’种子超干贮藏9、15、20和23年后种子发芽率变化发现，当种子含水量≥5.22%，随着贮藏时间的延长，发芽率下降较快；种子含水量在1.65%～4.12%，发芽率下降缓慢，经20～23年密闭贮藏后仍保持较高的发芽率。表明二倍体西瓜种子在超干条件下贮藏可以长期保持良好的生活力。由此可见，并不是所有的种子都适宜进行超干贮藏，多数正常型作物种子可以进行超干贮藏，但不同类型的种子耐干程度不同，有待进行深入研究。

3. 种子忍耐超干的限度

种子超干不是越干越好，存在一个超干水分的临界值。当种子水分低于临界值时，种子寿命不再延长，并出现干燥损伤。不同作物种子水分的超干临界值不同，需逐个进行试验。从20世纪80年代后期开始，已经研究出的不同作物种子超干含水量临界值列于表12-4。1988

年里丁大学用甘蓝型油菜(*Brassica napus*)种子进行实验,结果发现含水量为3%的种子较含水量5%的种子寿命提高12倍,当含水量低于3%时,种子寿命不再增加。这一研究表明一些种子有一个最低的含水量百分率限度,低于这一限度,进一步的干燥,对保存无额外的效益。这一临界含水量,在其所研究的15个种中,为2%~6%。

表12-4 不同作物种子超干含水量临界值 %

作物种子	临界含水量	资料来源	作物种子	临界含水量	资料来源
粳稻	4.4	Ellis(1992)	西瓜	1.25	季志仙(1993)
籼稻	4.3	Ellis(1992)	南瓜	2.46	季志仙(1993)
爪哇稻	4.5	Ellis(1992)	冬瓜	1.79	季志仙(1993)
白芝麻	2.0	Ellis(1986)	花生	2.0	IBPGR(1990)
甘蓝油菜	3.0	Ellis(1986)	大豆	6.9	支巨振(1991)
油菜	2.0	Ellis(1986)	大白菜	1.6	程红焱(1991)
豇豆	3.3	Ellis(1986)	萝卜	0.3	周祥胜(1991)
向日葵	2.04	Ellis(1986)	黑芝麻	0.6	周祥胜(1991)
亚麻	2.7	Ellis(1986)	甜椒	1.32	沈镝等(1994)
黄瓜	1.02	季志仙(1993)	章丘大葱	1.67	沈镝等(1994)

朱诚等(2001)研究了洋葱种子含水量降至5%以下对其抗老化能力的影响及其与自由基清除能力的关系。结果表明:①在一定的含水量范围内,降低种子含水量对种子的发芽率和活力无影响,且能显著地提高种子的抗老化能力,其最适含水量为3%左右;②在同等老化条件下(50 ℃,45 d),超干种子仍保持较高的自由基清除系统的酶活性(SOD、CAT),而对照种子的酶活性明显下降。

张瑜等(2022)采用硅胶干燥法对蔓草虫豆种子进行超干处理,得到不同的含水量梯度2.22%、3.35%、4.90%、6.09%的种子。干燥到2.22%的含水量对种子萌发有抑制作用,蔓草虫豆的超干保存适宜含水量范围为3.35%~4.90%。蔓草虫豆不同含水量种子的相对电导率和丙二醛含量与种子发芽率变化呈相反的趋势,脯氨酸含量与发芽率变化呈正相关趋势,种子脱氢酶活性与种子发芽率和发芽指数的变化趋势一致。蔓草虫豆的超干种子在室温下贮藏,耐贮性大大提高。李浪等(2021)报道,党参种子超干条件进行常温贮藏,至少可在15个月内保持良好的活力,最适含水量为1.58%~3.37%。

4. 种子干燥的适合速率

种子的干燥速率因干燥剂的种类和剂量不同而不同。种子在P_2O_5、CaO、$CaCl_2$和硅胶中的干燥速率依次递减,在P_2O_5中最快,在硅胶中最慢。干燥速率对种子活力的影响尚有不同的看法,有待深入研究。胡伟民等(2002)报道了超干水分长期贮藏对玉米、西瓜种子生活力和活力的影响。采用硅胶干燥和较高温度加温干燥两种方法对玉米种子进行超干处理,并经7年常温密闭贮藏。通过发芽试验和超氧化物歧化酶(SOD)活性测定,结果表明,用硅胶干燥的玉米种子在水分降至4.05%时生活力和活力最高,水分超过7.49%时,便失去生活力。较高温度加温干燥的玉米种子生活力和活力普遍较差,当水分低于5.97%时,发芽率迅速降低为零，无法进行超干贮藏。西瓜种子用硅胶进行干燥，发现水分在3.73%时，生活力和活力最高，发芽率为71.5%。而低于或高于这个水分含量，生活力和活力均明显下降。由此可见，采用硅胶进行超干处理，在一定时期内有利于玉米和西瓜种子的长期贮藏；同时也表明了玉米和西瓜种子不宜过度干燥。

5. 种子含油量与脱水速率的关系

种子含油量的高低与其脱水速率及耐干性能均成正相关，此系种子胶体化学特性所决定。如油料类种子比淀粉种子容易脱出水分，陈叔平等(1992)认为，油性种子比淀粉类和蛋白质类种子容易降低水分是因为油性种子含脂肪量较多，种子中有较多可丢失的自由水，而淀粉、蛋白质类种子由于其自身的亲水性而束缚了较多的水分，因此种子难以失去水分，安全含水量较高。

(三)种子超干贮藏理论基础和原理的研究

过去认为种子水分安全下限为5%，如果低于5%，大分子失去水膜的保护作用，易受到自由基等毒物的袭击，而且在低水分下不能产生新的阻氧化的生育酚(维生素E)。现在看来，这可能由不同种类种子对失水有不同反应所致。至少5%安全水分下限的说法在某些正常型种子上是不适用的。

有人推测，适合超干贮藏的种子含有较高水平的抗氧剂和自由基螯合剂。已知抗氧剂维生素E、维生素C等能够阻止脂氧化酶对多聚不饱和脂肪酸的氧化作用，β-胡萝卜素和谷胱甘肽以及其他酚类物质也有这种保护作用(Priestley, 1986)。

尽管在超干状态下增加了自由基与敏感区域的接触机会，尽管超氧化物歧化酶(SOD)、过氧化物酶和过氧化氢酶等在种子极干燥状态下不能启动，但只要有大量抗氧剂等自由基清除剂的作用，仍然能有效地避免脂质自动氧化。另外，从试验结果看SOD等酶类自由基清除剂并没有被破坏，一旦种子吸水萌动，就可协同抗氧剂共同清除自由基等毒害物质，使耐干的种子有较好的萌发效果。

高效液相色谱分析结果显示超干种子中还原糖/非还原糖的比值低于高含水量种子，积累的蔗糖、水苏糖含量与超干种子的耐干力有关。玉米(*Zea mays* L.)种子中不含水苏糖，这可能是玉米种子较其他种子耐干力下降的原因之一。

由于种子超干贮存研究时间不长，其操作技术、适用作物、不同作物种子的超干含水量确切临界值，以及干燥损伤、吸胀损伤、遗传稳定性等诸多问题，都有待于深入研究，使这一方法尽早付于实际应用。从目前情况看，实用技术的研究走在了基础理论研究的前面，这方面的原理探讨有待于深入。

(四)种子超干贮藏的技术关键

1. 超低含水量种子的获得

要使种子含水量降至5%以下，采用一般的干燥条件是难以做到的。如用高温烘干，则要降低活力以至丧失生活力。目前采用的方法有冰冻真空干燥、鼓风硅胶干燥、干燥剂室温下干燥，一般对生活力没影响。

为避免种子因强烈过度脱水而造成形态和组织结构上的损伤，郑光华等(1994)找到了有效的干前预处理方法，使其在亚细胞和分子水平上，特别是膜体系构型的重组方面有效进行。同时采取先低温(15 ℃)后高温(35 ℃)的逐步升温干燥法，使大豆种子(对照)的干裂率由87%降为0，而且毫不损伤种子活力。

2. 超干种子萌发前的预处理

由于对种子吸胀损伤的认识不足，以往误将超干种子直接浸水萌发的不良效果归于种子的干燥损伤。为此，根据种子“渗控”和“修补”的原理，采用 PEG 引发处理或回干处理和逐级吸湿平衡水分的预措能有效地防止超干种子的吸胀损伤，获得高活力的种苗。

三、种质资源核心种质构建研究进展

植物种质资源保存主要通过原生境地保存（原境保存）、非原生境地保存（异境保存）和离体保存 3 种途径。原境保存要建立自然保护区或天然公园，需大量土地，易受自然灾害侵袭；异境保存要建立各类基因库如种质保存栽培园等田间基因库、种子库和花粉库等；离体保存是将植物外植体在无菌环境中进行低温或超低温的组织培养。对于自然界中一般作物种质资源的保存，多应用异境保存和离体保存。在异境保存中，应用最多最广泛的是建立低温种子库，即种质资源库。种质资源库根据贮藏时间长短，一般分为长期保存库、中期保存库和临时保存库 3 种。

长期保存库，用于长期保存收集到的作物品种资源，包括农家种、野生种和淘汰的育成品种等。温度（−18±2）℃，相对湿度＜50%。种子含水量干燥脱水至 5%～7%（大豆 8%），一般作物种子寿命可保存 50 年以上。每隔 10 年进行一次生活力监测，如果发芽率下降，则应重新进行繁殖再留种贮藏。一般不作分发材料用，仅在必要时提供给中期库分发。有的国家在建库时，附设有短期保存库，它是个工作库，温度 10～20 ℃，相对湿度 50%左右。中期保存库，温度一般为（−4±2）℃，相对湿度≤50%，种子入库含水量 10%～12%，其种子贮藏寿命在 10～20 年。每 5 年应进行一次生活力监测，中期库保存种质材料可随时供种分发给国内育种、科研和教学等单位使用，同时也供国际交换使用。临时保存库，温度控制在 4 ℃左右，主要用于入长期库前临时存放或科研育种单位贮藏育种家种子、亲本种子或育种材料的保存，其种子贮藏寿命一般在 3～5 年。

目前，种质资源保存主要是以种子形式进行保存。随着种质资源的广泛征集和不断累积交换，种质资源库已越来越大，FAO（1993）的资料表明，全球作物遗传资源种质库保存份数已超过 380 万份。虽然种质资源的征集、保存有效地保存了作物种及其近缘野生种的遗传多样性（Williams，1991），但随着库容量的不断扩大，反而成了评价和利用种质资源的障碍（Holden，1984）。种质资源保存的最终目的是利用，面对大量的材料，育种工作者在取得这些材料的详细信息之前是无法利用的，这就需要开展深入细致的评价鉴定工作。由于保存的资源种类、材料数量的规模极大，以目前的人力、物力，种质库管理部门和育种单位不可能对所有的种质资源材料进行详细的评价、整理和有效的管理、利用。鉴于以上状况，人们寻找既能包含一个种及其野生种的遗传多样性，而研究数量又较小的方法，也就是建立植物资源核心种质（core collection）的方法。构建核心种质（亦有人称核心种质库）可以有效地克服上述难题。这是作物种质资源保存研究的一个新领域。

（一）核心种质概念

Frankel（1984）最早提出：核心种质指代表一个作物种及其野生近缘种的遗传多样性，具有最少重复的一批有限的此种作物及其野生近缘种样品。国际植物遗传资源研究所（IPGRI）等研究单位及个人对核心种质的概念进行了阐述和完善。概括起来核心种质有以下 4 个特点。

(1)核心种质是由一个已存在的种质库或种质资源保存材料中的一批数量有限的样品材料所组成,被选作用于代表原有材料的遗传范围,并包括尽可能多的遗传多样性。

(2)核心种质不是用来代替原有的种质,而是原有种质中的一部分选定的种质。一般对核心种质材料并不移动其物理位置,只是在数据库中加以标记。

(3)核心种质中入选的样品都是有代表性的,它们互相之间都存在着生态上或遗传上的距离。核心种质内不应含有复份,并且在入选样品之间的相似性应尽可能最小。

(4)核心种质可以代表一个种及其野生近缘种的遗传多样性,在发展核心种质时要分别处理不同的种。

核心种质也可以是从某一基因源内选择出的、数量易于管理而又包括了该物种最大的遗传多样性的样品(IPGRI,1993)。

(二)核心种质的功能

有了核心种质可以为种质资源管理人员、育种家和研究者提供比较明确而有代表性的种质样品。核心种质不会替代已有的全部收藏样品,相反核心种质可以对全部样品起有效的指路作用(如在性状细致评价、新技术的应用等方面)(Vaughan 和 Jackson,1995),使种质库管理、利用更有效率。一个核心种质在种质运作上具有以下明显的优点。

1. 新样品的增加

核心种质提供了一个参考的标准。当新样品到达种质基因库时,通过比较可以决定是否应加入种质库或者直接加入核心种质本身。先是判断新样品与现有的核心种质样品是否相似,如果相似,再看一下完整的基因库内这种类型是否足够,再决定是否加入基因库;如果新样品与现有核心种质样品不相似,就要考虑将此样品加入核心种质。

2. 样品的保存

核心种质包含了应高度优先保存的材料,在保存过程中,应该优先对这些样品进行生活力的监测(通过常规的种子测定)。当生活力降到一定标准时,就应进行繁殖,核心种质的建立使繁殖这一繁重的任务有了工作的重点。

核心种质样品具有代表性,使得它适宜于用来发展新的种质保存方法,例如超干种子保存、试管保存("in vitro" storage)或超低温贮藏。

3. 特性的描述

种质库的数据库管理中要对作物和样品的特性进行描述,大量的特性和性状被用于确定样品之间的区别。核心种质是用于发展数据处理中表示一个特性项目的主字码的适宜材料。

4. 种质的评价

对于遗传材料昂贵和复杂特性的评价,核心种质可以优先进行。核心种质提供了涵盖整个基因库内变异范围的一系列材料,可以用于发展新的评价方法,而这些方法对整个种质库均是有效的。进而,通过对一系列有限的样品的评价,核心种质有助于发展一个多变量的数据库以研究特性之间、不同种类资料之间的关系。

5. 种质的改良

种质改良指对种质作难度较大的改进。把需要的性状从不同的遗传背景材料中引入当地适应的品种中去的育种工作，需要较长的过程和较多的费用。利用核心种质可以形成一系列具有代表性的样品，减少工作的样品量，用于与当地的品种进行一般配合力的测定，筛选需要的性状，进行提高产量的育种和抗病虫育种（Zeuli 和 Qualset，1995；Bouton，1996；Boukema 等，1997）。

6. 种质的分发

核心种质的构建有助于加速需要者的利用，从而提高利用率。因为核心种质可以优先繁殖、包装、准备好用于分送和交换。更重要的是核心种质具有代表性，可减少分发的规模。

总之，构建核心种质使种质资源的管理和利用有了工作重点，可极大地节约人力和物力，为育种家提供更详细有用的育种材料，提高和加速种质资源的管理和利用效益（Brown，1995；胡晋，1996）。

（三）构建核心种质的一般程序

构建核心种质的具体方法可以多种多样，随着生物技术、数量遗传学和统计遗传学的不断发展，构建核心种质的方法也会不断地发展和变化，但不管何种构建方法，构建核心种质一般均有以下过程。

1. 资料收集

构建核心种质的第一步是资料的收集。首先从现有在手头上的种质库的样品开始，收集有效的“护照”资料（passport data，即种质收集者记载的原始资料）和特性描述资料（Tohme 等，1995；Rao 和 Rao，1995），并需要尽可能最新的资料。

最灵活的方法是结合“护照”资料、特性描述资料，在某些情况下还有评价的资料，通过系统分类方法将样品归类（Hamon 等，1995）。所考虑的属性依次可有分类学、地理起源、生态起源、遗传标记和农艺资料。

2. 样品分组

构建核心种质的第二步是将样品分组。同组的样品在遗传上可能是相似的（Crossa 等，1995）。如果采用等级方法（the hierarchical approach）（Hintum，1995），可以将样品在组内再分成越来越小的组（Williams，1971），具体的分组方法可采用主成分分析、聚类分析等。组的数量依赖于样品量的多少、核心种质设计的大小及最低分类水平上组之间的差异。样品分成多么小的组将依赖于样品间的鉴别水平（Brown，1995）。

3. 样品取样

需考虑的问题是从每个组中取样的数量，和在一个组里挑选核心材料的方法。可以按原有材料数量的 10%、15%或 20%～30%取样。取样方法可以是忽略分组，完全随机从原有遗传资源中取样；从所有组内取数量相同的样品；依组的大小按比例取样；依组的大小按对数取样等等（Yonezawa 等，1995；Schoen 和 Brown，1995）。Hu 等（2000）提出了随机取样法、优先取样法、变异度取样法，得到了较多的应用。

4. 样品处理

建立核心种质的最后一步是入选材料的处理。在许多基因库，例如禾谷类的基因库，入选的核心种质的样品仍然保存在原来的总的基因库内，只是在数据库中进行记载，表明某些样品是核心种质样品，可作为以后工作的重点。随着核心种质的建立，评价的过程也同时开始。通过评价可以发现不同性状的供体,供给育种工作者杂交所用或供生物研究计划所用,或由于具有优良的农艺性状可以直接在生产上利用。核心种质的利用者应将核心种质的效果和价值的有用的信息返回给管理者(Galwer,1995)。有关样品的新的"发现"可以引导核心种质分组或每组代表样品数量的修正(Jaradat,1995)。

(四)核心种质研究的现状

1989年国际植物遗传资源委员会(IBPGR)对世界范围内的研究所和研究工作者的调查表明,核心种质正引起研究者广泛的兴趣,一些核心种质正在建立,特别是在发达的国家和国际农业研究磋商小组(CGIAR)下属的中心(这些中心都有大型的种质库)。当时有关建立核心种质的研究项目不多,约20多个,涉及豆类、蔬菜、水果作物、秋葵、野生大豆和冬小麦。随着核心种质在种质管理和利用中的作用日益被认识和重视,有关核心种质方面的研究日益增多。

1992年8月在巴西首都巴西利亚,由IBPGR/CGN(荷兰遗传资源中心)/CENARGEN(巴西国家遗传资源中心)举办了题为"核心种质:改进植物种质库的管理和利用"的研讨会,讨论了核心种质的有关问题。1995年IPGRI出版了第一本关于植物遗传资源核心种质的专著:*Core Collections of Plant Genetic Resources*。该书对核心种质的构建,资料分析的方法,核心种质的管理、利用等都做了较多的论述。

可以认为Hamon等(1986)以西非秋葵为材料构建的核心种质是最早的核心种质之一,目前国际上有关核心种质研究的报道已日益增多,涉及的材料包括多年生大豆、冬小麦、郁金香、大豆、野生稻、水稻、绿豆、硬粒小麦、木薯、花生、燕麦、春大麦、大麦、玉米、菜豆、一年生苜蓿、多年生苜蓿、多年生黑麦草、高粱、梅花、兵豆、白三叶草、咖啡、紫苜蓿、甘蓝、披硷草属、豌豆、牡丹、芝麻、甘薯、烟草、龙爪稷、甜瓜、海岛棉、中国花生、红麻、牡丹、乌塌菜、山葡萄、银杏、大白菜、蝴蝶兰、中国李、蜡梅、山杨、白桦、苎麻、斑茅、百合、平菇、萝卜、辣椒、白蜡、枣、核桃、山茱萸、黄芩、黄瓜、蚕豆、谷子、野生玫瑰、柱花草、狗牙根、荔枝、野生板栗、梅花、茶树、花莲、青蒿、苦瓜、野核桃、葡萄、青稞、薏苡等。

不同的核心种质构建,在方法上存在差异。Boukema等(1997)首先将甘蓝分成栽培和野生类型,再以地理起源分类,为芸薹属抗病虫基因的筛选构建了甘蓝的资源核心种质。Hintum和Haalman(1994)以系谱分析的方法构建资源核心种质。Diwan等(1995)根据材料起源和表现型值构建资源核心种质。Holbrook等(1993)用花生种子性状构建核心种质,所有遗传材料先按起源国家和种子形态学资料分层,然后聚类成不同的组,按大约10%的比例随机取样。Casler(1995)认为由于种质资源的开发、利用与频繁的交换,使地理多样性难以可信地预测其遗传多样性,因此将地理来源资料作为分级指标很不可靠。Perry等(1991)根据苹果酸脱氢酶等五种同工酶的酶谱资料进行典型判别分析和系统聚类分析,并建议以15%的比例组成核心样品。20世纪80年代以来,随着分子标记技术的发展,Figdore等(1998)利用RFLP技术研究了芸薹属种的进化和分类问题,进一步核实了以往的分类标准所得出的结论,并且从DNA水平进一步研究了亚种间的遗传多样性及进化关系。Duque等(1995)用AFLP分析野生菜豆核心种质的遗传结构。Brummer等(1995)利用RAPD评估种内样品的遗传变异性,表明RAPD谱带模式能反映样品的差异,可为构建核心种质提供有用的信息。Bonierbale等(1997)用RAPD比较从核心种质和保留库抽取的各90个样品,以此验证菜豆核心种质的代表性。胡晋等(1999)采用基因型值构建核心种质,得到的核心种质包含有较多的遗传变异度，核心种质的代表性优于表现型值构建的核心种质（Hu 等，2000）。连续性资料如基因型值结合间断性资料如分子标记进行聚类进而构建核心种质的方法也被提出（Wang 等，2006）。Wang 等（2007）提出了采用最小距离逐步取样法（LDSS）构建核心种质，该方法能够最大限度地保留原始群体的遗传多样性，并且可以排除聚类方法对构建结果的影响，即只要遗传距离和取样比例不变，所有聚类方法的构建结果一样，是目前较为有效的核心种质构建方法，得到了较多的应用。王明霞等（2014）利用 23 对 SRAP 引物对乌塌菜资源进行聚类分析，从组内取样比例法、总体取样规模和组内抽样方法 3 方面筛选构建核心种质。李谋强等（2015）利用 ISSR 分子标记数据研究了兰州百合核心种质构建方法。毛钧等（2016）采用基于表型与分子数据构建斑茅核心种质。Roohanitaziani 等（2020）研究了重测序番茄核心种质，探索植株生长和果实质量性状表型和基因型变异，为番茄育种提供依据。吴涛等（2020）利用 SSR 分子标记技术，通过最小距离逐步取样法构建核桃核心种质并进行了核心种质的多样性检测，最终确定 10.84％取样比例。

（五）核心种质概念的发展

1. 合成核心种质

核心种质概念现已有了新的发展，不仅以核心种质来代表一个已经存在的种质库，而是应用核心种质这个概念到具体某一作物种上，因而对这种作物来说，它的核心种质就是由有限数量的代表这一个种及用于育种研究的野生近缘种的入选核心材料所构成。这是一个合成的核心种质，从不同的合作种质库（可以是在不同国家）集聚而成或从野生或作物群体取样而构成（胡晋，2010）。如欧洲作物遗传资源保存和交换合作项目发起的大麦核心种质计划。

2. 分级核心种质

为了使核心种质能够最低限度地损失原始群体的遗传多样性，分级核心种质的概念被提出。所谓分级核心种质，就是在构建核心种质的过程中，不是一步到位构建出核心种质，而是分层次、一步步构建。例如，可以先利用现有数据取样构成初级核心种质，然后进行田间种植试验，利用表现型数据从初级核心种质中取样构建二级核心种质，最后利用分子标记等信息将二级核心种质再次压缩，构成核心种质（李自超等，2003）。一般来说，初级核心种质可以代表整个种质资源 95％以上的遗传多样性，从而保证为今后研究与利用提供丰富的遗传变异类型；核心种质可以代表整个种质资源 70％～80％的遗传多样性。谢华等（2003）在中国秋大豆筛选 SSR 核心位点的研究中、崔艳华等（2003）在利用 SSR 分子标记检测黄淮夏大豆初选核心样本的代表性研究中、董玉琛等（2003）在中国普通小麦初选核心种质的构建研究中、王丽侠等（2004）在长江春大豆核心种质构建及分析研究中，均提到了初选核心种质，其概念与初级核心种质类似。

3. 微型核心种质

很多物种的种质资源库中，所保存的规模已经十分庞大。即使按照传统方法构建出核心种质，其规模依然很大，仍会给管理和利用带来不便。例如，将保存在国际水稻研究所中的水稻种质资源按照 10％的取样比例构建核心种质，其核心样品数仍然超过 8 000 份，其规模甚至比很多物种种质资源的原始群体还大。因此，有的学者提出微型核心种质（mini core subset）的概念，即将核心种质的规模进一步压缩，仅用 1％的样品数代表整个种质资源群体的遗传多样性（Upadhyaya，Ortiz，2001）。在鹰嘴豆（Upadhyaya，Ortiz，2001）、豇豆（Togola 等，2020）

和花生(Upadhyaya,2005)等作物中均有微型核心种质构建的报道。

然而,微型核心种质的群体规模毕竟只占原始群体的1%,因此特别容易损失遗传多样性。构建微型核心种质需要结合能够最大限度保持原始群体遗传多样性的取样方法和较为敏感的遗传多样性评价参数。

四、种子防伪

种子防伪(seed anti-counterfeiting)是一种新近开发的种子增值技术类型,采用特殊技术直接对种子本身进行标记(tagging)。同时采用特殊的或配套的检测技术可以检测到这种标记,以此达到辨别种子真伪和追踪种子来源的目的,以避免假冒种子的危害。种子是一种特殊的商品,有时候肉眼很难分辨其真假和优劣。目前,全球种子贸易中,假冒种子占了5%~8%,这严重损害了种子企业及农民的利益。

国外曾有报道采用一种复合物作为标记处理种子以提供唯一的指纹图谱,用手持接收器检测标记物存在与否,可以鉴定种子来源,但是此项技术成本较高,无法在实际生产上应用。浙江大学种子科学中心在国内外首次应用染色剂标记种子后,能够在特殊波长激发光下观察到种子和幼苗叶脉中的不同荧光(肉眼不可见),此技术可作为种子的一种有效防伪方法,具有成本低廉、对种子发芽及幼苗生长无不良影响的优点,是目前国内外能够在生产上应用的种子防伪技术(Guan 等,2011,2013)。目前,又开发了多重防伪技术,胡晋等已获得该技术的多项国家发明专利授权。

五、种子引发及其研究进展

(一)种子引发的概念

种子引发(seed priming)最早由 Heydecke 等(1973)提出。种子引发是指控制种子缓慢吸收水分至一定水平,使其停留在吸胀的第二阶段,让种子进行预发芽的生理生化代谢和修复作用,促进细胞膜、细胞器、DNA 的修复和酶的活化,处于准备发芽的代谢状态,但防止胚根的伸出。胚根伸出前,种子有忍耐干燥的能力,引发后的干燥不会带来损伤,因此,引发后的种子可以通过干燥降低水分,引发种子干燥后可以贮藏或播种。

大量研究表明,经引发的种子,活力增强,抗逆性强,耐低温,出苗快而齐,成苗率高。现在美国有的种子公司已有芸薹属、胡萝卜、芹菜、黄瓜、茄子、莴苣、洋葱、辣椒、番茄和西瓜等引发种子的销售。

(二)种子引发的机理和效应

1. 种子引发的机理

种子引发是基于吸胀与水势的关系,水势越低,种子吸水停留在第二阶段的时间越长。当利用渗透溶质[如聚乙二醇(polyethylene glycol,PEG)或盐](渗透引发)使吸胀介质的水势降到足够低,或提供给种子的水分总量被限制(基质引发或水引发),胚根伸出被阻止,然而,发芽代谢在吸水第二阶段可以继续。吸胀的第二阶段可以通过减小水势被延长。过度的引发会损伤胚根尖、使随后的幼苗生长变差。经引发的种子,在有足够的水分时,能快速吸胀,缩短吸水第二阶段的时间(图12-4),较快地从吸水转向胚根伸出和生长。这就减少了从播种到出苗的时间,促进了出苗的整齐度。这些优点使得种子引发技术普遍用于高价值的蔬菜和花卉种子上,不管是移栽还是直播作物,快速和一致的发芽有助于作物的田间管理。引发也能提高逆境

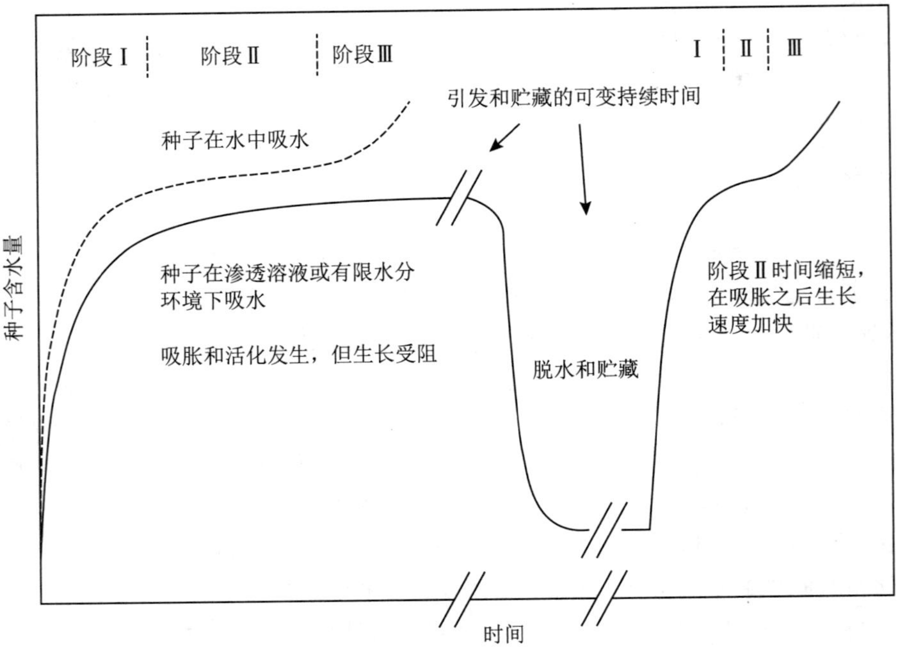

图 12-4 种子引发加快发芽的过程示意图

条件如低温或盐逆境下种子发芽能力。

(1)种子引发过程中发生各种生理生化变化。

①RNA 合成 根据^{3}H-尿嘧啶核苷结合进 RNA 的时间进程,判断 RNA 的合成。用 25%PEG 6 000 引发莴苣种子 2 周后,发芽速率与 RNA 合成速率有平行的关系。引发后种子在约 6 h 开始发芽,而此时 RNA 合成达到高峰。未处理种子的 RNA 合成模式与引发种子相似,但总的合成活动明显低于引发种子。

②蛋白质合成 根据^{14}C-亮氨酸结合进三氯乙酸沉淀部分,判断蛋白质的合成。在 15 ℃以 25%PEG6 000 引发莴苣种子 2 周,蛋白质合成增加,蛋白质合成的速率和数量均受到引发的影响。这与观察到的引发不但加速发芽而且提高种子和幼苗的活力现象相一致。电泳后蛋白质谱带的变化也表明引发不仅影响蛋白质的合成,也影响蛋白质的质量。

③酶合成和激活 引发后种子的碱性磷酸酯酶活性无变化,酸性磷酸酯酶活性增加到未引发种子的 160%。引发后种子酯酶的活性增加到未引发种子的 382%。种子引发时,过氧化氢酶是活力恢复过程的关键酶,起了重要作用(Kibinza 等,2011)。

④同工酶变化 未处理的干种子含有几种预存的酸性磷酸酯酶同工酶,而引发引起酸性磷酸酯酶新的同工酶的出现,这似乎涉及同工酶的从头开始合成。

⑤脱落酸(ABA)水平的变化 脱落酸被认为与种子的发芽和休眠有关。未引发的种子含有相对高的 ABA 水平,而引发后的种子游离 ABA 或结合态 ABA 均为零。

⑥诱导细胞膜的修复 Pandey (1988)报道引发诱导法国菜豆细胞膜的修复。经 PEG 引发后的种子,由于膜相得到完善修复,即使在低温逆境下,细胞吸胀均匀,细胞器发育良好,ATPase 在质膜上分布均匀,膜的结构与功能已发育正常(郑光华等,1988)。

(2)种子引发对发芽的促进效应在分子水平上得到证实。目前,利用分子生物学和功能基因组学方法，对引发提高种子活力的分子机理有了深入的研究。引发促进了细胞核 DNA 的合成。番茄引发种子胚根尖端细胞核 DNA 含量明显高于未引发种子，且在胚根尖端部分位于 G2 期(间期中合成后期)的细胞比未引发种子多。研究表明种子引发能诱导相关基因的表达，如苜蓿种子中抗氧化基因 *MtAPX* 和 *MtSOD*(Macovei 等，2010)，番茄种子中 GA 合成基因 *GA 20ox 1*、*GA 3ox 1* 和 *GA 3ox 2*(Nakamune 等，2012)等。Yacoubi 等(2011)研究了紫花苜蓿种子萌发与引发处理过程中的蛋白质组学，表明 79 个差异蛋白与种子萌发相关，这些蛋白主要参与蛋白质代谢、细胞结构、代谢、防御等；63 个蛋白与种子引发处理相关，其中 14 个蛋白在种子萌发与引发处理中同时表达。研究认为种子引发不能简单地视为种子预发芽过程，其中还涉及其他机制的改善，如提高种子防御能力、提高种子萌发的耐胁迫能力等。

种子引发的效应之一是减轻种子休眠，其广泛的商业应用是防止如莴苣这样的作物种子在高温下产生热休眠。莴苣种子在低温条件下发芽迅速，但是大部分商用品种的种子在高温下(如 32～35 ℃)吸胀会进入热休眠，因此，对作物的生产影响很大。低温引发处理主要涉及一些关键基因表达量的变化，这些关键基因编码脱落酸、赤霉素及乙烯生物合成相关的酶类。而脱落酸、赤霉素及乙烯涉及调控种子休眠和发芽。种子低温下吸胀时，与脱落酸生物合成有关的基因表达量下降(如莴苣中的 *LsNCED 4*)，而与赤霉素和乙烯生物合成有关的基因表达量增加(如 *LsGA 3ox 1* 和 *LsACS 1*)。当莴苣种子在高温下吸胀引起热休眠时，这些基因表达量的变化刚好相反，种子保持较高的 *LsNCED 4* mRNA 水平，而 *LsGA 3ox 1* 和 *LsACS 1* 则无表达。当低温引发时(−1.25 MPa PEG8 000、9 ℃)，种子中 *LsNCED 4* 的 mRNA 水平下降，而 *LsGA 3ox 1* 和 *LsACS 1* 的 mRNA 水平上升，即使将引发回干的种子，随即在高温下吸胀，这一趋势也不会逆转(Schwember 和 Bradford，2010)。因此，引发能使种子解除因高温诱导的种子内部高脱落酸含量、低赤霉素和低乙烯含量而引起的抑制作用，使种子避免热胁迫的影响而完成发芽。另有报道，通过 RNA 干涉技术沉默 ABA 合成关键基因 *NCED*，促进了莴苣种子的发芽。

Chen 等(2013)认为种子引发提高种子萌发耐逆性，可能与种子引发诱导的预代谢印记到种子中有关，从而在种子中存在"胁迫记忆"或"引发记忆"而提高耐逆性。这可能与种子引发的表观遗传机制相关，DNA 甲基化引起的基因表达的变化以及组蛋白修饰均与植物逆境记忆的建立相关。今后，随着组学技术越来越广泛地应用于种子活力分子机理研究，将为我们更深层次地了解种子活力调控机理提供帮助。

2. 种子引发的效应

关于种子引发效应已有很多的报道，这里归纳成以下几个主要方面：①在低温或高温下加速发芽；②提高发芽和出苗的一致性；③增加产量；④提高在逆境下的出苗率；⑤提高幼苗干重、鲜重和苗高；⑥克服远红光的抑制作用；⑦提早成熟；⑧PEG 作为抗菌剂的载体，提高抗病能力；⑨减少热休眠效应；⑩防止幼苗猝倒病；⑪提高陈种子、未成熟种子的活力；⑫避免吸胀损伤、吸胀冷害等现象的发生和损害。

(三)种子引发的方法及技术

目前常用的种子引发方法有渗调引发(osmo-priming)、滚筒引发(drum priming)、固体基质引发(solid matrix priming, SMP)和生物引发(bio-priming)。根据方法的不同，又有不同的技术。

1. 渗调引发

应该说渗调引发是各种引发方法的基础。渗调引发的一般程序可以归纳如下：①将种子置于盛引发溶液的容器内；②将装有种子的容器置于恒温下（通常 10～30 ℃）经一定时间；③用蒸馏水漂洗吸湿至一定程度的种子；④通风干燥种子；⑤种子用于播种或贮藏。根据不同的情况和所用种子的不同，以上处理条件会有所改变。如渗透溶液种类、渗透溶液的浓度、处理的时间、处理的温度、处理期间的光强、处理期间的通气、盛放处理种子的容器类型、处理后种子的干燥方式和程度等均可以改变。

渗透调节通常以聚乙二醇（polyethylene glycol，PEG）为材料，将种子放在适当浓度的 PEG 溶液中，以控制渗透压，调节水分进入种子。PEG 是一种高分子有机化合物，常用 PEG 分子量为 6 000 或 8 000，它不能透过细胞壁而进入细胞内。

很多种类物质（主要为化学药品）可以用于种子引发，根据不同的报道归纳为应用单一药剂处理，如 Na_2HPO_4、$Al(NO_3)_3$、$Co(NO_3)_2$、KNO_3、K_3PO_4、NaCl、$MgSO_4$、KH_2PO_4、NH_4NO_3、$Ca(NO_3)_2$、$NaNO_3$、KCl、丙三醇、甜菜碱、甘露醇、脯氨酸、聚乙二醇（PEG）、交联型聚丙烯酸钠（SPP）；或几种药剂混合作为处理溶液，如 $KNO_3+K_3PO_4$、$KNO_3+K_2HPO_4$、$KH_2PO_4+(NH_4)_2HPO_4$、PEG＋NaCl、K_3PO_4＋BA（苄基腺嘌呤）、PEG＋链霉素、PEG＋四环素、PEG＋壳梭孢菌素、PEG＋金霉素、PEG＋福美双、PEG＋福美双＋苄基青霉素、PEG＋GA_{4-7}＋乙烯利；甚至用海藻悬液进行引发。盐溶液在种子引发期间有两方面作用。首先，盐溶质作为一个渗透质调节水分进入种子。其次，盐离子可能进入胚部细胞影响预发芽代谢。已知所研究过的种类包括大麦、小麦、玉米、高粱、大豆、罗马甜瓜、香瓜、西瓜、莴苣、甜菜、大白菜、芹菜、韭葱、胡萝卜、洋葱、番茄、欧芹、豌豆、菠菜、菜豆、花茎甘蓝、辣椒、胡椒、花椰菜、茄子、芫荽、冬瓜、葡萄、月见草、扁穗雀麦、鸭茅、苇状羊茅、水稻、紫花苜蓿、黄秋葵、烟草等。

在种子引发过程中，由于种子在高湿温暖的条件下，极易受到真菌等微生物的侵染和危害，因此，在种子引发过程中应注意病原菌的控制。采用不同的杀真菌剂及不同使用方法可以使种子引发过程中的真菌降低到较低水平（Tylkowska，Biniek，1996；Hu，Tylkowska，2005）。但没有一种杀菌剂是对所有的真菌都有效的。

2. 滚筒引发

PEG 或其他药剂作为引发剂时，种子通过半透性膜从渗透液吸收水分保持种子内的水势在一定的水平，使在种子吸胀的第二阶段（滞缓期，各种大分子及膜系统可在此时期修复）开展代谢活动，但防止胚根伸出种皮。因此，其他方法如能产生适当的吸湿水平并紧接着一个适当的培养期，也应有类似的发芽效应。基于这一原理，位于英国 Wellesbourne 的园艺研究国际组织发明了滚筒引发新技术，通过控制直接吸水方法来控制种子的水势。

滚筒引发是先将种子放置在铝质的滚筒内，然后喷入水汽，滚筒以水平轴转动，速度为 1～2 cm/s。种子在滚筒内吸水 24～48 h，混合得非常均匀一致，这一时期结束时种子非常丰满，但表面干燥。为获得最佳的引发效应，应控制好种子吸水程度。每一批种子的吸水量和吸水速率需采用计算机系统控制。一般而言，种子在滚筒内吸湿 5～15 d，然后用空气流干燥种子。概括起来，滚筒引发包括 4 个阶段：一是校准，确定种子的吸水量；二是吸湿，加水至校准的水平使种子吸湿 1～2 d；三是培养，吸湿种子在滚筒内保持 1～2 周，以增加引发的效果；四是干燥，以便种子回复或接近引发前的含水量。

3. 固体基质引发

固体基质引发(solid matrix priming, SMP)通过种子与固体颗粒、水以一定比例混合在闭合的条件下控制种子吸胀达到一定的含水量,但防止种子胚根的伸出。大部分水被固相基质载体所吸附,干种子表现负水势而从固相载体中吸水直至平衡。

理想的引发固体基质必须具有下列特性:对种子无毒害作用;具有较高的持水能力;在不同的含水量下保持松散性;化学性质表现为惰性;引发结束后容易与种子分离。

目前应用的固体基质主要有:蛭石、烧黏土、页岩、软烟煤、聚丙烯酸钠胶以及合成硅酸钙等。在引发中所使用的液体成分主要有:水、PEG溶液和一些小分子无机盐水溶液。在基质引发中,所使用的种子与引发固体基质的比例通常1∶(1.5～3)左右,所用水分量常为固体基质干重的60%～95%。

浙江大学胡晋等(2002)开发出沙作为固体引发基质,并获得国家发明专利。沙引发水稻、西瓜、紫花苜蓿等种子效果明显。沙引发提高了紫花苜蓿种子的活力和抗盐胁迫能力,促进了盐逆境下种子的萌发和幼苗生长(解秀娟,胡晋,2003)。直播水稻种子经沙引发处理后,发芽率、发芽势、发芽指数、活力指数、苗高、根长、根数量、根干重显著提高。田间试验显示成苗率和产量显著增加(Hu等,2005)。沙引发还能明显提高直播水稻种子的抗低温逆境能力(Zhang等,2006)。在高浓度盐逆境(1.0% NaCl)下,沙引发可以显著提高糯玉米种子的发芽势、缩短平均发芽时间,增加幼苗苗高、根长以及鲜重、干重等,从而提高糯玉米的耐盐性(Zhang等,2007;李洁等,2016)。

4. 水引发

水引发(hydropriming)是将种子先在水中预浸,然后将种子放在相对湿度为100%的密闭容器内培养。Fujikura等(1993)用该方法引发花椰菜种子,效果比PEG引发要好,尤其在低温(10 ℃)下发芽效果更好,但它对老化种子的修复效果不如PEG。水引发和PEG引发(渗透引发)可能存在机制上的不同。根据不同种子的特性,改变浸泡和培养时间,水引发可能对其他种子也会有效。

5. 生物引发

生物引发已成为一种新的种子处理技术。生物引发是利用有益微生物作为种子的保护剂,而不是利用传统的抗生素。通常,有益的微生物不能与田间原有的大量存在的病原菌竞争,通过生物引发,使种子上的有益微生物大量增殖布满种皮,并能较快和有效地繁殖和保护发育中的幼苗根系。美国公司已商业化试用生物引发的蔬菜种子产品。生物引发可通过固体引发、渗调引发等技术进行。

Callan等(1990,1991)采用1.5%荧光假单胞菌(*Pseudomonas fluorescens*)AB254的甲基纤维素悬浮液包衣甜玉米种子,然后回干2 h,此后,包衣种子在23 ℃下水合20 h,吸胀至35%～40%的含水量并立即播种。生物引发期间,细菌群体增加10～1 000倍。结果显示,生物引发的种子很少出现由最终极腐霉(*Pythium ultimum*)引起的出苗前的猝倒病,在低温土壤里的效果好于杀菌剂氨丙灵(Metalaxyl, 又称瑞毒霉)的控制水平或与之相同。Reese等(1998)建立了一个新的生物引发方法,称为加压融合生物引发。该法采用增加空气压力,达到加速种子水合,促进生物控制剂致金色假单胞菌(*Pseudomonas aureofaciens*)进入甜玉米种子。结果表明,引发后的甜玉米种子播后明显增加了出苗率。

种子引发的技术还有很多，如起泡柱引发、搅拌型生物反应器引发等。起泡柱引发是利用直径 5 cm、高度约为 50 cm 的起泡柱，种子在柱内引发，引发期间潮湿的空气被通入柱内，以减少 PEG 引发溶液水分损失并增加溶液中的氧含量。搅拌型生物引发是利用直径 190 mm、具有 5 L 的工作容积反应器，内有一个六叶 45°斜度的搅拌器，形成一个向下的液体流，转动速度 250 r/min。0.02～0.05 vvm（vvm 为每分钟每液体体积的气体体积）的富含 O_2 空气和 0.5～1.0 vvm 空气在搅拌叶片下，被喷射进反应系统。以上 2 种方法处理过程中，种子保持悬浮的状态，常给予溶解氧值在 80%饱和以上，利用氧电极可持续测定溶解氧，定时测定 PEG 的水势，如有必要则调整引发溶液或更换引发溶液。

随着种子引发研究的不断深入，很多引发试剂被开发应用，新的引发效果不断地被发现，引发技术也不断地更新。如采用 0.25%、0.5%和 0.75%壳聚糖溶液引发玉米黄 C 和 Mo17 种子，3 种浓度引发处理均可以增加两个自交系低温胁迫前、5 ℃低温胁迫 3 d 后、恢复生长 3 d 后 3 个时期的苗高和根长，同时增加苗干重和根干重，但以 0.5%壳聚糖溶液引发 60～64 h 效果最好（Guan 等，2009）。Spd 和 Spm 引发能提高玉米种子吸胀期间的耐冷性，提高低温胁迫下种子发芽能力。不同成熟度的超甜玉米种子经 0.5 mmol/L Spd 和 0.5 mmol/L Spm 引发后，提高了发芽能力和幼苗质量（曹栋栋等，2019）。用水杨酸（SA）引发不同程度地提高了低温吸胀胁迫下玉米种胚的腐胺（Put）、Spd 和 Spm 含量，降低了种胚的 MDA 含量，同时提高了发芽率，并缩短平均发芽时间（郑昀晔等，2008）。茉莉酸甲酯引发通过调控水稻种子代谢缓解干旱胁迫。与未引发处理相比，2.5 mmol/L 茉莉酸甲酯（MeJA）引发提高了水稻种子发芽率和种子活力，促进了幼苗的生长，提高了干旱条件下的光合作用指标如净光合作用（Pn）、气孔导度（Gs）等（Sheteiwy 等，2018）。

种子引发的效果在种、品种、甚至种子批间也会有差异。正因如此，处理的条件难以有一个确定的标准，这一点对种子引发在商业大规模应用上带来了一定难度。目前这一领域的研究正方兴未艾，受到各国科学家的日益关注和重视。种子引发的研究，可为种子包衣（seed coating）、丸化（pelleting）、液播（fluid drilling）等新工艺新技术提供材料、方法和理论依据。

六、智能型和功能型种子丸化

随着种子技术的不断进步，国内外已经开始功能性丸粒化种子的研制。浙江大学研制出抗寒和抗旱型丸化种子，其中抗旱型种衣剂所用的自制保水剂吸水倍率可达到 4 000 倍，远远超出传统吸水剂的吸水倍率（一般 600 倍以下），可大大提高干旱逆境下种子的发芽和幼苗成长能力，基于该技术开发了双重抗旱型种衣剂，并获得国家发明专利（胡晋等，2013）。同时，胡晋等还开发出“智能”温控抗寒型丸化种子（Cui 等，2012）。普通丸化种子的抗寒有效成分从种子播种即开始释放，有时种子还未遇到低温逆境，有效成分已经流失殆尽，失去抗低温逆境的效果。而“智能”温控抗寒型丸化种子，只有在外界温度低于将对种子发芽和幼苗成长产生危害的临界温度值时才响应式快速释放抗寒剂，以提高种子的抗低温能力。在此，临界低温值作为释放抗寒剂的“开关”，且“开关”温度可以根据不同作物需求人为控制。

七、种子生活力和活力非破坏性测定研究

（一）非破坏性测定种子生活力和活力的意义

种子贮藏期间，种子生活力必须通过样品的发芽试验来监测，然而常规的发芽试验都要消

耗有限的种子库存数量，这必将导致繁殖更新次数的增加，进而增加遗传飘移的频率，改变原有种性。因此，在不破坏种子的前提下，寻找一项或几项综合指标来间接地预测种子生活力的方法，具有很重要的实践意义。IBPGR 较早认识到这一问题，资助了美国国家种子贮藏实验室和科罗拉多州立大学开展这方面的研究。直到 1991 年，美国国家种子贮藏实验室和科罗拉多州立大学才首次提出“种子生活力测定的非破坏性方法”这一概念，并联合开展了这方面的研究。同样道理，非破坏性测定种子活力也有重要的意义。现将这方面的研究情况做以下简要的介绍。

(二)非破坏性测定种子生活力和活力的方法

1. 种子浸出液电导率、pH、芥子碱、可溶性糖测定

国内外用电导法测定种子活力的研究报道很多，而电导法本身就是不必破坏种子便可预测种子生活力的方法之一。Peskc 和 Amarral(1985)报道了大豆种子渗出液的 pH 与种子发芽之间密切相关，选用的材料是不同生活力水平的单粒大豆种子。

美国国家种子贮藏实验室和科罗拉多州立大学在研究的 4 种方法中，种子浸出液的电导率测定显示出较好的结果。单粒玉米种子吸胀 4 h 后测定电导率，红三叶（*Trifolium pratens*）27 个自然老化的种子批与生活力有很好的相关性。种子可以被回干至原来的含水量，过程重复 4 次，种子生活力无显著下降(IBPGR，1991)。向莹莹等(2020)通过研究发现基于电导率的玉米种子活力测定时间可缩短到 4 h。陶奇波等(2022)发现，浸泡 24 h 的种子浸出液的绝对或相对电导率均可以作为评价紫云英种子活力且预测田间出苗表现的适宜方法。

将玉米种子在 25 ℃恒温下，连续进行 6 次湿平衡—浸泡—干燥处理。结果不论浸泡时间长短，前 3 次处理对玉米种子发芽率均没有显著影响。从第 4 次浸泡开始，玉米种子的发芽率与浸泡次数、吸水速率和浸出液的电导率呈现反相关关系，与种子浸出液的 pH 呈现正相关关系。认为湿平衡—浸泡—干燥处理是研究非破坏性种子生活力测定方法的一条可行途径(李灵芝，1994)。

浸泡后快速回干的菜心(*Brassica campetris* L.)种子活力和细胞膜的完整性较差。经过 5 次浸泡—回干(慢速)—贮藏循环处理，种子活力和发芽率得以较好保持与提高，增加了耐藏性和抗老化能力，且每次循环浸泡 4h 和 6h 效果较好。渗漏物测定表明每次浸泡—回干—贮藏循环处理浸泡液的电导率和芥子碱相对含量均与种子活力显著负相关(张保恩等，1999)。

小麦种子浸泡 2 h 或 4 h 后，种子在室温下经适当干燥至原含水量后继续保存，测定种子渗漏物中的电导率、可溶性糖、氨基酸和紫外光密度 4 项指标。试验结果表明可溶性糖含量与种子活力密切相关，测定浸泡液中可溶性糖含量可以作为一个非破坏小麦种子活力的检测方法(李灵芝等，2002)。

2. 种子挥发性组分和释放量的测定

用湿平衡—吸水—回干方法得到种子浸泡液，分析浸泡液中糖、氨基酸或其他电解质的渗出量可以估计种子的活力，但随浸泡次数的增多种子活力会明显降低。Zhang 等(1994)用气相色谱-质谱联用方法检测到 51 种种子产生的挥发性组分。而且发现挥发性组分中的醛类物质是使贮藏的种子活力下降的重要因素。测定方法为气相色谱分析，称取种子 5 g，密闭于 30 mL 试管中，分别在 0 ℃条件下贮藏 50 d。取出后抽取 1 mL 气体进行气相色谱分析。

用气相色谱分析了白菜、水稻、绿豆种子在密闭贮藏期间挥发性组分的种类与释放量。不同

温度下含水量不同的各种种子都有挥发性组分产生。种子贮藏在 0 ℃比在 25 ℃产生的挥发性组分多;经相对湿度(RH)32%平衡水分的种子比经 9%或 RH64%平衡水分的种子产生的挥发性组分释放量多。比较白菜、水稻、绿豆 3 种种子,发现在相同条件下这 3 类种子产生的挥发性组分量依次递减。Zhang 等(1994)发现种子贮藏在-3.5 ℃比在 23 ℃下产生的挥发性组分多。

发现各类经 RH32%平衡的种子在 0 ℃产生的挥发性组分中乙醛量或乙醛/乙醇与种子活力有显著正相关。说明通过测定此条件下密闭贮藏的种子的乙醛和乙醇释放量可以人为地检测种子活力水平。这种方法是一种真正实用的非破坏性方法(黄真池和黄上志,1998)。也有报道挥发性单萜物质含量与种子活力有关(Tammela 等,2003)。

3. 种子呼吸速率的测定

种子呼吸强度是衡量种子呼吸作用强弱的重要生理指标,反映了种子活力的水平。种子呼吸消耗氧气(O_2),释放二氧化碳(CO_2),所以氧气消耗量或者 CO_2 释放量可以在一定程度上反映种子的呼吸强度。检测种子呼吸耗氧量的方法有瓦氏微量法、Clark 氧电极法和氧传感技术检测法(Q2 技术)等;检测种子呼吸 CO_2 释放量的方法有小篮子法、红外线 CO_2 分析仪法和可调谐二极管激光吸收光谱(TDLAS)技术检测法等(高璐等,2022)。这里主要介绍瓦氏微量法、氧传感技术检测法、TDLAS 技术检测法。

瓦氏微量法主要是使用瓦氏呼吸仪测定种子呼吸过程中氧气的消耗量。首先将种子称量后放入反应瓶中,并将反应瓶放入恒温控制器。实验开始后调节"U"形测压管底部的旋钮,使右侧闭管内测压液的液面保持在 $h=150$ mm,读取左侧开管液面高度值。关闭三通活塞使压力计与反应瓶相通,待种子呼吸一段时间后,将右侧液面仍调节至原处,并记录左侧液面高度变化,据此判断种子的呼吸速率。黄真池和黄上志(1998)使用 Shw-2 型呼吸仪在 25 ℃下测定不同活力等级的白菜种子在不同吸水时间下的呼吸速率,发现了高活力种子和中等活力种子在吸水初期(1~12 h)呼吸速率相差不明显,低活力种子的呼吸速率在吸水前 4 h 明显低于前两者,但随着吸水时间延长,低活力种子的呼吸速率大小与高、中等级活力种子的呼吸速率逐渐接近。

氧传感技术检测法是在密闭环境中,通过测量种子萌发过程中氧气的消耗情况来检测种子呼吸强度,由荷兰 ASTEC Global 公司开发。该技术基于荧光猝灭原理,由氧传感检测仪向含有荧光材料的种子萌发试管中释放蓝光,蓝光被荧光物质吸收并发出红光返回传感器。O_2 分子可以消耗红光能量(即猝灭效应)。当种子萌发消耗氧气时,试管内 O_2 浓度降低,返回的红光随之增强,所以红光的强度与 O_2 分子的浓度成反比。在测量过程中,操作软件会根据 O_2 浓度和时间自动绘制成耗氧曲线,测定种子呼吸时消耗 O_2 的浓度,得到种子呼吸强度。根据耗氧曲线的特征,设定不同的氧代谢值,通过种子萌发启动时间(IMT)、萌发 O_2 消耗速率(OMR)、临界 O_2 压强(COP)、理论萌发时间(RGT)和理论萌发率(RGR)等值,快速区分不同活力种子。该方法是集生物技术与信息技术于一体的自动化测定种子呼吸耗氧能力的新技术,目前已经被应用于多种类型种子的活力水平测定,但由于该方法需要对种子进行萌发,属有损检测。

可调谐二极管激光吸收光谱技术(TDLAS)是利用激光器发出的光被待测气体选择性吸收来测量气体的浓度。由于 TDLAS 技术目前已经能够达到 10^{-9} 级别甚至 10^{-12} 级别的检测限,因此,很多学者利用 TDLAS 技术检测 CO_2 的浓度。目前的研究证明,利用该技术检测种子呼吸过程中产生的 CO_2 浓度,与种子活力存在高度相关性,具有广阔的应用前景。

4. X 射线断层扫描技术(X-CT)测定

常规 X 射线图像只能显示种子的一维平面形态结构，无法对种子组织的健康状况进行全方位的评估，而 X 射线断层扫描技术(X-CT)可以探测不同生物组织的相对密度，不论是活组织还是死组织。组织通过吸收或传输 140 kVp(千伏峰值)能量范围的 X 射线，并在一维平面上成像，显示生物密度。1 cm 的同源螺旋切片可以从三维坐标轴的任何一轴形成三维图像。代表种子健康状况的生物密度可以用直方图或 Hounsfield 单位的值来解释。刘应安和喻方圆(2009)利用计算机断层扫描(CT)技术检测七叶树种子生活力，其检测结果与四唑测定的结果相当，这说明利用计算机断层扫描(CT)技术可以作为一个非破坏性方法快速、准确和无损测定七叶树和其他大粒林木种子生活力。

5. 近红外光谱技术测定

近红外光谱(NIR)分析具有速度快、效率高、成本低、测试重现性好、测量方便，且不破坏种子本身等特点。种子中含有淀粉、蛋白质、糖类、脂质等有机物大分子，这些有机分子在近红外光谱区域具有丰富的光谱特征，且其光谱特征与有机分子的含量以及所含基团的种类不同密切相关。不同活力的种子其内部有机物大分子的含量和成分结构是不同的，利用近红外光谱技术检测种子活力就是基于其能够反映这些有机化合物的分子振动信息，进而区分不同活力的种子。康月琼和郝风(2004)采用傅里叶变换近红外光谱法测定玉米、水稻种子的水分和生活力，并用光谱影响值法(Leverage)对异常值进行判断和处理，其测定结果与 GB/T 3543—1995 检测的结果及田间鉴定结果非常接近，并建立玉米、水稻种子水分、生活力的近红外光谱分析模型，不具破坏性地、快速地预测玉米、水稻种子的水分、生活力，满足农作物种子质量快速检测、贮藏、育种等的需要，有利于种质资源的保护。韩亮亮等(2008)采用近红外光谱结合主成分分析、马氏距离模式识别方法鉴别了 3 种不同活力的燕麦种子。结果表明，在 4 000～6 900 cm^{-1} 波数范围内的光谱，通过 SNV(standard normal variate)预处理方法，用 4 个主成分建立的模型效果最佳，模型对校正集样本和预测集样本的鉴别率都分别达到 100%。该研究利用近红外光谱技术为快速准确无损测定种子活力提供了一条新途径。范雪婷等(2019)利用近红外透射光谱技术对水稻种子活力进行研究，对‘日本晴’和‘9311’两个品种水稻种子建立了活力检测模型，验证集准确率均超过 90%。

6. 紫外荧光法测定

不同活力的种子在紫外线激发下会产生不同荧光反应。紫外荧光法所用仪器简单，只需一台紫外荧光灯就可以进行，不需试剂，适于检测寿命短、活力差别较大的种子。一般包括荧光团纸法和荧光圈法。荧光团纸法的原理：白菜、萝卜等十字花科蔬菜种子中含有荧光物质——芥子碱，当其种子老化时，膜系统受损伤，导致芥子碱的外渗，存在滤纸上的外渗物质待烘干浓缩后，在紫外线的激发光下，在种子周围产生明亮的荧光团，根据荧光团的面积和色泽深度可以判断种子生活力。1995 年，Lee 和 Taylor 用芥子碱渗漏量预测大白菜单粒种子生活力(李灵芝等，1996)。郑光华等认为大多数十字花科蔬菜种子如白菜、甘蓝、萝卜种子在衰老劣变的情况下，可以采用纸上荧光圈法快速测种子生活力，但因操作方法、品种特异性有差异，该法对不同种类的种子实验结果误差较大。荧光圈法统计紫外灯下种子的荧光斑点数，而不是面积和色泽深度。董新红和宋明(2002)用荧光圈法测芥菜(茎用)种子生活力与发芽率之间极显著正相关，相关系数 $r=0.960\ 9(\alpha=0.01)$，表明用荧光圈法测芥菜种子生活力适用于茎用芥菜种子，在生产中可通过快速测定种子生活力，根据回归方程，计算出芥菜种子发芽率，从而为估算种子发芽率提供了一个快速、准确的方法。但对叶用、根用芥菜是否适用仍需研究。

7. 其他方法

如利用某些种子的本身特性，设计特用（专门）种子生活力快速测定仪，直接快速测定这些种子的生活力。如陈德坤等(2006)，根据水稻种子是一种非线性、各向异性的电介质，它的介电常数的大小反映了种子活力的强弱这一关系，设计出水稻种子活力检测仪。只要测出种子的体积及种子与空气混合介电常数，就可计算出水稻种子的活力大小，是一种不具有破坏性的种子活力检测方法。

八、顽拗型种子研究进展

（一）种子顽拗性的评价

顽拗性(recalcitrance)是一个比较原始的性状(von Teichman 和 van Wyk，1994)。种子的顽拗性与脱水敏感性密切相关，是通过干燥脱水后种子的生活力高低来评价的。以前认为种子脱水敏感性/耐性是一个质量性状，植物组织干燥后要么存活，要么死亡(Walters，1999)。但越来越多的研究表明，顽拗型种子的脱水敏感性随着脱水的进行逐渐增加(Berjak 等，1984；Pammenter 等，1991；Song 和 Fu，1992，1999；Fu 等，2000)，正常型种子的脱水耐性随吸胀而逐渐失去(Leprince 等，1995；Sun，1999)，种子的脱水敏感性/耐性是一个数量性状(Berjak 和 Pammenter，1994)。

种子的顽拗性是根据种子对干燥脱水的敏感性确定的。种子脱水敏感性可用渗漏试验测定的“临界含水量”进行定量描述(Berjak 等，1993；Vertucci 等，1993；Leprince 等，1995)。“临界含水量”是指干燥脱水时不会对种子造成明显伤害时的种子含水量。但研究表明，种子干燥时的温度和脱水速率会影响种子脱水敏感性，黄皮胚轴分别被快速、中速和缓慢脱水的试验结果表明，快速、中速和缓慢脱水的半致死含水量分别为 0.09 g/g、0.18 g/g 和 0.24 g/g(宋松泉等，2004)。脱水速率不仅影响半致死含水量，而且也会影响种子萌发率和活力。因此 Song 等(2003)认为在评价脱水敏感性/耐性时应考虑存活率、渗漏率和幼苗生长速率。

考虑到种子的脱水敏感性/耐性是一个数量性状，Berjak 和 Pammenter(1994)建议研究者在报道种子脱水敏感性和贮藏特性时要考虑以下因素，进行综合评价：①种子的自然习性；②贮藏寿命，即种子生活力降到 50%(V_{50})的时间，在完全水合贮藏条件下，要指明贮藏温度；③在特定条件下脱水至 V_{50} 时，贮藏组织和胚轴的平均含水量；④对应于 V_{50} 的种子水分的水分活动性(water activity)；⑤在水合状态下的低温敏感性(V_{50} 时温度)；⑥在生活力下降前胚轴最低含水量时的低温敏感性；⑦脱水时温度对干燥损伤的影响。

（二）种子脱水敏感性/耐性的机理

脱水耐性是正常型种子最基本的特征之一。正常型种子成熟时胚的脱水耐性增加，种子吸胀萌发时胚又变为不耐脱水。顽拗型种子在整个发育过程中不耐脱水，对水分丧失高度敏感。不同顽拗型种子脱水敏感性不同，弄清种子脱水敏感性/耐性的机理对最终阐明种子贮藏特性的分化、解决顽拗型种子安全贮藏具有重要意义。

1. 种子的水分状态及脱水耐性/敏感性

根据水分吸收等温线和量热法的研究，顽拗型种子和正常型种子组织中的水分可以分为5种水分状态(water state)或者水合水平(hydration level)(Vertucci 和 Farrant，1995；Walter 等，2002)，即水合水平1、水合水平2、水合水平3、水合水平4和水合水平5。

顽拗型种子和正常型种子在不同水合水平上的表现不同。在水合水平5(水势超过−1.5 MPa，含水量为0.7 g/g)，组织中的水表现出类似于稀溶液的热力学性质；种子的组织被充分水合，细胞分裂和萌发代谢继续进行(Vertucci 和 Farrant，1995；Berjak 和 Pammenter，1997)。在水合水平4(水势为−3～−1.5 MPa，含水量为0.45～0.7 g/g)，组织中的水表现为浓溶液或者微孔溶液的性质；大多数成熟的种子不发生伤害，可以进行蛋白质合成和核酸修复，但细胞分裂和种子萌发被阻止；未成熟胚、幼苗和高度顽拗型种子如海榄雌(*Avicennia marina*)种子将死亡(Vertucci 和 Farrant，1995；Berjak 和 Pammenter，1997)。在水合水平3(水势为−11～−3 MPa，含水量为0.25～0.45 g/g)，水分在疏水位点形成桥，在−38～−18 ℃结冰；脂质双分子层开始转变，呼吸活性继续，细胞利用高能中间代谢物的过程被损伤和累积毒素如自由基，在此水合水平所有的顽拗型种子将死亡。在水合水平2(水势为−150～−11 MPa，含水量为0.08～0.25 g/g)，水获得形成玻璃化的能力，与大分子表面的相互作用较弱，结合能约为−2 kJ/mol；此时，中间型种子迅速死亡。在水合水平1(水势<−150 MPa，含水量<0.08 g/g)，水分通过离子键与大分子表面牢固地结合，水分子是作为配体而不是溶剂，结合能约为−50 kJ/mol，在此水合水平，正常型种子发生劣变，缓慢死亡(黄上志等，2004)。

2. 种子脱水敏感性/耐性的机理

正常型的种子在种子发育过程中，种子的脱水耐性不断增加(Bewley 和 Black，1994；Kermode，1995)，顽拗型种子在整个发育过程中对脱水非常敏感(Smith 和 Berjak，1995；Pammenter 和 Berjak，1999)。正常型种子在种子发育过程中如何获得脱水耐性，顽拗型种子为何不能获得脱水耐性？已有的研究表明，涉及种子脱水耐性的机制或者过程主要有：①细胞内去分化；②代谢作用的关闭；③抗氧化系统的存在和有效运转；④保护性物质的作用，包括胚胎发育后期丰富表达蛋白，蔗糖、寡糖或者半乳糖苷环多醇，一些亲水脂分子，脂质体周围的油脂蛋白层；⑤在重新水合过程中修复机制的存在和运转。正常型种子能有效利用上述机制获得脱水耐性，而顽拗型种子则缺乏这些机制，或这些机制可能被伤害(图12-5)。

(1)细胞内去分化 Farrant 等(1997)测定了顽拗型种子海榄雌和欧洲七叶树以及正常型种子菜豆发育过程中线粒体的数量和质量状态。种子成熟时(海榄雌和欧洲七叶树种子脱落前，菜豆种子成熟脱水前)，由线粒体所占的细胞体积比例在海榄雌中最高，欧洲七叶树次之，菜豆中最低。此外，海榄雌和欧洲七叶树种子的线粒体具有发育良好的嵴和稠密的基质，为典型的具活性的水合植物组织结构；而成熟的菜豆种子的线粒体几乎完全脱分化。表明正常型种子成熟干燥开始时，能通过细胞内结构去分化来获得脱水耐性，而顽拗型种子则不能。

(2)代谢作用的关闭 代谢“关闭”是一个减少与脱水有关的潜在有害效应的过程。有证据表明在中间含水量范围内可能发生由自由基介导的伤害反应(Finch-Savage 等，1994；Vertucci 和 Farrant，1995)。中间含水量范围最初被认为相应于由 Vertucci(1990)定义的水合水平3(−11～−3 MPa 的水势)(Vertucci 和 Farrant，1995)。Pammenter 和 Berjak(1999)

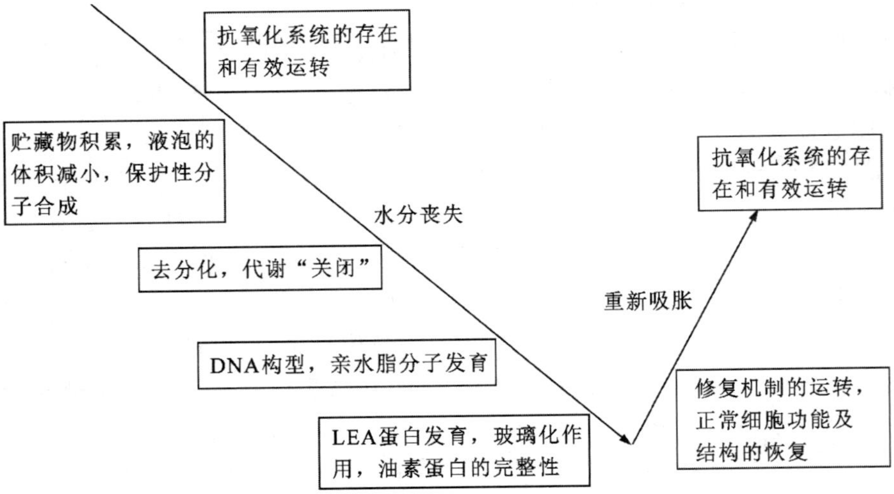

图 12-5 水分胁迫(水势和相对湿度)、水分丧失(含水量)和胁变(体积和黏性变化)与水分概念模型以及对细胞伤害的关系

(黄上志等,2004)

认为中间含水量应包括水合水平 4(－3～－1.5MPa 的水势),因为当根原基的水势为－1.5 MPa 时,贮藏的海榄雌水合种子丧失生活力(Motete 等,1997)。因此,具脱水耐性的种子必须能够通过易受损伤的含水量范围而伤害最小。已经报道脱水的正常型种子具有低水平的电子传递活性,表明正常型种子可能通过代谢“关闭”来减少由自由基介导的伤害反应。

在发生自由基介导的伤害过程的含水量范围内,顽拗型种子可能发生致死伤害的现象说明,脱水敏感性种子不具有或者不表达正常型种子通过这种含水量时而少受或者不受伤害的机制。成熟顽拗型种子的呼吸速率相对较高(Lin 和 Chen,1995;Come 和 Corbineau, 1996;Chen 和 Lin,1997),表明这些种子具有代谢活性,较高的代谢活性可能与脱水敏感性有关(Berjak 和 Pammenter, 2001)。近来普遍认为顽拗型种子胚轴在脱落到干燥致死阶段,保持着活跃的新陈代谢,包括持续的 DNA 合成、核糖体活性保持、长寿命 mRNA 的蛋白合成、贮藏物质的快速动员与利用、强呼吸和高能量消耗等(Obroucheva 等,2016)。

(3)抗氧化系统的存在和有效运转　正常型种子和脱水耐性的营养组织中存在一系列抗氧化防御机制,能有效降低脱水对正常型种子造成的伤害(Oliver 和 Bewley,1997;McDonald,1999)。顽拗型种子缓慢脱水时,由于代谢的不协调而产生的自由基可能是一种主要的伤害因子,构成了一系列致死伤害(Smith 和 Berjak,1995;Come 和 Corbineau, 1996)。Song 等(2004)研究发现 *Trichilia dregeana*(鹧鸪花属的一个种)胚轴在脱水过程中,超氧化物歧化酶(superoxide dismutase,SOD)和抗坏血酸过氧化物酶(ascorbate peroxidase,APX)的活性逐渐降低;胚轴的含水量从 1.78 g H_2O/g 干重降低到 0.12 g/g 干重时,SOD 和 APX 的活性分别降低了 30%和 20.7%。过氧化氢酶(catalase,CAT)和谷胱甘肽还原酶(glutathione reductase,GR)活性在脱水初期增加,然后下降;脱氢抗坏血酸还原酶(dehydroascorbate reductase,DHAR)活性在脱水初期稍微增加,然后迅速降低;胚轴中硫代巴比妥酸活性产物(TBA-reactive products)的含量在脱水初期缓慢增加,随着进一步脱水迅速增加;胚轴中硫代巴比妥酸活性产物的增加与胚轴存活率和抗氧化酶活性的下降密切相关；2.5～10.0 mmol/L 抗坏血酸(ascorbic acid，AsA)处理能显著地提高干椿树(*Trichilia dregeana*)胚轴的脱水耐性以及胚轴中 SOD、APX、CAT 和 GR 的活性，降低胚轴中 TBA-活性产物的含量(Song 等，2004)。同样，Song 和 Fu(1992，1999)发现荔枝，宋松泉和傅家瑞(1993)发现木菠萝，Wand 等(2001)发现黄皮种子和(或)胚轴在脱水过程中自由基清除酶的活性下降，脂质过氧化产物丙二醛的含量显著增加。因此，可以认为，顽拗型种子在脱水过程中对活性氧所产生的伤害不能起足够的保护作用可能是脱水敏感性的主要原因之一。

顽拗型种子(或者胚轴)具有抗氧化机制(Hendry 等，1992；Finch-Savage 等，1994)，但在水分胁迫条件下，这些保护型机制可能被伤害(Smith 和 Berjak，1995)，它们对脱水伤害的保护作用，可能是无效的。在温带顽拗型物种英国栎胚轴的脱水过程中，随着抗氧化酶活性和 α-生育酚含量的降低，自由基迅速积累(Hendry 等，1992；Finch-Savage 等，1993)。在高度顽拗型的热带物种 *Shorea robusta* 中超氧阴离子(superoxide anion)的产生与膜的伤害关系密切(Chaitanya 和 Naithani，1994)。而顽拗型的水生禾本科植物窄叶菰的种子，在所有的试验温度下氢过氧化物随着脱水而形成，在 37 ℃下形成的氢过氧化物比 25 ℃下多得多。

(4)保护性物质的作用　种子脱水伤害的保护性物质主要有 LEA 蛋白、糖、亲水脂分子和油素蛋白(oleosin)(Ingram 和 Bartels，1996；Pammenter 和 Berjak，1999；Phillips 等，2002)。非还原糖特别是棉籽糖系列(Blackman 等，1992)和半乳糖苷环多醇(Obendorf，1997)通常以两种主要的方式影响脱水耐性：第一种方式是“水分代替假说(water replacement hypothesis)”。该假说认为，脱水时专一的糖代替与膜表面有关的水分，从而维持脂质双分子层中正确的脂质头部空间和防止从液晶相转变为凝胶相。其中海藻糖(trehalose)是最有效的糖，它能以这种方式代替水分(Crowe 等，1992)。在被子植物的种子中不存在海藻糖，而蔗糖是最丰富的二糖，蔗糖在正常型种子的脱水和脱水耐性的花粉中可能起类似于海藻糖的作用(Crowe 等，1992；Hoekstra 等，2001)。第二种方式是水相的玻璃化作用(Leopole 等，1994；Obendorf，1997)。当水分丧失时，蔗糖和一些寡糖或者半乳糖苷环多醇形成高黏滞性的、无定型的超饱和溶液。由于它们的高黏滞性，玻璃化的存在实际上向细胞内施加了一种停滞作用，因而降低紊乱代谢的有害效应，防止大分子变性，以及可能阻止或者减少膜脂质双分子层从液晶相转变为凝胶相。

亲水脂分子能进入脂质双分子层大大降低膜脂从液晶相转变为凝胶相的含水量，从而维持脱水耐性生物在干燥状态下膜的完整性(Hoekstra 等，1997，2001)。在脱水敏感性种子中，可能缺乏必需的内源亲水脂分子，或者其不起作用(Berjak 和 Pammenter，2001)。

油素蛋白含有一个与脂质边缘相互作用的中央疏水区域和一个与细胞基质相互作用的亲水脂分子的 N-末端区域和 C-末端区域。在水合状态下，油素蛋白保证脂质体独立完整地存在于细胞基质中。在脱水耐性的种子中，油素蛋白阻止脱水时脂质体的聚合。脂质体的聚合是一种常见的劣变结果(Smith 和 Berjak，1995)。

LEA 蛋白是由偏性氨基酸组分形成的高度亲水性的多肽(Kermod，1997)，在种胚发育过程中合成。在种子获得脱水耐性的胚成熟后期，蛋白质和 mRNA 的合成模式发生变化，特征性地积累一类特殊的 mRNA 和相关的蛋白质，分别为特异的 Lea mRNA 和 LEA 蛋白。陆地棉(*Gossypium hirsutum*)胚中的 LEA 蛋白可分为两类：第一类 LEA 蛋白有 6 个成员，在组织分化完成后不久开始出现，在发育中期(授粉后 25～30 d)增加，且与 ABA 含量的增加一致，大约在种子开始脱水前 3 d 达到最大值；第二类 LEA 蛋白含 12 个成员，LEA 转录物和蛋白在成熟后期产生，在种子脱水前或者脱水过程中达到峰值，其含量较高，占非贮藏蛋白的 30%。LEA 蛋白的 mRNA 转录物在整个脱水过程和成熟种子中存留，在种子吸胀时迅速降解(Bewley 和 Black，1994)。

LEA 蛋白具有高度的亲水性，大多数 LEA 蛋白缺乏半胱氨酸和酪氨酸残基，但富含赖氨酸和甘氨酸，且在细胞中的浓度较高，很大程度上可能不具有酶活性(Ingram 和 Bartels，1996)。LEA 蛋白在细胞结构中的分布可能不具有专一性，但从亚细胞水平来看，LEA 蛋白主要定位在细胞质中(Goday 等，1994)。关于 LEA 蛋白的确切功能尚不清楚，根据它们的氨基酸顺序和预测的蛋白质结构，推测 LEA 蛋白具有以下特点：①具有较高的水合能力，能维持细胞的最小水分需要；②起分子伴侣和亲和性溶质的作用，稳定和保护蛋白质的结构与功能；③螯合细胞脱水过程中浓缩的离子；④代替水保护膜的结构(Ingram 和 Bartels，1996；Kermode，1997；Phillips 等，2002)。LEA 蛋白维持种子耐脱水性的可能机理：①这类蛋白质由于具有热稳定性和高亲水性，可能作为脱水保护剂和替代水而发挥作用。如棉花种子内的 LEA-D11 起分子伴侣和亲和性溶质的作用，稳定和保护蛋白质的结构及功能；D113 蛋白可与可溶性糖协同作用抑制胞质晶体，维持膜表面的液化状态。②LEA 蛋白通过与核酸的结合调节细胞内其他基因的表达。如玉米的 *lea PMAH 9* 基因就含有一个核糖核蛋白的一致序列，可以同单链 DNA 结合。这说明 *lea* 类基因可以编码 RNA 调节蛋白，以此调节植物的基因表达和发育事件。

在离体培养的未成熟胚中，外源 ABA 能诱导 LEA 蛋白及其 mRNA 的提早出现。因此，发育中期高水平的 ABA 可能为胚的脱水做准备，或者为在随后的重新水合过程中可能的细胞破坏做准备(Kermode 和 Finch-savage，2002)。

LEA 蛋白与种子的脱水敏感性/耐性有关。在棉花胚中发现的 LEA 蛋白或者 LEA 转录物存在于多种正常型种子植物，如豌豆、大豆、油菜、胡萝卜(*Daucus carota*)、蓖麻子、番茄、向日葵、拟南芥和一些谷类植物的胚中(Bewley 和 Black，1994；Leprince 等，1993)。顽拗型种子(特别是热带湿地植物产生的顽拗型种子)脱水敏感的部分原因是不能积累足够的脱水素，或者(在向萌发/生长转变后处于胁迫条件下)缺乏特有的 LEA 和脱水素蛋白(Kermode，1997)。因此，研制脱水素抗体和脱水素基因的 cDNA 探针，比较研究正常型种子和顽拗型种子发育和萌发过程中、幼胚和成熟胚脱水过程中脱水素基因的表达，以及 ABA 和 GA 对离体培养胚脱水耐性和脱水素基因表达的调节就具有重要的理论意义。

(5)修复机制的存在和运转　在重新水合过程中修复机制的存在和运转可能是复苏植物提高脱水耐性的主要特征(Oliver 和 Bewley，1997)。土生墙藓(*Tortula ruralis*)的脱水耐性与重新水合过程中水合蛋白(hydrin)和后水合蛋白(rehydrin)的合成密切相关(Phillips 等，2002)。尽管有关种子脱水伤害的修复研究极少，但已有的研究表明，正常型种子可能具有类似于复苏植物的特性(Mudgett 等，1997；Kester 等，1997；Pammenter 和 Berjak，1999)。不能修复脱水过程中所遭受的伤害可能是顽拗型种子的重要特征之一，目前，在这方面尚缺乏定性和定量的数据(Come 和 Corbineau，1996)。

Galau 等(1991)根据分子标记的结果，把组织分化后的胚胎发生分为 5 个阶段：①成熟阶段；②维管分离后阶段(postvascular separation，简称 PVS，是指母体植株和胚胎之间的维管联系分离后)；③预脱水阶段；④脱水阶段；⑤静止阶段。研究表明，种子只有当成功地完成胚胎发生的最初 3 个阶段和迅速完成第 4 个阶段，才能获得最大的脱水耐性。尽管脱水耐性在种子成熟过程中被连续地获得(Vertucci 和 Farrant，1995)，但顽拗性是一种不经过 PVS 阶段的产物(Farrantdt，1993)。因此，Vertucci 和 Farrant(1995)提出，不能获得最大脱水耐性的胚缺乏在阶段 1 到阶段 3 中发生的事件，或者在完成这些阶段前脱落或开始萌发。

3. 脱水耐性的人工诱导

尽管顽拗型种子对干燥脱水十分敏感，但采用适当的方法能降低其脱水敏感性，提高脱水耐性。如黄皮经梯度蔗糖和梯度蔗糖加 10 μmol/L ABA 预培养后可降低胚轴的致死含水量，可提高胚轴的活力指数(黄雪梅等，2000)。10 mmol/L KCN 预处理可有效地降低黄皮种子的脱水敏感性，种子的胚轴在脱水过程中其电解质渗漏率比对照种子的胚轴低得多(向旭等，1999)。10 mmol/L 和 20 mmol/L 的 Ca^{2+} 能显著地增加干椿树(*Trichilia dregeana*)胚轴的脱水耐性，降低胚轴存活的半致死含水量(宋松泉等，2004)。

(三)顽拗型种子的贮藏

顽拗型种子植物具有重要的经济和利用价值，寻找安全长期保存顽拗型种子植物资源的方法对有效和可持续利用顽拗型种子植物具有重要意义。近年来随着国际上对顽拗型种子研究的深入，对顽拗型种子贮藏研究也取得了一定的进展。在贮藏生理上，深入地研究了顽拗型种子的贮藏特性、脱水敏感性及其机理(黄雪梅等，2000，2004)，在弄清种子干燥脱水过程中生理生化和细胞学变化的基础上，逐渐深入分子水平(宋松泉等，2004)。

对顽拗型种子贮藏方法的研究也取得了一定的进展。陈光仪和傅家瑞(1997)报道在黄皮、荔枝和龙眼种子休眠期进行强迫休眠处理，黄皮能贮藏 24 个月，荔枝能贮藏 6 个月，龙眼能贮藏 5 个月。深入研究顽拗型种子的休眠机理、诱导方法、休眠的顽拗型种子贮藏方法将有利于更好地发挥适温保湿贮藏的作用，有效延长贮藏时间。离体保存是种子资源保存的有效方法。近年来，对顽拗型种子的超低温保存进行了大量研究，在寻找合适的贮藏材料、提高贮藏材料的脱水耐性、降低含水量、寻找适宜的降温方法和解冻方式等方面取得了一定的进展，如研究表明胚轴超低温保存是一种长期保存顽拗型种子最有前途的方法(Berjak，Pammenter，2013；Walters 等，2013；Pammenter，Berjak，2014；Walters，2015)。胚轴超低温保存成功与否取决于液氮冷冻过程中结晶造成的细胞损伤以及遇冷结冰的生存能力。在结冰过程中，如果在细胞质但不在细胞间隙中形成 0.2～0.4 μm 的小晶体，结冰是无害的(Wesley-Smith 等，2014)。干燥程度不建议低于 0.35 g H_2O/g 干重(Berjak 和 Pammenter，2013)。在冷却过程中可以使用甘油保护胚轴，往往来自热带和亚热带地区的材料较来自温带地区的材料需要使用更多的甘油保护胚轴(Xia 等，2014)。但离应用超低温保存技术长期保存顽拗型种子的目标还有很大的距离(李庆荣和郑郁善，2003；黄雪梅等，2004)。顽拗型种子不耐干燥脱水和低温冷害，采用常温保存和限制生长保存的离体保存方法是保存顽拗型种子植物资源的一条较为可行的途径。

参 考 文 献

1. 毕辛华,戴心维,1993. 种子学[M]. 北京:中国农业出版社.
2. 陈保书,解亚林,辛国荣,1999. 草坪植物种子[M]. 北京:中国林业出版社.
3. 陈启宗,黄建国,1985. 仓库昆虫图册[M]. 北京:科学出版社.
4. 陈世儒,1993. 蔬菜种子生产原理与实践[M]. 北京:中国农业出版社.
5. 陈耀溪,1985. 仓库害虫[M]. 3 版. 北京:农业出版社.
6. 程红焱,郑光华,陶嘉龄,1991. 超干处理对几种芸薹属种子生理生化和细胞超微结构的效应[J]. 植物生理学报,17(3):237-287.
7. 董海州,1997. 种子贮藏与加工[M]. 北京:中国农业科技出版社.
8. 范非,2023. 多参数粮情检测系统数据融合可视化研究应用[J]. 信息与电脑,9:163-165,188.
9. 范雪婷,朱明东,杨晨光,等, 2019. 利用近红外吸收光谱对水稻种子活力的判别方法[J]. 杂交水稻,34(4):62-67.
10. 洑香香,喻方圆,郑新民,2008. 林木种子采集、加工和贮藏技术[M]. 北京:中国林业出版社.
11. 高璐,李香格,祁亨年,等,2022. 种子呼吸检测方法及其应用研究进展[J]. 浙江农林大学学报,39(5):1133-1143.
12. 高荣岐,张春庆,2002. 种子生物学[M].北京:中国科学技术出版社.
13. 谷铁城,马继光,2001. 种子加工原理与技术[M]. 北京:中国农业大学出版社.
14. 谷颐,2006. 花卉种子的采收与贮藏[J]. 中国种业,10:70-71.
15. 关亚静,胡晋,2020. 种子学(精编版)[M]. 北京:中国农业出版社.
16. 关亚静,高月,胡晋,2019. 一种抗寒防伪型种衣剂及其应用:ZJ2018100488649[P].
17. 郭长根,1985. 种子贮藏[M]. 北京:农业出版社.
18. 郭长根,胡晋,1991. 茶籽的超低温(−196 ℃)贮藏[J]. 浙江农业大学学报,17(3):243-249.
19. 国家粮食储备局储运管理司编著,1994. 中国粮食储藏大全[M]. 重庆:重庆大学出版社.
20. 韩建国,2000. 牧草种子学[M]. 北京:中国农业大学出版社.
21. 何序晨,胡伟民,段宪明,等,2017. 西瓜超干种子的长期耐藏性分析[J]. 园艺学报,44(2):307-314.
22. 胡晋, 龚利强,1996. 超低温保存对西瓜种子活力和生理生化特性的影响[J]. 种子(2):25-29.
23. 胡晋, 关亚静, 胡伟民,2012. 种子增值概念和技术[J]. 种子, 31(7): 72-74.
24. 胡晋,1996. 植物遗传资源核心库及其建立[J]. 种子(5):22-24.
25. 胡晋,1998. 种子引发及其效应[J]. 种子(2):33-35.

26. 胡晋,2001. 种子贮藏加工[M]. 北京:中国农业大学出版社.
27. 胡晋,2006. 种子生物学[M]. 北京:高等教育出版社.
28. 胡晋,2010. 种子贮藏加工学[M]. 2版. 北京:中国农业大学出版社.
29. 胡晋,2014. 种子学 [M]. 2版. 北京:中国农业出版社.
30. 胡晋,2021. 种子生产学 [M]. 2版. 北京:中国农业出版社.
31. 胡晋,戴心维,叶常丰,1988. 杂交水稻及其三系种子的贮藏特性和生理生化变化,Ⅰ. 不同水分种子贮藏期间含水量和活力的变化[J]. 种子(1):1-8.
32. 胡晋,戴心维,叶常生,1989. 杂交水稻及其三系种子的贮藏特性和生理生化变化,Ⅱ. 籼粳型杂交水稻及其三系种子贮藏特性的差异和原因[J]. 种子(2):1-5.
33. 胡晋,龚利强,1994. 超干处理和贮藏对番茄和辣椒种子生活力和活力的影响[J]. 种子(5):27-30.
34. 胡晋,龚利强,1996. 超低温保存对西瓜种子活力和生理生化特性的影响[J]. 种子(2):25-29.
35. 胡晋,谷铁城,2001. 种子贮藏原理与技术[M]. 北京:中国农业大学出版社.
36. 胡晋,关亚静,2022. 种子检验学[M]. 2版. 北京:科学出版社.
37. 胡晋,关亚静,2022. 种子生物学[M]. 2版. 北京:高等教育出版社.
38. 胡晋,关亚静,2012. 一种具有防伪功能的包衣种子的制备和辨别方法:ZL201010268764.0[P].
39. 胡晋,关亚静,胡伟民,等,2013. 一种双重荧光防伪丸化种子的制备方法及防伪种子和检测方法:ZL201110298671.7[P].
40. 胡晋,郭长根,1996. 超低温保存杂交水稻恢复系花粉的研究[J]. 作物学报,22(1):72-77.
41. 胡晋,王世恒,谷铁城,2004. 现代种子经营和管理[M]. 北京:中国农业出版社.
42. 胡晋,徐海明,朱军,2001. 保留特殊种质材料的核心库构建方法[J]. 生物数学学报,16(3):348-352.
43. 胡晋,徐海明,朱军,2000. 基因型值多次聚类法构建作物种质资源核心库[J]. 生物数学学报,15(1):103-109.
44. 胡晋,徐媛,陈叶平,等,1994. 超低温保存对某些作物种子生活力和活力的影响[J]. 浙江农业大学学报,20(4):411-415.
45. 胡晋,宋文坚,朱志玉,等,2005. 一种提高种子活力的固体引发方法:ZL03129616.5[P].
46. 胡伟民,段宪明,阮松林,2002. 超干水分长期贮藏对玉米、西瓜种子生活力和活力的影响[J]. 浙江大学学报(农业与生命科学版),28(1):37-41.
47. 胡伟民,胡晋,宋文坚,等,2003. 超干长期贮藏对不同类型水稻种子生活力和活力的影响[J]. 中国水稻科学,17(4):379-382.
48. 黄上志,宋松泉,2004. 种子科学研究回顾与展望[M]. 广州:广东科技出版社.
49. 黄真池,黄上志,1998. 不破坏种子活力测定方法研究 I. 不同活力种子挥发性组分和释放量分析[J]. 种子(4):1-3.
50. 季志仙,郭长根,1996. 几种瓜类种子超干贮藏的研究[J]. 浙江农业学报,8(1):50-53.

51. 贾莉，刘国春，郭军锋，等，2011. 5HZD-1500 型玉米果穗烘干生产线的研制[J]. 农机科技推广，(8)：58.
52. 解秀娟，胡晋，2003. 沙引发对紫花苜蓿种子盐逆境下发芽及幼苗生理生化变化的影响[J]. 种子，4:5-6.
53. L. O. 考布莱德，1987. 种子科学原理及技术[M]. 许蕊仙，等译. 哈尔滨:黑龙江科学技术出版社.
54. 李德赟，2017. 新型钢结构玉米果穗烘干仓的结构介绍[J]. 种子世界 (6)：67-68.
55. 李广武，郑从义，唐兵，1998. 低温生物学[M]. 长沙:湖南科学技术出版社.
56. 李洁，徐军桂，林程，等，2016. 引发对低温胁迫下不同类型玉米种子萌发及幼苗生理特性的影响[J]. 植物生理学报，52(2)：157-166.
57. 李浪，刘团会，和燕，等，2021. 贮藏温度对不同含水量宜君党参种子活力的影响[J]. 现代中药研究与实践，2：1-4.
58. 李灵芝，1994. 种子生活力测定的非破坏性方法研究初探[J]. 种子(5)：1-4.
59. 李灵芝，陈叔平，卢新雄，等，2002. 非破坏性方法测定小麦种子活力研究[J]. 华北农学报，17:75-81.
60. 李笑光，1989. 农作物干燥与通风贮藏[M]. 天津:天津科学技术出版社.
61. 粮食部储运局编，1981. 储粮害虫防治手册[M]. 北京:中国财政经济出版社.
62. 粮食储藏编写组，1980. 粮食储藏[M]. 北京:中国财政经济出版社.
63. 粮食干燥编写组，1983. 粮食干燥[M]. 北京:中国财政经济出版社.
64. 粮食微生物学编写组，1984. 粮食微生物学[M]. 北京:中国财政经济出版社.
65. 廖骞，刘大为，王修善，2021. 水稻种子机械化干燥技术及装备研究现状与发展探讨[J]. 农业工程与装备，48(1)：7-11.
66. 林程，2017. 贮藏包装条件对杂交水稻种子贮藏及活力等的影响[D]. 杭州:浙江大学.
67. 林程，沈杭琪，关亚静，等，2017. 不同含水量和包装方式杂交水稻种子贮藏后生理生化及 ABA 和 GA_3 相关基因表达的变化[J]. 植物生理学报，53(6)：1077-1085.
68. 刘建敏，董小平，1997. 种子处理科学原理与技术[M]. 北京:中国农业出版社.
69. 麻浩，2017. 种子加工与贮藏[M]. 北京:中国农业出版社.
70. 马志强，马继光，2009. 种子加工原理与技术[M]. 北京:中国农业出版社.
71. 毛泓权，高赫阳，牟丰盛，等，2023. 不同含水量玉米种子包衣对贮藏种子活力的影响[J]. 种子，42(8):1-4.
72. 尼尔高 P，1987. 种子病理学[M]. 狄原渤，等译. 北京:中国农业出版社.
73. 努尔开西・肉扎洪，侯媛媛，赵雅芹，等，2023. 二氧化氯熏蒸处理对蚕豆品质及褐变的影响[J]. 食品科学，44(1)：222-230.
74. 潘瑞炽，1983. 植物生理学[M]. 2 版. 北京:高等教育出版社.
75. 庞声海，1983. 种子加工机械[M]. 北京:中国农业机械出版社.
76. 沈银飞，徐炜，沈学明，等，2018. 多参数粮情检测系统实仓应用与研究[J]. 粮食储藏，47(5):53-56.
77. 宋文坚，楼健，胡晋，等，2004. 贮藏期间温度和水分对生物型包衣油菜种子寿命的影响[J]. 浙江大学学报(农业与生命科学版),30(4):363-368.
78. 孙昌高,1990. 药用植物种子手册[M]. 北京:中国医药科技出版社.
79. 孙群,胡晋,2023. 种子加工与贮藏[M]. 2版. 北京:高等教育出版社.
80. 陶奇波,孙继鹏,聂宇婷,等,2022. 电导率法评价紫云英种子活力并预测田间出苗表现[J]. 中国草地学报,44(4):95-102.
81. 王成俊,1985. 作物种子贮藏[M]. 成都:四川科学技术出版社.
82. 王建成,胡晋,黄歆贤,等,2008. 植物遗传资源核心种质新概念与应用进展[J]. 种子,27:47-50.
83. 王建成,胡晋,张彩芳,等,2007. 建立在基因型值和分子标记信息上的水稻核心种质评价参数[J]. 中国水稻科学,21(1):51-58.
84. 王建成,胡晋,张新觉,等,2004. 盐引发对不同水分条件下油菜种子发芽成苗的影响[J]. 种子,23(1):6-8,12.
85. 王建华,张春庆,2006. 种子生产学[M]. 北京:高等教育出版社.
86. 王宁,董莹莹,袁美丽,等,2020. 温水浸种对杜仲种子萌发过程中保护酶活性及内源激素含量变化的影响[J]. 植物研究,40(4): 523-529.
87. 王允,李淑芳,尹海燕,等,2021. 不同储藏条件对花生品质的影响[J]. 食品安全质量检测学报, 12(11):4544-4551.
88. 王长春,王怀宝,1997. 种子加工原理与技术[M]. 北京:科学出版社.
89. 韦博,杨得海,李百成,等,2020. 智能化组装式钢结构玉米果穗干燥生产线[J]. 中国种业(11): 67-70.
90. 吴志行,1993. 蔬菜种子大全[M]. 南京:江苏科学技术出版社.
91. 辛霞,陈晓玲,张金梅,等, 2011. 国家库贮藏20年以上种子生活力与田间出苗率监测[J]. 植物遗传资源学报, 12(6): 934-940.
92. 颜启传,2001. 种子学[M]. 北京:中国农业出版社.
93. 颜启传,成灿土,2001. 种子加工原理和技术[M]. 杭州:浙江大学出版社.
94. 杨文清,张彩芳,胡晋,等,2007. 响应面结合主成分分析方法优化黄瓜种子GA_3包衣浓度和贮藏时间组合[J]. 生物数学学报, 22(2):323-328.
95. 姚康,1986. 仓库害虫及益虫[M]. 北京:中国财政经济出版社.
96. 叶常丰,戴心维,1994. 种子学[M]. 北京:中国农业出版社.
97. 袁隆平,2002. 杂交水稻学[M]. 北京:中国农业出版社.
98. 云南省烟草科学研究所,中国烟草育种研究(南方)中心,2007. 烟草种子学[M]. 科学出版社.
99. 张保恩,黄学林,黄上志,1999. 不破坏种子的活力测定方法研究Ⅲ.菜心种子活力和渗出物的关系[J]. 种子(3):3-5,17.
100. 张延波,范云鹏,王佩玲,等,2020. 不同成熟度采收对菠菜种子产量和品质影响研究[J]. 西北园艺(9): 56.
101. 张瑜,郇恒福,王文强,等,2022. 海南乡土草蔓草虫豆种子的耐干特性[J]. 1: 87-93.
102. 浙江农业大学种子教研组,1980. 种子学[M]. 上海:上海科学技术出版社.

103. 浙江农业大学种子教研组,1980. 种子贮藏简明教程[M]. 北京:农业出版社.
104. 浙江农业大学种子教研组,1981. 作物种子学[M]. 杭州:浙江科学技术出版社.
105. 郑光华,史忠礼,赵同芳,等,1990. 实用种子生理学[M]. 北京:农业出版社.
106. 中华人民共和国国家标准,农作物种子质量标准,GB 4404.1—2008,GB 4407.1—2008,GB 4407.2—2008. 北京:中国标准出版社.
107. 中华人民共和国国家标准. 农作物种子标签通则,GB 20464—2016. 北京:中国标准出版社.
108. 中华人民共和国农业部,NY/T 1087—2006,油菜籽干燥与储藏技术规程.
109. 朱斯梯士 O L,等,1983. 种子贮藏原理与实践[M]. 浙江农业大学种子教研组,译. 北京:农业出版社.
110. An J Y, Liu Y H, Han J J, et al, 2022. Transcriptional multiomics reveals the mechanism of seed deterioration in *Nicotiana tabacum* L. and *Oryza sativa* L. Journal of Advanced Research, 42: 163-176.
111. Basra A S, 1995. Seed quality-basic mechanisms and agricultural implications[M]. Food Products Press.
112. Bewley J D, Black M, 1994. Seeds physiology of development and germination[M]. 2nd ed, Plenum Press.
113. Cui H W, Ma W G, Guan Y J, et al, 2013. "Intelligent" seed pellets improve chilling tolerance in tobacco[J]. Frontiers in Life Science, 6(3-4): 87-95.
114. Doijode S D,2001. Seed storage of horticultural crops[M]. Food Products Press.
115. Ellis R H, Hong T D, Roberts E H, 1989. A comparation of low moisture water content limit to the logarithmic relation between seed moisture and longevity in twelve species[J]. Annals of Botany, 63: 601-611.
116. Farrant J M, Pammenter N W, Berjak P, 1988. Recalcitrance a current assessment [J]. Seed Science and Technology, 16 (1): 155-166.
117. Gao Y, Pan S S, Guo G Y, et al, 2020. Preparation of a thermoresponsive maize seed coating agent using polymer hydrogel for chilling resistance and anti-counterfeiting[J]. Progress in Organic Coatings, 139: 105452.
118. Greggains V, Finch-Savage E W, Atherton M N,et al, 2001. Viability loss and free radical processes during desiccation of recalcitrant *Avicennia marina* seeds[J]. Seed Science Research, 11: 235-242.
119. Guan Y J, Tian Y X, Hu J, et al, 2013. A novel fluorescent dual-labeling method for anti-counterfeiting in tobacco pelleted seeds[J]. Seed Science and Technology, 41(1): 158-163.
120. Guan Y J, Wang J C, Hu J, et al, 2013. Pathway to keep seed security: the application of fluorescein to identify true and fake pelleted seed in tobacco[J]. Industrial Crops and Products, 45: 367-372.
121. Gwinner J, Harnisch R, Muck O, 1996. Manual of the prevention of post-harvest grain losses[M]. Deutsche Gesellschaft fur Technische Zusammenarbeit GmbH.

122. Hong T D, Ellis R H, 1996. A protocol to determine seed storage behaviour[M]. IPGRI.

123. Hu J, Guo C G, Shi S X, 1994. Partial drying and post-thaw preconditioning improve the survival and germination of cryopreserved seeds of tea (*Camellia sinensis*) [J]. Plant Genetic Resources Newsletter,(98): 25-28.

124. Hu J, Tylkowska K, 2005. Effects of priming in combination with fungicides on germination and Infestation of Lettuce (*Lactuca sativa* L.) [J]. Agricultural Sciences in China, 4(6): 449-454.

125. Hu J, Xie X J, Wang Z F, et al, 2006. Sand priming improves germination and growth of alfalfa under high-salt concentration stress condition[J]. Seed Science and Technology, 34 (1) 199-204.

126. Hu J, Zhu J, Xu H M,2000. Methods of constructing core collections by stepwise cluster with three sampling strategies based on genotypic values of crops[J]. Theoretical and Applied Genetics, 101: 264-268.

127. Hu J, Zhu Z Y, Song W J, et al, 2005. Effects of sand priming on germination and field performance in direct-sown rice (*Oryza sativa* L.) [J]. Seed Science and Technology, 33 (1): 243-248.

128. IBPGR, 1992. Annual report 1991. International Board of Plant Genetic Resources[M]. Rome.

129. ISTA, 2023. International Rules for Seed Testing[M]. International Seed Testing Association.

130. Kartha K K, 1985. Cryopreservation of Plant Cells and Organs[M]. CRC Press.

131. Lin C, Pan S S, Hu W M, et al, 2021. Effects of Fe-Zn-NA chelates priming on the vigour of aged hybrid rice seeds and the maintenance of priming benefits at different storage temperatures[J]. Seed Science and Technology, 49(1): 33-44.

132. Odjo S, Bongianino N, Regalado J G, et al, 2022. Effect of storage technologies on postharvest insect pest control and seed germination in Mexican maize landraces[J]. Insects, 13(10): 878.

133. Priatama R A, Pervitasari A N, Park S, et al, 2022. Current advancements in the molecular mechanism of plasma treatment for seed germination and plant growth[J]. International Journal of Molecular Sciences,23(9): 4609.

134. Priestley D A, 1986. Seed Aging[M]. Cornell University Press.

135. Rowse H R, 1996. Drum priming-a non-osmotic of priming seeds[J]. Seed Science and Technology, 24: 281-294.

136. Stanwood P C, 1985. Cryopreservation of seed germplasm for genetic conservation. in: Cryopreservation of plant cells and organs [M]. (Kartha K. K. ed) CRC Press.

137. Wang J C, Hu J, Xu H M, et al, 2007. A strategy on constructing core collections by least distance stepwise sampling[J]. Theoretical and Applied Genetics, 115: 1-8.

138. Wareharn E J, 1986. The effect of different packaging materials on moisture uptake by dry wheat seed in simulated humid tropical conditions[J]. Seed Science and Technology, 14(3): 641-656.

139. Wu Q, Du M, Wu J, et al, 2019. Mepiquat chloride promotes cotton lateral root formation by modulating plant hormone homeostasis[J]. BMC Plant Biology, 19(1): 1-16.

140. Zhang C F, Hu J, Lou J, et al, 2007. Sand priming in relation to physiological changes in seed germination and seedling growth of waxy maize under high-salt stress[J]. Seed Science and Technology, 733-738.

141. Zhang H, Liu L, Wang Z, et al, 2021. Induction of low temperature tolerance in wheat by pre-soaking and parental treatment with melatonin[J]. Molecules, 26(4):1192.

142. Zhou W, Chen F, Zhao S, et al, 2019. DA-6 promotes germination and seedling establishment from aged soybean seeds by mediating fatty acid metabolism and glycometabolism[J]. Journal of Experimental Botany, 70(1): 101-114.